다시 보는
한국해양사

도서출판 신서원

공편자 약력

□ 정진술鄭鎭述 : 해군사관학교 및 해군대학을 졸업하고 동아대 사학과에서 문학석사 학위를 받았다.(1991) 현재 해군사관학교 박물관 기획실장 겸 문화재전문위원으로 한국해양사를 연구하고 있다.

□ 이민웅李敏雄 : 해군사관학교를 졸업하고 서울대 국사학과에서 「임진왜란 해전사 연구」로 문학박사 학위를 받았다.(2002) 현재 해군사관학교 군사전략학과 교수로 한국해양사를 연구하고 있다.

□ 신성재愼成宰 : 해군사관학교를 졸업하고 연세대 사학과에서 「궁예정권의 군사정책과 후삼국전쟁의 전개」로 문학박사 학위를 받았다.(2006) 해군사관학교 군사전략학과 교수를 거쳐 현재 김포함 함장으로 근무하고 있다.

□ 최영호崔榮鎬 : 해군사관학교를 졸업하고. 고려대 국어국문학과에서 「한국 해양소설 연구」로 문학박사 학위를 받았다.(1999) 현재 해군사관학교 학술정보관장 및 인문학과 교수로 근무하고 있다.

다시 보는 한국해양사

2007년 12월 20일 초판1쇄 인쇄
2008년 1월 10일 초판1쇄 발행

공편자 • 정진술 · 이민웅 · 신성재 · 최영호
펴낸이 • 임성렬
펴낸곳 • 도서출판 신서원
　서울시 종로구 교남동 47-2 협신빌딩 209호
　전화 : (02)739-0222·3   팩스 : (02)739-0224
　등록 : 제1-1805(1994. 11. 9)

ISBN • 978-89-7940-065-6

신서원은 부모의 서가에서 자녀의 책꽂이로
'대물림'할 수 있기를 바라며 책을 만들고 있습니다.
잘못된 책은 연락주세요.

다시 보는 한국해양사

1954년 간행 『한국해양사』의 전정판

목차

서序에 대하여 · 19

바다를 잊어버린 국민……19
바다와 조선근고사朝鮮近古史……28
세계 각국의 바다쟁딜전……23
조선의 수군약사水軍略史……36

제1편 고대 삼국과 통일신라시대

제1장 삼국시대 이전의 해상활동 ················ 13

제1절 한반도의 해역……53
제3절 한·일 교통전설……61
제5절 고대 선박과 항해기술……69
제2절 사전史前시대의 해상교통……57
제4절 서남해의 해상교통……65

제2장 삼국시대의 해상활동 ················ 74

제1절 고구려의 해상활동……74
제3절 신라의 해상활동……90
제2절 백제의 해상활동……83

제3장 삼국시대 말기의 해전 ················ 97

제1절 삼국과 일본……97
제3절 백제멸망과 백촌강白村江 수전……107
제4절 고구려 패망과 나·당 수군의 행동……113
제2절 고구려와 수·당의 싸움……99

제4장 신라통일기의 해상활동 ················ 120

제1절 신라의 삼국통일과 수군의 활약……120
제2절 수군의 확립과 해방海防……123
제4절 신라하대의 해외진출과 민간무역……138
제3절 신라의 국가무역……129

제5절 장보고와 해외활약……143

제2편 고려시대

제1장 고려 초기의 해상활동 …………………………………………………… 153

　　제1절 고려 태조의 창업과 해상활동……153
　　제2절 고려 초 해군의 편모와 동해해구……162
　　제3절 고려조의 조운……173

제2장 고려 전기의 대외교통 …………………………………………………… 179

　　제1절 여·송 관계……179
　　　　1. 송나라의 남방무역 / 179　2. 여·송 관계 / 182　3. 여·송의 남항정南航程 / 188
　　제2절 여·일 관계……190　　　　제3절 고려의 선박……193

제3장 몽고침입기의 해상활동 …………………………………………………… 199

　　제1절 몽고의 침구와 강화천도……199　　제2절 삼별초 난……207

제4장 여몽연합군의 동정 ……………………………………………………… 219

　　제1절 원의 제1차 동정의 곡절……219　　제2절 정벌의 결정과 조선造船……225
　　제3절 제1차 동정의 경과……229　　　제4절 재차동정의 준비……231
　　제5절 재정벌의 경과……234

제5장 왜구와 수군 ……………………………………………………………… 239

　　제1절 왜구의 창궐……239　　　　제2절 고려수군의 재정비……243

제3편 조선시대 전기

제1장 조선 전기의 수군제도 …………………………………………………… 255

　　제1절 병제개요……255
　　　　1. 오위도총부 / 255　2. 오위의 편성 / 256　3. 군자감·사수감·훈련관 / 258
　　　　4. 훈련 및 대우 / 259
　　제2절 수군의 기구……260

제3절 조선과 수군 및 병선의 배치……264
　1. 조선造船 / 264　2. 선종과 정원수 / 266　3. 병선수와 배치 / 267　4. 임란 전후의 수영 및 병선의 배치 / 269

제2장 거북선과 화포 275

제1절 거북선……275
　1. 거북선의 구조와 그 성능 / 275　2. 거북선의 창안 / 278
제2절 화포……279
　1. 화포의 발달개요 / 279　2. 화포의 종류와 그 성능 / 282

제3장 조선 전기의 해방정책 288

제1절 조선 초기의 대 왜구정책……289　　제2절 대마도 정벌……297
제3절 해방정책으로서의 대외무역……302

제4장 일본의 침공준비 305

제1절 대륙침략의 동기……305　　제2절 일본수군의 특질……306
제3절 침공준비……308

제5장 조선의 임전태세 311

제1절 국방대책……311　　제2절 이순신의 임전태세……313

제6장 옥포해전 317

제1절 이순신함대의 제1회 출동……317　　제2절 옥포해전……320
제3절 적진포해전……323

제7장 당포해전과 당항포해전 325

제1절 이순신함대의 제2회 출동……325　　제2절 사천양해전……328
제3절 당포해전……330　　제4절 당항포해전……331
제5절 율포해전……333

제8장 한산양대해전 335

제1절 이순신함대의 제3회 출동……335　　제2절 한산양대해전……336
제3절 안골포해전……340

제9장 한산대첩의 의의 343

제1절 제해권 획득의 의의……343　　제2절 일본수군의 동정과 그 패인……345

제10장 부산포해전 ··· 348

　제1절 이순신함대의 제4회 출동······348　　제2절 부산포해전······351
　제3절 휴전회담과 수군의 활동······353　　제4절 제2차 당항포해전······358

제11장 거제도해전 ··· 361

　제1절 휴전회담과 일본수군의 재건······361
　　1. 일본수군의 대형선 신조新造 / 361　2. 화포의 제조와 신전술新戰術 / 363
　제2절 수군통제사의 경질······365
　제3절 거제도해전〔칠천량해전〕······367
　　1. 원균의 출동 / 367　2. 칠천량해전漆川梁海戰 / 368

제12장 노량해전과 이순신의 전술 ································· 371

　제1절 이순신의 재활동과 수군정비······371　제2절 명량해전······375
　제3절 명량해전의 영향······378　　제4절 노량해전······381
　제5절 명 수군과 이순신······384　　제6절 이순신의 전술······388

제4편 조선시대 후기

제1장 임진·정유재란 이후의 동아정세 ···························· 399

　제1절 동아시아에 미친 영향······399
　제2절 조선이 받은 영향······400
　　1. 사회·문화의 쇠퇴 / 401　2. 서양관계의 발단 / 402

제2장 병자호란과 대명관계 ······································· 407

　제1절 명나라 사람 모문룡의 폐해······407　제2절 해상통명로의 상황······409

제3장 국내의 피폐와 수군 ·· 413

　제1절 국내의 피폐······413　　　　제2절 조선기술의 변천······414
　제3절 수군의 정비······424　　　　제4절 해방과 조운행정······437

제4장 해외교통 관계 ·· 449

　제1절 조선·일본 사이의 해상교통······449　제2절 울릉도 문제······455
　제3절 해외교통으로의 표류······459

제4절 표류를 계기로 한 서양과의 교섭……470

제5절 해양사상의 제주도……477

제5장 해방과 외국관계 …………………………………………… 482

  제1절 해방海防……482

  제2절 서구인의 조선근해 항행……484

    1. 울릉도의 발견과 동해안 항행 / 484 2. 서남해안 항행 / 488 3. 남해안의 조사 / 501

  제3절 서양함선과의 분쟁……503

    1. 프랑스 함선의 내침과 그 격퇴 / 503 2. 제너럴셔먼호 사건과 그 후의 한미 해양교섭 / 509 3. 오페르트의 침요侵擾 / 517

  제4절 외국의 침략……523

    1. 일본군함 운양호의 침략 / 524 2. 영국의 거문도 점령 / 525

제6장 근대 개혁기의 해사 ……………………………………… 531

  제1절 근대 해사정책의 개관……531   제2절 통상조약과 관세제도……540

  제3절 구한국 시대의 해사海事……542

    1. 재정면에서 본 해사 / 542 2. 한말 해운업의 본질 / 544

제7장 일제강점기의 해운 ………………………………………… 548

  제1절 수산업……548

  제2절 해운업……553

    1. 조선우선주식회사 성립 / 553 2. 항로확충 / 554

  제3절 항만시설……556   제4절 항로표지……560

서序에 대하여
최남선

바다를 잊어버린 국민

　한 민족 또 국민의 생활은 한 개인의 생활에 견주어 말할 수 있다. 행복은 활동에서 나고 활동은 건강에서 오고 건강은 그 체질에 대한 정당한 인식 자각과 및 거기 응하는 필요한 용의用意 노력으로써 얻는 것이다. 개인생활에 있는 이러한 법칙의 범위를 넓히면 민족 또 국민생활의 법칙이 되는 것이다.
　개인이고 민족 또 국민이고 이른바 생활이란 것은 환경에 대응하는 태도이다. 그리하는 수단이요, 방편인 것이다. 그 겨레가 그 환경을 적절하게 이용하면 그 국가는 번영하여 행복을 누리는 것이요, 그렇지 못하면 불행과 곤액困阨에 울지 않지 못하는 것이다. 환경에는 역사로 말미암아 이미 생긴 사회환경과 지리로 말미암아 생긴 자연환경의 두 가지가 있지마는 역사라는 것도 실상은 자연적 요소를 의거로 하여 생성 발전하는 것이며, 그 지리적 조건이야말로 인류 또 국민의 생활을 제약하는 최대원동력이라 할밖에 없다. 독일 철학자 헤르더(Herder)와 같은 이도 "역사는 연속한 지리요, 지리는 정지한 역사니라"라는 격언을 만들기도 했다.
　적절하게 환경에 적응한다는 것은 무엇인가? 개인생활로 말하면 그이의 천성 체질을 발휘함이요, 민족 또 국민생활로 말하면 그 국토의 본연한 성질을 잘 발휘함이 그것이다. 이를테면 대제국은 대륙국으로 해양국은 해양국으로 산악국은 산악국으로 반도국은 반도국으로 다 각각 저의 특질 장처長處를 발휘하여 그 당연한 복리를 향수하는 것이요. 그렇지 않고 천부天賦한 자격을 모르거나 혹 어그러트리면 그 약속된 복리를 받지 못할 뿐 아니라 새로 도리어 의외의 화해禍害를 입지 말란 법도 없다. 세계의 총명한 민족 또 국민은 모두가 자기 국토의 본질을 바로 알고 그것을 잘 이용한 자들이다.

그런데 우리의 민족 또 국민생활과 및 그 역사는 자연적 조건·지리적 환경에 대응함에 있어서 어떠한 인식과 얼마만한 총명을 나타내었는가를 한번 살펴보자. 우리 국토는 지형상 3면에 바다를 두르고 1면만이 대륙에 연한 반도이다. 곧 조선은 반도국이요, 또 홀쭉한 몸이 수천 리 길이를 가진 가장 전형적인 반도국이다. 동·남·서 3면 만에 8,693천粁(km)[약 우리의 2만 2천 리]의 해안선을 가지고 도서까지를 합하면 1만 7,269천粁[약 우리의 4만 3천 리]의 해안선이 있어서 면적에 비례하여 해안선 길기로 세계에 첫째 가는 연해국이다. 세계에서 해안이 길기로 유명한 그리스와 및 노르웨이도 면적 5평방리에 대하여 해안선이 1리에 불과하고, 세계제일의 해운국이라 이르는 영국도 겨우 7평방리에 대하여 1리이니 이에 비하여 조선은 매 3평방리에 대하여 1리의 해안선이 있는 셈이다.

대륙에 연접했다는 북의 1면面에도 압록강·두만강 두 강이 거의 뺑 둘려 싸여 조금 했더면 강과 바나를 언걸해서 한 섬이 될 뻔도 하니. 지 16세기 전후 유럽에서 출판한 동방지도에는 압록·두만 두 강을 마주 부쳐서 조선을 둥그런 큰 섬으로 표시한 사례가 더러 있기도 하다. [일례 1596년 '얀·호이텐·린스호텐'의 「동인도수로기부도東印度水路記附圖」에 우리나라는 섬나라라고도 할 수 있는 반도국임이 사실인 것이다]

조선이 반도국으로서 바다에 껴안겨 있다는 사실은 진작부터 여기 사는 인민들의 인식하는 대상이 되었었다. 조선 고대의 신화에서 그것을 명확하게 간취看取할 수 있다. 곧 국조國祖 단군께서는 하느님의 아드님으로서 인간의 처음 나라를 평양에 세우셨는데 장가는 비서갑匪西岬 하백河伯의 따님에게 들었다고 하니 비서갑은 대동강이 바다로 들어가는 목장이에 있는 곳이며, 또 아드님을 강화섬에 보내서 삼랑성三朗城과 제천단祭天壇을 모았다 하니, 강화도는 고대에 있어서 서해의 모든 것을 주름잡는 위치에 해당하는 곳이다. 신라의 왕통은 박朴·석昔·김金 3성姓이 돌려가면서 계승했는데, 박씨·김씨는 하늘에서 내려온 씨요, 석씨는 동북해외에서 떠들어 온 종족이었다 한다. 낙동강구의 가라加羅왕국은 하늘에서 내려온 수로왕首露王과 해외에서 떠들어 온 허황후許皇后와의 결합으로써 창업한 바라고 전한다.

이상은 다 우리 고대 여러 나라들은 내륙계통의 왕권王權이 해상계통의 세력을 포용해서 출현한바 통치조직이었음을 표현하려 한 모티브로서 과연 물과 바다로써 국토를 삼는 반도국가의 건국담다운 신화라 할 것이다. 곧 신화를 만들어낸 시대의식에는 바다가 퍽 큰 대접을 받았던 것이다. 이는 물론 당연히 그랬어야 할 것이요. 아니 그러면 도리어 괴변이 될 것이다.

고요할 때는 시퍼런 주름살이 끝이 없이 연속해서 갈매기 바보새의 만만한 업자지 노릇을 하다가 성이 나면 산처럼 곤두서고 우레처럼 소리 지르면서 하늘을 집어삼키고 땅을 뭉그지르려 하는 바다. 밀물은 산하대지를 휩쓸 듯이 들어덤비다가 썰물은 꽁지가 빠져 쫓겨 달아나기를 규칙처럼 엄하고 금석金石처럼 예쁘게 꼬박꼬박 되풀이하는 바다. 세계만물을 거느려 가시는 태양이 아침이면 시뻘건 1만 귀신에게 떠받들려서 혁혁하게 솟아올랐다가 저녁이면 황금만경이 잔잔한 행보석行步席을 깐 위로 천천히 안식소를 찾아들어가는 바다. 고래가 물기둥을 뿜고 악어鰐魚가 안개장막을 치는 바다. 보지 못하든 사람과 이름 모를 물건이 해류를 타고 떠들어 오는 바다. 이 천지간의 엄청난 존재와 불가사의할 경계가 우리 조상네의 주의를 끌지 아니했으리라고 생각할 수 있을까? 놀라움과 궁금함과 용기를 분발함으로써 그 속의 비밀과 저 밖의 세계를 알아보리라 하는 생각을 우리 조상네들이 아니했을 수 있을까? 우리 3면의 바다에는 당시 청년의 기운찬 팔뚝이 퉁퉁이 배를 썰물에 밀고 나가서 무서운 소용돌이와 사나운 물결로 더불어 씩씩하게 싸우는 광경이 시방 우리 눈에도 보여올 듯하다. 그네는 연습과 경험으로써 드디어 수·륙 양서동물[兩棲動物]로서 바다를 생활무대로 하여 활동했을 것이 필연하고 명백한 사실일 것이다.

아까울손 이 시대의 일은 글에 기록되지 않고 이야기에 전함이 없어서 후세의 우리가 그 실제를 알지 못함이라. 우리에게 '호머'나 '바이런'이 있었더라면 얼마나 많은 용장[勇壯] 활발한 해상활동의 사실이 후세자손의 피를 용춤 취였을는지 모를 것이다.

역사시대에 들어와서의 조선겨레는 바다를 잊어버린 사람의 모양으로 기록의 위에 나타났다. 줄잡아도 국민의 대부분은 바다의 인식·감각·흥미·야심을 가지지 아니한 양했다. 이미 뛰노는 무놀과 함께 신경이 춤출 줄을 모르고 짠바람에 살을 그을림이 남자의 유쾌한 일임을 잊어버렸다. 바다하고의 인연을 생각한다고 하면 다만 미역·다시마가 오고, 도미·민어를 공급하는 먼 어느 시골쯤으로 아는 것이었다. 이것은 섭섭한 일이요, 슬픈 일이요, 또 기 막히는 일이었다. 우리 국민생활의 과정에 있어서 가장 비통한 사실이 무엇이었느냐 할 것 같으면 그것은 분명히 반도국민 임해국민으로서 바다를 잊어버린 일 그것이었다.

민족생활은 여기에서 넘어지고 깨어지므로[頓挫] 역사는 이로부터 변모하기 시작했다. 한 가지의 바다에서 떠났다는 사실이 어떻게 많은 불행을 우리에게 가져왔는지를 모른다. 바다를 알고 지낼 시기의 영광이 어떠했음은 우리가 알지 못하지마는. 바다를 잊어버린 뒤의 우리의 환난이 어떻게 큰 것은 우리가 분명히 체험하고 또 시방도 그 시련의 중에 있다 할 것이다.

세계 각국의 바다쟁탈전

여기에서 우리가 눈을 세계역사에 돌려서 만국흥망의 자취를 둘러보기로 하자. 역사의 책장을 떠들 때에 인류세계의 역사는 바다와 함께 열리고 또 바다와 함께 전개 진행한 사실을 볼 것이다. 역사는 우리에게 가르치기를 세계의 문화는 이집트에서 발생하고, 인도에서 발생하고, 중국에서 발생했다고 하지마는 그것들은 요컨대 각개 국민의 고립한 국민생활들이요, 결코 세계공통의 전체적 역사는 아니다. 세계적 역사는 '페니키아'인이 독특한 배를 만들어 가지고 지중해로 떠나와서 통상으로 식민으로 연해각지에 활동하는 때로부터 시작했다. '그리스'·'페르시아'·'로마'·'카르타고' 등 여러 민족이 지중해를 무대로 하여 활동하고 세력을 다투고 패업을 이룩하는 것이 곧 세계역사의 진행 그것이었다.

이 가운데서 앞서서 '그리스'가 동유럽과 서부아시아를 연결한 이른바 '헬레네스' 세계를 실현하고 뒤이어 로마가 통일과 조직의 힘으로써 인류최초의 대제국을 건설하여 인류역사상에 불멸할 영광을 나타냈는데, 이것이 죄다 지중해를 이용 활용·선용함에서 나온 결과임은 누구나 아는 바와 같다. 특히 서양 고대역사상에 있는 큰 사건이라 하는 것은 '살라미스'·'펠로폰네소스'·'포에니'의 모든 싸움과 같이 죄다 바다에서의 일이다. 특히 로마와 카르타고와의 싸움은 전수히 해군의 경쟁이었음은 고쳐 말할 것도 없다. 출발점에서 그러한 것처럼 서양역사의 대세는 항상 바다를 끼고서 변전變轉하는 점에서 동양역사로 더불어 일대 특색을 짓고 있다.

동양에도 물론 바다가 없는 것은 아니다. 그러나 중국대륙의 중원이 역사진행의 중심무대가 되어 마치 서양역사상의 지중해처럼 사방의 여러 민족이 중원의 경쟁을 위하여 달겨들고 나가자빠지고 일어나고 거꾸러졌던 까닭에 동양의 바다는 항상 역사의 초점에서 멀리 떨어지게(遠離) 되어 있었다. 역사의 범위가 동양 하나에 그칠 때에는 이러해도 관계치 않았지마는 시운이 진전해서 동·서 두 대양을 공통해서 세계사란 것이 행진하는 시세時世에 이르러서는 바다본위의 서양사에 내륙중심의 동양사의 사이에는 중대한 차이, 아니 세력의 근본적 우열이 생긴 것은 16세기 이후의 이른바 근세사가 우리에게 보여주는 바와 같다.

국토·인민·사회·문화. 무엇으로나 오래 우월한 지위에 있었다 할 동양이 근세기에 들어올수록 갑자기 전락轉落·쇠퇴하여 오다가 마침내 동양의 대부분이 서양의 반식민으로 화하기에 이르렀음은 무슨 까닭인가? 거기에는 물론 여러 가지 이유를 들어 말할 수도 있겠지마는 국민생활 그 역사의 진행이 바다와 함께 있고 함께 있지 아니한 점이 무엇보다 큰 원인임을 우리는 지적하고 싶다. 고대의 '페니키아'인이 지중해에서, 중세의 '노르만'이 북해에서, 근세의 포르투갈인·스페인인·영국인이 대서양·인도양·태평양 내지 남북극양에서 모험 분투한 저네 서양인이 마침내 바다를 통해서 세계를 저의 것으로 한 것일 따름이다.

동양의 역사에서도 원나라 시대 이후에 차차 바다로 나가는 민족활동이 생겨서 명·청 시대로 내려올수록 점점 왕성해진 까닭에 오늘날 남양 전지역에 있는 중심세력인 이른바 화교華僑의 지위를 장만한 사실은 우리에게 국민발전과 바다와의 관계를 깨닫게 하는 큰 증명이 되는 것이다. 이 관계를 한껏 집어늘린 형태가 곧 근세에 있는 서양 여러 나라의 세계에 활보하는 것이다. 서양에 대한 동양의 전락은 대체로 1492년 '콜럼버스'의 아메리카 발견, 1497년 '바스코 다가마'의 희망봉 회항廻航, 1520년 '마젤란'의 태평양 진출 이후의 일로서 항해술 발달의 도度와 함께 동서양 성쇠의 차가 점점 심해진 것이다.

돌이켜 지남침도 동양에서 창조된 것이요, 화포도 동양에서 발명된 것이거늘, 이것을 해상활동에 이용해서 능히 세계 일곱 바다를 제압하고 마침내 인류의 특권계급 연然한 지위를 서양인이 취득했음을 생각할 때 우리 동양사람은 감개하다기 보다도 부끄러움을 통감하지 아니하면 안될 것이다.

국세의 강약이 해상세력의 대소로서 판정됨은 벌서부터의 일로서 얼마 전까지는 영국이 해상과 함께 세계의 패권을 붙잡았더니 제2차대전 이후의 형세변화로 말미암아 미국이 그 지위를 대신하고 결국은 한편의 미국, 한편의 소련이 현대세계의 두 대립세력으로서 인류세계의 운명을 결정하는 투쟁도중에 있음은 우리가 쓰라린 시련으로써 눈앞에 보고 있는 사실이다.

일찍이 영국은 그 깃발 아래 해가 지지 않음을 자랑했으며, 오늘날 미국은 태평양·대서양을 좌우에 끼고 있음을 든든하게 알고 있다. 대서양은 시방 세계 해상교통로의 가장 중요한 선에 해당하는 곳으로서 세계 해상교통의 77퍼센트가 여기에서 행한다 하며, 1년에 1천만 톤 이상의 화물이 집산하는 대항구 31곳 중의 24곳이 이 대양을 향하고 있어서 '20세기의 지중해'라는 이름을 가지고 있다. 이 교통은 주로 유럽과 북미 사이의 관계에 속하는 것이다. 태평양은 주위의 지빙이 아직 경제적으로 충분히 발달되지 아니한 관계로부터 교통량이 대서양에 비해 멀리 떨어지지마는 거기가 정치적·군사적으로 국제적 중요성이 절대한 것은 지난번의 태평양전쟁 이번의 한국전쟁韓國戰爭을 말미암아서 두루 인식된 바이며, 또 동양 또 남양 여러 나라의 발달은 따라서 그 경제적 성능이 우정우정 증상增上될 것이 당연한 일로서 벌써부터 20세기는 태평양시대라 하는 말이 행하고 있는 터이다.

이제 미국은 이 세계의 두 큰 바다를 좌우에 끼고서 그 역량과 경륜을 마음껏 발휘할 처지에 있는 것이다. 미국이 현대세계의 대표세력됨은 결코 그 풍부한 물자와 위대한 공업에만 말미암은 것이 아니라 실로 고금을 통해 국가세력의 원천이 되는 바다 그 가장 큰 두 바다의 임자이기 때문이다.

바다가 국가방위선 민족활동 무대 또 국제무역 및 국제교통로로서 가장 중요함은 이를 것 없거니와 어로 양식과 해초채취 등의 광대 풍부한 생산자원으로서 한 나라 경제상에 가지는 가치도 실로 절대한 것이 있다. 그러므로 예로부터 바다를 가진 나라가 가지지 못한 나라보다 더 흥왕하고, 또 바다를 가졌든 나라가 바다를 잃어버린 뒤에 급자기 쇠퇴해진 실례가 많거니와, 근세에 이르러서는 각국이 자각적으로 바다를 얻으려 하며 작은 바다를 넓히려 하며 심지어 어느 해협 또 해상을 혼자 차지하려고 많이 노력함은 진실로 우연한 일이 아니다. 저 유럽의 여러 나라 러시아·네덜란드·독일연방들이 '발트'해의 패권을 다투기에 어떻게 오래 또 많이 분투하여 쉬지 아니하는 사실은 실로 이 바다를 가지고 가지지 못함이 그 정치·경제·교통·민족생활에 중대한 관계가 있기 때문이다. 더욱 러시아가 세계에 짝이 드문 큰 영토를 가지고도 바다다운 바다를 가지지 못한 것을 섧게 생각하여 그 건국당초 곧 추장 '루릭'의 때로부터 서방으로 손을 뻗어 바다를 움키려고 애쓴 것은 흥미와 함께 큰 교훈을 삼을 일이다.

　　러시아는 북방에서 '뜨비나'강을 통하여 북극해를 가지고 있었지마는 그것은 바다로서의 가치가 거의 없었기 때문에 쓸 만한 바다를 찾는 운명이 진작부터 시작되었다. 맨 먼저 저항이 적음을 이용하여 시베리아를 손에 넣고 '베링'해협에까지 도달해서 북극해를 혼자 차지함을 얻었지마는 거기서 얻은 바다도 결코 가치의 큰 것이 아니었다. 그래서 얼지 않는 공해를 얻어야 한다함이 드디어 러시아의 전통적 국책을 이뤄서 표트르 대제는 먼저 '발트'해로써 '서방으로의 창'을 트려 하여 1703년에 비습척로卑濕斥鹵한 '네바'강의 델타에 국도國都 페테르부르크를 건설하고, 1721년에는 '가레리아'·'잉게르만란드'·'에스트란드'·'리브란드' 등을 점령하고, 그 뒤 '로마노프'조의 '엘리자베스'시대에 다시 폴란드로 진출하고, 1795년 '카자린' 2세의 죽기 전에 '구르란드'를 점령하고, 1809년에 스웨덴(瑞典)령인 '핀란드'를 탈취하여 이에 서방으로 완전한 창을 내기에 성공했다. 그리고 다시 북해와 대서양으로 진출하는 문을 열려 하여 '스칸디나비아' 서해안의 '나르빅'항을 욕심내다가 노르웨이와의 사이에 정치적 분쟁이 일어났었다. 또 남방에서는 표트르대제의 때에 이미 '돈'강구를 점령하고 이에 '크리미아'반도와 '오데싸'로 이르는 해안을 점령하고, 다시 '발칸'반도의 주민을 선동하여 터키와 더불어 다섯 번이나 교전했지마는 영국이 터키를 원조하여 이를 방해했기 때문에 마침내 '보스포러스'해협을 지나서 남하하지를 못했다.

또 19세기의 중엽으로부터는 동으로 태평양 쪽에 손을 내밀었다. 시베리아의 광야로 일로 동진하던 러시아가 1851년에 흑룡강구에 '니콜라이에프스크'를 건설하고, 1858년에 애혼愛琿조약으로써 청국으로부터 흑룡강 이북의 땅을 얻고, 1860년 우리 철종 11년에 청국이 영·불 두 나라와 개전했다가 패하매 러시아가 중간에 들어 강화를 시키고 그 보수로 청국으로부터 우수리강烏蘇黑江 이동의 땅을 얻어서 '블라디보스토크'〔동방의 관문〕를 건설하여 이 결과로 조선이 두만강을 격하여 러시아로 더불어 국토를 서로 맞대게 되었다. 그러나 블라디보스토크 곧 '해삼위海蔘威'도 갈망하는 부동항은 아니므로 러시아는 다시 호시탐탐 눈을 조선반도와 남만주 방면에 번득거렸다.

1861년에 일본 국내의 수선스러운 틈을 타서 대마도에 뛰어들어갔다가 영국의 항의로써 퇴각하고 그 뒤에도 영국과의 마찰을 무릅쓰면서 조선의 제주도, 일본의 북해도 등에 어금니를 내밀며, 또 우리 다도해상의 보길도를 점령하려 하다가 중동전쟁中東戰爭에서 일본이 승첩하므로 인해 이를 단념하고 다시 대한제국 말엽의 광무光武연간(1897~1907)에 목포해상의 고하도와 진해만의 밤구미〔栗九味〕 등을 집적거리다가 다 일본에게 방해되어서 번번이 실패하고, 1898년에 청국으로부터 요동반도를 조차하여 여순旅順입구에 군항 대련大連에 상업항구를 경영하여 비로소 부동항을 가짐에 성공했다. 이것이 러일전쟁의 결실로 또한 복멸覆滅되었다가 태평양전쟁 뒤에 공산 소련이 제정시대의 국책을 답습해서 다시 만주의 대련과 조선의 청진을 저희 수중에 넣어버렸음은 우리가 눈으로 본 바이다.

이밖에도 러시아가 19세기 말 이후에 '트란스·카스피' 지방으로부터 페르시아만 어귀로 진출하기를 꾀하다가 영국에게 저지된 일이 있으며, '소비에트'연방이 된 뒤에 북극양 방면의 교통을 편리하게 할 목적으로 '발트'해와 백해白海를 결합하는 이른바 '스탈린'운하의 개착에 착수하여 1933년에 전장 227㎞ 연장으로 세계 제일이라는 대공사를 완성한 것 같음도 또한 러시아의 해양에 대한 전통적 국책이 한번 크고 뚜렷이 보여준[─顯現] 일로 볼 수 있는 일이다.

러시아가 이렇게 두고두고 바다에 세력을 얻으려고 함에서 그 큰 나라 노릇하는 기백을 보는 동시에 오늘날 세계 두 대립세력이라고 하면서 바다를 마음대로 하는 미국이 어떻게 기승스러움에 비해 바다에서 힘을 쓰지 못하는 소련의 어떻게 병신성스러움을 도리어 불쌍하게 생각하지 않을 수가 없다.

바다와 국력과의 관계가 이렇게도 중대함으로써 근세의 강대한 모든 나라들은 일제히 바다로 진출하려 하며, 바닷가의 연안으로 발전하려 하며, 바다 너머의 대안으로 비약하려 하며, 그래서 이른바 '바다를 포위하려 하는 노력(Streben ums Meer)'에 아끼는 것이 없는 것이었다. 바다를 둘러싼 세계의 쟁탈전은 실로 이렇게도 심해왔다.

바다와 조선근고사朝鮮近古史

여기에서 이야기를 조선으로 돌리자. 조선은 기다란 반도국으로서 남이

애를 태우고 얻으려 하는 바다를 옛적부터 무척 많이 가졌었다. 그런데 이러한 큰 재산 큰 보배의 임자임을 조선겨레가 잘 인식하지 못하고, 따라서 잘 이용하지 못하고, 그래서 이 갸륵한 바다가 조선인에게 있어서는 돼지에서 진주란 격이 되고 말았다. 정치가는 바다를 국계國計민생의 추진에 활용하지 못했으며, 사업가는 바다를 식산흥업殖産興業의 발전에 이용하지 못했으며, 청년은 광란노도狂瀾怒濤에 혈기를 흥분시키지 아니하고 운외천변雲外天邊에 모험심을 발작하지 아니했다. 물론 조선민족의 성립에는 해양적 요소도 많이 섞여 있으며, 조선민족 생활의 과정에는 제齊·노魯·오吳·월越과 왜倭·유구琉球·남양南洋을 범위로 한 해상활동의 빛난 업적도 없는 것 아니지마는 그런 것 저런 것 모두 희미한 묵은 꿈속에 숨어버리고 어찌어찌하는 동안에 바다는 다만 태풍과 괴어怪魚가 사람과 배를 한꺼번에 집어삼키는 무서운 존재로만 생각되기에 이르렀다.

이러한 끝이 신라시대에는 당나라 해적이 다도해 일대를 창양搶攘하고, 고려 말년에는 왜구가 반도 전 해안을 유린하고, 조선 500년간에는 당당한 영토인 울릉도·죽도·거문도·보길도를 외국이 자의약취恣意略取하되 이를 어찌하지 못하여 동·서·남 세 해상에 각국 측량선이 부두 드나들 듯하되 이것이 무엇인지조차 깨닫지 못하는 실정이었다. 하늘이 무슨 필요로 조선에 바다를 주셨는지, 조선사람이 무슨 염치에 바다를 가졌는지를 알 수 없었다. 신지발견新地發見·자원취득資源取得·상권확장商圈擴張을 위해 눈이 빨개서 다니는 호랑이 떼를 다만 '황당선荒唐船'·'이양선異樣船'이라는 이름으로 먼 산 구경하듯 하며, 병인양요丙寅洋擾·신미양요辛未洋擾를 우리가 강해서 이긴 줄로 알고 사해태평의 꿈을 꾸는 것이 20세기 제국주의 시대에 있는 동방 반도국민의 실태였다.

바다를 잊어버린 조선이 어떻게 변모했던가? 〔첫째는〕 조선민족에게 웅대한 기상이 없어졌다. 바다는 천지간에 있어 무어라기보다는 가장 위대한 존재물이다. 그래서 그것을 접촉하는 자에게도 '위대'의 감화를 주어서 그 심흉心胸을 활발하게 하며 그 기우氣宇를 웅박雄博하게 한다. 산악山岳을 굴리는 듯한 노도怒濤는 사람의 의지력·분투심을 함양하여 수천水天이 서로 씨름하는 아득한 지음은 사람의 진취심·발전력을 고발鼓發해서 사람으로 하여금 갑갑답답한 육지의 두꺼비집을 벗어나서 시원 훤칠한 새 천지의 개척을 생각하게 한다.

저 '제노아'의 뱃사람 '콜럼버스'가 먼 바다 밖으로서 보지 못하든 물건이 떠내려 오는 것을 보고 "저 밖에도 세계가 있겠지" 하는 생각으로 용감스럽게 대서양 위로 배를 타고 나가서 드디어 '아메리카' 신대륙을 발견한 것 이하로 지리발견 시대의 허다한 발견자는 죄다 바다에 이끌려서 천고불후千古不朽의 대사업을 성취한 자들이다.

우리 신라 진평왕 때에(587) 대세大世라는 귀공자가 "신라라는 갑갑한 산간계곡 사이에서 살다가 말겠느냐" 하고 동지인 구칠仇柒로 더불어 배를 남해에 띄우고 오월吳越 저쪽의 큰 세계를 찾아나가서 어찌 된지를 모른다는 이야기가 『삼국사기』에 전하거니와. 시원한 세계를 찾는 이의 향하는 곳은 바다일 수밖에 없다. 바꾸어 말하면 바다를 찾는 이는 시원한 세계를 얻는 것이다.

19세기 말의 위대한 지리학자 레이첼(F. Ratgel)이 "바다는 '소천지로서 대천지로' 나아가는 정신을 주느니"라고 한 말은 진실로 바다의 인간 또 국민정신에 미치는 감화력을 단적으로 표현한 말이다.

그런데 조선은 모처럼 국민정신을 활발화活潑化하기에 가장 좋은 원동력이 될 바다를 가졌건마는 이 훌륭한 보배의 가치를 이용하지 못했다. 조선 국민은 밖으로 내뻗을 기운을 부당하게 고폐압축錮廢壓縮한 탓으로 그것이 국내에서 자가중독 작용으로 전화轉化했다. 곧 좁은 바다 안에서 많지 못한 일자리를 다투느라고 마찰과 갈등을 거듭했다. 어깨를 서로 부비고 발등을 서로 밟는 데까지는 관계치 않지마는 이해와 감정이 점점 얽혀져서 주먹을 서로 들고 발길로 서로 걷어차기에 이르지 아니하면 그치지 아니했다. 조선 역사상의 암이라 할 당쟁이란 것은 무엇을 말미암아 생긴 것이냐 할진대, 그 가장 근본적 원인은 국민의 기풍이 활달하지 못했음에 있다 할 것이요, 그리고 국민의 정신이 악착같아진 근본적 이유는 곧 국민의기 발양國民意氣發揚의 최대무대일 바다를 잊어버렸음에 있다고 나는 단언하고 싶다. 진실로 조선국민으로 하여금 바다를 인식하고 바다를 친근해서 그 기상을 웅대하게 하고, 그 심흉을 활달하게 하고, 그 이상을 혼박방전渾博磅礴하게 했던들 조선의 사회와 및 그 역사는 분명히 시방 그것과 같지 아니했을 것이다. 이익과 사업과 명예와 행복이 얼마든지 바다 밖에 있음을 알고 또 그것을 붙잡으려 하는 이에게 조그만 벼슬 한 자리와 냄새나는 녹미祿米 몇쯤을 다투기 위해 음모와 간계와 잔인무도한 방법으로써 하는 당파싸움을 할 생각이 날 리 없는 것이다.

40리 한양성의 돌구멍 안에서 두꺼비씨름을 하는 것과 하늘만큼 큰 바다의 세계에서 인생의 모든 욕망을 만족시키는 것과를 골라잡을 마당에서 집안끼리 갉아뜯고 잡아먹다가 마는 비린내 나는 정쟁을 취할 리가 어디 있을까? 시방부터 백여 년 전의 재미있는 한 시인인 이양연李亮淵이라는 이는 조선인이 손바닥 만한 작은 나라 안에서 동인이니 서인이니 노론이니 소론이니 하는 당쟁에 빠져서 다른 정신을 차라리 못하는 꼴을 보면 조금만치도 조선사람 노릇할 마음이 없지마는, 그러다가도 "금강산이 청명한 햇살을 받고 바다 위에 솟아 있는 한 가지 일 때문에 조선서 사노라"는 뜻을 퍽 인상적으로 표현한 시를 지은 것이 있다. 바다는 어떻게 답답한 가슴도 시원하게 하며, 또 당파싸움은 서로의 당파싸움. 그것에 멀미내는 이의 실망 낙심까지도 능히 구제하는 것이다.

[둘째는] 조선나라와 및 그 인민을 가난하게 했다. 바다가 한 나라를 부

유한 데로 인도하는 큰 길임은 동서고금의 역사가 소연昭然하게 우리에게 가르쳐 주는 큰 사실이다. '카르타고'와 로마와 아라비아의 옛일은 그만두고라도 근세의 포르투갈·스페인·네덜란드로부터 영국·프랑스·독일의 부강이 다 어디에서 온 것이냐 하건대 물론 바다에서이다. 특히 근대의 국가들이 다투어 배를 짓고 항로를 개척하고 해외통상의 범위를 넓히고 또 그것을 유지 발전할 만한 해군을 건설하기에 바쁨이 결코 우연한 일이 아니다. 해상세력의 대소는 곧 국가부강의 척도이기 때문이다.

조선은 3면 환해의 반도국이었건마는 그 바다는 오랫동안 자물쇠로 채워 있었다. 그 바다에는 숨쉬기가 없었으며, 피가 돌지 아니했으며, 수족이 움직이는 일이 없었다. 국내의 인민이 썰물을 타고 나가지도 아니했으며, 해외의 물화가 밀물을 타고 들어오지도 아니했다. 찬물·더운물이 섞여흘러 각종 수산물의 무진장이라는 말을 듣는 하늘이 준 대자원이 부질없이 버려져 있어서 조선의 바다는 존재가치를 가지지 아니한 무용장물無用長物이었다. 임자가 돌보지 않는 동안에 남의 상선·어선이 대신 와서 이 이익을 거둬가되 아까운 줄, 분한 줄조차 알지 못하는 정도이었다. 이 바다 안의 땅에서는 댓가지 갓과 지푸라기 신과 풀먹인 베옷을 걸친 허다한 인민이 움 같은 집 속에서 된장국물도 변변히 얻어먹지 못함을 한탄하고 앉았었다.

5천 년 문명국이라 하되 그것을 표상하는 크나큰 건축 하나가 있을까? 3천 리 금수강산이라 하지마는 사람 다닐 만한 길 하나를 만들어 놓았을까? 소꿉장난 같은 정치와 아이 장난 같은 산업으로써 죽지 않은 목숨을 억지로 끌고 나가는 것이 대체로 우리 그전의 생활이요, 시방까지도 그것을 많이 벗어나지 못한 형편이다. 식구는 많고 살림은 구차스러우매 집안 안에 말썽만 많고 백 가지 일이 두서를 차릴 수 없음은 실로 어찌할 수 없는 일이다. 줄잡아 1천 년 이래의 조선의 사회·문화·민족생활에 신선한 빛이 없음은 그 원인의 거의 전부가 생계의 빈곤함에 있었다. 째질듯하게 구차하다 함이 조선 중세 이후의 상태에 맞는 말임은 우리 국가 각 방면의 경제적 숫자를 보면 얼른 살필 수 있는 일이다. 헐벗고 죽만 먹는 정도의 생활에서 무슨 여유있는 정치규범과 문화사실文化事實을 찾을 수 있을 것인가? 근대조선이 무엇 무엇은 왜 다 이 꼴인가 하고 그 원인을 거슬러 올라가 찾아보면 그 끝이 대개는 빈곤이라는 한 점으로 돌아가고 만다. 그러면 이 흉악한 빈곤은 어디로서 온 것인가를 한번 생각해 볼 필요가 있을 것이다.

선조조宣祖朝에 임진왜란의 7년 풍진風塵을 치르고, 다시 수30년의 동안에 인조조의 정묘·병자 두 번 호란을 당하고서 조선의 사회경제는 마침내 파멸의 일보 앞에 놓여졌다. 이 지경이 되매 아무리 조선의 정치가라도 발등의 급한 불을 꺼야 하겠다는 생각을 아니할 수 없었다. 인조·효종 이후 몇 대 동안에 있는 사회-경제상 약간의 개혁은 이러한 정세 하에 행해진 것이다. 그러나 병이 염통에 있거늘 손끝 발끝에 약간 외과수술을 베푸는 것으로 효험을 볼 수 없음은 물론이다. 이에 식자의 사이에 조선빈곤에 대한 원인탐구가 행해졌다.

그리하여 얻은바 결론은 누구나 똑같이 첫째는 국내교통의 불비不備 곧 수레다닐 만한 길이 없어서 물화의 유통이 편리하지 못함이요. 둘째는 해외 통항의 막힘[杜塞] 곧 외국무역으로써 국내경제를 북돋을 줄 모르는 까닭에 나라가 구차하다 함이었다. 오랜 동안의 쓰라린 경험으로써 겨우 이 점에 생각이 간 것이었다. 영조·정조 사이에 이르러 문화정신이 크게 바뀌고 나라의 잘못된 형편을 생활양식의 교정으로써 구제하겠다는 사상가의 한 '그룹'이 있었으니, 박지원·이덕무·박제가 등이 그 가운데 쟁쟁한 자들이요. 그네들은 우선 조선보다는 많이 진보한 생활양식을 가진 청나라에서부터 배워오자 함을 주장했음으로써 역사가가 이네들을 북학론자北學論者라고 이른다.

박지원(1737~1805)은 호를 연암이라 하여 한문학자로도 탁절한 지위를 가지는 어른이거니와 한편으로 북학론자의 중에서도 가장 진보적인 사상가이었

다. 그의 명저에 『기허생사記許生事』라는 것이 있으니 그 개요를 말씀하건대

효종시절에 서울 남산 아래 묵적동에 허 생원이라는 가난뱅이 은사隱士가 있었는데 하루는 느낀 바 있어 장안갑부 변승업卞承業을 찾아가 보고 다짜고짜로 돈 만 냥을 꿰달라고 했다. 좌중의 여러 사람은 눈들이 휘둥그렇지마는 그래도 변장자라 까닭있는 사람임을 알아보고 성명도 묻지 않고 선뜻 만 냥을 내어주었다. 허생원이 이 돈을 가지고 먼저 안성장에 나가앉아 삼남지방에서 서울 올라오는 과실을 중값으로 도매都買했더니 얼마 뒤에 서울서 과실이 씨가 말라 혼수·제수祭需와 모든 잔치를 지낼 수 없어서 전일에 많은 값으로 알고 팔았던 장사치들이 그 값 몇 곱을 내고 도로 와서 사갔다. 또 그 돈을 가지고 제주로 들어가서 그 법으로 망건을 도매했더니 일국사람이 머리를 거두지 못해서 마침내는 장사들이 산 값 몇 곱을 내고 도로 그 망건을 사갔다.

이렇게 두 번 장사에 큰돈을 모아가지고 서울로 돌아왔다가 삼남일대에 도적이 크게 성하되 나라에서 진압하지 못한다는 말을 듣고 적당의 소굴인 부안의 변산으로 가서 도적의 두목들을 불러서 "왜 험한 노릇을 하느냐" 한즉 "살 수가 없어 그러노라" 하거늘 "생활할 길을 얻으면 그만 두겠느냐" 하니 "그러다 뿐이겠습니까?" 하는지라. 그 무리를 산더미 같이 돈을 쌓아둔 곳으로 데리고 가서 너의 힘껏 이 돈을 가지고서 장가도 들고 농구도 장만해 가지고 아무 날까지 해변으로 나오라고 일렀다.

석인賊人들이 생활도구를 장만해 가지고 기한이 되어 해변으로 이르러 보니 붉은 깃발 단 커다란 배 여러 척이 기다리고 있다가 이들을 실어가지고 해상으로 떠나갔다. 장기長崎·하문廈門 사이의 어느 무인도로 싣고 들어가니 땅이 넓고 흙이 걸어서 김맬 것 없이 곡식이 쏟아져 이루 주체할 수가 없었다. 마침 일본에 흉년이 들어 곡가가 비싸다는 소문을 듣고 먹고 남는 쌀을 사가지고 일본 대판大阪에 갔더니 어이없는 높은 값으로 불티가 나게 쌀이 팔려 돌아오는 배에는 그 때의 국제통화인 은이 그득 실렸었다.

바다 반쯤 오다가 허생원이 한숨을 크게 쉬며 가로대 "만금萬金돈에 들먹

여지는 나라에 이 많은 재물을 무엇에 쓰겠느냐?" 하고 그 대부분을 바다에 던져 가로대 "바다가 마르거든 누구든지 주워가거라" 하고 그 중의 십만 냥어치 은만을 남겨 가져다가 변장자에게 갚아주었다. 변장자가 놀라서 "어떻게 이만한 큰돈을 벌었느냐?"고 물음에 허생원이 장사하는 묘리를 말하는데 그 가운데 "우리 조선은 정치의 규모가 글러서 수레가 나라 안에 다니지 못하고 배가 외국을 통하지 아니하니 나라와 백성이 어찌 구차함을 면하겠느냐. 이 폐풍을 고치지 않고는 남의 나라와 같이 사는 수가 없으리라" 하고 통절하게 논변했다.

그 때 나라에서는 병자년의 원수를 갚을 양으로 청국을 들이치려 하여 이완李浣이라는 대장에게 군사준비를 맡겨서 그 일이 한참 진행하는 중이더니. 변장자는 이 대장과 친히 지내는 터이라 한번은 이 대장이 변장자에게 민간에 큰 뜻을 품고 숨어지내는 이가 있거든 나에게 천거하라 하거늘 변장자가 허 생원의 말을 하고 이 대장을 데리고 흑석동으로 찾아가 겨우 두 사람을 회견시켰으나 허 생원의 이상은 너무 크고 이 대장의 위력은 너무 적어 아무 성과를 거두지 못하고 말았다.

하는 이야기다.

이 이야기는 여러 방면으로 당시의 시대사조를 살펴보게 하는 귀중한 자료이거니와. 그 중의 "수레가 성중에 지나다닐 수 없고 배가 해외에 통항하지 못하는데. 나라가 어찌 가난하지 않겠으며 백성이 어찌 곤고하지 않겠는가?[車不行城中 舟不通海外 國安得不貧 民安得不困]"라고 한 이 구절은 그 때의 진보적 사상가들이 바다에 눈을 떴음을 보이는 것이요. 또 일본 대판에서의 미곡무역과 동중국해상에서의 무인도 개척이 다 막대한 성공을 가져왔다 하는 점은 곧 해상활동의 이익을 구체적으로 나타내려 한 의도였다.

대저 임진왜란에 다수의 인민이 일본으로 사로잡혀 가서 그것이 포르투갈의 노예상인의 손으로 넘어가 남양 각지에 우리 인민이 흩어져 분포하게 되고. 그 중의 얼마는 도로 본국으로 돌아와 해외의 사정을 전한 가운데는 외국여행자의 여행담으로서 남양지방을 이상적 선경으로 과장한 이야기가 꽤 많았으니 이런 것이 은연한 가운데 민간에 돌아다니고 여기에서 '힌트'를 얻어 북학론자의 이상을 구체적으로 표현한 것이 박 연암 붓끝에 오른 허 생원의 이야기일 것이다. 남방의 해외에는 살기 좋은 세계가 있다는 민간의 전승을 한번 더 신앙적으로 지양止揚해서 조선민족의 이상국토를 만들어 낸 것이 근대 민간신앙의 주축이 된 이른바 '남조선南朝鮮'이라는 것으로서 '해도중진인출海島中眞人出'할 때에 우리가 다 영광과 복리를 누리게 된다는 관념은 조선민족의 해사사상발전사상으로 극히 주의할 점이 들어 있는 것이다.

조선의 수군약사水軍略史

세계의 어느 국민이고 현실세계의 불만을 관념적으로 만족해 보려 하여 마음이 공허하고 아득한 즈음에 이상국토를 만들어놓고 그를 동경하며 그를 기쁘게 구하는 일이 흔히 행하고 있다. 그런데 이러한 이상국의 위치는 흔히 먼 해상에 둔다. 고대의 중국인이 삼신산三神山 또는 봉래도蓬萊島를 동방의 해상에 있다고 생각했고, 그리스의 철학자 플라톤이 아틀란티스라는 선경을 대서양상에 그렸음 등이 그 직절한 예이다. 조선민족이 그의 이상세계를 남방해상에 만들어 가졌음이 또한 인류 사상경향思想傾向의 한 유형으로 보임직도 하다.

그러나 조선민족의 '남조선'이란 것은 단순히 관념적인 산물이라고 우리는 생각하고 싶지 않다. 왜냐하면 조선민족은 일찍이 남방해상을 말미암아 많은 문화의 빛과 행복의 씨를 얻어 들여온 확실한 기억을 가지고 있는 자이니까. 남방의 바다에 복락이 있음이 사실이지 결코 관념만이 아니었다.

우선 신라 하대에 장보고라는 해상위인이 있어서 시방 전라도의 완도를 중심으로 하여 중국의 산동반도·항주만杭州灣과 일본의 북구주 해안과 그리고 남양南洋의 여러 항구를 교통망으로 잡아매어 놓고 동방해상에 큰 이상을 가지고 해상왕海上王으로서 문화무역을 통한 대활동을 한 것은 우리 조상들도 얼마쯤 전해 들었을 일이다. 또 고려 475년간에 때를 따라 성쇠는 있었을 법하다. 반도의 서해·남해에 기이한 물건과 신통한 소식을 싣고 다니는 배가 언제고 끊겨본 일은 결코 없었다.

이러구러 남방의 바다는 조선민족의 영원한 한 줌 희망이었으니 '님조선'이 관념적 산물 아닌 것은 아니어도 그 내부와 배후에는 명확한 사실이 들어 있든 것이었다. 진실로 조선민족으로 하여금 남방 바다에 대한 기억을 좀더 분명하게 가지고 남방 바다에 대한 인식을 좀더 확실하게 붙잡았었더라면 조선의 국민경제가 이토록 궁핍 곤란에 빠지지는 않았을 것이다. 일찍이 신라新羅는 황금국으로 아라비아의 상인에게 부러움을 받고, '코레스[高麗 필시 조선중세의 제주인]'는 해상의 용자勇者로 포르투갈의 항해자에게 두려워하는 바가 되었다. 이것을 한 시대나 한 지방의 일에 그치게 하지 말고 조선민족으로 하여금 항상 이와 같은 해상발전의 주인노릇을 하게 했었더라면 줄잡아도 유럽에 있는 네덜란드·벨기에의 부귀영화쯤은 손에 침뱉고 움켜쥐였을 것이 아닌가? 하늘이 맡기신 보고寶庫를 내버린 민족에게 구차의 설움이 있음은 진실로 당연한 일이라고 할 것이다.

[셋째는] 문약文弱에 빠져버린 것이다. 바다는 물과 하늘이 큼을 다투는 세계요. 물결과 물결이 힘을 다투는 세계요. 물과 사람이 굳셈을 다투는 세계로서 천지간에 있는 가장 장쾌·활발한 투쟁이 거의 쉴새없이 연출되는 무대이다. 바다의 세계에서 소용되는 것은 남아의 의기요. 청춘의 피요. 씩씩한 기상이요. 든든한 팔뚝뿐이다. 무릇 퇴영退嬰과 위축萎縮과 잔열殘劣과 안일은 바다의 생활에서는 무엇보담 큰 독약이 되는 것이다. 저 '바이런'이 노래한

'에게'바다의 해적활동과 중세기 이래로 허다한 '로맨스' 작가의 영탄詠嘆하는 대상이 된 '스칸디나비아'의 바이킹(Vikings) 생활 등은 어떠한 느리광이 꼼지락기의 신경이라도 홍두깨처럼 불끈 흥분시키지 않을 수 없는 것이다.

불란서의 지리학자 '르클류'는 그 명저인『세계문화지사世界文化地史』의 지적地的 환경론 속에 바다가 무서운 의지와 정열과 흥분을 가진 모양을 그리고, 또 바다와 함께 지내는 항해자는 바다에서 받는 바 쉴새없는 인상으로 말미암아 그 생활이 엄숙 진지해지는 이유를 재미있게 설명했다. 바다를 친하는 자는 진취적이요 투쟁적이고 필사적인 생활을 가지게 된다. 개인은 '콜럼버스'가 되고 '마젤란'이 되고 '캡틴 쿡'이 되며, 국가로는 포르투갈·스페인·네덜란드 등으로부터 영국·프랑스·스웨덴·노르웨이가 되는 것이다. 한 칸 구들과 몇 쪽 널마루를 세계로 하여서 메마른 창자를 쥐어짜서 '반半남아'를 부르고 자빠져 있는 것은 바다를 아는 이의 참을 수 있는 생활이 아니다.

고래의 잔등이를 두드리고 악어의 볼통이를 쥐어지를 듯한 기운을 가지는 이는 좀먹은 책상 뒤지기와 초상치르고 제사지내는 것을 인생의 대사로 알아서 할아비-손자와 아비-자식이 진끼빠져 여윈 밭두덕 논배미를 붙들고 놓지 못하는 생활에 견디지 못할 것이다.

조선민족이 본질적으로 무용武勇스러웠음은 역사가 이를 증명하는 바이며, 더욱 고구려의 국제환경과 신라의 역사적 사명이 무용본위의 국민훈련을 요구했음으로써 국민의 기풍이 서절로 꿋꿋하고 씩씩힘을 숭상했음도 일반이 아는 사실이다. 통일신라 이후에 외국을 걱정하여 무력을 준비할 필요가 없어지고, 한편으로 당나라의 난숙爛熟한 문화를 수입 또 모방하는 가운데 문약의 풍이 생기며, 다시 고려건국의 직후에 과거제도를 시행하여 국가의 인재를 뽑아쓰는 방법이 문학으로써 최고표준을 삼음에 미쳐 글 배우고 지음이 인생의 제일 큰일이 되고, 무용과 군사관계는 점점 푸대접을 받고 거기 따라서 문약의 기습氣習은 가속도로 증진했다. 그래도 거란·여진·몽고의 여러 신흥민족을 차례차례 대항하여 각각 수십 년에 미치되 한 번도 군사적으로 굴복한 일이 없었음은 조선민족 무용성의 뿌리가 어떻게 깊고 단단함을 증명하는 것이었다.

한편으로 바다에 있어서의 조선민족의 용무勇武스러움은 육상에서만 못하지 아니했다. 조선민족과 중국민족과의 최초의 대충돌인 한무제의 침입군에는 양복楊僕이라는 자가 누선장군의 이름으로서 수군 5만 명을 거느리고 산동반도로부터 발해를 건너 대동강을 거슬러 왕검성王儉城(그 전의 평양)의 덜미를 공격하여 포위했지만 한나라의 수군은 조선군의 항전에 견디지 못하여 마침내 패군의 쓴맛을 보게 되었다. 이 뒤 수나라·당나라의 여러 번 침입에 다 수군이 따라왔었지만 그것들도 번번이 패전 이외에 아무 성과를 얻지 못했다. 이 때 조선편의 수군이 어떠한 편제로 있었는지는 자세치 아니하지마는 수군을 대항한 자는 역시 수군이었으리라고 볼 것이다.

그리고 방면을 고쳐볼진대 우리 신라시대로부터 고려 초기에 걸쳐서 일본의 서남지방이 어떻게 오래. 또 많이 반도해인半島海人에게 몰려 지내왔음은 시방도 남아 있는 북구주 해안의 방어시설이 대단했음에서 이를 살필 수 있다. 신라 말년에 반도가 다시 3국으로 나누이고 북방세력을 대표하는 태봉泰封과 남방세력을 대표하는 후백제가 불꽃이 일 듯한 패권다툼을 할 때에 태봉 편의 남방제압군은 후일의 고려태조가 된 왕건이란 장수인데. 왕건은 백선百船장군의 이름으로서 수군을 거느리고 후백제의 해상봉쇄를 행하여 크게 용명勇名을 나타냈다. 고려 왕씨의 일족은 필시 예성강에 본거를 두고 조선의 서해상에 활동하던 해상세력의 지도자로서. 그는 이 배경으로서 태봉에 들어가 지위를 얻어 다른 날 왕업을 건설한 자로 인정된다. 고려 현종 10년(1019). 지금부터 940년쯤 전에 고려인이 여진인을 거느리고 병선 50여 척으로써 일본의 대마도와 북구주 일대를 공격하여 일본의 조야를 크게 놀라게 한 사건은 실로 반도인민의 해상활동력이 오히려 강대했음을 말하는 것이었다.

　이렇게 조선인은 해상에서도 퍽 굳센 민족이었다. 이러한 근기根基가 있었음으로서 이 뒤 고려의 원종·충렬왕 두 대에 걸치는 원나라의 두 번 일본정토에 큰 협력을 하기도 하고, 창왕昌王의 원년으로부터 조선시대의 세종조에 걸쳐 여러 번의 대마도 정토를 행하여 다 좋은 전과를 거두기도 하고, 또 고려 말엽에 왜구를 대항하는 필요상으로부터 수군을 창설하고 전함과 화포를 발명 개량하여 그 창궐한 기세를 꺾기도 한 것이었다.

　그러나 고려에 들어온 이후의 대세는 무용의 면이 날로 줄어드는 반면에 문약의 풍이 날로 커진 사실을 가릴 수 없이 되었다. 어느 것이 먼저요 나중임을 질정質定해 말하기는 어렵되 이러한 경향이 분명히 바다에서 멀어지고 바다를 잊어버리는 사실과 함께 진행했다. 필시는 문약해짐으로써 바다에서 멀어지고 또 바다에서 멀어짐으로써 더 문약한 풍이 자랐을 것이다.

　조선반도에 관계있는 해상관계의 허다한 전설은 국내에 전하는 것 국외에 전하는 것을 막론하고 죄다 신라시대의 일로 되어 있으며, 고려 이후의 문헌에는 바다관계의 설화를 다시 얻어볼 수 없게 됨은 대체로 반도인민의 바다를 떠난 생활이 고려 이후의 일임을 나타내는 좋은 증거라 할 것이다. 그런데 조선민족의 문약에 빠진 연대도 이로 더불어 엇비슷한 시기임이 사실이다.

　이상에서 우리는 조선민족이 바다에서 멀어진 뒤에 첫째 국민의 기상이 쪼그라들어 집안 안에서 복작복작하는 가운데 낭쟁과 같은 곳은 결과를 가져오기에 이르고, 둘째로 해상활동과 해외무역의 이익을 내어버리고 돌보지 않기 때문에 국민경제가 빈궁에 빠져 사회·문화 모든 것이 그 때문에 발전하지 못하고, 셋째로 바다를 동무하여 용장하게 살았어야 할 민족이 바다를 소박하여 위축된 생활을 했기 때문에 민족정신과 및 생활태도가 다 유약위미柔弱萎靡에 빠져 그림자 같은 사람이 되고 말았다.

　여기에서 다시 한번 '레이첼'의 말을 빌어보건대 "바다는 제국민諸國民 발전의 원천"이거늘 우리는 이 원천을 틀어막고 또 잊어버리고서 당연한 국민 발전의 기회를 상실했던 것이다. 그리스와 로마의 역사는 우리와 같은 반도 국민의 지리적 약속을 보여주는 좋은 거울이라 할 것인데, 그리스와 로마 역사의 영광스러운 책장은 육지에서 펴지는 것이 아니라 바다에서 펴졌다. 그리스의 문화세계, 로마의 권력국가가 다 바다를 거쳐서 전개된 것임이 새삼스레 설명을 요할 것도 아니다.

사실을 말하면 그리스인이고 로마인이고 둘이 다 바다를 좋아하던 민족은 아니었다. 그리스의 유명한 속담에 "'마레아'의 끝을 돌아가거든 집안일을 잊어버려라" 한 것이 있고, 또 "'메씨나'[시칠리 섬의 해항] 해서海峽에는 괴물이 있느니라" 한 전설은 다 바다를 무서워하는 마음에서 나온 것이며, 로마인도 역시 바다를 싫어하여 용장으로 이르는 '키케로'도 '아테네'로 갈 때에 가까운 해로를 두고 일부러 먼 육로로 돌아갔다고 한다. 그렇지마는 좋아하든지 언짢아했든지 그리스인은 인구증가로 식민지를 만들려 하매 해상활동의 위험함을 무릅쓰지 아니치 못했으며, 로마인은 지중해의 제패를 위해 카르타고와 그리스와 동방의 여러 나라로 더불어 바다를 무대로 하는 많은 싸움을 되풀이하지 아니치 못했다.

바다는 장괴壯怪한 존재인 동시에 위험한 처소이므로 해상활동으로 유명한 인민의 사이에도 바다에 대한 공포감이 결코 없지 아니한 것은 고래로 모험·탐험의 많은 업적을 내고 마침내 세계굴지의 해운국이 된 노르웨이 국민 내지 '스칸디나비아'반도의 '튜튼'민족의 신화에도 바다는 잔인탐욕한 강탈자·살육자로 표상되어 있고, 처음 지중해 뒤에 인도양으로 웅비한 '사라센' 인민도 홍해를 빠져 인도양으로 나가는 해협을 바헤이 맨드(BahelMandeh: 눈물의 문)라고 이름지었음 등에 나타나는 바와 같다. 이네들도 바다가 무섭기는 하지마는 무서운 바다를 들어가야 국민의 발전과 부영富榮이 있다 하고서 웅도雄圖와 장거壯擧를 결행했던 것이다. 그리하여 문화의 진보와 함께 항해술이 진보하고, 선박의 동력이 발전하고, 또 그 몸뚱이도 커져서 드디어 세계의 모든 바다가 이네의 앞에 항복하게 된 것이다.

바다는 이러한 민족에게 영토와 재물과 함께 영광을 주었다. 그런데 조선인민은 이 반대의 길을 걸어서 넓고 넓어서 끝이 없는 바다가 몸 가까이 있음을 잊어버리고 손바닥 만한 국토 안에서 더럽고 구차하고 갑갑한 꼼지락 생활을 하고 있었던 것이다.

우리는 이제 그악스럽던 운명의 속에서 놓여나와 신흥국민으로서의 빛난 출발을 하는 자리에 섰다. 민족의 생활과 역사의 진행에 커다란 전기를 주어서 모든 것을 무리로부터 합리로 부당으로부터 정당으로 옮겨오지 아니하면 안되는 대목에 있다. 조선인의 국민생활과 및 그 역사를 알차지 못하게 한 모든 원인을 밝혀내어 똑바른 생활가치를 새로 만들어야 할 중요한 기회이다. 그 가장 큰 원인이 경제적으로 구차했음과 사회적으로 당쟁에 심하고 통일성 또 조직력이 부족했음과 제2차적으로는 국민의 기풍이 유약 무기력하여 진취와 건설에 합의하지 못했음에 있었다고 보겠는데, 이 몇 가지 폐풍누습弊風陋習은 실로 다 반도국민으로서 바다를 잊어버렸기 때문에 유도순치誘導馴致된 것이라고 봄이 결코 억지가 아니다. 설사 이 이유를 승인하지 아니할지라도 우리 국민의 눈과 마음과 힘을 바다로 전향시켜 이 시원한 세계를 생활무대로 하는 때에 국민의 기풍이 저절로 고쳐져서 어느 동안에 되는지 모르게 역사의 방향과 색채가 완연히 일변하리라 하는 결과를 부인하지는 못할 것이다.

우리가 여기에서 우리의 자연환경을 또 한번 살펴보자. 우리 국토가 반도로서의 모든 약속을 가졌음은 새삼스레 일컬을 바 없거니와 마찬가지의 반도 가운데서도 조선반도에는 독특한 여러 조건이 갖추어져 있음을 주의해야 된다. 지도를 펴고 보면 조선반도에는 남방과 서방의 두 해안에 길고 짧은 무수한 팔뚝이 불쑥불쑥 내밀고 그 좌우에 깊은 후미가 졌다. 서해안의 장산곶·태안반도, 남해안의 고흥반도·고성반도처럼 이러한 지형을 지리학자들은 '리아스'식이라고 부른다. 스페인의 북서부에 이러한 지형이 있어서 그것을 '리아(Ria: 灣의 뜻)'라고 부름에 인한 것이다.

조선반도의 남·서 두 해안은 리아스식 해안의 세계상에 있는 전형적인 것이다. 그러나 조선반도의 이러한 지절肢節은 스페인반도에 비하여도 훨씬 현저하기 때문에 학자의 중에는 이 특징을 명백히 하기 위해 새로 '조선식 해안'이라는 명사를 만들어 쓰는 이가 있다.

남해안은 서해안에 비해 지절의 발달이 더욱 현저하여 그 길이가 40km에 달하는 것이 있고, 그 좌우에는 흔히 깊은 후미가 생기고 앞에는 많은 섬이 벌려 있다. 임진왜란에 이 충무공의 책원지策源地이던 한산도와 명나라 수군의 근거지이던 고금도가 다 이러한 지절을 짊어지고 생긴 해만海灣을 이용한 것이며, 가깝게는 러일전쟁에 일본해군이 집결해서 러시아의 '발틱' 함대를 맞이한 곳으로 드러난 진해만이 또한 그 하나이다.

반도의 남해안에 이러한 지절이 특별히 발달해서 마치 남태평양의 모든 것을 죄다 움켜쥐려는 기세를 보이며, 그것을 실행하기에 훌륭한 어선·상선·군함 등의 큰 근거지가 무수히 생성되어 있음은 어떠한 지정학적 의미를 가진 것이다 할까? 하늘이 반드시 유심하게 이 지형을 만드신 것은 아니라 할지라도 이러한 국토를 가진 국민이 이 재미있는 지형, 훌륭한 자연적 조건을 무의미 무가치하게 버려둠이 가할까? "하늘이 주었는데 받지 않으면 도리어 그 재앙을 받게 된다天與不受 反受其殃"라는 말과 같이 조선국민은 이 지형을 활용할 줄 몰랐어도, 일찍이 원나라가 여기를 근거지로 하여 두세 번의 일본 정벌을 행했으며, 일본은 앞서서 호시조어지互市釣魚地로 생활물자를 여기에서 벌어가고 뒤에는 러일전쟁의 최후승리를 여기를 의지하여 결정했다.

구한국 광무연간에 러시아와 일본이 진해만을 저의 것 만들 요량으로 엎치락뒤치락 두꺼비씨름을 하다가 마침내 이것이 일본의 손으로 돌아가는 때에 다른 날 조선해협 또 동해상의 해전이 결정되고, 또 우리 한국의 36년 동안 무서운 시련이 여기 결정되었다. 귀중한 보배를 거느리지 못하면 오직 도적놈의 위해를 받고 마는 셈이었다. 우리 대한민국의 전도가 이 남해안의 특수지형의 가치를 정당히 발휘하고 못함에 많이 달려 있음을 생각해야 될 것이다.

또 우리는 여기 역사상에 나타난 임해국민으로서의 실적을 반성하여 보자. 인류의 역사가 바다와 함께 발전한 것처럼 조선의 역사도 일면에 있어서 바다와 함께 생장했다. 최고最古의 조선은 발해渤海에 에둘려서 성립했다. 그것이 고구려가 되고 삼국이 되고 통일신라가 되고 고려·조선이 됨을 따라 조선반도의 역사는 황해에 에둘리고 중국해에 에둘려 동방해상의 뚜렷한 존재를 이어왔다. 그리고 이 반도는 바다에 다다른 나라로서 마땅히 가질 그 많은 특수한 역사를 만들어냈다. 이미 말씀한 한漢·수隋·당唐 여러 나라의 해상으로부터 침입하는 세력을 박차버린 것도 그 하나이거니와, 서西로는 오대五代·송宋·원元의 여러 왕조와 남으로 유구琉球·남양南洋과 동으로 일본의 모든 나라를 상대로 하여 무역貿易·문화수입文化輸入·교통중계交通中繼상에 여러 가지 중요한 역할을 담당했던 사실에도 주의를 요할 것이 많다. 또 중국의 발해연안으로부터 산동반도를 지나고 강회江淮지방에 이르는 황해·동중국해 연안 각지에는 아득한 옛날로부터 우리 조선계 인민의 활동 또 거주한 사적이 줄지어 있어왔다.

"중국 주周나라 시대에 회수淮水유역에 나라를 세우고 인정仁政을 행하여 그 근처의 36국이 와서 붙좇아 주나라의 대립세력이 되었다" 하는 서徐라는 나라는 중국의 고대사에 동방계통의 민족으로서 동방민족의 한 특징이 되는 국조난생國祖卵生전설 곧 나라를 세운 임금이 알 속에서 나왔다고 하는 고사설화古史說話를 가졌었다고 하니까, 이 전설은 줄잡아도 조선계통의 민족이 황해를 가운데 두고 이쪽 언덕 저쪽 언덕에 똑같이 분포하여 살던 시대가 있었음을 보이는 것으로 볼 수 있다.

중국의 당나라 시절에 만든 정사正史의 하나인 『송서宋書』와 『양서梁書』에는 고구려가 요동을 차지하고 있으며, 어느 시대에 백제는 바다를 건너가서 요서의 진평군 등지를 점령하여 거기 백제군을 두었음을 기록하여 있다. 이것이 사실이라면 육지에서는 고구려에 막혀서 될 수 없는 일이지만 아무 방해를 받지 않는 바다를 건너가서는 이런 일도 있을 수 있음이 물론이다. 백제의 이 일도 후세의 역사가들은 의심스러운 일로 쳐서 대개는 말살해 버리게 되었지만 중국의 정사正史 특히 반도국가에 대해 하찮게 여기는 버릇이 심한 당대唐代의 문헌에 전하는 사실을 이유없이 부인함은 불근신不謹愼의 심한 일이라 할 것이다.

돌이켜 생각하면 백제의 이 사실처럼 반도半島계 인민의 해상활동의 사실이 문헌적 생명을 얻지 못했기 때문에 얼마나 많이 인몰湮沒되었을까를 우리는 생각해야 한다. 저 신라 하대의 해상왕 장보고의 사실도 『당서唐書』와 『일본기日本紀』 등 외국문헌을 의빙依憑하여 그 위대한 활동내용을 우리가 알지 아니하는가?

다시 해상활동의 기본이 되는 항해술·해전법의 위에 나타난 능력을 살펴보기로 하자. 조선어에 선박을 '배'라 이르고 작은 배를 '거루'라고 이르는데 이 말이 먼 남양해인南洋海人의 말과 연락聯絡을 가진 듯함은 우리에게 재미있는 상상을 자아내지만 이것은 아직 모르는 체하자. 아무리 하든 조선의 항해술은 그 연원이 심히 구원久遠한 것으로서 옛날 어느 시기에는 반도국민이 오랫동안 동방해상에 혼자 활개를 치고 돌아다녔던 사실은 일본편의 문헌에 많이 드러나 있다.

일본의 신화에는 소잔명존素盞嗚尊[스사노오 노 미코토]이라는 이가 처음 배를 만든 것으로 되어 있는데, 이 이는 우리 반도로 더불어 특수한 관계를 가지는 자이며. 그 배를 만든 목적은 신라국의 금은보화를 가져다 쓰기 위함이었다고 한다. 또 '배 만드는 재료도 반도지방을 거쳐 전해 오니'라고 했으니 이 이야기는 필시 일본 조선술造船術의 연원이 반도에 있음을 반영하는 설화의 꾸밈(說話意匠)일 것이다.

그 역사시대에 들어온 뒤에도 큰 배를 지으려 하면 공장工匠을 신라로부터 데려간 실례가 있다. 『일본서기日本書紀』의 응신왕應神王 31년도에 "각 지방의 책상선責上船 5백 척이 무고항武庫港에 모였다가 신라무역선의 실화한 것에 연소되매 신라로서 배 잘 짓는 이를 데려다가 새 배를 짓게 하니 이들의 후손이 섭진국 하변군 위나향(攝津國 河邊郡 爲奈鄕)에 정착하여 대대로 나라의 배를 지어 바치는 저명부猪名部의 일족이 되었다" 한다.

또 일본은 중국의 남북조시대(지금으로부터 약 1500년 전)로부터 해로를 말미암아 사신을 중국의 남조에 왕래시켰는데 그것이 북방항로를 경유하는 시기에는 많이 신라의 배를 이용했으며 설혹 저의 나라의 배를 타고 도사공都沙工은 많이 신라사람을 썼다. 그것은 신라의 배가 일본에 비해 견고하며 신라의 사공이 결과로는 과선戈船이라는 새 선형船型을 창조하여 이를 제복制服하기에 성공했다.

과선이란 것은 배의 면판에 쇠로 뿔을 만들어 붙여 대적의 배를 들이받아서 깨트리는 설비를 한 배를 이름이니 근대 외국군함의 충각衝角이라고 하는 것과 비슷한 것이다. 당시 동양의 전선에는 이러한 장비가 없고 고려만이 이를 가졌음으로 고려의 해군은 한때 천하무적이었다. 일본의 어느 역사가는 이깃으로씨 세계철갑선의 시조라고 말했지만 실상은 서이 충각에 그치고 아직 전면장갑이라고 볼 것은 아니었다.

고려의 충정왕 2년(1350) 이후에 왜구倭寇 곧 일본인 해적이 우리 해상에 구략寇略을 행하여 그 화禍가 날로 심해지고 반도의 전해안은 물론이요. 심지어 개경 부근에까지 왜적의 칼부림이 있기에 이르러 고려의 국가생활에 중대한 위협이 되었었다. 처음에는 왜적이 뭍에 오른 뒤에 방전防戰하므로 전과가 신통치 못하더니 최무선崔茂宣이란 어른이 "해적海賊인바에 수상에서 막아야 옳다" 하여 조정에 건의하여 다시 수군을 설치하는 동시에 당시의 신무기인 화포술을 고심 연구하여 고성능의 화약을 군함에 싣고 해상에 나가서 왜구의 집결한 것을 화공섬멸한 뒤로부터 왜구의 기세가 겨우 꺾였음은 우리 해군사상에서도 특별히 영광스러운 부분이다.

고려의 뒤를 이어 조선에서 왜구를 가상적假想敵이니 당면실제의 적으로 해서 견고·경첩·쾌속의 여러 요소를 구비한 전선을 만들려 할 때 적인 왜구로부터 중국의 강남 내지 유구까지의 선형을 모아다가 주밀하게 비교 연구해서 각각 그 좋은 점을 따서 조선 독특의 전함형을 창조하고 특히 적의 공격을 받는 일없이 적을 공격할 수 있는 거북선(龜船)이라는 고금에 없는 선형을 안출案出하기에 이르렀다.

거북선의 분명한 창제연대는 알 수 없으되 태종 13년(1413)에 상감이 임진강에 나가서 거북선과 왜선이 서로 접전하는 모양을 구경한 사실이 사적史籍에 기록되어 있다. 이 거북선이 그 뒤 어떻게 된 것은 문헌상에서 찾아보기 어렵고 조선 초기 이래로 우리 수군에 전승되는 한 가지 함형에 '판옥선'이라는 것이 있고, 그 판옥이라는 이름은 널빤지만으로서 집처럼 둥그렇게 포장하여 적군의 시석과 강습을 면하게 한 것으로서 거북선과 판옥선은 대개 같은 종류의 것 혹 기록상의 판옥선에 거북선도 포함된 것이 아닌가 하고 나는 생각한다.

여하간 거북선 또 판옥선은 이 뒤 해상방수를 말하는 이의 큰 주의를 끈 바로서 율곡 이李 선생 같은 어른도 선조 초년에 남방의 근심을 덜기 위하여 판옥선을 많이 만들어야 할 필요를 역설한 일이 있었다. 옛날의 거북선 혹 판옥선이 이 충무공의 손에 들어가서 근본적인 대수정이 더해져서 선체 왼통을 쇠로 싸고 갑판 위에는 쇠못의 모를 부어 적군이 발을 붙이지 못하게 한 완전 무적의 신형선박으로 위용을 나타내게 되었다. 곧 충무공의 거북선이니라. 임진왜란의 감정勘定이 가신 이 충무공의 공을 이야기함에 대해 이 충무공의 전과는 많이 거북선의 위력이었음은 여기 구구하게 짓거릴 것 없는 것이다.

그리고 이 충무공의 새 거북선은 판옥선으로부터 철갑선으로 크게 진보한 것으로서 곧 세계상에 있는 철갑선의 원조인 것은 이미 일반으로 공인된 바이다. 조선 후기에도 전선戰船의 개량에는 늘 주의를 더했음은 숙종 26년(1700)에 강화인 권행權倖의 고안한 제도에 의해 나라에서 윤선輪船 곧 노 대신 바퀴로서 물을 떠밀어서 추진하는 배를 만들고〔윤선의 의논은 이미 명종의 대로부터 있었다〕. 영조 16년(1740)에 전라수사 전운상田雲祥이 해골선海鶻船〔頭低尾大 前大後小〕 곧 해골의 모양과 같이 생긴 새 선형을 만들어내어 널리 각 수영에 이 배를 만들어 두게 한 사실 등에 나타났음과 같다.

여하간 조선에서는 전대에 예를 보지 못하는 독립한 수군의 제도가 확립하여 있어서『경국대전』·『속대전』등에 의거하건대 대·중·소 군함 7백 수십 척〔『경국대전』에는 대맹선·중맹선·소맹선 등 727척. 『대전회통』에는 명목이 변경되어 전선·방선·병선·거북선·사후선·해국선·소맹선·거도선·급수선·탐선·협선·별소선·퇴포선 등 788척〕에 수군 4만 8,800명〔『경국대전』〕이 상비되어 반도연해의 마땅한 곳마다 연해에 그 진영이 배설되어 있었다. 이렇게 5백여 년 동안 독립한 수군의 전통을 지켜 내려오기는 아마 동양뿐 아니라 온 세계에 있어서도 희한한 일이 아닐까 한다. 조선은 분명히 역사적 해군국이던 것이다.

그 다음 조선민족의 바다에 대한 감각은 어떠했던가? 세세망망洗洗茫茫 무변무애無邊無涯하고 광란노도狂瀾怒濤가 건곤乾坤을 뒤잡이질하는 바다를 보고 그는 공포하며 위축하다가 마침내 용기가 소마消磨되고 활동이 저지되고 말았었던가? 아니었다. 그는 성내는 바다가 그대로 순한 바다인 줄을 알며 바람과 밀물을 타면 우리에게 새 천지 새 생활을 선사하는 정다운 바다인 줄을 진작부터 깨달아 알았다. 그리하여 일본의 군도群島는 진작에 그의 식민지로 이용되었다. 오월과 강남은 그의 무역지로 교통되었다. 한참 신라 중엽 이후 국민의기가 앙양되었을 무렵에는 감연히 거대한 선박을 바다에

띠우고 중국의 천주泉州·광주廣州, 동남아시아의 점파占婆[참파: 베트남 중남부]·
캄보디아[眞臘], 남태평양의 수마트라[室利佛逝]·페르시아[婆羅斯], 인도양의 나
인국裸人國·석란도錫蘭島를 거쳐서 드디어 인도반도를 종관하고 서남아시아
를 역유歷遊하고 동로마제국의 기이한 문물을 구경한 이가 가끔 있었다.

 당시의 남해상 교통중심이던 시방 '수마트라'섬의 항구에는 신라 여행승
의 체류하는 이가 뒤를 끊는 일도 없고, 오인도五印度의 유명한 불교학림佛敎
學林에는 고구려·신라의 유학승이 언제든지 많이 있었으며, 그 어떤 이는
수십 년 거기서 공부하다가 그대로 세상을 떠나는 이도 있었다. 신라 성덕
왕 때에 해로로 인도로 건너가서 서역 여러 나라를 두루 구경하고 여러 해
만에 시방 '파미르'고원과 중앙아시아의 대사막을 거쳐 육로로 당나라 장안
으로 돌아와서 『왕오천축국전往五天竺國傳』이라는 여행기를 남겨놓은 혜초慧
超라는 이가 그 중의 한 사람이다. 조선인민은 결코 바다의 겁쟁이가 아니
었던 것이다.

 이제 우리는 한국의 부흥과 함께 조선민족 생활의 일대 전기를 만들 시
운에 임했다. 국민의 기풍을 고치지 않고 국민경제의 새 길을 트지 않고는
국가의 부흥과 민족의 갱생이 다 없다. 오래 위축했던 우리의 신경을 격앙
하며 힘껏 침체했던 우리의 심흉을 탕척蕩滌해서 용장활발 웅박원대勇壯活潑
雄博遠大한 신정신·신기상을 가짐이 아니면 새 나라를 세우는 보람과 새 민
족생활을 출발하는 의의가 있을 수 없다. 우리는 이에 우리 국토의 자연적
약속에 눈을 뜨고 역사적 사명에 정신을 차리고 또 우리 사회의 병들었던
원인을 바로 알고 우리 인민의 살게 될 방향을 옳게 깨달아 국가민족 백년
대계의 든든한 기초를 놓아야 하는 것이다.

 거기 있어서 우리가 반도국민 임해국민으로서 잊어버린 바다를 다시 생
각하여 잃어버렸던 바다를 도로 찾아서 그 인식을 바르게 하고, 그 자각을
깊이하고, 또 그 가치를 발휘하고, 그 지위를 확보하는 것이 가장 첫 걸음이

요. 또 큰 일이 된다. 바다를 잊고, 바다에 서고, 바다와 더불어서 우리 국가 민족의 무궁한 장래를 개척함이야말로 태평양에 둘려사는 우리 지금 이후의 영광스러운 임무이다. 일망무변一望無邊한 남방대양을 향하여 불쑥불쑥 내민 반도 남안의 무수한 팔뚝이 낱낱이 국민의기의 발양發揚과 국가경제의 배양에 보람있게 활동함으로써 우리가 다시 한번 우리 역사를 변모시켜 우리 민족의 총명과 용감함을 나타내야 할 것이다.

누가 한국을 구원할 자이냐? 한국을 바다의 나라로 일으키는 자가 그일 것이다. 어떻게 한국을 구원하겠느냐? 한국을 바다에 서는 나라로 고쳐 만들기 그것일 것이다. 이 정신을 고취하며 이 사업을 실천함이야말로 가장 근본적 또 영원성의 건국과업임을 우리는 확신하는 것이다. 경제의 보고, 교통의 중심, 문화수입의 첩경, 물자교류의 대로 내지 국가발전의 원천, 국민훈련의 도장인 이 바다를 내놓고 더 큰 기대를 어디다가 부칠 것이냐? 우리는 모름지기 바다를 외워두었기 때문에 잃어버렸던 모든 것을 바다를 붙잡음으로서 만큼 찾아가지고 또 그것을 지켜야 한다. 진실로 인도하기를 옳게 할 것 같으면 일찍 바다의 위에서 유능유위有能有爲한 많은 증거를 보인 우리 국민은 지금 이후에 있어서도 반드시 이 장단에 큰 춤을 추어서 다 함께 구국의 대원大願을 이룰 것이다.

단기 4287년(1954) 10월 1일

육당六堂 최남선崔南善

제1편
고대 삼국과 통일신라시대

제1장 삼국시대 이전의 해상활동

제1절 한반도의 해역

　한반도는 아시아 대륙의 동쪽 변두리에 돌출되어 면적으로 보든, 위치로 보든, 또 기상氣象으로 보든 세계의 수많은 반도 중에서도 묘하고 아름답게 생긴 반도라 할 것이다. 우리 반도를 흔히 동양의 발칸반도라고도 말한다. 특히 최근세에 들어 열강의 세력이 여기에서 각축하여 화근禍根을 이룬 곳이라는 뜻으로 사용되는 까닭일 수 있으나, 한반도가 고대와 중세를 거쳐 동양세계에서 대륙과 일본열도와의 교량적 지위를 점유하여 정치적·군사적·문화적 요충지대를 이루고 있다는 데는 변함이 없다.

　그 위치는 북위 42도 내지 40도에서 대략 35도상에 걸쳐 있어[1] 해류海流 관계와 대륙적 기상氣象의 영향 탓에 약간 한랭寒冷하지만 대체로 온난한 세계문명국권 내에 속하여 높은 문화를 이룰 수 있는 지역이다.

　한편 주위를 살펴보면 동쪽으로는 동해바다 건너 일본열도가 있고, 서쪽으로는 황해를 사이에 두고 중국대륙을 바라보고 있다. 그리고 다도해로 된 남쪽 연안은 동남쪽의 대마도對馬島〔쓰시마섬〕·일기도壹岐島〔이키섬〕와 일본

---

[1] 실제로는 북위 34도에서 43도에 걸쳐 있다.

의 구주九州(규슈) 및 그 부속 군도에 잇대어 있으며, 서남쪽에 떨어져 있는 제주도 역시 중부중국 또는 남부중국의 연안으로 가는 중계목표가 되어, 항해기술이 유치한 고대에도 멀리 남해에 무수히 흩어져 있는 섬들을 따라 오랜 세월 남방과의 교통이 있었다.

고대의 해상교통에서 중요한 작용을 하는 것은 해류관계인데,[2] 이와 같은 환경에 처한 우리 반도해역에는 어떠한 해류가 흐르고 있는가? 시야를 멀리 남방으로 돌려보면 북적도 회류北赤道回流와 남중국해 환류(南支那海還流)가 대만臺灣(타이완)해협의 남방에서 합류하여 하나의 큰 해류를 이루며 북상한다. 이것이 이른바 일본인들이 말하는 흑조黑潮(쿠로시오)라는 흑청색을 띤 난류인데, 대만의 동서 양쪽 연안을 스쳐지나 북상하여 유구琉球(류큐)열도의 서방을 통과한 뒤 구주 남단 가까이 와서 동·서 두 줄기로 갈린다.

동쪽 줄기는 주류로서 일본열도의 외곽을 흘러 올라오고, 서쪽 줄기는 옥구도屋久島(야쿠섬) 서방에서 곧장 북상하여 제주도 남쪽에서 다시 한번 나뉜다. 그 중 우세한 흐름은 동북으로 꺾여 대한해협으로 들어가고, 다른 미약한 흐름은 한반도의 서해안으로 북상한다.

대한해협으로 들어온 해류는 대마도를 휘감은 뒤 해협을 통과하자마자 또다시 갈라져 주류는 구주 북쪽 연안과 일본본토의 북해안을 통과하고, 작은 지류支流 하나가 한반도 동쪽 연안을 어루만지며 올라온다. 이 난류는 여름철에라야 동쪽 연안 중간의 강원도 해안에서 없어지고 만다. 이 같은 난류 중 사할린해협(樺太海峽)에서 내려오는 리만한류는, 연해주沿海州의 블라디보스토크 외해를 흘러 동해안의 난류 외측을 거꾸로 남하하다가, 여름철에는 때때로 농무濃霧를 일으키기도 하고, 또 어군魚群을 불러모으기도 한다.

---

2) 고대의 해상교통에서 海流의 작용이 중요한 것을 처음으로 입증한 것은 하이엘달의 항해실험이다. 하이엘달은 잉카시대의 발사(Balsa) 나무로 만든 뗏목에 돛을 달고 1947년 4월 28일 페루의 칼라오항을 출발, 101일 만인 8월 7일에 폴리네시아의 투아모투군도에 도달했다. [Thor Heyerdahl, 黃義坊 譯, 『콘-티키』(서울:太陽文化社, 1976)]

그리고 이것 역시 대마도해협의 북방에서 나누어지는데, 그 중 작은 지류는 방향을 돌려 대마도 난류의 북측을 따라 이동하다가 다시 흐름을 바꿔 북상하고, 주류는 거기서 남방으로 잠류潛流하여 제주도 부근에서 다시 바다 표면으로 나타난 뒤 한반도 서쪽 연안을 따라 북상한다. 여기에서 앞서 기술한 난류와 각축한다.

결국 여름철에는 난류가 서해안을 북상하여 여순항 밖까지 도달하지만, 겨울철에는 한류가 우세하여 인천 이북 해안을 지배하여 북한연안에 한기寒氣를 더 느끼게 하고, 서북으로 요동반도·발해만·산동반도의 해안을 거쳐 중국해안을 따라 남하하여 대만해협에 이른다.3)

이처럼 동해·서해에는 한류와 난류가 서로 뒤섞이고 흐름을 바꿔 계절에 따라 항해에 영향을 주고 있다. 여기에 계절풍節侯風도 중세까지의 범선 항행시대에 큰 제약을 주었다.

이상 약술한 우리 반도의 위치와 그 해역의 해류를 통해 대체로 고대부터 이 곳에 여러 종족이 어떻게 왕래했는지 그 경로를 살펴볼 수 있다. 즉 북방육지에서는 중국대륙의 본부와 몽고방면에서 만주를 남하하여 이 땅에 정착했고, 또 산동반도에서 배로 서해를 건너 서해안에 상륙했을 터이니, 대체로 한민족의 근간을 대륙에서 찾을 수 있으나 남방에서도 난류를 타고 멀리 남양제도南洋諸島·필리핀(比島)·태국(暹羅)·인도네시아·베트남(安南)·남중국 방면에서도 대마도해협에 들어서서 우리 남해안과 동해안 남부에 오랜 세월에 걸쳐서 표착 혼합했을 것이다.

한편 북방 만주지방 또는 동해안에서 동해의 회류回流를 타고 일본 본주本州(혼슈) 북서해안에 건너갔었고, 남한해안에서 대마도해협을 횡단하여 북구주 북안 또는 산음山陰(산인)지방으로 혹은 뇌호瀨戶(세토)내해에 끊임없이 우리 민족이 건너간 것을 짐작할 수 있는데, 중국·한국·일본의 3국에 남

---

3) 日高孝次, 『海流』(東京:岩波書店, 1955).

아 있는 전설과 기록 또는 고고학적 유물이 그 연관성을 우리에게 제시하고 있다.

그런데 한민족의 해상활동에 변화를 준 것은 반도를 3면으로 둘러싼 바다의 자연적 특색이다. 동해는 해안선이 짧고, 해안 가까이 반도의 원줄기가 되는 큰 산맥이 북에서 남으로 종주縱走하여 평야의 여지가 없고, 섬도 거의 없다시피 하여 인문적 가치가 매우 감소되어 있으나, 깎아세운 듯이 높고 험한 단애斷崖와 깨끗한 백사장이 도처에 벌어지며, 끝없이 넓고 아득한 창해蒼海는 바다의 웅대함을 느끼는데, 특히 동해의 일출이 장관 중의 장관이다. 누구든 한번 동해안 한 모서리에 서서 바다에서 떠오르는 해를 본다면 자연의 장엄함을 느끼지 않을 수 없을 것이다. 특히 태양을 숭배한 고대 동방의 자연민은 해가 솟아오르는 이 동해에 무한한 동경과 상상과 신비감을 품고, 동쪽 미지의 세계에 대한 호기심과 해상진출의 충동도 유발될 것이다.

남해는 세 바다 중 가장 해안선의 굴곡이 많고, 크고 작은 2천여 개의 섬들이 하늘의 별과 바둑판의 돌처럼 늘어놓여 있어 하나의 큰 내해를 이루고, 온난한 해양성 기후는 더욱 자연생활의 적지適地로서 선사시대부터 이 해안도서에 많은 사람들이 모여살게 했다. 이는 이 지역 도처에 패총층을 통해서도 발견할 수 있으며, 섬에서 섬으로 배를 타고 어로와 교통이 활발히 빌딜하여 바다에 친근한 생활이 전개되었다. 그래서 이 남해를 지중해 동부 그리스반도 남쪽의 에게해에 비유하는 일도 있는데, 이 여러 섬들을 중심으로 고대에 인근의 여러 종족이 모여서 서로 빈번한 교통을 이루고 우리 조상의 해양생활이 훈련되고 육성되었다. 이 남해는 또한 멀리 남방의 해양민족과의 접충지대接衝地帶를 이루었다. 이에 따라 풍요하고 진기한 남방에 대한 실제적으로 끌리는 감정으로부터 해상진출의 길을 열었다.

동해가 고대의 전설적이며 공상적 바다라면, 서해는 우리 민족의 현실적 바다라고 이미 선학先學이 지적한 바 있듯이, 실로 두 바다는 모든 면에서 정반대임을 볼 수 있다. 동쪽에 쏠려서 척추 같은 산맥을 가진 반도는 서해안에 광활한 평야를 가지며, 서해안의 굴곡과 부속도서도 다도해 다음으로 많다. 육지의 동맥인 대하천도 대부분 서쪽으로 흘러 서해로 들어가고, 중국대륙에서도 그 땅을 축축이 적신 황하가 줄곧 황토를 반출하여 드디어 황해의 명칭을 얻게 되니 수심도 평균 1백 미터에 불과하여 깊고 푸른 동해와는 정반대이다. 더욱이 조석간만의 차이가 심한 서해안은 낙조 때에는 도처에 개흙이 뚜렷이 드러나 항행에 불편한 점은 있었으나 이 해안의 광활한 평야는 예로부터 반도의 곡창을 이루었다. 해안에는 도처에 염전과 어장이 형성되어 인문의 발달이 거기에 수반되고 있으며, 중국대륙과의 교통 또한 빈번하여 평시와 전시를 막론하고 이 서해는 우리나라의 현실적인 역사무대를 이루고 있다.

제2절 사진史前시대의 해상교통

우리나라의 어느 시기를 획정하여 사전시대4)라고 하면 좋을지는 가늠하기 어려운 문제이다. 우리나라가 중국 측 기록에 단편적으로 나타나는 것은 중국의 전국시대戰國時代부터인데, 당시의 혼란기에 요동·남만주·북한 지방으로 흘러들어온 민중이 점차 세력을 불려나가다가 서북부 조선에 둥지를 틀고 들어앉은 위씨조선5)이 전한前漢 무제武帝에 의해 멸망하고 4군

---

4) 震檀學會, 『韓國史』 古代篇(乙酉文化社, 1965), p.2에 의하면 史前時代란 우리 선조들이 기록으로 남겨놓은 것이 없는 시대, 즉 글로 된 역사가 없는 시대를 의미한다.

郡이 설치되며, 그것이 후한 삼국시대를 거치면서 융성하고 쇠퇴함은 있었으나 전후 4백여 년 계속됨으로써, 이 지역의 사정이 차차 중국사서에 나타나는 동시에 인접한 반도본토의 사회의 모습이 『삼국지』 위지 동이전魏志東夷傳 등에 실려 전해지게 되었다. 「동이전」이 전하는 사회의 모습은 아직 군소 부락국가部落國家의 단계였다. 여기에서 이른바 삼국 곧 고구려·백제·신라가 각기 고대적 국가를 형성할 때까지는 상당한 연수年數가 필요했으며, 또 삼국의 역사시대 진입 또한 서로 그 시기를 달리하고 있다. 그러므로 우리의 『삼국사기』가 전하는 왕계王系와 연대 역시 그 시초부터 역사시대로 잡을 수 없으므로6) 사가史家로 하여금 이 시기를 처리하는 데 허다한 고심을 느끼게 한다.

이와 같이 우리 반도의 역사적 무대는 이미 중국의 전국시대부터 외부에서 그 일부가 조명되었다 하더라도 그 나머지의 대부분은 여광餘光으로 겨우 어두컴컴한 가운데 수백 년을 경과하고 있었다. 문화상태도 역시 일부 중국민족(漢民族)의 군현郡縣정치를 받은 구역에서만 고도의 문명이 부분적으로 전개되었을 뿐이며, 원주민 대부분의 생활상태는 아직도 고고학적 연구대상을 면치 못할 형편이었다. 중국민족의 기나긴 성숙한 문명에 대비하여 한국과 일본 등 동양의 젊은 역사를 가진 민족국가는 대략 그 궤를 동일하게 하고 있다. 이리하여 한반도의 사전시대는 구석기시대의 유물은 밝혀지시 않았지만7) 신식기시대의 유물과 유직은 근대직 연구조사의 결과로 이

---

5) 李丙燾는 衛氏朝鮮으로 호칭했고 [震檀學會, 『韓國史』 古代篇(乙酉文化社, 1965), p.114]. 李基白은 衛滿朝鮮이라 했다. [『韓國史新論』 新修版(一潮閣, 1990), p.37] 근래에는 대체로 위만조선으로 호칭되고 있다.

6) 震檀學會, 『韓國史』 古代篇(乙酉文化社, 1965), p.350에 의하면 백제의 건국년대를 古爾王(234~285)대로 p.375에 의하면 신라의 국가 출발을 奈勿王(356~401)대로 보고 있다. 이것은 『삼국사기』 초기기록이 사료로서 문제가 있음을 의미한다. 그러나 고고학적 발굴을 근거로 초기기록에 대한 신빙성을 주장하는 견해도 있다. [金元龍, 「三國時代의 開始에 관한 一考察-三國史記와 樂浪郡에 대한 再檢討-」(『韓國考古學研究』, 一志社, 1989)]

7) 1954년에 本書가 편찬될 당시까지만 해도 한국에서 구석기 문화의 존재는 인정되지 않았다.

느 정도 그 상태가 알려져 있다.

역사시대의 성격을 띠게 되는 조건의 한 척도로 되는 금석병용기金石竝用期8)의 실연대의 하한기를 대략 전한前漢과 후한後漢 사이 즉 기원 1세기로 잡고 있다. 이 신석기시대의 유물과 유적을 통해 고대 한반도에서 삶을 유지했던 종족 중 해양과의 관계를 찾을 수 있는 것은 즐문토기櫛文土器를 사용한 부족이다. 이 즐문토기는 해안 또는 강 언덕의 저지대 유적과 패총에 많고. 북쪽은 연해주의 해안에서 두만강豆滿江 강안과 함경도 해안을 따라 내려와 경상남도 해안을 둘러싸고. 한강·대동강 유역에도 현저한 분포를 보이며. 충청·경기·황해·평안남북도의 해안선에도 유적이 점재點在함을 본다. 그리고 이것은 만주의 요동반도의 해안과 장산열도長山列島에도 연속되며. 한반도를 동북연해주에서부터 온통 주위를 둘러싸고 전파하여 해안에서 점차 대하천 유역으로 침투하고 있다.

이 즐문토기를 사용했던 종족은 그 활동이 연해항행에 지나지 못했고. 또 항행도 원시적 선박에 의했을 것이다. 그렇지만 한반도 남단 부산항 밖 절영도絶影島의 동삼동東三洞 영선동瀛仙洞 등 패총에서. 부근 유적에 아주 보이지 않는. 함경북도 지방에서만 출토하는 흑요석 타제석기가 나온 것은 그들이 동해를 연안항행으로 남하한 것을 추론할 수 있다. 더욱이 사전시대에 이와 같은 연안항행이 있었던 외에 한 걸음 더 나아가 동쪽 일본 본주本州의 서부와 북구주北九州 지방에 긴밀한 해상교통이 있었던 것은 오늘날 학계의 상식으로 되어 있다. 그것은 한반도 남부와 일본의 이 지방 사전유물

1933년에 함경북도 동관진 유적에서 구석기 유물이 처음 발견되었으나 학계에서 인정되지 않았고. 1960년대에 들어서면서 공주 석장리나 웅기 굴포리 등 확실한 구석기시대 유적이 알려지면서 비로소 우리나라의 구석기 문화가 한 시대로 인정되었다.〔이융조.「舊石器時代」(『韓國史論』 1. 國史編纂委員會. 1986)〕

8) 金石倂用期는 해방 전 일본인 고고학자들이 설정해놓은 시대구분이며. 1970년대 이후 한국 고고학계에서 청동기시대가 설정되면서 그 용어가 사라지게 되었다.〔金元龍.『韓國考古學槪說』(一志社. 1973)〕

문화양상이 유사한 점과 피아간 문화교류의 흔적을 지적할 수 있는 까닭이다. 우리 반도의 사전시대에 전지역에 지배적 전파를 보인 무문후육토기無文厚肉土器9) 중 경상남도 동래·김해·양산 등 유적의 출토품은 특히 일본의 미생彌生[야요이]식 토기와 유사한 특색을 띠우고 있으며, 일본 사전시대 후기를 지배한 미생식 토기는 한반도에서 건너가서 발전한 것으로 보고 있다.

석금병용기石金倂用期에 들어서는 서로의 교통이 더욱 빈번해졌다. 일본 북구주北九州·중국中國[쥬고쿠]·사국四國[시고쿠]·기내畿內[기나이] 지방에 성행하는 옹관의 원류가 경상남도 김해 회현리 패총과 동래 수안동 패총 등에서 여러 개의 옹관이 출토되었기 때문이다. 비록 오늘날 학계에서 역시 고대 중국민족에서 비롯된 것으로 돌리고, 북한지역 평남 평양부 정백리에 있는 낙랑시대에 속하는 하나의 전곽고분塼槨古墳 곧 정백리貞柏里 제221호분의 연도羨道에서도 소형 옹관이 발견된 것으로도 알 수 있다. 또한 삼국시대로 추측되는 것이지만 전라남도 나주군 반남면에서도 고총봉토高塚封土 중에 여러 개의 옹관이 발견되었다.

일본에서 특별히 발달된 옹관의 유풍遺風이 남한지방에서도 검출되는 현상이다. 이는 옹관이 출토되는 지석묘[고인돌], 특히 남한지방에서 많이 볼 수 있는 상석식床石式 지석묘의 흔적을 바다 건너 북구주의 축후筑後[치쿠고: 三井郡 小郡村 大板井] 또는 축전筑前[치쿠젠: 筑紫郡 春日村 須玖] 등에서도 보이기 때문이다. 이 고분의 특성은 대석大石을 가로질러 놓은 방식인데, 이로써 두 지역의 문화교류를 알 수 있다.10)

청동기 문화 단계에 들어서서 볼 때 우리는 여러 가지 점에서 두 지역의 교통을 지적할 수 있다. 즉 일본 북구주 서부 각지에서 풍부하게 출토된

---

9) 무문후육토기는 후육무문토기로 불리는데[이홍직 편, 『國史大事典』(震檀學會, 『韓國史』 古代篇, 乙酉文化社, 1965), p.37] 청동기시대에 주로 사용된 토기이다. 또한 민패토기로도 불리고 있으나[金元龍, 『韓國考古學槪說』(一志社, 1973)] 근래에는 무문토기로 통칭되고 있다.
10) 梅原末治, 『朝鮮古代の墓制』(1947).

동검銅劍·동모銅鉾와 다뉴세문경多鈕細文鏡이 한반도에서도 발견되고 있으며, 또 특히 일본에서만 발달된 것으로 보이는 동탁銅鐸을 경상남도 경주 입실리의 동기일괄유물銅器一括遺物 중에서 소형인 것이나마 발견한 바 있다. 이는 일본 고고학자도 이와 같은 것을 만드는 기술이 중국의 영향을 받은 남한의 일부에서 생겨나 그것이 동해환류東海環流에 의해 남한과 당시 대체로 동일상태에 있었던 일본에 전해져 크게 발달한 것으로 추론하고 있다.

 이와 같이 두 지역 사전문화의 연관을 추측할 수 있고, 특히 고고학적으로 살핀 결과 종래 두 지역의 해상통로를 다음의 네 가지로 지적하고 있다. ① 함경도에서 동해를 횡단하여 돈하敦賀〔쓰루가〕방면으로 가는 것. ② 경상도에서 울릉도와 은기도隱岐島〔오키섬〕을 거쳐 일본열도의 산음山陰지방으로 도달하는 길. ③ 경상도 남단에서 대마對馬-일기壹岐를 거쳐 북구주에 이르는 것. ④ 전라도의 다도해에서 구주의 북서단 송포松浦〔마쓰우라〕와 평호平戶〔히라도〕방면에 도달하는 항로이다. 그 중 동해환류를 이용한 가장 자연적이고도 용이한 항로가 항해수단과 기술이 유치한 시대부터 일찍이 열린 것은 당연한 일이다. 이 역시 서로의 유물·유적의 관계로 말할 수 있고, 전설적 기록으로도 나타나고 있다.

제3절 한·일 교통전설

 고고학상으로 본 한·일 두 지역의 연관은 다시 전설을 통해 더욱더 상상할 수 있다. 『일본서기日本書紀』 신대편神代篇 상에 나타나는 소잔명존素盞鳴傳〔스사노노미코토〕은 우선 일본신화의 인물 중 한국지역〔韓土〕과 더불어 관계가 깊은 존재이다. 그 책에 의하면 고천원高天原[다카마노하라]에서 폭행을 거듭하던 소잔명존은 추방을 당하여 그 아들 오십맹명五十猛命[이다게루노미고도]을 데리고 신라新羅에 이르러 증시무리曾尸茂梨[소시모리]라는 곳으로 갔다고 한다. 그런데 거기에서도 살기 싫어 진흙으로 배를 만들어 다시 동해를 건너 출운국出雲國[이즈모노구니]으로 왔다고 한다. 같은 류의 다른 책에 의하면 그는 아들을 위해 자기 신체 각 부위의 털을 뽑아 삼나무·전나무·비자나무·여장나무 등 각종의 수목으로 변화시켜 그것을 일본에 이식했으며, 그 중 삼나무와 여장나무를 배 만드는 목재로 삼았다. 이후 소잔명존은 웅성봉熊成峯[구마나리노다게]에서 살다가 근국根國[네노구니]에 정착했다고 한다.

『고사기古事記』와 『일본서기』는 일본의 천황씨를 중심으로 한 왕조시대의 국가적 체제가 갖추어진 때, 즉 나라시대奈良時代 초기에 편찬되었다. 전자는 화동和銅 5년(712년, 신라 성덕왕 11)에, 후자는 이보다 8년 뒤인 양노養老 4년(720)에 앞서거니 뒤서거니 찬술된 고서이다. 두 책은 모두 일본의 천지개벽신화로부터 시작하여, 『고사기』는 추고천황推古天皇(628)까지, 『일본서기』는 효덕천황孝德天皇(654)까지, 대체로 7세기 중엽까지의 전설과 역사를 엮은 것으로 이미 각 분야에 걸쳐 두 책에 대한 연구가 상당히 이루어졌다. 결국 두 책은 일본이 먼 옛날로부터 고대국가가 형성되는 과정을 취급한 셈이다. 이런 점에서 최후의 최고지배자인 천황씨와 그를 둘러싼 일련의 집권계급의 지위를 정리 또는 합리화한 시서史書라고 말할 수 있다.

일본 고대사는 구주 일각에서 동쪽으로 옮겨 대화大和[야마토]지방에 그 정권의 기반을 두게 되었다. 이 정권이 점차 서부일본의 토착세력을 그 산하에 놓게 되었는데, 각지의 토착 우두머리의 존재중 가장 대립적인 큰 세력은 산음山陰지방의 이른바 출운국出雲國정권이었다. 종래 일본사가史家는 '출운민족出雲民族'이라는 말까지 사용한 자도 있었다.[11] 결국 이 존재가 대

---

11) 辻善之助, 『日本文化史』 제1권.

화정권에 정복 흡수된 것을 두 책에서는 대화정권의 시조와 친연親緣 관계로 합리화하여 신화를 구성하고 있으나, 우리는 이러한 신화의 윤색과 작위作爲의 배후에 있는 역사적 사실을 포착할 수밖에 없다.

대략 이와 같은 일본신화에 대한 예비지식을 가지고 앞서 기술한 소잔명존의 전설을 생각한다면 출운국이 한국의 식민지로서 빈번한 해상교통이 있었다는 것을 짐작할 수 있을 것이다. 즉 출운국이 대화정권에 정복된 결과로서 구성된 일본신화는 국내의 무력적 정복을 평화적 혈연관계로 합리화하려 한 것이었다. 또 대외적 관계에서도 중국에서 배운 이른바 중화사상中華思想을 모방하여 한반도조차 속국으로 보려 한 체계하에, 그것이 역사적 사실인양 하는 표현으로 말미암아 도저히 우리나라에서 건너간 식민지적 존재인 출운국의 정체를 진솔하게 나타내지 않고 있었다. 그럼에도 불구하고 소잔명존이 신라국(이것은 한국지역의 일반명칭으로 볼 것)으로 갔다는 등, 또 일설一說로 근국根國[네노구니]의 웅성봉에 거주했다고 말하고 있다. 여기에서 근국이라는 것은 모국母國과 같은 뜻이며, 출운민족이 사전시대부터 끊임없이 우리나라로부터 동해를 건너가서 정착 번성한 것을 이야기하고 있다. 결국 교통수단이 되는 선박이 절대로 필요하게 되고 선박을 건조할 목재를 얻기 위해 그 씨를 뿌리고 심은 신으로도 되는 것은 마땅한 일이다.

출운국과 우리나라와의 관계는 또한 『출운풍토기出雲風土記』의 의우군조意宇郡條 하下에 보이는 유명한 '국인國引[구니히코]' 전설에도 나타나고 있다. 즉 출운국은 팔속수신진야명八束水臣津野命[야추가미즈노오미츠누노미코토]이 새롭게 이룬 땅으로 지역이 부족하여 그 보충 확대의 꾀를 생각하게 되는데, 마침 바다 건너 신라를 바라보니 떼어올 만한 갑각岬角이 있으므로 삽으로 그것을 떠서 세 겹으로 꼰 동아줄로 동여서 끌어다가 붙인 것이 지두지내어기支豆支乃御崎[기추기노미사기]였던 것이다. 이 설화는 일본 고대문학상 재미있는 서술로도 평가되어 오거니와 문학적 표현 이외의 실제의미는 결국 출운지방이 고대의 우리 민족의 식민지였다는 것을 반증하고 있다.

시대는 좀 떨어질는지 모르겠으나 『일본서기』의 숭신주崇神主와 수인주기垂仁主紀의 내용으로 한국땅에서 건너갔다는 도노아아라사등都怒我阿羅斯等〔츠누가아라시토〕과 천일모天日矛〔아메노히보코〕의 전설은 고대의 한일간 해상항로를 들려주고 있다. 수인주 2년기 일운설一云說에 의하면 도노아아라사등 일명 소나갈질지蘇那曷叱智〔소나가시치〕가 귀국할 때 그 도일渡日당시의 노정을 말한 한 구절이 있다. 처음에는 혈문穴門〔아나토〕, 훗날의 장문국長門國〔나가토국〕, 지금 산구현山口縣〔야마구치〕의 서부지방으로 갔는데, 그 곳의 토착 우두머리가 자기에게 귀복歸伏하기를 강요했으나 그것을 좇지 않고 산음山陰지방 해안을 거쳐서 차차 북해를 우회한 뒤 출운국出雲國을 경유하여 마침내 돈하敦賀〔쓰루가〕에 도착했다는 것이다.12)

고대 일본에서는 우리의 동해를 '북해北海'라 불렀고, 한국땅을 해북海北〔우미기타〕이라고 했던 모양이다.13) 『일본서기』에서는 도노아아라사등都怒我阿羅斯等과 천일모天日矛〔天日槍〕가 서로 혼동되어 나타나는데, 거기에 대한 구구한 고증은 여기에서 말할 바가 아니다. 그리고 수인주 3년 3월조 한 구절에 의하면 천일모는 파마국播磨國〔하리마국〕 혈속읍穴粟邑〔시시와〕에 상륙했다고 하는데, 파마국은 지금의 병고현兵庫縣〔효고현〕이다. 이것은 뇌호내해瀨戶內海를 경유한 노정을 말하며, 이 항로는 앞서 기술한 북해항로보다 뒤에 발달된 것으로 볼 수 있다.

한국 측 고전에도 동해를 사이에 두고 피아간 해상왕래의 전설이 있음을 몇 가지 지적할 수 있다. 『삼국유사』에 신라 아달라왕阿達羅王 때에 동해

---

12) 『日本書紀』 권6, 垂仁天皇: "二年 … 是歲 任那人蘇那曷叱智請之 欲歸于國 … 一云 御間城天皇之世 額有角人 乘一般 泊于越國笥飯浦 … 問之曰 何國人也, 對曰 意富加羅國王之子 名都怒我阿羅斯等 亦名曰 于斯岐阿利叱智干岐 … 到于穴門時 … 不知道路 留連嶋浦 自北海廻之 經出雲國至於此間也."

13) 『宋書』 권97, 夷蠻列傳, 倭國條: "順帝昇明二年 遣使上表曰 … 東征毛人五十五國 西服衆夷六十六國 渡平海北九十五國 …."

바닷가의 연오랑·세오녀 부부가 일본으로 건너가서 일본의 한 지방 왕이 되었다는 유명한 전설이 있고, 또 신라시조 혁거세의 재상 호공瓠公도 박을 타고 왜국으로부터 건너왔다고 했다. 또 제4대 석탈해왕 역시 왜국 동북 1천 리의 다파나국多婆那國으로부터 건너왔다고 한다.

한일 해상교통은 역사시대에 들어갈수록 더욱 빈번 복잡한데, 이상에서 지적한 몇몇 고고학적 전설적 자료로도 고대의 관계를 넉넉히 짐작할 수 있을 것이다.

제4절 서남해의 해상교통

앞 절에서 언급한 바와 같이, 한반도의 서해를 건너 펼쳐진 중국대륙은 이미 오래 전부터 높은 문명의 빛을 받아서 우리나라와 더불어 동쪽에 인접한 일본열도가 대체로 고고학적 전설적 시대에 있을 때 중국은 이미 기록시대로 들어와 있었다. 중국본토에서 아득히 오랜 선사시대로부터 산동반도 또는 요동반도 지방과 한반도 서해안과의 사이에 연안항행에 의한 교통이 있었으리라는 것은 고고학적 유물의 연관성에서 추정되는 바이거니와, 동양역사상 서해의 파도를 일으킨 대규모의 해군발동은 전한前漢 무제武帝 원봉元封 2년(109 BC)에 위씨조선을 공격해 왔을 때이다.[14] 이 공격은 물론 한국민족의 해상활동이 아니었다. 그렇지만 동양역사상 아직 한 번도 없었던 대규모의 해군발동을 우리나라 일부에 행했다는 점과 이러한 무력행사 뒤에 이른바 4군郡을 설치하여 전후 400년간 그것이 존속된 점이 정치적·경

---

14) 『史記』 卷115, 朝鮮列傳.

제적·문화적으로 얕은 단계에 있었던 우리나라 사회에 커다란 자극을 주었다는 점에서 그 역사적 의의가 크다.

위씨조선이 한반도 서해지방을 점유하여 지방 부족세력의 한漢나라와의 교통을 가로 막고, 천하통일을 이룩하려는 한나라 조정에 불손한 태도를 취함에 따라 한나라의 동방압박은 불가피할 역사적 운명이었다. 이것을 촉진한 사건은 한나라 사신 섭하涉何가 위씨조선의 우거右渠왕을 복속시킬 사명을 이루지 못하고 귀국길에 패수浿水에서 조선의 영송사신을 살해한 사건이다. 이것으로 양국의 국교는 악화되었다. 물론 한나라 조정에서는 그의 행동을 높여 그를 요동동부도위遼東東部都尉로 임명했고, 그런 섭하를 조선군병들이 습격하여 살해한 사건이 발생했다. 이에 격분한 한무제는 육·해 양로로 진군토록 명해 정벌을 단행하게 되었다. 그해 가을(원봉 2) 명을 받은 누선장군樓船將軍 양복楊僕은 군사 5만 명을 거느리고 산동반도 제齊지역으로부터 출발하여 발해를 거쳐 왕험성王險城인 평양에 육박했다.

누선이 어떠한 구조며 그 규모가 어떠한 정도인지는 이제까지 역사가들의 특별한 언급이 없었고, 또 거기에 대한 자료도 없어 자세히 알 수 없으나 어떻든 황해를 횡단하여 군병 5만이라는 대군을 수송한 것은 동양역사상 비교할 만한 일이 없었던 현상으로 함선의 규모 또한 상당했으리라고 생각된다.

육로에서는 좌장군 순체荀彘가 요동에서 출격하ㅂ바 중도의 패수에서 우거군右渠軍의 항거에 타격을 받아 진격이 여의치 못할 때, 해로수송 군대만이 앞서 도착하여 우선 제齊지역 군사 7천 명이 먼저 상륙했다. 그런데 우거가 적병이 적은 것을 살피고 성 밖으로 나와 누선군을 공격하자 그들은 패배하여 흩어져 도망쳤다. 군사를 잃은 양복은 산중으로 달아나 십여 일을 방황한 끝에 겨우 흩어진 군사를 규합할 수 있었다.

그 후 육군의 좌장군 순체거 패수를 지키는 군사를 격파하여 왕험성 서북쪽을 포위했고, 누선군도 이에 호응하여 성 남쪽을 포위했다. 그러나 우거가 성을 견고하게 지켜 싸움의 국면은 수개월 동안 소강상태가 지속되었다. 특히 개전벽두에 큰 타격을 입은 누선의 제지역 병사는 전의를 상실한 상태였던 반면 연燕과 대代지방의 굳센 군사를 거느린 좌장군과는 작전상 보조가 잘 맞지 않아 왕험성 함락까지는 상당한 우여곡절이 있었다.

이 전투에 관한 『사기史記』의 기사로는 피차간에 눈부신 수전水戰이 있었다고 볼 수 없다. 또 우거 측의 함선에 대하여도 한 마디의 말도 없다. 다만 수군이 전의戰意가 없어 "누선장군이 제지역 병사들을 이끌고 바다로 출병했다(樓船將齊卒入海)"15)라는 내용이 있을 뿐이다. 어쨌든 이후 중국이 한반도를 경략할 때 한무제의 경략방식대로 육·해 양면작전을 활용했으며 이는 수나라와 당나라 군사용병의 예를 보아도 알 수 있다. 또한 중국은 군현설치를 한 뒤에 본국과의 모든 연락과 고급관리들의 일용품 물자운반에는 해상통로를 거친 모양이며, 군현이 가진 선박의 역량은 역시 상당했을 것이다.

국내에서 서해연안 항행이 오랜 옛날부터 있었던 것은 물론이겠지만 기록을 통해 볼 때 우선 눈에 띄는 것은 『삼국지』 위서 동이전魏書東夷傳 중 한전韓傳이다. 이에 의하면 기준箕準이 위만에게 몰려서 "바다를 경유 도망하여 한韓지역에 거주하면서 스스로 한왕이라 불렀다(走入海居韓地 自號韓王)"16)라는 기사가 있다.

앞서 기술한 『삼국지』 한전인용의 「위략魏略」에 또 이런 내용도 있다. 즉 왕망王莽 지황地皇연간에 진한辰韓의 거수渠帥 염사치廉斯鑡가 낙랑군의 부유하고 융성함을 전해 듣고 귀화하러 가는 도중에 진한辰韓에게 포로로 되었다. 그런데 그는 그 곳에 고역苦役 중인 한인漢人 1천5백 명이 있음을 알고 그 정보를 군의 함자현含資縣에 보고한바, 군에서는 한인포로를 돌리고자 금중

---

15) 위의 책.
16) 『三國志』 卷30, 魏書, 東夷傳, 韓傳 馬韓條.

蜀中에서 큰 배를 몰아 진한에 들어갔다. 그런데 진한에 들어가 천 명은 구했으나 5백 명은 이미 사망하여 없었다고 하여 일행 가운데 역관으로 따라 간 염사치가 진한을 위협하되 만약 5백 명을 돌리지 않으면 "낙랑이 만 명의 군사를 파견하여 배를 타고 와서 너희를 공격할 것이다[樂浪當遣萬兵 乘船來擊汝]"17)라고 했다.

전한前漢의 군현이 설치된 뒤 한반도 남부의 삼한 여러 나라 군장들이 낙랑군에 왕래한 것은 자연적 추세일 것이다. 「위지」에도 이것을 저희 문헌에 "한나라 때는 낙랑군에 소속되어 철마다 조알했다[漢時屬樂浪郡四時朝謁]"18)라고 서술하고 있다.

이와 때를 같이하여 일본 구주의 토호土豪들도 한나라 군현을 거쳐서 조공을 빈번하게 했으니, 그 통로는 자연히 한반도의 서해연안을 경유하는 여정이었을 것이고, 삼한 자체도 역시 서해를 통해 왜倭 이상으로 활발하고 긴밀한 왕래가 있었을 것이다. 그 일면은 오늘날 남조선 각지에서 발견되는 한대漢代의 유적 곧 영천 금호면, 경주군 외동면 입실리, 전주 초포면, 충북 아산 둔포면, 당진군 당진면 등과 실제연대를 여실히 보여주는 김해 패총 속에서 발견된 왕망王莽의 화천貨泉, 제주도 산지항山地港 내에서 발견된 왕망의 화포貨布·대천오십大泉五十·화천 등의 유물에서 볼 수 있다. 이와 같은 유적·유물의 발견이 북구주와 서부일본에까지 연장된 것은 당연한 일이다.

고대에 시남해 해상교통이 활발했다는 것을 좀더 설득력있게 알 수 있는 것은 「위지한전魏志韓傳」 중에 기록된, 마한馬韓 서해 가운데 있는 하나의 큰 섬의 주민이 체구가 왜소하고 작으며, 언어도 한韓과 같지 않았다는 것에서 찾을 수 있다. 또한 "배를 타고 왕래하며 한韓나라에서 물건을 사고 판다[乘船往來市買韓中]"19)라는 기록도 있다. 낙동강 유역의 변진弁辰에는 철을 산

---

17) 위의 책.
18) 위의 책.

출하여 한韓·예濊·왜倭가 모두 여기 모여서 이것을 무역했던 것이다. 철은 중국에서 돈으로 쓰듯이 했으며, 또 이 철을 낙랑과 대방의 두 군에 공급했다고 특별히 기록하고 있다. 이런 기록들은 장연히 당시 남한과 다도해를 중심으로 하여 고대 지중해의 페니키아민족 같은 활발한 해상무역이 행해진 것으로 생각할 수 있다.

제5절 고대 선박과 항해기술

이상으로 대략 고대의 우리 강토를 둘러싼 해양교통을 짐작할 수 있는데, 항행의 수단인 선박은 어떠했을까? 유감이나마 여기 대하여도 밝힐 직접적인 자료는 없다. 그러나 선사시대부터 하천과 연안의 수상교통이 인류의 생활에 불가결한 것이요, 그러한 자연환경에서 요구되는 필수적 기물器物은 상호간에 연관성 없이도 비슷한 발명과 발달이 행해졌던 것이 통례였던 점을 어디에서도 찾아볼 수 있다. 해양성을 떠난 민족일지라도 내륙적 하천항행에서 차차 연안항행으로 발달해 가는 것은 자연스런 일이며, 가장 원시적인 배가 물에 뜨는 목편木片임을 착안하여 큰 목재를 띄우고 그것을 타고 수족手足으로 노와 키를 삼아 운용했으리라는 상상 또한 어렵지 않게 할 수 있는 일이다.

일본 고어古語에 배를 용기容器라는 말과 관련있는 '후내' 외에 물을 건너는 다리와 같은 목편을 뜻하는 '하시'로도 표현한 것은 저간의 사정을 밝히고 있다. 『일본서기』 신대편神代篇에 나오는 '천지부교天之浮橋'라는 것은 한자

---
19) 『三國志』 卷30, 魏書, 東夷傳, 韓傳 馬韓條.

'교橋'자에 얽매일 것 없이 배를 말하는 것이다. 물을 건너는 고정적 설비는 다리가 되며, 부동적浮動的 수단은 배가 되지만 그 성능이 동일하기 때문에 모두 '하시'로 부른 때가 있었다 하는 설20)은 주의할 점이다. 여기에서 우리는 또 '배'의 시원적始原的 유래도 짐작할 수 있다.

이와 같은 목편을 타고 물을 건넌다면 몸이 물에 졌기 때문에 점차로 물에 젖지 않고 항행할 수 있는 수단을 강구할 수밖에 없었고, 목재를 파서 이른바 통궁이[刳舟]를 제작하게 되었을 것이다. 이 때 배를 일종의 용기로 보고 말 자체도 용기와 연관시켜 지은 말을 가진 민족이 많다. 이러한 원시민족에서도, 특히 해양민족에 선박이 더욱 발달될 것은 당연한 일이다.

특히 삼한종족三韓種族에는 확실히 남방계통의 해양민족이 혼합되어 있었다. 『삼국지』 한전韓傳 마한馬韓조에 "그 고장 남자들은 간혹 문신을 하는 사람도 있다[其男子時時文身]"21), 변진弁辰조 역시 "왜와 가까운 지역이므로 남녀가 모두 문신을 하기도 한다[男女近倭 亦文身]"22)라는 기록이 이를 방증한다. 문신은 해양민족이 처음에는 바다의 위험한 어족에 대해 보호색 또는 경계색으로 고안되었으며, 훗날 장식화되어 나체생활을 하는 열대-해양민족의 소산이 되었다.

바다에 용감한 해양종족을 많이 받아들인 한민족이 극동해역에서 우세한 지배를 누리고 있었던 것은, 앞 절에서 언급한 바와 같이 일본편 전설 중 소잔명손素盞鳴尊이 한국의 풍부한 금은보새를 가져오기 위해 배를 만들고자 자기 몸의 털을 뽑아 나무씨로 변화시켜 배양했다는 선박의 기원전설이 한반도와 깊은 관계를 가진 출운국出雲國의 시조와 연관되어 있는 것에서도 알 수 있다.

---

20) 原註: 松岡靜雄, 『日本古俗誌』, p.225.
21) 『三國志』 卷30, 魏書, 東夷傳, 韓傳 馬韓條.
22) 『三國志』 卷30, 魏書, 東夷傳, 韓傳 弁辰條.

원시적 선박의 일종으로는 떼[筏]가 이차적으로 발달되었을 것이며, 그 부력을 돕기 위해 바가지 같은 것을 많이 붙인 예는 현대의 아프리카 종족 사이에서도 볼 수 있다. 신라시조 혁거세 때에 일본에서 건너왔다는 호공瓠公은 바가지를 허리에 매달고 건너왔다고 하여 그 이름을 호공으로 지었다.23) 그러나 동해를 바가지 하나의 부력으로 단신 건너왔다는 것은 있을 수 없는 일이다. 이것은 바가지를 단 떼가 아닐까 생각할 수 있겠다. 『일본서기』 신대편神代篇 일서一書에 소잔명존素盞鳴尊이 진흙배[埴土舟]를 타고 한국 땅에 왔다는 전설도 두 가지 설로 해석되고 있다. 즉 일본 『만엽집』24) 시대까지도 배에 붉은 도료-대략 붉은 흙[赭土]-를 칠한 것이 분명하며, 또 현재 남양군도 토속 중에도 이런 것을 볼 수 있다. 진흙배라는 것은 붉은 흙칠을 한 것 아닐까 하는 설[松岡靜雄·吉田東伍]과 옹기류를 부력장치로 떼에 매단 종류가 아닐까 하는 일설을 서촌진차西村眞次[니시무라]는 세우고 있다. 그런 일례는 압록강에서는 지금도 이런 것을 볼 수 있으며. 이것을 중국에서는 나무단지[木甖]라고 하고, 인도에서는 '챠티(Chatty)'라고 한다.

우리나라 고대에 남방의 해류로부터도 이와 같은 나무단지의 이입이 가능했으리라고 생각된다. 배의 안정을 얻기 위해서는 떼가 가장 좋을 것이며, 바가지배[瓠舟]도 쌍雙으로 연결시키든지 또는 두 개의 목재를 평행하여 가로로 결부시키든지 하는 궁리도 생겼을 것이다. 일본전설에 나타나는 이오소선二俣[후다마다]小船25)은 이러한 것으로 생각된다. 배를 운용하는 노橈[楫·棹 등]·키[舵] 등도 당연히 발명되고, 풍력을 이용하는 범선도 점차 생겼을 것이다.

우리나라 말로 선박은 '배'라고 하는바. 여기에 대한 문헌적 근거는 한껏

---

23) 『三國史記』, 赫居世本紀, 38년조.
24) 『萬葉集』은 일본의 옛 가사집으로 仁德天皇 시대부터 8세기 중반까지의 각 계층의 노래를 집성한 것이다.
25) 原註: 『古事記』, 垂仁條.

올라가서 고려시대의 『계림유사鷄林類事』 중 '선왈파船曰擺'라는 것과, 조선 초기 훈민정음 제정에 가까운 시대의 문헌으로 『용비어천가』를 위시하여 『훈몽자회訓蒙字會』 기타 언해류諺解類에서 이런 어형을 볼 수 있는데, 모두가 '배'로 표음되어 있다. '배'라는 말이 어디서 유래했는지, 한자어 '박舶'과 관계있는지도 모르며, 종래 일본학자 간에는 일본어 '후네'가 용기容器를 의미하는 '헤'[26)와 관련이 있고, 한국어 '배'도 같은 유래어로 용기를 뜻하는 말에서 나온 듯하다는 설을 세우는 자도 있으나, 한국어 자체에서 이것을 입증하기는 어려울 것 같다. 물론 지방에 따라서는 '배'를 타는 것을 '궁'을 탄다는 말이 있지만 이것은 언어의 문제가 아니고 사변思辨의 문제다. 강의 작은 배를 뜻하는 말로 '매생이'라는 말은 선학先學의 문자에 지적되어 있는데,[27) 그 어원은 밝혀지지 못하고 있다.

한편 작은 배를 '거루'라고 이르는데, 남양군도 야프(Yap)섬 사람들은 구멍을 '구루'라 하니 고주刳舟-일본서도 구리부네라 함-를 뜻하는 데서 온 것 아닐까 하는 추론도 가능하다. 이밖에 남양군도에서는 지방마다 약간의 차이는 있으나 대체로 '배'를 다음과 같이 말하고 있다. 즉 마샬(Marshall)군도에서는 '와', 중앙 캐롤라인(Caroline)에서는 '우와', 포나페(Ponape)에서는 '우아투', 사모아(Smoa)에서는 '와', 마오리(Maori)에서는 '와가', 팔라우(Palau)에서는 '와까', 피지(Fiji)에서는 '왕까', 토켈라우(Tokelau)와 비자야에서는 '방가'라고 한다.[28) 이 일련의 어휘는 한국어의 '배'와 관계가 있는지, 이것은 장차 전문가가 더 연구해야 할 일이다.

사전시대부터 이미 근해近海에 우세한 위치를 점유하고 있던 우리 조상들에게 낙랑군·대방군으로부터 섭취한 진보된 문물은 조선술에서도 중국

---

26) 原註: 후네의 '네'는 어미로 친다. 일본어의 '하'행음은 P음과 f음의 중간음이다.
27) 原註: 『芝峰類說』 卷2 : 『中宗實錄』 26卷, 병자년 9월조.
28) 原註: 松岡靜雄, 『미크로네시아語 綜合硏究』.

의 대선구조술大船構造術이 이입되어 해상의 위력은 새로운 방면을 열었다. 이러한 실례는 일본이 큰 배를 만들려고 하면 그 공장工匠을 신라로부터 데려간 실례에서 볼 수 있다. 즉『일본서기』의 응신천황應神天皇 31년 기사에 각 지방의 공상선貢上船 5백 척이 무고항武庫港에 정박해 있다가 신라무역선의 화재로 인해 연달아 불에 타게 되자 신라에서 배 잘 만드는 사람들을 데려다가 새 배를 짓게 하니, 이들의 후손이 섭진국攝津國[셋츠국] 하변군河邊郡 위나향爲奈鄕에 정착하여 대대로 나라의 배를 만들어 바치는 猪名部[이나베]의 일족이 되었다고 한다.

이를 종합하여 보건대 아득한 사전시대부터 역사시대에 들어설 때까지 한국민족의 해상활동은 활발했음이 명백하건만 거기에 대한 자료가 없고 일본의 기기紀記[29])를 비롯한 여러 고전에도 해양에 대한 전설이 남아 있지 않은 것은 실로 유감이다. 그 원인은 주로 후세 우리 국민이 해양에 대한 적극성을 잃은 까닭이며, 또 거기에 따라 국력이 쇠약했기 때문인 것으로 생각된다.

---

29) 紀記란『日本書紀』와『古事記』를 말함.

제2장 삼국시대의 해상활동

제1절 고구려의 해상활동

　고구려·신라·백제가 각각 어느 시기부터 국가를 형성했는지 오늘날 정확한 기년紀年을 잡기가 매우 어렵고, 『삼국사기』가 전하는 기년으로는 진상을 파악할 수 없다. 그러나 삼국 중 고구려가 가장 선배국으로 일찍이 동가강佟佳江 상류 환인桓仁지방에서 대두하여 한민족漢民族 또는 서부 북방민족과 부단한 투쟁 속에서 점차 그 세력을 신장시켰던 것만은 분명한 사실이다. 그러한 고구려는 건국 초기부터 왕망王莽과 충돌한 사실이 전해지며, 이후 후한後漢을 맞아 그의 동북방 변경의 강적으로 되어 있다가, 마침내 후한 말에는 요동에 웅거한 공손씨公孫氏와의 식섭 충돌을 했는데, 이는 필연의 추세였다. 산상왕山上王 때는 드디어 공손강公孫康의 침략을 받아 동가강 유역에서 그 국도國都를 환도성丸都城으로 옮기게 되었다. 그러나 중국대륙의 중원에는 삼국정립의 정국변동에 따라 요동의 독립적 존재였던 공손씨의 입장도 미묘하게 되었다.

　한편 그 배후를 점유한 고구려는 이러한 시국여건 하에 해상으로 오吳나라의 손권孫權과 통교하여 북중국 신흥세력인 위魏나라와 대항을 도모하게 되는데 이는 우리의 주의를 끌 만한 일이다. 즉 처음에 오왕 손권은 공손연公孫淵을 끌어들여 지원을 얻고자 서기 229년(黃龍 원년) 해상으로 요동에 사신을 파견하고,1) 서기 232년(嘉禾 원)에도 사신을 파견했으며,2) 다음해에는 다시 장미張彌·허안許晏 등 일행 수백 명을 요동에 보내 공손연을 연왕燕王으로 봉하여 그의 협력으로 위나라를 협격하고자 했다. 그러나 공손연은 오나라가 멀어 서로 힘이 되기 어려운 것을 살펴 도리어 일행을 요동과 현토玄菟 등에 나누어 배치하고, 장미·허안 등을 베어 그 머리를 위나라에 바치며 친위책親魏策을 취해 스스로를 보존하고자 했다. 현토군에 분치分置 감금당한 오나라 사신 진단秦旦·장군張群·두덕杜德·황강黃疆 등은 탈출하여 험난한 여정 수백 리를 이동하여 고구려왕(東川王)에게 도달하여 오왕의 조명詔命을 전한즉 왕은 이것을 환영하여 일행 중 중도에 병으로 처진 장군과 두덕을 구출하여 이들을 오나라에 해상으로 호송했다. 이와 동시에 글을 보내고 예물로 담비가죽(貂皮) 1천 장과 할계깃(鶡鷄皮) 10구를 보냈다. 손권은 이것을 매우 기쁘게 여기고 1년 뒤에 다시 고구려에 사신을 보내 의복과 진귀한 보물을 선사했다.3)

이와 같이하여 공손씨도 능히 못했던 남방 오나라와의 통교를 고구려에서는 기이한 인연을 타서 수행하여 위나라에 대한 원교근공책遠交近攻策을 도모한 것은 고구려의 적극성을 나타냄이며, 동천왕의 영명함과도 관계되는 바가 많을 것이다. 그러나 고구려는 원래 위치상 북중국에 근접하여 위나라와 적대적인 관계를 원하지 않았으므로 재차 오나라 사신을 맞이할 때에는 위나라 유주자사의 완곡한 권고에 주저하지 않을 수 없었다. 결국 양국의 국교는 일시적이었고 아무런 성과도 보지 못했다.

---

1) 『三國志』 卷47, 吳書, 吳主傳 第2. 黃龍 원년 기사.
2) 『三國志』 卷47, 吳書, 吳主傳 第2. 嘉禾 원년 기사.
3) 『三國志』 卷47, 吳書, 吳主傳 第2. 嘉禾 2年 기사.

당시 항로는 압록강 입구로 상륙한 모양이며, 고구려 측은 오나라 사신을 안평구安平口에서 맞았다. 오나라 사신 사굉謝宏에게 고구려왕은 말 수백 필을 보냈으나 사굉의 배가 적다는 이유로 그 중 80필을 싣고 귀환했다. 당초 손권이 공손씨에게 관리와 병사 수백 명으로 사신을 호송했다[4]는 내용을 유추해 볼 때 위나라에 직접 위협이 될 수 있는 공손씨가 오나라에 실리가 있었음을 짐작할 수 있다.

압록강 중류 통구通溝지방에 국도를 옮긴 고구려도 이 강을 통해 비로소 해구海口를 확보했고, 수어守禦상 또는 연해 남하南下의 필요를 위해 수군양성이 반드시 있었으리라 추측된다. 이러한 고구려의 수군활약은 유명한 광개토왕 때와 그 말기에 있었던 수나라·당나라 수군과의 용감한 전쟁을 통해 나타나고 있다.

고구려는 상기 오나라와 해상교통을 도모하여 위나라의 변경을 때때로 습격하므로 드디어 위나라 유주자사幽州刺史 관구검毌丘儉의 대침략을 받아서 한때 국도國都를 포기한 적도 있었다.[5] 그러나 관구검이 회군하자 다시 국도를 회복하고, 단단히 국력을 정비하여 미천왕(300~330) 때는 중국의 식민지 군현을 완전히 몰아냈다. 한편 반도의 신흥국인 백제·신라에도 중압을 가하게 되어 삼국정립의 분쟁은 이후 격화되어 갔다.

때마침 영명한 국왕 광개토왕廣開土王은 4세기 말에 군림하여 중국의 혼란한 형세를 틈타 서쪽으로 널리 영토를 확장하여 요하遼河의 선을 넘었으며, 드디어 그 예봉은 남쪽으로도 향했다. 반도의 백제·신라에는 왜倭의 세력도 개입하여 복잡한 정세를 벌리고 있었는데, 지금 압록강 중류의 대안 통구通溝지방에 우뚝 서 있는 광개토왕비는 뒷날의 사서史書에서 보지 못할

---

4) 위의 책.
5) 原註:『翰苑』, 高句麗條에 인용된 括地志에 압록강에 관련하여 다음과 같은 내용이 있는 것은 우리의 주목을 끈다. "二水合流 西南至安平城入海 高句麗之中此水最大 波瀾淸澈 所經津濟皆貯人船 其國特此以爲天塹 云云."

당시의 사실을 전하고 있다. 즉 호태왕好太王 6년 병신년(396)에는 왕이 친히 수군을 거느리고 남하하여 한강유역 일대를 공략하고, 백제도성에 육박하여 성하지맹城下之盟을 받았다. 그 비에는 다음의 일절을 기술하고 있다.

백제와 신라는 예전부터 속민으로 고구려에 조공했다. 그런데 왜가 신묘년부터 왔으므로 고구려가 바다를 건너 백제와 신라를 파하고 신민으로 삼았는데, 즉 6년(396) 병신에 왕은 친히 수군을 거느리고 가서 백제국을 토벌하였다.6)

생각하건대 당시 호태왕은 압록강 어귀에 일대 수군기지를 두고 서해연안을 남하하여 한강을 거슬러 올라가 광주廣州의 백제국 도성에 육박한 것이다. 함락 공파한 연로沿路의 성은 58성이며, 열거된 성 가운데 미추성彌鄒城은 인천지방이며, 아차산성阿旦山城은 광장리廣壯里 좌안에 현존한 산성임이 확실하다. 이 기록 끝에 다음과 같은 구절도 있다.

그 도성에 다다랐다. 그러나 백제는 의로운 군대에 굴복하지 않을 뿐만 아니

---

6) 原著: "百濟 新羅 舊是屬民 由來朝貢 而 倭以辛卯年來渡海 破百殘 '' 新羅 以爲臣民 以六年丙申 王躬率水軍 討科殘國".[廣開土王碑, 辛卯年조] 광개토왕비 신묘년 기사의 해석은 매우 다양하다. 이것은 王健群의 釋文을 참고로 李鍾學이 해석한 내용이다.[李鍾學, 「軍事史學으로 본 碑文의 征服戰爭」,(『廣開土王碑文의 新研究』, 서라벌군사연구소, 1999), p.125]

신묘년 기사는 "百殘 新羅 舊是屬民 由來朝貢 而後 以辛卯年不貢因 破百殘倭寇新羅 以爲臣民 以六年丙申 王躬率水軍 討伐殘國"으로 보기도 한다.[李亨求·朴魯姬, 『廣開土王陵碑 新研究』(同和出版公社, 1986), pp.72~74]

原註: "백잔국 운운이라고 있는데, 신라는 奈勿王 때에 고구려 세력에 눌려 왕족 實聖을 인질로 보낸 일도 있었으며, 이와 동시에 倭國에도 實聖王 때에는 奈勿王子 未斯欣을 質로 보내는 등 신라가 북·남 en 세력 사이에 눌리던 시기였다. 백제와 고구려는 이전에 故國原王이 백제군과 평양성에서 접전하다가 流矢에 맞아서 전사했다. 이로 인해 양국의 국교는 원한을 품게 되었는데, 辛卯年에 倭가 渡海하여 백제와 신라를 복속시켰다는 것은 종래 史家들이 기존 史書의 어느 사건으로 충당시킬지 문제가 많으나, 여하간 倭의 신묘년의 반도에 대한 새로운 행동은 羅濟에 신정세를 전개한 모양이며, 好太王의 6년 丙申의 백제공략은 이와 같은 숙원을 맺은 백제에 대한 일대 痛棒을 가한 것이다."

라 감히 나와서 싸우기 때문에 왕은 크게 노하여 아리수를 건너 적들의 도성에 육박했다.7)

'아리수阿被[利]水'가 어딘지 자세하지 않으나 한강 일부의 호칭으로 보인다. 이 병신년 전역은 『삼국사기』에 나타나지는 않으나, 이에 앞서 수년간 여·제 양국 간의 여러 차례의 전역이 기록되어 있다. 「고구려본기」 광개토왕 원년 임진王辰에 "가을 7월에 남쪽으로 백제를 쳐서 10개의 성을 함락시켰다"8)라고 했는데, 같은 책 「백제본기」 진사왕辰斯王 8년 가을 7월조에는 좀 더 상세히 기록하고 있다.

고구려왕 담덕이 군사 4만을 거느리고 와서 북쪽 변경을 침공하여 석현 등 10여 성을 함락시켰다. 왕이 담덕은 군사지휘에 능숙하다는 말을 듣고 나가서 항전을 하지 못하여 한수 북쪽의 부락들을 많이 빼앗겼다.9)

또 같은 책 광개토왕 원년 10월조에 다음과 같은 기록이 있다.

백제의 관미성을 쳐서 함락시켰다. 그 성은 사면이 절벽이요, 바다가 둘러져 있기 때문에 왕이 군사를 일곱 길로 나누어 공격한 지 20일만에야 함락시켰던 것이다.10)

---

7) 原著: "進至其國城 賊(百濟) 不服氣 敢出交戰 王威赫奴渡阿被(利)水 遣刺迫城橫城 云云."[廣開土王碑, 永樂 6년조] 이 부분은 王健群의 釋文을 참고로 李鍾學이 해석한 내용이다.[李鍾學, 「軍事史學으로 본 碑文의 征服戰爭」, 『廣開土王碑文의 新研究』, 서라벌군사연구소, 1999), p.125]
8) 原著: "秋七月 南伐百濟 拔十城."[『삼국사기』 권18, 고구려본기, 廣開土王 원년조]
9) 原著: "高句麗王談德帥兵四萬 來攻北鄙 陷石峴等十餘城 王聞談德能用兵 不敢出拒 漢水北諸部落多沒焉."[『삼국사기』 권25, 백제본기, 辰斯王 8년조]
10) 原著: "攻陷百濟關彌城 其城四面峭絶海水環繞 王分軍七道攻擊 二十日乃拔."[『삼국사기』 권18, 고구려본기, 廣開土王 원년조]

백제의 이 전역패배는 그 시기로서는 매우 큰 타격으로 다음해에 그의 탈환을 도모하여 왕은 진무眞武를 좌장左將으로 임명하고 군사일을 모두 위임하고 있다. 또 8월에는 군사 1만 명을 거느리고 출전시켰는데, 그때 왕은 출정군 장수에게 다음과 같이 격려했다.

> 관미성은 우리나라 북쪽 변경의 요충인데, 그것이 지금 고구려의 소유로 되어 있다. 이 사실을 내가 통분하게 여기는 바이니 그대도 애써서 분풀이를 해야 할 것이다.[11]

그러나 백제군은 관미성을 다시 탈환치 못했다. 다음해 갑오甲午에도 양군은 수곡성水谷城 아래에서 접전했는데 역시 백제는 패배했다. 다시 다음해 즉 호태왕비의 6년 병신의 앞 해인 을미乙未에는 "가을 8월에 왕이 패수 상류에서 백제와 더불어 싸워 그들을 크게 쳐부수고 8천여 명을 사로잡았다"[12]라는 기사가 보인다.『백제본기』역시 이 사건을 전하면서 "다시 그 해 11월에는 백제왕이 패수浿水전역을 보복하고자 군사 7천 명을 친히 거느리고 한수漢水를 지나 청목령靑木嶺에 숙영했는데, 때마침 큰눈을 만나 동사자가 속출하여 회군했다"라고 한다.

이상『삼국사기』고구려본기와 백제본기는 모두 양국의 한강유역의 격투를 병신년 앞 4년간을 기록하고 있는바, 혹시 비문의 병신년조의 대전역도 이 수년간의 군사행동을 1년에 함께 몰아서 썼는지 모르겠다. 여하간 이 전역에 고구려 수군의 활약은 괄목할 만한 것이었다.

이후 5년이 지난 9년 기해己亥에는 백제가 맹서를 어기고 왜와 연통連通

---

11) 原著: "關彌城者 我北鄙之襟要也, 今爲高句麗所有 此寡人之所痛惜 而卿之所宜用心而雪恥也."(『삼국사기』권25, 백제본기, 阿莘王 2년조)
12) 原著: "秋八月 王與百濟戰於浿水之上. 大敗之 虜獲八千餘."(『삼국사기』권18, 고구려본기, 廣開土王 4년조)

했다. 반면에 신라국경에는 왜군이 충만하여 신라는 고구려에 구원을 청해 와서 한반도는 다시 중대한 전국戰局을 이루었다. 이에 호태왕은 군사를 일으켜 남하하여 신라에 침입한 왜군을 그들의 교두보인 남안南岸의 임나가라 任那加羅로 몰아냈는데, 여기에서 안라인安羅人 술병戌兵의 항거도 받게 되어[13] 결국 왜군과도 정면충돌을 면치 못하게 되었다. 다음의 14년 갑진甲辰조의 기사는 우리의 주의를 끈다.

> 14년(404) 갑진에 왜가 법도를 지키지 않고 대방지역에 침입했으며… 석성을… 배를 연하여… 하였다. 평양… 적과 조우하였으며. 왕의 직할부대는 적의 진로를 차단하고 마구 공격하니 왜구는 궤멸되었고. 살상자가 무수히 많았다.[14]

결자가 많아서 종래 사가史家들도 그 진상을 파악하기 어려웠으나. 왜수군과 대방계에서 일대 수전을 전개하여 결국 고구려 수군이 대첩을 얻은 것만은 알 수 있다는 의미임은 확인된다.

고구려 말기 해전에 대해서는 뒤에 서술하겠으나 고구려 역사에 나타나는 해상활동 내지 수군의 활약은 대체로 이 영세한 기록에 그치지 않는가 한다. 요컨대 백제가 서해에 등장하기 전에는 고구려는 거의 발해渤海로부터 서해 전체의 해상권을 독점하여 멀리 남해 제주도까지도 그 세력을 뻗친 듯한데. 장수왕長壽王 다음의 왕인 문자왕文咨王이 그 13년(504)에 예실불

---

13) 廣開土王碑, 永樂 9년·10년조.
14) 原著: "而倭不軌 侵入帶方界□□□…?石城……連船……率□□□…?平壤□□……?相遇王幢要截盪刺 倭寇潰敗 斬殺無數."[廣開土王碑, 永樂 14년조] 이 부분의 王健群의 釋文과 李鍾學의 해석은 다음과 같다. "갑진에 왜가 법도를 지키지 않고 대방지역에 침입했으며. 백제군과 연합하여 석성을… 배를 연하여 … 했다. 왕은 스스로 군대를 지휘하여 토벌을 실시했다. 평양에서 출발하여 선두부대가 적과 조우했으며, 왕의 직할부대는 적의 진로를 차단하고 마구 공격하니 왜구는 궤멸되었고, 살상자가 무수히 많았다."[李鍾學, 「軍事史學으로 본 碑文의 征服戰爭」,(『廣開土王碑文의 新研究』. 서라벌군사연구소, 1999), p.133]

芮悉弗을 북위北魏에 사신으로 보냈을 때 북위 세종에게 말하기를

> 저의 나라가 황제를 섬김에 있어 여러 대에 걸쳐 정성을 다해 토산물을 바치는 조공절차를 어기지 않았사오나. 다만 황금은 부여에서 나고, 백옥은 섭라에서 나는 것인데. 부여는 물길에 의해 쫓겨났고, 섭라는 백제에 의해 병합되었기 때문에 금과 옥이 왕의 고방에 들어오지 못하는 것은 실로 두 적국의 탓입니다.15)

라 말하고 있음은, 곧 동성왕東城王 이후 탐라가 백제세력 밑으로 들어가기 이전에는 고구려의 해상세력은 멀리 서해를 남하하여 이 섬에서 백옥을 징발하여 대륙조공품 가운데 진귀한 품목으로 올려왔음을 말한 것으로 볼 수 있다.

장수왕 재위기간에도 백제의 남조南朝입공의 사신을 서해상에서 가로막은 사실로 보아,16) 그 서해에 있는 전통적 세력을 얼마만큼 짐작할 수 있다. 뒤에 고구려가 멸망할 때 신라에 귀순한 왕족 안승安勝을 신라 문무왕이 다시 고구려왕으로 책봉했을 때의 책명문冊命文 중에 "공의 태조 중모왕은 덕을 북쪽 땅에 쌓고, 공을 남쪽 바다에 세워 위풍이 청구에 떨쳤고, 어진 교화가 현토를 덮었었다 운운"17)이라는 일절이 보인다. 그것은 수식이 많은 책명문이라 할지라도 "공을 남쪽 바다에 세워"라는 한 구절은 공연한 말이 아닐 것이다. 고구려의 건국당시에는 그밖에 반도 여러 나라가 아직 그 존재가 미약할 때에 백제·신라의 영해까지도 웅비한 것을 말하고 있는 것으로 볼 수 있다.

---

15) 『삼국사기』 권19, 고구려본기, 文咨明王 13년조: "小國係誠天極 累葉純誠 地産土毛 無愆王貢 但黃金出自扶餘 珂則涉羅所産 扶餘爲勿吉所逐 涉羅爲百濟所幷 二品所以不登王府 實兩賊是爲."
16) 『삼국사기』 권26, 백제본기, 文周王 2년조: "三月 遣使朝宋 高句麗塞路 不達而還."
17) 原著: "公太祖中牟王積德比(北)山 立功南海 威風振於靑丘 仁敎被於玄菟云云."[『삼국사기』 권6, 신라본기, 文武王 10년조]

또 여기 곁달아서 3세기 초 조위曹魏의 관구검毌丘儉이 고구려에 침입한 당시의 동해의 유문遺聞을 소개하여 두겠다. 고구려왕 동천(位宮)[18]은 관구검의 침략을 받아서 남옥저南沃沮(함남지방)로 일시 도피했는데, 관구검은 현토태수玄菟太守 왕기王頎를 시켜서 이를 추격하여 강원도 동해안에 도달하여 바다를 바라보게 되었다. 『위지동이전』 동옥저東沃沮·읍루挹婁·예濊·부여夫餘 등 일련의 전傳에는 특히 위魏나라 사람들이 이 행군에 직접 획득한 견문기가 다분히 포함되어 있는 것으로 보인다.

그 중 「읍루전」을 보면 읍루는 부여 동북 1천여 리에서 큰 바닷가에 위치하며, 남쪽은 북옥저에 접하고, 그 북쪽은 어디까지 뻗쳤는지 모르겠다고 했다. 대체로 지금 소련 연해주沿海州 지방에 둥지를 튼 종족인 듯하며, 「읍루전」 말미에 "그 나라는 배를 타고 다니면서 노략질을 잘하므로 이웃 나라들의 걱정거리가 되었다"[19]라 했다. 고대 동해에 웅거하여 동해연안의 주민인 옥저 또는 예족濊族 등이 그 화를 입고 있었음을 생각하여 보게 한다. 그리고 「동옥저전」의 앞서 기술한 왕기에 관한 기사에 다음과 같은 동해상한 섬에 대해 전해 들은 내용이 있다.

왕기가 별도로 군대를 파견하여 궁(동천왕)을 추격, 동쪽 경계의 끝까지 갔다. 그 곳에 사는 노인에게 "바다의 동쪽에 또 사람이 살고 있는가?" 하고 물었다. 노인은 대답하기를 "우리나라 사람이 어느 날 배를 타고 고기잡이를 하다가 풍랑을 만나 수십 일을 바람 부는 대로 표류, 동쪽으로 흘러가서 한 섬에 도착했다. 그 섬 위에는 사람이 살고 있었으나 말을 서로 알아들을 수 없었다. 그들의 습속은 해마다 7월이면 동녀를 구해 바다에 집어넣는다"[20] 했다.

---

18) 『三國志』 卷30, 魏書, 東夷傳, 高句麗傳에 東川王의 이름이 位宮으로 나온다.
19) 原著: "其國便乘船寇盜 隣國患之."(『三國志』 卷30, 魏書, 東夷傳, 挹婁傳)
20) 原著: "王頎別遣追討宮 盡其東界 問其耆老 海東復有人不 耆老言 國人嘗乘船捕魚 遭風見吹 數十日 東得一島 上有人 言語不相曉 其俗常以七月取童女沈海 云云."(『三國志』 卷30, 魏書, 東夷傳 東沃沮傳)

동해의 한 섬이라면 울릉도밖에 없다. 필시 옥저인들도 동해에 출어하다가 조난당하여 울릉도까지 표착하여, 그 섬에 대한 지식을 가지고 있었던 모양이다. 이 울릉도는 우산국于山國이라고 하여 독립적 존재를 이루고 있었는데, 뒤에 신라에게 정복 편입된다.

제2절 백제의 해상활동

백제는 『삼국사기』에 의하면 전한 성제成帝 홍가鴻嘉 3년(18 BC)에 시조 온조왕溫祚王에 의해 건국되었다.21) 『삼국지』 위서魏書에 의하면 삼한의 마한 54국 중 백제伯濟가 보이는데,22) 백제百濟의 국명은 여기에서 나왔겠지만, 백제국伯濟國이 곧 강성하여 나머지 마한 군소국을 통합했다고 간단히 말할 수 없다.

중국의 육조시대六朝時代 초기(4c 초) 아직 진晉나라 조정에 내란이 일어나기 전에는 마한과 진한은 다른 동이東夷 여러 나라와 더불어 중국에 조공했으나,23) 그 후 아득히 그 소식을 끊고 있다. 그리고 얼마 안되어 서진西晉 말에 낙랑군은 고구려에 흡수되며(313), 또 동진東晉 초에 요동군은 모용씨慕容氏의 소유로 되고,24) 중국과 한반도는 서로 밀어져 한반도의 역사는 중국 측에서 보면 전혀 그 내용을 알 수 없게 되었다. 그리고 백제왕 여구餘句[近肖古王]의 조공이 보인 것은 약 반세기 후인 동진 중엽인 서기 372년인데,25)

---

21) 『삼국사기』 권23, 백제본기, 始祖 溫祚王條.
22) 『三國志』 卷30, 魏書東夷傳, 韓傳, 馬韓條.
23) 『晉書』 권97, 東夷列傳, 馬韓, 辰韓條.
24) 『삼국사기』 권17, 고구려본기, 美川王條.

이 때는 이미 백제가 고구려 및 신라와 함께 정립의 형세를 취할 만한 반도의 강국으로 등장되어 있었다.

　백제의 현실적 건국발흥勃興은 실로 이 반세기 동안의 장막帳幕 안에 일어난 사실로, 후세사가는 그 진상을 쉽사리 파악할 수 없다. 백제왕실은 그 성을 부여扶餘[약해 餘라고 함]라고 했으며,26) 개로왕蓋鹵王이 북위에 보낸 서신 중에도 "우리 나라는 고구려와 함께 조상이 부여에서 났다.[臣與高句麗 源出扶餘]"27)라고 명기되어 있는 것으로 보아도, 그 선조는 북만주의 부여에서 나온 모양이다. 그러므로 백제건국에 대해 종래 역사가는 위나라의 관구검이 고구려를 정벌할 때 부여종족의 고구려가 대혼란을 일으키며, 또 남쪽에서 한韓종족의 봉기가 있어 혼란에 빠진 때가 아니면 이보다 뒤에 진무제晉武帝 무렵 선비鮮卑의 모용족慕容族이 요동방면에 일어날 때에, 이 방면의 여러 부족이 동요하여 그 본래의 땅을 이리저리 떠돌아다니며 해상으로 남하하여 마한 백제국伯濟國의 옛 땅에 입주 정착하여 나라의 터전을 세운 것으로 추정하고 있다.

　『삼국사기』 백제본기에 전하는 전설로는 졸본부여卒本夫餘의 주몽朱蒙의 두 아들인 온조溫祚·비류沸流 형제가 남하하여 한강하구 경인京仁지방으로 무대를 잡고, 형인 비류는 바닷가에 터를 잡고자 하여 미추홀彌鄒忽[인천지방]에 정착했으며, 동생인 온조왕은 하남河南 위례성慰禮城을 도읍으로 택정했는데, 결국 토지가 습하고 물이 짠 미추홀은 정착에 불편함에 대해 위례성은 도읍이 안정되고 인민들이 태평한 것을 보고, 비류는 부끄럽고 한스러워 병이 되어 죽었다. 이 때 백성들은 모두 온조왕에 귀부하여 백제의 기업基業이 점점 안정되고 확고해졌다고 한다.28) 백제왕실이 여하간 어느 시기엔가

---

25) 『晉書』 卷9, 簡文帝, 咸安 2년 6월조.
26) 『삼국사기』 권23, 백제본기, 始祖 溫祚王條.
27) 『삼국사기』 권25, 백제본기, 蓋鹵王 18년조.
28) 『삼국사기』 권23, 백제본기, 始祖 溫祚王條.

북에서 남하하여 한강연안에 거처를 정한 것을 방불케 하고 있으니, 백제의 기초가 역시 바다를 통해 반도 중서부에 세워졌다고 볼 수 있다.

분립적分立的인 군소 부족국가로서 점차 통합작용으로 국가를 이루는 과정에서 중국의 정권에 입공入貢의 형식을 취한 것은 대내적·대외적으로 필수한 조건이었다. 백제가 진晋의 간문제簡文帝 함안咸安 2년(372)에 입공한29) 이후 이미 고구려와 맞버틸 만큼 강성한 하나의 국가로 나타나는 것은 우연의 일이 아니다. 근초고왕近肖古王 26년(371)에는 대군을 거느리고 고구려에 반격 침공하여 평양성에 이르러 그 왕 고국원왕故國原王30)을 전사시키기까지 하여 이후 양국 간에 국교가 악화되었다.

그런데 이 4세기 말 고구려에 유명한 영왕英王 광개토대왕이 등극하자 백제는 그 압박으로 견디지 못하고, 근초고왕 22년 정묘년(367) 이래 이미 남한 일부에 발을 붙인 왜와 교통하여 그 지원도 얻어야 할 정세에 있었다. 당시 왜는 신라를 압박하고 있었는데, 광개토왕이 고구려의 국위를 남으로 신장함에 따라서 신라는 그 바람 아래 섰으며, 백제는 왜의 지원을 배경으로 하여 고구려 세력에 대항했다. 이 형세는 「호태왕비」에 나타난 바로서 이미 앞 절에도 약간 서술했다.

이와 같이 하여 5세기를 통해 반도의 주도권을 잡은 이는 고구려 장수왕이었다. 왕의 15년(427)에 수도를 평양으로 옮겨 국력의 중심이 남으로 진출했고, 드디어 동왕 63년(475)에는 백제의 왕도 한성漢城을 함락시키고 개로왕을 잡아죽이고 지난날 고국원왕의 복수를 하게 되니, 다음 왕 문주왕은 웅진(공주)에 천도하지 않을 수 없게 되었다. 이와 같이 반도에 고구려 세력이 강력하게 남하하자 앞서서 고구려로부터 밀려오던 북방압력을 공동으로 대적하기 위해 백제와 신라는 결탁하게 되었다.

---

29) 『晉書』 卷9, 簡文帝, 咸安 2年條.
30) 原註: "고국원왕의 이름은 斯由 또는 釗이다."[『삼국사기』 권18, 고구려본기, 故國原王 원년조]

반도 내의 이와 같은 복잡한 정세는 당시의 대외관계에도 반영되고 있다. 이러한 측면을 보기 위해 여기에서 다시 『진서晉書』에 의해 백제의 대륙 입공을 살펴본다면, 근초고왕 27년에 백제가 진나라에 입공하고, 진나라는 백제에 사신을 보내 그 왕 여구餘句[근초고왕]를 진동장군鎭東將軍 영낙랑태수領樂浪太守로 봉했다고 한다.31) 『삼국사기』에 의하면 그 다음해에도 거듭 진나라에 입조하고 있으며, 다음 왕 근구수왕近仇首王 5년(379) 3월에도 진나라에 입공하려던 사신이 해상에서 악풍을 만나 그 땅에 도달하지 못하고 귀환했다고 하며, 그 후 5년 4월에 왕이 사망하고 침류왕枕流王이 계승하여 "가을 7월에 사신을 진나라에 보내 조공했다[秋七月 遣使入晉朝貢]"라는 기사도 보인다.32)

이후 백제는 전지왕腆支王 12년(416)에 동진東晉 안제安帝의 사신으로부터 책명을 받아 사지절도독백제제군사진동장군백제왕使持節都督百濟諸軍事鎭東將軍百濟王으로 봉해지게 되었으며, 다음 왕 구이신왕久爾辛王 5·6년, 비유왕毗有王 4·24년, 개로왕 3·17년에 연속해서 송宋에 입조했다. 이와 동시에 백제는 또 북위北魏에도 사신을 보내 입공하여 고구려를 정벌할 것을 글을 올려 청원하고 있다.33) 개로왕 18년 임자년[壬子年〔北魏 延興 2년, 472〕] 북위에 보낸 백제왕 상표문上表文의 한 구절을 보면 백제는 해로海路로 북위에 조공하려 했으나 고구려에게 방해받은 것을 알 수 있다.

> 신이 동쪽 끝에 나라를 세워 승냥이와 이리들에게 길이 막히니, 비록 대대로 심려하신 교화를 받았으나 번신의 예를 받들 길이 없었습니다.‥ 삼가 사서私署한 관군장군 부마도위 불사후 … 등을 보내어 파도에 배를 던져 망망한 바다에 길을 더듬게 했습니다. 하늘에 운명을 맡기고 만분의 일이나마 조그만 정성을 올립니다.…34)

---

31) 『晉書』 卷9, 簡文帝, 咸安 2年條.
32) 原註: "晉孝武帝 太原 九年, 서기 384년."
33) 『삼국사기』 권25, 백제본기, 腆支王·久爾辛王·毗有王·蓋鹵王條.

이 때의 조공항로는 황해를 횡단하여 행해진 것으로 보인다. 당시 백제와 고구려는 서로 교전관계에 들어간 지 30여 년이었으므로, 백제는 빨리 한 명의 장수를 보내 지원해 줄 것을 요청한 것이다. 그래서 백제의 사신이 귀도歸途에 오르자 위나라 효문제孝文帝는 소안邵安 등을 보내 고구려를 경유하여 고구려 왕 연璉[장수왕]에게 그 일행의 호송을 명했다. 그러나 장수왕은 백제와는 구수지간仇讎之間이므로 이를 통과시키지 않아서 소안 등은 할 수 없이 본국으로 귀국하여 다시 동래[산동반도]에서 해상으로 백제에 직통하여 왕에게 새서璽書를 전하고자 했다. 바닷가에 이르렀을 때 풍파로 인해 도달하지 못하고 돌아갔다.

그 후 개로왕은 고구려 측이 번번이 북변을 침범함으로 표를 올려 위에 구원을 청했으나 응하지 않으므로 드디어 입공을 끊어버렸다.35) 백제가 북위의 힘을 끌어들여 고구려를 치려는 시도는 수포에 돌아가고 도리어 이후 3년에 개로왕은 장수왕의 대군에게 침공을 받아서 죽임을 당했으며, 백제는 국도를 웅진으로 옮기지 않을 수 없게 되었다.

이 당시 대륙입공 면에서도 고구려가 백제를 압도했다. 장수왕은 즉위하자(413) 역시 동진東晉의 책봉을 받았으며, 계속하여 남송과 교통하는 한편 왕 23년(435)에는 북위에도 입공을 개시하고, 이후 남북 양조의 여러 조정에 통빙하기를 끊이지 않았다.36) 이래서 웅진으로 도읍을 옮긴 문주왕은 그 2년(476)에 강남의 송宋에 사신을 보냈는데, 그 사신은 고구려의 방해로 목적을 달성하지 못하고 부질없이 귀환하게 되었다.37) 또한 장수왕 72년(484)에 왕이 남제南齊 태조의 책명을 받으니, 백제 동성왕東城王도 이 소식을 듣고

---

34) 『魏書』 卷100, 百濟傳: "臣建國東極 豺狼隔路 雖世承靈化 莫由奉藩… 謹遣私署冠軍將軍駙馬都尉弗斯侯… 等 投舫波阻 搜徑玄津 託命自然之運 遣進萬一之誠."
35) 『삼국사기』 권25, 백제본기, 蓋鹵王 18年條.
36) 『삼국사기』 권18, 고구려본기, 長壽王條.
37) 『삼국사기』 권26, 백제본기, 文周王 2年條.

바로 글을 보내 통빙할 것을 약속받았으며, 그 해에 다시 사자를 보냈는데, 과연 해상에서 고구려 군사의 저지를 받았다.[38] 그뿐만 아니라 고구려는 도리어 북위를 꾀어 백제 동성왕 10년(효문제 태화 12년. 488)에 백제의 불공不貢을 질책하여 정벌하게 했는데, 백제의 선전善戰으로 이를 패주시켰다.[39] 북위의 백제정벌은 물론 해로에 의한 것이지만 그 항로와 해전은 상세히 전하지 않아 백제의 용전勇戰을 알 수 없는 것은 유감이다.

5세기를 통해 여·제 양국 간의 싸움은 대륙과 연락하는 서해상에서도 이와 같이 그 파도를 높였다. 이 시기에 동방 왜국도 동진東晋·송宋·제齊·양梁 네 조정에 인덕주仁德主 이하 웅략주雄略主까지의 여러 주가 찬讚·진珍·제濟·흥興·무武 등의 이름으로 빈번히 입공하니,[40] 백제와 연맹적 입장이 되어 고구려와 대립한 역사의 일면을 나타내고 있다. 이 시기에 동양무대에서 왜국이 점하는 힘은 무시할 수 없는 존재였으며, 낙동강·섬진강의 하류지역과 남해연안 및 그 해역의 도서에는 왜인의 진출·활약이 상당한 근거를 가지고 있었던 모양이다. 백제가 고구려 남하의 압력을 받자 남쪽의 왜 세력을 이용하게 된 것은 자연의 귀추이지마는 백제의 중심이 공주·부여로 점점 남하하자 백제 자신의 영토와 해상권이 또한 남해안으로 신장하는 세력을 보여 사실은 왜국과도 대립적 입장이 되어감을 피할 수 없었다.

종래 사가史家들 중에는 백제가 고구려에 눌려서 남쪽으로 밀려 내려가는 쇠운일로衰運一路의 역사를 걷고 있었다고도 말하나, 백제가 공주에서 부여로 이도移都한 것은 반드시 그렇지도 않다. 도리어 영명한 왕 성명왕聖明王은 모든 환경적 조건으로 보아 중흥적 기개와 도량에서 수행한 것으로 볼 수 있으며, 백제는 중심을 남쪽으로 내려가면서 국력을 진전시켰다고 볼

---

38) 『삼국사기』 권26, 백제본기, 東城王 6年條.
39) 『삼국사기』 권26, 백제본기, 東城王 10年條.
40) 『宋書』 권97, 夷蠻列傳, 倭國.

수도 있다.

일본사 측에서 말하는 소위 임나任那의 존재가 신라의 정면공략으로 법흥왕·진흥왕 때에 낙동강 유역에서 구축된 것은 두 나라의 사서가 일치한다.41) 이와 동시에 백제가 일본에 통공通貢하는 길을 얻는다는 명목 하에서 백제에 누차 남해연안의 요지를 할양했다는 기사가 일본사 측에 나타나고 있다.42) 백제는 교묘한 외교수단으로도 점차 왜국의 세력권을 몰아내서 확보하여 간 듯하다. 백제가 남해에 차차 그 세력을 확보하여 간 것은 앞 절에서도 언급했지만,『고려사』지리지地理志 탐라현조耽羅縣條 하에 인용한『고기古記』에 의거하면 탐라국은 처음 신라에 내부했다. 언젠가 백제로 돌아가 문주왕 2년에 탐라국 사신에게 은솔恩率이라는 벼슬을 주고, 동성왕 20년에는 그 섬이 공부貢賦를 행하지 않으므로 왕은 친히 정벌하고자 무진주武珍州〔光州〕까지 진주하니, 탐라왕이 이 정보를 듣고 사신을 보내 죄를 청하여 이후 백제가 멸망할 때까지 백제에 내부한 것을 알 수 있다. 이같이 백제는 중심을 남하시키면서 대륙 남조南朝와의 활발한 해상교통과 동·남으로는 남해의 해상권을 확보하면서 왜와 긴밀한 관계를 맺음으로써 그 역사를 전개하였다.

여기 부언할 것은 백제가 남해 다도해의 해상권을 이 시기에 확보한 것은 필지必至의 귀추일 것인데, 그것을 증거하는 편린의 자료를 우리는『한원翰苑』백제조에 인용된『괄지지括地志』의 기록에서 엿볼 수 있다. 곧 "또 나라의 남쪽 바다 가운데 큰 섬 15개가 있는데, 모두 성읍을 두고 사람이 살고 있다."43)

오늘날 공주·부여의 백제고도에 남은 그 문물이 남조적南朝的 성격을

---

41)『삼국사기』권4, 신라본기, 法興王 19年條 :『日本書紀』卷18, 宣化天皇 2年條 .
42)『日本書紀』권17, 繼體天皇, 6년 12월 ; 7년 9월 ; 23년 3월 기사.
43)『翰苑』, 蕃夷部, 百濟條: "又國南海中 有人島十五所 皆置城邑 有人居之."

가진 것은 이미 학계의 상식화된 문제이니 여기에서 반복할 필요는 없을 것이다. 백제와 왜와의 관계는 다음 장에서 더 언급할 것이다.

제3절 신라의 해상활동

신라는 중국의 전한前漢 오봉五鳳 원년 갑자甲子(57 BC)에 개국했다고 전하지만,44) 신라가 국가를 형성한 것은 삼한의 하나인 진한辰韓을 통합한 뒤의 일이며, 중국 측 무대에 나타나는 것은 대략 4세기 중엽이다. 그러나 고신라古新羅는 진한 24국 중에 사로국斯盧國을 모태로 하여 점차 진한의 부락국가를 통합하여 간 것이다. 근래 사가의 고증에 따르면 대체로 내물왕奈勿王 이후를 확실한 역사시대로 치고 있다. 이 이전의 박朴·석昔·김金 3성姓시조의 전설적 시대도 역시 그것을 전혀 무시할 것이 아닐 뿐 아니라. 그 전설을 통해 신라의 역사이전 태동胎動을 알게 된다.

신라는 진한시대로부터 그 위치가 동해에 임하고 있었던만큼 먼 옛날로부터 동해를 건너 서일본과 북구주 지방에 부단히 식민을 했다. 더욱이 그 산음山蔭지방의 출운국出雲國이 한반도와 더불어 친연親緣관계에 있었던 것은 서로의 전설로 알 수 있다. 또한 신라시조의 하나인 석탈해昔脫解는 확실히 동해를 경유하여 신라에 입주한 세력이었으며, 박혁거세朴赫居世 때의 호공瓠公 또한 박을 타고 동해를 건너온 왜인이라 하는 것으로 보아.45) 반대로 왜국에서 진한땅으로 식민하여 온 존재도 없지 않았던 모양이다.

---

44) 『삼국사기』 권1, 신라본기, 始祖 赫居世條.
45) 『삼국사기』 권1, 신라본기, 始祖 赫居世 38년條.

그리고 특히 진한에는 철을 산출하여 한韓·예濊·왜倭가 모두 몰려와 이를 취용했다 하니,46) 3세기 중엽 당시의 분산적 부족국가시대의 아직 국가 이전의 상태를 알 수 있다. 영토 또는 국경의 관념이 없는 종족사회의 활발한 자의적恣意的 교통이 우리의 상상 이상으로 전개된 것을 짐작할 수 있다. 이와 같은 한·일 두 지역의 사회상태에서 점차 구심적 통합의 기운이 움터 민족적 의식의 맹아가 모호하게 생겨나는 단계에 들어서게 되었다.

『삼국사기』 신라본기의 초기에 나타나는 빈번한 왜인침입 기록은 원시적 국가 이전상태에서 점차 부족국가를 형성하는 때로 볼 수 있다. 신라는 반도 내에서의 위치가 동남쪽에 편재하여 북쪽과 서쪽으로 고구려와 백제의 중압을 받고, 해상으로는 왜인의 침략을 입어서 상당히 고난의 시련을 겪었다. 신라가 차차 역사시대에 들어서는 내물왕奈勿王에서 지증왕智證王대 (356~514)까지의 기간을 어떤 사가는 부용기附庸期라고 부르기도 한다. 북쪽의 고구려와 남쪽의 왜국 두 세력에 눌려 내물왕·실성왕實聖王·눌지왕訥祗王 3대에 양국에 볼모를 보낸 것은 현저한 사실이다. 또 「호태왕비」에도 고구려와 일본 사이에 신라를 쟁탈한 편린이 나타난다.

그러나 신라는 이 고난의 시기에서 차차 통합·강화의 길을 걸어나가 자주·자립으로 향해 다음의 발흥기에 들어간다. 이 시기 신라는 고구려의 중압에 저항하고, 남쪽에 인접한 가야제국加耶諸國47)을 통합하여 왜 세력을 구축했다. 남한의 대동맥인 낙동강을 확보하여, 그 연안의 크고 작은 평야의 산물을 손 안에 넣었을 뿐만 아니라, 낙동강이 흘러들어가는 남해의 해상권을 획득하여 해외발전의 소지素地를 이루게 된다.

『삼국사기』 신라본기의 초기 역대의 왕기王紀에는 빈번한 왜인침략의 기록을 본다. 그 중에 주의할 만한 몇 가지를 열거한다면 다음과 같다. 혁거세

---

46) 이것은 辰韓이 아닌 弁辰의 착오이다.[『三國志』 卷30, 魏書, 東夷傳, 韓傳, 弁辰條]
47) 原註: "日本史에서는 이것을 任那諸國으로 표시한다."

8년의 "왜인이 군사를 몰고 와서 변경을 침범하려고…[倭人行兵 欲犯邊…]"를 비롯하여, 제2대 남해차차웅南解次次雄 11년에는 왜인이 병선 100여 척으로 해변민가를 노략하여 6부의 정병勁兵이 이것을 방어했다고 한다. 탈해왕 17년에는 왜인이 목출도木出島에 침공하여 각간角干 우오羽烏가 이를 막다가 전사했다. 제9대 벌휴니사금伐休尼師今 10년에는 왜인이 큰 기근으로 인해 먹을 것을 구하러 1천여 명이 왔으며, 제10대 나해니사금奈解尼師今 13년에는 왜인이 국경을 침범하여 이벌찬伊伐湌 이음利音이 이를 물리쳤고, 다음 조분왕助賁王 3년에는 왜인이 졸지에 금성金城에 육박하자 왕이 스스로 출전하여 격퇴하고 적의 머리 1천여 급을 얻었다. 다음해 5월 7월에도 거듭 내습하여 7월에는 이찬伊湌 우로于老가 왜와 더불어 사도沙道에서 싸워 때마침 바람맞이를 이용하여 적의 배를 불사르고 몰살시켰다.

제40대 유례왕儒禮王 4년에는 왜인이 일례부一禮部에 내습하여 불을 지르고 약탈을 자행하며 주민 1천 명을 포로로 잡아갔다. 이 왕대에는 특히 매년 왜구倭寇가 심하여 신라 측에서도 그 대비를 생각하지 않을 수 없어 동왕 6년에는 선박을 수리하고 병기를 수선했다. 12년에는 또 왕이 신하들을 모아놓고 백제와 연합하여 단번에 바다를 건너 왜국을 치는 것이 어떠냐고 논의했다. 그러나 서불한舒弗邯 홍권弘權이 "우리 사람들은 수전에 익숙지 못하니 모험을 하여 원정을 한다면 뜻밖의 위험이 있을까 염려됩니다"48)라며 또 "백제도 믿을 수 없으니 같이 일하기도 어렵다"고 하여 왕도 이 의견을 좇았다.

기림왕基臨王·흘해왕訖解王 양대에는 한때 양국이 소강상태였다. 흘해왕 37년에는 왜구가 또 풍도風島를 침공하여 변경민가를 노략하고 금성金城에 육박했다. 이 때에도 왕은 적극적으로 출전코자 했으나 중신들은 자중책自重策을 취해 성문을 닫고 대응하지 않고 적이 양식이 떨어져 퇴각하려 할

---

48) 原著: "吾人不習水戰 冒險遠征 恐有不測之危." [『삼국사기』 권2. 신라본기. 儒禮尼師今 12년조]

때 이를 추격했다.

　신라사新羅史가 좀더 역사성을 띠기 시작한다고 일반사가가 보는 내물왕 奈勿王 시대에 들어서서도 왜구침공은 의연히 빈번하였다. 내물왕 말년은 고구려 호태왕 시대에 해당한다. 「호태왕비문」에 나타난 정세로 보아도 당시의 신라가 고구려와 왜구라는 2대 세력 사이에 끼어 시달림을 받은 것을 알 수 있다. 『삼국사기』에 의해서도 실성實聖을 고구려에, 또 뒤에는 내물왕의 왕자 미사흔未斯欣을 왜국에 인질로 보냈다는 기록이 나온다.[49] 앞서 기술한 바와 같이 내물왕 이후 실성왕實聖王·눌지왕訥祇王·자비왕慈悲王·소지왕炤知王·지증왕智證王 시대는 후진성을 띤 신라가 주위의 세력에 위압을 받은 수난기로 볼 수 있으며, 왜구세력의 침략에 대해 적극성을 발휘하지 못하였다.

　다시 『삼국사기』의 기록을 보면 내물왕 9년에 왜병이 대거 내습했을 때 왕은 토함산 밑에 풀로 허수아비 수천 개를 벌려세우고 용사 1천 명을 부현斧峴 동쪽 벌에 감추었다가 불의에 급습하여 격퇴했다. 동왕 38년 5월 금성을 포위했을 때도 성문을 막고 응하지 않았다가 적이 후퇴하여 흩어질 때 날랜 기병 2백 명으로 그 귀로를 막고 독산獨山에서 협격작선을 써서 대패시켰다. 실성왕 시대에 들어서서도 빈번한 내습을 받았는데, 그 7년에 왕은 왜인이 대마도에 영營을 두고 병기와 군량을 저축하여 아국을 습격하려 한다는 정보를 듣고, 그들이 쳐들어오기 전에 정병을 뽑아 그 군사시설을 쳐부수고자 했으나 서불한 미사품未斯品이 큰물을 건너 원정하다가 만일 실패하면 큰일이니 험한 곳을 의지하여 요새를 설치하고, 적의 내습을 방비하는 것이 상책이라고 하여 왕도 이에 따랐다 한다.

　눌지왕·자비왕 시대에도 해마다 연이어 왜인의 침략을 볼 수 있다. 자비왕 10년에는 전함의 수리를 시켰으며, 소지왕 15년에는 임해臨海·장령長

---

49) 『삼국사기』 권3, 신라본기, 奈勿尼師今 37년조 ; 實聖尼師今 원년조.

嶺 두 진鎭을 설치하여 왜적에 대비하는 등 신라는 이 수난기에서 점차 반발하여 종래의 위축적인 방어에서 적극적 공방攻防 양면을 강화하여 앞서 기술한 것과 같이 지증왕에서 법흥·진흥 양대에 이르러서는 의연히 육지로 해상으로 진출했다.

여기에서 잠시 신라의 대륙교통의 면을 살펴보기로 하자. 신라는 원래 그 지리적 위치가 반도 동남에 편재하여 대륙의 교통은 고구려·백제 양국의 저지를 받는 동시에 그 세력에 눌려 독자적으로 교통할 수가 없었다. 신라가 중국사에 나타난 것은 『자치통감』 동진東晋 광무제光武帝 태원太元 2년 (377)조에 "고구려·신라·서남이西南夷 여러 나라가 사신을 전진前秦에 보내 입공했다"50)라고 보이는 것이 처음이다. 이 때는 내물왕대에 해당하는 시기로 앞서 기술한 바와 같이 당시의 정세로 보아 고구려에 부용附庸하고 있었던만큼 그에 붙좇아 전진前秦에 통한 것으로 일반사가들은 보고 있다. 그리고 이것은 백제가 중국사에 나타난51) 5년 후의 일이다.

이후 전진에는 건원建元 18년(382) 신라왕 누한樓寒이라는 이가 또 한 번 입공52)한 뒤 120여 년간 통교의 기사가 보이지 않고, 북위北魏 영평永平 원년 (508)에 또다시 사신을 보내고 있다.53) 이는 지증왕 9년인데 신라의 부용기가 거의 종말을 지을 때였다. 이후 신라는 고구려가 벌써 교통한 남조의 양梁에 조공을 하는데, 『양서梁書』 신라전에 양나라 보통普通 2년(521)에 성을 모募, 이름을 진秦이라고 하여 나타나는 이가 신라 측의 법흥왕 원종原宗임이 분명하다. 그러나 이 때까지도 아직 신라는 단독으로 입공하지 못했다. 그

---

50) 『資治通鑑』 卷104, 晋紀 26, 烈宗孝武皇帝, 太元 2年條: "高句麗 新羅 西南夷皆遣使入貢于秦."
51) 『晋書』 卷9, 簡文帝, 咸安 2年條: "春正月辛丑 百濟林邑王 各遣使貢方物." 이 기사가 중국사에 최초로 보이는 백제기사이다.
52) 韓致奫, 『海東繹史』 卷10, 新羅.
53) 『魏書』 卷8, 世宗宣武帝, 永平 元年 3月 己亥條: "斯羅 …遣使朝獻." 그러나 이보다 6년 앞서 景明 3년(502)에 신라사신의 방문기사가 있다.["是歲… 斯羅… 遣使朝貢"]

것은 "그 나라가 작아 스스로 사신을 파견할 수 없었다.… 백제를 따라와 방물을 바쳤다[其國小不能自通使聘.… 隨百濟奉獻方物)54]"라고 전한 것을 보아서 알 수 있다.

이 시대에 백제는 고구려와 경쟁적으로 양나라에 종종 교통했으나 신라는 아직 버젓한 대륙교통을 독자적으로 하지 못했다. 그러다가 다음 진흥왕 25년(564)에 비로소 신라가 단독으로 북제北齊에 입공하게 된다.55) 이렇게 된 것은 반도 내에서 신라의 비약적 발전이 있었던 때문이다. 진흥왕 12년 나·제 양국은 연합하여 북쪽의 고구려에 침공하여 신라는 동쪽 죽령을 넘어서 고현高峴 이내 10군을 점유하고, 백제는 한성漢城[南漢山]·평양平壤[北漢山] 지방 즉 한강 하류지방 6군의 옛 땅을 탈환했다. 또 그 다음해에는 신라가 졸지에 백제에서 이 지역을 다시 빼앗아 새로운 영토로 편입하고 여기에 새로운 주州를 세웠다. 신라는 이로써 경기도 이천利川을 근거로 하여 서해 남양만南陽灣을 통해 자유롭게 대륙에 이를 수 있게 되었다. 이후 신라는 북제뿐만 아니라 백제와 경쟁적으로 진陳에도 매년 입공했다.

이와 같이 신라가 반도에서 확고한 국가의 기초를 닦게 된 뒤 삼국의 경쟁은 더욱 격렬해졌다. 중국에서 수隋나라가 흥기하여 진陳나라를 멸망하고 천하를 통일하게 되자 개황開皇 14년(진평왕 16년. 594) 입공했다. 이로써 양국의 교섭이 열려 승려를 보내 구법求法을 하며, 혹은 고구려가 북쪽 변경을 침략하므로 수나라 군대의 출병을 청했다.56)

당나라 때에 들어서서 진평왕眞平王 43년(621)에 비로소 입조한 뒤 동왕 47년 11월에는 백제와 함께 사신을 보내 고구려가 길을 막아 조공을 하기가 어렵고, 또 그 침입을 종종 받아서 곤란한 것을 호소하였다.57) 당나라에서

---

54) 『梁書』 卷54, 東夷列傳, 新羅傳.
55) 『삼국사기』 권4, 신라본기, 眞興王 25년조 ; 『北齊書』 卷7, 世祖武成皇帝, 河淸 3년조: "是歲 高麗 靺鞨 新羅 並遣使朝貢."
56) 『삼국사기』 권4, 신라본기, 眞興王·眞平王조.

는 주자사朱子奢를 고구려에 보내 신라와 화해할 것을 요구했다는 것58)을 보면, 당시의 신라·백제의 대륙항로가 고구려 연안을 거친 것이 아닌가 살펴진다. 뒤에 신라 김춘추가 당나라에 입조하여 백제의 침공과 입공길을 막는 것을 말하고 그 군대의 파병을 청하고 오는 도중에 해상에서 고구려의 순찰병을 만나서 잡힐 뻔한 사실에서59) 보더라도 그의 대륙항로가 언제나 고구려의 위협을 받으면서 행해진 것을 알 수 있다.

이런 가운데 신라에 영명한 군주와 현명한 재상이 계속 일어나고, 용장맹졸勇將猛卒이 무더기로 출현하여 안으로 시세를 일변시키는 정신을 격려하고, 밖으로 당나라 세력을 이용해서 통일의 대업을 성취하는 데 해상의 활동이 어떻게 많은 역할을 했는지는 널리 알려진 바와 같다.

---

57) 『삼국사기』 권4, 신라본기, 眞平王조.
58) 『삼국사기』 권20, 고구려본기, 營留王 9년조.
59) 『삼국사기』 권5, 신라본기, 眞德王 2년조. 原著의 김유신은 김춘추의 오류이므로 바로잡음.

제3장 삼국시대 말기의 해전

제1절 삼국과 일본

　　법흥왕 이래 신라는 급속히 국력을 신장시켜 진흥왕대에 이르러 낙동강 유역을 완전히 수중에 넣고 이 지방에 일종의 근거지를 가졌던 왜인(倭人)[1]을 몰아내게 된 것은 앞 장에서 언급했다. 그 결정적인 기년(紀年)이 진흥왕 23년 곧 일본의 흠명주(欽明王) 23년(562)인 것은 두 역사가 일치하는[2] 바이다. 이후 격렬한 삼국정쟁이 전개되는 것도 이미 말했다. 그러면 이것으로 일본의 반도침구가 완전히 종지부를 찍었느냐 하면, 당시의 정세는 그렇게 간단치는 않았다. 백제는 계속하여 일본세력을 유입하여 신라와 고구려의 압박에 지원을 받고자 했던 것은 물론이지만, 신라 역시 불필요하게 일본과 적대하는 것이 불리한 것을 깨닫고 적당한 완화정책을 쓰고 있었다. 즉 일본에서는 흠명주가 임종할 때 임나(任那)지방의 세력재건에 대해 절절한 유언을 남겨[3] 후계의 여러 왕들이 거기에 대한 노력을 보인다. 또한 반도에 여러 차

---

1) 原註: "日本史에 任那 云云하는 것."
2) 『삼국사기』 권4, 신라본기, 眞興王 23년 9월조 : 『日本書紀』 卷19, 欽明天皇 23년 春正月조.
3) 『日本書紀』 卷19, 欽明天皇 32년 夏四月조: "천황이 중병으로 누웠다. 황태자를 불러들여 '짐은 병이 중하다. 후의 일은 그대에게 맡긴다. 그대는 신라를 쳐서 임나를 세워라. 옛날처럼 두

례 출병계획까지 세우기도 했으나 실현을 보지는 못했다. 『일본서기』에 의하면 신라는 가야(伽倻) 여러 나라를 병합한 뒤에도 해마다 백제와 같이 일본에 통빙(通聘)하여 물자를 보내 그 환심을 사며, 때로는 임나의 공물(貢物)이라고 하여 별도로 물자를 보내기도 했다. 『일본서기』 민달주(敏達主) 4년(진흥왕 36) 6월 기사가 그 한 예이다.

> 신라가 사신을 보내 세금을 바쳤다. 예년보다 많았다. 아울러 다다라(多多羅)·수나라(須奈羅)·화타(和陀)·발귀(發鬼)의 네 읍의 세금도 바쳤다.4)

다다라 이하 네 읍은 원래 임나 여러 나라 중의 4국일 것이며, 일본이 놓친 임나지배에 대한 감정을 완화하는 신라의 정책으로 볼 수 있을 것이다. 이 민달주 8·9·11·12년에 신라의 사신 파견기사가 보이고, 또 13년 14년과 숭준주(崇峻主) 4년(진평왕 13년. 591) 등에는 신라에 사신을 파견하여 임나문제를 절충하고 있다. 추고주(推古主) 8년(진평왕 22년. 600)에는 신라와 임나 사이에 전쟁의 단초가 벌어져 일본에서는 장병 1만여 명을 도해시켜 신라를 공격하여 다다라(多多羅)·소나라(素奈羅)·불지귀(弗知鬼)·위타(委陀)·남가라(南迦羅)·아라라(阿羅羅) 등 6성을 일시 확보한다. 그리하여 신라로 하여금 "지금부터 서로 싸우지 않고, 해마다 교빙하겠노라"는 맹약을 하게 했다 하나, "왜구가 물러가자 신라는 곧 임나를 병합했다"5)는 기사가 보인다.

왜국에 대한 신라의 이와 같은 태도는 반도 내에서 격렬한 삼국정쟁이 전개된 것과 또 새로운 영토의 불안정성이 있었던 까닭이며, 왜국의 반도 침구는 막대한 물자수탈에 큰 매력과 애착이 있을 것이다. 반도 측 삼국입

나라가 서로 친하면 죽어서도 한이 없을 것이다'라고 말했다.[夏四月 天皇寢疾不豫 皇太子引入臥內 執其手詔曰 朕疾甚 以後事屬汝 汝須打新羅 封建任那 更造夫婦 惟如舊日 死無恨之]

4) 『日本書紀』 卷20, 敏達天皇 4년 6월조: "新羅遣使進調 多益常例 幷進多多羅 須奈羅 和陀 發鬼 四邑之調".
5) 『日本書紀』 卷22, 推古天皇 8년 春二月조.

장으로 보면 동방의 왜국정세는 어쨌든 큰 제약이 되었던 모양이다.

호태왕 이래 대립적 관계에 있었던 북쪽의 고구려도 이 시기에 들어 왜국과 접근하는 것도 역시 이러한 힘의 관계로서 이해해야 할 것이다. 민달주 원년(고구려 평원왕 14년. 신라 진흥왕 33년. 572) 고구려의 사신이 비로소 왜국에 파견되며,6) 2년에는 월해越海(고시노우미) 연안에 와서 머물렀다7) 하니 고구려는 동해를 건너 돈하敦賀방면으로 온 것을 알 수 있다. 이후 추고주推古主 3년(영양왕 6년)에는 승 혜자惠慈가 건너와 황태자의 스승이 되었고, 그밖에 이 왕대를 통해 수차 내왕이 있어 학승學僧도 보냈다. 또한 그 13년에는 불상을 민드는 데 고려국 대흥왕大興王(嬰陽王)이 황금 3백 냥도 보냈다고 한다.8)

이처럼 이 시기에는 거의 삼국이 경쟁적으로 왜국에 문화 특히 불교문화의 전파 또는 물자를 보내고 있는데 이는 대륙에서는 수隋나라가 천하를 통일하여 그로부터 강대한 압박을 받게 되고, 삼국 사이의 정쟁이 또한 심각해 가므로 왜국의 존재가 새삼스럽게 관심을 갖게 된 까닭이라고 볼 수 있다.

제2절 고구려와 수·당의 싸움

고구려가 삼국 중 웅대한 국가인 것은 시종 변함이 없다. 그 나라가 만주와 북한지방에 걸쳐서 광대한 영토를 가진 관계로 언제나 중국무대에 흥

---

6) 『日本書紀』에 고구려의 사신내방은 卷10. 應神天皇 28년(297) 9월에 처음 보이며, 卷11. 仁德天皇 12년(324)·58년(370)에도 고구려 사신 내방기사가 보인다. 그리고 卷15. 仁賢天皇 6년(493)에는 일본의 사신이 처음으로 고구려에 갔다. 卷19. 欽明天皇 원년(540)·31년(570)에도 고구려 사신의 내방기사가 보인다.
7) 『日本書紀』 卷20. 敏達天皇 2년 夏五月조.
8) 『日本書紀』 卷22. 推古天皇 13년 夏四月조.

망하는 여러 세력과 긴밀한 접촉을 많이 가진 것은 자연스런 추세였다. 평원왕平原王 시대에 중국에서 수나라가 진陳나라를 멸망시키자(581), 고구려는 바로 그 위협을 느끼고 이에 사신을 보내 협의했고, 동왕 32년에는 군사들을 훈련하고 곡식을 저축하여 국방을 강화할 계책을 강구했다.9) 다음 왕인 영양왕 9년(598)에는 말갈군사 1만여 명을 거느리고 요서遼西를 침공함으로써 수나라 문제文帝의 노여움을 사서 수륙 30만 대군에 의한 침략을 받았다. 그러나 그들 육군이 임유관臨渝關을 넘은 뒤에 때마침 강물이 넘치고 군량이 보급되지 못한데다가 진중에 역질이 돌아 군사의 운용이 여의치 못했다.

한편 수군水軍은 산동반도의 동래를 출발하여 황해를 건너 평양성으로 직향했으나, 폭풍을 만나 함선이 많이 표몰하므로 가을 9월에 퇴각하게 되었다. 이 때 죽은 자가 십중팔구였다 한다. 고구려도 겉으로 위문사절을 보내 당면의 수습책을 썼는데, 백제가 이 기회에 수나라에 사신을 보내 군대의 길안내를 청했으므로, 고구려가 이를 알고 백제를 침략하여 양국의 관계는 또 악화되었다.10) 고구려·수 사이에 틈이 생긴 것은 이와 같이 변화가 많았으므로 정립될 리 없는데다가, 당시 고구려의 웅대한 기상 또한 수나라에 쉽사리 굽힐 까닭이 없었던 때문이었다.

영양왕嬰陽王 18년(607)에 수나라 양제煬帝는 장성 북쪽의 돌궐突厥족 추장[可汗] 계민啓民의 장막을 친히 방문했다. 의외로 여기에서 고구려 사신을 발견하고, 고구려가 장성 부쪽 세력과 제휴하여 획책하는 바가 있음을 간파하게 되어 조만간에 고구려에 통렬한 일격을 가할 결심을 굳게 했다. 드디어 23년(612) 즉 수나라 대업大業 8년 양제는 2백만 명이라 불리는 대군을 동원하여 친히 요동에 출전하여 진두지휘를 한다. 수나라는 격전을 거듭한 끝에 요수를 건너 요동성을 포위했으나 쉽사리 함락시키지는 못했다. 이는 고구

---

9) 『삼국사기』 권19, 고구려본기, 平原王조.
10) 『삼국사기』 권20, 고구려본기, 嬰陽王조.

려의 여러 성이 견고히 지킬 뿐 굽히지 않았던 때문으로 전선戰線은 여전히 고착상태였다.

한편 좌익위대장군左翊衛大將軍 내호아來護兒는 강회江淮의 수군을 거느리고 수백 리에 뻗친 배들로 바다를 따라 역시 패수浿水[대동강]를 거슬러 올라 평양에서 60리 떨어진 지점에서 고구려 군과 조우했다. 처음에 수나라 군대가 유리했으므로 내호아는 승전의 여세로 단숨에 평양성을 함락시키고자 하여 부총관副總管 주법상周法尚의 멈추자는 간언조차 듣지 않았다. 수나라 군대는 정예갑병 수만 명으로 성 밑까지 쇄도했다. 그러나 패하는 척 달아나는 고구려 군을 쫓아 성내로 들어갔다가 복병에게 대패를 당하고 겨우 수천 명이 돌아갈 지경이었다. 고구려 군은 여세를 몰아 적의 함선이 정박한 곳까지 추격해 들었다. 그러나 부총관 주법상이 군사를 정돈하여 대기해 있었기 때문에 고구려 군은 다시 물러서지 않을 수 없었다. 마침내 내호아는 군사를 이끌고 바닷가 포구로 돌아가 주둔했다. 그러나 전열은 정비되지 못했고 다른 군사들과도 호응할 수 없는 처지가 되어 있었다. 이러한 정황과 다른 기록들을 보면[11] 수·고구려 사이에는 수전水戰이 전개되지 않았던 듯하고, 수나라 측 수군도 다만 전투원 수송선단에 그쳤던 것으로 볼 수 있다.

요동전선遼東戰線이 교착하므로 우중문于仲文·우문술于文述 이하 9장수가 지휘하는 별군別軍은 평양을 지향했으나, 이마저도 고구려 명장 을지문덕의 지략으로 살수薩水에서 대패하고 말았다. 『수서隋書』에 "고금을 통틀어 이처럼 성대한 출동이 아직 없었다"[12]라고 했던 대원정도 결국 요수遼水 서쪽 무려라武厲邏 지역을 빼앗아 여기에 요동군遼東郡 및 통정진通定鎭을 설치한 것이 유일한 전과일 뿐, 전군이 몰살당하는 참패를 입고 퇴각했다. 이후 수나라는 계속하여 2차·3차로 고구려에 대원정을 결행했으나, 결국 요동지방

---

11) 『삼국사기』 권20, 고구려본기, 嬰陽王 23년조 ; 『資治通鑑』 권182, 隋紀 5, 煬皇帝 大業 8년조.
12) 『隋書』 卷4, 煬帝 下, 大業 8년 春正月조: "近古出師之盛 未之有也."

에서의 작전에 그쳐 고구려의 선전善戰과 수나라 자체의 국내 동요로 소기의 목적을 달성하지 못한 채 회군하지 않을 수 없었다.

그러나 수나라 제3차 침공 때 내호아 지휘의 수군만이 대련만大連灣 북안 금주金州 15리의 비사성卑奢城에서 고구려 군을 격파하여 평양에 박두했던 것은 예외의 전과였다. 고구려 영양왕은 2차침공 때 투항해 온 수나라의 곡사정斛斯政을 돌려보내고 정전을 요청했다. 양제도 이것으로 만족하고 군대를 돌이켜 이후 영양왕이 입조한다는 조건으로 철수했다. 그럼에도 고구려 왕이 여전히 불응하므로 군사를 징발하여 재차침공을 다시 기도했으나, 국내의 급박한 사정으로 수나라는 고구려 원정을 단념할 수밖에 없었다.13) 이 전역으로 도리어 수나라 멸망이 가속화되어 마침내 당왕조가 중원의 주인공으로 등장했다.

수나라와 당나라가 교체될 때 고구려에서는 영양왕이 죽고 영류왕營留王이 즉위했다. 당나라도 창업기였으므로 분망했고, 고구려도 3차에 걸친 대전란을 치른 뒤라서 비록 의례적이기는 하지만 수호관계를 맺지 않을 수 없었다. 그러나 양국의 충돌은 필연의 사실이었다. 고구려는 곧 대당방어책 강구에 전심을 다하여 영류왕 14년에는 동북 부여성大餘城으로부터 서남 발해해안에 이르기까지 천여 리에 걸친 대장성大長城을 축조했다. 그 감독자는 당시 집권자인 연개소문이었다.

한편 빈도 내외 산국간의 정쟁은 당나라의 개입을 촉진시켰다. 앞서 고구려에 대해 공동작전을 취했던 신라와 백제는 신라의 급속한 강성으로 양국이 서로 영역을 쟁탈하게 되었다. 의자왕 2년 위협을 느낀 백제왕은 신라의 서부지역 40여 성을 공취했다. 신라는 이 때 고구려에게 구원을 청했으나, 고구려는 지난날 신라에게 한강유역의 여러 성을 빼앗긴 터이고, 또 신라의 북진을 두려워하는 터라 이에 응하지 않았을 뿐만 아니라, 도리어 백

---

13) 『삼국사기』 권20, 고구려본기, 嬰陽王조.

제와 더불어 신라의 북쪽 지경을 침략하여 신라의 대당통로인 남양만南陽灣 연안의 당항성黨項城을 빼앗아 그 교통을 끊고자 했다. 이에 신라는 고립의 위협을 느껴 당의 원조를 구하지 않으면 안되었다. 당나라는 이를 기회로 삼고 삼국문제에 간섭하고자 고구려에 적극적인 압력을 가하게 되었다. 즉 당태종은 정관貞觀 18년(보장왕 3년. 643) 사신을 고구려에 파견하여 신라와의 화해를 권유했다.

> 지난날 수나라 사람들이 침입했을 때 신라는 그 틈을 타서 우리의 땅 5백 리를 빼앗아 그 성읍을 전부 점거하고 있으니, 그들이 우리의 빼앗긴 땅을 자진하여 돌려주지 않는다면 아마도 싸움을 그칠 수 없으리라고 생각된다.14)

이와 같이 연개소문이 간섭을 거절하고 굽히지 않자 태종은 드디어 고구려 친정을 결의했다. 당 측의 출병명목은 연개소문이 전왕 영류왕을 시역弑逆했다는 데 붙여졌다.

태종은 이 해 7월 장작대장將作大匠 염입덕閻立德 등에게 명하여 홍洪·요饒·강江 3주에 가서 선박 4백 척을 만들어 군량을 싣게 하고, 영주도독營州都督 장검張儉 등으로 하여금 유주幽州·영주營州 2도독 군사와 거란契丹·해奚·말갈靺鞨 등 군사를 거느리고 우선 요동을 쳐서 그 위세를 보이게 했다. 그리고 태복소경太僕少卿 소예蕭銳에게 명하여 하남河南 여러 주의 군량을 해로로 수송하게 했다. 9월에 연개소문이 당나라에 백금白金을 보냈으나 이미 고구려 원정이 결의된 뒤라 당태종은 이를 거절했다. 그리고 11월에는 주력을 동원하여 전례에 따라서 수륙 양면으로 고구려에 진격했다. 형부상서 장량張亮을 평양도행군대총관平壤道行軍大總管으로 임명하여 강江·회淮·영령嶺·협峽의 군사 4만 명과 장안長安·낙양洛陽에서 모집한 군사 3천 명, 전함 5백 척으

---

14) 『삼국사기』 권21, 고구려본기, 寶藏王 3년: "往者隋人入寇 新羅乘釁 奪我地五百里 其城邑皆據有之 自非歸我侵之 兵恐未能已."

로써 산동반도 내주萊州에서 해로로 평양을 향하여 가게 했다. 또 이적李勣으로 요동도행군대총관遼東道行軍大總管을 삼아 보병과 기병 6만 명과 난蘭·하河 2주의 항복한 거란군 등을 이끌고 요동으로 진격시켰다.15)

다음해 3월 태종은 6군을 친히 통솔하여 낙양을 출발했다. 당군은 4월에 막북으로 우회하여 요하를 건넜다. 이것은 고구려가 예상치 못한 작전으로 현토玄菟·신성新城·건안성建安城·개모성蓋牟城 등 각처의 고구려 성들을 공격하여 5월에는 요동성을 함락시키고, 안시성安市城을 포위 공격했다. 여기에서 치열한 공방전이 벌어져 당군은 88일이나 되도록 전력을 다했으나 이를 함락시키지 못했다. 일부에서는 별동부대로 평양직진을 하자는 논의도 있었으나 결국 후환을 두려워하여 목적지 평양에 진격하지 못한 가운데 찬 기운은 내습하고 군량도 떨어져 할 수 없이 회군하고 말았다.16)

태종은 전 왕조 수나라 때 수차에 걸친 고구려대원정의 실패에 거울삼아 만반의 준비를 갖추어 대행군大行軍을 계획하고 수행했다. 그럼에도 불구하고 육군은 요동 각 성을 함락시키는데 막대한 인적·물적 소모를 했고, 더욱이 안시성 한 성에 80여 일을 끄는 바람에 실로 기진맥진하게 되었다. 당태종은 발진 초기 육군에 맞추어 수군도 대거 동원했다. 그 행동에 대해서는 전하는 바가 상세하지 못하여 조금 의아함을 느끼게 한다. 다만 정관 18년(644) 11월 장량을 수군총사령으로 임명하여 평양으로 보냈다는 기록이 『자치통감自治通鑑』과 『당회요唐會要』 고구려조에 있고, 두 책이 다같이 "내주로부터 바다를 건너 평양으로 향했다[自萊州泛海趣平壤]"라 했고, 직함도 평양도행군대총관平壤道行軍大總管이라 했다고 적었을 뿐이다.17) 직접적인 평양공격은 기록에 없었던 것으로 추측된다.

---

15) 『資治通鑑』 권197, 唐紀13, 太宗文武聖人廣孝皇帝, 貞觀 18년·19년조.
16) 『資治通鑑』 권198, 唐紀14, 太宗文武聖人廣孝皇帝, 貞觀 19년조.
17) 『唐會要』 卷95, 高句麗, 貞觀 18년 11월 16일조: "以刑部尙書張亮爲平壤道行軍大總管 自萊州泛海趨平壤." 『資治通鑑』 권197, 唐紀13, 太宗文武聖人廣孝皇帝, 貞觀 18년 11월 甲午條.

반면에 『자치통감自治通鑑』 정관貞觀 19년조에는 장량이 동래에서 발진하여 바다를 건너 비사성卑沙城을 습격한 것으로 나와 있다. 이 성은 3면이 절벽으로 드리워져 있는 데 단지 서문만이 올라갈 수 있었다. 그 해 5월 아장亞將 정명진程名振이 야음을 타서 성벽을 기어올라 함락시키고 남녀 8천 명을 포획했다고 한다.18) 이 비사성은 수나라가 제3차 침공 때 바다를 통해 평양에 향하던 중도에 공격을 가한 곳이며, 대련만大連灣 북안에 위치한 것으로 보인다.

그리고 같은 해 7월에는 건안성建安城 밑으로 진격하여 여기에서 고구려 군사와 접전하여 이를 격파했다.19) 건안성은 발해만 동북쪽 귀퉁이의 요수遼水하구 동남쪽에 위치하고 있다. 그러므로 요동지방 여러 성의 공격에 매인 육군으로서는 어찌 해볼 도리가 없었다. 당태종은 해로로 평양을 직행 공격하려는 작전을 세웠는데 중도에 이를 변경하여 발해만 한 모서리의 비사성을 함락하고 건안성을 공격했던 모양이다. 『구당서舊唐書』 장량張亮전에는 평양도행군대총관이라는 대신에 창해도행군대총관滄海道行軍大總管이라는 명칭으로 나타나는 것20)도 참고해야 할 사항이다.

정관 19년 9월에 당태종은 안시성 포위공격이 더디고 엄동이 닥쳐 일단 다시 회군을 결정했다. 그리나 대군의 철퇴는 용이하지 않았다. 10월에 이르러 발착수渤錯水를 건널 무렵에는 폭풍과 강설이 심하여 "사졸들이 물에 젖어 얼고, 마소가 진흙탕에 빠지니 죽는 자가 심히 많았다"21)라는 참상을 당태종은 보고받았다. 또한 죽은 전마戰馬가 10의 7·8이라 했다. 수군도 "장량의 수군 7만 명이 바다를 건너다가 바람을 만나 익사자가 수백 명이었다"22) 하여 여기에서 수군행동의 종막 한 단면을 엿볼 수 있다.

---

18) 『資治通鑑』 권197, 唐紀13, 太宗文武大聖大廣孝皇帝, 貞觀 19년 夏四月 壬子 : 五月 己巳條.
19) 『資治通鑑』 권198, 唐紀14, 太宗文武大聖大廣孝皇帝, 貞觀 19년 秋七月 戊子條.
20) 『舊唐書』 卷69, 張亮列傳, 貞觀 14년조: "太宗將伐高麗… 以亮爲滄海道行軍大總管 管率舟師."
21) 『資治通鑑』 권198, 唐紀14, 太宗文武大聖大廣孝皇帝, 貞觀 19년 9월 癸未 : 10월 丙申條: "士卒沾凍 馬牛溺於泥水 死者甚多."

이와 같이 당의 대군을 물리친 고구려는 그 집권자 연개소문이 그 후 더욱 거만한 태도를 취하며 변경을 엿보고, 또 신라를 침공하여 당제唐帝의 설유說諭를 듣지 않자 당태종은 다시 원정을 기도하지 않을 수 없었다. 그러나 강대한 고구려를 단숨에 공멸할 자신은 여전히 없었다. 마침내 당태종은 작전을 바꿨다. 그는 군사를 나누어 보내 그들을 피로하게 하는 것이 득책得策이라고 보고, 그 방침에 따라 2년 뒤 정관 21·22년에 연거푸 수륙 양군을 동원했다. 그러나 역시 요동지역에서 더 넘어서지는 못했다.

21년(보장왕 6년, 647)에는 좌무위대장군 우진달牛進達을 청구도행군대총관靑丘道行軍大總管으로, 우무위장군 이해안李海岸을 부총관으로 하여, 1만여 명을 누선樓船에 싣고 내주萊州로부터 바다를 건너 진격하게 했으며, 육로로는 이세적李世勣을 요동도행군대총관遼東道行軍大總管으로 삼아 군사 3천 명과 영주도독부營州都督府 군사를 거느리고 신성도新城道로부터 진격하게 했다.

양군은 모두 수전에 익숙한 자[23]를 택했다. 그러나 요수를 건너 남소南蘇·목저木底[24] 등 여러 성을 공격한 이세적 휘하 군대는 고구려의 맹렬한 항전으로 성과를 거두지 못하고 돌아갔다. 우진달의 군사는 고구려에 들어서서 백여 차례의 전투를 거듭하여 약간 성과에 만족한 채 회군했다. 이후 당태종은 송주자사宋州刺史 왕파리王波利 등에게 칙서를 내려 강남 12주의 공인工人을 동원하여 대선 수백 척을 만들어 차기원정에 준비토록 했다.[25] 다음해 다시 청구도행군대총관으로 임명된 설만철薛萬徹이 3만 명의 병력과 누선전함을 거느리고 내주에서 바다를 건너 고구려를 침공했다.

한편 산동반도의 북단 등주로부터 요동반도로 건너는 도중에 오호해烏

---

22) 『冊府元龜』, 王部, 親征 제2: "張亮水軍 七萬人 泛海遭風 溺死者數百人."
23) 『資治通鑑』 권198, 唐紀14, 太宗文武大聖大廣孝皇帝, 貞觀 21년 3월條: "習水善戰者."
24) '木底'는 『三國史記』·『資治通鑑』·『舊唐書』·『新唐書』·『唐會要』·『海東繹史』 등에도 보이지 않으며, 그 출처가 불분명하다.
25) 『資治通鑑』 권198, 唐紀14, 太宗文武大聖大廣孝皇帝, 貞觀 21년 秋七月·八月 戊戌條.

湖海라는 군도가 있는데, 이 군도 속에 오호도烏湖島가 있었다. 그 섬은 요동 경략에 중요한 기지로 진鎭이 설치되어 있었다. 이 해 4월 이 오호진 진장 고신감古神感도 "군사를 거느리고 바다를 건너" 고구려에 침공했으나 고구려의 보병과 기병 5천 명이 이를 역산易山에서 요격했다. 그날 밤 고구려 군사 1만여 명은 고신감의 함선을 역습했는데, 당군은 복병을 두고 있었다.

오호진 전투에서 승리한 설만철은 멀리 압록강을 거슬러 올라가 우선 대행성大行城을 약취하고, 박작성泊灼城을 공격했다. 고구려 측은 오골烏骨·안지安地 등에서 구원병 3만 명을 투입하여 도왔으나 역시 패전했고, 드디어 박작성이 함락되었다. 고구려 군이 이같이 급박한 상황에 처해 있었음에도 정작 당군은 내분이 일어나 작전은 흐지부지되고 곧 귀환해버렸다.

이에 앞서 당 측은 육전陸戰이 순조롭게 진행되고 고구려는 곤폐困弊해지자 "다음해를 기하여 30만 대병을 동원하여 일거에 격멸하자"고 의논한 뒤 촉지방 검남劍南에 명하여 나무를 베어 큰 함선을 만들게 했다. 큰 것은 길이가 100자에 그 폭은 길이의 반이 되게 설계했고 군량과 기구를 오호도에 저장하여 제4차 대원정을 준비했다. 그러나 다음해 5월 태종은 죽고 작전은 중단되고 말았다.[26]

제3절 백제멸망과 백촌강白村江 수전

당태종은 3차에 걸친 고구려 원정에 실패하자 수나라의 전철이 두려워

---

26) 『삼국사기』 권22, 고구려본기, 寶藏王 7년·8년조.
『資治通鑑』 권198, 唐紀14, 太宗文武大聖大廣孝皇帝, 貞觀 22년 春正月 丙午條.
『資治通鑑』 권199, 唐紀15, 太宗文武大聖大廣孝皇帝, 貞觀 22년 夏四月 甲子條.

하여 유언을 남겨 고구려 원정계획을 파하도록 했다.27) 그러나 국내가 통일되고 대외원정도 거의 성공하여 융성기에 들어선 당나라로서는 굽히지 않는 최후의 이민족 고구려를 정복하지 않을 수 없었다. 그러므로 태종의 뒤를 이은 고종高宗은 역시 고구려 원정을 도모하여 영휘永徽 6년(655)·현경顯慶 3년(658)과 4년에 거듭 고구려에 출병했다.28) 그러나 역시 요동지방의 경략에 불과했고, 그 성과도 여의치 못하여 고구려의 완전복멸에는 새로운 작전의 방책을 취하지 않으면 안되었다. 그것은 고구려의 후방을 든든하게 하는 백제의 존재를 우선 처리하는 동시에 여기에 전략기지를 획득하며, 또 병력과 군량, 그리고 크고 작은 보급을 신라의 협력에 의존하는 길이었다.

여러 해 전부터 여·제 양국으로부터 침공을 받은 신라는 고립에 빠질 위기에 직면해 있었기 때문에 당나라와의 공동작전은 절대적으로 필요했다. 신라의 이 외교정책은 이미 진덕왕眞德王대에 이루어지고 있었다. 김춘추金春秋를 필두로 힘들여 친당책親唐策이 취해지고, 동왕 5년에는 김춘추의 둘째아들 김인문仁問을 당나라에 숙위宿衛시켰다. 동왕8년 여왕이 죽자 김춘추가 국왕으로 추대되어 태종무열왕太宗武烈王이 되었다. 그의 숙망宿望은 본격적으로 실현되기 시작했다.

무열왕 6년 왕은 사신을 당나라에 보내 백제정벌군을 요청하였다. 기회가 무르익어 당고종도 이에 호응 동원하여 신라와 협정을 맺어 대군을 움직이게 되었다. 좌무위대장군 소정방蘇定方은 신구도행군대총관神丘道行軍大總管으로, 좌효위장군 유백영劉伯英 등과 함께 수륙 13만 명의 대군을 거느리게 하고, 또 신라왕을 우이도행군총관嵎夷道行軍總管으로 하여 이에 호응하게 했다. 또 연전부터 숙위로 가 있던 무열왕의 둘째아들 김인문은 같은 신구도행군 부대총관副大總管으로 임명하였다. 무열왕은 김유신金庾信 이하 여러 장

---

27) 『삼국사기』 권22, 고구려본기, 보장왕 8년조.
28) 『海東繹史』 卷8, 高句麗3, 永徽 6年 : 顯慶 3年條.

병들을 친히 통솔하여 남천정南川停에 머물면서 백제의 동쪽 지경 도성을 협격할 기회를 기다렸다.

소정방 군은 천 리를 잇달린 전선戰船으로 내주萊州를 출발하여 황해를 남하했다. 이를 맞이하기 위해 무열왕은 태자 법민法敏을 시켜 병선 1백 척을 거느리고 덕물도德勿島[德積島]까지 나갔다. 황해의 파도는 이미 백제를 삼킬 기세였다. 이 때 소정방은 김법민에게 7월 10일을 기하여 백제의 남쪽에서 양군 군대가 만나 백제의 도성을 총공격하기로 약속했다. 법민이 작전을 본국에 연락하자 신라 측은 태자를 비롯한 유신庾信·품일品日·흠춘欽春 등 여러 장수에게 정병 5만 명을 지휘하게 하여 여기에 호응했다.[29]

이와 같이 절박한 위기임에도 백제의 의자왕義慈王은 좌평佐平 성충成忠 같은 뜻있는 충신의 간언을 멀리했다.[30] 당시의 백제도성을 외적에게서 보전하자면 동쪽의 탄현炭峴과 서쪽의 금강錦江 입구 백강白江에서 막아야 한다는 것은 식자들의 통론이었다. 그런데 이에 대한 철저한 방비가 없이 나·당 양군의 동시에 진격해 온 것이다.

비록 방비는 없었으나 동쪽 탄현을 넘은 신라군에 대해서는 백제장수 계백階伯이 유감없이 선전하여 신라군에 상당한 타격과 시일의 지연을 주었지만 계백도 드디어 힘이 부쳐 전사하고 신라군은 도성으로 쇄도해 들었다. 한편 백강의 방어도 미약하여 대패를 당했다. 당군은 "조수가 밀려오는 기회를 타서 배들을 잇대어[乘潮舳艫銜尾]" 금강으로 진격했다.

수륙 양군이 도성에 육박하자 왕과 태자는 웅진으로 도망하기에 바빴고, 사비성泗泚城에 잔류하여 성을 지키던 왕의 둘째아들 태泰 이하 왕족과 장병도 결국엔 항복했다. 결국 의자왕도 항복함으로써 백제의 사직은 끝내 무너지고 말았다. 이와 같이 백제도성의 함락에는 서로의 수전水戰은 전개

---

29) 『삼국사기』 권5, 신라본기, 太宗武烈王조.
30) 『삼국사기』 권28, 백제본기, 義慈王 16년조.

되지 못하고 일방적으로 당군이 금강을 거슬러 항해한 모양이다. 이후 전쟁 국면은 당나라가 유인원劉仁願을 시켜 군사 1만 명을 거느리고 사비성에 포진하여 점령한 백제영토를 경영하게 하고, 소정방은 의자왕 이하 왕족과 신료 등 백성 1만 2천 명을 포로로 하여 개선함으로써 일단락되는 쪽으로 가닥이 잡혔다.[31]

그러나 이것으로 백제문제가 완전히 종말을 보게 된 것은 아니었다. 그 후 일본의 지원을 받아 항거한 백제의 왕족과 신하들의 부흥운동을 완전히 종식시키기 위해서는 3년간의 시일을 기다려야 했다. 그리고 여기에 결말을 본 것은 실로 백제를 원조하기 위해 바다를 건너온 일본수군을 완전 복멸한 백촌강白村江의 수전水戰이며, 따라서 그 역사적 의의는 큰 것이다.

삼국 말기 동양의 형세에서 일본이 점유한 지위는 경시할 수 없다. 이는 이미 누차 설명한 바와 같이 반도에 개입한 역사적 배경에서 온 것이다. 앞서 신라의 김춘추가 당나라에 들어가 외교를 쓰기 전 진덕왕 원년 곧 일본 효덕천황孝德天皇 대화大化 3년(647)에 일본에 사절로 간 것은 『일본서기』에 보인다.[32] 이것은 신라가 왜국에 대해, 장차 대당외교정책에 대해 안심시키기 위한 방책이라고 볼 수 있으며 그 의의는 주목할 만하다. 백제왕실이 복멸된 뒤 백제유신遺臣들의 부흥운동에 일본이 본국에 재류在留 중인 백제 왕자 풍豊에게 5천 명의 수군을 주어 귀국시켜,[33] 그 사기를 돋우게 한 것은 분명 일본의 현실적 이해관계가 신대한 까닭으로 보아야 할 것이다. 전쟁은 현실적인 문제로 움직이는 것이다.

백제의 도성이 함락된 이듬해 7월 대흥大興부근 임존성任存城에서는 흑치상지黑齒常之·귀실복신鬼室福信 등이 반항하여 군사를 모았는데, 십여 일 사

---

31) 『삼국사기』 권28, 백제본기, 義慈王 20년조.
32) 『日本書紀』 卷25, 孝德天皇, 大化 3년 춘정월조.
33) 『日本書紀』 卷27, 天智天皇, 즉위년조.

이에 찾아온 자가 3만여에 달했다.[34] 이 반항의 형세는 9월에 유인원만을 사비성에 남겨둔 채 소정방의 대군이 회군하고, 신라의 무열왕 군사도 그해 11월에 경주로 회군한 뒤에 더욱 치열했다. 그러므로 당나라에서는 앞서 백제에서 갑작스럽게 죽은 왕문도王文度 대신 유인궤劉仁軌를 웅진도독熊津都督으로 파견하여 신라군과 함께 사비성에서 포위당한 유인원을 구원하게 했다. 이에 복신 등은 남하하여 주류성周留城에 주둔한 채 웅진강熊津江 어귀에 두 목책을 구축하고 당나라 유인궤의 수군을 방어하고자 했다.

그러나 다음해 나·당 연합군에게 격퇴당한 복신 등은 사비성 포위를 풀고 다시 임존성으로 물러났다.[35] 이에 앞서 660년 10월 복신의 사신이 일본에 가서 백제왕실이 망한 것을 전하고 원군을 청했다.[36] 일본도 사태의 중대성을 느끼고, 다음해(661) 정월부터 백제구원병 파견의 준비를 착수하여 제명齊明천황과 황태자[후의 天智王]는 작전 본영을 북구주의 박다博多[하카타]에 설치했다. 그 때 일본에 머물고 있던 백제왕자 풍장豊璋에게 막대한 군수품과 군사 5천여 명, 170척의 수군을 파견하려 했는데,[37] 그 사이에 제명천황이 구주행궁에서 죽으므로 실제로 이것이 백제에 파견된 것은 다음해인 문무왕 2년 즉 당나라의 용삭龍朔 2년(662) 정월로 생각된다.[38]

원군으로 다시 힘을 얻은 부흥군은 강동江東의 땅을 공략하고 주류성周留城에 의지했는데 그 기세가 자못 왕성하여 신라군이 전력을 다해 공략하다가 패배했다. 전세가 이러하자 남쪽 여러 성도 일제히 복신에게 내속했다. 복신은 이 기회에 또다시 웅진성을 포위한 뒤 당나라 유진군留鎭軍을 곤경에

---

34) 『삼국사기』 권28, 백제본기, 義慈王 20년조.
35) 『삼국사기』 권5, 신라본기, 太宗武烈王 7년·8년조 : 권28, 백제본기, 義慈王 20년조.
36) 『日本書紀』 卷26, 齊明天皇 6년, 冬十月條.
37) 『日本書紀』 卷27, 天智天皇 즉위년·원년조.
38) 『日本書紀』 卷27, 天智天皇, 元年 春正月條에 "賜百濟佐平鬼室福信矢十萬隻 絲五百斤 綿一千斤 布一千端 韋一千張 稻種三千斛"이 보인다.

빠뜨렸다. 그러나 7월에 당나라 장수들은 공세는 격렬했다. 그들은 복신의 부하를 웅진 동쪽에서 격파하고, 한편으로 본국에 병력증강을 요청하여 손인사(孫仁師)를 총관으로 하는 7천 명의 증원병이 오게 되었다. 반면에 부흥군 측에서는 내부분란(內訌)이 일어나 복신이 풍장에게 살해되고 부흥군 진영도 붕괴일로에 있었다. 더구나 신라 문무왕이 대군을 거느리고 부흥군 최후 항거지가 있는 주류성을 향해 공동작전이 다시 전개되니 부흥군은 악화되어만 갔다.39)

이에 앞서 일본에서는 신라의 해안연안을 공략하여 견제하려 했던 것으로 보이는 별동대 수군을 백제전선(戰線)으로 보냈다. 그 전선이 긴박했던 때문이다. 별동대 수군은 웅진강 어귀로 집결했고, 여기에서 당나라의 수군과 대접전이 벌어졌다. 이것이 즉 역사상에 유명한 백촌강의 수전(水戰)인데, 『구당서(舊唐書)』 유인궤전의 기사로 그 장면이 그럴 듯하게 드러난다.

… 이 때 유인사·유인원과 신라왕 김법민은 육군을 거느리고 진격하고, 유인궤는 별도로 두상(杜爽)과 부여융(扶餘隆)을 통솔하여 수군과 군량 실은 배를 거느리고 웅진강으로부터 백강(白江)으로 가서 육군과 모여 동시에 주류성으로 향했는데, 인궤는 백강어귀에서 왜병을 만나 네 번 싸워서 모두 이기고, 그 배 4백 척을 불태우니 연기와 불꽃이 하늘을 뒤덮고 바닷물이 모두 붉어졌다. 적은 크게 무너지고 여풍(餘豊)은 탈출하여 달아났다.…40)

일본 측 기록에 의하면41) 당나라의 병선이 170척이었다고 알리고 있다. 양군의 접전은 8월 27일(용삭 3년, 663)에 새로 도착한 일본수군과 벌어져 일

---

39) 『舊唐書』 卷199上, 東夷列傳, 百濟傳.
40) 『舊唐書』 卷84, 劉仁軌列傳: "於是仁師 仁願及新羅王金法敏帥陸軍以進 仁軌乃別率杜爽 夫餘隆率水軍及糧船 自熊津江往白江 會陸軍同趣周留城 仁軌遇倭兵於白江之口 四戰捷 焚其舟四百艘 煙焰漲天 海水皆赤 賊衆大潰 餘豊脫身而走."
41) 『日本書紀』 卷27, 天智天皇 2年 秋八月條.

본군이 불리하여 퇴각하고, 다음날 28일 다시 양군이 접전했다. 왜병선倭兵船은 좁은 웅진강 어귀에서 대혼란을 일으켜 "물에 뛰어들어 익사한 자[赴水溺死者]"가 무수했고, 뱃머리를 돌릴 수가 없었으며, 장수 박시전내진朴市田來津(에지노다구쓰)도 이 때 전사한 것으로 밝혀져 있다.

이후 부흥군의 아성牙城인 주류성도 함락되고 이에 따라 백제의 부흥운동도 완전히 끝났다. 그리고 당시 국력을 기울여 동원되었던 왜 수군은 완전히 파멸되고, 왜국의 반도간섭 또한 종식되었다는데 그런 의미에서 백촌강의 결전은 의의가 매우 깊다. 또 백제의 완전복멸은 당나라의 숙망인 고구려 정벌을 순조로운 궤도로 올린 것으로도 중요한 의의가 있다.

제4절 고구려 패망과 나·당 수군의 행동

앞 절에서 언급한 바와 같이 나당연합군의 백제복멸은 최후의 목적인 고구려 복멸을 수행하는 과정이라 별개의 행동이 아니었다.

백제의 옛땅에 아직 유민遺民의 부흥운동이 벌어지고 있을 때인 용삭龍朔 원년(661) 4월 당나라 고종高宗은 고구려 원정군을 또 발동하여 백제에서 개선한 소정방蘇定方 등을 행군총관行軍總管으로 한 35군을 수륙으로 병진시켰다. 같은 해 8월 소정방 군은 대동강에서 고구려 군을 격파하여 평양 서남쪽 땅을 확보하고 드디어 평양을 포위했다.[42]

한편 압록강 방면에서는 연개소문의 아들 남생男生의 강력한 방어로 압록강 도강渡江에 성공하지 못했다. 그리하여 육로로 진격하여 평양의 소정

---

42) 『資治通鑑』 卷200, 唐紀16, 高宗 龍朔 元年 夏四月 庚辰條 : 秋八月 甲戌條.

방 군과 공동작전을 수행할 수 없었기 때문에, 평양포위군은 공허하게 시일을 보내는 중이었다. 그런데 이미 혹한과 대설의 시기가 되고 군량 또한 떨어져 난처한 지경에 빠지게 되었다.[43]

이에 앞서 당나라는 신라왕에게도 명하여 평양작전에 호응시켰는데, 그때 무열왕의 죽음으로 습위한 문무왕은 부왕의 유업을 계승하고 있었다. 새로운 왕은 이 명령을 받고 7월에 대장군 김유신 이하 여러 장수들이 거느린 대군을 출동시켜 평양응원전에 나서고 이를 왕 자신이 친히 이끌었다. 그런데 이 무렵 백제전선도 위기에 직면하여 웅진성熊津城은 고립되고 양식 결핍으로 곤란을 겪고 있었다. 신라군은 중도에 이 웅진성 구원에 군병과 군량 일부를 쪼개 보내고, 또 백제군이 웅거한 옹산성甕山城과 양술성雨述城〔대전방면〕을 쳤는데, 남천주南川州에 유둔留屯한 지 4·50일 후인 12월 10일에야 평양으로 진격할 수 있었다.

다음해 초 눈바람이 몹시 차서 사람과 말을 많이 희생하면서도 신라군은 칠중하七重河 곧 임진강 상류를 건너 당나라 군영에 양식을 전했다. 군량이 떨어져 고초를 겪던 소정방 군은 이 군량으로 겨우 소생해서 환군還軍했고, 신라군도 곧이어 귀환하고 말았다. 「김유신전」에 의하면 이 때 양도良圖 등 일부장병 8백 명은 해로로 귀국했다고 한다.[44]

앞서 수나라 때부터 수차에 걸쳐 웅대한 규모로 행해진 대정벌에도 의연했던 고구려의 강성한 국력은 놀랄 만한 것인데, 여기에 대해서는 아직 충분히 밝혀지지 못한 면이 많다. 그러나 이같이 강성한 고구려도 줄기찬 당나라의 침공 앞에 그 아성牙城이 무너질 수밖에 없었다. 고구려가 강력한 집권자 연개소문淵蓋蘇文 가문의 내부분란으로 인해 그 세력이 분열됨으로써 항거력이 약화된 반면 나당연합군은 도리어 긴밀히 협조하고, 또한 역사상

---

43) 『삼국사기』 권22, 고구려본기, 보장왕 20년·21년조.
44) 『삼국사기』 권42, 金庾信列傳中, 龍朔 원년·2년조.

전에 없었던 부강을 이룬 당나라 국력에는 결코 견디지 못하게 되었다.

건봉乾封 원년(666) 12월 신라 측의 청원에 의해45) 당나라는 또다시 고구려에 대한 대원정을 발동하게 되었다. 다음해 2월46) 대군은 전례에 따라 요동으로 진격하여 그해 9월 고전 끝에 고구려 서쪽 국경요충지인 신성新城을 얻은 뒤 그 나머지 16개의 성을 함락시켰다.47)

한편 백제지역에 주둔해 있던 유인원劉仁願·김인태金仁泰 등의 당나라와 신라군에도 각각 북상하여 남하하는 이적李勣의 군사와 협동작전을 하라고 전했다.48) 고구려의 떨치는 힘의 근거는 실로 요동지방과 제2국도國都였던 압록강 중류 북안의 국내성國內城을 중심으로 한 일대와 황초령黃草嶺 너머 함경남북도의 함흥평야 지방을 장악함에 있었다. 이 지역을 경략하기 전에는 고구려의 심장부인 평양에 진격할 수 없었다. 이번의 작전도 결국 이 방면 경략에 크게 고전을 하여 건봉乾封 2년(667)에도 할 수 없이 회군하고, 북상한 신라군도 고구려 국경까지 갔다가 돌아오고 말았다.49) 이번의 원정에서 당나라 수군과 신라군의 행동을 좀더 살펴보자.

앞서의 수차례 원정에서도 그렇거니와 당나라의 원정은 반드시 수륙 양군이 동원되었다. 그것은 막대한 병력·군수물자 등의 운송에 해군의 편리함이 작용된 것이다. 건봉 원년 12월50) 고종이 이적李勣을 총사령관에 임명하고 이미 요동에 행군한 설필하력契苾何力·방동선龐同善 등 여러 장수들과 협력하여 고구려 토멸討滅에 종사시켰다. 동시에 별도로 독고경운獨孤卿雲을 압록도鴨綠道로, 곽대봉郭待封을 적리도積利道로 그 구역을 담당시켰는데,51)

---

45) 『삼국사기』 권6, 신라본기, 문무왕 6년조.
46) 『舊唐書』 卷199上, 東夷列傳, 高麗條.
47) 『삼국사기』 권22, 고구려본기, 보장왕 26년조.
48) 『삼국사기』 권6, 신라본기, 문무왕 7년조.
49) 위의 책.
50) 『新唐書』 卷220, 東夷列傳, 高句麗條에는 9월로, 『冊府元龜』 卷986, 外臣部, 征討 5에는 12월로 되어 있다.

이 두 사람은 이번 산동山東지방으로부터 압록강 하류의 해상수송을 담당했다. 그런데 그의 실제행동에 대해서는 상세한 기록이 남아 있지 않아 자세히 알 수 없다. 그러나 『자치통감』 건봉 2년 기사에 의하면 "곽대봉이 수군을 거느리고 다른 길로부터 평양으로 나아갔다"[52]라고 했으니 짐작이나마 할 수 있는 일이다.

곽대봉은 당초 압록강 하류지역에 군량운송의 임무를 수행한 뒤 평양에 직행하고자 했는데, 이 해 요동지방 경략을 맡은 당군은 앞서 기술한 바와 같이 압록강 이남으로 진격하지 못하는 바람에 수군만이 홀로 평양을 공격할 수 없어 중도에 회군한 모양이다. 신라 측 기록에 의하면 같은 해 고종의 명령을 받고 북진했던 문무왕은 김유신 등 30명의 장군과 휘하 대군을 거느리고 북상하여 한성정漢城停[서울지방]에 이르러 군사를 고구려와의 접경에 파견했다. 그러나 신라병마 단독으로만 들어가기가 어려워 문무왕은 정탐꾼을 두세 차례 해상으로 보내 당군이 왔는가를 채탐採探케 했다. 그 결과 당군이 아직 오지 않았으므로 신라군은 임진강가에 있는 고구려의 칠중성七重城[積城]을 치고 도로를 개통하여 당군의 남하를 기다리고 있었다. 때마침 빨리 평양으로 진격하라고 독촉을 하므로 수곡성水谷城[新溪 부근 비정]까지 더 진격했는데, 평양성 북쪽 2백 리에 왔던 당군이 다시 회군한 소식을 듣고 신라군도 되돌아왔다.[53] 그런데 『삼국사기』 신라본기에는 이 당군의 장수를 영공英公[李勣]이라 했으나, 이 때 영공은 앞시의 기록과 같이 도저히 압록강을 도강하지 못했으니 이는 의심할 만한 일이다. 그래서 이 때 평양성 북쪽 2백 리 지점에 왔다는 당군은 별도의 부대로 평양으로 향했던 수군 곽대봉 휘하의 군사일 것이라고 추론하는 학자도 있다.[54] 『자치통감』에 의하면 이

---

51) 『海東繹史』 卷8, 高句麗3, 乾封 元年 12月條.
52) 『資治通鑑』 卷201, 唐紀17, 高宗 乾封 2年조: "郭待封以水軍自別道趣平壤."
53) 『삼국사기』 권6, 신라본기, 문무왕 7년조; 권7, 문무왕 11년조.
54) 原註: 池內宏, 「高句麗討伐の役に於ける唐軍の行動」.

에 앞서 이적李勣이 별장 풍사본馮師本을 보내 군량과 병기를 싣고 곽대봉의 군사를 돕도록 했는데, 풍사본의 배가 파손되고 기회를 잃어 곽대봉의 군사들이 굶주림에 허덕였다 했으므로,55) 그가 중도에서 한 일 없이 군대를 돌이킨 사정의 일면을 알 수 있다. 이와 같이 건봉 2년에도 당군은 성과없이 일단 회군하고 말았다.

다음해 총장總章 원년(668) 정월에 또 원정을 기도하여 다시 요동지방을 공격했다. 설인귀薛仁貴 휘하의 별동대가 부여성夫餘城56)을 공격하여 전선을 의외로 확대한 감이 있고 고구려의 강대한 군사력에 타격을 주는 데는 이 작전이 필요했던 모양이다.

당나라의 부여성 방면 공격을 방어하기 위해 고구려는 5만 명의 대군을 동원했는데, 설하수薛賀水[城川江으로 비정]에서 그 공격을 저지하고자 이적李勣의 군대와 대결전을 벌였다. 결국 당군이 승리했고, 이후 각처의 전세는 당나라에 유리하게 진행됨으로써, 이에 여러 군대를 집결하여 압록책鴨綠柵으로 진격할 수 있었다. 여기에서 또 고구려의 필사적 항전을 물리친 뒤 비로소 도강에 성공하고 평양으로 집중 진격하게 되었다.57)

한편 최후에 움직인 수군을 살펴보자. 총장 원년 정월에 우상右相 유인궤劉仁軌가 부총사령관으로 임명되었다. 『신당서』 고종본기에 유인궤를 요동도 부대총관 겸 안무대사 패강도 행군총관遼東道副大總管兼安撫大使浿江道行軍總管으로 임명했다 하니 패강도 행군총관의 호칭으로 볼 때 패강[대동강]을 거슬러 항해하여 평양에 진격할 수군장수인 것이다. 유인궤의 관직임명 뒤의 행동은 중국 측 사적史籍에 보이지 않으나 「신라본기」에 의하면 그는 이 해 5월 고종의 칙령을 받들고 서해 당항진黨項津[남양만]에 왔던 인물이다. 그래

---

55) 『資治通鑑』 卷201, 唐紀17, 高宗 乾封 2年 9月條.
56) 原註: 各說이 있으나 咸興으로 비정하는 일설을 좇아둔다.
57) 『삼국사기』 권22, 고구려본기, 보장왕 27년조.

서 문무왕은 왕제 김인문金仁問을 파견하여 영접했는데, 그는 신라에 또 평양출병 명령을 전하고 돌아갔다. 이로 보아 유인궤가 수군장수로 행동한 한 단면을 알 수 있다.

한편 신라 측에서도 육로로 평양에 진격하는 동시에 "대감大監 김보가金寶嘉를 해상으로 보내 영공英公의 처분을 받도록 했다"[58] 하니 신라의 수군도 평양함락작전에 참가한 것을 짐작할 수 있다. 평양공격에 신라군의 용감한 전투는 역사서에 명기되어 있으며,[59] 같은 해 9월 12일 드디어 고구려가 항복하게 되었다.

이상 수와 당 두 왕조에 걸쳐 전후 70년간에 대침공을 받으면서도 강력히 항전을 한 고구려의 국세는 실로 동양역사상 드물게 보는 경우라 아니할 수 없다. 이와 같은 강대국 고구려가 복멸된 것은 또한 동양 역사무대의 대사건이었다. 또한 고구려가 그와 같은 강성함으로 장기간 방어하여 온 것은 실로 요동지방의 각 요새要塞를 중심으로 한 그 강력한 육군의 위력에 의지했는데, 만약 그만한 수군의 강력함이 있어 적의 선단을 해상에서 요격 복멸했더라면 고구려는 결코 당나라에 복멸되지 않았을 것이다.

우리는 이 전역戰役에서 서로의 해전을 보지 못한다. 물론 고구려에서도 압록강 어귀 또는 대동강 어귀에서는 어느 정도의 수군기지를 설치했을 것이고, 반도 내의 삼국 간에서는 고구려가 역시 서해에 우월한 지위를 점유했던 모양이다. 앞서 당나라에 사신으로 들어갔던 신라의 김춘추가 고구려 순라병[邏兵]에게 해상에서 포로될 뻔한 일[60]도 수의힐 만한 사실이었다. 그러나 이것은 좁은 반도 내 삼국 간에서의 말이지 대규모의 당나라 수군 앞에서는 고구려의 연안경비 정도의 수군은 문제가 되지 않았을 것이다.

---

58) 原註: 文武王이 薛仁貴에 보낸 書.(『삼국사기』 권7, 신라본기, 문무왕 11년조)
59) 『삼국사기』 권7, 신라본기, 문무왕 11년조.
60) 『삼국사기』 권7, 신라본기, 眞德王 2년조.

대체로 중국에서는 수나라 양제(煬帝)시대에 대규모의 토목공사로 운하가 개착되어 강남(江南)과 하북(河北) 두 지역이 연결된 이래, 양자강 어귀의 양주(楊州)는 동서남북의 화물운송의 중심지가 될 뿐만 아니라, 수나라와 당나라를 통해 강남지방 일대는 강력한 수군기지로 되어 있었다. 당태종이 고구려 원정에 이 지방의 수백 척 군선을 건조시켜 산동지방으로 돌려보내 이용한 것[61]은 이미 알려진 사실이다.

당나라 시대의 중국해운은 서쪽 아라비아 상인이 동양해상에서 활약하는 데 호응하여 굉장히 발달되었다. 대형선박은 남해지방을 활발히 왕래한 이래 인도양으로부터 페르시아만과 홍해지방까지 진출했다.[62] 조선술도 진보하고 항해술도 우수했다. 대선은 범주(帆柱)가 4·5본(本)에서 12본까지 있는 것이 있으며, 자유롭게 바람을 받아들이는 포범(布帆)과 석범(蓆帆)을 가지고, 그 중에는 갑판이 4층이나 있는 것도 있었다. 5백 명에서 1천 명을 수용하는 등[63] 전함으로서도 상당한 장비를 보유했다. 이 때 이미 화전(火箭)을 발사하는 쇠뇌(弩)도 있었으며, 또 어떤 것은 적선을 불태우는 석뇌유(石腦油)도 적재했고, 선박에 나침의도 이용되었다.[64] 앞에서 기술한 바와 같이 백촌강(白村江) 수전에서 왜의 수군단이 불타 강 하늘을 벌겋게 물들인 것은 필경 당군의 이 같은 우수한 장비에 견디지 못했던 탓이었을 것이다.

---

61) 『冊府元龜』 卷985, 外臣部30, 征討4, 唐太宗 貞觀 18年 7月條: "宋州刺史王波利 往洪饒江等州 造船艦四百艘 可以載軍糧乏海攻戰者"; 21年 3月條: "伐高麗… 樓船戰舸自萊州乏海而入."; 9月條: "遣宋州刺史王波利 中郎將丘孝忠 發江南十二州 造入海人船及鰈船三百五十艘 將征高麗."
62) 賈耽, 「廣州通海夷道」, 『新唐書』 卷43下, 地理志下 : 中國航海學會, 『中國航海史』(古代航海史, 人民交通出版社, 1988), pp.131~133.
63) 이븐바투타, 정수일 역주, 『이븐바투타 여행기』(창작과 비평사, 2001), p.241.
64) 당나라 때 선박에 나침의를 이용했다는 것은 오류이다. 현재까지 드러난 문헌으로 나침반이 항해에 이용된 최고의 기록은 1119년에 北宋의 朱彧이 지은 『萍洲可談』의 내용이다.[『萍洲可談』 卷2: "舟師識地理 夜則觀星 晝則觀日 陰晦觀指南針"]

제4장 신라통일기의 해상활동

제1절 신라의 삼국통일과 수군의 활약

고구려 멸망 뒤 백제와 고구려 양국의 옛 땅에는 당나라 군대가 주둔하여 직접 통할하고자 했으므로 양국의 멸망이 곧 신라통일을 의미하지는 않았다. 그래서 이후 수년간 불안전한 고토故土유민들의 반란을 사이에 두고 나·당 양군의 날카로운 대립이 일어났다.

고구려를 멸망한 뒤 당나라는 안동도호부安東都護府를 설치하여[1] 그 모든 지역을 지배하고자 했으나, 이듬해 총장總章 2년(669)에는 고구려의 유민 가운데 이반자離叛者가 많았다. 이에 당나라는 강제로 많은 백성과 막대한 물자를 그 본국에 이송시키고,[2] 국내에는 빈약한 무력자無力者 곧 말썽을 일으키지 않는 백성만을 남기려는 폭정暴政을 가했다.[3] 그러므로 민심이 더욱 등을 돌리는 가운데 당나라 함형咸亨 원년(670) 정월 고구려에 유진留鎭해 있던 유인궤劉仁軌가 본국으로 부임[4]한 틈을 타서 고구려의 옛 장수 검모잠劒

---

1) 『舊唐書』 卷5, 高宗本紀下, 總章 元年條.
2) 『舊唐書』 卷5, 高宗本紀下, 總章 元年·2年條.
3) 이 내용은 儀鳳연간(676~678)에 있었던 사실이다.[『舊唐書』 卷199上, 東夷列傳, 高麗傳 ; 『新唐書』 卷220, 東夷列傳, 高麗傳]

牟岑5)이 군사를 일으켰다.6) 이 때 신라는 군사 2만 명을 대동강 북쪽에 진주시켜 이 반란을 도왔다.7) 그 목적은 이 기회를 이용하여 당나라 세력을 반도에서 몰아내려는 의도였다. 이 반란은 요동에서 파견된 당군에게 좌절되었으나 이후 고구려의 유민반란은 함형 4년까지 계속되었다.8)

한편 백제의 옛 땅에서도 문제는 벌어졌다. 총장 원년(668) 9월 평양함락에 앞서서 백제의 웅진도독부熊津都督府 주둔장수인 유인원劉仁願9)은 전년의 평양작전 참가에 늦게 도착한 탓으로 귀양을 가게 되었는데,10) 당나라는 그 후 새로운 주둔장수를 부임시키지 않았다. 따라서 웅진도독부는 거의 유명무실한 존재가 되었다. 앞서 기술한 바와 같이 평양방면에 출병하여 검모잠의 반란을 도운 신라도 여기에서는 실패했으나, 같은 해 가을에서 다음해 2년 가을에 걸쳐서 백제의 옛 영토에 대해 종종 군사를 동원하여 그 모든 지역의 여러 성을 공략하고, 백제의 옛 도읍 사비성泗沘城[부여]에는 소부리주所夫里州를 두는 한편 명목상으로만 당나라의 직할령으로 되어 있는 웅진도독부를 없애버렸다.11) 이에 당나라는 잠자코 볼 수 없어 함형 2년 가을 신라에게 문죄하기 위해 설인귀薛仁貴를 계림도총관鷄林道總管으로 임명하여12) 수군을 거느리고 동정東征도록 했다.

양군은 웅진강熊津江 어귀에서 조우遭遇했는데, 신라가 대승을 거두었다.

---

4) 『舊唐書』 卷5, 高宗本紀下, 總章 3年條.
5) 『三國史記』와 『資治通鑑』에는 劍牟岑으로 『新唐書』에는 겸모잠(鉗牟岑)으로 나와 있다.
6) 『삼국사기』 권22, 고구려본기, 보장왕 27년조.
7) 『삼국사기』 권6, 신라본기, 문무왕 10년조.
8) 『삼국사기』 권22, 고구려본기, 보장왕 27년조.
9) 『日本書紀』 卷27, 天智天皇, 春正月 辛亥條.
10) 『資治通鑑』 卷201, 唐紀17, 高宗 總章 元年 8月條.
11) 『삼국사기』 권7, 신라본기, 문무왕 10년·11년조.
12) 설인귀의 계림도총관 임명사실은 『舊唐書』 권83, 列傳33, 薛仁貴傳과 『新唐書』 권111, 列傳36, 薛仁貴傳에 실려 있으나 시기는 분명치 않고, 『삼국사기』 권7, 신라본기, 문무왕 11년조 가을 7월 26일에 그가 신라왕에게 편지를 보낸 기록만 나와 있다.

문무왕 11년(671) 기사에 의하면 "10월 6일 당나라의 조운선 70척을 격파하여 낭장 겸이대후鉗耳大侯와 군사 1백여 명을 사로잡으니 물에 빠져 죽은 자가 이루 셀 수 없었다" 한다.13) 이후 매년 피아간에 복잡한 군사충돌이 있었는데, 이 때 신라수군의 활약이 특히 우리들의 주목을 끈다.

　　문무왕 13년(함형 4년, 673)에는 대아찬大阿湌 철천徹川 등을 시켜 병선 1백척을 거느리고 서해로 출진하여 당나라 수군의 공격에 대비했다.14) 문무왕 14년에는 신라가 고구려의 반민叛民들을 받아들여 백제의 옛 땅을 점거하므로 당고종은 신라왕의 작위를 박탈하고 군대를 보내 침략해 왔으나,15) 신라는 백제의 옛 땅을 더욱 탈취하고 고구려 남쪽 국경까지 주군州郡으로 편입하여 착착 국내통일을 수행했다. 그러나 675년 9월에는 설인귀가 신라의 숙위학생이던 풍훈風訓을 향도로 삼아 신라 서북쪽 지경을 공격했는데, 그 육군은 임진강변 칠중성을 공격하여 함락시키고 매초성買肖城[양주]에 침입했으며, 수군은 한강 하류 여러 성을 공략해 왔다. 신라장군 문훈文訓 등은 이를 거슬러 싸워서 대승을 거두었다. 『삼국사기』 문무왕 15년 기사에 의하면 이 때 전과로 참수한 자가 1천4백 급, 병선 40척, 전마戰馬 1천 필이 기록되어 있으며 설인귀는 퇴주했다. 한편 이근행李謹行은 군사 20만 명을 거느리고 매초성에 주둔했는데, 신라군은 계속해서 이것을 물리쳐 전마 3만 3백84필을 노획하고 기타 병장기는 이루 셀 수 없었다.

　　이밖에도 이 해 부변 각지에서 치열한 교전이 벌어져 양군의 접전이 크고 작게 18회나 있었는데 모두 신라가 승리하여 다대한 전과를 거두었다.16) 마침내 문무왕 16년 사찬沙湌 시득施得이 병선을 거느리고 금강하구 기벌포伎伐浦에서 설인귀 군과 접전하여 역시 대승했다.17) 이 곳은 수년 전

---

13) 『삼국사기』 권7, 신라본기, 문무왕 11년조.
14) 『삼국사기』 권7, 신라본기, 문무왕 13년조.
15) 『삼국사기』 권7, 신라본기, 문무왕 14년조.
16) 『삼국사기』 권7, 신라본기, 문무왕 15년조.

당나라 수군이 왜 수군에 결정적 타격을 준 곳인데, 그 당나라를 반도에서 결정적으로 몰아내는 중요한 수전이 전개된 것은 운수가 기박한 일이다.

당군이 계속 패퇴하여 본국으로 돌아간 뒤 신라에서는 사죄의 뜻을 표하고[18] 외교적으로 당나라의 면목을 세워줌으로써, 이후 당나라는 다시 반도에 출병을 하지 않게 되었다. 다음해 곧 당나라 의봉儀鳳 원년(676) 초에 고구려 옛 땅을 직할하려던 안동도호부安東都護府도 신라에게 견뎌내지 못하고 요동 옛 성(요양)으로 옮김으로써[19] 드디어 당나라는 반도를 포기했다. 실로 신라의 삼국통일은 길고 먼 세월에 줄기찬 노력과 다대한 희생으로 수행되었다. 그것은 무열武烈·문무文武의 2대 영주英主 밑에 용감한 장병과 많은 인재가 배출되어 국력을 한결같이 추진시킨 데 따른 것이었다. 또한 이 전역을 통해 신라군제軍制는 수륙 양면으로 정비 강화되었다.

제2절 수군의 확립과 해방海防

앞 절까지 개략적으로 설명한 바와 같이 여러 해에 걸친 신라의 삼국통일 성취는 우리 역사상 중대한 의의를 가지는 동시에 새로운 국면을 초래했다. 우리 민족의 역사는 여기에서 비로소 단일한 정권하에 통일되고, 민족형식의 일보를 걷게 되었고, 국내정책도 모든 면으로 풍부한 내용을 갖추게 된 것이다.

군사정책에서 수군의 경우 당군과 전쟁을 진행하는 과정에서 강화 정비

---

17) 『삼국사기』 권7, 신라본기, 문무왕 16년조.
18) 『삼국사기』 권7, 신라본기, 문무왕 15년조.
19) 『資治通鑑』 卷202, 唐紀18, 高宗 儀鳳 元年 2月 甲戌條.

되었다. 즉 문무왕 18년(678) 정월 선박사무를 주관하는 선부船府가 설치되었다. 『삼국사기』 직관지職官志에 의하면 이전에는 병부대감兵部大監·제감弟監이 선박사무를 주로 관장했는데, 이 때 별도로 설치했다 하니, 이는 신라의 함선행정艦船行政이 독립 강화된 것으로 볼 수 있다. 동양을 제패한 당나라 수군을 도처에서 격파하여 패퇴시킨 당시의 신라수군을 볼 때 이 기록은 큰 의의를 가질 듯하다.

선부는 경덕왕景德王 때에 이제부利濟府로 개칭되었다가 혜공왕惠恭王 때 다시 회복했다. 이제부라는 명칭으로 볼 때 그 부가 군사적 기관뿐만이 아니라 수운水運일체를 포함하는 기관이 아닐까 하는 추측을 하게 된다. 그 장관인 영令은 1인이고 그 관등은 대아찬에서 각간까지 임명할 수 있었으며, 문무왕 3년(663)에 그 밑에 경卿 2인을 두었는데, 신문왕神文王 8년(688)에 1인을 더했고, 대사大舍 2인, 사지舍知 1인, 사史 8인[20]이 임명되었다.[21]

『삼국사기』 잡지 무관武官기사에 따르면 육군으로는 보기감步騎監·노당弩幢·운제당雲梯幢·충당衝幢·석판당石板幢·개지극당皆知戟幢 등 군대의 종목을 살필 수 있는 관직이 있고,[22] 또한 각 정停(營)의 명칭으로 보아 그 주둔지의 배치도 어느 정도 살필 수 있다. 수군 관계는 그 내용과 수군기지 등을 자세히 알아볼 수 없지만, 직관지 외관外官기사에 단독으로 돌연히 패강진전浿江鎭典이 나오는 것[23]은 패강 곧 대동강 어귀의 요새와 관계가 있을 것이다. 이로 보아 중요한 하구 또는 나루에는 반드시 수군기지가 설치되어 있었을 것도 추측할 수 있다. 삼한시대부터 낙동강 하류의 웅대한 국가이며 중요한 나루였던 김해의 가락국駕洛國 옛 땅에 문무왕은 그 20년(680) 금관소경金官小京을 설치하여 5경京의 하나로 중시한 것도 그 한 예이다. 또 신라의

---

20) 原註: "신문왕 원년에 2인을 더했다가 애장왕 6년에 다시 2인을 감했다."
21) 『삼국사기』 권38, 雜志 7, 職官上, 船府條.
22) 『삼국사기』 권40, 雜志9, 職官下, 武官條.
23) 『삼국사기』 권40, 雜志9, 職官下, 外官條.

대륙교통의 중요한 나루로 남양만 부근에 있었던 당항진党項津도 역사상 유명한 곳이다. 신문왕神文王 때에 감은사感恩寺 앞바다에 작은 산이 출현하여 감은사로 향해 떠온다고 조정에 보고한 자는 해관海官 파진찬 박숙청朴夙淸이라 하며,24) 또 동해 아진포阿珍浦에서 탈해왕脫解王을 맞은 아진의阿珍義라는 노파는 혁거왕赫居王의 해척海尺의 어머니로 보이는데,25) 이 해관 또는 해척은 신라의 연안해방海防의 직무를 띤 것이 아닐까 한다. 그리고 앞서 기술한 바와 같이 문무왕 13년(673) 대아찬 철천徹川 등을 파견하여 병선 1백 척으로 서해를 지키게 했다고 하는바, 이것은 당시 당나라와의 교전관계로 임시조치에서 나왔을 뿐만 아니라 반드시 서해방비의 설치도 있었을 것이며, 신라 말기에 후백제 견훤도 초기에는 신라의 서남해 방수防戍로 부임했다26)는 것으로도 짐작된다.

문무왕은 그 16년 곧 당나라 의봉儀鳳 원년(676)에 당나라 군사들을 반도에서 완전히 몰아낸 뒤 5년 만에 죽었다. 그러니 왕은 태자시절부터 부왕의 대업을 보좌하여 문자 그대로 군사일에 동분서주한 것을 생각할 때 거의 그 일생을 이 통일사업에 바쳤다 해도 과언이 아니다. 그런만큼 그의 국토수호에 대한 절대적인 관심과 노력은 당연한 일이었다.

또한 문무왕은 동해 왜구에 대한 해양방비에 특히 관심이 컸다. 『삼국사기』 신라본기에 의하면 그를 유언으로 남긴 조서내용대로 동해어귀의 큰 돌 위에 장사지낸다. 또 『삼국유사』 만파식적萬波息笛 기사는 현재 동해 토함산 아래 감포에 그 유지遺址와 거대한 쌍탑이 있는 감은사感恩寺를 말하고 있다. 감은사는 문무왕이 왜병을 진압하기 위하여 세우려 했던 절로서 왕의 대에 완공하지 못하고 그 왕자 신문왕이 공사를 마쳤다는 절이다. 문무왕은 평소 죽

---

24) 『三國遺事』 卷2, 紀異2, 萬波息笛條.
25) 『三國遺事』 卷1, 紀異1, 脫解王條.
26) 『삼국사기』 권50, 列傳10, 甄萱列傳.

어서는 용이 되어 호국護國의 신으로 왜구를 막겠다는 신조를 가지고 있었다. 그래서 스스로 동해에 화장火葬을 하고 그 유골을 앞바다 암초 위에 간직하여 두었다고 하니 그의 열의는 짐작할 만하다. 이 곳은 이후 대왕암大王岩이라 명명하여 지금도 감은사 앞바다에 있다. 또한 감은사 금당金堂 섬돌 밑에 한 구멍을 내어 통하게 하고, 해수海水를 끌어들여 용으로 화한 문무왕이 출입하도록 특별한 장치를 한 것은 현재의 유구遺構로도 알 수 있다.27)

이런 예는 이미 문무왕 20년에 석탈해왕의 유골을 빻아 만든 소상塑像을 토함산에 옮겨두어 동해의 수호신으로 삼았다는 사적事蹟에서도 볼 수 있는 일이다. 석탈해는 동해 국외에서 표착한 유력자다. 그는 바다의 신인 동시에 신라 경주의 동쪽 관문인 토함산과 깊은 인연을 가진 존재로 신라통일기에는 동악신東岳神이 되어 국민의 추앙을 받았다.28) 그런데 그렇게 동해방비의 수호신으로 강조된 것이 역시 문무왕 때라는 데 주의할 필요가 있다.

이 감은사와 관련하여 신문왕대에 동해에서 얻었다는 만파식적萬波息笛 전설이 있다. 만파식적은 용이 되어 삼한을 진압하여 지킨 문무왕과 호국불교신앙에서 33천天의 산 자식으로 된 신라의 원훈元勳 김유신, 이 두 성인이 합력하여 신라왕에게 보낸 해중海中의 대나무로 만든 피리이다. 이것을 불면 적병이 물러가고, 병이 치유되며, 가뭄에 비가 오고, 비올 때는 개이며, 바람이 진정되고, 파도가 평온해지게 했다. 신라에서는 이를 만파식적이라고 이름지어 신라의 보물 중의 하나로 친존고天尊庫에 비장했다 한다.29) 이후 효소왕孝昭王 때에 왕의 신임이 두터운 화랑花郞 부례랑夫禮郞이 무리들을 거느리고 동해 북명北溟방면30)에 이르러 북쪽 오랑캐[狄賊]에게 붙잡혀 가자

---

27) 原註: "藤島亥次朗氏, 『朝鮮建築史論』 참조. 필자도 1949년 8월에 그 곳을 실제로 답사하여 그 특이한 구조를 확인했다."
28) 『三國遺事』 卷1, 紀異1, 脫解王條.
29) 『三國遺事』 卷2, 紀異2, 萬波息笛條.
30) 북명방면은 지금의 元山灣 부근으로 비정된다.[李丙燾 譯註, 『三國遺事』(明文堂, 1987), p.333]

그 부모가 백율사栢栗寺 대비상大悲像 앞에 빌었더니 그 가호로 만파식적과 현금玄琴이 천존고에서 나와 배로 변했다. 이에 부례랑과 그를 구출하러 간 안상安常이 이 배를 타고 무사히 적지에서 탈출하여 왔다. 이런 까닭에 만파식적에 호칭을 더해 만만파파식적萬萬波波息笛으로 했다 한다.[31]

또한 이 피리[笛]에는 외적격퇴에 신령한 효험이 있다는 신앙있었다. 뒷날 원성왕대에 왜국의 문경왕文慶王이 거병하여 신라에 내침했다가 신라에 만파식적이 있음을 알고 퇴병하면서 황금 50냥으로 이것을 사려 했으나 성공하지 못하고, 이듬해에 다시 황금 1천 냥으로 요청했지만 왕은 완곡히 이를 거절하여 돌려보냈다는 이야기가 있기도 하다.[32]

신라 중대中代[33]는 왜국을 대상으로 하는 동해방비에 가장 부심했던 시기였다. 성덕왕聖德王 21년(722, 開元 10)에는 경주 동남지역의 모화군毛火郡[34]에 관문을 구축하여 일본의 침공에 대비했다. 또 그 유명한 토함산 위의 석굴암 본존本尊도 또한 동해 왜구를 격퇴하는 의도에서 안치된 것이다. 악마퇴치의 그 인상降魔印과 자세는 이를 여실히 나타내고 있다. 그리고 신라의 화랑도가 강원도·경상도의 동해안 일대에 떼를 지어 순례훈련을 할 것은 『삼국유사』의 여러 곳에서 볼 수 있다. 이것은 결코 단순한 풍류적風流的 유람이 아니며, 동해를 바라보고 호연지기를 양성할 뿐만 아니라 실제적인 해방훈련海防訓練에 그 목적이 있었을 듯하고, 때로는 북방의 야인野人 또는 동방의 왜구와 조우하며 전투도 했을 듯하다. 앞서 기술한 부례랑이 북명방면에서 북쪽 오랑캐에게 나포당했다가 전우들의 손으로 다시 탈환되었다

---

31) 『三國遺事』 卷3, 塔像 第4, 栢栗寺條.
32) 『三國遺事』 卷2, 紀異 第2, 元聖大王條.
33) 『삼국사기』 권12, 신라본기, 敬順王 9년조에 의하면, 신라사를 3대로 구분했는데, 初代부터 眞德王까지 28왕을 上代, 武烈王부터 惠恭王까지 8왕을 中代, 宣德王부터 敬順王까지 20왕을 下代라 했다.
34) 『三國遺事』 권2, 孝成王條에는 '毛火郡'으로, 『三國史記』 권8, 신라본기, 聖德王 21년조에는 '毛伐郡'으로 나와 있다.

는 이야기나, 융천사融天師의「혜성가彗星歌」35)에 왜병의 침략이 연관되어 있는 것으로 이를 알 수 있다.

화랑도가 그 지도원리指導原理를 다분히 불교에서 얻었듯이 불교적 신앙과 결부된 화랑도의 동해 원거리 유람도『삼국유사』에 많이 보이고 있다. 또 신라 중대의 백성들과 선비 사이에는 불교사상에 관련되어 죽은 뒤 화장하여 그 유골을 동해에 뿌리는 풍습이 유행했던 모양이다. 그것은 왕으로서는 앞서 기술한 문무왕을 비롯하여 효성왕孝成王·선덕왕宣德王이 있으며, 감산사지甘山寺址에서 발견된 미륵보살상과 미타여래상彌陀如來像의 광배명문光背銘文에 김지성金志誠과 비관초리부인妣官肖里夫人 등이 기록으로 보인다.36) 그 안에는 죽어서 동해를 수호하겠다는 문무왕의 생각 역시 들어 있을 것이다. 이들 신라통일기의 해방관계海防關係 사료에는 아직 설화적 성질을 띤 것이 많으나, 우리는 그것을 통해 또 어느 정도 현실적인 면을 짐작할 수 있을 것이다.

일본이 백제문제에 개입하여 출병까지 했다가 나·당 양군에게 대패한 뒤로는 반도에서 물러서서 자국영토의 변경방어에 유의留意하여, 천지天智천황 3년 곧 문무왕 4년(664)에는 대마도對馬島·일기壹岐·축자筑紫(九州) 등에 방루防壘와 봉대烽臺를 설치했다. 이후 수년간에 변경방어를 더욱 강화했는데, 그 중 우리나라에 대한 방어기지는 북구주의 태재부太宰府37)이며, 그 북쪽 산의 대야성大野城38)과 남쪽 산의 연성椽城39)이 수성水城40)과 더불어 유명하

---

35)『三國遺事』卷5, 感通7, 融天師彗星歌眞平王代條.
36) 1915년에 경주 월성군 감산사 절터에서 〈석조미륵보살입상〉과 〈석조아미타여래입상〉이 발견되어 현재 국립중앙박물관에 보존되어 있는데, 각각 국보 81호와 82호로 지정되었다. 그 光背에는 719년에 金志誠이 돌아가신 부모님을 위해 감산사를 짓고, 미륵보살과 아미타여래를 만들었다는 銘文이 새겨져 있다.〔국립중앙박물관,『명품도감』(삼화출판사, 1985)〕
37) 福岡縣 筑紫郡 太宰府町에 위치하며, 태재부의 政廳址였던 都府樓의 礎石이 잘 남아 있다.
38) 大野城은 서기 665년에 축성된 百濟式 山城이며,〔『日本書紀』卷27, 天智天皇 4年條〕福岡縣 筑紫郡 太宰府町에 위치한다.
39) 椽城은 서기 665년에 축성된 百濟式 山城이며,〔『日本書紀』卷27, 天智天皇 4年條〕佐賀縣 三養基郡 基山町에 위치한다.

다. 그 축성에는 백제망명인을 활용하여 조선식 산성이 구축되었다.41)

이와 같이 이 시대는 양국이 다 자국 내의 정돈기로서 변경방어에 서로 힘을 쓴 것이다. 신라 초기에는 왜구에게 많이 시달렸으나 통일기에는 국력도 충실하고 수군도 위력을 발휘하게 된 것은 성덕왕 30년(731)에 내침한 왜병선 3백 척을 격파한 것42)으로도 알 수 있다.

제3절 신라의 국가무역

문무왕이 완전히 삼국을 통일한 뒤 그 왕통은 그 직계자손으로 전해져 혜공왕惠恭王까지 7왕의 약 1백 년간 왕권이 가장 확립·정비되고 신라의 황금시대를 이룬다. 신라인 자신도 통일사업을 시작한 무열왕부터 혜공왕까지 8왕의 전후 120여 년간을 중대43)로 치고 있는 것은 까닭있는 일이다.

이후 왕족을 위시한 귀족계급은 번영을 구가하게 되는데, 이는 결국 내정정비를 이유로 국민에게서 수납하는 각종 조세와 외국과의 무역으로 확보된 것이었다. 여기에서 우리는 고대국가 무역의 특질에 주의해야 한다. 과거 동양세계에서 중화中華로 자인하는 중국의 패권霸權과 그 주위 여러 민족 사이에는 이른바 조공朝貢이 행해졌다. 이것은 국제적 외교상으로는 대국조정으로부터 주위 여러 나라가 그 정권의 인정과 보장을 얻어 이른바

---

40) 水城은 太宰府의 서북방 계곡에 제방을 쌓아 물을 저장시킨 城으로 서기 664년에 축성되었으며,『日本書紀』卷27, 天智天皇 3年條〕福岡縣 筑紫郡 太宰府町-人野町에 위치한다.
41)『世界考古學人系』4. 日本Ⅳ 歷史時代(平凡社, 1976), pp.17~65.
42)『삼국사기』권8. 신라본기. 聖德王 30년조.
43)『삼국사기』권12. 신라본기. 敬順王 9년조.

책봉冊封을 받는 것이며, 중국 측으로서는 그 왕도정치王道政治의 권위를 갖추는 데 만족감을 가지게 된 것이다.

이 조공은 매년 동지冬至·정월正月, 기타 양국의 경조慶弔 등 정기 또는 수시로 사신을 보내 토산물을 바치는 것에 대해 중국 측에서도 그 답례로 물품을 내려주는 것으로서 대체로 하사품이 훨씬 많았다. 또 때로는 이 조공을 통해 필요한 물자 또는 귀중품을 요구하는 일도 많았다. 그리고 이 기회 곧 조공이라는 명목하에 쌍방 간에 물자교역이 행해졌는데, 그 이익은 막대했으며 따라서 집권자들의 독점적인 권익이기도 했다. 실로 신라의 서울에 사는 인사들은 경주 같은 동남쪽에 편재한 지역임에도 당나라의 장안長安 등에서 모여든 진귀한 사치품을 마음대로 이용하는 호화로운 생활을 누릴 수 있었던 것이다.

신라와 당나라의 관계는 비록 영토쟁탈 문제로 통일 초기 한때 날카롭게 대립되어 있었으나 광대한 중원中原의 지배자로서 당나라는 끝끝내 희생을 치르면서 신라에 대항하여 직할할 생각은 없었다. 결국 신라 측의 공순한 번속적藩屬的 태도로 체면과 권위를 얻자 이에 만족했고, 양국국교는 친밀과 빈번의 도를 더하게 되었다. 그것은 한편으로 북쪽에 발해渤海가 흥기하여 요동지방을 위협해 줌으로써 얻을 수 있는 것이었는데, 당나라는 신라의 힘을 빌지 않으면 안될 형세가 되었던 것과도 관계가 있다.

개원開元 6년(신라 성덕왕 17년, 718) 발해의 대조영大祚榮이 죽은 뒤 계승한 무예왕武藝王은 웅대한 지략이 있어서 흑수말갈黑水靺鞨을 정벌하고, 당나라를 무시한 채 개원 20년(732)에는 그 장수 장문휴張文休를 시켜서 수군을 거느리고 등주자사登州刺史 위준韋俊을 공격했다. 당나라는 그 이전 당나라에 피신해 있었던 무예왕 어머니의 동생 문예門藝를 유주幽州에 보내 군사를 모집하여 무예왕을 토벌시키는 한편, 태복원외경太僕員外卿 김사란金思蘭을 시켜 신라에도 출병을 요청했다.44) 당나라 현종玄宗은 성덕왕에게 개부의동삼사 영해군사開府儀同三司寧海軍使를 더해 주어 말갈 남부에 출병하여 발해의 배후에 위협을 가하게 했는데, 때마침 큰눈을 만나고 길이 험하여 군사 중에 죽은 자가 과반이었으므로 아무 성과없이 회군했다.[45]

하여간 나·당의 국교는 성덕왕대에 이 발해관계로 더욱 친밀해졌고, 동왕 34년에 패강浿江 이남의 땅을 하사한다는 조서를 내린 것[46] 등은 여·제 양국을 복멸시킨 뒤 나·당 양국 간에 생긴 대립관계가 이 때 비로소 형식적으로나마 해소되고 완전히 결말을 보인 것이라고 할 수 있다.

이 시기에 매년 시신의 파견이 특히 활발했고 신라왕이 얻은 물품도 막대했다. 일례를 들면 성덕왕 30년(731) 봄 2월에 신라는 김지량金志良을 하정사賀正使로 보냈는데, 당나라 조정에서는 신라가 우황牛黃·금은金銀 등 물품을 가져온 것을 가상하게 생각하여 조서를 내려 다음과 같이 칭찬하며 능직비단[綾絹] 5백 필과 비단[帛] 2천5백 필을 보내기도 했다.

> 더구나 그대는 옳은 것을 부지런히 따르고 조공 바치기를 정성스럽게 하여 산을 넘고 물을 건너 길이 멀거나 험하거나 싫증을 내지 않았고, 폐백과 보물을 언제나 어김없이 해마다 바쳤으며, 우리의 국법을 지키고 국가의 기록에 전하게 되니 그 간곡한 정성을 돌아볼 때에 깊이 가상하게 여긴다.…[47]

또한 발해원정군을 보낸 성덕왕 32년(733) 당나라 황제는 흰 앵무새[白鸚鵡] 암수 한 쌍, 자주비단에 수놓은 웃옷[紫羅繡袍], 금은으로 새겨 물린 그릇[金銀鈿器物], 이상한 무늬 놓은 비단[瑞紋錦], 오색 깁 비단[五色羅綵] 도합 3백여 단段을 왕에게 보낸 것에 대해 왕은 글을 보내 감사했다.[48]

---

44) 『舊唐書』 卷199下, 北狄列傳, 渤海靺鞨傳.
45) 『삼국사기』 권8, 신라본기, 聖德王 32년조.
46) 『삼국사기』 권8, 신라본기, 聖德王 34년조.
47) 『삼국사기』 권8, 신라본기, 聖德王 30년조: "加以慕義克勤 述職愈謹 梯山航海 無倦於阻脩 獻幣貢琛 有常於歲序 守我王度 垂諸國章 乃眷懇誠 深可嘉尙 云云."

양국의 교통은 이와 같이 궤도에 오르자 한학漢學유학생과 구법승求法僧을 비롯하여 숙위宿衛·군인·상인 등 실로 광범한 분야로 당나라에 가게 되어 그들의 귀국활약이 신라의 황금시대를 북돋았다.

나·당의 교통은 북쪽에 발해가 가로 막고 있기 때문에 해상으로 행해진 것은 자명하다. 앞서 보았던 성덕왕 30년에 보낸 당나라 황제의 조서 중에 "산을 넘고 물을 건너 길이 멀거나 험하거나 싫증을 내지 않았다(梯山航海 無倦於阻脩)"라는 내용이나 동왕 33년에 당시 입당入唐숙위하던 김충신金忠信이 말갈을 쳐 물리친 이유로 귀국을 청원한 가운데 "신들이 다시 배를 창해에 띄우고 전승한 보고를 대궐에 바칠 것입니다"49)라는 글 구절로도 알 수 있다.

그리고 북방항로 중 발해왕 무예(719~737)시대에는 요동연해를 경유하는 길은 취하지 못하고 황해횡단로로 왕래했을 것이다. 당나라 시대에 들어 우리는 대륙과의 항로를 명시한 기록을 가지게 된다. 그것은 『당서唐書』지리지 권말에 가탐賈耽의 '입사이지로入四夷之路'를 기재했고, 제2편에 '등주해행입고려발해도登州海行入高麗渤海道'를 다음과 같이 들고 있다.

등주에서 동북쪽으로 바다를 항행하면 대사도大謝島·귀음도龜歆島·말도末島·오호도烏湖島를 지나는데 3백 리 길이다. 북쪽으로 오호해를 건너면 마석산馬石山 동쪽의 도리진都里鎭에 이르는데 2백 리 길이다. 동쪽으로 해안을 따라가면 청니포靑泥浦·두화포桃花浦·행화포杏花浦·석인앙石人汪·탁다민橐駝灣·오골강烏骨江을 지나는데 8백 리 길이다. 이어서 남쪽으로 해안을 따라가면 오목도烏牧島·패강어귀[貝江口]·초도椒島를 지나 신라의 서북쪽 장구진長口鎭에 이른다. 또 진왕석교秦王石橋·마전도麻田島·고사도古寺島·득물도得物島를 지나는 데 천릿길이며 압록강과 당은포唐恩浦 어구에 이른다. 이어서 동남쪽 방향으로 육지길을 따라 7백 리를 가면 신라왕성에 다다른다.50)

---

48) 『삼국사기』 권8, 신라본기, 聖德王 32년조.
49) 『삼국사기』 권8, 신라본기, 聖德王 33년조: "臣等復乘桴滄海 獻捷丹闕."

여기에 대한 상세한 고증은 이미 선학先學의 시론試論이 있다.51) 요컨대 우선 산동의 등주에서 출발하여 발해만의 노철산수도老鐵山水道를 건너고 대련만大連灣 동단을 통과하여 오골성에 이르러 남쪽으로 꺾은 뒤 서해안을 따라 신미도身彌島를 거쳐 대동강 어귀 초도에 이른다. 이어서 옹진 앞을 지나 교동·강화·덕적도를 경유한 뒤 당은포唐恩浦, 즉 지금의 남양南陽에 상륙한 것이다. 이것은 대해를 횡단하는 위험을 피하는 가장 안전한 연안항로로 아득한 고대부터 취해진 길일 것이다. 그런데 중당中唐52) 이후에는 선박의 규모가 커지고 항해기술도 발달되어 황해를 횡단하는 항로가 성행했다 신라 낭혜화상朗慧和尚은 당나라 목종穆宗 장경長慶 초년(821~824)에 조정사朝正使로 당나라에 가는 왕자 흔昕을 수행할 때 당은포에서 출발하여 지부산之罘山에 도달했다 하니,53) 이것으로 당시 당나라로 들어가는 황해 횡단항로의 발착지를 알 수 있다. 또한 왜승 자각대사慈覺大師의 『입당구법순례행기入唐求法巡禮行記』에 의해서도 이 항로가 활발히 사용된 것을 알 수 있다.

여기에서 우리는 눈을 돌려 신라당국과 일본과의 관계를 아울러 한 번 봐둘 필요가 있다. 신라가 삼국을 통일할 때 특히 백제토멸을 중심으로 양국은 완전히 적대적 입장에 서 있었다. 그렇다고 이후 양국이 완전히 국교가 두절되었느냐 하면 그렇지는 않다. 그것은 백제문제에 실패한 뒤 일본에서는 대륙에 대해 상당히 두려움을 느끼고 변경방어를 강화했으나, 당나라 자체에서는 신라에 대한 견제의 의미도 있어 일본에 대해 점차 호의적 태도

---

50) 『新唐書』 권43下, 地理志7下, 「登州海行入高麗渤海道」: "登州東北海行 過大謝島 龜歆島 末島 烏湖島三百里 北渡烏湖海 至馬石山東之都里鎭二百里 東傍海壖 過靑泥浦 桃花浦 杏花浦 石人汪 槖駞灣 烏骨江八百里 乃南傍海壖 過烏牧島 貝江口 椒島 得新羅西北之長口鎭 又過秦王石橋 麻田島 古寺島 得物島 千里至鴨綠江唐恩浦口 乃東南陸行 七百里至新羅王城."

51) 原註: 內藤雋輔, 「朝鮮支那間の航路及び其の推移に就いて」(『朝鮮史硏究』, 1961).

52) 高棅(明代), 『唐詩品彙』自序에 의하면 唐詩는 다음과 같은 4期로 나눈다. 初唐: 高祖에서 睿宗(618~712) 95년간, 盛唐: 玄宗에서 肅宗(713~762) 50년간, 中唐: 代宗에서 敬宗(763~826) 64년간, 晚唐: 文宗에서 哀帝(827~907) 91년간이다.

53) 原註: 藍浦 聖住寺 朗慧和尙白月葆光塔碑.

로 나왔다. 이는 삼국통일이 요동치는 동양정세는 드디어 안정을 보고, 일본과 신라도 각각 국내정비에 분망하여 양국은 다같이 당나라 문화의 섭취에 전심傳心하는 단계에 들어서게 되었기 때문이다. 반도에서 목적을 달성함에 따라 신라는 동쪽 일본과 시끄러운 관계를 가지고 싶지 않았으므로 아무쪼록 국교의 조정에 노력했던 것이다. 이 국책은 이미 신라가 임나가라任那加羅를 수중에 넣은 직후 취한 것임을 앞서 언급한 바가 있다.

그런데 이 시기의 사신 파견기록은 우리나라 『삼국사기』에는 꼼꼼하지 못하고, 일본 측 사료에만 상세히 나타난다는 파행적跛行的 현상의 난점이 있다. 그러나 일본 측 사료에는 자국의 체면과 권위를 갖추기 위한 왜곡이 전통적으로 나타나 사실의 진상을 파악하기는 어려운 점이 있다. 이것은 『삼국사기』의 기록에서도 역시 볼 수 있는 결점이다.

신라는 문무왕 8년(668)에 나당연합으로 평양을 함락시킨 바로 앞 달에 일본에 교통사交通使를 보냈다. 또 동왕 10·11년에 걸쳐 백제 옛 땅에 둔 당나라의 행정기관 웅진도독부를 철폐할 때도 11년 6·10월 2회에 걸쳐 교통사를 보냈다.[54] 이후에도 신라가 완전히 반도의 정국을 안정시키는 동안, 즉 문무왕 일대를 통해 14·16·18·19년에 연달아 교통사를 보냈는데,[55] 이것은 앞서 기술한 바와 같이 일본의 반도간섭을 막으려는 수화정책綏和政策에서 나왔을 것이다.

그러던 것이 신문왕·효소왕 양대를 지나 신라의 내정이 정비되고, 성덕왕·경덕왕의 극성기에 이르면 종래의 태도가 변화된다. 견실한 신라통일기의 국책으로서는 왜에 대한 군사적 방비에는 준비를 하면서도 외교적으로는 왜국에 대한 수화방책을 취한 것이다. 앞서 기술한 바와 같이 이에 대한 자료는 왜국의 일방적인 것만 남아 있기 때문에 신라가 어느 정도로

---

54) 『日本書紀』卷27, 天智天皇 7年 秋九月 : 10年 6月·동10월조.
55) 『日本書紀』卷29, 天武天皇下 2年 閏六月 : 4年 春正月·三月 : 6年 三月 : 7年條.

일본에 대해 수화적 태도를 취했는지는 모르겠으나, 하여간 신라 측에서 실리제일實利第一의 외교책을 취한 것만은 사실일 것이다.

왜국 측 입장으로도 신라의 우호적 접근은 신라를 통해 대륙문화를 받아들이는 편이 백제 대신 생긴 것이므로 이를 환영했을 듯하다. 왜국정부의 견당사遣唐使는 신라 진평왕眞平王 52년에 해당하는 서명천황舒明天皇 2년(630)에 처음 시작한 뒤 약 2백 년간 겨우 11회 밖에 실행되지 못했는데, 제5회는 신라의 문무왕 9년(669)에 실행되었다.

이 때까지는 비교적 빈번하게 보내진 셈이며, 또 그 항로는 이른바 신라도新羅道, 즉 반도연안을 거치는 북항로北航路가 취해졌다. 그 항해는 신라의 도움을 받았다. 그런데 이후 효소왕 원년에 해당하는 문무천황 대보大寶 원년(701)의 제6회 이후에 행해진 견당사는 대개 남로南路를 취하여 표류·파선 등 무한한 고통을 받았고 그 희생 또한 막심했다. 나중에는 당나라 자체가 쇠란기衰亂期에 들기도 했고 기타 여러 원인으로 말미암아 진성여왕 8년(894) 때 견당사로 임명되었던 관원도진菅原道眞[스가와라노 미찌사네]의 건의로 중지되고 말았다.

일본의 견당사는 일행이 대략 1백수십 명이며, 제8회의 성무聖武천황 천평天平 4년(신라 성덕왕 31년, 732) 이후는 사절선使節船이 4척으로 정해져, 1회의 인원이 5백 명 전후로 추측된다. 또 인선人選에는 각계의 전문가가 망라되어 유학생과 유학승은 물론이고 일본의 신문화 섭취에 기여한 이가 많았다. 우리가 여기에서 생각할 것은 초기 5회의 견당사는 신라의 도움을 받아 안전한 북항로를 경유했기 때문에 빈번히 행했으나, 제6회 이후의 예를 본다면 대개 15년 내지 20년 가까운 간격을 두고 있으니, 이와 같은 완만한 견당사만으로는 도저히 일본의 귀족과 호족들의 대륙문화에 대한 욕구와 수요를 만족할 수 없었을 것이다. 이에 신라가 중간에 서서 중국의 귀중품 및 물자를 그들에게 전해 주는 데 큰 역할이 있었을 것이다.[56]

신라가 성덕왕·경덕왕 때 가장 황금기에 들어서서 국력이 충실하고 국가적 지위도 올라 일본에 대한 태도도 강경해진 것은 『삼국사기』 경덕왕 12년(753)에 "왜국사신이 왔는데 오만하고 무례하므로 왕이 그를 만나지 않았다"57)라는 기록으로 그 태도의 일면을 볼 수 있다. 이것은 경덕왕 11년에 파견된 일본의 제11회 견당사가 당나라에 갔을 때 첨예화된다. 그 때 당 조정의 봉래궁蓬萊宮 함원전含元殿에서 여러 나라 사신과 모이게 되었는데 그 동안 신라사신의 석차가 상위이던 것을 일본사신이 항의하여 석차를 뒤바꾼 일이 있었다.58) 이것으로 당시 신라의 국제적 위치도 짐작되며, 이 사건을 계기로 양국의 감정도 악화된 모양이다. 이후 경덕왕 18년(왜 淳仁 3년. 759)에 일본에서는 신라원정 준비까지 하다가 중단한 일이 있다.59) 당시 일본 내의 정세로 보아 이 원정이 실행되기는 어려웠으나, 하여간 양국통치자 사이에는 국가적 체면상으로 대립·갈등이 있음에도 불구하고 양국 간의 통사通使가 여전히 계속된 것은 결국 그 동안 양국의 위정자들 사이에 독점적 무역의 이윤이라는 것이 있었기 때문이 아닐까 하는 점도 고려해야 할 것이다.

이 무역의 이윤이라는 것은 양국의 집권자로부터 점차 그 정치의 이완으로 말미암아 민간무역으로 이행하는 것이 신라 하대下代의 새로운 양상을 이룬다. 즉 동양 여러 나라의 국권이 강성한 시기에는 그 국가적 통제에 의하여 이른바 관무역官貿易이 시행되고, 집정자의 독점 때문에 국민적 무역과 해외발전이 제약되었던 것이 그 정권의 이완으로 말미암아 무역기구가 점차 그 통제에서 벗어나서 도리어 활발한 민간무역 내지 해외무역의 성황을 나타내게 되었던 것이다.

---

56) 木宮泰彦, 『日支交通史』 上卷(東京: 金刺芳流堂, 1926).
57) 『삼국사기』 권9, 신라본기, 景德王 12년조: "日本國使至 慢而無禮 王不見之."
58) 『續日本紀』 卷19, 孝謙天皇, 天平勝寶 6年 春正月 丙寅條.
59) 『續日本紀』 卷22, 淳仁天皇, 天平寶字 3年 6月秋·8月·9月條.

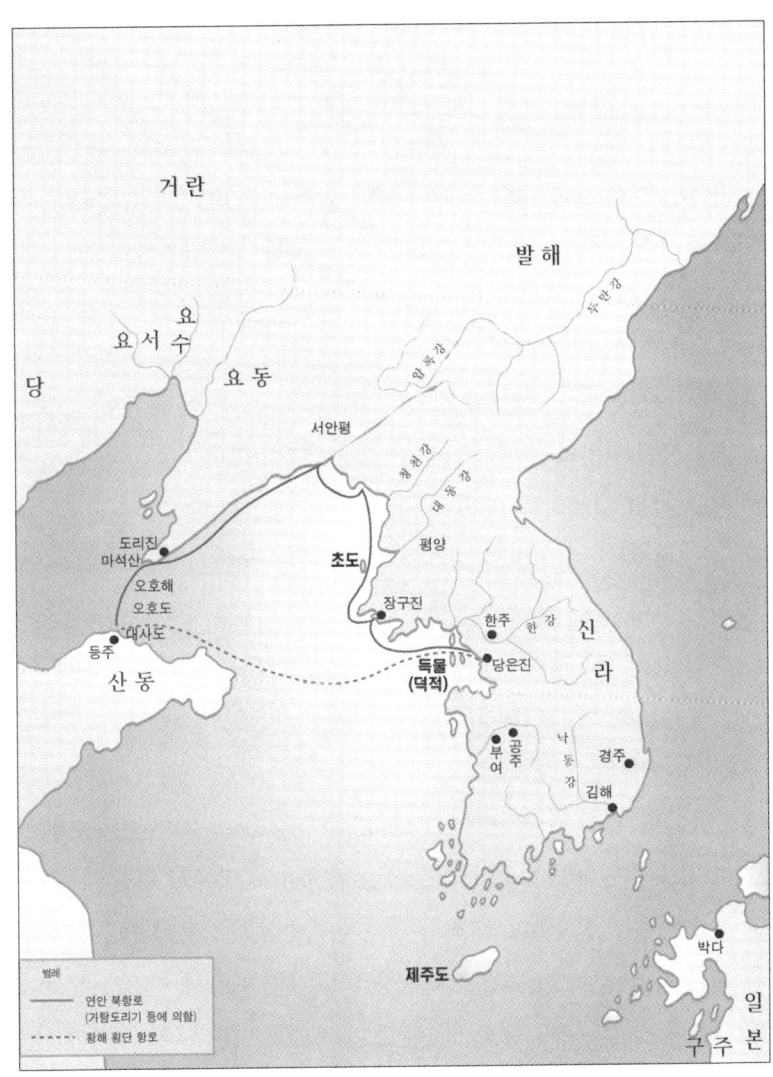

[도면 1] 삼국·신라시대의 항로

제4절 신라하대의 해외진출과 민간무역

신라의 귀족정권은 이미 그 발흥기에 침체 쇠퇴를 초래할 모순적 요인을 내포하고 있었다. 그것은 왕권을 중심으로 한 귀족계급에는 배타·독점적 신분의 차별로 인해 유능한 인재라도 중앙의 뜻을 얻지 못하므로 좁은 국내에 움츠리고 사는 것보다 차라리 넓은 해외에 신천지를 구하자는 존재도 생겼다는 사실에 그 낌새를 보였다. 신라상대 말엽 아직 통일의 대업을 성취하기 전인 진평왕 때에 설계두薛罽頭가 친구 4명과 모여 술을 마시면서 각각 그 포부를 밝히기를 "신라에서는 사람을 기용하는데 우선 골품骨品을 논하며, 그 일족이 아니면 큰 재주와 훌륭한 공로鴻才傑功가 있더라도 영달을 하지 못하니, 나는 중국에 유학하여 뛰어난 재주를 발휘하고 비상한 공훈을 세워서 스스로 영화를 이루어 예복을 입고 칼을 차며 천자 곁에 드나들기를 뜻하노라"라고 말했다.

그 후 과연 계두는 무덕武德 4년(진평왕 43년. 621) 몰래 배를 타고 당나라에 들어가 때마침 벌어진 당나라의 고구려 공벌군攻伐軍에 참가하여 좌무위과의左武衛果毅로 자원하여 요농에 이르러 주필산駐蹕山 밑에서 열심히 싸워 혁혁한 공을 세우고 전사했다. 그러자 당나라 태종이 대장군의 직을 추증해서 그 공을 표창했다.60) 이와 같은 해외웅비의 기풍이 당시 신라청년 사이에는 왕성했던 것은 진평왕 9년 기사에 보이는 대세大世와 구칠仇柒이야기에도 나타나고 있다. 대세는 내물왕奈勿王의 7세손 이찬 동대冬臺의 아들이라 하니 반드시 그 신분이 미천하여 국내에 뜻을 얻지 못한 사람이라고만 말할 수

---

60) 『삼국사기』 권47. 列傳7. 薛罽頭傳.

없다. 그러나 일찍이 해외에 마음이 있었다. 그래서 좁은 신라 산골 속에서 일생을 지내면 연못 속의 물고기나 조롱 속의 새와 다름이 없고, 바다가 크고 산림이 넓은 것을 모르니 마땅히 뗏목을 타고 바다에 떠서 오나라나 월나라로 가서 훌륭한 스승을 찾아서 도를 닦는 것이 남자의 본마음이라고 하여 동지 구칠과 서로 손을 잡고 남해에서 배를 타고 떠났는데 그 후 간 곳을 모른다 했다.[61] 종래 일부 사가史家는 이것을 신선사상에서 나온 이야기라고 했으나, 이미 육당六堂 선생은 이것을 남방 해외진출의 기풍이 신라 사람들 사이에 왕성한 예로 지적하고 있다.[62]

통일 이후 국제간의 외교가 안정을 띠우고, 당나라와 일본 양국에 정상적인 사신파견과 왕래가 행해짐에 따라 국가적 무역이 성행되었다. 여기에 수반되어 유학생·유학승 등의 지식인이 다량으로 당나라에 가서 문화적 섭취가 왕성하여 국민의 진취성이 배양되었다. 하지만 왕권 및 귀족의 독점 정치로 인하여 민생문제가 곤란해지고, 중앙정권 안에도 그 생활의 사치로 부패하여 경제적 파탄을 일으켜 국고가 비게 된 동시에, 내부적으로 균열이 생겨 중앙정권 자체가 붕괴에 직면했다.

신라하대[63]에 이르러서는 왕실종친 사이의 골육상잔과 지방에 도적들이 봉기하여 점차 왕권이 이완되자, 국민은 국권의 비호를 얻지도 못하고 또 그것을 믿지도 않고 민간은 자력으로 해외에 활로를 얻고자 했다. 헌덕왕憲德王대에 이르러서 이와 같은 현상은 점차 나타나기 시작한다. 헌덕왕 8년(816)에는 흉년이 들어 백성들이 기근으로 중국 절동浙東지방에 음식을 구하러 나간 자가 170명.[64] 다음해에는 일본에 음식을 구하러 간 자가 3백

---

61) 『삼국사기』 권4, 신라본기, 眞平王 9년조.
62) 原註: 최남선, 『朝鮮의 山水』.
63) 『삼국사기』 권12, 신라본기, 敬順王 9년조에 의하면, 신라사를 3대로 구분했는데, 初代부터 眞德王까지 28왕을 上代, 武烈王부터 惠恭王까지 8왕을 中代, 宣德王부터 敬順王까지 20왕을 下代라 했다.

여 명이 있었다. 이 전후로 신라인의 일본해안 표착 또는 바다에서 도적질 하는 기사가 성해지는65) 동시에, 또 신라의 해변에서 당나라의 해적에 잡혀서 노예로 팔리는 사람도 수가 많았다. 한편 중국연안에는 당당한 신라인의 거류지도 많아서 동양 여러 나라 정권의 이완으로 인해 또다시 해상의 민간활동이 혼란하고 복잡한 양상을 띠우게 되었다.

　안정기의 공무역에서 차차 민간무역으로 전환되어 가는 면을 우리는 일본 측 사료에서 볼 수 있다. 신라가 당나라와 일본 양국 사이에 공적으로 민간적으로 당나라의 물화를 중개하는 존재였다는 것은 이미 자세히 말한바 있다. 혜공왕 4년인 일본 칭덕稱德천황 신호경운神護景雲 2년(768)에는 정치적 교섭과는 관계없이 좌우대신 이하 왕신王臣에게 7만여 둔屯의 면포를 하사하여 신라상인이 가져온 당나라 물품을 사게 했다.66) 대체로 이 시대에는 동양 여러 나라 사이에는 국가무역 또는 통제무역이 원칙이었던 것은 당나라에서도 "또 영식令式에 준하여 중국인은 사사로 외국인과 교통하거나 매매할 수 없다"67)라 할 정도였다. 또 일본의 율령 중 관시령關市令에도 외국과 사무역을 금지하는 조문이 있으니, 이것은 곧 국가무역의 보호·독점을 기도한 것이다. 그렇지만 그것이 그대로 지켜지지 않았던 것은 일본의 천장天長 5년(신라 흥덕왕 3년, 828)에 발령된 태재관부太宰官符에 "요즘 인심이 먼 곳의 물품을 좋아하여 무역을 경쟁하니 이것을 엄금하고, 이 무역에는 중앙 귀족가문들도 한 목 끼는 것도 있으니 이것도 단속해야 하겠다"라는 뜻으로 보인다. 이후 일본 측은 빈번하게 왕신王臣·가사家使 또는 일반백성이 신라상선과 함부로 무역하는 것을 금지하고 있다. 이와 같이 일본의 위정당국자는 민간무역을 차단하고자

---

64) 『삼국사기』 권10, 신라본기, 憲德王 8년조.
65) 『日本後紀』 卷25, 弘仁 7年 冬十月 甲辰條에 "大宰府言 新羅人清石珍等一百八十八人歸化." 弘仁 8年 2月 乙巳條에 "大宰府言 新羅人金男昌等四十三人歸化." 3月 辛亥條에 "大宰府言 新羅人遠山知等一百四十四人歸化"로 되어 있다.
66) 『續日本紀』 卷29, 高野天皇 稱德天皇, 神護景雲 2年 10月 甲子條.
67) 『冊府元龜』 卷999, 外臣部, 互市, 開成 元年條: "又準令式 中國人不合私與外國人交通賣買."

노력했으나 도저히 시대의 흐름을 막을 수는 없었던 것이다. 그러나 이를 통해서 당시의 신라상선이 활발히 움직였음을 알 수 있다.

당시의 상선은 대개 북구주 박다博多항구에 몰려들었고, 그 부근에 거주한 호족상인 등은 박래품舶來品을 갈망하여 값에 불구하고 쟁탈경매爭奪競賣에 급급했음을 엿볼 수 있는 사료가 많다. 일본 측 사료에 신라인의 표착 사실이 이 시기 이후 급격히 많이 보이는 것68) 역시 신라상선의 행동이 활발하게 된 것이다. 이에 잇대어 신라인의 투탁投託 또는 침구侵寇도 점차 심해지는데, 이것은 모두 신라 상선부역의 활발히어진 현상의 연장 내지 변형으로 볼 수 있다. 또 앞서 말한 바와 같이 신라 말기의 중앙정권의 붕괴에 의하여 국민이 국내에서 생활이 안정되지 못한 것과도 관련이 있다. 그리고 이 시기는 신라뿐만 아니라 당나라 역시 정치가 이완되어 유민流民이 해상에서 함부로 날뛰어 신라인과 합류, 일본을 노략질한 것은 다음의 한 예로 알 수 있다.

진성여왕 8년 9월 곧 일본 우다宇多천황 관평寬平 6년(894) 신라선 45척이 대마도를 습격했으나 그 목적을 달성하지 못하고 돌아갔는데, 이 때 그 통수統帥 중에는 당나라 장수도 섞여 있었다 한다. 당시 신라인 포로는 내침來侵의 이유를 말하고 있다.

> 올해 곡식이 여물지 않아 백성들은 기근으로 고통을 받고 창고는 텅 비었습니다. 나라가 안정되지 않기 때문에 임금의 명령에 따라 곡식과 명주를 얻고자 돛을 올리고 뵈러왔습니다.69)

신라인의 진출이 일본에 대해 적극성을 띠우고 나타날 때, 중국대륙 쪽에도 뒤에서 기술하고 있는 바와 같이, 각 지역에 거류지 곧 '신라방新羅坊'이 나타나 해외진출의 단편적인 모습을 볼 수 있거니와, 여기에는 우리 민족의

---

68) 『日本後紀』 卷22, 太上天皇 嵯峨 弘仁 3年 3月條 ; 卷24, 弘仁 5年 冬十月條.
69) 原註: 『日本紀略』, 前篇20, 寬平 6年條: "年穀不登 人民飢苦 倉庫恰空 天城不安 然王命爲取穀絹 飛帆參來."

가슴쓰린 일면도 나타나고 있음도 명심해야 할 것이다. 그것은 신라 말기에 신라의 연해주민이 당나라의 해적에게 붙잡혀 노예로 팔려간 사람들이 많아서 신라당국에서 누차 당나라에 진정陳情하여 그 방지를 청원한 일이다. 『당회요唐會要』 권86 노비조의 목종穆宗 장경長慶 원년(821) 평로군절도사平盧軍節度使 설평薛苹의 상주문이 이에 대한 첫 출현자료를 제공하고 있다.

> 장경 원년 3월에 평로군절도사 설평은 아룁니다. 온갖 해적들이 신라의 양민들을 꾀어서 납치하여 우리가 관할하는 등주登州와 내주萊州의 경계 및 연안지역에 이르는데 팔려서 노비가 됩니다. 엎드려 생각건대 신라국은 비록 외방의 오랑캐이지만 언제나 정삭正朔을 받아 시행하며, 조공이 끊이지 않고 국내지역과 다름이 없습니다. 그 백성과 양민들이 항상 해적에게 약탈 매매를 당하니 이치가 실로 어렵습니다. 앞서 칙령으로 금지하라는 제도를 두었는데 우리의 관할지역이 오래도록 도적의 수중에70) 들어가 있었기 때문에 예전의 법도를 지킬 수 없었고, 수복된 이후로는 도로가 막힘이 없으니 서로 사고 팔아 그 폐단이 더욱 깊어졌습니다. 엎드려 빌건대 특별히 밝은 칙령을 내려주시어 지금 이후로 연해지역에서 일어나는 모든 위와 같은 사건 곧 도적들이 신라양민을 꾀어 파는 것을 일체 금단하시옵소서. 청컨대 관찰사가 있는 곳에서는 엄격하게 더욱 단속하고 만약 위반하여 어긴다면 즉시 법에 따라 단속하시옵소서. 칙지勅旨에 따르겠습니다.71)

이 가운데 "앞서 칙령으로 금단하라는 제도를 두었는데"라는 내용으로 보아, 이전에 벌써 신라노예의 금단이 문제가 되어 금령禁令을 내렸던 모양인데 용이하게 그것이 실천되지 않은 것 같다. 이후 장경 3년에도 신라사신

---

70) 原註: 李師道亂.
71) 『唐會要』 卷86, 奴婢條: "長慶元年三月 平盧軍節度使薛苹奏 應有海賊詃掠新羅良口 將到當管登萊州界 及緣海諸道 賣爲奴婢者 伏以新羅國雖是外夷 常稟正朔 朝貢不絶 與內地無殊 其百姓良口等 常被海賊掠賣 於理實難 先有制勅禁斷 緣當管久陷賊中 承前不守法度 自收復已來 道路無阻 遞相販鬻 其弊尤深 伏乞特降明勅 起今已後 緣海諸道 應有上件賊詃賣新羅國良人等 一切禁斷 請所在觀察使嚴加捉搦 如有違犯 便準法斷 勅旨宜依."

김주필金柱弼이 당나라에 장계를 올려 앞서 신라의 양민매매를 칙령으로 금지한 데 대해 감사를 표시하면서 그 해방된 신라노비들이 "어떤 노약자는 거처할 집이 없어 해변마을에 많이 의지하고 있는데 돌아가기를 원하나 길이 없다"라고 하는 상태를 진정하여 귀국하는 배편을 제공하여 주기를 요청했다. 아울러 지금 이후도 당나라에 표착한 신라인을 납치하여 팔게 하지 말고 임의로 귀국시켜 달라고 청했다.72) 『구당서』 목종穆宗본기 장경 3년 정월기사에 거듭 "신라인을 사서 노비로 삼을 수 없다. 이미 중국에 있는 사람은 방면하여 그 나라로 돌려보내라"73)라고 칙령을 내린 것은 김주필의 청원에 의한 것으로 보인다. 그러나 이 금단禁斷이 그렇게 용이한 것이 아니었던 것은 『당회요』 태화太和 2년(828) 10월 기사에 그 금단이 "비록 밝은 칙령이 있으나 아직 멈추지 않았다"74)라고 하면서, 거듭 앞서 칙령의 엄중한 시행을 명령한 것으로 알 수 있다. 이 무렵에 신라의 장보고張寶高 출현은 사가史家의 주목을 끄는 바가 있다. 이런 장보고의 관계사적事蹟을 통해 우리는 당시 신라민간의 해외활동을 좀더 살필 수 있을 것이다.

제5절 장보고와 해외활약

장보고張寶高는 일찍이 당나라의 서주徐州에 들어가서 군중소장軍中小將이

---

72) 『唐會要』 卷86, 奴婢條: "三年正月 新羅國使金柱弼進狀 先蒙恩勅 禁賣良口 使任從所適 有老弱者栖栖無家 多寄傍海村鄉 願歸無路 伏乞牒諸道傍海州縣 每有船次 便賜任歸 不令州縣制約 勅旨禁賣新羅 尋有正勅 所言如有漂寄 固合任歸 宜委所在州縣 切加勘會 責審是本國百姓情願歸者 方得放回."
73) 原文: "不得買新羅人爲奴婢 已在中國者卽放歸其國."
74) 『唐會要』 卷86, 奴婢條: "太和二年… 雖有明勅 尙未止絶."

되어 활약했다. 그는 지반을 닦고 위명을 내외에 날리면서 귀국해서는 남해 완도를 근거지로 삼고 중국과 일본에도 널리 무역을 하여 부강을 이루어 세력을 가지게 되었다. 장보고는 그 전傳에 "고향과 조상의 내력을 알 수 없다[不知鄕邑父祖]"75)라고 나와 있는만큼, 신분이 미천하여 도저히 신라 안에서는 행세하지 못할 존재라. 역시 일찍 국외에 나가 그 운명을 개척한 사람의 하나였을 것이다. 그래서 그 이름도 여러 가지로 전해졌다. 원래는 성姓도 없고 '궁복弓福' 또는 '궁파弓巴'로 전해진 것이 중국무대에서 차차 두각을 나타나게 되자 '궁복'의 '궁'자에서 착상하여 중국의 거성巨姓인 장張씨를 붙이게 되고, 남은 '복'을 연음延音하여 '보고保皐' 또는 '보고寶高'라고 한 것이 아닐까 추측된다. 당시의 직접 견문에 의거한 일본 측 사료에는 반드시 장보고張寶高라고 나오니 아마 뒤에는 자신도 장보고張寶高를 사용한 모양이다. 완도를 중심으로 널리 국제무역을 하여 축재한 그는 보고寶高라는 이름 또한 애용한 듯도 하다.76)

　일본 자각대사慈覺大師의 『입당구법순례행기入唐求法巡禮行記』에 의하면 당시 중국연안에 신라인의 집단적 거류는 상당했던 모양이다. 그 현저한 예를 들면 당나라 무종武宗 회창會昌연간(841~846) 강소성 회안현淮安縣의 초주楚州와 그 성의 회양도淮揚道인 사주泗州 연수향漣水鄕 등에는 신라인의 거류지가 있어서 이것을 신라방新羅坊이라고 했으며,77) 황해를 사이에 두고 우리나라에서 거리가 가장 가까우면서 예로부터 해상교통의 요지인 산동 등주登州의 문등현文登縣에는 "신라사원인 법화원法花院이 건립되어 강도講道를 듣고자 모여든 신라인 남녀도속道俗들이 일시에 2백5십 명"이었다.78) 그리고 신라인 집단거류지에

---

75) 『三國史記』 卷44, 張保皐列傳.
76) 『三國史記』에는 張保皐 혹은 弓福, 『三國遺事』에는 弓巴, 『樊川文集』과 『新唐書』 卷220, 東夷列傳, 新羅傳에는 張保皐, 『入唐求法巡禮行記』와 『續日本後紀』에는 張寶高로 나와 있다.
77) 圓仁, 『入唐求法巡禮行記』 卷4. 會昌 4년 7월 3일 기사: "得到楚州 先入新羅坊." 7월 9일 기사: "到漣水縣… 先入新羅坊."

는 구당신라압아소句當新羅押衙所[79]라는 특별한 행정기관이 있었으며, 그 압아로는 신라인이 담당했으니 신라인의 자치기관으로도 볼 수 있다.

이 가운데 장보고의 세력은 특히 산동반도에 깊이 뿌리를 내린 모양이다. 앞서 기술한 등주 문등현의 적산赤山법화원은 장보고의 발원으로 창건된 것이며, 사원유지를 위해 5백 석의 장전莊田이 운영되었다.[80] 상주하는 승려와 사미승沙彌 24명, 비구니 3명, 노파老婆 2명은 모두 신라인이고,[81] 이 사원의 행사와 독경讀經은 고국의 풍속과 모국어로 행해졌다.[82]

장보고가 『삼국사기』에 처음 나타나는 것은 흥덕왕 3년(828) 4월 당나라에서 귀국하여 국왕을 알현하고 군사 1만 명을 받아 청해진淸海鎭 대사大使로 임명되었다는 기사다. 『당서』 신라전을 보면 장보고가 왕에게 알현하여 자기가 중국을 편력遍歷한바 신라인으로서 노예로 팔려가 고생하는 것을 많이 보았으니 청해진 대사를 임명받으면 이것을 막아볼 자신이 있다고 자청한 듯하다. 신라 말기 신라 노예문제는 이미 언급했거니와, 당시의 당나라도 중앙의 정령政令이 철저히 시행되지 못한 때라 신라 측의 청원에 의하여 누차 조칙을 내려 그 금지를 포고했지만 실적은 나타내지 못했던 것이다.

이런 때 황해를 호수로 삼고 중국 연안일대에 실력을 행사한 장보고 같은 존재만이 이런 처사에 적임이었을 것이다. 과연 그가 청해진 대사로 된 흥덕왕 3년 즉 당나라 문종文宗 태화太和 2년 이후 점차 그 효과를 나타내게 되었던 것은 『신당서』에 "태화 이후로 해상에서 신라사람을 사고 파는 자가 없었다"[83]라는 내용이 보이는 것으로 알 수 있다. 장보고가 신라 서울에 들

---

78) 圓仁, 『入唐求法巡禮行記』卷2, 開成 5年 정월 15일 기사: "山院法花會畢 集會男女 昨日二百五十人."
79) 『入唐求法巡禮行記』에는 '勾當新羅張押衙處(開成 5년 2월 19일), '勾當新羅所'(會昌 5년 8월 24일)로 나와 있다.
80) 圓仁, 『入唐求法巡禮行記』卷2, 開成 4年 6월 7일 기사: "赤山法花院 本張寶高初所建也 長有莊田 以宛粥飯 其莊田一年得五百石米."
81) 동, 5年 정월 15일 기사: "赤山法花院常住僧衆及沙彌等名(24명)尼三人 老婆二人."
82) 동, 4年 11월 16일 기사: "其講經禮懺皆據新羅風俗 但黃昏寅朝二時禮懺且依唐風 自餘並依新羅語音."

어가지 않고 남해의 한 귀퉁이 완도에 그 근거를 가지게 된 것은, 이 곳이 황해와 남해 일대를 장악하여 일본과 무역하는 데 가장 편리한 위치를 점한 까닭이다. 구태여 복잡한 정쟁政爭에 허물어져 썩어가는 중앙정계에 들어갈 맛도 없었던 것이다.

경주 중앙정계에서는 때마침 흥덕왕興德王이 죽은 뒤 왕위계승에 분란이 일었다. 왕족 균정均貞과 제융悌隆은 숙질간인데 골육상잔의 참화를 일으켜 균정은 살해당하고 제융 곧 희강왕僖康王이 즉위했다. 이에 균정의 아들 우징祐徵은 화를 피하여 동년(837) 5월에 처자를 데리고 황산진구黃山津口 곧 낙동강 하류로 달아나 바다로 청해진 대사 궁복에게 몸을 의탁했다. 그리고 6월에는 균정의 누이동생의 남편인 아찬 예징禮徵과 아찬 양순良順도 청해진에 망명했다. 그 때 중앙에서는 상대등 김명金明이 또 왕을 시해하고 자기가 왕위에 올랐다. 이가 곧 민애왕閔哀王이다.84)

청해진에 몰린 김우징 일파는 김명의 왕위찬탈을 듣고 거병의 명분을 세우게 되어 장보고의 병력을 빌어 김명정권을 복멸하고자 했다. 이에 희강왕과의 왕위쟁탈전 때 균정에게 가담하다가 실각한 김양金陽을 평동장군平東將軍으로 삼고, 염장閻長·장변張辯·정년鄭年·낙금駱金·장건영張建榮·이순행李順行 등이 군사를 거느려, 민애왕 원년(838) 12월에 경주토벌을 위해 육로로 진격했다. 그들은 이를 막으려는 근왕군과 무주武州(光州) 철야현鐵冶縣에서 조우히여 이를 격파하고, 다음해 정월에 주야로 행군하여 달벌지구達伐之丘 곧 현재의 대구에 쇄도하여 근왕군과 결전하여 마침내 승리를 쟁취했다.

근왕군의 패보가 서울에 전해지자 왕의 좌우는 이반했고, 드디어 왕은 병사들의 손에 살해되었다. 이로써 김우징이 왕위에 오르게 되니 이가 곧 신무왕神武王이며, 궁복은 감의군사感義軍使 식실봉 2천 호의 봉작을 받고 신

---

83) 『新唐書』 卷220, 東夷列傳, 新羅傳: "自太和後 海上無鬻新羅人者."
84) 『삼국사기』 권10, 신라본기, 僖康王·閔哀王條.

라에서는 기왕에 그 예를 보지 못한 강대한 변진藩鎭이 되었다. 이 해 7월 23일 신무왕은 재위 반년 만에 죽고 태자 경응慶膺이 즉위하여 문성왕文聖王이 되었는데, 왕은 교서를 내려 "청해진 대사 궁복은 일찍이 군사로써 아버지 신무왕을 도와 앞서 임금의 큰 적을 없앴으니 그의 공로를 잊어서 될 것인가?"85)라 하고 이어 진해장군鎭海將軍으로 임명하며 예복을 하사했다.86)

이와 같이 남해 서쪽 귀퉁이의 한 섬 완도를 근거로 삼은 청해진 대사 장보고가 신라의 역사를 추진하는 원동력이 된 것에 우리는 주의해야 할 일이다. 그의 위복威福을 누린 근원은 두말할 것 없이 해상권을 장악하여 당나라와 신라·일본 등 삼국의 무역·교통을 지배한 데 있었다. 앞서 기술한 자각대사慈覺大師의 『입당구법순례행기』 개성開成 4년(839) 6월 기사를 보면, 장보고가 창건한 등주 문등현 적산법화원은 또한 당시의 장보고에 의한 삼국 무역·교통의 연락상 중요지점이 되었다.

그해 6월 27일에는 장 대사의 교관선 2척이 적산포에 도달했고, 28일에는 당나라 조정에서 선발하여 파견한 신라의 새로운 왕 신무왕의 위문사인 청주병마사靑州兵馬使 오자진吳子陳·최부사崔副使·왕판관王判官 등 30여 명의 일행도 여기에 왔다. 그리고 장보고가 보낸 대당매물사大唐賣物使 최崔 병마사도 사원에 와서 자각대사를 위문했다 한다. 당시 신라의 상선이 대개 이 적산포를 들리게 된 것은 그 책의 다른 곳에서도 나타나며,87) 당나라 사신일행도 이 곳이 장보고의 무역선 폭주輻輳로 신라와의 연락이 가장 빈번한 곳이므로 여기에 들르게 되었을 것이다.

장보고는 견당사遣唐使와 매물사賣物使의 임무를 띠고 당나라에 교관선交關船을 파송하는 한편으로 일본에는 회역사廻易使 명목으로 무역을 했다. 장

---

85) 原文: "淸海鎭大使弓福 嘗以兵助神考 滅先朝之巨賊 其功烈可忘耶".
86) 『삼국사기』 권10, 신라본기, 閔哀王·神武王條 ; 권11, 文聖王條.
87) 原註: 卷4. 圓仁이 일본에 귀국할 때.

보고의 일본무역 기사가 처음 나타나는 것은 문성왕文聖王 2년(840)인 승화承和 7년 12월의 일이다. 태재부가 신라의 신하 장보고가 사신을 보내 토산물〔方物〕을 바쳤는데 신하된 자로서 바깥 나라와의 교류는 없는 법이므로 이것을 쫓았다고 말한 기록이다.88) 일본은 의연히 체면을 차리는 듯했으나 그 다음해 2월에는 중앙의 태정관太政官이 태재부에 명하여 장보고의 견사공물遣使貢物은 접수하지 말고 돌려보내되 "그들이 가지고 온 물건은 임의로 민간에 맡겨 교역할 수 있게 하라" 하며, 단지 그 가격이 적당하지 않아 일본인의 가산이 기울어지는 것을 경고한 것을 보면,89) 당시 일본 측에서 신라가 중개한 당나라와 신라의 물품에 대한 무역열貿易熱을 감추지 못할 지경이었다. 장보고는 그 회역사 편에 일본정부 또는 구주 축전筑前(치쿠젠) 지방관 등에게 이른바 부증물付贈物로서 막대한 수익을 주면서 무역을 한 것도 알려져 있다.90) 그리고 청해진과 일본 사이에 교통·무역이 얼마나 빈번했던가는 장보고가 몰락한 뒤 염장閻長일파가 일본에 건너가 장보고 잔당의 도피방지와 회역사의 인도요구에 노력했던 것으로91) 그 일면을 엿볼 수 있다.

그런데 이와 같이 내외 양쪽으로 그 위복을 누리던 장보고도 그 몰락의 날이 왔다. 『삼국사기』문성왕 7년 기사에 왕이 청해진 대사 궁복의 딸을 차비次妃로 삼고자 했으나 조정신하들이 그 신분이 미천하므로 간언하여 저지했다는 기록이 기재되어 있다. 드디어 다음해에는 궁복이 이에 원한을 품고 모반했으나 중앙에서는 그 병력의 강성함을 두려워하여 정면토벌을 피하고 무주武州사람 염장을 시켜 속임수 계책으로 홀로 청해진에 가서 이

---

88) 『續日本後紀』卷9, 仁明天皇 承和 7年 12月 癸卯朔 己巳: "大宰府言 藩外新羅臣張寶高 遣使獻方物 卽從鎭西追却焉 爲人臣無境外之交也."
89) 『續日本後紀』卷10, 仁明天皇 承和 8年 2月 壬寅朔 戊辰: "太政官仰大宰府云 新羅人張寶高去年十二月 進馬鞍等 寶高是爲他臣 敢輒致貢 稽之舊章 不合物宜 宜以礼防閑 早從返却 其隨身物者 任聽民間 令得交關 但莫令人民 違失沽價 競傾家資."
90) 原註: 『續日本後紀』仁明 承和 九年 正月.
91) 『續日本後紀』卷11, 仁明天皇 承和 9年 春正月 丙寅朔條.

를 찔러 죽였다고 전한다. 『삼국유사』는 이것을 신무왕 때라 했으나 위에 서술한 바처럼 시간적으로 착오인 것은 명백하다.

한편 일본 측 사료인 『속일본후기續日本後紀』에 의하면 인명仁明천황 승화 承和 9년(신라 문성왕 4년. 842) 정월 신라인 이소정李少貞 등 30명이 축자筑紫[쓰쿠시]의 대진大津[오오쓰: 博多]에 도착한다. 태재부에서 사람을 보내 온 까닭을 물으니. 장보고가 죽고 그 부장 이창진李昌珍이 반란을 일으켜 무진주武珍州 별가別駕 염장이 군사를 일으켜 토벌 평정해서 지금은 후환이 없으나 혹시 그 남은 적이 빠져나와 귀국백성에게 해를 끼치지는 않을까 하여 살피러 왔다 하면서. 만약 선박이 신라에 건너가서 공식문서[文符]를 갖지 않고 오는 자는 심문하여 붙잡아 들일 것[推勘收捉]을 청원했다. 그런데 그들의 주목적은 지난 해 장보고의 부하관리와 그 자제子弟가 보낸 회역사 이충李忠·양원楊圓 등이 가지고 온 화물을 압수하고자 온 것이다. 그들은 장보고를 쓰러뜨리고 대신 나선 염장의 첩장牒狀을 가지고 왔다. 이것으로 보면 염장일파가 장보고를 타도하고 그가 남해에서 누리던 해외무역권을 포함한 모든 위복威福을 강탈하고자 모모한 모양이다.

여하튼 장보고의 말로는 『삼국사기』와 『삼국유사』가 전하는 바와 같이 그 딸의 입궁문제의 차질이라는 간단한 원인뿐만이 아니고. 더 복잡한 사정과 모략이 있었던 듯한 점으로 인해. 종래부터 사가史家가 모두 느끼고 지나치게 억측과 천착을 가하고 있는 바이다. 요컨대 그의 강대한 위복이 백귀야행百鬼夜行한 신라 말기의 권모술수가들에게 희생을 당했기 때문일 것이다.

궁복이 살해된 연도가 일본 측 사료와 4년의 차이가 있는 것도 주목된다.92) 청해진을 중심으로 장보고의 세력이 컸던만큼 그를 없앤 뒤에도 일이 간단하지 않았던 것은 일본 측 사료에 그 일면이 나타나고 있다.93) 즉

---

92) 『삼국사기』에는 문성왕 8년(846)으로. 『續日本後紀』 권11. 仁明天皇 承和 9년조에는 841년 11월로 나와 있다.

『삼국사기』 문성왕 13년 기사에 "봄 2월에 청해진을 혁파하고 그 곳 사람들을 벽골군으로 옮겼다"[94]라는 간단한 기사가 있다. 장보고가 죽은 뒤에도 그 나머지 세력이 상당히 존속하여 반항운동도 있어서 이와 같은 최후의 조치를 한 것이 아닐까 생각된다. 장보고가 신라사에 나타난 것은 불과 전후 십수 년간이지만 그가 혜성같이 나타나 한때 신라의 정권에도 발언이 컸던 것은 당시 시대의 추이가 어디에 원동력이 있는가를 암시하고 있다.

신라왕권이 완전히 무너진 것은 장보고 사후 1세기 가까운 시일이 경과한 때이지만. 이미 그 정권의 존재는 미약해지고 역사무대는 이른바 후삼국 시대로 들어간다. 반도의 서남지방에 그 세력을 가진 후백제의 견훤甄萱의 존재와 그것을 쓰러뜨린 왕건王建의 존재가 역시 해상에 활약무대를 가진 자였던 것을 살펴야 할 것이다.

---

93) 『續日本後紀』 卷11, 仁明天皇 承和 9年 春正月 丙寅朔條.
94) 『삼국사기』 권11, 신라본기, 文聖王 13년조: "春二月罷淸海鎭 徙其人於碧骨郡."

제2편

고려시대

제1장 고려 초기의 해상활동

제1절 고려 태조의 창업과 해상활동

전편의 끝 장에서 신라하대에 중앙정권의 이완弛緩에 따라 민간의 해외활동이 도리어 활발하게 되었으며, 동양 여러 나라 사이에 무역에 대한 욕구가 커져서 시대의 실력중심이 해상권과 무역권을 잡은 자에게로 옮겨지는 동향을 살폈다. 이러한 동태는 동양의 당·신라·일본 각국 내에 거의 시대를 같이하여 각각 그 기왕의 정권을 지배한 존재가 무너지기 시작하고, 새로운 지배자의 모색을 향하여 새로운 국면을 전개시켰다.

신라의 헌강왕憲康王 6년(880) 9월 중양重陽에 임금과 신하가 월상루月上樓에 모여 서울의 화려하고 아름다운 모습과 천하태평을 자랑했다.[1] 이 해 12월 서해 건너의 대안對岸 대륙에서는 왕선지王仙芝·황소黃巢 등의 반란무리가 강江·회淮·하河[2] 남쪽의 주현을 공격하여 약탈하고, 황소가 장안長安에 들어서서 스스로 대제황제大齊皇帝를 일컬어 당나라 황실의 붕괴를 앞서 외쳤다.[3] 당나라의 이러한 운명이 수년 뒤 신라에도 내습했다.「신라본기」진

---

1)『삼국사기』권11, 신라본기, 憲康王 6년 9월 9일조.
2) '江'은 揚子江, '淮'는 淮河, '河'는 黃河를 의미한다.

성왕眞聖王 3년(889)에 이에 관한 기록이 있다.

> 국내 여러 주군들에서 납세를 하지 않아 창고들이 텅텅 비고 국가의 재정이 곤란하므로 왕이 사신들을 파견하여 독촉을 했더니 이로 말미암아 도처에서 도적이 벌떼처럼 일어났다.4)

그 시작으로 사벌주沙伐州에서 원종元宗과 애노哀奴 등이 반란을 일으킨 것이 보도報道되며, 이후 크고 작은 도적무리가 지방에서 봉기했다.

이와 같은 상태는 동방 일본에서도 신라의 헌강왕이 태평을 구가하듯이 우다宇多천황(재위 888~897)과 제호醍醐천황(재위 898~930)의 양대를 이른바 '관평寬平·연희延喜의 치세治'라고 자랑했다. 그러나 이것은 서울 안에서 지방으로부터 거두어들인 조세로 향락하는 공가公家계급에 해당되는 말일 뿐이었다. 그러나 일단 발을 서울 밖에 내놓고 보면 중앙정권의 가렴주구로 인해 민심은 이탈되고 도적이 횡행하며, 서남해에서는 해적이 설쳐대어 이것을 진압할 도리가 없는 실정이었다. 또 정령政令이완에 의한 세금의 징수가 여의치 않으므로 생활근거를 사무역私貿易으로 타개하고자 왕공가신王公家臣들은 태재부에서 당나라 물품을 구매하는 데 광분하니, 머지않아 일본사회 내에서도 공가계급이 무너지는 과정을 밟을 형세였다.

진성왕 다음의 효공왕孝恭王이 당나라에 올린 표문 가운데 "본국이 지금 큰 흉년이 들었는데, 좀도둑들이 사방에서 일어나 본래의 늑대와 이리 같은 탐욕으로 차츰 홍곡鴻鵠의 뜻을 자랑하고 있습니다"5)라고 한 것은 지방에 자연발생적으로 봉기한 많은 도적 가운데 점차 경주慶州의 중앙정권에 중대

---

3) 『新唐書』 卷225下, 黃巢列傳.
4) 『삼국사기』 권11, 신라본기, 眞聖王 3년조: "國內諸州郡 不輸貢賦 府庫虛竭 國用窮乏 王發使督促 由是所在盜賊蜂起."
5) 『東文選』 卷33, 表箋, 王位謝嗣位表: "當國人饑 致小盜相尋 本恣豺狼之貪 漸矜鴻鵠之志."

한 위협을 주는 큰 존재가 나타나게 된 것을 말하고 있다. 그 중 북쪽에서 궁예弓裔가 강원도 일대를 점거하고 서쪽의 송도松都방면까지 흡수하여 그 세력이 임진강 유역까지 뻗쳤다. 효공왕 5년(901)에는 왕을 자칭하고, 그 8년에는 국호를 마진摩震이라 하여 백관百官제도를 설치하며, 철원에 도읍을 정하여 죽령과 조령방면으로 신라의 강역을 압도할 기세를 보였다.[6]

한편 반도 서남쪽에서 견훤甄萱이 후백제後百濟를 표방하고 일어선 것이 효공왕 4년(900)인데, 견훤은 원래 상주尙州 가은현加恩縣 사람 아자개阿慈介라는 농부의 아들로 일찍이 서남해의 방수防戍로 가서 그 공으로 비장裨將이 되었던 사람이다. 진성왕 6년(892)에 국내가 혼란한 틈을 타서 무리를 불러 모아 그 지역의 군읍郡邑을 휩쓸며, 무진주〔광주〕 동남쪽 주현을 함락시키고, 드디어 완산주完山州〔전주〕에 그 근거를 두게 되었는데,[7] 옛 백제의 영토를 거의 그 수중에 넣었다. 그리고 해로로 남중국의 오월국吳越國과 후당後唐에 사신을 보내 그 책봉을 받아 나라의 위세를 키우고, 동쪽으로 일본과도 교제를 시도했다.[8] 그러나 정작 후백제의 강대함은 서남해상권을 장악한 데에 있었다고 볼 수 있다. 이것은 『삼국유사』의 진성여왕 거타지居陀知 기사에 백제의 도적이 서해에서 신라의 견당선遣唐船을 가로막는다는 이야기로도 그 일면을 알 수 있다.

이와 같이 반도는 북쪽에 후고구려를 표방한 궁예와 동남쪽 경주에서 겨우 숨을 쉬고 있는 신라, 서남쪽에서 후백제를 표방한 견훤의 세 세력의 대립이 재현했다. 궁예는 그의 변태적 잔인함으로 백성의 인심은 이반되고 그 세력은 부장 왕건王建, 곧 고려 태조에게로 넘어가게 되었다. 또한 후백제와의 불가피한 쟁패전이 이미 왕건이 궁예의 휘하에 있을 때부터 개시되

---

6) 『삼국사기』 권12, 신라본기, 孝恭王 5년·7년·8년·9년조.
7) 『삼국사기』 권50, 甄萱列傳.
8) 原註: 新羅 景明王 6년·敬順王 3년.

니. 이 동안 대세의 흐름의 중대한 의의가 대체로 서남해의 해상권 쟁탈에 있었기 때문이다. 그러면 왕건은 도대체 서남해 해상권을 쟁탈할 만한 어떠한 근거가 있었는지. 그것을 살피면서 왕건의 서남해 경략에 주목하겠다.

예부터 역대조정의 창업자에 대해 사서史書는 그 태어남의 신성함과 존엄을 부여하기 위해 흔히 신비하고 괴이한 설화說話를 덧붙여 기록하고 있다. 그러므로 정상적인 사실史實만을 추구하려는 역사가 중에는 이런 것을 황당한 허구로 돌리는 자도 있으나, 그와 같은 설화가 꾸며지는 근본바탕을 살필 때 거기에서 우리는 역사적 배경을 찾아볼 수 있는 것이다. 고려 태조 왕건에 대해서도 『고려사』 고려세계高麗世系의 첫머리에 "고려왕실의 조상은 역사기록이 없어서 자세히 알 수 없다"[9]라고 하여, 단지 『태조실록』에 기재되어 있는 추증삼대追贈三代의 기사만을 줄거리 문장으로 삼았다. 한편 의종毅宗 때에 김관의金寬毅가 여러 가문에 비치된 문서를 수집한 『편년통록編年通錄』의 전설을 옮겨 기록하고 있다. 여기에 대한 고증연구는 이미 학계에 문제가 된 바 있거니와, 원래 『고려사』 편찬자도 "옛날부터 임금의 세계世系를 논하는 사람들은 대개 괴이한 말을 많이 했고, 그 중에서는 혹 견강부회하여 만든 설도 있으니, 뒷사람들은 거기에 의심을 하지 않을 수 없게 되는 것이다"[10]라는 태도를 취하고 있으며, 문헌비판만을 일삼는 학자 중에는 『편년통록』이 후기에 만들어진만큼 그 전설이 모두 후세에 억지로 끌어붙인 것으로 부인하는 이도 있다.

그러나 상기와 같이 물론 그 설화가 이른바 부회설附會說이라 할지라도 고려인의 시대성과 지식智識이 나타나고 있는 것은 부인할 수 없다. 여기에서는 그 설화에 대한 전면적인 논고를 할 여유는 없다. 하지만 이 설화를 통해 왕건의 조상들이 송도松都에 깊은 연유가 있었다는 것을 알 수 있다.

---

9) 『고려사』, 高麗世系: "高麗之先 史闕未詳."
10) 『고려사』, 高麗世系: "自古論人君世系者 類多怪異 而其間惑有附會之說 則後之人 不能不致疑焉."

왕건의 조부 작제건作帝建은 당나라의 귀인貴人으로 전해진 미지의 생부를 찾으려고 상선에 기탁하여 서해에 떴다. 중도에 천지를 분간할 수 없는 먹구름이 사방을 막아 배가 진로를 잃고 물결에 표류하는 중에, 졸지에 서해용왕西海龍王이 한 노인으로 나타나 늙은 여우의 제거를 요청했다. 작제건은 그 청을 들어 늙은 여우를 활로 쏘아 없앤 뒤에 용궁으로 인도되어 칠보七寶와 용녀龍女를 얻고, 또 마력을 가진 버드나무 지팡이와 돼지를 얻어 고국으로 돌아왔다. 도착지는 창릉굴昌陵窟 앞 강언덕이며, 그를 환영하여 개開·정貞·염鹽·백白 4주州와 강화江華·교동喬桐·하음河陰 3현縣 사람들이 영안성永安城을 쌓고 궁실을 건축해 주었다 한다.11)

이러한 용궁관계의 전설을 통해, 예성강·임진강·한강의 3대강의 합류 지점에 가깝고, 강화·교동의 여러 섬으로 둘러싸인 영안성이 신라 말부터 연해 통상·항행의 요충이자 송도와 긴밀한 관계가 있었던 것으로 보건대 아마 왕건은 선대부터 서해에서 대륙무역을 하여 상당한 근거를 잡은 송도의 유력자였다고 추측이 된다. 작제건의 아들 네 명 가운데 장자 용건龍建(후에 王隆으로 개명)이 곧 왕건의 아버지로 뒤에 세조世祖로 추존되는데,『고려사』 태조세가太祖世家에 의하면 용건, 곧 융隆이 송악군松嶽郡의 사찬沙粲으로 건녕乾寧 3년(진성왕 10년. 896)에 온 군郡과 함께 궁예에게 들어갔다. 그는 자기 아들 왕건을 추천하여 발어참성勃禦塹城을 쌓아서 그 성주가 되게 하고, 광화光化 원년(효공왕 2년. 898)에 궁예가 송악에 옮겨 살게 되었을 때에는 태조가 정기대감精騎大監에 임명되었다.

그런데『삼국사기』궁예전과는 약간 차이가 있어서 고증을 요하는 점이 있다. 하여간 왕건이 새로운 시대를 배경으로 한 해상활동에 근거를 둔 송악지방의 유력자였음을 여러 가지 점에서 추측할 수 있다. 고려 태조가 등극할 때 스스로 "나는 미천한 출신이다"12)라고 말한 것은 시대의 신흥세력

---

11)『고려사』, 高麗世系.

인만큼 구시대의 귀족하고는 달리 다른 데서 나온 말이라고 본다.

　신라말 고려초는 우리나라에 내왕한 당나라 상인들도 많았던 모양이다. 태조와 관련된 이른바 철원鐵圓의 고경참古鏡讖(옛 거울 참서)의 설화에도 당나라 상인 왕창근王昌瑾이 보이는데, 이 역시 그 시대성을 보여주고 있다. 위에서 기술한 작제건의 용궁설화와 관련된 것으로 생각되는『삼국유사』에 나타나는 거타지居陀知의 설화도 있다.13) 역시 신라 말 진성여왕대의 이야기인데, 왕자인 아찬 양패良貝가 당나라에 사신으로 갈 때, 후백제 견훤의 해적이 길을 막아서 궁사弓士 50명을 거느리고 가는 도중 곡도鵠島, 곧 지금의 백령도14)에 기항했다. 이 때 바람과 파도가 일어 그 섬의 신령한 연못에 제사를 올렸더니 연못물이 한 길 남짓 용솟음치고 밤에 노인이 나타나 활 잘 쏘는 사람 한 명을 섬에 남기고 가면 좋은 바람을 얻어서 갈 수 있으리라고 했다. 결국 용사 50명 중 거타지가 뽑혀서 해약신海若神의 숙적인 늙은 여우를 제거했다. 그 사례로 그의 딸을 얻어서 가는 설화 또한 해신海神과 관련된 것인데, 서해를 빈번히 왕래하는 가운데 허다하게 맛본 해상의 고난에서 생긴 해양설화로도 볼 수 있고, 신라 말의 시대성의 소산이라고도 할 수 있을 것이다.

　궁예가 그 괴이한 성격을 가지고서 득세함에 따라 점차 변태적이고 잔인한 폭행이 많고, 참위설讖緯說을 신봉하여 송도를 버리고 장차 발전성도 없는 황량한 철원에 갑자기 도읍을 정한 것은 도리어 왕건에게는 나행한 일이었다. 위에서 기술한 바와 같이 왕건은 원래 그 출신이 새로운 시대를 대표한 해상무역과 관계가 깊은 듯하며, 그의 출신지 송도는 예성강을 끼고 대내외로 새로운 반도의 지배지로 활동할 수 있는 요충을 점유하고 있었다. 그러나 진성왕 10년(896) 궁예의 한 부장部將으로 투신한 뒤에 폭군 밑에서 20

---

12)『고려사』권1, 世家1, 太祖1, 戊寅 元年 8月 辛亥: "朕出自側微."
13)『삼국유사』권2, 紀異2, 眞聖女大王 居陀知條.
14)『삼국사기』권37, 地理志4, 고구려조에 '鵠島 今白嶺鎭'이라 했다.

년간 엎드려 지냈는데, 효공왕 9년(905)에 궁예가 동쪽 내륙 철원에 도읍을 정한 후는 이 송도를 근거로 하여 더욱 실력양성에 힘쓸 수 있었다.

궁예가 한때 송악에 웅거한 시기인 효공왕 4년에 왕건은 그의 명령을 받고 광주廣州·충주忠州 등 현재 경기도·충청도의 일부를 토벌 평정했으나, 궁예가 철원으로 옮긴 뒤 왕건의 활약은 수군을 양성하여 서남해상으로 후백제 견훤의 아성에 육박하는 경략을 한 것이 가장 주목된다.15) 그런데 이에 대해『삼국사기』와『고려사』태조세가와는 시간적인 앞뒤의 착오가 있어서 문제가 있으나, 여기에서 상세히 논의할 겨를이 없다. 요컨대 궁예의 남방 해상경략은 효공왕 13년(909)부터 시작되었다고 본다.

효공왕 13년 기사에 "궁예가 장수를 시켜 병선을 거느리고 와서 진도군을 항복받고 또 고이도성을 깨뜨렸다"16)라는 것이 이 방면 경략의 처음 기사다.17) 그 후 해마다 기사를 종합하여 보면, 궁예의 수군은 전라도의 해상에 이르러 진도珍島를 우선 경략했다. 진도는 왕년에 궁복弓福이 웅거했던 완도의 청해진과 같이 다도해 서남방의 요충을 누르고 있는만큼 후백제의 뒷덜미를 치는 데 매우 중요한 곳이었다. 이 진도를 항복시켰을 때 영산강 하류연안의 요지인 금성錦城, 곧 나주의 수성장이 견훤을 배반하고 왕건에게 호응했다. 그 때문에 견훤은 보병과 기병 3천 명을 거느리고 나주를 공격하여 포위하기를 10여 일에 이르렀다. 궁예는 왕건에게 명하여 수군을 거느리고 출전하여 견훤의 군대를 격퇴하고,18) 마침내 금성을 점령하여 나주羅州로 개명하고19) 교두보를 확보하게 했다.

---

15)『고려사』권1, 世家1, 太祖1.
16)『삼국사기』권12, 신라본기, 孝恭王 13년조: "弓裔命將 領兵船 降珍島郡 又破皐夷島城."
17)『고려사』권1, 世家1, 太祖1에 의하면, 天復 3년(903)에 태조가 처음으로 나주를 공략했다.
18)『삼국사기』권12, 신라본기, 孝恭王 14년조.
19)『고려사』권1, 世家1, 太祖1에는 天復 3년(903)의 사실로,『삼국사기』권50, 列傳10, 弓裔傳에는 乾化 원년(911)의 사실로 나와 있다.

『고려사』 태조세가 기사에는 앞서 기술한 바와 같이 연대에 착오가 있으나, 이 방면 경략에 대해 우리에게 좀더 상세한 자료를 남기고 있다. 여기에서는 이 경략이 이미 효공왕 7년(903)부터 시작된 것으로 되어 있다. 동 13년(909) 기사에 "태조는 궁예가 나날이 포학해지는 것을 보고 다시 지방군무에 뜻을 두었다"[20] 하여 궁예가 날로 포학하여 수많은 부장들도 그 희생을 당함을 보고 자기도 위험을 느꼈다. 그는 중앙에 있는 것보다 차라리 지방에 나가서 공을 세우는 동시에, 자기의 실력양성을 하여 다른 날에 대비하는 것이 현명한 방책이라고 생각했다. 때마침 궁예도 나주문제로 태조를 내보내기로 있던 터라 그 곳을 지키게 하고 한찬韓粲 해군대장군으로 임명했다.

태조의 나주진주는 『삼국사기』 측 자료에 의하면 2년 후 효공왕 15년(911)인데,[21] 그것은 고사이고 여기에서 우리가 주의할 것은 태조의 행동에 대한 상세한 기록이다. 즉 『고려사』에 의하면 태조는 그 부장部將에게 "성의껏 군사들을 무마하여 위엄과 은혜가 병행했으므로 사졸들이 태조를 위해서는 물불도 사양하지 않고 적지에서 용기를 내서 싸우게 되었다"[22] 한다. 그리고 수군이 광주光州 염해현鹽海縣[23]에 머물 때 견훤이 오월국吳越國에 파견하는 사신선을 나포하여 궁예에게 바쳤더니 대단히 즐거워하여 더욱 우대했다. 그리고 다시 태조를 시켜 정주貞州[24]에서 전함을 수리하게 하고, 알찬閼粲 종희宗希·김언金言 등을 부장으로 삼아 2천5백 명의 군사를 거느리고 광주 진도군珍島郡을 정벌하게 했다. 드디어 고이도皐夷島[25]에 진격하게 했는

---

20) 『고려사』 권1, 世家1, 太祖1, 開平 3年條: "太祖見裔日以驕虐 復有志於閫外."
21) 『삼국사기』 권50, 列傳10, 弓裔傳, 朱梁 乾化 元年條.
22) 『고려사』 권1, 世家1, 太祖1, 開平 3年條: "推誠撫士 威惠並行 士卒畏愛 咸思奮勇."
23) 原註: 영광 서쪽
24) 原註: 개성의 남쪽 豊德 부근
25) 皐夷島는 현재의 목포시 高下島로 추정된다. 고하도는 영산강 하구에 위치하여 강을 통행하는 모든 선박을 제압할 수 있는 요충지이다. 필자가 1993년 5월 27일에 고하도를 답사한 바 있는데, 고려시대의 옛 성터가 지금도 잔존하고 있다. 고하도는 임진왜란 때 삼도수군통제사 충무공 이순신이 1597년 10월 29일부터 1598년 2월 17일까지 주둔한 곳이기도 하다.

데. 성 안 사람들이 태조의 군대진용이 엄정함을 보고 싸우지 않고 항복했다 한다.26) 그러나 여기에는 나주점령 기사는 없다. 다만 『삼국사기』 견훤전에는 효공왕 16년(乾化 2년)에 일어났다는 덕진포德津浦27) 싸움에 대해 아래와 같이 상세하게 전하고 있다.

다시 나주포구에 이르렀을 때 견훤이 직접 군사를 거느리고 전함들을 늘여놓아 목포에서 덕진포에 이르기까지 머리와 꼬리를 물고 수륙종횡으로 군사형세가 심히 성했다. 그것을 보자 여러 장수들 얼굴에 근심하는 빛이 있었다. 태조는 말하기를 "근심하지 말라. 전쟁에서 이기고 지는 것은 군대의 의지가 통일되어 있느냐 없느냐 하는 데 있는 것이지 그 수가 많고 적은 데 있는 것이 아니다"라고 하면서 곧 진군하여 급히 공격하니 적선들이 조금 퇴각했다. 이에 풍세를 타서 불을 놓으니 적들이 불에 타고 물에 빠져 죽는 자가 태반이었다. 여기에서 적의 머리 5백여 급을 베었다. 견훤은 작은 배를 타고 도망했다.28)

『고려사』에 의하면 덕진포 전투 후 태조는 또 전함을 수리하고 양식을 갖추어 나주에 주둔하고자 반남현潘南縣의 포구에 이르렀다. 압해현壓海縣의 반란군 두령 능창能昌이 갈초도葛草島에 있는 소수의 반란군과 결탁하여 태

필자가 「장보고와 이순신 양시대의 해양사적 연계인물 연구-왕건 해상세력의 성장과 나주해전을 중심으로-」(『海洋研究論叢』 第25輯, 海軍士官學校 海軍海洋研究所, 2000.12), p.185에서 고이도를 현재의 신안군 押海面 古耳島로 비정했는데, 이는 발음이 같은 지명을 그대로 따른 잘못된 추정임으로 정정하고자 한다. 고하도가 고이도로 추정되는 이유는 첫째 고하도는 영산강 수로통행을 제압할 수 있는 요충지로 왕건이 진도를 공략한 뒤 고이도로 진격했다는 당시의 전략상황에 부합되고, 둘째 이 곳에는 지금도 당시의 성터유적이 잔존하고 있기 때문이다.

26) 『고려사』 권1, 世家1, 太祖1, 開平 3年條.
27) 原註: 영암 북쪽을 흐르는 작은 하천.
28) 『고려사』 권1, 世家1, 太祖1, 開平 3年條: "及至羅州浦口 萱親率兵列戰艦 自木浦至德眞浦 首尾相銜 水陸縱橫 兵勢甚盛 諸將患之 太祖曰 勿憂也 帥克在和 不在衆 乃進軍急擊 敵船稍却 乘風縱火 燒溺者人半 斬獲五百餘級 萱以小舸遁歸."

조의 군대를 치려는 것을 살피고, 나루에서 이를 사로잡아 궁예에게 보냈다. 신덕왕 3년(乾化 4년. 914) 궁예는 태조가 공로를 많으므로 파진찬波珍粲 겸 시중侍中을 시키고 수군을 김언金言에게 모두 위임하되 정벌에 관해서는 태조에게 품의하여 시행토록 하게 했다. 이에 태조는 그 위상이 백관의 으뜸이 되었으나 언행을 삼가고 조심하여 대중의 마음을 수습하기에 노력했다. 그러나 태조는 "화가 미치는 것을 두려워 다시 외방벼슬을 요구했고"29) 다음해 또 전함 70여 척과 병사 2천 명을 거느리고 정주貞州포구를 떠나서 나주에 이르러 백제와 해상의 좀도둑들을 위엄으로 복종시키고 개선했다.

드디어 4년 뒤 태조는 부장들에게 추대되어 궁예 대신으로 등극하고, 이것으로 왕건은 궁예의 세력권을 그대로 접수하게 되었다. 그 세력권은 곧 경기도·강원도·황해도와 충청남북도 일부분이었다. 이로써 반도의 중간지대를 장악하여 후백제와 대립하게 되었는데, 수년간의 서남해 경략으로 나주지방과 그 앞의 진도일대를 확보하고, 후백제의 해상권을 빼앗아 그들을 내륙에 고립시킴으로써 장차의 쟁패전에서 왕건의 승리를 보장되게 되었다. 실로 왕건의 궁예 휘하시대에 서남해 수군활약은 궁예의 잔인한 포학과 충돌을 면하는 동시에 장래의 실력을 양성한다는 일석이조의 효과가 있었다. 이는 이미 해상활약의 근거를 가진 출신이었다는 점과도 관계가 깊었다.

제2절 고려 초 해군의 편모와 동해해구

고려 태조가 신라 말 후삼국 정립의 분쟁에서 다시 반도를 통일하여 왕

---

29) 『고려사』 권1, 世家1, 太祖1, 乾化 3年條: "懼禍及 復求閫外."

업을 성취했으나 수성守成의 규범을 수행하여 나라의 기틀을 안정시키고 여러 기구를 정비하기 시작한 것은 태조가 돌아간 지 40년 후인 제5대 성종成宗 때의 일이었다. 고려왕조의 병제兵制는 대개 당나라 제도를 모방하여 이미 태조는 2년(919)에 6위衛, 곧 좌우위左右衛·신호위神虎衛·흥위위興威衛·금오위金吾衛·천우위天牛衛·감문위監門衛를 두었으며, 성종 3년(984)에는 비로소 군인의 복색을 정했고, 다음의 목종穆宗 5년(1002) 5월에는 새로이 6위의 군영을 만들고 직원과 장수를 두고 군사의 잡역을 면제했다. 이 때에야 비로소 군제의 정비가 되었다고 볼 수 있다. 그 후 응양鷹揚·용호龍虎 2군을 설치하여 6위의 위에 두어 이 2군6위를 통칭하여 8위라고도 하며, 그 수뇌들의 회단기관會團機關으로 중방中房을 설치하여 군사상의 기밀과 변방의 사건을 의결하게 하여 군정의 통일을 원활하게 도모했다.

이밖에 주현군州縣軍이 따로 지방에 있었는데, 그 창설과 예속계통隸屬系統에 대해서는 『고려사』 편찬자도 살피지 못했으나, 대략 각 주현에 산재한 이른바 주현군도 6위에 속했다고 본다. 군병은 대개 농민이 징모되었는데, 고려왕조 역시 귀족권문의 농단정치壟斷政治로 폐단이 많았다.

문종文宗 25년(1071) 6월의 왕제王制를 보면 군인의 도망이 심히 많았고, 부강한 자는 권세에 기탁하여 면제되며, 빈궁한 자만이 그 노고를 받아 의식이 결핍하여 거의 휴식할 틈도 없었다고 말하고 있다.[30] 국가정치의 문란은 그 군대의 열약을 초래하게 됨은 당연하다. 더욱이 의종毅宗·명종明宗 이후 무관의 전권으로 그 군대도 점차 사병화私兵化되었는데, 『고려사』 병지 서문에도 다음과 같이 기록되어 있다.

의종 때와 명종 때 이후로 권세있는 신하들이 국권을 잡고 군사지휘권이 신하들에게 옮겨지면서 용감한 장병들이 모두 사사집[私家]에 소속되었다.[31]

---

30) 『고려사』 권81, 兵志1.

이것은 중기에 일어난 일이지만 국초 창업기에는 어느 동안 제반기구가 그 기능을 잘 발휘했을 것이다. 이와 같은 병제는 육군에 관한 것으로 해군에 관해서는 그 기록이 매우 희소하다. 『고려사』 병지에 '선군船軍'조항이 있으나, 여기에는 고려 말기 충렬왕 이후 왜구방어의 필요에 따라서 해군강화의 필요성을 느끼게 된 이후에 관한 기록이 약간 있을 뿐이고 초기에 관해서는 기록이 없다. 그러면 초기에는 수군이 전혀 없었을까?

앞 절에서 본 바와 같이 왕건이 특히 서남해의 경략으로 후백제를 견제하는 데 다대한 성과를 얻었으니 이에 기초를 둔 수군이 그 전통을 잃지 않고 국가방어와 각 진鎭의 군량을 수송하는 보급 등에 중대한 사명을 가지고 있었던 것은 당연한 일이다. 수군의 군제에 대해서는 알 도리가 없으나 부분적으로는 살필 수 있다. 『고려사』 병지에 의하면 "현종顯宗 9년(1018) 2월 선화문宣化門에 나가 활쏘는 것을 사열하고, 해노海弩 2군의 교위校尉와 선두船頭 이하에게 차와 피륙을 하사했다" 하니,32) 당시 아직 후백제에 대한 문제의 결말을 짓지 못했고, 이제부터 본격적 충돌이 전개되려는, 말하자면 창업의 도중에 있었는데, 수군의 훈련에 특히 유념한 것에 주의했을 것이다. 해노海弩는 병선에서 활약하는 강력한 쇠뇌부대일 것이다.

이후 수군관계 기록은 성종 6년(987) 7월에 내린 교시가 주목된다.

이달에 교서를 내렸다. 해방되어 양민이 된 노비는 연대가 점차 멀어지면 반드시 본주인을 업신여기게 된다. 지금 본주인을 대신하여 뱃길로 전쟁에 나갔거나 3년간이나 여묘廬墓(무덤 옆에 막을 짓고 그곳에서 무덤을 지키는 것)를 지킨 자는 그 주인이 유사에 알려 그 공을 살펴 나이 40이 넘은 자는 천인을 면하게 하고, 만약 본주인을 욕하는 자가 있으면 도로 천인으로 만들어 사역하게 할 것이다.33)

---

31) 『고려사』 권81, 兵志1, 序文: "毅明以後 權臣執命 兵柄下移 悍將勁卒 皆屬私家."
32) 『고려사』 권81, 兵志, 兵制, 五軍: "顯宗 九年二月 御宣化門閱射 賜海弩二軍校尉船頭以下 茶布有差."

이것은 결국 간접적인 자료이지만, 요컨대 수전水戰에 출진한다는 것은 특별히 위험을 무릅쓰는만큼 해방되어 양민이 된 노비로서 연대가 오랜 자는 그 공을 참작하여 노비를 면하겠다는 말이다. 이 성종 14년(995) 8월에는 비로소 압록강도구당사鴨綠江渡句當使를 설치했는데, 이는 압록강 어귀가 국경경비상 중요한 지점으로 수군의 기지로도 중요하게 여겼기 때문이다. 그리고 여기에 상당한 병선을 상시 배치했던 것은 정종靖宗 5년(1039) 6월에 압록강 지방에 큰 비가 내려 강물이 불어 병선 70여 척이 떠내려갔다는 기록으로도 알 수 있다.34)

이후 문종文宗 원년(1047) 7월에는 서경감군西京監軍과 분사어사分司御史가 맹해군猛海軍 10령領을 선발하여 상경上京[개성]의 예에 따라 1천 명마다 선봉 3백 명을 뽑아 낭장 1명이 지휘하게 하여 좌부左府에 예속시켰다.35) 맹해군이라는 명칭으로 보아 수군 중에 용맹한 부대를 선발하여 특수부대를 만든 모양이다. 그리고 해군의 존재가 인지되는 또 하나의 기록으로 역시 「병지」의 다음 문종 23년(1069) 10월 기사를 들 수 있다.

> 수질구궁노繡質九弓弩를 가지고 북쪽 교외에서 활쏘기를 연습했다. 군인으로서 늙고 병이 있는 사람은 그 자손과 친척으로 대신하는 것을 허락하고, 자손과 친척이 없는 사람은 70세가 되기까지 감문위監門衛에 배속시킨다.36)

이 조항 아래에 "해군에 있어서도 이 규례에 의거하기로 결정했다"37)라

---

33) 『高麗史節要』 卷2, 成宗文懿大王, 丁亥 六年 秋七月條: "敎 放良奴婢年代漸遠則 必輕侮本主 今或代本主 水路赴戰 或廬墓三年者 其主告于有司 考閱其功 年過四十者 方許免賤 若有罵本主 還賤役使."
34) 『高麗史節要』 卷4, 靖宗容惠大王, 己卯 五年 六月條: "西北路人雨 鴨江水漲 兵船漂失七十餘艘."
35) 『高麗史節要』 卷4, 文宗仁孝大王, 丁亥 元年 秋七月條: "制 西京監軍與分司御史 選猛海軍共一十領 依上京例 每千人 選先鋒三百 以郎將一人領之 仍屬左府."
36) 『고려사』 卷81, 兵志1, 五軍, 文宗 23年 10月條: "以繡質九弓弩 習射于北郊 判軍人年老身病者 許令子孫親族代之 無子孫親族者 年滿七十則屬監門衛 至於海軍 亦此例."
37) 『고려사』 卷81, 兵志1, 五軍, 文宗 23年 10月條: "至於海軍 亦此例."

는 내용이 있다. 이것으로 해군의 존재를 알 수 있는 것이다. 또 6위 가운데 천우위千牛衛에 상령常領 1령, 해령海領 1령이 보이는데, 해군통솔관 같으나 그 이상의 상세한 내용은 알 수 없다.

그런데 이같이 제도상의 해군정체를 파악하는 것보다는 실례에서 찾는 것이 좋겠다. 고려 초기 동해를 빈번히 괴롭히던 동여진東女眞의 침구에 따라 해군의 활약과 연해진보鎭堡를 강화했음을 볼 수 있다.『고려사』병지 진수鎭戍조항에 "현종顯宗이 즉위한 뒤에 과선戈船 75척을 만들어 진명鎭溟어구에 정박시켜 동북의 해적을 막았다"38)라는 내용이 보인다. 진명은 원산부근으로 비정된다. 동 3년 5월 기사내용에도 보이는데 "동여진이 청하·영일·장기 등 현들을 침략하므로 도부서都部署 문연文演·강민첨姜民瞻·이인택李仁澤·조자기曹子奇 등을 파견하여 주군군대를 동원하여 적을 격퇴하게 했다"39)라는 기록과 동 6년 3월 기사내용에 "여진이 배 20척을 끌고 와서 구두포狗頭浦를 침략하므로 진명도도부서鎭溟道都部署에서 이를 쳐부쉈다"40)는 사실史實이다. 또 현종 초기 동해연안 각지에 축성한 것은 『고려사』 병지 성보城堡조항에 "현종 2년에 청하淸河·흥해興海·영일迎日·울주蔚州·장기長鬐에 성을 쌓았다"41)는 데에서도 보인다. 3년에는 "경주慶州·장주長州·금양金壤[通川]에 성을 쌓았다"42)라 한 것도 있다. 이와 같은 위의 기사들은 연안방비가 필요성과 그 시행을 설명하고 있다.

동해안을 거듭 침구했던 동여진인들은 농해의 외딴 섬 울릉도에도 이때를 전후하여 빈번하게 침공했다. 이 사실은 현종 9년(1018)·10년 기사내용에 연속하여 나타나고 있다.43) 이 울릉도는 당초에는 고려조정에 조공을

---

38) 『고려사』권82, 兵志2, 鎭戍, 顯宗條: "顯宗卽位 造戈船七十五艘 泊鎭溟口 以禦東北海賊."
39) 『고려사』권4, 顯宗世家, 3年 5月條: "東女眞寇 淸河 迎日 長鬐縣 遣都部署 文演 姜民瞻 李仁澤 曹子妓 督州郡兵 擊走之."
40) 『고려사』권4, 顯宗世家, 6年 3月條: "女眞以船二十艘 寇狗頭浦 鎭溟道都部署擊敗之."
41) 『고려사』권82, 兵志2, 城堡, 顯宗 2年條: "二年 城淸河 興海 迎日 蔚州 長鬐."
42) 『고려사』권82, 兵志2, 城堡, 顯宗 3年條: "三年 城慶州 長州 金壤".

바쳐 그 비호도 받았고, 덕종德宗 이후는 그 조공의 기사가 보이지 않은 채 오랫동안 소식을 끊었다가 1백여 년을 경과한 뒤 다시 역사상에 기록이 나타난다. 즉 『고려사』 인종仁宗세가 19년(1141) 7월 기사에 명주도감창사溟州道監倉使 이양실李陽實이 울릉도에 사람을 보내 과일종자와 나뭇잎[木葉]이 이상한 것을 가져다가 바쳤다 했다.44) 그러나 이후 16년이 지나 다음 왕인 의종毅宗 11년(1157) 기사를 보면 다음의 기록이 있다.45)

왕이 "동해 가운데에 우릉도羽陵島가 있는데 땅이 넓고 토지가 비옥하며 옛날에는 주와 현을 두었고 백성이 거주할 만하다"라는 말을 듣고, 명주도감창전중내급사溟州道監倉殿中內給事 김유립金柔立을 파견하여 조사를 시켰더니 돌아와서 보고하기를 "사람이 살 곳이 되지 못하여 이민을 단념했다" 하였다.

『고려사』 지리지地理志에도 이 때의 김유립의 보고내용을 좀더 자세히 기재하고 있다. 그 중에 "마을이 있던 옛 터가 7개소"46)라 하는 한 구절이 있는 것을 보면, 이 때에는 온 섬이 다 폐허로 되었던 것을 짐작할 수 있다. 울릉도가 동여진 해적들에게 섬 주민이 노략질을 받아 한때 무인도로 변한 참상을 이루었다고 볼 수밖에 없다.

이 동여진의 동해 연안각지의 약탈은 우리나라 동해안뿐만 아니라 바다를 건너 일본의 구주 북안에도 미쳐, 고려 현종 10년(1019) 3월에는 병선 50여 척이 대마도對馬島와 일기壹岐 두 섬을 습격하고, 다음 달에는 축전筑前과 비전肥前의 연해를 노략질하여 일본조야의 간담을 서늘하게 했다.

일본은 이 정체불명의 이민족 내습에 대해 당초에는 고려인의 해적인

---

43) 『고려사』 권4, 顯宗世家, 9年 11月條: "以于山國 被東北女眞所寇 廢農業 遣李元龜 賜農器"; 10年 秋七月條: "于山國民戶 會被女眞虜掠來奔者 悉令歸之."
44) 『고려사』 권17, 仁宗世家, 19年 秋七月條: "溟州道監倉使李陽實 遣人入蔚陵島 取菓核木葉異常者 以獻"
45) 『고려사』 권18, 毅宗世家, 11年 5月條.
46) 『고려사』 권58, 地理志 3, 蔚珍縣 鬱陵島條: "有村落基址七所."

줄 알았다. 그러나 일본군에게 포로로 잡힌 고려인을 조사한 결과, 이 고려인 역시 이 이민족異民族 해적을 방어하려고 변방주현에 파견된 관병이 되었다가 도리어 붙잡힌 자였다. 그의 말에 의하면 고려에서는 이 이민족을 도이적刀伊賊이라고 하여 일본인들은 이 난亂을 '도이의 난'이라고 부르게 되었다. 도이刀伊라는 것은 결국 우리나라에서 '되'라 하는 북적北狄에 대한 멸시의 칭호에서 나온 것이라고 볼 수 있다. 일본 측 기록에 의하면 이 도이적의 노략질이 얼마나 포학했는가를 알 수 있다.

그 적도의 배는 길이가 12심尋(1심은 6尺) 혹은 8·9심이며, 한 배에 노櫓가 3·40이나 되었다. 승조원은 5·60명에 달하고, 2·30명이 시퍼런 칼을 휘두르고 활을 쏘며 방패를 가지고 육지로 올라와 사람과 가축을 살해했다. 그들은 또한 식량과 물자를 약탈하는데, 노약자는 죽이고 남녀 장정壯丁은 생포하여 수천 명을 실어 가서 연안이 쓸쓸한 참상을 이루었다. 『고려사』 현종顯宗세가에도 유사한 내용이 있다. 동 10년(1019) 4월 "진명선병도부서鎭溟船兵都部署 장위남張渭男이 해적선 8척을 잡아 일본에서 사로잡아온 포로남녀 2백59명을 본국에 압송했다" 하는바, 이것은 일본연안을 약탈한 도이적을 고려수군이 진명鎭溟부근에서 요격한 것이다. 여기 관련하여 일본 측 기록『소우기小右記』에 수록된 태재부의 보고문서는 이 사건의 진상을 더 상세히 전한다. 그것은 이미 일본인 지내池內(이케우치) 박사가 지적 소개했던 바와 같다.47)

도이적이 대마도를 습격했을 때, 판관대判官代 장잠제근長岑諸近(나가미네 모로지카) 일가는 전부 포로가 되어 적선 안에 있었는데, 제근諸近(모로지카)만 탈출했다. 그 후 제근은 헤어진 노모와 처자를 찾고자 고려 김해부金海府까지 건너왔다. 그는 이 곳 통사通事에게서 전해 들은 말을 전한다. 즉 고려는 자국을 경유하여 약탈을 자행한 이 도이적이 일본에서 돌아오는 것을 동해 요진要鎭 5개소의 저주儲舟 1천여 척으로 도처에서 요격하여 적을 격살한다.

---

47) 原註: 池內宏, 「高麗朝에 있어서의 東女眞의 海寇」, (『滿鮮史研究』, 中世, 第2冊).

그 때 일본국 포로를 구하여 일본으로 돌리게 한다는 내용이다.

제근은 결국 한국땅에서 일본에 압송시킨 포로들 속에서 자기 가족을 찾지 못하고, 포로들이 압송되기에 앞서 먼저 귀국했다. 그는 본국에 복명 復命할 목적으로, 특별히 고려에 요청하여, 18명의 여자포로 가운데 한 사람인 내장석녀內藏石女[우치구라 이시메]가 진술한 바를 태재부 보고문서에 첨부했다. 그 문서를 통해 그들이 일본에서 붙잡힌 뒤 고려수군에 의해 생환될 때까지의 경력을 자세히 알 수 있다. 특히 여기에서 당시 고려해군의 위용과 용전勇戰을 살필 수 있다.

일본을 떠난 도이적선은 고려근해를 또 노략질하여 장정과 물자를 약탈했는데, 중도에 포로된 자 가운데 병약한 자는 거리낌없이 바다에 던졌다. 마침내 고려해군이 당도하여 대공격을 했다. 이 광경을 진술한 기록이다.

… 5월 중순 무렵[이 월일은 착오가 있는 듯하다] 고려국 병선 수백 척이 와서 도적을 쳤는데, 도적들은 힘을 다하여 싸웠으나 고려의 세력에 감히 대적할 자가 없었다. 곧 고려국의 배는 선체가 높다랗고 크며, 병장기를 많이 비치하고, 상대편 배를 뒤집어 그들을 죽였는데, 적도들은 그 맹렬함을 감당하지 못하고 배 안에서 포로된 사람들을 죽이거나 혹은 바다에 빠뜨렸다.48)

석녀石女 등도 바다에 빠뜨려지고 혼절하여 어떻게 되었는지 그 후의 일을 알 수 없게 되었다. 그러다가 마침 고려선에 구조되어 소생한 사람이 있었는데, 그 때 그가 목격한 고려병선은 다음과 같이 기록되어 있다.

다만 구조될 때 타고 있던 배의 내부를 보았는데, 넓고 큰 것이 이와 비슷한 예가 없다. 이중으로 건조된 배 위에는 노櫓가 세워져 있다. 좌우에 각각 4개

---

48)『小右記』: "… 五月中旬比 高麗國兵船數百艘 襲來擊賊 爰賊人等 勵力雖合戰 依高麗之勢 無敢相敵之者 卽其高麗國船之體高大 兵仗多儲 覆船殺人 賊徒不堪彼猛 船中殺害所虜之人等 或又入海."

이며, 그것을 조종하는 선원(水手)은 5·6명이고, 군사는 20여 명 가량인데 노를 걸쳐놓지는 않았다. 또 한편에는 7·8개의 노가 있다. 배의 앞쪽은 철鐵로 뿔을 만들었는데 적선에 부딪혀 깨뜨리는 것이다. 배 안에 여러 잡다한 철로 된 갑옷과 투구, 철로 된 크고 작은 곰손(鐵熊手) 등이 있는데, 병사 한 사람마다 그것을 소지하고 있다. 또 큰 돌을 싣고서 적선에 던져 깨뜨리는 데 사용한다. 또한 다른 배의 길이와 크기는 앞서의 배와 비슷했다.49)

석녀石女 등의 진술은 결자도 있고, 오기誤記나 오해誤解의 소지도 있어 고려병선의 묘사가 명확하지 않는 바가 있다. 그러나 여기에서 우리의 주의를 끄는 점은 배의 앞면에 쇳덩이로 뿔을 만들어 붙여서 적선을 부딪쳐 깨뜨리는 도구로 삼고 있다는 이야기다. 여기에서 앞서 기술한 현종 즉위 초기에 과선戈船 75척을 만들어 진명구鎭溟口에 띄워 해적에 대비했다는 과선의 모습을 짐작할 수 있을 듯하며, 병선에는 각종의 공격도구가 많았던 것도 알 수 있다.

대체로 해상을 통해 동해연안을 지속적으로 노략질한 이들 동여진 적도들의 활동은 『고려사』에 의하면 현종 이후 특히 그 기사가 빈번했다. 그런데 고려 초기의 관부기록官府記錄은 현종 2년(1011) 정월 거란契丹이 개경을 공격 함락했을 때 궁궐에 불을 질러 "서적이 모두 잿더미로 되자, 황주량黃周亮이 왕명을 받들어 다시 사적事蹟을 수집하여 태조로부터 목종에 이르는 7대의 사적을 편찬하여 바쳤다"라고 했으므로50) 현재의 『고려사』에는 필시 누락된 것이 많을 것이고, 동여진 해적은 이보다 훨씬 앞서서도 있었다고 볼 수 있겠다.

---

49) 『小右記』: "但見被救乘船之內 廣大不似例〔결자〕造二重上立櫓 左右各四枝 別所漕之水手五六人 所〔결자〕之著二十餘人許 不懸檝 又一方七八枝也 船面以鐵造角 令衝破賊船之料也 舟中儲雜具鐵甲冑大小鐵熊手等也 兵士面面各各執持之 又入大石 打破賊船 又他船長大已以同前."
50) 『고려사』 권95, 列傳8, 黃周亮傳.

동여진이라는 존재는 발해가 거란에 의해 멸망당한 뒤 흩어져 살던 발해유민이었다. 그들은 옛 땅에 버려진 채 거란의 철저한 지배도 받지 않았으니 다만 유력추장들이 옛날의 부주府州에 의거하여 전지역을 통괄하던 군소할거상태에 빠진 종족이라고 볼 수 있다. 그 중 동해를 침구侵寇한 동여진의 본거지는 성종 때 개명된 화주和州에 인접한 지방 곧 현재의 영흥지방으로 볼 수 있다.

이 여진부족은 이후 정종靖宗·문종文宗시대까지 해적질을 할 뿐 아니라. 때로는 입조내부入朝來附하여 이익을 탐했다. 그러다가 여진부족 내에 완안영가完顏盈歌이라는 사람이 나타나 할거하던 부족을 통일하여 함흥지방까지도 결국 그 세력에 들어가게 된다. 숙종肅宗 때는 고려가 새로이 이들과 충돌하게 되며, 다음 예종睿宗 초기에 유명한 윤관尹瓘의 여진정벌, 곧 9성전쟁〔九城役〕을 수행하게 된다. 그러나 그들의 간청에 못 이겨 이 지방은 다시 완안씨完顏氏에게 맡겨지게 되고, 이후 금金나라 시대를 통해 고려 동북지경이 조용해지자 해적도 사라졌다.

고려 5백 년을 통해 그 역사는 끊임없이 이민족의 침략을 받아왔다. 고려 초기의 이 동여진 해적도 그 하나로 비록 지방적 성격이고 또 이 지방이 국가의 요충지가 아니기 때문에 국가를 위기로 모는 지경에는 이르지 않았지만, 그들의 포학만은 극에 달해 사람과 물자를 노략질하여 동해 주요 진鎭의 피해는 상당했다. 현종 때 동북면병마사로 부임한 이주좌李周佐가 다음과 같이 보고를 올린 것으로도 그 일면을 알 수 있다.

> 삭방도朔方道의 등주登州〔안변〕와 명주溟州〔강릉〕 관내의 삼척·상음霜陰〔안변의 동해안〕·학포鶴浦·파천派川·연곡連谷·우계羽溪 등 19현이 외적들의 침해를 받고 주민들의 생활이 대단히 곤란했으므로 조정에 구제대책을 청원했다.[51]

---

51) 『고려사』 권94, 列傳7, 李周佐傳: "朔方道登溟州管內 三陟 霜陰 鶴浦 派川 連谷 羽溪 等 十九縣並被蕃

예로부터 동북해안에 번식한 종족 중 읍루挹婁·옥저沃沮·숙신肅愼 등은 해상활동에도 용감했다. 『삼국지』의 읍루조에도 기록이 있다.

이웃나라 사람들이 그 활과 화살이 두려워 굴복시키지 못했다. 그 나라는 배를 타고 다니면서 노략질을 잘하므로 이웃나라들의 걱정거리가 되었다.52)

그의 강력한 쇠뇌와 해적질이 인접부족에 큰 위협을 주었던 것은 이미 언급했거니와, 이 동여진 역시 바다에 용감한 것은 우연한 일이 아니다. 한편 고려 초기의 해군은 이와 같은 현실적 필요에 부응하여 연마鍊磨되었으니, 그 병선규모의 거대함, 장비의 강화, 다각적인 병기의 발달 등을 촉진시킨 것과 그 용감한 해군의 행동은 『고려사』의 간단한 기록들을 통해서도 엿볼 수 있다. 그러나 고려의 고안으로 건조된 과선戈船은 접전을 거듭하는 동안 여진족들도 만들게 되었는지, 현종 12년(1021)에 내부한 추장 소물개蘇勿蓋는 동왕 21년 5월에 '동여진봉국대장군東女眞奉國大將軍'이라는 칭호를 띠고, 말 9필, 과선 3척, 호시楛矢 5만 8천 6백 개를 바쳤다. 이를 전후하여 역시 동여진의 한 추장 만투曼鬪는 과선 4척, 호시 11만 7천6백 개를 바치고 있는 것은 주목된다.53) 어쨌든 이들 동여진 해구海寇를 통해 동해안 중요지에 성보城堡를 구축하여 방어에 힘쓰게 되고, 또 사서에 보이는 대로 동남해 도부서사東南海都部署使54)와 선병도부서船兵都部署 등의 해방海防에 관계있는 직함이 생성되는 것이다. 또한 과선은 우리나라 장갑선裝甲船의 원조로 그 전통이 매우 오래임도 알 수 있다. 한편 호시는 예로부터 북방족의 유명한 화살인데 고려에서도 이것을 중용한 듯하다. 고려조정의 환심을 사서 그

    賊侵擾 生業甚艱 請加撫恤."
52) 『三國志』卷30, 魏書, 東夷傳, 挹婁傳: "隣國人畏其弓矢 不能服也, 其國便乘船寇盜 隣國患之."
53) 『고려사』 권5, 顯宗世家, 21年조.
54) 原註: 仁宗 元年 6月 『高麗史』]

이상의 대가를 받을 무슨 조건을 바라던 두 추장이 당시 동해방어에 필요한 기재器材를 바쳤다고 볼 수 있다.

고려수군의 중요임무 가운데 하나는 해안경비였다. 특히 고려와 송나라 사이의 무역선이 폭주했던 서해안에서 관선官船의 영송送迎, 밀무역선과 외국간첩 등의 감시 등에도 각별한 힘을 썼을 것임은 당연한 일이다. 서긍徐兢이 군산연안에서 목격하고 『선화봉사고려도경宣和奉使高麗圖經』에 기록한 순선巡船의 광경을 통해 그 모습을 살필 수 있다.

> 사신이 군산으로 들어가면 관문에 이러한 순선巡船이 10여 척이 있는데, 모두 정기旌旗를 꽂았고, 뱃사공과 나졸은 모두 청의靑衣를 착용하고 호각을 울리고 징을 치고 다가온다. 각각 돛대 끝에 작은 깃발 하나씩을 세우고 거기에 홍주도순洪州都巡·공주순검公州巡檢·보령保寧·회인懷仁·안흥安興·기천暨川·양성陽城·경원慶源 등의 글씨를 썼다. 그리고 위사尉司라는 글자가 있으나 실은 포도관리捕盜官吏들이다. 경내로 들어가서부터 돌아올 때까지 군산도에서 영접하고 전송하고 하는데, 신주神舟가 큰 바다로 들어가는 것을 보고서야 자기 나라로 돌아간다.[55]

제3절 고려조의 조운

조운漕運은 국가의 통제하에 조세수입을 수로를 통해 지방에서 왕경王京으로 수송하는 것이다. 국가재정이 세금으로 징수된 곡물에 의지하는 경우

---

55) 徐兢, 『高麗圖經』 卷33, 巡船條: "使者入群山門 有此等巡船十餘隻 皆揷旌旗 舟人邏卒 皆箸靑衣 鳴角擊鐃 而來 各於檣之杪 建一小旆 書曰洪州都巡 曰永新都巡 曰公州巡檢 曰保寧 曰懷刃 曰安興 曰暨川 曰陽城 曰慶源 皆有尉司字 實捕盜官吏也 自入境以迄回程 迎至餞行於群山島 望神舟入洋 乃還其國."

이는 국가운영의 생명선이라고도 볼 수 있다. 『고려사』에 나타난 조운은 "국초國初에 남도 바닷가 고을에 12창倉을 설치했다" 하고, 12창의 이름과 포구명칭을 나열하여 기재한 다음 서해도西海道 장연長淵에도 안란창安瀾倉을 설치했다고 적혀 있다.56) 이 12조창漕倉은 지방의 곡물을 조운 때까지 저장하여 두는 창고임에 틀림없다. 그러나 그밖에 조운할 조세곡물을 소관지역에서 수납하는 권능도 부여된 국가기관으로서, 그 직능에 있어 오늘날 우리가 말하는 창고와는 약간의 차이가 있다.

12조창 설치시기는 막연히 '국초'라고 적혀 있어 그 정확한 시기는 알 수 없다. 그러나 국초를 곧 태조 때라고 단정하기에는 좀 무리가 있다. 태조는 건국 후 17년에 신라를 병합했다. 따라서 이 때는 국가 초기창업에 분망한 시기로 비록 간단한 기구이기는 하나 세금田租수납 및 조운기관으로서 12조창이 설치되었다고 믿기는 곤란하다. 다음 기록으로는 성종 11년(992)에 12창倉을 비롯하여 각지의 수로에서 경창京倉에 수송하는 선가船價가 상세히 규정되어 있다. 그러니 늦어도 이 때까지는 12조창의 조직이 완비되었던 것을 알 수 있고, 처음 설치는 이보다 다소 앞섰다고 할 수 있다. 요컨대 국초라는 문자가 태조 때라면 그 말년일 것이며, 초기를 표시하는 것이라면 정종定宗 4년(949)에 원보元甫 식회式會와 원윤元尹 신강信康 등에게 명하여 주현의 세금액수를 정했을 때57)라고 할 수 있다.

그 위치도 오늘날 정확히는 알 수 없다. 그러나 조선시대 조창의 위치로 미루어 대략 적어보면 다음과 같다.

지명地名	창명倉名	포구명浦名	현지명現地名
충주忠州	덕흥창德興倉	여수포麗水浦	충북 충주시忠州市 가금면加金面: 漢江岸

---

56) 『고려사』 권79, 食貨志, 漕運條.
57) 『高麗史節要』 卷2, 定宗文明大王, 己酉 4年條.

원주原州	흥원창興元倉	은섬포銀蟾浦	강원 원주시原州市 부론면富論面: 漢江岸
아주牙州	하양창河陽倉	편섭포便涉浦	경기 평택시平澤市: 安城川 河口
부성富城	영풍창永豊倉		충남 서산군瑞山郡 성연면聖淵面
보안保安	안흥창安興倉	제안포濟安浦	전북 부안군扶安郡 사진포沙津浦 하류[부안군]
임피臨陂	진성창鎭城倉	조종포朝宗浦	전북 옹진강熊津江 하구[군산시]
나주羅州	해릉창海陵倉	통진포通津浦	전남 나주羅州 금강안錦江岸[영산포]
영광靈光	부용창芙蓉倉	용포芙蓉浦	전남 영광靈光 남방하천 하류[법성리]
영암靈岩	장흥창長興倉	조동포潮東浦	전남 영암靈岩 동방하천 하류[장흥군 해창리]
승주昇州	해룡창海龍倉	조양포潮陽浦	전남 순천順天 동천東川하구[해룡면 해창리]
사주泗州	통양창通陽倉	통조포通潮浦	경남 사천泗川 남방 10리[용현면 통양리]
합포合浦	석두창石頭倉	나포螺浦	경남 마산馬山

이상 12조창을 보면 충주·원주 2곳만이 내륙에 있어서 한강을 이용하여 하류로 내려가게 하는 것 외는 모두 3도의 해안지방에 설치하여 연안항해로 개성에 조운漕運한 것이 원칙이었다. 이 12조창 외에 확실하지 않은 것은 장연長淵 안란창安瀾倉의 설치연대와 위치이다. 태조는 즉위 2년에 평양에 성을 쌓게 하고, 서경西京설치에 힘을 써서 4년 이후 수차 서경에 친히 거둥하여 남방의 병합과 아울러 북방의 황폐荒廢를 막아보려고 노력했다. 그러나 남방보다는 모든 제도의 정비가 뒤떨어져 안란창의 설치도 12조창의 설치보다는 늦었을 것이라고 볼 수밖에 없다. 만약 동시에 설치되었다면 황해도 일대의 곡물수납지收納地로서 12조창과 능히 비견할 수 있을 안란창만을 따로 기록했을 리 없기 때문이다.

이 일련의 조창은 소관지역의 조세수납이 끝나면 다음해 조운시기까지 이를 보관했다가 각각 그 수운水運에 따라 경창京倉에 수송한다. 조운시기는 다음해 봄 2월부터 시작하여 경창에 가까운 이른바 근지近地는 4월까지. 원격지遠隔地는 5월까지 조운하게 했는데, 근지·원지라 하는 것도 그저 막연히 기록되어 있어서 확실히 구분하기 곤란하다. 그러나 덕흥德興·흥원興元·하양河陽·영풍永豊 등은 근지에 속했을 것이며, 통양通陽·석두石頭 등은 원지에 속했을 것이 틀림없으나, 안흥安興·진성鎭城·해릉海陵·부용芙蓉·장흥長興·해룡海龍의 6창은 그 소속이 명확하지 않다.

하여튼 근지에서는 3개월간, 원지에서는 4개월간에 수송해야 하므로 기간을 어기거나 패몰敗沒하는 경우에는 그 소관사관所管司官에게 배상시켰다. 즉 기간 내에 발선發船한 것이 난파되면 3인 이상의 사공, 5인 이상의 선원이 침몰한 때의 미곡은 추가로 징수하지 않으나, 기간 외에 발선하여 난파되는 때의 미곡에 대해서는 그 주현의 관리[州縣官]와 창고관리는 물론이요, 생환한 사공과 선원에 이르기까지 평등하게 추징을 시행했던 것이다.

물론 난파의 피해를 미연에 방지코자 정종靖宗 이후는 조창에 따라 조운의 척수와 매 선박의 적재량을 제한했다. 덕흥창은 평저선平底船 20척, 흥원창은 평저선 21척으로 편제되고, 각 배의 적재량은 2백 석으로 한정했다. 다른 10창은 각각 초마선哨馬船 6척으로 편제되어 각 배의 적재량은 1천 석으로 한정했다. 이것으로 보아 해안선 가까이 설치된 10창에는 적재량이 많은 초마선으로 편성하고, 하천을 많이 이용하는 내륙의 충주 덕흥창, 원주 흥원창에는 규모도 적고 흘수吃水의 깊이도 얕은 평저선으로 편성했던 것이다.

또 난파방지책으로 주목할 만한 것이 있으니, 곧 굴포堀浦의 개착開鑿이 그것이다. 즉 서산군瑞山郡 위포葦浦, 곧 지금의 천수만淺水灣에서 나가는 조선漕船이 천수만을 우회하여 북상하는 도중 안흥량安興梁이라는 험한 곳에서 자주 엎어져 패몰하므로 난행량難行梁이라고 일컫기에 이르렀다. 이 어려움을 면하고자 서산과 태안 사이의 가장 좁게 이어진 지역에 굴포를 뚫어 가로림만加露林灣에 통하게 하려는 계획이었다. 그러나 그 공사는 고려 말기 종실 왕강王康의 건의에 따라 많은 역부役夫를 사용하여 착수했으나 성공하지 못했으며, 그 후에도 이 계획은 수차 다시 시도된 바 있었으나 결국 실패하고 말았다.

서울까지 수송하는 비용[輸京價] 곧 운임은 12조창이 설치될 때 규정되었을 것이나 당시의 사정은 알 수 없고, 앞에서 기술한 바와 같이 성종 11년에 수송하는 각 지역의 거리가 멀고 가까운 것과 조운의 어렵고 쉬운 것에 따라 최고 5석石 수송에 1석, 최저 21석 수송에 1석의 비율로 지급했으니, 12조창의 운임은 통양通陽 석두石頭는 5석에 1석, 해룡海龍은 6석에 1석, 장흥長興 해릉海陵은 8석에 1석, 부용芙蓉・진성鎭城・안흥安興은 9석에 1석, 하양河陽은 13석에 1석이며, 수송 중의 소모량은 사공과 선원에게서 추징했다. 그리고 침몰되었다는 구실을 붙여 미곡을 나누어 먹은 자에게는 모두 다시 징수했다.58)

다음으로 수송비의 부담은 과연 누가 하느냐 하는 문제다. 『고려사』 식화지食貨志 조세조, 공민왕 11년 밀직제학 백문보白文寶가 올린 글에

> 우리나라의 토지제도는 중국의 토지소유를 제한하는 세도를 본받아 10분지 1을 세금으로 받을 따름인데, 경상도의 토지로 말하면 세금은 다른 도들과 같다고 하지만 수레와 배로 나르는 비용이 또 그 세금의 곱절이나 됩니다. 그리하여 농민들이 먹는 것은 열에 하나밖에 되지 않으니, 당초에 정한 족정[元定足丁]은 7결, 반정半丁은 3결씩 더 보태주어 운반비를 보충하도록 하십시오.59)

라고 했다. 경상도에서는 토지세[田稅]가 다른 도와 동일했지만 운반비가 그 세금의 배가 되며, 그것을 농부[田夫]가 부담하여 빈궁했다는 것을 알 수 있

---

58) 『고려사』 권79, 食貨志2, 漕運條.
59) 『고려사』 권78, 食貨志1, 田制, 租稅條: "國田之制 取法於漢之限田 十分稅一耳 慶尙之田則 稅與他道雖 一 而漕輓之費 亦倍其稅 故田夫之所食十入其一 元定足丁則七結 半丁則三結 加給以充稅價."

다. 이로 미루어 다른 도 역시 경창까지 운반하는 비용도 농부가 부담했던 것을 알 수 있다.

이와 같이 조운 자체에도 막대한 노고와 희생이 들거니와, 백성들은 그 운반비와 배상賠償까지도 부담해야 했으므로 봉건제封建制 아래에서 농민의 고통을 능히 짐작할 수 있겠다. 하여간 성종 이후 고려조정의 왕권이 정비됨에 따라 조운도 원활히 운영되었지만, 중앙권력의 쇠퇴에 따라 국가의 동맥은 마비되어 갔다. 더욱이 후기에는 연안조운선이 왜구의 좋은 먹잇감이 되어 조창에는 토성土城을 쌓는 등 방비책을 강구했으나 도저히 지탱하지 못했다. 그 중에는 폐창廢倉에 이른 것도 있었고, 국가재원의 고갈을 초래하기도 했는데, 이에 대해서는 뒤에 다시 언급할 것이다.

조운에 덧붙여 말해 둘 것은 연안해방海防의 여러 진영에 군량과 군수물자를 보급문제다. 이것은 병선의 담당으로 되어 있다. 정종 10년 2월 기사에 "예성강에 병선 1백80척으로 군수물자를 운반하여 서북계 주진州鎭의 창고를 채웠다"[60]라는 내이 수록되어 있는데, 그 일면을 알 수 있게 한다.

---

60) 『高麗史節要』 卷4, 靖宗容惠大王, 甲申 10年 春二月條: "以禮成江兵船一百八十艘 漕轉軍資 以實西北界 州鎭倉廩."

제2장 고려 전기의 대외교통

제1절 여·송 관계

1. 송나라의 남방무역

앞장에서는 고려왕조 창업기의 국내적 해사관계海事關係를 살폈다. 이 장에서는 이 시기의 대외적 관계, 특히 해상교통과 무역의 개황을 기술하고자 한다. 해상교통은 크게 구별하여 대륙방면의 여·송 관계와 동남쪽 일본 및 유구琉球를 비롯한 남방 여러 나라를 포함하는 대남對南관계로 나눌 수 있다. 결국 이것은 모두 당시의 중국대륙을 중심으로 하는 남해무역南海貿易, 즉 중국과 아라비아[大食]와의 세계적 무역이 기조基調로 되는데, 이 관계는 이미 8세기부터 시작해 당나라가 멸망한 뒤에도 오대五代·송宋·원元으로 계속되고 15세기 말 유럽사람들의 동양내항來航을 맞이할 때까지 지속되었다.

동양 여러 나라에서 그 지배적 왕조 및 귀족계급이 정치적으로 몰락과정을 밟는 반면, 그 경제권이 해외무역상海外貿易商에게 넘어가는 것이 시대의 추세를 이루었다. 당나라에서도 말기에는 상인의 해외발전이 활발해져 이 시기에는 중국선박이 멀리 인도지방까지 왕래하며, 아라비아 상인도 페르시아에서 여기까지 와서 중국상선에 편승하여 진기한 물자를 빈번히 가지고 오게 되었다.[1] 당시의 중국상선은 4·5백 명부터 5·6백 명까지[2] 수용할 수 있는 대선大船이었다. 그 구조도 견고하고 나침반을 사용하며,[3] 인도양의 절후풍節候風[4]의 성질도 이해하여 그 왕래에 이용했다. 그리고 남양 방면에서 남중국의 여러 항구에 입항하는 것은 대략 5·6월경이며, 반대로 남해로 가는 것은 11·12월경의 북풍을 받았다.[5]

당나라 시대에 번영한 무역항은 광주廣州·교주交州·양주揚州·천주泉州 등이다.[6] 특히 광주는 당시에 동양무역의 일대 중심지였다. 그러나 당나라 말기 지방관들의 가렴주구苛斂誅求가 점차 심해져 아라비아상선은 해당항구를 피하여 다른 항구에 입항하게 되며, 또 황소난黃巢亂으로 광주가 큰 약탈을 받아 10만 명으로 추산된 외국상인들도 일시에 격감했다.[7] 그래도 광주는 바다 쪽 항구[海港]로서의 자연적 조건이 우수하며, 또 그 설비도 전통이 있어서 오대五代·송대宋代를 통해 그 면목을 유지했는데, 천주가 점차 비약적 발전을 보게 되어 남송南宋으로부터 원대元代까지는 광주의 지위를 물려받게 되었다. 송나라 시대는 광주·천주 외에 명주明州·항주杭州 등 여러 항구가 지위에 오르고, 처음 광廣·명明·항杭 세 항구에 시박사市舶司가 설치되

---

1) 당나라 때 이전에는 중국선이 페르시아만에 도달하지 않았다는 견해는 니덤의 비판을 받았다. 니덤에 의하면 중국선은 4세기 말에는 스리랑카에, 5세기까지는 이라크의 유프라테스강 하구에 도달했다고 한다.〔Joseph Needham, 『中國の科學と文明』, 제1권, 序篇, 礪波護 외 3人 譯(東京: 思索社, 1954), p.176〕
2) 吳自牧(南宋), 『夢梁錄』.
3) 현재까지 드러난 문헌으로 나침반이 항해에 이용된 가장 오래된 기록은 1119년에 北宋의 朱彧이 지은 『萍洲可談』 卷2의 다음과 같은 내용이다. "舟師識地理 夜則觀星 晝則觀日 陰晦觀指南針."
4) 原註: Moonsoon 馬來語
5) 朱彧(北宋), 『萍洲可談』 卷2: "舶船去以十一月十二月 就北風 來以五月六月 就南風."
6) 당나라 때 4대 항구는 廣州·明州·泉州·揚州이다.〔中國航海學會, 『中國航海史(古代航海史)』(人民交通出版社, 1988), p.164〕
7) Siraf태생인 Abu Zayd에 의하면 黃巢의 군대가 877~878년에 廣州를 점령했는데, 전쟁의 참화로 12만 명의 외국인이 죽었고 그 대부분은 무슬림이었다고 한다.〔陳達生, 「中國東南沿海地區伊斯蘭碑銘硏究綱要」, 『中國與海上絲綢之路』(福建: 人民出版社, 1991), p.168〕

고 뒤에 천주에도 생겨 무역사무를 감독했다.8) 실로 천泉·명明 두 항구는 아라비아와의 무역에서 중추적인 요충지가 되는 동시에 고려·일본 등과도 긴밀한 관계를 가져서 극동해운사極東海運史에 중대한 기여를 했다.

이 여러 항구에 수입된 남방화물의 주요물품은 침향沈香·정향丁香·유향乳香 등 각종의 향료와 서각犀角·상아象牙·대모玳瑁·산호珊瑚·유리琉璃·호초胡椒 등이다. 이것은 멀리 서남방의 각 지방에서 나오는 것으로 모두가 귀족계급이 요구하는 사치품이었다. 특히 이 가운데 향료는 훈향薰香의 유행에 따라 그 수요가 늘어 가격이 올라 송나라 시대에는 차茶·염鹽·명반明礬 외에 정부의 전매품으로 지정될 지경이었다. 외국수입품에 대해 금각禁榷 즉 전매제專賣制를 실시하게 된 것은 오대에 시작되어 송대까지 미쳤는데, 송나라에서는 여러 항구에 둔 시박사를 통해 화물을 구입해서 이를 서울의 각역원榷易院으로 송치한 뒤 비로소 민간에 내보내 판매했다. 그 구입가격이 저렴하여 외국상인은 관시官市를 꺼려 회피하고 밀수를 조장하게 되었다.

또 관세로 10분의 1로부터 2·3까지를 부과한 모양인데, 하여간 정부에서 물품에 따라 선매권先買權을 행사하고 나머지는 민간의 자유상업에 맡겼다. 이와 같이 하여 막대한 남방화물이 수입되었으며, 중국에서는 금·은·동전銅錢·비단[絹]·자기瓷器 등이 수출되었다.9)

중국의 역대왕조 중에 송나라는 북방민족의 괴로움을 가장 많이 받았다고 볼 수 있다. 처음에는 요遼·금金에 시달리다가 뒤에는 원元에게 마침내 멸망당했는데, 그 관계는 결국 침략과 강화의 단속적斷續的 관계로 회유정책懷柔政策에 의한 증여贈與 또는 관민무역官民貿易으로 피차간에 물자의 교류가 상당히 행해졌으니, 그 중에서도 송나라가 남방물자를 중계교역한 것이다. 이와 같은 송나라를 중심으로 한 당시의 남방무역의 성황과 북방관계를 염

---

8) 『宋史』 卷186, 食貨下八, 互市舶法條.
9) 中國航海學會, 『中國航海史(古代航海史)』(人民交通出版社, 1988), pp.178~200.

두에 두고 고려와의 무역관계를 살피고자 한다.

2. 여·송 관계

태조 이래로 고려는 오대五代 여러 나라, 즉 오월吳越·후당後唐·후진後晉·후주後周 등과의 사이에 사신무역使臣貿易이 행해졌다. 즉 광종光宗 9년(958)에 후주사신이 내방하여 면포 수십 필을 가지고 와서 구리를 교역했는데, 다음 해에는 고려에서 주나라에 사신을 보내 명마·직물·궁검弓劍 등을 전하고, 다시 가을에는 유교경전儒敎經典을 선사하고, 겨울에는 구리 5만 근, 자색수정 각 2천 개[顆]를 보내고 있다.

이러다가 오대五代가 지나고 송宋이 들어서니 광종 13년, 곧 송 태조 건륭建隆 3년에 이미 사신을 보내 토산물을 전하고, 다음해에는 송나라의 연호를 사용했다. 이 해 송나라의 책명사절[冊命使] 일행이 오는 도중에 바다에서 풍파를 만나 익사자가 90명이나 되고 겨우 이것을 면하여 온 사신을 특히 극진하게 위로했다.

이후 역대 견송사遣宋使의 횟수를 보면 광종 13년 이후 14년 동안에는 4회, 경종景宗 6년 동안에는 5회, 성종成宗 16년 동안에는 8회, 목종穆宗 12년 동안에 2회, 현종顯宗 22년 동안에는 7회요, 이에 대해 송나라에서는 광종 때 1회, 경종 때 3회, 성종 때 6회의 사신파견이 있어서 피아간에 순조로운 사절의 왕래가 있었다. 그러나 현종 때에 요遼나라의 세력이 고려왕조에 미쳐서 이후 양국간의 사신파견은 지장이 많이 생겼다. 반면에 현종 때에 들어서서는 남중국의 초楚·민閩 특히 천주泉州상인의 내방을 전하는 기록이 해년마다 빈번하게 보이는데, 송상宋商은 일시에 수십 명 내지 1백수십 명에 달했으며, 문종시대에는 그 내방이 무려 40회에 미치고 모두 토산물을 받치고 있다. 이 송상이 가지고 온 물자는 일일이 명시되어 있지 않으나, 이른바 남방의 진기한 물자였던 것은 상상할 수 있다. 고려의 수출품에는 견직물絹織物·마구馬具·칠세공漆細工·지묵紙墨·동기銅器 등 외에 다량의 인삼·송자松子·향유香油가 포함되어 있다.

이런 가운데 우리의 주의를 끄는 것은 현종顯宗 때와 정종靖宗 때 아라비아상인이 직접 내항했는데 일시에 1백 명의 다수에 이르렀으며, 정종 때는 아라비아 사람이 수은水銀·용치龍齒·고성향古城香·몰약沒藥·대소목大蘇木 등을 받치고 있고, 이들은 천주 혹은 명주 여러 항구의 송나라 상인에게서 고려 이야기를 듣고 바다를 건너온 것으로 추측된다.10)

이에 앞서 현종 21년(1030)에 왕은 어사 민관시랑御事民官侍郞 원영元穎 등 2백93명을 송나라에 사신으로 보내 금기金器·은계銀罽·도검刀劍·안륵마鞍勒馬·향유香油·인삼人蔘·세포細布·동기銅器·유황硫黃·청서피靑鼠皮 등을 전했다. 이후 조공이 끊어진 지 43년간에 이르렀다가 문종 25년(1071)에 민관시랑 김제金悌를 보내 토산물을 전했다.11) 이후 약 40년간 또 정식조공은 빠뜨렸으나 이 시대는 해마다 송상이 와서 무역함으로써 이른바 조공무역이 반드시 필요하지 않았고, 요나라와의 관계를 위해 송나라에 대해 정식사절을 보내는 것이 거북한 까닭이라고 볼 수 있다. 그리고 40년 만에 고러가 사신을 보낸 것은 송나라 인종仁宗 경력慶曆 6년(1046)의 일이다. 이 때 추밀원樞密院의 건의에 의하여 관리를 산동반도 등주登州에 파견하여 지주知州 유환劉渙과 상담했는데, 고려상객商客으로 본국에 오는 자가 있으면 그 편에 고려의 조공을 독촉하자는 방안에 따른 결과가 아닐까 본다.

이에 앞서 문종시대 고려 측에서 송나라와 조공의 재개를 희망하는 기운이 돈 것은 동왕 12년(1058)에 "대선大船을 건조하여 송나라와 교통하자"는 의견을 낸 것으로 알 수 있다. 그러나 내사문하성內史門下省에서는 다른 건의

---

10) 金庠基,「麗宋貿易小考」(『東方文化交流史 論攷』, 乙酉文化社, 1984).
11) 『宋史』卷487, 列傳246, 外國3, 高麗傳.

를 하고 있다.

> 우리나라는 거란과 우호관계를 맺어 변경에 위급한 일이 없으므로 백성들이 자기 생업에 안착되고 있으니, 이런 방법으로 나라를 보전하는 것이 상책입니다.… 더군다나 우리나라의 문화와 예악이 흥왕한 지가 벌써 오래이므로 상선들이 낙역부절[絡繹]하여 날마다 귀중한 보배가 들어오고 있사오니, 중국에서는 실로 도움을 받을 것이 없습니다. 만일 거란과의 국교를 영원히 끊지 않으려면 송나라와 사절을 교환해서는 안됩니다.[12]

왕도 그 의견을 따랐다. 고려에서는 이미 성종 때부터 친요소송책親遼疎宋策으로 기울어져 있었다.[13] 위에 기술한 바와 같이 송나라 상선이 끊임없이 찾아와 그 땅의 진귀한 보배가 날로 오는데 구태여 요나라를 거슬러 송나라와 교통할 필요가 없다는 논리이다.

그러던 차에 문종 22년(1068) 송나라 상인이 와서 왕을 뵙고 말하기를 송나라 신종神宗이 강회양절형호남북로도대제치발운사江淮兩浙荊湖南北路都大制置發運使 나증羅拯에게 말하되 "고려가 우리와 교통이 두절된 지 오래고 지금 그 국왕은 현명한 왕이라는 소문이 있으니 사람을 보내 유시하리라고 하여 이제 나증의 추천으로 와서 천자의 뜻을 전합니다"라고 했다.[14] 이와 같이 송나라 측에서 고려의 조공을 독촉하여 드디어 문종 25년(1071)에 김제의 송나라 사신파견이 수행된 것이다.

한편 문종 때 다시 견송사遣宋使를 보내게 된 한 이유로는 주로 송나라의 의관醫官과 의약醫藥을 구하기 위함이었다. 그것은 문종이 풍비증[風痹]의 지병

---

12) 『고려사』 권8, 文宗世家, 12년 8월조: "國家結好北朝(遼) 邊無警急 民樂其生 以此保邦上策也… 況我國 文物禮樂興行己久 商舶絡繹 珍寶日至 其於中國 實無所資 如非永絕契丹 不宜通使宋朝."
13) 金庠基, 「麗宋貿易小考」, 『東方文化交流史 論攷』(乙酉文化社, 1984), p.47.
14) 『고려사』 권8, 文宗世家, 22년 秋七月조.

이 있었기 때문이다.15) 그래서 문종 26년 송나라의 의관 왕유王愉·서선徐先 등이 도래하고,16) 28년에는 양주揚州의 의학조교 마세안馬世安 등이17), 33년에는 한림의관翰林醫官 형조邢慥 등이 도래하여 송나라 황제의 선물로 1백 가지의 약품을 바쳤다. 이에 대해 사신을 보내 사례하고 토산물을 전하게 했다.18) 문종은 재위기간 37년의 왕으로 65세로 세상을 떠났는데, 송나라에 의관과 약재藥材를 구한 것은 50세를 넘어서부터이고 중풍에 걸렸던 까닭이다.

문종 이후로 송나라에 의관과 의서를 구한 사실은 숙종 6년(1101)에 송나라 귀화인으로서 의술에 정통하며 참지정사參知政事로 퇴직한 신수愼脩의 죽음을 기록하고 있다. 또 같은 해에 송나라로부터 돌아온 사신이 휘종徽宗이 보낸 『신의보구방神醫補救方』을 바치고,19) 동왕 8년(1103)에는 고려의 청에 의하여 의관 4명이 도래하여 의생醫生을 양성한 것을 보면20) 송나라의 의술이 이 때에 활발히 수입되고 있었다고 추측된다. 기타 다음 예종睿宗 때에는 여악공[女樂] 2명이 도래했으며,21) 또 송나라로부터 새로운 음악[新樂]과 대성악大晟樂을 받아들였다.22)

서적으로는 성종成宗 때에 대장경을 받은 것을 비롯하여23) 『문원영화文苑英華』24)·『태평어람太平御覽』25) 등이 유명하며, 선종宣宗 8년(1091)에는 송나라 철종哲宗이 고려에 좋은 판본의 서적이 많다는 말을 듣고 목록을 써보내

---

15) 『고려사』 권9, 文宗世家, 32년 秋七月조.
16) 『고려사』 권9, 文宗世家, 26년 六月조.
17) 『고려사』 권9, 文宗世家, 28년 六月조.
18) 『고려사』 권9, 文宗世家, 33년·34년조.
19) 『고려사』 권11, 肅宗世家, 6년 2월·5월조.
20) 『고려사』 권12, 肅宗世家, 8년 6월·秋七月조.
21) 『고려사』 권13, 睿宗世家, 5년 6월조.
22) 『고려사』 권13, 睿宗世家, 9년 11월조 ; 권14, 睿宗世家, 11년 6월조.
23) 『고려사』 권3, 成宗世家, 10년 夏四月조.
24) 『고려사』 권10, 宣宗世家, 7년 12월조.
25) 『고려사』 권11, 肅宗世家, 6년 6월조.

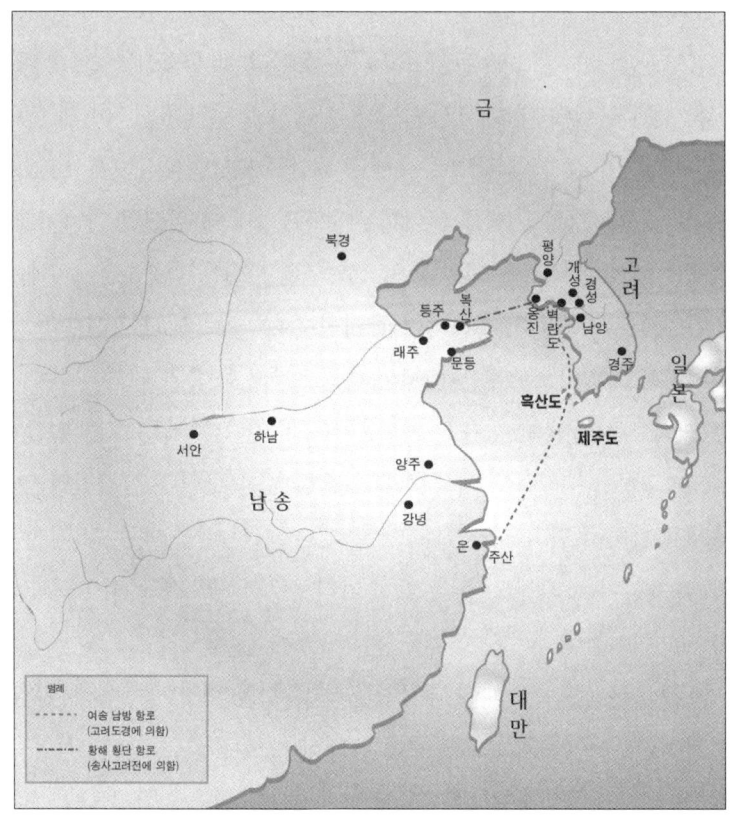

[도면 2] 고려시대의 항로

면서 베껴서 보내도록 한 바 있다.[26]

여기에서 송나라 상인의 내항에 대해 좀더 언급해 보고자 한다. 기록에 의하면 고려 현종顯宗 때부터 갑자기 활발해진 송나라 상선의 내항은 충렬왕 4년(1278)까지[27] 약 2백60여 년간 총원수가 최소한도로 약 5천 명을 어림

---

26) 『고려사』 권10, 宣宗世家, 8년 6월조. 본문에는 "송나라 철종이 많은 서적을 보내왔다"라고 했는데 착오임으로 수정했다.

해 볼 수 있고 그 회수도 약 1백20회를 셀 수 있어 그 성황을 짐작하게 한다. 내항은 7·8월경이 반수를 점유했다. 이것은 서남계절풍을 이용하여 온 것이니 자연스런 일이다. 그리고 귀항할 때는 북절후풍北節候風을 이용하여 11월에 가는 것이 보통이었다. 그런데 이와는 반대로 역풍의 어려운 항해를 무릅쓰고 11월에도 온 것을 볼 수 있다. 그것은 고려에서는 국가적 큰 제전祭典인 유명한 팔관회八關會가 한겨울 곧 11월에 개최되어 여기에 맞춰 송나라 상인들 또한 장을 보았던 때문이다. 송나라 상인이 팔관회에 참배하고 공물을 바친 것은 정종靖宗 초기부터 관례가 되었으며, 이 기회를 틈타 치하무역致賀貿易 형식을 취하기도 했다.[28)]

고려에 내항한 송나라 상인은 초인楚人·민인閩人·천주인泉州人·강남인江南人·광남인廣南人·명주상明州商·태주상台州商 등 남중국 지방의 명칭을 띤 기록이 많이 보인다. 그 중 천주인이 가장 많다. 그리고 이들은 강수綱首라는 명칭을 붙인 두목의 인솔하에 내조했다.『송사宋史』고려전에도 "왕성에는 중국사람이 수백 명이 있는데, 민閩지방 사람들이 많았다"[29)]라 했고, 소동파蘇東坡의 문장에도 "가만히 들으니 천주에는 많은 바닷배가 있는데 고려에 들어가 오가며 장사한다"[30)]라는 내용이 있는 것으로 보아 당시의 상황을 알 수 있다.

이와 같이 성황을 보인 송나라 상인의 왕래에 비해 고려상인은 어떻게 활동했는지, 이에 대해서는 자세한 기록이 없어 알 수 없다. 그러나 고려측에서도 명주明州·등주登州 등 지역에 통상선通商船이 빈번히 왕래하고, 해상에서 조난당하여 표류한 사례도 많다. 송나라 측에서는 이에 대해 양식을 지급하여 귀환시켜 주었다. 활발했던 고려 초기의 외교에 힘입어 일반무역

---

27) 原註: 익년에 남송이 멸망.
28) 金庠基,「麗宋貿易小考」,『東方文化交流史 論攷』(乙酉文化社, 1984).
29) 『宋史』卷487, 列傳246, 外國3, 高麗傳: "王城 有華人數百 多閩人."
30) 原註: 蘇東坡,「令高麗僧從泉州歸國狀」: "竊聞 泉州多有海舶 入高麗 往來賣買."

도 자못 활기를 띠었을 것이다. 그러나 점차 송나라 상인에 압도되어 가지 않았을까 생각된다. 고려시대는 무역의 시대라고도 할 수 있다. 개성의 관문인 예성강 벽란도碧瀾渡의 선박폭주 성황은 문인 이규보李奎報로 하여금 다음과 같이 묘사하게 했다.[31]

조수는 밀려왔다 다시 밀려가고	潮來復潮去
오가는 뱃머리 서로 잇대었도다	來船去舶首尾銜相連
아침에 이 누 밑을 떠나면	朝發此樓底
한낮이 못되어 남만에 이르도다	未午棹入南蠻天
사람들은 배를 물 위의 역마라고 말하는데	人言舟是水上驛
....	

3. 여·송의 남항정南航程

우리나라에서 대륙으로 통하는 항로는 고대로부터 연해북항로沿海北航路를 취하여 산동반도의 등주에 상륙하는 것은 이미 언급한 바 있다. 고려시대에도 초기 문종文宗시대까지는 이 항로에 많이 따르다가 문종 28년(1074) 경부터는 양국사절의 왕래를 비롯하여 일반 해상교통은 남쪽 노선을 주로 이용하게 되었다. 그것은 거란세력이 강성하여 북항로가 위협을 받게 되었으며, 남중국 연안에 국제무역이 왕성해진 까닭이다.[32] 이 사정은 『송사』 고려전에 기록되어 있다.

과거에 고려사신들이 오갈 적에는 모두 등주를 경유했는데, 7년(神宗 熙寧)에 그의 신하 김양감을 보내와 아뢰기를 "거란을 멀리하고 싶으니 길을 바꾸어

---

31) 李奎報, 『東國李相國全集』 卷16. 古律詩: "又樓上觀潮 贈同僚金君."
32) 金庠基, 「麗末貿易小考」(『東方文化交流史 論攷』, 乙酉文化社, 1984), p.79.

명주를 경유하여 대궐에 이르겠습니다" 하니, 그렇게 하도록 했다.33)

과거에 고려가 사신을 보내올 적에는 의례히 등주와 내주를 경유하여 길이 매우 멀었지만, 지금은 사명四明으로 곧장 온다.34)

신종 7년은 고려 문종 28년인데, 그 후로는 명주明州가 중심이 된 것이다. 이 남방항정에 대해 우리는 『선화봉사고려도경宣和奉使高麗圖經』과 『송사』 고려전에 의하여 비교적 상세한 기록을 볼 수 있다. 『고려도경』은 고려 인종仁宗 원년(1123) 즉 송나라 휘종徽宗의 선화宣和 5년에 고려에 내빙한 사신에 따라왔던 서긍徐兢이라는 사람의 견문록인데, 현재는 그림이 없어지고 본문만이 남아 있다. 그 가운데 권34 이하 권39의 해도海道에는 본국에서 출항한 뒤 예성강 벽란정碧瀾亭으로 들어서서 왕성에 도착할 때까지의 모든 경로를 기록하고 있다. 일행은 선화 5년 3월 14일에 변경汴京에서 배를 출발한 뒤 5월 3일에 사명四明 곧 명주明州에 이른다. 선단은 2척의 신주神舟와 6척의 객주客舟로 정해져 만반의 준비를 갖추고 드디어 16일 명주를 출발했다. 명주에서 주산舟山, 곧 정해定海에 도착했다가 여기에서 북상하여 양자강 어귀 사미沙尾를 경유하여 동북쪽으로 방향을 바꾸어 황해 남부를 건너 조선朝鮮 남방의 흑산도 부근에 다다른다. 여기에서 서해안을 북상하여 강화江華를 지나 예성강에 들어갔는데, 벽란정 도착은 6월 12일이다.35) 정해를 출발한 것이 5월 24일이니 그 해의 5월은 작은달이므로 해상에서 소요한 일수는 18일이며, 정해에서 흑산도를 통과하기까지는 9일 동안이었다.

물론 풍랑에 좌우되는 당시의 항해로는 때에 따라 소요일수가 일정하지 못하지만, 다른 예로 보아 대체大體를 짐작할 수 있다. 『송사』 고려전에 보인

---
33) 『宋史』 卷487, 列傳246, 外國3, 高麗傳: "往時 高麗人往反 皆自登州 七年(神宗 熙寧) 遣其臣金良鑑來言 欲遠契丹 乞改塗由明州詣闕 從之."
34) 『宋史』 卷487, 列傳246, 外國3, 高麗傳: "昔高麗入使 率由登萊 山河之限甚遠 今直趣四明."
35) 徐兢, 『宣和奉使高麗圖經』 卷34, 海道1, 招寶山 ; 卷39, 海道6, 禮成港.

항정의 기록은 이 『고려도경』에 의한 것이 아닐까 생각하는 학자도 있다. 대체로 비슷한 것은 다음의 기사로 알 수 있다.

> 명주 정해에서 순풍을 만나면 3일 만에 바다 가운데로 들어가고, 또 5일이면 묵산墨山[흑산의 오기]에 도달하여 고려국경에 들어갈 수 있었다. 묵산에서 섬들을 통과하여 암초와 바위 사이를 이리저리 헤치고 나가면 배의 운행은 매우 빨라 7일 만이면 예성강에 도달했다. 예성강36)은 양쪽 산 사이에 있는 석협石峽으로 묶인 까닭에 강물이 소용돌이치면서 흐르는데, 이것이 이른바 급수문急水門으로 제일 험악한 곳이다. 또 3일 만이면 연안에 닿는데, 거기에는 벽란정이라는 객관이 있다. 사신들은 여기에서 육지에 올라 험한 산길을 40여 리쯤 가면, 여기가 고려의 서울이라고 한다.37)

『증보문헌비고增補文獻備考』의 고려시대 남방항로의 정자와 객관을 기술한 조항을 보면 나주 혹은 군산에서 육로로 서울에 들어갈 수도 있었던 모양이나,38) 대체로 연해를 북상하는 안전하고 쉬운 경로를 취한 것이다.

제2절 여・일 관계

신라 중대中代 말부터 하대下代에 걸쳐 일본과의 국가적 교섭은 험악한

---

36) 原註: 여기 禮成江이라는 것은 江華와 通津 사이의 鹽河를 오인한 것은 이미 今西龍 박사가 지적하고 있다.
37) 『宋史』 卷487, 列傳246, 外國3, 高麗傳: "自明州定海遇便風 三日入洋 又五日抵墨山 入其境 自墨山過島嶼 詰曲礁石間 舟行甚駛 七日至禮成江 江居兩山間 束以石峽 湍激而下 所謂急水門 最爲險惡 又三日抵岸 有館曰碧瀾亭 使人由此登陸 崎嶇山谷四十餘里 乃其國都云."
38) 『增補文獻備考』 卷35, 輿地考23, 海路2, 中國相通海路.

공기에 싸여 있었고, 양국의 왕래는 무역의 이윤을 중심으로 하여 상선이 비공식으로 오갔었을 뿐이다. 이 기간 동안 신라해적이 일본의 서부연안에 위협을 주기도 했다.39) 고려 초에는 일본에 사신을 보냈으나 일본은 핑계를 만들어 이것을 받아들이지 않았다. 목종穆宗 2년(999)에도 일본에 첩장牒狀을 보냈으나 역시 불응하므로 사신일행은 귀로에 대마對馬·일기壹岐 등 여러 섬에 무력시위를 보인 바도 있다.40) 사서史書에 "이 해 일본사람 도요미도道要彌刀 등 20호가 귀화하므로 이천군利川郡에 거주시켜 편호編戶로 했다"41)라고 한 것도 당시의 일이다. 이후 현종顯宗시대에는 반다潘多 등 일본인 35명의 귀화가 있었고,42) 그 10년(1019)에는 이른바 도이적刀伊賊, 곧 동여진東女眞 부족이 구주·대마도·일기도 등 일대를 약탈하고 동해로 귀환하는 것을 요격하여 격파한 결과로 일본인 남녀 2백59명을 일본에 압송했다.43)

대체로 11세기 전반까지의 여·일 관계는 그다지 보잘것없으나 후반기 문종文宗시대에 들어서는 급작스럽게 일본상선의 활동들이 우리나라에 감지되어 왔다. 즉 그 3년(1049)·5년·14년에 대마도 관청에서 고려의 표류민과 죄를 짓고 도망해 온 사람[被罪逃人] 등을 송환해 오며, 일본국 사신 등원뢰충藤原賴忠 등 30명이 금주金州에 왔다. 27년(1073)에는 왕칙정王則貞·송영년松永年 등 42명이 내조하여 선물을 바쳤고, 일기壹岐에서 등정안국藤井安國 등 33명이 내조했다. 28년에는 선두船頭 중리重利 등 39명이 토산물을 바쳤다. 29년에는 일본상인 대강大江 등 18명, 일본인 조원시경朝元時經 등 12명의 내조, 일본상인 59명의 내조 등이 전하여 있다. 또 30년에는 일본국 승려와

---

39) 『三代實錄』 卷16, 淸和天皇, 貞觀 11년 6월 15일 ; 12월 14일 기사.
40) 藤原行成, 『權記』, 長德 3년 10월 1일 기사에 의하면 당시 고려가 일본에 國書를 보낸 시기는 997년(성종 16년, 長德 3년) 6월이다.[張東翼, 『日本古中世 高麗資料 硏究』(서울대학교 출판부, 2004), p.70.
41) 『고려사』 권3, 穆宗世家, 2년 冬十月조.
42) 『고려사』 권4, 顯宗世家, 3년 8월조.
43) 『고려사』 권4, 顯宗世家, 10년 夏四月조.

속인 25명이 내조하여 국왕의 장수를 축원하기 위하여 불상을 조성한 뒤 서울로 가서 바치겠노라고 윤허를 받았다. 33년(1079)에는 상인 등원藤原 등이 와서 법라法螺 30개, 해조海藻 3백 속束을 흥왕사에 시주했으며, 살마주薩摩州(사츠마주)44)에서도 토산물을 바쳤다. 36년에는 대마도에서도 사절을 보내 토산물을 바쳤다. 기타 32년·33년 양차에 고려표류민을 송환하여 왔다.45)

이와 같은 현상은 고려가 송나라와의 무역을 재개한 것(문종 25년경)을 전해 듣고 표류민 송환을 구실로 고려에 무역을 하고자 하는 의도가 있어서 적극적으로 접근하여 온 것이 아닐까 추측된다. 그 중 문종 27년(1073) 7월에 내조한 왕칙정王則貞은 태재부 상인으로 고려에서 귀환할 때에 문종의 병을 위하여 일본의 명의名醫를 초청하는 사명을 부탁받은 자로도 역사상 유명한데,46) 그 이름으로 미루어 순수한 일본인으로 볼 수 없고 일본에 귀화한 상인인 듯하다.47)

다음의 선종宣宗시대에도 축전주筑前州의 상인, 대마도의 사절, 태재부 등의 상인이 내조하여 특산물인 수은·감귤·진주·보도寶刀·우마牛馬·궁전弓箭·유황硫黃·법라法螺 등을 바쳤다. 예종睿宗·의종毅宗 시대에도 일본상인의 진헌進獻사실을 전하고 있다. 특히 의종 원년에는 일본도강都綱 황중문黃仲文 등 21명이 내조했다.48) 이들은 왕칙정과 같이 남중국 상인으로 일본에 귀화한 사람이거나, 또는 태재부에서 위탁을 받아서 일본의 도강이라 호칭하고 내조한 자인 듯하나,

이와 같이 여·일 관계를 보면 준공적準公的인 교섭은 모두 성립을 보지

---

44) 原註: 지금 鹿兒島縣.
45) 『고려사』 권9, 文宗世家, 27년 추7월조 : 28년 2월조 : 29년 윤4월·6월·추7월조 : 30년 동10월조 : 32년 9월조 : 33년 9월조 : 33년 동11월조.
46) 三善爲康 編, 「高麗國禮賓省牒」(『朝野群載』 20, 異國, 己未年 承曆 3年 11月) : 張東翼, 『日本古中世 高麗資料 硏究』(서울대학교 출판부, 2004), p.263.
47) 森克己, 『續日本貿易の硏究』(國書刊行會), p.263.
48) 『고려사』 권17, 毅宗世家, 원년 8월조.

못하고 고려왕조의 멸망까지 국교조정이 불가능했으나 표류민 송환문제를 계기로 문종 25년 이래 여·송 국교재개에 자극을 받아 여·일 사이의 사무역이 급격히 전개되었다. 이러한 상황은 여전히 지속되다가 12세기 후반까지 이른다. 그러나 13세기 초부터 상황은 달라져 왜구倭寇들이 고려의 연안을 침략한다.

제3절 고려의 선박

여·송 관계를 통해 우리는 송나라가 세계적 무역무대에 등장하여 그들의 상선이 활발하게 우리나라에 왕래한 것을 보았고, 고려의 상선은 자연히 여기에 압도된 듯한 상황을 보았다. 그것은 세계적 무역무대에서 볼 때 우리나라의 위치는 동양에서도 남방무역권 내에서 동북쪽에 편재하여 중심이 되지 않기 때문이다. 이 점은 근세에 이르기까지 동양무역상에서 후진성을 띠우게 된 것이며, 또 고려의 국내사회가 결국은 왕권을 중심으로 한 일부 지배계급의 착취로 인해 그 경제적 발달이 위축되고 국민전체의 생활이 진취성을 띠우지 못하게 된 데에도 관계가 있다고 볼 수 있다. 그리고 결코 남방무역의 외국화물도 대부분이 귀족사회의 수요를 대상으로 하는 한도에서 벗어나지 못한 상태였다. 그러므로 나말여초羅末麗初의 사회질서가 혼란한 시기에 새로운 지배자로 올라선 이가 당시의 시대적인 해상권 장악자 왕씨王氏인 것도 역사의 자연스런 추세이다.

그런 점으로서 고려 초기의 해상활동이 평가되지만, 그것을 주위의 역사무대에서 볼 때 즉 상대적으로 볼 때 반드시 고려의 해상활동이 진취성을 띠었다고 속단할 수 없을 것이다. 더욱이 고려왕조가 정돈整頓된 성종시대부터 이미 북방민족의 침략에 줄곧 시달림을 받아온 터여서 요나라·금나라와의 미묘한 관계로 인해 송나라에 대한 교통도 마음놓고 진전시킬 수 없었다. 후기에는 남송南宋이 금나라에 대항하기 위해 고려를 이용하고자 하는 정치적 의미에서 사신을 파견하는 때가 많아 고려에서는 양쪽으로 어려운 고통을 받고 있었다. 이와 같은 여러 가지 사정으로 국가의 모든 면이 창달暢達한 진취성을 띠우기는 어려웠으므로 해운방면에서도 중기에는 점차 소극적인 면을 밟아가는 과정이었다.

고려 중기의 이와 같은 모습은 송나라 사람 서긍徐兢의 눈에 띤다. 그의 『고려도경高麗圖經』에 다음과 같이 서술하고 있다.

> … 고려인으로 말하면 해외에서 생장하여 툭하면 고래 같은 파도를 타게 되니 본래 선박을 앞세우는 것은 의당한 일이다. 이제 그 제도를 살펴보니 간략하고 그리 정교하지 않으니 그들이 본래부터 물을 편안하게 여기고 그것에 익숙해져 그런 것일까? 그렇지 않으면 누추한 대로 간략하게 다루고 노둔졸렬하면서도 고치지 않은 것일까?[49]

즉 고려인은 바다에서 생장하고 고래 같은 파도를 타게 되는 환경에서 마땅히 항해와 선박을 우선 치중해야 할 터인데, 그 제도를 보면 간략하고 치밀하지 못하니 이것은 도대체 원래 물에 익숙하고 이것을 얕보아 그런 것인지, 아니면 인습因習이 고루하여 간략하고 졸렬함을 취하노라고 도무지 혁신을 하지 않아서 그런 것인지 알 수 없다고 했다. 확실히 남송의 명주明州·천주泉州·항주杭州 등과 멀리 인도양까지 왕래하는 큰 배가 폭주하는 세계적 무대를 본 안목으로서는 고려의 연안에 뜨고 있는 배는 너무나 차이가

---

49) 徐兢, 『宣和奉使高麗圖經』 권33, 舟楫: "乃若麗人 生長海外 動涉鯨波 固宜以舟楫爲先 今觀其制度簡略 不甚工緻 豈其素安於水 而狃狎之耶 抑因陋就簡 魯拙而莫之革耶."

심하고, 그 후진성을 느끼지 않을 수 없었을 것이다.

서긍이 그 견문을 피력한 중에서 당시 고려연안에 있는 각종 선박의 실제實際를 알 수 있음이 다행이다. 그 중 순선巡船 즉 연안경비선에 대해서는 "고려는 땅이 동해50)에 접해 있는 데에도, 선박건조의 기술이 간략하기가 특히 심하다"51)라고 첫머리에서 언급하고 "중간에 돛대 하나를 세워놓고 위에는 다락방이 없으며, 다만 노와 키를 마련했을 따름"52)이라고 설명하고 있다.

사절접반의 관선官船에 대해서는 그 구조를 다음과 같이 설명하고 있다.

관선제도는 위는 띠로 이었고, 아래에는 문을 냈으며, 주위에는 난간을 둘렀다. 가로지른 나무를 꿰어 치켜올려 다락을 만들었는데, 윗면이 배의 바닥보다 넓다. 전체가 판책板簀은 쓰지 않았고, 다만 통나무를 휘어서 굽혀 나란히 놓고 못을 박았을 뿐이다. 앞에 닻물래[矴輪]가 있고, 위에는 큰 돛대를 세웠고, 포범布帆 20여 폭이 드리워져 있는데, 그 중 5분의 1은 꿰매지 않고 펼쳐진 채로 두었다. 이것은 풍세風勢를 거스를까 두려워 그렇게 하는 것이다.53)

그리고 일행이 고려에 입경한즉 '접반接伴'·'선배先排'·'관구管句'·'공주公廚' 등 임무를 맡은 대개 비슷비슷한 10여 척의 배가 안내하기 위해 나왔는데 접반선 안에 장막이 둘러쳐져 있었다고 했다.54)

다음에 군산도선群山島船이라는 송방松舫에 대하여 적었다.

선수와 선미가 모두 곧고 가운데 선실 5칸이 마련되어 있고 위는 띠로 덮었

---

50) 여기에서 동해란 우리나라의 서해를 의미한다.
51) 徐兢, 『宣和奉使高麗圖經』 권33, 舟楫, 巡船: "高麗 地瀕東海 而舟楫之工 簡略特甚."
52) 徐兢, 『宣和奉使高麗圖經』 권33, 舟楫, 巡船: "中安一檣 上無棚屋 惟設艣柁而已."
53) 徐兢, 『宣和奉使高麗圖經』 권33, 舟楫, 官船: "官船之制 上爲茅蓋 下施尺埔 周圍欄檻 以橫木相貫 挑出爲棚 面闊於底 通身不用板簀 唯以矯揉全木 使曲相比 釘之 前有矴輪 上施人檣 布帆二十餘幅垂下 五分之一 則散開而不合縫 恐與風勢相拒耳."
54) 徐兢, 『宣和奉使高麗圖經』 권33, 舟楫, 官船.

다. 앞뒤에 작은 방 둘이 마련되어 있는데, 평상이 놓이고 발이 드리워져 있다. 중간에 트여 있는 두 칸에는 비단보료가 깔려 있는 데 가장 찬란하다. 오직 정사·부사 및 상절上節만이 거기에 탄다.55)

막선幕船에 대해서도 말하고 있다.

막선의 준비는 세 섬에 다 되어 있어, 그것으로 중·하절中下節 사절들을 태운다. 위는 푸른 천으로 방을 만들고 아래는 장대로 기둥을 대신하고 네 귀퉁이는 각각 채색 끈으로 매었다.56)

서긍의 눈에 띈 고려선박이 순선巡船 외에는 접반선에 국한된 것은 당연한 일일 것이다. 하여간 규모에 있어서 송나라 선박에 사뭇 뒤떨어졌던 것은 말할 것 없다.

중국에서는 이미 당나라 때로부터 거대한 선박[巨船]을 건조했다. 그 중에는 8·9천 석石을 적재하고, 선원이 수백 명이요, 그 가족이 모두 배 안에서 일생을 마치며[養生送死], 또 갑판 위에 흙을 날라다가 채소밭을 만들기도 했다고 한다.57) 송나라 때에 들어서는 신종神宗이 원풍元豊 원년(1078)에 안도安燾 등을 고려에 사신으로 보낼 때 2척의 거함을 만들어 그 하나를 능허치원안제신주凌虛致遠安濟神舟라 하고, 또 하나는 영비순제신주靈飛順濟神舟라 명칭하여 규모가 대단히 웅대했다. 숭령崇寧(1102~1106) 이후 고려와 교섭을 더 두텁게 하기 위하여 다시 더 큰 배를 만들어, 그 이름도 더 길게 하여 정신이섭회원강제신주鼎新利涉懷遠康濟神舟와 순류안일통제신주循流安逸通濟神舟라고

---

55) 徐兢, 『宣和奉使高麗圖經』 권33, 舟楫, 松舫: "首尾皆直 中艙舫屋五間 上以茅覆 前後設二小室 安搨垂簾 中敞二間 施錦茵褥 最爲華煥 唯使副與上節 乘之."
56) 徐兢, 『宣和奉使高麗圖經』 권33, 舟楫, 幕船: "幕船之設 三島皆有之 以待中下節使人也 上以靑布爲屋 下以長竿代柱 四阿 各以采繩係之
57) 原註: 李肇, 『唐國史補』.

했다. 그 거대한 모습은 높고 크며 산악과 같이 물결 위에 떠서 움직이니 고려사람들은 정신없이 구경하고 환호하여 맞았다고 한다.58) 그 얼마나 장관인가를 알 수 있다.

송나라에서는 선화봉사宣和奉使 때에 이 신주神舟 외에 또 6척의 객주客舟를 건조하여 송나라 사신일행에 수반隨伴하게 했다. 이 객주는 거의 신주와 같고 길이가 10여 장丈, 깊이가 3장, 너비가 2장 5척尺, 2천 곡斛의 곡식을 실을 수 있다. 전부 거목을 사용하여 상부는 평평하며, 아래의 기울어짐은 칼날같이 뾰족하여 파도를 뚫고 나가기에 편하게 했다. 내부는 세 곳으로 나누어 구획하고, 5백 척 길이의 등藤으로 꼰 동아줄에 닻돌을 달아서 정박에 사용하며, 또 배의 옆구리 양쪽 곁에다 큰 대를 묶어 자루를 만들어 매달아서 물결을 막는다. 큰 돛은 높이가 10장이고, 앞 돛은 8장인데, 바람이 바르면 포범布帆 50폭을 펼쳐서 바람을 받아 쾌주하며, 편풍偏風・무풍無風 때에도 각각 대비가 있다. 또 장대를 세워 새깃[鳥羽]으로 풍향을 알아보는 장치도 있으며, 얕은 바다를 항행할 때에는 밧줄에 납추를 매달아 그 깊이를 측정했다. 그 승조원 60명은 해로海路・천시天時・인사人事에 능숙한 사람으로서 배의 조종과 유사시에 대처하는데 밧줄 한 오리도 엉클어지지 않고 정연했다. 그런데 두 신주의 길이・너비・집물什物・용기容器 등 모든 점은 이 객주의 3배가 된다고 『고려도경』에 기술되어 있으니,59) 이와 같은 거선巨船과 장비이면 남방의 황해횡단은 비로소 완전을 기할 수 있었을 것이다. 옛날 일본의 견당사遣唐使가 이 황해횡단의 남항로南航路를 취했을 때 흔히 표류의 액운을 입고 드디어 도항渡航을 중단하게 된 것도 아직 이와 같은 안전한 거함을 이용하지 못한 까닭에 있었던 것이다.

고려에서도 시대를 좇아 물론 상당한 상선商船도 있었을 것이다. 그것을

---

58) 徐兢, 『宣和奉使高麗圖經』 권34, 海道1, 神舟.
59) 徐兢, 『宣和奉使高麗圖經』 권34, 海道1, 客舟.

짐작해 볼 수 있는 예로 조운선漕船에는 1천 곡斛을 실을 수 있는 거선이 있었던 것이『고려사』식화지食貨志 조운조漕運條 하에 보인다. 그리고 왕건이 나주를 경략하고 개선했을 때 궁예가 매우 기뻐하여 함선 1백여 척을 더 건조했는데 그 중 대선大船 10여 척은 사방이 16보로 갑판 위에서 말을 달릴 수 있었다는 기록이[60] 보이는만큼 고려 초기부터의 전통과 더불어 동해 여진부족의 해적을 방어하는 과선戈船같은 공격성의 거함도 있었던 것은 우리가 기억해야 할 것이다. 중세의 퇴영기退嬰期에는 원나라의 동정군東征軍에게 제공하기 위해 전함을 건조하는 과정에서 많은 시련과 발달을 보게 되었다.

---

60)『고려사』권1, 太祖世家, 乾化 4년조.

제3장 몽고침입기의 해상활동

제1절 몽고의 침구와 강화천도

앞 장에서 고려 초기와 중기에 걸친 해상활동을 보았다. 내륙에서는 이미 성종 이후 북방민족의 번거로운 침략에 평화로운 날이 없을 지경이었다. 즉 요나라와 금나라의 압력에 눌려오던 끝에 사막의 북쪽에서 새로 일어난 몽고가 흥기하여 금나라를 멸망시키고 만주와 북중국을 점령하여 드디어 남송南宋을 치게 되니, 그 과정에서 고려 역시 비할 수 없는 가혹한 침략을 받게 되었다. 대체로 보아 여·몽 간의 관계는 고종高宗 5·6년경(1218~1219)에 강동성江東城(평남 강동군)을 점거한 거란인을 공멸攻滅할 때 몽고의 협력을 받고 형제의 약속을 맺은 것으로 시작되었다.[1] 몽고는 이 때부터 매년 과중한 선물을 요구하며, 또 그 사절은 가끔 와서 횡포한 행동을 부려 고려의 임금과 신하들을 곤란하게 했다.

그러다가 고종 12년(1225) 정월에 몽고의 사신 저고여著古與[2]가 우리나라에 와서 나라의 예물[國贐]을 받고 압록강을 건너 귀국하는 도중에 여진인女

---

1) 『고려사절요』 권15, 高宗 安孝大王 戊寅 5년 12월조.
2) 『元史』 권208, 外夷列傳·高麗傳에는 着古歟로 되어 있다.

眞人에게 살해당한 사건이 발생했다.3) 이로 인해 고려는 불리한 의심을 받게 되었고, 원나라는 누차 우리 조정에 질책을 했는데, 우리나라의 변명만으로는 이 사건이 해명되지 못하여 양국의 관계는 점점 악화되었다. 그러나 몽고는 이 때 서방 여러 나라를 정복하기에 여념이 없었으므로 아무 일 없이 수년이 지났다. 그 동안 몽고에서는 태종太宗이 새로운 후계자로 등장했으며, 그는 부친의 유지를 이어 서기 1231년(고종 18)에 금나라를 친히 정벌하는 한편 별군別軍을 살례탑撒禮塔에게 주어 앞서 몽고사신의 암살의 문책을 빙자해서 대거 압록강을 넘어왔다.

적군은 함신성咸新城[평북 의주군]과 철주鐵州를 함락시키면서 귀주龜州와 서경西京에서는 용감한 우리 군민들의 방어로 그 목적을 달성하지 못한 채 평북·평남·황해도 일대의 각처를 유린하였다. 그해 11월 말에는 황해도 평주平州를 습격하여 민가를 송두리째 불질러 없애서 개와 닭이 한 마리도 보이지 않는 정도의 참상을 이루고, 드디어 그 선발대는 개경開京주변에 육박하여 민가를 불사르며 백성을 수없이 살육 약탈하여 서울의 인심을 떨게 했다.4)

고려에서는 명종明宗 이래 최씨崔氏일문의 무인계급이 완전히 국권을 농단하여 최충헌崔忠獻의 아들 우瑀가 집권중이었는데, 그는 국가와 민족을 위하는 것보다 자신의 가정을 보전하기에 급급했다. 서울에 있는 집권자들은 당면한 적의 예봉銳鋒을 면하고자 누차의 향연과 막대한 선물을 적의 수뇌에게 보내 환심을 사는 공작을 벌였다. 한편 야수 같은 몽고군대의 별대別隊는 의연히 개성을 지나서 광주廣州·충주忠州·청주淸州 일대를 약탈하여, 그들이 통과한 곳에는 파괴 학살되지 않는 것이 없는 참담한 행위를 저질렀다. 이에 고종은 아우 회안공淮安公 정侹을 살례탑의 본영으로 보내 정식으로

---

3) 『고려사』 권22, 高宗世家, 12년 春正月조.
4) 『고려사』 권23, 高宗世家, 18년조.

화의를 요청했다. 그는 이를 수락하면서 다시 사신을 보내 몽고황제의 명이라고 이첩하여 저고여著古與 암살의 죄를 묻는 동시에, 앞서 보낸 선물로는 만족할 수 없으므로 좋은 금과 은, 좋은 구슬, 수달피를 말 2만 필 내지는 1만 필에 실어보낼 것, 또 몽고군 1백만 명에게 입힐 군복과 크고 작은 말 각 1만 필과 왕자王子·왕손王孫·공주公主·군주郡主를 바치는 동시에 대관인大官人의 부녀를 보내고, 왕부王府와 대신의 자녀 남녀 각 1천 명을 황제에게 바치라는 엄청난 요구를 해왔다.

고려조정은 연상 몽고사신에게 연회를 베풀며, 정성을 다한 미술품과 황금 70근, 백금 1천3백 근, 유의襦衣 1천 벌, 말 1백 70필을 예물[國贐]로 보내는 동시에 별도로 또 막대한 금은보화와 금장식한 안장을 갖춘 말 한 필을 살례탑과 그의 처자, 부하장수에게 보냈다. 또 당초 함신성에서 적군에 투항하여 그 앞잡이로 나섰던 조숙창趙叔昌을 대장군으로 임명하여 몽고황제에게 표문을 바치게 했다.[5]

그러나 고려군신은 끝없는 적의 탐욕에 염증이 났으며, 야만적 약탈의 중단은 여전히 보장되지 않자 몽고에 대한 증오와 반항이 내부적으로 굳어갔다. 그들은 화친교섭和親交涉을 진척시키는 한편으로 몽고군을 물리쳐 달라고 신명에게 비는 기도도량이 궁중에 배설하였다. 이는 선宣·창昌·운雲·박博·가嘉·곽郭·맹孟·무撫·태泰·은殷 등의 서북 각 주州의 주민이 점차 바다섬에 난을 피하여 들어간 것으로 알 수 있다.

결국 살례탑은 고종 19년(1232) 임진 정월에 서울과 지방주현에 다루가치達魯花赤라는 감독관 72명을 배치하고[6] 약간의 수비대를 머물러놓고 일단 대군을 철수시켰다. 이리하여 제1차 몽고군 유린은 한번 지나갔으나 막대한 물자요구는 아직 준행遵行되지 못하여 두통거리였다. 고려 측 집권자는

---
5) 『고려사』 권23, 高宗世家, 18년 12월조.
6) 『元史』 권208, 外夷列傳·高麗傳, 太宗 3년조.

온갖 모욕을 무릅쓰고 당면의 위기를 피하고자 이와 같이 막대한 물자까지 희생해 왔다. 하지만 앞서 원나라에 보냈던 사신 지의심池義深 일행으로부터 도망쳐 돌아온 송득창宋得昌의 정보에 의하면, 고려 측 해명과 진술은 하나도 몽고에게 만족을 주지 않는다는 이유로 지의심 이하 모든 사신이 구금되었고, 몽고군의 재침략 위험성이 다분히 보였다. 조정의 몽고군 피난의도는 더욱 굳어지고 이에 따라 조정의 강화천도는 급격히 추진되었다.[7]

몽고군은 사막 북쪽의 넓은 내륙에서 육전陸戰에 연마된 강군強軍이었다. 하지만 해상에 익숙하지 못한 단점이 있어 이는 세계가 주지하는 사실이었다. 몽고의 이 약점을 파악하고 공격과 방어에 이용할 것을 착안한 것은, 이미 고종 18년 9월에 몽고군이 황黃·봉鳳 2주州에 침범하므로 2주의 수장은 백성을 거느리고 철도鐵島〔黃州〕에 들어가고, 또 동년 10월 함신진咸新鎭〔義州〕에서는 선박의 편리함을 이용하여 머무르고 있는 몽고사람을 죽인 다음 신도新島〔龍川〕에 들어간 것으로부터 비롯되었다. 이밖에 몽고군의 약점이 노정된 것은 고종 19년 3월에 아직 양국 사이에 화전和戰의 국면이 결정되지 못했을 때, 몽고는 동진東眞의 포선만노蒲鮮萬奴를 치고자 고려에 대해 선박과 선원을 요청하여 고려 측에서 서경도령西京都領 정응경鄭應卿, 전 정주부사靜州副使 박득분朴得芬을 시켜 선박 30척과 선원 3천 명을 거느리고 용주포龍州浦를 출발하여 몽고에 보냈을 때의 일이었다.

몽고침략 당초부터 폭로된 몽고군의 수전水戰에 대한 약점은 이와 같이 고려 측에 간취看取되어 있었다. 내륙에서의 잔인포악한 약탈을 피할 길은 우선 연해의 섬에 들어가는 수밖에 없는 것을 알게 되었던 것이다. 조정 집권자들도 이러한 해도입보책海島入保策을 취하여 강화도로 천도하기를 결의했다. 그런데 일단 천도를 결정하는 단계에 들어서서는 왕을 비롯하여 조정신하들 사이에 현재의 거처를 편안하게 여기고 천도를 곤란하게 생각

---
[7]『고려사』권23, 高宗世家, 19년조.

하는 분위기가 농후했다. 이것을 뿌리치고 천도를 감행한 것은 최씨일문의 무단武斷세력이었다.8) 이렇게 고려왕조의 핵심중추가 강화도에 들어가서 이후 수십 년간 몽고의 약탈을 피한 것은 과연 전국민을 위하여 상책이었는 가는 역사상 논의를 받을 점이 많다. 이미 고종 19년(1232) 6월에 최우崔瑀의 집에서 재추宰樞들이 모여 천도를 상의할 때 유승단兪升旦은 주장한 바 있다.

> 작은 나라가 큰 나라를 섬기는 것은 어찌할 수 없는 일이며, 만약 예의禮와 신의信를 갖추어 사귄다면 상대방도 무슨 면목으로 우리를 더 괴롭히겠느 냐? 도성과 종묘사직을 버리고 섬으로 도망하여 세월을 끌어 변방의 백성으 로 하여금 장정들은 적의 칼날에 다 죽고 노약자들은 노예나 종으로 끌려가 게 하는 것은 국가를 위하여 장구한 계책이 아니다.9)

전민족의 방패가 되어 진두陣頭에 서서 끝끝내 항쟁할 용의가 없는 조정 군들에 대한 유승단의 주장에는 분명 일리가 있었다. 이후 근 30년간 수차 에 걸쳐 흉악한 적의 말발굽 아래 놓였던 민족. 결국 몽고에 의지하여 붙어 버리고 만 고려조를 생각할 때 더욱 더하다. 그러나 당면한 호랑이 같은 몽고의 위험을 면하는 데는 강화천도밖에 생각할 수 없었다.

강화도는 반도의 중부에서 한강·임진·예성의 3대강의 강어귀를 가로 막는 곳에 위치하여 개성과도 가까울 뿐만 아니라 혈구穴口·마니혈구摩尼穴 口10)의 천험天險과 갑곶甲串의 요충나루를 가지고 있었다. 더욱이 이 일대 해 역은 세계에서 드문 조류가 급한 곳으로 이른바 "천지의 험한 지세[天地之奧 口]"11)를 이루어 비록 육지에 근접해 있더라도 제해력制海力을 가진 고려로서

---

8) 『고려사절요』 권16, 高宗 安孝大王3 19년 6월조.
9) 『고려사절요』 권16, 高宗 安孝大王3 19년 6월조.
10) 原註: 崔滋, 『三都賦』.
11) 原註: 崔滋, 『三都賦』.

는 넉넉히 몽고군을 막을 수 있었다.

과연 고려집권자들은 강화에 천도한 뒤 얼마 안되어 민력民力을 징발하여 도성과 궁궐을 건설했으며, 귀족의 저택과 그들의 문화생활에 필요한 모든 시설을 송도松都의 규모 그대로 옮겨놓았다. 일례를 들면 진산鎭山과 사찰까지도 그 명칭을 개경 것 그대로 붙였다. 이와 같이 고려왕조가 강도江都12)에서 다시 예전 도성의 귀족적 생활을 누릴 수 있었던 것은 강화도가 수운水運이 편리하여 국내의 조운漕運과 국외의 무역선이 의연히 여기를 중심으로 그 기능을 발휘한 까닭이었다. 국내경제의 근거가 농산물이었던 당시에 간헐적으로 침략한 몽고군의 틈을 타서 농민들은 섬에서 나와 농사를 지었으며, 고려정권은 의연히 세금을 징수하여 조운漕運했으니, 사선死線을 돌파하여 생산에 종사하지 않을 수 없는 농민만이 무한한 고통을 받았을 뿐 강도의 귀족들은 여전히 구차함을 몰랐다. 송나라 상인이 가져온 사치품을 사용하고 팔관회八關會・연등회燃燈會 등 호화로운 향락을 계속할 수 있었던 것이다. 해운의 편리함을 가진 강도의 경제적 번영이 강도부江都賦에 다음과 같이 서술되어 있는데, 물론 이것은 문학적 과장도 있지만 한편으로 그 일면을 짐작할 수 있다.

> 성시城市가 포구이니 문 밖이 바로 배라. 꼴베러 가거나 나무를 해서 돌아가도 조그만 배에 둥실 실어 육지보다 빠르니, 땔감부족 없고 마소먹이 넉넉하여 사람은 한가하고 씀씀이 넉넉하며 힘은 적게 들고 공은 뛰어나네. 장삿배와 조공朝貢 배가 만 리에 돛을 이어 묵직한 배 북쪽으로, 가벼운 돛대 남쪽으로 돛대머리 서로 잇고 고물이 맞물어서 한 바람 따라 순식간에 팔방사람 모여드니, 산해의 진미를 실어오지 않는 물건이 없네. 옥 같은 쌀을 찧어 만 섬을 쌓아 우뚝하고 주옥이며 모피를 싸고 꾸린 것을 사방에서 모아 가득하

---

12) 고려 高宗이 몽고군사를 피해 강화도로 들어가 도읍하고 이 곳을 郡로 승격시켜 이름을 江都라 했다.〔『新增東國輿地勝覽』권12. 江華都護府, 建置沿革條〕

다. 뭇 배 와서 닻을 내리자.····13)

고려조정의 강화천도와 연해지방 주현민의 산성山城·해도海島로의 강제이동은 몽고에 대한 확실한 항거표시가 되었고, 살례탑撒禮塔은 또다시 반도를 침공해 왔다. 그러나 선박조종에 미숙한 몽고군은 강화에 침입하지 못하고 누차 사신을 보내 육지로 나올 것을 요구했으나 응하지 않으므로 그 분풀이를 본토 각지에 하기 시작했다. 즉 고종 19년(1232) 말에 몽고군은 남하하여 한양산성漢陽山城을 휩쓸고 수원 동남쪽의 치인성處仁城(龍仁)에 진격했다. 그러나 이 곳에서 살례탑이 승려 김윤후金允侯에게 살해당했다. 통쾌한 일이었으나 이후의 사태는 더욱 악화되었다.

또한 몽고군의 별동대는 멀리 영남지역으로 넘어 들어가 각지를 불태우고 약탈했다. 이 때에 대구 동북쪽 팔공산八空山 부인사符仁寺에 소장된 고려의 옛 대장경판이 병화兵火에 소실되고 말았다. 원수 살례탑이 전사함에 따라 몽고군은 목적을 달성하지 못하고 일단 회군했다.

고려의 군신을 강화에서 출륙시키지 못한 몽고는 잠시 이것을 숙제로 남기고 두만강豆滿江 하류에 둥지를 틀고 웅거한 또 하나의 존재인 포선만노蒲鮮萬奴의 동진국東眞國을 멸망시켰다. 이와 전후하여 겨우 명맥을 유지하던 금나라도 완전히 없애 동북방의 문제를 정리했다. 그리고 금후의 일반 군략軍略을 결의하기 위해 그 특유의 부족대회部族大會를 열었다. 그 결과 고종 21년(1234)에 1대隊는 먼 서방제국을, 1대는 남송南宋을, 또 별대는 고려를 계속 경략하기로 했다. 이로써 2·3년 소강상태를 얻었던 고려는 또다시 북쪽 오랑캐의 유린을 당하게 되었다. 당고唐古를 총사령으로 해서 내침한 이번의

---

13) 崔滋,「三都賦」(『新增東國輿地勝覽』 卷12), 江華都護府: "城市則浦門外維舟 蔔往檣歸 一葉載浮 程捷於陸 易採易輸 庖炊不匱 庶秣亦周 人閑用足 力少功優 商船貢舶 萬里連帆 艤重而北 棹輕而南 檣頭相續 舳尾相銜 一風頃刻 六合交會 山宜海錯 麋物不載 搗玉春珠 累萬石以魂石珎珍俚毛 聚八區而奄蒐 爭來沰而纚碇 云云···."

몽고군은 강도江都는 방치하고 고종 25년까지 전후 4년간 북쪽은 북계北界[평안도]·동계東界[함경남도]로부터 남쪽은 충청·전라·강원·경상 각 도를 마음껏 짓밟고 살육과 방화의 폭위暴威를 휘둘렀다. 유명한 경주 황룡사탑黃龍寺塔이 불탄 것도 이 때였다.

이와 같이 전국토를 4년간 능멸한 뒤 왕의 출륙과 직접 조알親朝을 요구하며 일단 회군했다. 이후 몽고는 고종 33년(1246)·39년·41년에 간헐적으로 제4차·5차·6차로 내침하여 각지를 불태우고 약탈했다. 그러나 최씨일파의 고집은 의연했다. 더욱이 제6차 침공에서는 몽고군에게 붙잡혀간 남녀가 무려 20만 6천8백여 명이며 살육당한 자는 이루 헤아릴 수 없고, 몽고군이 통과한 주군州郡은 다 잿더미가 되었다. 『고려사』에는 "몽고병란이 있은 뒤로 이보다 심한 때는 없었다"14)라고 이 때를 적고 있다.

강도에서는 최우崔瑀의 아들 항沆이 후계자로 섰다가 집정한 지 9년, 즉 고종 44년(1257)에 죽었다. 이어 비첩소생인 의宜가 집권했다가 이듬해 김준金俊 등에게 피살되어 최씨정권의 몰락했고, 정세가 일변하게 되었다. 왕은 몽고에게 과거의 모든 책임을 최씨에게 돌리고 태자 전典을 보내며 강도의 외성外城을 몽고군 감시하에 헐기 시작했다. 때는 고종 45년으로 이윽고 왕도 강도항거의 역사가 막을 내리는 직전에 세상을 떠났다. 이에 태자는 귀환하여 왕위에 오르니 이 이가 곧 원종元宗으로 이 왕에 의해 고려조정은 몽고에 굴복했다. 이후 개경開京으로 출륙은 10여 년을 요했다.

그런데 무인파武人派 잔여세력으로 끝끝내 출륙을 반대하며 몽고에 항거하던 일파가 있었다. 그들은 이른바 삼별초 난三別抄亂을 일으키게 된다. 이에 대해서는 다음 절에서 언급할 것이다.

여기에서 강도 항거시기 내내 고려왕조가 취한 일반백성의 산성해도입보정책山城海島入保政策에 대해 부언하겠다. 앞서 말한 바와 같이 고려귀족의

---

14) 『고려사』 권24, 高宗世家, 41년 12월조.

경제적 근원이 국민에게서 징수하는 조세곡과 그 민력에 있는만큼, 위정자로서 몽고군의 살육과 납치를 피해 백성을 산성山城 또는 연안 섬에 피난시키는 것은 당연한 조치였다. 그러므로 앞서 기술한 바와 같이 고려조정이 강도입보江都入保와 동시에 전국적으로 주군州郡백성들을 산성과 섬으로 피난시켰다. 이를 강행한 사실을『고려사』에서 볼 수 있다. 그런데 그 중에는 지시에 응하지 않는 농민들이 있었으므로 이들을 위협하고 심지어 농가를 불지르며 죽이기까지 했다. 그 현저한 예로『고려사』고종 42년(1255) 3월에 나타나는 다음의 기사는 읽는이의 가슴을 쓰리게 한다.

모든 도道의 군현들에서 산성과 바다 섬으로 들어가 있던 자들을 다 육지로 나오게 했다. 이 때에 공산성公山城에서 군현과 함께 들어갔다가 양식은 떨어지고 길이 먼 사람들은 굶어죽은 자가 매우 많았으며, 노약자는 구렁텅이에 쓰러지고 심지어는 어린아이를 나무에 매어놓고 간 자까지 있었다.15)

내륙에서 이와 같은 백성의 곤경은 약 30년 동안 계속되었으니 국력이 피폐의 길을 더듬게 된 것은 자명하다. 강도정권 내에서 최씨몰락의 한 가지 계기는 또한 이러한 데 있었다.

제2절 삼별초 난

고려왕조의 병제兵制에 대해서는 이미 약간 언급했으나 왕권의 이완과

---

15)『고려사』권24, 高宗世家, 42년 3월조: "諸道郡縣 入保山城海島者 悉令出陸 時公山城合入郡縣 糧盡 道遠者 飢死甚衆 老弱塡壑 至有繫兒於樹 而去者."

기강의 문란으로 말미암아 2군6위軍衛의 관군官軍은 이름뿐이고, 문종 이후 점차 취약해져 외적방어와 치안유지를 위하여 특수군단이 새로 조직되기 시작했다. 숙종 때 윤관尹瓘의 건의로 별무반別武班이 창설된 것도 그 하나의 현상인바, 의종毅宗·명종明宗 때에는 병권이 무신의 손으로 돌아갔고 용맹스런 장수와 씩씩한 군사는 대개 사가私家에 속하게 되었다. 최씨일문 집권시대에는 그 가병으로 도방都房·마별초馬別抄 등도 나타났는데, 고종高宗 때 관청에도 새로이 치안유지를 임무로 하는 특선군대特選軍隊인 야별초夜別抄가 조직되었다. 이것이 훗날 좌우별초左右別抄로 나뉘고, 또 몽고에서 도망하여 돌아온 사람 중에 용맹한 자로서 신의군神義軍이 조직되어 특히 몽고군에 대한 방위군으로 그 군사행동에서 야별초와 호응 연결하여 공동행동을 취하게 된다. 이것들을 총칭하여 삼별초三別抄라고 불렀다.

강도江都 중앙정권의 방패로 이러한 삼별초가 시대에 응하여 출현한 데 따라 지방에서도 주현州縣별초 또는 경외京外별초가 나타났다. 지방별초로 사서에 그 활동을 보이는 것은 도호〔안북〕별초都護〔安北〕別抄·위주별초渭州別抄·태주별초太州別抄·부령별초扶寧別抄·우봉별초牛峰別抄·교동별초喬桐別抄·등주별초登州別抄·대부도별초大府島別抄·충주별초忠州別抄·북계별초北界別抄 등이다.16)

정권을 농단하고 병권을 장악한 최씨일파의 무인계급이 이 삼별초의 지배권을 가진만큼 삼별초는 때로 무인계급의 사병私兵같이 그 수족처럼 이용된 일도 있었다. 그러나 결코 본래의 사명인 왕성한 반몽反蒙군대로서의 전통은 끝끝내 지켰다.

고종 말년 강도에 웅거하여 몽고에 항거하던 최씨일문은 그 독선적 무단정치武斷政治에 파탄을 일으켜 드디어 몰락하고, 국왕 및 문신들의 온건파는 종래 항몽抗蒙태도를 버리고 출륙하여 항복을 추진했으나 항복으로 말미

---

16) 金庠基, 「三別抄와 그의 亂에 對하여」(『東方文化交流史 論攷』, 乙酉文化社, 1984).

암아 전통을 잃는 무인계급武人階級은 이것을 용납할 수 없었다.

최씨일문을 몰락시킨 뒤 무인계급 간에는 내부적 세력 싸움으로 살육이 지속되어 최의崔竩를 죽인 김준金俊은 또다시 임연林衍에게 멸족을 당했다. 그런데 김준은 무인계급으로서 대세에 끌려 몽고와의 화의에 적극적인 거부를 못하고 수서양단首鼠兩端으로 애매한 태도를 취했다. 그런 까닭에 강경파 임연이 이것을 묵시할 수 없어 김준을 없애고 친몽親蒙국왕 원종元宗을 폐립했다. 곧 원종 9년(1268)의 일이다. 그는 안경공安慶公 창淐을 옹립했다. 그러나 몽고를 배경으로 한 국왕의 폐립은 내외에 큰 반향을 주어 국내에서는 최탄崔坦·한신韓愼 등이 서경일대에서 반기를 들어 몽고에 투항했고, 장군 조윤번趙允璠 등의 임연 제거음모가 발각되는 등 나라사람들의 반대운동이 매우 활발했다.

한편 임연이 몽고에서 돌아오던 태자를 붙잡으려다가 실패하고 도리어 태자는 다시 연경燕京으로 되돌아가 국내의 정변을 고하고 구원병을 요청했다. 몽고는 이 기회를 이용해 고려의 반몽무인파反蒙武人派를 철저히 제거하려고 도모했다. 결국 몽고의 신속하고도 강압적인 간섭으로 원종은 복위되었다. 이후 몽고황제의 초청으로 10년(1269) 12월 연경燕京으로 향했는데, 이것을 계기로 고려왕실과 권신 무인일파는 완전히 분리되어 왕실은 몽고세력에 의해 무인계급과 대립하게 되었다. 이에 임연은 출륙환도出陸還都에 반대하여 적극적 저항을 시도하고 지방에도 격문을 띄워 야별초를 여러 도에 보내서 백성을 독촉하여 해도에 이주시키기를 추진하니, 지난해 최씨일파의 입해청야入海淸野의 항몽책抗蒙策을 또 강행하고자 한 것이다. 그리고 그 세력은 상당하여 몽고의 신하 중에도 함부로 고려에 출병하는 것보다 고려 내부의 세력분립으로 그 기세를 약화시켜 점차 그 목적을 달성할 것을 진언[17]하기도 했다.

---

17) 『元史』 권208, 外夷列傳, 高麗傳, 至元 6년조.

임연은 이와 같이 철저히 항몽을 하다가 죽고 그 아들 임유무林惟茂는 아버지의 뜻을 계승하여 항몽운동을 계속했는데, 국내의 임씨를 둘러싼 세력은 아직 온전한 바가 있어서 몽고의 구원병을 데리고 귀국길에 오르는 원종도 상당히 초조함을 느꼈다. 원종은 명분론名分論을 방패로 임유무 측에 대해 내부교란의 방책을 취했다. 곧 임유무의 자형인 어사중승 홍문계洪文系와 직문하성사直門下省事 송송례宋松禮가 임유무에게 심복하지 않는 분위기를 알아차리고, 그들을 움직여 신의군神義軍의 위사장衛士長으로 있는 송송례의 두 아들 송분宋玢과 송염宋琰에게 사직을 호위하는 대의명분을 표방하여 삼별초군을 움직임으로써 임유무를 제거했다.18)

그러나 삼별초 군은 원종의 출륙항복出陸降伏까지도 복종하지는 않을 것이므로 조만간 원종의 친몽책과 충돌을 면치 못할 형세였다. 몽고에게 복종을 위한 출륙환도는 당시의 상태로는 무인파武人派의 반대뿐만 아니라 일반 백성들도 큰 불안을 느꼈다. 앞서 고종 46년(1259)에 강도성곽을 헐기 시작할 때 사람들이 피난배를 다투어 사들임으로써 배값이 등귀했다는 기사가 보인다.19) 확실히 이 단계에서 원종이 몽고의 힘을 빌려 강압적으로 출륙항복을 하려는 친몽책은 우리 민족의 감정으로서도 얼른 허용될 수 없어서 민심에 미묘한 동요와 반발심을 주게 되었다. 이것이 삼별초를 혁파한 것과 맞물려 격화 폭발되니 삼별초의 난이야말로 언제나 복잡한 외세의 간여가 가끔 빚어지는 우리나라 역사상의 비극의 하나로 볼 수 있다.

원종 11년(1270) 5월 23일에 왕이 마침내 재추宰樞에 지시하여 옛 서울로 환도할 기일을 선포하니 삼별초는 분연히 반대결의를 보이고 창고를 마음대로 열어 재물을 소비했다. 원종은 먼저 무마수단으로 25일에 상장군 정자여鄭子璵를 강화도에 보내 타일렀으나 삼별초가 응하지 않자, 드디어 29일에

---

18) 『고려사절요』 권18, 元宗順孝大王 庚午 11년 5월조.
19) 『고려사』 권24, 高宗世家, 46년 6월조.

는 삼별초를 혁파하고 그의 명부名簿를 몰수하니, 삼별초는 그 명적名籍이 몽고 측에 알려질 것을 두려워 더욱 반란을 결심하게 되었다. 그 때 삼별초의 지휘자는 배중손裵仲孫·노영희盧永禧 등이며, 그들은 먼저 "몽고군사가 대거 이르러 백성들을 살육한다"[20]하여 민중을 격앙 또는 공동恐動시키고, 다시 "무릇 나라를 돕고자 하는 자는 모두 구정毬庭으로 모이라"[21]하여 강도의 관민을 규합하여 기세를 올리고 단속을 굳게 했다. 그리고 금강고金剛庫 무기를 꺼내 군졸에게 나누어주고 장비를 강화하여 섬 안에서의 항쟁을 조정하며, 왕족 승화후承化候 창溫을 왕으로 옹립하고 관부官府의 배치와 관원의 임명을 결행하고 옛 서울에 돌아간 개경정부에 대해 새로운 정권을 수립했다. 이것은 귀족적인 국왕과 여러 신하를 완전히 무시하고 어디까지나 몽고에 항거하겠다는 굳은 결의를 표명한 것이고, 또한 최씨계통의 무인계급의 전통이 여기에 최후로 약동躍動한 것이다.

그러나 모든 정세의 추이는 이 운동의 진행에 장애가 되어 삼별초 군의 수뇌부는 차차 강화도를 버리고 남하하여 진도珍島로 옮기는 것을 계획하지 않을 수 없었다. 그것은 『고려사』 배중손전裵仲孫傳에서 볼 수 있다.

강화를 수비하던 병졸들이 대부분 도망하여 출륙出陸했으므로 적들도 수비할 수 없음을 자각하고 강화에 있는 배들을 전부 모아 그 배에 공·사의 재물이며 자녀들을 싣고 남녘으로 내려갔다.[22]

이미 강대한 몽고를 등진 친몽파가 분파된 이 단계에서는 강화에 강제적으로 잔류한 관민이 많았다. 그 중에는 싫어하고 괴롭게 여기는 마음을

---
20) 『高麗史節要』 권18, 元宗 順孝大王 庚午 11년 6월: "狄兵大至 殺戮人民 凡欲輔國者 皆會毬庭."
21) 위의 책.
22) 『고려사』 권130, 叛逆列傳4, 裵仲孫傳: "江華守卒 多亡出陸 賊度不能守 乃聚船艦 悉載公私財貨及子女 南下."

품은 자도 없을 수 없었다. 더욱이 조강祖江 하나를 사이에 두고 개경과 가까운 강화에서 대항한다는 것이 여러 가지 지장과 불리한 사태에 직면할 것은 당연한 일이어서, 적대자와 멀리 떨어진 곳에 항거지를 옮겨 민심을 쇄신할 필요가 있었다. 당시에 있었던 민심동요의 한 표현으로 볼 수 있는 이런 일도 있다. 즉 판태사국사判太史局事 안방열安邦悅이 환도할 때에 그 거취를 정하기 어려워 하다가 봉은사奉恩寺에 봉안된 태조의 화상 앞에서 점을 쳐보았는데 "반은 생존하고 반은 멸망할 것[半存半亡之兆]"라는 점괘가 나오니 생각하기를 멸망할 자는 출륙할 자요, 생존할 자는 삼별초를 따라 바다로 들어가 남하하는 자를 가리키는 것이라 하여 삼별초 군에 따라 남하했다는 것이 역시 『배중손전』에 보인다.

또 안방열은 "용손龍孫은 12대에서 끝나고 남녘으로 향해 가서 새로 국도를 건설한다"23)라며 도참설圖讖說이 맞았다는 말을 유포했다. 여기에서 삼별초 측의 바다로 들어가 남하하는 것을 합리화하는 공작工作이 많았음을 볼 수 있다.

삼별초 군은 원종 11년(1270) 6월 2일·3일에 거사하여 창고를 약탈하며 도적圖籍을 불사르고 바다로 들어갔는데 「배중손전」에 그 상황을 다음과 같이 묘사하고 있다.

> 배들을 모두 모아 그 배에 공·사의 재물이며 자녀들을 싣고 남녘으로 내려갔는데, 구포仇浦로부터 항파강缸破江에 이르는 거리에 무려 1천여 척의 배가 서로 꼬리를 물게 되었다. 당시 조정의 백관들은 모두 왕을 맞으러 나가고 그의 처자권속은 모두 적에게 노략질당하여 통곡소리가 천지를 진동하였다.24)

---

23) 『고려사』 권130, 叛逆列傳4, 裵仲孫傳: "龍孫拾二盡 向南作帝京."
24) 『고려사』 권130, 叛逆列傳4, 裵仲孫傳: "乃聚船艦悉 載公私財貨及子女 南下 自仇浦至缸破江 舳艫相接 無慮千餘艘 時百官咸出迎王 其妻孥 皆爲賊所掠 痛哭聲振天地."

삼별초의 이른바 권토입해捲土入海로 인하여 송도 서울(松京) 측의 인적·물적 손실은 막심했다. 원종 12년(1271)에 몽고에 보낸 국서國書 중에 "국내에 축적했던 식량과 물자들을 작년에 역적들에게 약탈당하고 남은 것이란 없다"25) "우리나라의 축적은 육지로 나올 때 모두 역적들이 약탈해 갔다"26) 라고 한 것은 반드시 과장도 아니라고 본다. 이와 같이 강도를 휩쓴 삼별초는 강화도의 서북쪽 구하리鳩下里 부근에서 육지를 떠나 교동喬桐해협을 경유하여27) 일로 남쪽으로 향했다.

그런데 일행이 진도珍島에 들어가 웅거한 것은 동년(원종 11) 8월 19일로 기록되어 있으니, 이는 그간 전후 74일을 소요했음을 말한다. 그간의 행동에 대해서는 기록이 결여하여 불명하나 추측컨대 진도에 곧장 직행한 것은 아니고 서남쪽 연안과 섬들을 경략하면서 진도로 들어간 모양이다.28) 중도의 6월 13일에는 송도 서울의 정부가 김방경金方慶을 역적추토사逆賊追討使로 임명하여 군사 60여 명과 몽고 송만호宋萬戶 등 1천여 명을 거느리고 이들을 추격시켰다. 해중海中에서 적선이 남양南陽 앞바다 영흥도靈興島에 정박하여 있는 것을 보고 김방경이 이를 공격코자 하니 송 만호가 두려워하여 이를 저지하고 적선은 달아났다는 기록만 보이고 있다.29) 당시 송경 측은 정규군조차 없고 그 대부분은 삼별초로 휩쓸려 가서 토적작전討賊作戰을 몽고군에 전적으로 의존할 지경이며, 해전에 익숙하지 않은 그들로서는 삼별초의 남하선단을 추격하지도 못했던 모양이다.

삼별초가 최후로 들어가 거점으로 삼은 진도는 더 말할 것도 없이 반도 서남방면 해상의 요충지로, 신라시대 장보고張寶高의 완도莞島웅거라든지 고

---

25) 『고려사』 권27, 元宗世家, 12년 春正月: "內外蓄積 去年爲逆賊偸掠 無遺."
26) 『고려사』 권27, 元宗世家, 12년 2월: "小邦蓄積 方就輸時 悉爲逆賊攘奪."
27) 金庠基, 「三別抄와 그의 亂에 對하여」(『東方文化交流史 論攷』, 乙酉文化社, 1984), p.165.
28) 상게서, p.167.
29) 『고려사절요』 권18, 元宗 順孝大王, 庚午 11년, 6월조.

려 초기 왕건의 후백제 봉쇄작전 등 이미 그 위치가 역사적으로 중요시된만큼 경상도·전라도의 조운漕運의 대동맥으로서 넉넉히 제2의 강화도 역할을 할 수 있는 곳이다. 원종 12년 3월에 몽고에 보낸 국서 중에서 여실히 그 경제적·군사적 중요성을 알아볼 수 있다.

> 경상도·전라도의 공물과 부세(貢賦)는 다 육상운수로 나르지 못하고 반드시 바다로 운반해야 한다. 그런데 지금 역적들이 거점으로 삼고 있는 진도는 해상수로의 목구멍과 같은 요충지점인 까닭에 왕래하는 선박들을 그 곳으로 통과시킬 수 없다.…30)

진도에 웅거한 삼별초는 용장성龍藏城을 쌓고 궁전을 건축하여 도성으로서의 시설을 구축했다. 그리고 여기를 중심으로 남해南海·창선彰善·거제巨濟·제주濟州 등을 비롯하여 30여 섬을 통솔 하에 두어 대 해상왕국을 이루었다. 특히 남해에는 그들의 중견지도자인 유존섭劉存爕이 웅거하여 진도와 선박을 통해 서로 의지하는 형세를 취했다. 그리고 승화후承化侯는 황제로 호칭하여 주군州郡을 혼란시키고, 전라도안찰사에게 명령하여 백성을 독촉하여 수확한 곡식을 바다섬으로 옮기게 했다. 또 장흥長興을 비롯하여 합포合浦(마산)·금주金州(김해)·동래東萊(부산) 등 연안요지는 물론이고 깊수이 나주羅州·전주全州까지의 본토로 진공했다. 금성산성錦城山城(나주)에서는 수일에 걸치는 격전을 치르며 그 위력을 보이기도 했다.

삼별초의 위세가 이와 같이 왕성하므로 국내의 인심이 매우 동요했다. 주군州郡 중에는 형세에 따라 항복하여 혹은 진도에 가서 승화후를 알현하는 자도 나타났다. 실례를 몇 가지 든다면 밀양密陽지방에도 진도에 합세하

---

30) 『고려사』 권27, 元宗世家, 12년 3월: "慶尙全羅貢賦 皆未得陸輸 必以水運 今逆賊舉於珍島 玆乃水程 之咽喉 使往來船楫 不得過行 … 云云."

려는 도당이 봉기하여 청도현감淸道縣監을 암살한 사건이 있었다. 또 송경에서도 관노 숭겸배崇謙輩가 다루가치와 도성 안 고위관리들을 살해하고 진도에 들어가려 한 음모가 있었으며, 이 사건은 남양南陽의 대부도大部島반란에도 영향을 끼쳤다.[31]

이와 같이 삼별초 난이 중대화重大化되었는데 송경과 몽고 측에서는 어떠한 대책을 세웠는지 그것을 살펴보기로 하자. 6월 13일에 송경 측은 김방경을 역적추토사로 임명하고 몽고군과 더불어 해상으로 추격하게 하며, 또 참지정사參知政事 신사전中思佺으로 전라도토적사全羅道討賊使를 삼아 연안주현의 방어를 지휘하게 했으나 수륙 양군이 모두 위축되어 당시 송경의 빈약한 군사력과 수십 년간 몽고군에 압제된 주군의 관병으로는 아무런 힘을 쓰지 못했다.

제1차 추토군追討軍으로 성과를 보지 못한 송경松京정권은 동년(원종 11) 9월에 다시 장군 양동무楊東茂·고여림高如霖 등을 시켜 배를 타고 진도를 공격하게 하며, 신사전 대신 김방경을 전라도추토사로 임명하고 몽고원수 아해阿海와 함께 진도를 치게 했다. 이로부터 김방경은 통수統帥의 자격으로 몽고군과 같이 진도를 공략하게 되었다.

몽고 측에서도 고려의 삼별초 난은 경시할 수 없는 사태로 본격적인 진압을 도모했다. 그 이유는 원종과 그 신하들을 회유하여 고려를 그의 외번外藩으로 삼자는 정책에 지장을 초래하고, 몽고황제 세조世祖의 숙원인 동정東征계획에 지장이 되어 삼별초가 해상에서 항전하면 일본경략을 마음놓고 수행할 수 없었기 때문이다. 그러므로 삼별초 난은 몽고가 그 정책상 적극적으로 상대하지 않을 수 없었다. 그리하여 몽고는 원종 11년 7월에 두련가頭輦哥를 배천白川에 주둔시켜 대군으로 뒤에서 누르며, 아해에게 병력을 주어 송경에 진출하여 안무사安撫使의 명목으로 고려조정을 감시하고, 다시 홍

---

31) 金庠基,「三別抄와 그의 亂에 對하여」(『東方文化交流史 論攷』, 乙酉文化社, 1984), pp.168~169.

다구洪茶丘로 하여금 전라·경상·동계東界 3도道를 순시시켰다. 그리고 이미 동정의 준비를 겸하여 고려에 둔전책屯田策을 쓰기 시작하여 원종 12년(1271) 3월에는 고려조정의 간청을 무시하고 흔도忻都·사추史樞·홍다구 등으로 하여금 둔전경략사屯田經略司를 설치하고, 약 4천 명의 몽고군과 약 2천 명의 홍다구의 예속백성[舊領民: 고려인]으로써 황주黃州·봉주鳳州(봉산)·금주金州(김해) 등지에 둔전을 실시했다. 몽고는 이와 같이 한걸음 또 한걸음 세력을 고려에 부식하면서 송경 측과 긴밀한 제휴하에 삼별초를 압박하니 삼별초군의 세력은 점점 위축될 수밖에 없었다.[32]

그러나 진도공격의 해전에서 몽고의 아해군阿海軍은 역시 용감하지 못했고, 당초에 삼별초 군은 술책으로 김방경을 직위에서 해임시켜 상대편에 혼란을 주는 등 자못 유리한 지위에 처했다. 그러나 얼마 뒤 김방경이 다시 원통함을 풀고 기용되자 원종 11년 12월에 여몽연합군의 공격이 재개되었다. 이 때 김방경의 죽음을 무릅쓴 전투가 그의 전傳에 다음과 같이 보이고 있어 피아의 공방전이 눈앞에 생생하다.

김방경이 진도에 이르니 반적들이 모두 배를 타고 기치들을 수많이 펼쳐 꽂았으며, 징소리와 북소리가 바다를 끓어 번지듯 요란했다. 또 성 위에서는 북을 울리고 아우성을 치며 큰소리를 내어 기세를 돋우고 있었다. 아해는 겁을 내어 배에서 내려 나주로 퇴각하여 주둔하려 했다. 김방경이 말하기를 "원수가 만일 후퇴한다면 이것은 우리의 약점을 보여주는 셈이다. 적들이 승승장구하여 들이닥치면 누가 그 창끝을 당해낼 것인가?…" 하니 아해가 감히 퇴각할 수가 없게 되었다. 김방경이 홀로 군사를 거느리고 공격해 들어가니 반적들은 전함으로 역습을 해왔는데 원나라 군사는 모두 퇴각했다. 김방경이 말하기를 "결승은 오늘 해야 한다"라고 하면서 적진에 돌입하니 적들이 그가 탄 배를 포위하여 사방에서 압박하면서 자기 진영 측으로 몰아갔다.

---
32) 상게서, pp.170~172.

김방경과 군사들이 죽을힘을 다하여 싸웠으나 화살도 돌도 다 떨어졌을 뿐만 아니라 또 모두가 화살에 맞아 일어나지 못했다. 김방경의 탄 배가 진도의 기슭에 닿게 되니 적의 한 군졸이 칼날을 번득이며 배 안에 뛰어들었다. 김천록金天祿이 짧은 창으로 그를 찔러 넘어뜨렸다. 김방경이 일어나면서 말하기를 "차라리 고기 뱃속에 장사를 지낼지언정 어찌 반적들의 손에 죽겠느냐?"라면서 바다에 몸을 던지려 했다. 그러나 시위병이었던 허송연許松延·허만지許萬之 등이 그것을 말렸다. 이 때 부상당한 군사들이 김방경이 위급한 것을 보고 소리를 내지르면서 일어나 급히 싸웠으며 김방경은 호상胡床에 앉아 군사들을 지휘했는데 안색이 조금도 변하지 않았다. 이 때 장군 양동무楊東茂가 몽충蒙衝을 타고 돌격해서 싸움이 조금 풀리게 되어 포위를 뚫고 나오게 되었다.33)

김방경의 이와 같은 사투에도 불구하고 진도는 용이하게 공멸할 수 없어 그 후 몽고 측에서는 회유책도 써보았으나 그것도 아무런 보람이 없었다. 그래서 결국 해군船軍을 충분히 준비하여 본격적으로 공격할 방책을 도모하고 원종 12년 5월에 김방경과 흔도가 작전을 협의하여 진도를 강습强襲함으로써 방심하고 있던 적의 본거지를 복멸覆滅하게 되었다. 반란군은 처자를 버리고 달아났고, 강도의 사대부 여인과 진귀한 보물과 진도거주 백성은 많은 몽고군에게 약탈당했다. 김방경은 적을 무너뜨리고 추격하여 남녀 1만여 명, 전함 수십 척을 포획했고 나머지 적들은 탐라로 도주했다. 김방경이 얻은 쌀 4천 석, 재화와 장비는 모두 서울로 운반했다 한다.

진도공격에서 몽고군의 화기火器, 곧 화창火槍·화포火礮·화전火箭은 당시

---

33) 『고려사』 권104, 金方慶列傳 : "方慶至珍島 賊皆乘船 盛張旗幟 鉦鼓沸海 又於城上 鼓譟大呼 以助聲勢 阿瓥怯 下船 欲退屯羅州 方慶曰元帥若退 是示弱也 而賊乘勝長驅 誰敢當鋒 … 阿海不敢退 方慶獨帥師攻之 賊以戰艦 逆擊之官軍皆退 方慶曰決勝在今日 突入賊中 賊圍之 驅迫以去 方慶士卒 殊死戰 矢石俱盡 又皆中矢 不能起 已薄珍島岸 有賊卒 露刀跳入船中 金天祿以短矛刺之 方慶起曰 寧葬魚腹 安能死賊乎 欲投海 衛士許松延許萬之等 挽止之 創者見方慶危急 叫呼復起疾戰 方慶據胡床 指揮士卒 顔色自若 將軍楊東茂 以蒙衝突擊之 賊乃解去 遂潰圍而出"

의 최신식 무기로 활·화살·칼·창 등의 재래식 무기로만 항거한 삼별초 군에 다대한 타격을 주어 결국 패망하게 했다.34)

　진도에서 무너져 패한 삼별초는 이미 결정적 운명에 직면했다. 그 잔당이 제주도에서 최후의 항거를 했으나 결국 원종 14년(1273)에 철저히 공멸당할 때까지 시일을 끌었지만 이미 다시 회복할 가망은 상실했다.

　고려의 항몽운동이 끝까지 바다섬으로 들어가 계속하게 된 것은 수전水戰에 익숙지 못한 몽고군의 약점을 이용한 까닭이며, 이 기간을 통해 고려의 해상활동은 각 방면에서 중요한 역할을 했다.

---

34) 金庠基, 「三別抄와 그의 亂에 對하여」,(『東方文化交流史 論攷』, 乙酉文化社, 1984), p.191.

제4장 여몽연합군의 동정

제1절 원의 제1차 동정의 곡절

몽고의 태종太宗·정종定宗·헌종憲宗 3대를 통한 약 30년 동안에 걸친 고려정벌은 양국의 원수元首가 바뀌면서 새로운 국면을 보였다. 즉 원나라의 헌종이 송나라를 정복하는 전쟁중도에 촉蜀지방의 합주合州 조어산釣魚山 행재소에서 사망한 무렵 고려 고종高宗도 다년간의 병란을 견디다 못하여 세자 식植[후의 원종]을 사신으로 보내 이미 굴복의 뜻을 표명하고 있었다. 헌종 대신으로 즉위한 세조世祖는 왕식을 후하게 대접하고, 때마침 고려본국에서 고종도 죽자 왕위를 계승하게 하는 동시에 단연히 고려에서 군대를 돌이키고 회유의 수단을 쓰기 시작했다.

이와 같이 고려왕실이 친몽으로 기울어가는 한편에서 무인계급 일파는 강도에서 끝까지 항거의 길을 취하여 이른바 삼별초 난을 일으키게 되었으나. 수년 뒤 원나라의 지원至元 원년(원종 5년, 1264)에 황제의 동생인 아리불화阿里不花의 반란이 평정되고, 여러 왕과 제후가 상도1)로 조회했을 때는 고려 원종元宗이 몽고의 한 번후처럼 대우를 받고 여기에 참여함으로써 대세는 결정

---

1) 原註: 灤河 上流.

되었다. 고려의 복속을 계기로 세조일대의 웅대한 구도가 착상되었다. 이윽고 반도뿐만 아니라 일본을 번국으로 예속시키려 한 것이 곧 그것이었다.

세조의 이 의도는 지원 3년(1266) 겨울에 일본조유사日本詔諭使 파견으로 구현되었다. 사신은 흑적黑的과 은홍殷弘으로서 "대몽고황제봉서일본국왕大蒙古皇帝奉書日本國王…"이라는 국서2)를 지참했으며, 원나라는 이들을 고려왕의 향도로 보내게 했다. 세조는 원종에게 이 중대한 임무를 회피하지 못하도록 조서를 보내왔다.

바람과 파도가 심하여 갈 길이 험악하다는 말로 구실을 삼지 말며, 아직도 〔일본과〕 통호한 적이 없다는 말로 나를 이해시키려 하지 말 것이다. 그들〔일본〕이 나의 명령을 순순히 좇지 않아 일이 잘되지 않을까 걱정되므로 〔일본으로〕 가는 사신을 부탁한다. 경卿의 충성이 이 일에서 명백해질 터이니 경은 모든 힘을 다할 것이다.3)

그렇지만 세조의 이 명령은 결국에는 수포로 돌아갔다. 그것은 고려중신 이장용李藏用이 일본에 건너가는 것을 싫어하는 흑적黑的과 공모하여 계획적으로 2명의 사신을 거제도에 보내 바람과 파도의 위험을 이유로 그대로 북쪽으로 귀환시켜버린 것이다.4)

이로써 지원 3년의 사신파견은 효과가 없었고, 고려는 그 결말을 꾸며서 황제에게 보고했다. 동 4년(1267) 8월 세조는 다시 흑적과 은홍을 고려에 파견하여 그 불성실함을 질책하는 동시에 이번에는 직접 일본초유의 임무를 전적으로 다하라는 명령을 고려조정에 맡겼다. 고려에서는 엄명을 어길

---

2) 原註: 本年 八月附.
3) 『고려사』 권26, 元宗世家, 7년 11월: "勿以風濤險阻爲辭 勿以未嘗通好爲解 恐彼不順命有阻 去使爲托 卿之忠誠 於斯可見 卿其勉之."
4) 『고려사』 권102, 李藏用列傳.

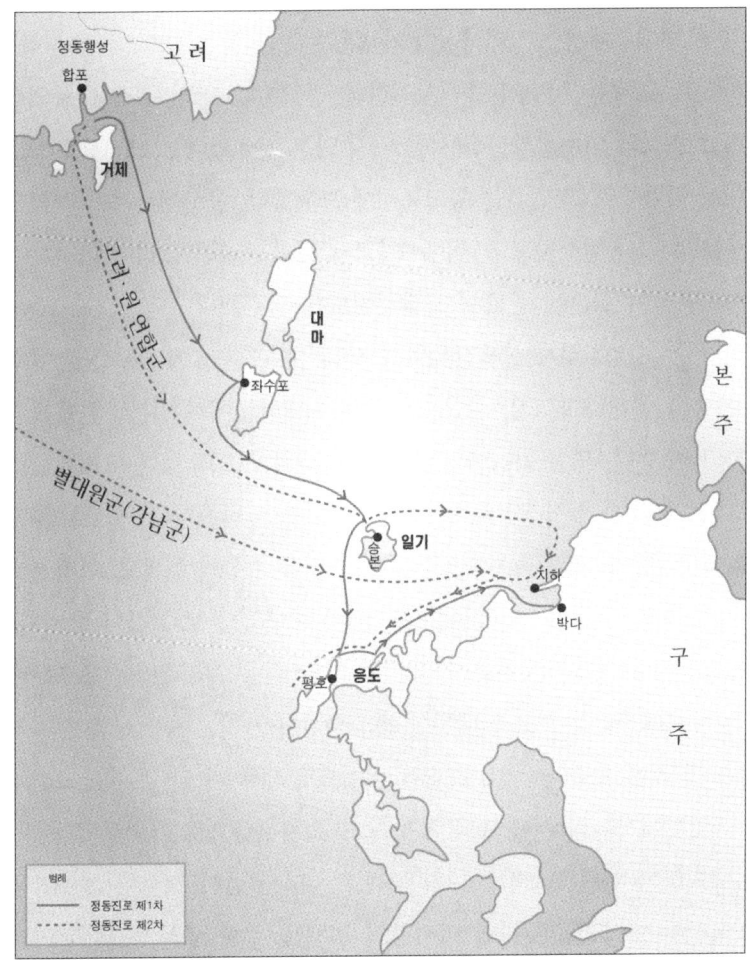

[도면 3] 고려·원나라의 일본정벌 항로

수 없어 기거사인 반부潘阜를 사신으로 전년의 몽고국서에 자국의 글을 덧붙여 일본으로 보냈다.

고려의 국서에는 몽고황제의 엄명으로 할 수 없이 사신을 보낸다는 것과 황제의 통호通好의 뜻에 부응하여 일본이 한 명의 사신을 보낼 것을 희망했다.5) 반부가 대마도를 거쳐 태재부에 도착한 것은 다음해인 1268년 정월이었다. 태재부에서는 고려사신이 가져온 두 서신을 겸창鎌倉[가마쿠라]막부에 송치하고, 막부는 이것이 중대사인만큼 경도京都[겸창]의 조정에 품의했다. 그리고 조정의 의논결과는 답서를 내지 않는 것이었다.6) 그러므로 반부는 그대로 귀환하여 그 결과를 몽고조정에 보고했다. 몽고에서는 고려의 불성의不誠意를 거듭 질책하고, 11월에 3차로 흑적과 은홍을 고려에 파견하여 중신重臣을 붙여 일본에 반드시 도달시키도록 명령했다.

고려는 지문하성사 신사전申思佺과 시랑 진자후陳子厚에 반부를 붙여 흑적과 은홍을 안내하여 도일시켰는데, 일행은 대마도에서 일본관헌에게 거절당하고 섬 주민 2명을 붙잡아 귀환했다. 신사전과 흑적 등은 고려에 귀환한 뒤 다시 몽고에 가서 2명의 포로를 몽고조정에 받쳤더니, 세조는 대단히 기뻐하며 2명의 포로에 대해 조알하러 온 것을 가상히 여기고, 연경 만수산萬壽山의 옥전玉殿 등을 두루 구경시킨 뒤 일본에 송환토록 했다.7) 지원 6년(1269) 7월에 고려에서는 김유성金有成·고유高柔 등을 시켜 2명의 포로를 압송하는 동시에 2명의 포로를 대동한 몽고사신이 가져온 중서성의 첩지와 또 고려의 국서를 보냈다.8) 일본초유는 이것으로 제4회가 된 셈이다. 그러나 이때도 일본에서는 답서를 보내오지 않고 요령부득으로 그만두었다.

이리하여 지원 7년(1270) 12월에 세조는 당시 섬서로선무사陝西路宣撫使였던 여진인 조양필趙良弼에게 비서감의 직책을 주어 일본국신사로 임명했다.9) 즉 제5회의 사신파견을 도모한 것이다. 그 초유招諭에는 일본의 통빙

---

5) 『고려사』 권26, 元宗世家, 8년조.
6) 『深心院關白記』, 文永 5년 2월·3월조.
7) 『고려사』 권26, 元宗世家, 8년·9년·10년조.
8) 「贈蒙古國中書省牒」, 『本朝文集』 67).
9) 『元史』 권7, 世祖本紀, 至元 7년 12월조.

을 촉진하는 동시에 군대를 사용할 의도가 있는 것을 암시했다.

특히 소중대부 비서감少中大夫秘書監 조양필을 국신사로 임명하여 국서를 보내노니 이에 대해 일본에서도 사신을 보내온다면 친인親仁·선린善隣이 나라의 아름다운 일로 될 것이며, 만약 머뭇거려 군사를 움직이게 된다면 불행이 클지라 왕은 이것을 잘 살펴서 처사하라.10)

그리고 이와 동시에 세조는 따로 고려에 지시하여 조양필과 같이 고려에 보낸 홀림치忽林赤 왕국창王國昌·홍다구洪茶丘 등의 여러 장수가 거느린 몽고군을 몽고사신의 출발지 금주金州〔김해〕에 주둔시키고 부근에 있는 고려함선을 이리로 집결시키고자 하니, 이것은 간접으로 일본을 위협할 의도에서 나온 것이다.11)

또 세조는 조양필이 출발하기 전에 고려에서 항거하는 삼별초 군을 본격적으로 빨리 토벌하는 한 방도를 겸하여 동정東征준비의 일환으로 고려에 둔전계획을 세웠다. 즉 둔전경략사屯田經略司를 두어 이미 와 있는 고려주둔군 4천 명에 중위군中衛軍 2천 명을 추가로 보내 둔전군으로 삼았다.12) 조양필도 당초에 둔전경략사로 부임했는데 이는 본인이 자청하여 일본에 가게 된 것이다. 이것으로 보아 일본의 복종을 독촉하는 평화적 교섭은 이번 사신파견이 최후이며, 만약 일본이 의연히 고집을 편다면 무력을 행사하여 뜻을 관철하려고 결심한 것임을 알 수 있다.

이와 같이 지원 7년(1270) 말에 세조는 조양필을 일본국신사로 임명하는 동시에 출병의 준비로 둔전계획을 세운 것이다. 해가 바뀌어 이듬해 정월

---

10) 『元史』 권208, 外夷列傳, 日本, 至元 6년 12월: "特命少中大夫秘書監趙良弼充國信使 持書以往 如卽發使與之偕來 親仁善隣 國之美事 其或猶豫以至用兵 夫誰所樂爲也 王其審圖之."
11) 『고려사』 권27, 元宗世家, 12년 春正月조.
12) 『元史』 권7, 世祖本紀, 至元 7년 11월조.

15일에 조양필과 홀림치 왕국창·홍다구 등 40명의 일행이 고려의 국도 송경松京에 도착했다. 그리고 둔전경략사 흔도忻都·사추史樞 등은 3월 3일에 입경했다. 이것을 계기로 종래 진도의 삼별초 군 공격에 성적이 좋지 못한 몽고장수 아해阿海를 파면하고 대신 고려군과 협력하여 진도를 함락시키도록 했다. 몽고와 고려 연합군의 힘에 밀린 삼별초의 나머지 무리는 탐라도로 도주하게 되었는데13) 이것은 5월 중순의 일이었다.

한편 일본에 가려 했던 조양필은 고려에 머물고 있었다.14) 고려가 다시 한번 원나라의 의도를 일본에 전하고자 단독으로 사신을 보냈기 때문이었다.15) 결국 9월에 김해를 출발한 조양필은 대마도를 경유하여 박다博多에 이르러 "지난 날 몇 번의 첩장牒狀에 대해 한 번도 답장을 얻지 못했으니 이번에는 직접 경도京都에 가서 직접 국서를 실권자에게 전하겠다"고 주장했다. 그러나 일본 측 관헌의 거절은 실로 완강했다. 조양필도 국서를 내놓지 않고 진본을 베낀 부본副本을 제출한 뒤 11월을 기하하여 회답을 요구했다. 그러나 이번에도 일본 측은 답서를 내놓지 않았으므로 국신사 일행은 할 수 없이 귀환하지 않을 수 없었다.16) 이 때 조양필 일행은 미사랑彌四郎(야시로) 등 12명17)의 일본인을 대동하고 고려로 귀환한 뒤 서장관 장탁張鐸으로 하여금 원나라 본국에 돌아가서 일본사신이라 꾸며 말하도록 했으나, 세조는 그것이 일본국왕의 사신이 아님을 간파하고 중서성에 명하여 빨리 귀환시키도록 했다.18)

고려왕조와 원 사신들의 호도책糊塗策은 이와 같이 아무런 성과도 보지 못했다. 할 수 없이 조양필은 다시 일본으로 건너가 그들과 접촉하며 다음해 지원 10년(1273) 봄까지 1년여 동안 머물렀다.19) 그 동안의 처신은 역사상

---

13) 『고려사』 권27, 元宗世家, 12년조.
14) 『고려사』 권27, 元宗世家, 13년 春正月조.
15) 『元史』 권208, 外夷列傳, 日本傳, 至元 8년조.
16) 『吉續記』, 文永 6년 10월 24일조.
17) 『高麗史』에는 12명, 『元史』에는 26명으로 나와 있다.
18) 『元史』 권208, 外夷列傳, 日本傳, 至元 9년조.

명백하게 전해지는 것이 없으나 지난번 이상으로 노고를 다했으리라 추측할 수 있으며, 이번에도 역시 경도京都까지 가지 못했으므로 그 사명을 완수할 길이 없었음은 당연한 일이다.

때마침 패주하여 탐라도에 웅거한 삼별초 잔당도 흔도·홍다구 등 휘하의 둔전군과 고려장군 김방경의 군사에 의하여 토벌되고 있었다. 조양필의 본국귀환은 6월에 이루어졌다. 세조는 그 노고를 치하하고 일본의 실태를 상세히 기록하여 보고하게 했다.20) 세조가 일본복속을 단념하지 않는 한 결국 그에게 남은 길은 무력행사밖에 없다는 것을 알게 되었을 것이다.

제2절 정벌의 결정과 조선造船

일본의 초유招諭가 이와 같이 몇 차례 거듭되었으나 일본 측의 태도가 완고했으므로 세조의 뇌리에는 차차 무력해결 구상이 싹터 갔다. 원나라 관리들도 이 문제를 해결하기 위해서는 우선 고려 내부의 삼별초 군란을 완전히 진압해야 한다는 의견이었다. 지원 9년(1272) 11월 원나라 중신들의 의견을 『원고려기사元高麗紀事』에서는 다음과 같이 서술하고 있다.

신 등은 말합니다. 만약에 먼저 일본을 도모한다면 아직 본국[고려]의 순역順逆정황도 보이지 않는데 뒷말이 있을까 두렵습니다. 가능한 한 먼저 탐라의 적들을 평정하고 그런 연후에 만약 일본국이 과연 조양필 등을 돌려보내지 않는다면 그 때 서서히 다시 의논해도 마땅하며 후환도 없을 것입니다.…21)

---

19) 『고려사』 권27, 元宗世家, 13년 12월 : 14년 3월조.
20) 『元史』 권8, 世祖本紀, 至元 10년 6월조.

탐라정벌을 결행할 때 세조가 "만약 탐라가 귀순한다면 군대를 사용하지 않을 것이며 별도로 또한 사용할 곳이 있을 것이다"22)라고 한 것으로 보아 일본에 대한 군사행동을 시사하고 있다.

탐라도를 정벌하고 개선한 흔도忻都는 곧바로 원나라에 귀환했다. 김방경金方慶도 7월(1273)에 이르러 세조의 소환을 받고 원나라에 갔다. 세조는 김방경에게 특별히 대우했다. 사서史書에 "총애와 우대는 다른 사람이 받아본 적이 없었다"23)라고 서술할 정도였고, 이렇게 탐라정벌의 공을 칭찬한 것은 이 유능한 고려장수를 흔도와 홍다구들과 같이 일본정벌에 종사시키는 데 기대를 둔 까닭이었다.

세조는 오랫동안 김방경을 연경燕京에 체류시키며 그 사이에 일본정벌 계획을 세웠다. 이어서 연말에는 고려에 사신을 파견하여 각 도의 군량사정을 조사시켰다. 그리고 다음해(1274) 정월에는 드디어 김방경을 귀국시켰는데, 동시에 고려에 전함건조의 중대사명을 맡긴다는 뜻도 전달하게 했다.

선박건조 명령을 받은 고려는 김방경을 동남도東南道도독사, 허공許珙을 전주도全州道도지휘사, 홍록주洪祿遒를 나주도羅州道지휘사로 임명했다. 동남도도독사는 조선감독관造船監督官이며, 전주도도지휘사와 나주도지휘사는 이를테면 조선관造船官이었다. 이와 동시에 부부사部夫使로 전라도·경상도·서해도西海道·동계東界 및 교주도交州道에 파견된 대장군 나유羅裕 등 5명은 이 지방에서 공장工匠과 역부役夫 3만 5백 명을 징집하여 조선소로 보냈다.

조선소는 전주도 변산邊山과 나주도 천관산天冠山이었다.24) 그 두 곳은 모두 해변에 가까운 동시에 큰 나무가 울창하여 예부터 궁실과 선박의 재목

---

21) 『元高麗紀事』, 耽羅, 至元 9년 11월 15일: "臣等謂 若先事日本 未見本國順逆之情 恐有後詞 可先平訖耽羅賊寇 然後若日本國果不放趙良弼等返國 徐當再議 似無後患 … 云云."
22) 『元高麗紀事』, 耽羅, 至元 9년 11월 15일: "如耽羅歸順 不用兵 別亦有調用之處."
23) 『고려사』 권104, 金方慶列傳, 元宗 14년: "寵眷無比."
24) 『고려사』 권27, 元宗世家, 15년조.

을 베어낸 곳이었다. 홍다구의 지시로 정월 15일부터 역사를 시작하게 되었으니 종사자들의 분주함은 형용하기 어려울 지경이었다. 『고려사』에는 다음과 같이 서술하고 있다.

> 이 때 한길에는 각 역참의 전령·기병들이 그칠 새 없었고, 여러 가지 사무가 번거롭고 많은데다가 공사의 기한이 촉박하기가 마치 우레·번개와 같았으므로 백성들이 심히 고통스러워했다.25)

5월 말까지 크고 작은 병선 9백 척을 건조했고 나유를 원나라에 보내서 결과를 보고했다. 이 때 병선 건조감독의 임무는 동남도 도독사 김방경뿐만 아니라 홍다구도 관여했다. 그런데 『고려사』 원종세가元宗世家를 보면 원래 고려에 명령한 것은 대선 3백 척이었는데, 『원사元史』 일본전日本傳에 보이는 이른바 천료주千料舟라는 것이 이에 해당하는 것 같다. 천료주를 지내池內[이케우치] 박사는 1천 석을 적재하는 대선이라고 했다. 『이문속집집람吏文續集輯覽』에 "3백10료料에서 료는 판자 한 장이다. 판자 3백10개로 배를 만든다는 말이다"26)라 하는 한 구절을 살펴보건대, 유추하면 판자 1천 개로 만든 대선이라는 뜻일 것이다.

이밖에 홍다구洪茶丘는 발도로경질주拔都魯輕疾舟와 급수소주汲水小舟 각 3백 척을 건조한 모양이다. 발도로(Batur)라는 말은 용맹을 의미하는 몽고어이므로 이러한 속력있는 경쾌선과 보급선 등을 전함 외에 6백 척을 더 건조했던 것이다.27) 단시일에 이와 같은 많은 전함을 건조하는 데 고려가 전적으로 그 부담을 지지 않으면 안되었으니 그 고통은 실로 막심했다. 『고려사』 원종 15년(1274) 2월에 원나라의 중서성中書省에 보고한 한 구절이 있다.

---

25) 『고려사』 권27, 元宗世家, 15년, 春正月: "是時驛騎絡繹 庶務煩劇 期限急迫 疾如雷電 民甚苦之."
26) 『吏文續集輯覽』: "三百一十料 料板葉也 言以板三百一十葉作船也."
27) 『元史』 권208, 外夷列傳, 日本傳, 至元 11년 3월조.

정월 15일부터 역사를 시작했는데 그 장인들과 인부들이 3만 5백 명이니 한 사람 앞에 하루 세 끼의 식량으로 계산하여 석 달 동안이면 총계 3만 4천3백 12석 5두斗를 공급해야 할 것이다.28)

또 별도로 "조선감독 홍 총관의 군인 5백 명의 여행 중 양식 85석"29)이 보고되어 있다. 이 막대한 식량보급에 두통을 앓고 그 공급이 부족하여 동경東京 진주도晋州道 내의 계유년癸酉年(1273)의 녹봉을 돌려주기까지 했다고 한다. 그리고 그 수송의 폐단도 막심하여 고려당국에서는 홍다구에게 요청하여 여기에 매인 다수의 농민들을 절반씩 나누어 돌아가 농사를 짓도록 했다. 병선兵船의 건조방식은「김방경전金方慶傳」에 "공비를 경감하고 시기를 서두는 관계로 '만양蠻樣', 곧 남송南宋의 방식에 의하지 않고 고려식 선박으로 만들었다"고 한다.30)

당초 홍다구가 고려에서 징발하고자 한 선원은 1만 5천 명이었다. 그러나 고려는 그 경감을 요청하여 대선大船 1백26척에 대해 6천7백 명을 부담했다. 따라서 나머지 대소선大小船 7백70척에 대한 것은 원나라 본국에서 공급하게 된 모양이다. 동정東征에 종사한 병사들의 수는 총계 2만 5천6백 명인데, 그 중의 흔도휘하 4천5백 명, 홍다구 휘하 5백 명은 둔전군에서 충용되었고 5월 중순 새로이 본국에서 도착한 1만 5천 명의 군사가 참가하여 소계 2만 명이 되었다. 거기에 고려의 조정군助征軍 5천6백 명이 있는 셈이다.31)

9백 척의 병선은 6월 중순 이전에 금주金州[김해]에 도착하여 하순에는 출항發船준비도 되었는데, 이것은 3월에 세조가 동정예정을 7월중으로 명령한

---

28)『고려사』권27, 元宗世家, 15년 2월: "自正月十五日 始役 其工匠人夫三萬五百名 計人一日三時糧 比及三朔 合支三萬四千三百一十二碩五斗."
29)『고려사』권27, 元宗世家, 15년 2월: "造船監督 洪總管軍 五百人行糧 八十五碩."
30)『고려사』권104, 金方慶列傳, 元宗 15년: "造船若依蠻樣 則工費多 將不及期 … 用本國船據 督造."
31) 池内宏,『元寇の新硏究』에 의함. 그러나『고려사』권28, 忠烈王世家, 즉위년 冬十月 기사에는 제1차 동정군 총규모는 蒙漢軍 2만 5천 명, 고려군 8천 명, 梢工引海水手 6,700명으로 나와 있다.

데 따라 수행된 것이다. 그런데 때마침 고려 원종이 6월 18일 사망했으므로 대행왕大行王의 장례와 새 왕(충렬왕)의 책립冊立 등 나랏일이 분망하여 출정시기가 늦어져 10월 초에야 비로소 수행되었다.

제3절 제1차 동정의 경과

원종 15년(1274) 원나라의 지원 11년 10월 3일에 흔도忻都를 도원수, 홍다구洪茶丘와 유복형劉復亨을 우좌부원수, 고려의 김방경을 도독사都督使로 하여 몽고인과 한인漢人, 곧 북중국인과 고려인의 연합군 2만 5천6백 명은 전함 9백 척에 나누어 타고 합포, 곧 마산포를 출발했다. 동정군은 우선 10월 5일과 6일에 대마도對馬島를 기습하여 수호대守護代인 자국資國 부자 이하의 방어군을 섬멸한 뒤 14일에 일기도壹岐島을 계속 공격하여 그 섬 수호대 평내좌위문平內左衛門 경융景隆도 문제없이 전멸시키고 남하하여, 구주 서북단의 비전肥前(히젠), 곧 장기현長崎縣(나가사키) 송포군松浦郡(마쓰우라)을 공략한 뒤 축전筑前, 곧 복강현福岡縣(후쿠오카) 박다만博多灣에 당도했다. 박다만에 임박한 것은 19일이다. 다음 20일에는 육상의 전투가 전개되었다. 이 전역戰役의 경과에 대해 『고려사』 충렬왕세가忠烈王世家에는 지극히 간단하게 기록되었다.

> 일본을 정벌하러 출발했는데, 일기도에 이르러 1천여 명의 적을 죽이고 길을 나누어 진격하니 왜인이 퇴각하여 도주했다. 죽어 넘어진 시체가 삼(麻)대 쓰러진 것처럼 많았으며, 날이 저물 무렵에 포위를 해제했다. 그런데 때마침 밤중에 폭풍우가 일어나서 전함들이 바위와 언덕에 부딪혀서 많이 파손·침몰되었다.[32]

일본 측 사료도 비교적 빈약하여 『팔번우동기八幡愚童記』와 승려 일등日燈의 『일연성인주획찬日蓮聖人註畫讚』, 죽기계장竹崎季長[다케자키 스에나가]의 『몽고습래회사蒙古襲來繪詞』 등이 주요한 것들이다. 이 자료들이 종래 연구자들이 이용했던 것이나 여기에는 다만 약간의 전투모습을 살필 수 있을 뿐이다.

그러나 동정군東征軍의 상륙전투의 상황에 대해서는 여러 설이 구구하다. 지내굉池內宏 박사의 논증이 지금으로서는 최후의 성과로서 일반에게 지지支持를 받고 있는 모양이다.33) 이에 의하면 박다만博多灣에 대거 침입한 동정군은 대체로 3부대로 나누어 상륙을 강행했다. 박다만 서북편 금진今津[이마츠]과 중앙지점인 삼랑포三郞浦와 박다 인근해변에 집결한 것이다. 금진과 삼랑포 상륙부대는 주력부대의 공격을 엄호하기 위하여 왜군의 방어세력을 분산 견제하자는 작전에서 나온 듯하다. 고려군의 상륙지점은 중앙의 삼랑포였다. 『고려사』 김방경전에 기록이 있다.

삼랑포에 배를 남겨두고 길을 갈라서 진격하여 적군을 죽인 것이 아주 많았다. 왜군이 돌격해 와서 중군을 치게 되자 장검長劍이 바로 좌·우에서 번득였으나 김방경은 심어놓은 나무마냥 조금도 물러서지 않았으며, 도리어 효시嚆矢를 하나 뽑아 쏘고 소리를 높여 크게 외치니 왜군들이 놀라서 기가 죽어서 그만 달아났다. 박지량·김흔·조변·이당공·김천록·신혁 등이 힘써 싸우니 왜군이 대패하고 엎드러진 시체가 삼을 베어 눕힌 듯이 많았다.34)

원나라 군사의 목적한 바는 박다에 주력을 투입하여 일본의 북구주 기지인 태재부太宰府를 함락시키는 데 있었다. 일본 측 기록에 의하면 몽고군

---
32) 『고려사』 권28, 忠烈王世家, 즉위년 冬十月: "征日本 至一岐島 擊殺千餘級 分道以進倭却走 伏屍如麻 及暮乃解 會夜大風雨 戰艦觸巖崖多敗."
33) 原註: 池內宏, 『元寇の新硏究』.
34) 『고려사』 권104, 金方慶列傳, 元宗 15년조: "捨舟三郞浦 分道而進 所殺過當 倭兵突至 衝中軍 長劍交左右 方慶如植不少却 拔一嚆矢厲聲人喝 倭辟易而走 之亮忻怍 李唐公 金天祿 中突等力戰 倭兵大敗 伏屍如麻."

은 함선에서 군마軍馬를 하선시켜 집단적 기병으로 공격했다. 그것은 일본 내의 중세적인 일기식一騎式 승부를 짓는 오랜 전법과는 사뭇 다를 뿐만 아니라, 독을 칠한 독화살에 쓰러지는 자가 속출했다. 하여튼 10월 20일 사시, 곧 오전 10시경으로부터 전투가 시작되어 해질 때까지 왜군은 악전고투하다가 결국에는 태재부로 퇴각하게 되었다.

그러나 여원연합군은 철수하여 그날 밤에는 다시 배 안으로 회군했고 작전을 신중히 검토하는 등 다음날을 위하여 준비하다가 졸지에 태풍을 만났다. 병선의 태반이 파선되고 전사자와 그 밤에 익사한 인원이 무려 1만 3천5백여 명이었다.[35] 연합군은 고려의 합포로 회군할 수밖에 없었다.

제4절 재차동정의 준비

지원至元 3년(1266) 이래 8년간의 우여곡절 끝에 결행된 제1차 동정東征은 하룻밤의 천재지변으로 실패로 돌아갔으나, 이것으로 세조의 의지가 좌절되지는 않았다. 12년(1275) 초에 귀국한 3원수元帥에 대해 그 직책을 그대로 지니게 하고, 남송군南宋軍 이른바 만자군蠻子軍 1천4백 명을 고려에 파견하여 지원 8년 이래 원나라 군사가 둔전한 서해도 3주州에 나누어 있게 했다. 만자군의 고려주둔병은 재차 거사준비의 착수였다.

2월 9일에는 예부시랑 두세충杜世忠,[36] 병부낭중 하문저何文著 등을 일본 선유사宣諭使로 출발시켰다. 선유사가 가지고 간 국서國書는 여전히 일본의

---

35) 『고려사』 권28, 忠烈王世家, 즉위년 11월조.
36) 『고려사』 권28, 忠烈王世家, 원년 3월조에는 殷世忠으로 되어 있으나, 『元史』 권8, 世祖本紀, 至元 12년 2월조에는 杜世忠으로 되어 있음.

복종을 강요한 것으로 일본의 『관동평정전關東評定傳』에 의하여 알 수 있다. 그렇게 고려를 경유하여 바다를 건너간 선유사 일행은 그 후 소식을 끊은 채 여름과 가을을 보냈다. 일본의 태도에 큰 기대는 걸지 않았던 세조는 초겨울이 되어서 재정벌 준비에 착수하여 전함의 수리·건조와 군기제작을 고려에 명령했다. 과연 일본에 간 선유사 일행은 4월 15일 장문長門(나가토:山口縣)의 실진室津(무로츠)에 상륙한 뒤 8월에 겸창막부에 회송되었으나 무단적武斷的인 막부 당국자에 의해 죽임을 당했다.37)

원나라에서는 제1차 동정을 하는 동시에 한편으로는 남송정벌을 전개했는데, 의외로 1년여 만에 남송을 복멸시킬 수 있었다. 이것을 전후로 세조와 그 조정신하 사이에는 동정시기에 대한 재고려가 논의되었는데, '해마다 외정外征으로 백성이 피로했으니 일시 휴식한 뒤 재차 거사해도 늦지 않을 것'이라는 의견이 받아들여져 고려에도 선박건조와 화살제작을 일단 중지시키게 되었다. 이는 앞서 명령내린 뒤 2개월 만인 동년(1275) 12월의 일이었다.

이후 그럭저럭 3년이 경과되었다. 도일渡日한 두세충 등의 소식도 원나라 측에는 알려지지 않았다. 지원 16년(1279) 세조는 강남 4성에 다시 정동을 위해 병선 6백 척을 만들게 하며, 6월에는 고려에도 전함 9백 척을 건조토록 했다. 이럴 즈음 동년 8월에 일본에서 달아나 온 고려선원에 의해 두세충 일행이 겸창鎌倉에서 처형된 사실도 알려졌다. 이보다 전에 원나라는 송나라의 항장 하귀夏貴·범문호范文虎 등의 건의로 또 한번 일본조유사詔諭使를 보냈는데, 그들은 6월 25일에 대마도對馬島에 도착 후 얼마 안되어 박다博多에서 목이 벰으로써 일본은 굳은 태도를 일관되게 보였다. 원나라 측에서는 이 사실조차 모르고 8월에 세조가 대도大都 곧 북경北京에 돌아온 뒤 일본정벌의 시기를 범문호에게 물었을 때 이들 사신이 돌아온 것을 보고 정하자고 했다.

다음해 지원 17년(1280) 2월에 정동원수 흔도와 홍다구가 일본에 보낸

---

37) 『鎌倉年代記』 卷下, 建治 1년조.

사신 두세충 등이 죽었다는 것을 듣고 출정을 독촉했으나 조정의 의논은 제2차 조유사詔諭使의 소식을 기다리는 중이라 잠시 유예猶豫하게 했더니, 이 해 6월까지도 소식이 없어 세조는 범문호를 불러 동정에 관하여 모종의 논의를 했다. 아마 6년간 현안이었던 재정벌을 이제야 결행코자 했던 것으로 추측된다. 그리고 지원 17년 8월에 찰한뇌아察罕腦兒 호반의 신이궁新離宮에서 일본정벌에 관한 직전회의即前會議가 벌어졌다. 고려 충렬왕 이하 후일 동정의 막료들, 곧 범문호·흔도·홍다구 등의 참석하에 일본정벌을 위하여 정동행중서성을 설치하며, 동정의 일반방략을 의논했다.

이 막료 중 새로이 등장한 범문호는 지원 12년(1275) 즉 제1차 동정 다음 해에 원나라에 항복한 송나라 장수의 한 사람으로서 육전陸戰에는 강하나 수전에 약한 몽고군의 단점을 보강코자 세조가 기용한 송나라 장수의 하나였다. 범문호는 특히 세조의 신임을 받아 이때 흔도·홍다구와 함께 중서우승 행중서성사中書右丞行中書省事로 임명되었다. 고려 충렬왕도 이 해 12월에 역시 이 직으로 임명되었다.[38] 전번의 실패에 비추어 이번에는 세조의 준비가 그 규모에서도 컸고 결의도 굳었던 것이다. 정동행중서성이라는 기관은 그 완전한 명칭으로는 '정수일본행중서성征收日本行中書省'[39]이며, 일본정벌의 목적이 달성된 뒤에 점령지역 내의 군정軍政시행까지를 기도한 것으로, 앞서의 동정원수부를 더 확대 강화한 것이다. 이 회의에서 정한 동정의 일반방략에 대해서는 「충렬왕세가」에 다음과 같은 내용이 보인다.

홍다구·흔도는 몽고·고려·한漢의 4만 명을 인솔하여 합포를 출발하고, 범문호는 만군蠻軍 10만 명을 인솔하고 강남을 떠나 모두 일본의 일기도一岐島 (이키섬)에 모이기로 하되, 두 군대가 다 모인 다음에 곧바로 일본을 친다면

---

38) 『元史』 권11, 世祖本紀, 至元 17년조.
39) 『고려사』 권29, 忠烈王世家, 6년 9월조.

반드시 격파하게 될 것이다.40)

합포를 출항할 여·몽·한 혼성군을 동로군東路軍이라 하며, 남송군南宋軍을 강남군江南軍이라 했는데, 14만 명에 이르는 양군의 규모는 이전보다 약 5배나 되었다. 동로군 4만 명은 세 민족의 혼성군으로서 그 전체의 조직은 단순하지 않다. 그 최고사령관으로 세조 즉위 이래의 공신인 아자한阿刺罕을 뒤에 임명하게 되었다. 이리하여 정동성 설치를 전후하여 재정벌의 준비는 완료되고, 강남군의 병선 3천5백 척, 동로군의 병선 9백 척이 준비되어 병선척수에서도 저번보다 5배가 되었다.

다음해 지원 18년(1281) 정월에 세조는 대도大都, 곧 북경의 궁궐에서 아자한·범문호·흔도·홍다구 등의 제장을 모아놓고 출정명령을 내리고 친히 유시[親諭]를 선포했다. 그 요점은 우선 현지에서 일본백성을 함부로 살육하지 말 것, 둘째로 제장이 한마음으로 협동 모의할 것이었다. 이번 동정에 동원된 병력 대규모는 그 위력을 발휘하는 반면에 복잡한 여러 종류 군사들의 약점을 내포하고 있어서 세조는 특히 이 점을 우려하고 주의한 것이다. 이와 같이 하여 5월에 재정벌이 결행된 것이다.41)

제5절 재정벌의 경과

5월 3일 4만 명의 동로군이 합포를 출발하여 일기도에서 강남의 10만

---

40) 『고려사』 권29, 忠烈王世家, 6년 8월: "茶丘 忻都率蒙麗漢四萬軍 發合浦 范文虎率蠻軍十萬 發江南 俱會日本一岐島 直抵日本 破之必矣."
41) 池內宏, 『元寇の新硏究』.

군과 모여 합력하여 북구주를 공격하기로 했는데, 두 군단의 연락에 장애가 생겨 세조가 우려한 바가 나타났다. 강남군이 출발하기 전에 때마침 배국좌裴國佐라는 한 장수가 일본으로부터 표착한 자에게서 탐문한 바에 의하면 장기長崎 앞바다의 평호도平戶島[히라도]가 태재부 가까이 그 서방 쪽에 있고 병선정박에 편리한 섬이며, 일본군 방어구역의 바깥쪽에 있다는 것이었다. 그렇기 때문에 동로군과 강남군의 상봉점을 일기壹岐도로 하지 말고 평호도로 하는 것이 유리하다는 의견을 세조에게 건의했다.

세조는 현지사정에 어둡기 때문에 자기가 결심하지 않고 그 채택여부를 강남군 총사령관 아자한에게 맡겼다. 그러나 아자한은 중병에 걸려 별장 아탑해阿塔海가 총사령관을 대변代辯했는데 시일을 끌고 그 결정이 늦었다. 그래서 원나라의 강남군은 6월 15일까지 일기壹岐에 도착하여 동로군과 회합하기로 했는데, 이럭저럭 강남군이 경원慶元, 곧 영파寧波항을 출발한 것이 6월 18일이었고, 배국좌의 건의대로 평호도로 직행하여 여기에서 동로군을 맞이하여 회합할 작정이었다. 강남군은 7주 후 목적지에 도달하니 즉 6월 25·6일경이었다.

그런데 동로군은 앞서 기술한 바와 같이 이미 5월 3일에 합포를 출발하여 대마도·일기도를 침공한 뒤 6월 5일에는 박다만 밖에 박두하여 지하도志賀島[시카노시마]를 점령하려 했다. 강남군에서 정보가 오지 않더라도 6월 중순까지는 일기도에서 기다려야 할 것인데, 동로군은 혼자 공명功名을 세우고자 강남군을 기다리지 않고 남하했다. 세조가 두려워하던 양군의 무협력이 이와 같이 동정東征초두에 벌어진 것이다.

일본은 제1차 동정을 겪은 뒤 몽고의 재침을 예상하고 박다만博多灣의 상기箱崎[하코자키]·금진今津[이마츠] 사이의 연안에 죽 이어져 끊이지 않은 방루防壘를 구축했다. 소이경자少貳景資[쇼니 가게스케]를 대장으로 한 구주의 군병들과 겸창鎌倉에서 참전한 추전성차랑秋田城次郎[아키다죠노 지로] 휘하의 관동병

關東兵은 이 방루에 의거하여 방어하는 한편 지하도까지 넘어와 용전분투했다. 원나라 군사도 방루에는 육박을 하지 못하고 박다만 앞바다에 떠 있으면서 공격을 가할 뿐이었다.

6월 8·9일간에는 피아간에 전투가 가장 심하여 8일에는 해상과 섬 위에서 교전이 있었다. 이와 같이 지하도 부근의 싸움이 8일간 계속된 뒤 동로군은 그 섬을 점령하지 못하고 6월 13일에 비전肥前[長崎縣]의 이만리만[伊萬里灣][이마리만] 어귀의 응도鷹島[다카시마]로 퇴각했다. 이 전후로 고려의 별동대는 종상宗像[무나가타]해상에 나타나 장문長門[나가토], 곧 산구현山口縣[야마구치] 서쪽 변경을 공격했다.

응도로 물러선 동로군은 아직 배국좌의 건의가 있었던 것을 모르고 도리어 강남군이 일기도에 올 것을 기대했다. 위에 기술한 바와 같이 강남군은 예정대로 출발하지 못했기 때문에 우선 병선 3천5백 척 가운데 3백 척을 선발대로 나누어 보내 계획의 변경을 연락하고자 했다. 이 선발대가 대마도 해상에 나타나 드디어 그 정보가 응도의 동로군에게 전해져 동로군은 북상하고 강남군의 선발대는 남하하여 일기도에서 회합했다. 그리고 합세하여 이 섬을 습격했다. 이에 일본병선도 방어전투를 하기 위하여 바다를 건너와서 6월 29일과 7월 2일에 해전이 벌어졌으며, 이후 원나라 군사는 평호도平戶島로 향했다.

6월 하순에 평호도에 도착했던 강남군의 본대는 일기도에서 온 동로군을 맞아 10여만 명의 전군이 이 섬에 모였다. 그 후 20여 일 동안의 소식은 역사상에 명확하지 못하나, 하여튼 한곳에 모여 준비를 하고 드디어 7월 27일 응도로 이동했다. 지난해[42] 요동의 금주성金州城 밖에서 발견된 동로군의 상백호上百戶 장성張城의 묘비명에 "7월 27일 군사를 이동하여 타가도에 이르렀다[移軍至打可島]"라는 내용이 보이는 것은 곧 응도로 집결한 것을 표시

---

42) 본서가 발간된 것은 1954년이므로 1953년을 의미함.

하고 있다. 이것은 전군이 대거하여 박다만에 박두하여 태재부로 쳐들어가려고 했던 것이다.

그런데 하늘은 또 몽고군을 돕지 않았던지 4일 후 윤7월 1일 밤부터 태풍이 불어 병선이 바람에 떠밀리고 파도에 뒤집혀 침몰하는 참담한 광경이 나타났다. 이에 득세하여 박다만 연안의 진지를 방어하고 있던 왜군은 원나라 군사의 조난현장을 향하여 육지로 바다로 모여들어 응도 부근해상에서 동월 5일부터 7일까지 3일간에 바람에 떠밀린 원나라 병선을 파괴하기에 바빴고, 왜군의 예봉을 면한 약간명이 겨우 도망하게 되었다.

전국적으로 신사神社·불각佛閣에서 기도하며 신의 도움을 바라던 일본은 "신령님의 보살핌이 밝게 비추었다"43)라고 상하가 환호하게 되었다.44) 『원사元史』 일본전에는 강남군의 한 군사인 우창于閶의 말을 다음과 같이 전하여 그 전말을 비교적 정확히 기술하고 있다.

> 8월(일본력 윤7월) 1일에 바람이 배를 깨뜨렸습니다. 5일에는 범문호 등 여러 장수가 각자 견고한 배를 택하여 타고 군사 십여만 명은 산45) 밑에 버려졌습니다. 사람들은 장백호張百戶를 추대하여 주장으로 삼고, 그를 장총관張總管이라 부르며, 그의 지시를 듣고 나무를 베어 배를 만들어서 귀환하고자 했습니다. 7일에는 일본인이 와서 서로 싸웠는데 거의 죽고 나머지 2·3만 명은 포로가 되어 잡혀갔습니다. 9일에는 팔각도八角島46)에 와서 몽고인·고려인·한인을 거의 다 죽였습니다.…47)

---

43) 原註: 『勘解由小路兼仲自筆日記』: "神鑒炳焉之至."
44) 池內宏, 『元寇の新研究』.
45) 原註: 五龍山 卽 鷹島.
46) 原註: 博多를 이름.
47) 『元史』 권208, 外夷列傳, 日本傳: "八月一日 風破舟 五日 文虎等諸將 各自擇堅好乘船之 棄士卒十餘萬 于散下 衆議推張百戶者爲主帥 號之曰張總管 聽其約束 方伐木作舟欲還 七日 日本人來戰 盡死 餘二三萬爲其虜去 九日 至八角島 盡殺蒙古 高麗 漢人 … 云云 …"

또 "십만 명 무리 중에 돌아간 것은 3명뿐"[48]이라는 말이 있는데 이는 『원사』 일본전에 쓰인 우창 등의 말이며, 자기들 3명이 귀환했다는 구절을 과장하여 떠벌린 것이다. 그리고 동로군의 일부로 참가한 고려군의 손해는 『고려사』에 "일본정벌군 9천9백60명, 초공·수수가 1만 7천29명이었다. 그 중 살아서 돌아온 자가 1만 9천3백97명이었다"[49]라고 기술되어 있다. 원나라 군사에 대해서는 『원사』 아탑해전阿塔海傳에 "죽은 군사가 열 명 중 칠팔 명"[50]이라 했고, 「세조본기世祖本紀」에는 "열 명 중 한두 명이 살아남았다"[51]라고 했다.

패잔병을 거느린 아탑해·흔도忻都·홍다구洪茶丘·범문호范文虎와 고려장군 김방경金方慶 등은 8월 중순 고려 합포合浦에 귀착했다.

이후 원나라 조정에서는 일본정벌에 대해 속행론續行論과 정지론停止論이 있었으나 세조가 지원至元 31년(1294)에 승하함으로 말미암아 동정을 그만두게 되었다. 그러나 두 차례의 국난을 치른 일본의 겸창막부鎌倉幕府는 경제적 파탄을 일으켜 드디어 붕괴되는 원인이 되었으며, 일본사회에 심각한 불안정을 초래하여 변경의 백성은 해적으로 변하여 국외로 진출하고, 그 생활을 타개해야 하게 되었다. 이것이 바로 왜구倭寇이며, 이들로 말미암아 고려 말의 피폐가 더욱 심각해졌다.

---

48) 『元史』 권208, 外夷列傳, 日本傳: "十萬之衆得還者 三人耳."
49) 『고려사』 권29, 忠烈王世家, 7년 11월조.
50) 『元史』 권129, 阿塔海列傳, 至元 20년: "喪師十七八."
51) 『元史』 권11, 世祖本紀, 至元 18년 8월: "餘軍回至高麗境 十存一二."

제5장 왜구와 수군

제1절 왜구의 창궐

　11세기 후반, 고려의 문종文宗 이후에는 일본의 대마도·일기도·살마薩摩[사츠마: 구주 남부] 등의 지방관리와 태재부·대마도의 상인들이 진헌명목으로 토산물이란 것을 공물로 바치고 그 보답품을 받아갔다. 원래 서부 일본의 토호들은 지리적으로 우리나라에 경제적 혜택을 받으면서 그 생활을 개척하게 되었다. 그것이 12세기에서 13세기에 걸쳐서 격감하게 되었다. 이것은 고려왕조의 내정문란으로 인하여 왜국상선의 내항에 대해 만족하게 대접할 수 없어 선박의 척수와 기한 등을 제한하게 되었기 때문이다. 왜인 측에 있어서 이러한 경향은 경제적 위협을 느끼게 되며, 비상수단으로라도 그 문제를 해결하고자 하는 경향이 차츰 일어나게 되는 것은 자연적인 추세일 것이다.

　이리하여 고려 고종高宗시대에 들어서면 그 10년(1223)·12·13·14년에 걸쳐 왜인이 금주金州[김해]를 중심으로 경상도 연안 주현을 노략질하게 되었다. 그러나 이것은 모두 소규모이며, 그 피해도 적어서 지방관헌의 손으로 진정되었다. 고종 14년(1227) 정해 2월 일자로 고려국 전라도안찰사全羅道按察

使가 태재부에 보낸 첩장에는 전년 6월에 대마도 사람이 김해부金海府를 노략질한 것을 힐책하고 있다. 원래 진봉進奉의 예절제도가 폐지되었는데도 불구하고 일본선박이 항상 많이 왕래하여 좋지 않은 일을 만들어내는 것을 말하고 있다. 이 항의에 대해 태재 소이자뢰少貳資賴[쇼니 스케요리]는 중앙정부에 연락하지도 않고, 악행을 저지른 무리 90명을 참수하여 그 성의를 표시하고 있다.1)

진봉무역進奉貿易의 부진이 결국 해적을 유도하게 되는만큼 무역의 진흥으로 이 문제를 흡수해야 할 터인데, 고려는 고종 18년(1231) 이후 몽고와 가혹한 교전에 들어가서 국내가 피폐하여 도저히 그럴 여유가 없었다.

왜구의 중요한 원인은 위에서 기술한 사정과 아울러 일본국내의 사회불안이 초래한 민생문제와도 관계가 있다. 일본의 해적행위를 하는 자가 구주의 어가인御家人[고케닌]2)에서 증가된 사실은 당시에 일반적으로 지두地頭[지토], 곧 장원관리자의 횡포가 심해지고, 토지에 입각한 경제적 지반을 차츰 상실하여 간 것과 몽고가 침입한 결과로 전공이 있는 장병들에게 베푸는 상으로 줄 토지가 전혀 없었다는데 대한 불평, 특히 구주의 어가인들은 방비防備로 말미암아 직접 타격을 받아 이 어가인 계급이 궁핍화한 것 등으로부터 무뢰배[아쿠토]들의 봉기에 기인한 사회적 불안이 양성된 것이다.

이러한 상태에 대해 겸창막부鎌倉幕府 자체도 그 통제기 이완되어 사멸의 길을 걸어가고 있었다. 드디어 이른바 '건무建武[겐무]의 중흥中興'이라는 막부 토벌운동[討幕運動]이 전개되고 내란이 계속됨에 따라, 변방의 백성이 생활문제 타개를 위해 국외로 해적행위를 하는 자가 급증하게 되었다.

제일의 피해자는 바로 고려였다. 고려의 고종 다음 원종元宗 때에는 외교적 절충에 의하여 왜구의 금지와 방비를 도모했는데, 동왕 4년(1263)에 또

---

1) 『百練抄』 권13, 後堀河天皇 嘉祿 3년(安貞 1) 7월 21일 기사.
2) 原註: 封建的 領主의 部下.

해적선이 김해에 침입하자 그해 4월에 대관서승大官署丞 홍저洪泞, 첨사부 녹사 곽왕부郭王府 등을 일본에 파견하여 첩장을 보내 항의했다.

> 양국이 교통한 이래 매년 정상적인 헌납은 한 번이고, 한 번에 배는 2척으로 약정하여 왔으니 이 약정을 지키고 양국화친의 도리 곧 왜구금절을 힘써 주기 바란다.3)

일본관원도 이에 대해 대마도의 해적을 추궁하여 고려의 바라는 바를 시행하고자 노력했다.4)

하여간 몽고동정東征 이전에는 왜구가 그다지 심하지 않고, 문제도 커지지 않았었다. 동정 후 일본 내부의 변화로 그 세력이 급작스럽게 창궐했다. 충숙왕忠肅王 10년(1323)에 왜구가 군산도群山島에서 조운선을 습격하여 약탈하고, 또 추자도楸子島 등을 습격하여 노약남녀를 잡아간 사건이 있었다.5) 이후 30년간은 그다지 문제가 없었으나 충정왕 2년(1350) 2월에 왜구가 고성固城·죽림竹林·거제巨濟 등에 쳐들어와 합포合浦의 천호 최선崔禪과 도령 양관梁琯 등이 싸워 이를 격퇴하고 목을 베어 3백여 개의 수급을 얻었다. 『고려사』는 "왜구의 침입이 이 때로부터 비롯되었다"6)라고 기록했으며, 이후 매년 몇 차례씩 해가 갈수록 그 세력이 맹렬해져 갔다.

사실 이후 왜구의 선박척수와 침입의 빈도가 격증한 것은 그 해 4월에 1백여 척이 순천부順天府에 쳐들어와 남원南原·구례求禮·영광靈光·장흥長興의 조운선을 약탈하고, 또 5월에 순천부에 66척, 6월에 합포에 20척, 3년(1351) 8월에 인천의 자연紫燕·삼목三木 두 섬에 1백30척, 공민왕恭愍王 원년

---

3) 『고려사』 권25, 元宗世家, 4년 夏四月조.
4) 『고려사』 권25, 元宗世家, 4년 8월조.
5) 『고려사』 권35, 忠肅王世家, 10년 6월조.
6) 『고려사』 권37, 忠定王世家, 2년 2월: "倭寇之侵 始此."

(1352) 9월에 합포에 50여 척, 같은 왕 12년(1363)에 교동喬洞에 2백13척, 13년 3월에 거제도 갈곶도㫆串島에 2백 척 등의 기록으로 그 일면을 알 수 있다.

이와 같이 왜구는 남해연안에서 서해안으로 올라가서 교동·강화까지 침략하여 경기도심都心을 놀라게 만들었다. 주목적은 첫째로 미곡米穀약탈에 있었다. 처음에는 조운선을 습격하고, 다음에는 육지의 곡창을 습격·약탈하며 또는 불태워 없애고 사람을 잡아가는 것이었다. 그러므로 "국가의 생명과 같은 입과 배의 땅[國家口腹之地]"이라고 치던 남도의 피해가 가장 많아 『고려사』 조준전趙浚傳에도 "압록강 남쪽은 대체로 모두다 산이요, 비옥한 땅은 바닷가에 있는데, 이 옥야沃野 수천 리가 왜적에게 함몰되어 하늘 끝까지 갈대밭으로 덮여 있다"[7]라고 했다. 또 같은 책 「변안열전邊安烈傳」에는 고려 말 우왕禑王 때의 참담한 광경을 "삼도의 연해주군은 쓸쓸하게 텅 비었으며, 왜적의 우환이 시작된 이래로 이같이 심한 적이 없었다"[8]라 했다. 이 역시 수많이 볼 수 있는 왜구의 참경을 기록한 것 가운데 한 예이다. 이와 같은 왜구의 창궐에 대해 피폐한 고려조정은 강력한 격퇴를 하지 못하고, 진압의 명령을 받은 방어사防禦使 가운데는 숨어서 피한 자도 있었다. 공민왕은 21년(1372)에 친히 5군을 거느리고 노략질을 당한 지대를 순시하고 연변을 방어하는 장병을 엄하게 채근했다.[9]

실상 신출귀몰의 왜구를 피폐한 고려가 격퇴한다는 것은 용이한 일이 아니었다. 고려 말 왜구에게 시달림을 받은 고려 측의 실정을 다음의 기록에서 그 일면을 알 수 있다.

근년에 와서 왜적이 육지에 깊이 들어오는데 약한 말과 가난한 백성을 억지로 마병馬兵이라 하여 활쏘기와 말타기를 알거나 모르거나를 막론하고 쓰지

---

7) 『고려사』 권118, 趙浚列傳: "自鴨綠以南 大抵皆山 肥膏之田 在於濱海 沃野數千里 陷于倭奴 蕪茂際天."
8) 『고려사』 권126, 邊安烈列傳: "三道沿海州郡 蕭然一空 自有倭患 未有如此之比."
9) 『고려사』 권43, 恭愍王世家, 21년 동10월조.

못할 활과 화살을 주어 군대의 수효만 채웁니다. 만약 긴 창과 날카로운 칼로 선봉과 정예를 꺾고 자르는 적을 만난다면 손 쓸 사이도 없이 모두 패망하게 될 것이니 참으로 통분할 일입니다.10)

또 우왕 5년 정월에 간관諫官의 진언에도 그 실정을 말하고 있다.

왜적이 날로 성하여 각 도를 침략하는데. 나라에서는 그 급보를 받은 뒤에야 장수와 군사를 보내곤 합니다. 길이 멀어 장수가 도착하자 적은 이미 바다로 도망쳐 싸우지 못하게 되며. 가령 싸운다 해도 여러 날 급히 달려온 까닭에 군마들이 피곤하여 여러 번 패배를 당하게 됩니다. 바라건대 각 도에 미리 장수를 배치했다가 적이 오면 즉시 치도록 할 것입니다.11)

그러나 이와 같은 곤란한 사정에서도 이를 방어하는 데 부심한 인물이 나타났고. 고려의 수군은 이 절망적 환경에서 싹트기 시작했다.

제2절 고려수군의 재정비

공민왕 22년(1373)에 좌사의대부左司議大夫 우현보禹玄寶는 나날이 심해 가는 왜구를 깊이 우려하여 동료와 함께 다음과 같이 상소했다.

---

10) 『고려사』 권81, 兵志1, 兵制, 辛禑 三年 七月: "近年以來 倭賊深入陸地 弱馬窮民 强稱馬兵 不論射御能否 皆以殘弓殘箭 以其軍額 如遇長槍利劍 摧鋒挫銳之寇 無所措手 多致喪亡 誠可痛也 云云."
11) 『고려사』 권81, 兵志1, 兵制, 辛禑 五年 正月: "倭賊日熾 侵掠諸道 而國家待其告急 然後遣將出師 道里悠遠 將帥垂至 而賊已浮海 不及與戰 假令與戰 倂日倍馳 軍馬疲困 屢至敗績 請於諸道 預遣將帥 寇至則擊之."

국가가 경인년庚寅年(1350) 이래로 왜적의 침범이 있어서 계속 추포追捕작전을 진행해도 이를 막아내지 못했습니다. 근년에 와서 적은 더욱 광포하게 날뛰어 장수를 살해하고 인민을 납치하여 연해주군은 어디서든 떠들썩하고, 두 번이나 경기京畿를 침범하여 거리끼는 바가 없으니 장래의 환란을 예측할 수 없습니다. 그러나 장상대신將相大臣들이 조금도 그 방어와 제압에 대한 방책을 준비하지 않으니, 만약 많은 적들이 이 틈을 타서 갑자기 침범한다면 어떻게 대처할 것입니까?…

어떤 이는 말하기를 적賊은 배에 능숙하니 수전水戰으로 감당할 수 없으며, 설혹 함선을 만들어 이에 대항하려 하여도 국민이 그 부담에 고통스러울 것을 두려워한다 하나, 이는 결코 그렇지 않습니다. 즉 해적을 육지에서 공격하여 대항한다는 것은 원래 말이 되지 않는 것이며, 또한 적을 물리쳐 횡포를 제지하는 것은 본시 국민을 위한 것이니, 작은 폐해를 두려워하여 나라에 큰 환란을 남기는 것은 옳지 않습니다.

지금 동·서강東西江에는 모두 수비병력을 두고 있으나 적이 배를 타고 의기양양하게 몰려와도 강언덕에서 팔짱을 끼고 바라볼 따름이니, 비록 정병 백만을 가진들 바다에서야 어떻게 하겠습니까. 병선을 건조하고 무기를 장비한 뒤 해상을 마음대로 내왕하며 요충을 방어하면, 적이 제아무리 물에 익숙하더라도 날아 들어올 수는 없을 것입니다.12)

전함건조와 수군훈련으로 적극적으로 바다에서 활동하여 왜구를 방어할 것을 강조하는 진언이었다.

다시 그 다음해 23년(1374) 정월에 검교중랑장 이희李禧는 상소하여 지금까지 있었던 수전의 폐단을 말하며 "신은 해변에서 자라 수전에 조금 익숙하니 연해변 주민으로서 배를 다루는 데 능숙한 자를 거느리고 힘써 싸워

---

12) 『고려사』 권115, 禹玄寶列傳: "今東西江並置防守 賊泛海揚揚而來 我軍臨岸拱手而已 雖精兵百萬 其如水何哉 宜作舟艦 嚴備器仗 順流長驅 塞其要衝 賊雖善水 安能飛渡 云云."

공을 세우고자 합니다"라고 했다.13) 왕은 이에 감동하여 "재야의 신하로 이희 같은 자가 이와 같이 건의하거늘 조정의 관료들과 시위군인 중에 이희 같은 사람이 하나도 없는가?"라고 하니. 시위군인 유원정柳爰廷이 나서서 "중랑장 정준제鄭惟提[鄭地]14)가 일찍이 왜적평정에 관한 방책[平寇策]을 작성했으나 아직 바치지 못했습니다" 했다.

때마침 정준제가 곁에서 대기하고 있었으므로 왕이 물으니 그가 곧 주머니에서 그것을 꺼내어 바쳤다. 왕은 이것을 보고 크게 만족하여 이희를 양광도안무사楊廣道安撫使로 정준제를 전라도안무사全羅道安撫使로 발탁하고 왜인추포만호倭人追捕萬戶를 겸임시켰다. 두 사람은 이에 거듭 시책時策 수십 조항을 상소하고 "5년을 기한으로 해상을 깨끗이 하겠습니다"라고 했다.15) 이와 같이 궁여지책의 경우로 인해 고려수군의 재기의 서광이 비쳤다.

대체로 고려는 몽고의 시달림을 받아 두 차례의 동정東征에 수많은 함선을 건조하고, 또 몸소 그 배를 타고 조선해협을 건너가서 용감하게 싸운 경험을 가진 것은 우리 수군역사상 대서특필할 사건이었으며. 거기서 얻은 시험과 단련 역시 많았을 것이다. 제1차 원정 때 시일과 공사비용을 절약해야 하는 관계로 중국식 대선大船이 참여했을 뿐 고려식 함선을 많이 만들지 못했던 것이 패한 한 원인이었을 것이다.

원나라 지원至元연간 왕운王惲의 저서 『범해소록泛海小錄』에 구주의 평호도平戶島16)에 남아 폭풍을 받은 동정군의 모습을 서술한 한 구절에 "크고 작은 함선들이 많이 파도에 부딪혀 갈라지고 부서졌으나, 오직 고려의 선박만은 견고하여 온전했다"17)라고 기록된 것은 이 사실을 웅변으로 말하고 있

---

13) 『고려사』 권83. 兵志3. 船軍. 恭愍王 23년 正月조.
14) 정준제는 鄭地의 처음 이름이다.[『고려사』 권113. 鄭地列傳]
15) 『고려사』 권113. 鄭地列傳.
16) 原註: 毘蘭.
17) 王惲, 『泛海小錄』; "人小船艦 多爲波浪搞觸而碎 唯句麗船 堅得全 云云."

다. 그리고 고려선박의 튼튼함이 원나라 조정에 요란하게 전파된 것은 제2차 동정 후 11년, 곧 충렬왕 18년(1292) 8월에 왕세자가 원나라에 가서 세조世祖를 보았을 때 정우승丁右丞이 황제에게 다음과 같이 아뢴 말에서 알 수 있을 것이다.

강남의 전선은 크기는 하나 무엇에 부딪치면 쉽사리 파괴되기 때문에 먼젓번에 실패했던 것입니다. 만일 고려로 하여금 전선을 만들게 하여 다시 정벌한다면 일본을 점령할 수 있을 것입니다.[18]

당시 일본재정벌의 여론이 다시 돌 때 덩치만 크고 취약한 강남선江南船보다 튼튼한 고려선高麗船으로 만들어 공격하면 일본을 점령할 수 있을 것이라고 원나라의 조정신하들이 믿을 만큼 우리나라 선박의 성능이 높이 평가되었던 모양이다. 우리나라에는 예부터 민족적 창의를 그 기술방면에 발휘한 바가 적지 않다. 그러나 항상 모든 주위환경이 불리하여 그 소질을 발휘하지 못한 점이 많은 것은 역사상의 유감된 일이었다. 이제 왜구를 막기 위해 근본대책을 강구하고자 하는 때에, 결코 그 역량이 부족하지는 않았던 것이다.

동정종군東征從軍 경험으로 조선기술의 진보와 아울러 무기에서도 많은 자극과 계발을 받았다. 이 전역에서 몽고군이 불완전하나마 화전火箭 또는 철포鐵砲 등의 화기를 사용한 것은 일본군에게 큰 충격을 주었을 뿐만 아니라, 고려 측에서도 그 위력의 발전성을 간취看取했을 것이다. 고려에서 언제부터 이 신무기를 채용했는지 명확하지 않지만 『고려사』 병지兵志에 의하면 공민왕 5년(1356) 9월에 재추가 숭문관崇文館에 모여 서북면 방어병장西北面防

---

18) 『고려사』 권30, 忠烈王世家, 18년 8월: "江南戰船 人則大矣 遇觸則毁 此前所以失利也 如使高麗造船 而再征之 日本可取 云云."

禦兵仗을 사열했을 때, 총통銃筒을 남쪽 언덕에 향하여 발사하니 화살이 순천사順天寺 남쪽에 떨어져 땅에 날개가 박혔다고 기재되어 있다.19) 이것은 곧 화전火箭인 듯하며 기록상 화기사용의 첫 장면이라 할 것이다.

그 후 공민왕 22년(1373) 10월에는 전함을 새롭게 건조하여 화전과 화통을 시험했다는 기록이 보이며,20) 다음 11월에는 중원의 신흥국가인 명나라의 중서성에 화약을 청구하고 있다. 그 자문咨文에 말했다.

왜적이 무시로 내왕하면서 침범한 지가 이미 20여 년이다. 그 동안 우리나라 연해의 주와 군 그리고 수비지점들에서는 어디에서나 군사를 동원하여 수비했을 뿐이요. 바다에 나가서 그들을 추격 포로로 하지는 않았었다. 그런데 근년에 이르러 적들의 기세가 이미 치열해져 바다에 나가 추격 체포하여 백성의 화근을 근절하려고 관원을 파견하여 왜적체포를 위한 선박을 건조하고 있다. 그 배에 사용할 기계・화약・유황・염초焰硝 등 물품을 입수할 곳이 없어 이제 귀조정에 청하여 분양받아 이 용도에 충당하려 한다.21)

이에 대해 명나라 측에서는 그 다음해에 일단 그 요청을 거부했다가 중서성의 진언으로 초석硝石 50만 근, 유황 10만 근을 보내게 했다.22)

고려국이 건조한 왜적 나포선척이 바다에 나가서 작전할 수 있으리라는 확신을 가질 수 없고, 또 하나는 중국이 사용하는 화약・염초와 유황의 저장이 많기는 하나 그 수요 역시 넓다. 그러니 어찌 중국으로서 외국을 도와줄 도

---

19) 『고려사』 권81, 兵志 1, 兵制, 恭愍王, 5년 9월: "宰樞會崇文館 閱西北面防禦兵仗 放銃筒于南岡 箭及 順天寺南 墜地沒羽."
20) 『고려사』 권44, 恭愍王世家, 22년 冬十月조.
21) 『고려사』 권44, 恭愍王世家, 22년 12월: "倭賊作耗 年往年來二十餘年矣 自來本國沿海州郡關隘去處 止是調兵守禦 不幸下海追捕 近年以來賊勢已熾 今欲下海追捕以絶民患 差官打造捕倭船隻 其船上合用器械火藥 硫黃焰硝等物無從可辨 議合申達朝廷頒降以濟用度."
22) 위의 책.

리가 있겠는가?23)

그 후 우왕 3년(1377) 10월에 비로소 판사 최무선崔茂宣의 건의로 화통도감火㷁都監을 설립하여 화약제조를 촉진했다. 그리고 그 성과는 3년 후 왜구의 함선이 진포鎭浦에 들어오자, 최무선과 심덕부沈德符·나세羅世 등이 토벌할 때 크게 나타났다.24) 즉 병선에 화포를 싣고 적과 교전할 때 갑자기 발포하여 적선을 모조리 불태워 없앴다. 이성계李成桂의 유명한 황산대첩荒山大捷25)도 이에 연관되어 있다.

다시 우왕 9년(1383) 11월에는 정지鄭地의 요청에 의하여 각 도에 전함을 만들게 하고, 진여의陳汝宜·신운수申雲秀·송문례宋文禮·황성길黃成吉을 각각 양광楊廣·서해·전라·경상 각 도에 나누어 보내 함선건조를 감독하게 했다.26) 정지는 당시 왜구격멸을 위하여 각지로 전전하여 실로 분골쇄신의 분투를 한 사람으로서 역사상 그 존재를 빛내고 있다. 그 중에서 정지의 관음포전觀音浦戰은 대서특기할 만하다. 전 해(1382)에 해도원수海道元帥로서 왜선 50척을 진포鎭浦에서 포착하여 추격했다. 군산도에 이르러 4척을 포획하고 드디어 전함 47척을 거느리고 나주 목포木浦에 진주했을 때, 왜적이 대선 1백20척으로 공격하자 경상도 연해주군이 크게 진동하여 합포원수 유만수柳曼殊가 정지에게 급보를 보냈다. 이에 정지는 전함을 거느리고 몸소 노를 잡고 부하를 독려하여 남해로 급히 항해하여 관음포에서 적함과 조우했다.

때마침 연일 비가 내려 사기가 저하되어 통솔에 곤란이 있었다. 정지는 사람을 보내 지리산신智異山神에게 국가의 존망은 이 한 번의 거사에 있으니

---

23) 『고려사』 권44, 恭愍王世家, 23년 6월: "高麗國所造捕倭船隻 未委是否堪中出海征進 況中國所用火藥 焰黃 豫備雖多 需用亦廣 豈有中國而資外邦之理."
24) 『고려사』1 권134, 辛禑列傳, 6년 8월조.
25) 鎭浦에서 패한 왜적은 내륙지방을 횡행했는데, 이성계가 이를 우왕 6년(1380) 9월에 전라도 雲峰의 지리산 자락 荒山에서 크게 처부수고 승리한 싸움.
26) 『고려사』 권135, 辛禑列傳, 9년 11월조.

부끄러움이 없도록 도와달라고 기원했다. 과연 비가 그치고 보니 구름 같은 적선의 기치는 하늘을 덮고, 창검이 바다 사방에 번쩍거렸다. 정지가 머리를 조아리며 하늘에 절하니 천우신조인지 바람이 유리하여 중류中流에 나가 돛을 달고 쏜살같이 박두양朴頭洋에 이르렀다. 적은 대선 20척을 선봉으로 삼고 배마다 강병 1백40명씩을 싣고 응전하므로, 정지는 우선 이것을 무찌르니 적의 시체가 바다를 덮었다. 숨 돌릴 새없이 적을 급습하여 화포를 발사하여 적선 17척을 불태우고 대승리를 얻었다. 실로 이 해전은 여러 해 동안 왜구에 시달림을 받은 우리나라에게는 분노의 개가였다. 정지 자신도 "내가 전쟁마당에서 적을 격파한 것이 많았으나 오늘과 같이 통쾌한 일은 없었다"27)라고 말했다. 후년에 같은 남해에서 눈부신 활약을 한 이 충무공 李忠武公을 연상할 만한 존재였다. 이후 정지는 한때 병으로 사임했다가 얼마 안되어 지문하부사知門下府事로 재임명되어 위에 기술한 바와 같이 각 도에 전함을 건조하게 되었다. 그리고 다음 10년(1384)에는 문하평리門下評理로 임명되었다.

그러나 왜구창궐이 더욱 심하여 내륙의 각 지방까지 왜구의 피해가 파급되고, 국토는 피폐의 극도에 달하여 정지와 같은 유능한 일부인사의 노력만으로는 도저히 방어할 도리가 없었다. 우왕은 환관 김실金實을 정지에게 보내 책망했다.

도통사 최영崔瑩은 전함을 건조하여 해전에 대비하고 나아가 화포를 장비하는 등 그 사려가 주도했다. 경이 해도원수海道元帥가 된 이후 왜적이 침입하여 주군을 소란하게 하고 있으나 그것을 아직 소탕하지 못하니 책임이 실로 경에게 있는 것이다.28)

---

27) 『고려사』 권113. 鄭地列傳: "吾嘗汗馬破賊多矣 未有如今日之快也."
28) 『고려사』 권113. 鄭地列傳: "都統使崔瑩 造戰艦備水戰 加以火炮其慮周矣 卿爲海道元帥 比來倭寇 侵擾州郡 未能掃平 罪實在卿."

정지도 깊이 책임을 느끼고 13년(1387)에는 발본적拔本的인 대책을 글로 올려 적극적으로 적의 소굴을 치겠다는 의견을 제출했다.

> 근래에 중국에서도 공언하기를 왜국을 정벌한다고 하니, 만약 중국의 전함이 우리나라 영해에 정박하게 된다면 그 뒷감당에 고통을 받을 뿐만 아니라 우리나라의 허실을 엿볼 우려가 있습니다. 왜인은 온 나라가 모두 도적질을 하는 것이 아니며, 그 반란민들은 대마對馬·일기壹岐 등 여러 섬에 근거를 두고, 우리나라의 동쪽 변방에 가까이 무시로 침범하여 옵니다. 만약 그 죄를 성토하고 큰 병력으로 여러 섬을 먼저 공격하여 그 소굴을 복멸覆滅하고, 일본에 공문을 보내 나머지 적도를 모두 귀순시키면 왜적의 화를 영원히 제거할 수 있는 동시에 중국의 군사도 또한 올 필요가 없을 것입니다. 그리고 지금의 수군은 신사년, 곧 충렬왕 7년(1281) 제2차 동정 때의 몽한군蒙漢軍이 배에 익숙하지 못한 것에 비할 바가 아니니, 만약 순풍을 타서 행동을 일으킨다면 성공할 수 있습니다. 그러나 함선은 오래되면 부패하고 군사는 오래되면 피로하는 법입니다. 더구나 선졸船卒들이 요역搖賦에 시달려 날마다 도망갈 생각을 하고 있으니, 이 기회에 방책을 결정하여 소탕전을 도모하지 않으면 안되겠습니다.[29]

이와 같이 여론이 수군의 강화와 적극적 방어에 부신하게 되이 우왕 13년(1387)에는 경기좌우도 군인을 뽑아 기선군騎船軍을 만들어 동·서강東西江의 왜구를 방어하게 했다.[30] 또한 왜구를 소탕하고 그 소굴을 복멸하기 위해서 창왕昌王 원년(1389)에는 경상도원수 박위朴葳가 병선 1백여 척으로 대마도 정벌을 거행했다.[31]

다음 공양왕恭讓王 때에는 수군의 시설이 더욱 진보되어 소모편성법召募

---

29) 『고려사』 권113, 鄭地列傳.
30) 『고려사』 권83, 兵志 3, 船軍, 辛禑 13년 4월조.
31) 『高麗史節要』 권34, 恭讓王, 己巳 元年 2월조.

編成法도 거의 규정되었다. 공양왕 원년(1389) 10월에는 박인우朴麟祐를 양광좌우도 수군도만호楊廣左右道水軍都萬戶로 임명하여 왜구추포와 함께 만호萬戶·천호千戶 이하에 대한 임무수행의 잘하고 못함을 검찰하고, 그를 해임시키는 권능까지도 부여했다.32) 다음해인 1390년 정월에는 양광·전라·경상의 각 바다의 연해요해지에 만호를 설치하여33) 3도수군이 비로소 정비되고 제반설비도 정제해졌으며, 한편 사수서司水署를 신설하여 병선군兵船軍을 관리하게 했다.34) 다시 3년(1391)에는 도당의 건의로 새로이 수군징모법徵募法을 정했으며, 수병水兵의 처자를 돌보는 제도도 강구하게 되었다. 곧 해변거주의 백성을 모집하되, 3정丁을 1호戶로 하여 수군으로 배치하고, 각 도 바닷가 농토에는 세금을 면제하여 가족부양에 충당하게 했다.35)

그러나 시대의 운수가 이미 다되어 4백여 년의 폐단이 쌓인 왕씨정권이 붕괴에 직면하고, 대신 등장한 새로운 왕조의 태조 이성계李成桂는 여러 해 동안 왜구방어에 적극 노력하여 많은 경험을 쌓은 사람이었다. 고려 말에 출발한 수군의 강화정비는 그대로 새로운 왕조의 계승과업에 맡겨졌다. 실로 왜구는 우리나라 수군을 육성하는 중요한 요인이 되었다.

---

32) 『고려사』 권83, 兵志3, 船軍, 恭讓王 원년 10월조.
33) 『고려사』 권45, 恭讓王世家, 2년 春正月조.
34) 『고려사』 권76, 百官志1, 司水寺: "恭讓王 2년에 都府署를 폐지하고 司水署로 했다가 얼마 뒤에 司水寺로 개편했다."
35) 『고려사』 권83, 兵志3, 恭讓王 3년조.

제3편

조선시대 전기

제1장 조선 전기의 수군제도

제1절 병제개요

1. 오위도총부

　　조선朝鮮의 건국자 이성계는 즉위 때 모든 제도를 고려조에서 계승하여 재편성했다. 병제兵制에 있어서는 고려 말 공양왕 때 제정했던 삼군도총제부三軍都摠制府를 병조兵曹 밑에 두어 군무軍務를 통할하게 한 뒤 사병私兵의 폐해를 일소하고 군권을 국왕 밑에 전속시켰다. 그러나 아직도 건국초창기였으므로 지방세력가 중에는 사병을 그대로 가지고 있어 그 폐해가 적지 않았으며 군정軍政과 행정이 혼동되어 지장이 대단히 커서 삼군도총부三軍都摠府를 고쳐 의흥삼군부義興三軍府라 개칭하고 중추원中樞院을 폐지하여 군령의 통합을 꾀함으로써 군정을 완전히 잡았다.

　　그런데 태종 8년(1408)에 이르러 예조禮曹의 주청에 의하여 모든 군령은 병조가 장악하되 유신儒臣으로써 임명했으므로 군무계획이나 방책을 정하기가 곤란하다 하여 의흥삼군부를 고쳐 삼군진무소三軍鎭撫所라 하고 병권전단兵權專斷의 폐해를 제거했다. 문종文宗 원년(1450)과 세조世祖 12년(1466)에 이르러 다시 삼군부를 고쳐 오위도총부五衛都摠府라 칭하여 군무만 맡아보게 하고, 군령은 병조에서 전적으로 맡게 했다.

병조의 기구를 보면 아래와 같다. 판서判書(정2품), 참판參判(종2품), 참의參議와 참지參知(정3품) 각 1원員이고, 정랑正郞(정5품) 4원, 좌랑佐郞(정6품) 4원으로써 무관武官·군사軍士·잡직雜織의 제수, 고신告身·녹패祿牌·급가給暇 및 무과 등을 관장하는 무선사武選司, 노부鹵簿·여배輿輩·구목廐牧·정구程驅·조예皂隷 나장羅將·반상伴尙 등의 일을 다루는 승여사乘輿司, 군적軍籍·마적馬籍·병기兵器·전함戰艦·군사軍士의 점검과 무예훈련 및 숙위宿衛·순작巡綽·성보城堡·진수鎭戍·비어備禦·정토征討, 군관·군인의 차송差送·번휴番休·급보給保·급가給暇·시정侍丁·복호復戶·화포火砲·봉수烽燧·방화防火·금화禁火·부신符新·경첨更籤 등의 일을 관장하는 무비사武備司 등 여러 부문으로 나누었다.

그리고 다음으로 오위도총부 관제는 도총관都摠管 5원(文武兼官·정2품), 부총관副摠管 5원(문무겸관·종2품), 경력經歷 6원(무관·종4품), 도사都事 6원(무관·종5품), 서리書吏 13인, 사령使令 20인이었다. 그런데 그 후 성종成宗시대에 이르러 북방으로부터는 야인野人의 침해가 잦고, 남해방면으로는 왜구의 요양擾攘이 쉬지 아니했다. 중종中宗 때에 이르러는 새로 비변사備邊司를 두다가 다시 명종明宗 9년(1554)에 이르러 일국一局을 증설하여 외구外寇에 관한 사건은 경험과 재략이 있는 당상관을 회집會集하여 군사를 협의하게 함으로써 오위도총부의 권한은 차차 감소되어 갔다.

2. 오위의 편성

조선의 군대편제는 국초로부터 중·좌·우의 3군과 의흥신군義興新軍 10위衛를 두었는데, 10위는 좌위左衛·우위右衛·응양위鷹揚衛·금오위金吾衛·좌우위左右衛·신호위神虎衛·흥위위興威衛·비순위備巡衛·천우위千牛衛·감문위監門衛로서 각 위마다 상장군上將軍 2원(정3품), 대장군大將軍 2원(종3품), 도호팔위장군都護八衛將軍 2원(정4품), 도부외좌령都府外左領·우령右領·중랑장中郎將 각 1원, 낭장郞將 2원, 별장別將 3원, 산원散員 4인, 위尉 20인, 정正 40인이 있고 또 그 밑에 중·좌·우·전·후의 5영領이 있었는데, 각 영마다 장군將軍 1원(종4품), 중랑장中郎將 3원(5품), 낭장郞將 6원(6품), 별장別將 6원(7품), 교원敎員 8인(8품), 위尉 20인(정9품), 정正 40인(종9품)을 두었다.

태조 2년(1393)에 이르러 군적軍籍을 조사하여 본 결과, 전국 마병馬兵·보병步兵 및 기선군騎船軍을 합하여 20만 8백여 명이고 관리의 자제와 향鄕·역리驛吏 등의 제잡병諸雜兵은 10만여 명이었다. 그 후 문종 원년(1450)에 이르러 10위를 5위로 고친 뒤 위 밑에 5부部 그리고 다시 그 밑에 4통統을 두었고 각각 위장衛將·부장部將·통장統將을 두어 부하들을 통솔하게 했다.

중위	좌위	우위	전위	후위
의흥위義興衛	용양위龍驤衛	호분위虎賁衛	충좌위忠佐衛	충무위忠武衛
경기·충청·강원·황해의 4도 관할	경상도 관할	평안도 관할	전라도 관할	함경도 관할

이상의 5위는 중앙과 각 지방에 주둔하여 현대의 사단과 같이 각 해당 방면의 병사兵事를 맡아 국가의 안녕질서安寧秩序를 유지하는 임무를 담당했던 것이다. 5위의 직제職制는 다음과 같다.

직위	인원	관품	직위	인원	관품
위장衛將	12	종2품	상호군上護軍	9	정3품
대호군大護軍	14	종3품	호군護軍	12	정4품
부호군副護軍	54	종4품	사직司直	14	정5품
부사직副司直	123	종5품	사과司果	15	5·6품
부장部將	25	종6품	부사과副司果	176	정7품
사정司正	5	정7품	부사정副司正	309	종7품
사맹司猛	16	정8품	부사맹副司猛	483	종8품
사용司勇	43	정9품	부사용副司勇	1,929	종9품

병종兵種은 보병·마병·기선군의 구별이 있었고, 외정外征시에는 병사인원의 반수가 출전하고 절반은 원대原隊에서 수비했다. 정병正兵 이외에 약 3할 가량의 보충병인 유군遊軍이 각 위마다 배치되어 있었다.

군대의 최하단위로서는 5인을 오伍라 불렀고 5오伍(25인)를 1대隊로 하고 5대(125명)를 1려旅라 하며 5려를 1통統, 4통을 1부部, 5부가 1위衛를 구성하게 되었다. 각 부에는 부장, 각 통에는 통장. 그리고 각 대와 각 여·오에는 대정隊正·여사旅師·오장伍長이 있어 병졸들을 통솔하도록 되어 있었다.

3. 군자감·사수감·훈련관

이상의 군정기관 외에 사졸의 군량과 기타 군수품을 감독하는 군자감軍資監과 전함戰艦의 영선營繕과 전수轉輸를 감독하는 사수감司手監(뒤에 이르러 전함사전함司典艦이라 개칭함), 그리고 군사의 훈련에 관한 병서兵書·전진戰陣의 교습을 감찰하는 훈련관訓練觀이 있었고, 또 병기兵器·기치旗幟·융장戎仗·집물什物 등을 감시하는 기관도 있었다.

그밖에 서울을 중심으로 사통팔달四通八達하는 각 지방관청과의 신속한 통신기관으로 우역郵驛이 있었고, 따로 변경邊警의 급보를 위해서는 봉수烽燧를 설치했다. 변경지역 각지로부터 수도 남산을 향하여 표지標識가 될 만한 고산高山 위에 거화신호대擧火信號臺를 설비하고 신속한 연락으로 일이 있고 없고의 실황을 첩보하는 것이었다. 가령 적군이 출현하면 2거炬, 가까운 지경地境에 적군이 있을 때에는 3거炬, 국경을 넘을 때에는 4거炬, 접전接戰시에는 5거炬를 올리어 중앙정부에 보고하면 대장은 이를 즉시 병조에, 지방에서는 진장鎭將에 보고(上申)하도록 되어 있었다.[1]

---

1) 『文獻備考』·『經國大典』 참조.

4. 훈련 및 대우

조선건국 이래 모든 제도연혁을 상술한 『경국대전經國大典』 병전兵典에 의하면 군사의 훈련은 매월 초2일과 16일에 상관의 사열查閱을 받도록 되어 있다. 그리고 그 성적여하를 상부에 보고[啓聞]했고 지방 모든 진鎭에서는 매월 16일에 교열教閱하되 농사철에는 잡색군雜色軍에게는 면제했고 매년 12월에는 화포를 연습하게 했다.

상벌에 있어서 경관京官은 해당 영營과 위衛의 당상관, 외관은 각 도의 관찰사가 매년 2회 6월 15일과 12월 15일에 이르러 상부에 보고하게 했다.

다음 군관과 장졸들의 녹봉은 『경국대전』에 의하건대 그 위계에 따라 중미中米·조미糙米·전미田米·인두荵豆·소맥小麥 등의 곡식과 명주[紬]·정포正布·저화楮貨 등 현물을 계절별로 나누어 급여했다.

품계	곡식穀 食: 石	주포紬 布: 匹	저화楮 貨: 張	품계	곡식穀 食: 石	주포紬 布: 匹	저화楮 貨: 張	품계	곡식穀 食: 石	주포紬 布: 匹	저화楮 貨: 張
정1품	97	21	10	정4품	54	14	6	정7품	28	7	2
종1품	87	20	10	종4품	51	13	6	종7품	26	6	2
정2품	81	19	8	정5품	45	12	4	정8품	22	4	2
종2품	76	19	8	종5품	43	11	4	종8품	19	4	2
정3품	64	17	8	정6품	38	11	4	정9품	14	3	1
종3품	60	16	6	종6품	36	10	4	종9품	12	2	1

이상은 원칙적으로 경관에게 급여되는 것이어서 지방관에게는 아록전衙祿田을 주어 그 소출로 생활하게 하고 부족하면 관둔전官屯田의 수입으로 이를 보충하게 했다.

둔전은 본래 북쪽 변경과 남쪽 해변의 외적방어를 위하여 경작과 변비邊備를 겸무하게 하는 병농일치兵農一致제도로 군량수송의 번폐煩弊의 일소와 상시경비의 일석이조적 양책인 터라 북변과 남해 각지에 광대한 면적을 점유하게 되었다. 『경국대전』에 의하면 유수留守・부府・목牧・대도호부大都護府에는 그 경비를 거두기 위하여 공수전公須田・아록전衙祿田 이외에 관청의 수리와 내빈의 접대, 군관의 비용공급, 병기집물 등에 이르기까지 모두 이 둔전 소출로써 보충했으므로 태조 때부터 면세를 목적으로 하는 민간소유의 둔전을 설수設收하고 성종 때에 이르러서는 황무지 또는 명실상부하지 않는 둔전은 추쇄推刷하는 등 둔전의 양을 늘리기에 급급했다. 한편으로 부족한 경우에는 빈민으로 하여금 경작시켜 수확의 일부를 제공하게 했다.

『실록』에 의하면 태종 5년(1405)에 이르러 전라도 수군절도사 김빈길金贇吉의 건의로 남해의 여러 섬에 둔전을 설치하여 선군船軍의 식량을 국고에서 지출하는 폐단을 일소하게 했다. 태종 9년에는 경기도 수군절도사 최용화崔龍和의 주청에 의하여 강화도江華島와 교동喬桐의 농토를 전부 둔전으로 만들어 군량과 일체의 경비를 얻게 했다. 그러나 지방의 권문세가들이 지방관리와 결탁하여 이를 횡령하여 사유지화 하는 폐단이 적지 않아 엄중 단속했다. 즉 외적이 자주 침범하는 경상・전라 양도兩道와 평안・함경 양도는 때때로 감군어사監軍御史를 파송하여 이를 검찰하고 나머지 여러 도道는 도사都事로 하여금 담당하게 했다.

제2절 수군의 기구

수군의 방면 수뇌부로서 수군절도사水軍節度使〔水使〕・수군첨절제사水軍僉節制使〔水軍僉使〕・수군우후水軍虞侯・수군만호水軍萬戶가 있었는데, 임진왜란이 벌어지자 그 중대성을 인식하여 전라좌수사로 있으면서 가장 무훈을 드러낸 이순신李舜臣이 경상·전라·충청 3도의 수군을 통솔하도록 새로 3도수군통제사三道水軍統制使로 명하여 군령의 통섭統攝을 행하게 했다. 수군수뇌부의 직제를 표기하면 아래와 같다.

관명官名	위계位階	정원수	비 고
수군통제사	종2품	1	수사水使를 겸임함
수군절도사	정3품	17	관찰사와 병마절도사가 겸임하는 도가 많음
수군첨절제사	종3품	12	함경도를 제외한 각 도 거진巨鎭에 배치함
수군우후	정4품	5	충청, 경상, 전라 3도에만 배치함
수군만호	종4품	55	평안도를 제외한 각 도 포진浦鎭에 배치함

수사는 각 도의 수영水營에 있어서 휘하의 거진巨鎭과 포항浦港의 병선을 동원하여 조운선의 호송과 해방海防을 그 임무로 했고, 첨사와 우후는 각 도의 항만과 요지에 설치된 포진浦鎭에 있어서 예하의 만호를 동원했으며, 만호는 그 밑에 예속된 부만호副萬戶·천호千戶·부천호副千戶를 인솔하고 수군의 말단행정을 통할하는 임무를 띠고 수군의 훈련·축성·방적防賊 등을 힘써 행했다. 수사·첨사·우후·만호의 배치를 보면 아래와 같다.

수군절도사의 정원

도명道名	위계位階	정원수	겸 직	비 고
경기도	정3품	2	1원은 관찰사 겸임	
충청도	〃	2	〃	
경상도	〃	3	〃	좌·우도에 각 1원員
전라도	〃	3	〃	〃
황해도	〃	1	〃	
강원도	〃	1	〃	

도명					
영안도	〃	3	〃	남북도 병마절도사가 겸임
평안도	〃	2	〃	1원은 병마절도사가 겸임

수군첨절제사의 정원

도명	위계	정원수	진명鎭名
경기도	종3품	1	월곶진月串鎭
충청도	〃	2	소근포진所斤浦鎭, 마량진馬梁鎭
경상도	〃	2	부산포진釜山浦鎭, 제포진薺浦鎭
전라도	〃	2	사도진蛇島鎭[좌도], 임치도진臨淄島鎭[우도]
황해도	〃	1	소강진所江鎭
강원도	〃	1	삼척포진三陟浦鎭
평안도	〃	3	선사포진宣沙浦鎭, 노강진老江鎭, 광량진廣梁鎭

수군우후의 정원

도명	위계	정원수	비고
충청도	정4품	1	
경상도	〃	2	좌·우도에 각 1인
전라도	〃	2	〃

수군만호의 정원

도명	위계	정원수	진명	포량명浦梁名
경기도	종4품	5	월곶진月串鎭	영종포永宗浦, 초지량草芝梁, 제물량濟物梁 정포井浦, 교동량喬桐梁
충청도	〃	3	소근포진所斤浦鎭	당진포唐津浦, 파지도波知島, 서천포舒川浦
경상도	〃	19	부산포진釜山浦鎭	두모포豆毛浦, 감포甘浦, 칠포漆浦, 오포烏浦 해운포海雲浦, 포이포包伊浦, 서생포西生浦 다대포多大浦, 염포鹽浦, 축산포丑山浦

전라도	〃	15	제포진 薺浦鎭	옥포玉浦, 평산포平山浦, 지세포知世浦 영등포永登浦, 사량蛇梁, 당포唐浦 조라포助羅浦, 적량赤梁, 안골포安骨浦
			사도진 蛇島鎭	회령포會寧浦, 달량達梁, 여도呂島, 마도馬島 녹도鹿島, 발포鉢浦, 돌산포突山浦
			임치도진 臨淄島鎭	검모포黔毛浦, 법성포法聖浦, 다경포多慶浦 목포木浦, 어란포於蘭浦, 군산포群山浦 남도포南挑浦, 금갑도金甲島
황해도	〃	6	소강진 所江鎭	광암량廣岩梁, 아랑포阿郞浦, 오차포吾叉浦 허사포許沙浦, 가을포茄乙浦, 용매량龍媒梁
강원도	〃	4	삼척포진 三陟浦鎭	안인포安仁浦, 고성포高城浦, 울진포蔚珍浦, 월송포越松浦
영안도	〃	3	북도北道 남도南道	낭성포浪城浦, 도안포道安浦 조산포造山浦

국초國初 하부병졸의 배치수와 직무 및 명칭은 사료의 결여로 알기 어려우나 임란 이후에 편찬된 사적史籍에 의하면 군관軍官・지구관知彀官・기고관旗鼓官・기패관旗牌官・지인知印・사령使令・취수吹手・기수旗手 등이 있었다. 외국인과의 통역관계로는 여진학女眞學・한학漢學・왜학倭學이란 통역관이 각 진관鎭管과 수영水營마다 한 사람씩 배치되었으며, 이밖에 잡역에 사역되는 노예도 각 영營・진鎭・포浦에 다수 배치되었다.

세조시대에 편찬된『경국대전』에 의하면 수군은 4만 8,800명으로서 주위周圍 1척尺 둘레[徑] 3촌寸되는 흑칠黑漆목제의 원패圓牌를 상시로 패용하게 했다. 한 면에는 어느 포의 수군 누구・연령・용모・거처 등을 새겨넣고 그 이면에는 발령한 연월일과 '수군' 2자를 전서篆書로 새겨넣었다. 그리고 수군은 특별한 기술이 필요하여 세조 때부터 세습시켜 다른 역을 면제시키고 가장 유능한 자는 매년 몇 명씩 선발・등용하여 경관직京官職을 주어 우대했다. 국초에 있어서는 사졸의 심신을 휴양시키기 위하여 절반씩 번番을 나누는 규례였으나 태평이 계속되자 관기官紀가 문란해져 병선은 있으나 선부船

夫가 부족하고 지장支障이 많아 중종 38년(1543) 10월에 이르러서는 정부의 주청에 의하여 절반분번법折半分番法을 폐지했다.

수군은 원칙적으로 각 도의 관찰사와 도원수의 지휘를 받았으나 해도찰방海島察訪이라는 국왕직속의 감독관이 수시로 출장·감시했고, 해적이 창궐하는 3남지방에는 수시로 수군도절제사水軍都節制使로 하여금 수군을 통할하게 하기도 했다. 해적이 대거 침략할 때에는 중앙에서 순찰사巡察使·방어사防禦使 등을 파견하여 지휘하다가 뒤에는 이 제도를 폐지하고 해당 도의 관찰사가 순찰사를 겸했고 병사兵使와 수사水使를 신속히 동원하여 조치하도록 개혁했다.

그 후 왜구의 창궐과 다년간의 경험에 의하여 명종 10년(1555)부터는 전라감사全羅監司 유희춘柳希春의 장계대로 각 연해지구의 경비는 육상병력과 수군이 혼연일체가 되어 담당하게 되었다.

제3절 조선과 수군 및 병선의 배치

1. 조선造船

우리나라는 3면이 바다로 둘러싸여 있어서 선사시대부터 해양발전이 왕성했을 것으로 생각할 수 있고, 삼국시대에 이르러서는 의식적으로 해상발전을 꾀했기 때문에 조선술과 항해술이 우리의 상상 이상으로 크게 발전했음이 사실이다. 이는 신라가 당唐과의 활발한 해상무역으로부터 대륙 각 항포港浦에 신라방新羅坊이라는 거류지居留地까지 설치했던 것을 보아도 알 수 있다. 고려 원종元宗 때에 몽고군과 연합함대를 조직하여 일본을 두 차례나 원정했던 것이 우리 해양발전사상으로 일대 '신기원'이었던 것도 의심의 여지가 없다.

이때 고려는 3~4천 석石을 실을 수 있는 거선巨船 1천 척을 새로이 건조했으니 전라도 나주羅州의 천관산天冠山에서 채벌한 목재로써 합포合浦와 기타 여러 조선소를 이용하여 각 도에서 징발된 3만여 명의 인부를 총동원하여 원종元宗 15년(1274: 원 至元 11) 정월부터 5월 말까지 5개월 동안에 5백 척이 준공되어 김해에 회항한 기록이 『원사元史』에 보이고, 다시 제2차 원정 때에도 9백여 척을 새로 만들었는데, 『원사』 장희전張禧傳에 의하면 폭풍에 의하여 많은 전함이 파괴되는 가운데 "다만 고려의 선함船艦만이 완전함을 얻었다"고 기록되어 있다. 우리나라의 조선술이 상당히 우수했다는 것을 이로써 알 수 있고, 그 후 다시 몽고가 일본원정을 계획했을 때에도 세조 홀필렬忽必烈이 원의 수도 북경에 돌아와 자신을 알현한 고려의 왕세자에게 공언한 점으로 보아 이를 확인할 수 있다.

> 강남의 전선은 크기만 하고 폭풍을 만나거나 또는 다른 선박에 부닥치면 곧 훼파毁破되어 전 2회의 원정이 실패했다. 이제 만일 고려로 하여금 조선하게 하여 다시 원정하면 기필코 일본을 점령할 수 있다.[2]

이 전통을 계승한 조선시대에 있어서는 왜구를 격퇴하기 위하여 꾸준한 외국기술의 채택과 우수한 해방기구海防機構를 소유하게 되었다. 태조 2년(1393)에는 중국인에게 중국 배를 만들게 하고 태종 13년(1413)에는 일본해적의 괴수중 한 사람이었던 귀화왜인歸化倭人 평도전平道全에게 명하여 일본 배를 만들게 했다. 또한 같은 해 2월에는 귀선龜船과 왜선倭船으로써 실전實戰처럼 연습을 행했으며, 다시 뒤에는 배 밑바닥의 부패를 방지하기 위하여 방부제로 석회를 사용함에 이르렀다. 세종 5년(1423)에는 일본해적을 격퇴하

---

2) 『고려사』 권30. 충렬왕 18년조.

는데 매우 편리한 소형 쾌속선으로 비거도선鼻居刀船을 만들었다.

세종 12년에는 대호군 이예李藝의 상언에 따라 일본 및 남양각지의 선박이 쇠못을 사용하여 매우 튼튼하며 가볍고 빠르면서도 태풍을 만나도 파손되지 않고 부패가 적어 30년을 사용할 수 있는 데 비하여 우리나라 선박은 나무못[木釘]을 사용하여 급조한 까닭에 뇌고경쾌牢固輕快하지 않을 뿐만 아니라 10년이 채 못되어 파손되는 까닭에 일본 배나 유구琉球 배를 모방하여 조선했다. 세종 16년(1434)에는 한강에 이들 병선을 띄우고 그 성능을 시험했다.

성종 때에는 신숙주申叔舟의 건의에 의하여 외장外裝을 제거하면 조선漕船으로도 사용할 수 있는 겸용의 병선을 만들고, 다시 일본 배와 제주 배를 한강에서 비교 시험했다. 중종 8년(1513)에는 왜적을 격퇴하기 위한 검선劍船 즉 선상에 검과 창을 조밀하게 세운 배를 만들었고, 명종 8년(1553)에는 새로 만든 윤선輪船을 시험했다. 태종 때의 거북선[龜船]은 그 제도가 상세하지 아니하되 뒷날 임진왜란 때에 무적전선無敵戰船의 위대한 공을 세운 이순신의 귀선龜船과 어떻게 연결되는지는 다음에서 말하겠다.

2. 선종과 정원수

선종船種은 시대에 따라 그 명칭이 달랐다 세조 때 편찬된 『경국대전』에 의하면 대·중·소 3종의 맹선猛船이 있었다. 대선은 길이 7칸間 폭 3칸 9척 이상이고, 중선은 길이 5칸 폭 2칸 1척 이상이며, 소선은 길이가 3칸 1척 8촌 폭이 1칸 3촌 이상이었다. 승선인원은 대선이 80인, 중선이 60인, 소선이 30인이었다.

임란 이후의 병선명칭은 전선戰船·방선防船·병선兵船·귀선龜船·사후선伺候船·거도선舺舠船·급수선汲水船·탐선探船·해골선海鶻船·협선挾船·추포선追捕船 등인바 시대의 추이에 따라 그 성능과 대소에 의하여 다종다양의 선형이 생기게 된 것이라고 생각된다. 그러나 임진왜란 때의 사료가 충분하지 못해 자세히 알 수 없으나 『이충무공전서李忠武公全書』에 의하면 판옥선板屋船·협선挾船·포작선鮑作船의 3종이었는데 이는 대·중·소 3종의 맹선의 명칭변화인 듯하다. 좌우간 임란 7년간의 쓰라린 경험에 의하여 다종다양의 선박이 생기게 된 것이라고 보는 것이 타당할 것이다. 그러므로 맹선이 뒤에 전선으로 개칭되고 평소에는 승무원이 없고 오직 전시에만 동원되는 무군맹선無軍猛船이라는 예비선도 있었으며 정찰선으로서 대형의 것이 사후선이고 소형을 탐선探船이라 했고 주로 황해방면에만 배치된 추포선은 중국과의 밀무역선을 방어하는 것이었다.

3. 병선수와 배치

우선 세조시대의 병선수와 각 도에 배치한 상황을 보면 아래와 같다.

각 도의 병선수와 배치표

경기도	충청도	경상도	전라도	강원도	황해도	영안도	평안도
□ 대맹선 매 1척당 수군정원 80인							
16척	11척	20척	22척		7척		4척
주진 6 영종포 1 월곶 3 초지량 제물량 정포 각 2	주진 4 소근포 당진포 각 2 파지도 마량 서천포 각 1	좌우도주진 각 2 다대포·부산포·해운포·두모포·서생포·염포·안골포·제포·영등포·옥포·지세포·조라포·당포·사량·적량·평산포 각 1	우도주진 3 좌도주진 2 임치도·돌산도·여도·발포·녹도·회령포·마도·달량·어란포·금갑도·남도포·사도·목포·다경포·법성포·검모포·군산포 각 1		소강 용매 가을포 오차포 아랑포 허사포 광암량 각 1		광량 2 노강 선사포 각 1

□ 중맹선 매 1척당 수군정원 60인

20척	34척	66척	43척		12척	2척	15척
주진 7척 월곶 6 정포 3 영종포 2 초지량 제물량 각 1	주진 8 당진포 7 소근포 마량 각 6 서천포 4 파지도 3	좌도주진 7 우도주진 11 옥포·제포 각 5 염포·지세포·당포 각 4 부산포·두모포·영 등포·적량·평산포 각 3 다대포·조라포·안 골포·사량 각 2 해운포·서생포·포 이포 각 1	좌도주진 6 우도주진 4 사도 4 임치도·발포·남도 포 각 3 돌산포·녹도·마도· 달량·금갑도·법성 포·군산포 각 2 여도·회령포·어란 포·목포·다경포· 검모포 각 1		소강 용매 가을포 오차포 광암량 각 2 아랑포 허사포 각 1	도안포 2척	광량 선사포 노강 각 5

□ 소맹선 매 1척당 수군정원 30인

14척	24척	105척	33척	14척	10척	12척	4척
주진 4척 초지량 3 영종포 월곶 정포 각 2 제물량 1	주진 10 마량 4 소근포 파지도 당진포 각 3 서천포 1	좌도주진·다대포· 감포·이포·축산 포 각 6 우도주진 8 지세포 7 부산포·염포·제포 각 5 해운포·서생포·칠 포·오포·옥포·사 량 각 4 두모포·안골포·영 등포·조라포·당포· 적량·평산포 각 3	우도주진·임치도· 여도·회령포·어란 포·사도·검모포 각 2 남도포 4 발포·녹도 각 3 좌도주진·돌산포· 마도·달량·금갑도· 목포·다경포·법성 포·군산포 각 1	삼척포 4 울진포 고성포 각 3 월송포 안인포 각 2	소강 가을포 오차포 아랑포 허사포 각 2척	낭성포 8 조산포 도안포 각 2	노강 2 광량 선사포 각 1

□ 무군 소맹선

	7척	40척	75척	86척	2척	10척	9척	16척
	정포 2 주진 영종포 초지량 제물량	주진 마량 각10 소근포 8 서천포 5	좌도주진·염포 각2 우도주진 10 영등포·옥포·적량 평산포 각6	우도주진 9 어란포·금갑도·사 도 각8 좌도주진 7 발포·회령포·마도·	울진포 2	소강 용매 광암량 각2 가을포	낭성포 도안포 각4 조산포 1	선사포 7 광량 5 노강 4

월곶 각 1	당진포 4 파지도 3	제포·지세포·당포· 사량 각5 안골포 4 조라포 3 다대포·부산포·해 운포·두모포·서생 포·감포·포이포· 칠포·오포·축산포 각1	남도포·검모포·군 산포 각4 임치도·돌산포·여 도·녹도·달량·목 포 각3 다경포·법성포 각2	오차포 아량포 허사포 각1		
□ 무군 중맹선 3척						노강 3
□ 무군 대맹선 1척						노강 1

4. 임란 전후의 수영 및 병선의 배치

조선시대 초기 이래의 왜구에 대한 삼포통제위혜병행정책三浦統制威惠竝行政策[위협과 혜택. 당근과 채찍을 같이 사용하는 정책]이 수군충실과 함포개량艦砲改良 노력과 아울러 능히 왜구의 침구를 봉쇄하기에는 성공했지만 한반도로부터 명明나라로 방향을 전환하여 황해·동중국해로 출몰하는 왜구무리의 간헐적인 노략질이 오히려 끊이지 아니하여 우리나라로서는 경계와 방비를 태만하게 할 수 없어서 다른 국정의 해이에 비하여 수군의 전통은 오랜 긴장이 지속되었다. 그래서 전에 없는 대왜구라 할 임진왜란에 임하여는 성웅 이순신을 중심축으로 혁혁한 불꽃을 우리 역사상에 발휘했다.

원래 우리나라 수군의 강화는 왜구의 침략을 막기 위한 정략에서 발전된 것이므로 자연히 그 중점이 3남 연해지역에 둘 것은 당연한 일로서 지금 남아 있는 유일의 사료『전라우수영지全羅右水營誌』에 의하여 당시의 면모를 살펴볼 수밖에 없는바 임진왜란 이후의 기록이므로 그 전에 대해서는 추정에 맡길 따름이다.

임란당시 아군의 수군근거지는 경상도·전라도·충청도 3도에 각각 좌·우 두 수영水營이 있었고, 그 곳에 수사水使가 주재하고 있었다.3) 경상도의 좌수영은 기장機張에 있었는데 개전즉시 좌수사 박홍이 전함과 수영을 파괴하고 퇴각했으므로 사용되지 못했다. 우수영은 웅천熊川의 제포薺浦, 창원의 합포合浦, 거제도의 산달포山達浦·오아포烏兒浦, 고성固城의 두룡포頭龍浦 등으로 자주 위치를 변경하여 그때그때의 상황에 응했다. 그러므로 여수에 있던 전라도 좌수영만이 이순신이 머무는 거영居營이었기 때문에 여기가 오랫동안 수군행동의 중요한 근거지가 되었다. 이것도 선조 정유년(1597)에 이순신이 투옥되고 원균이 대신 3도통제사가 되어 전체수군을 복멸覆滅시킴에 이르러 파괴되고 말았으나 이어 이순신이 복직됨에 이르러 지금 전남 해남군 문내면 우수영에 있던 전라우수영과 그 이서의 충청수영 두 곳은 하등의 손해를 보지 않고서도 활약을 계속할 수 있었다.

『전라우수영지全羅右水營誌』에 의하여 직제를 살펴보면 본영의 직원은 아래와 같았다.

직위	인원	직위	인원	직위	인원
수군절도사水軍節度使	무관정3품	기패관旗牌官	1	군뢰軍牢[헌병]	70
대솔군관帶率軍官	7	훈도訓導	2	취수吹手	70
한학漢學	1	영리營吏	2	기수旗手	70
왜학倭學	1	마두馬頭	1	관노官奴	31
어변군관禦邊軍官	150	진무鎭撫	84	비婢	30
지구관知彀官	2	지인知印	40		
기고관旗鼓官	1	사령使令	38		

그리고 본영의 각 아사衙舍는 또한 아래와 같았다.

내아內衙·제승당制勝堂〔外東軒〕·세검루洗劍樓〔冊室〕·백화당百和堂〔牌將廳〕·통문

---
3) 역자주: 경상도와 전라도에는 좌·우도 수영이 따로 있었으나 충청도는 그렇지 않았다.

당通文堂[譯學堂]·좌변군관청左邊軍官廳·우변군관청右邊軍官廳·장관청將官廳·좌우사부청左右射夫廳·영리청營吏廳·진무청鎭撫廳·통인청通引廳·사령청使令廳·관노청官奴廳·기수청旗手廳·취수청吹手廳·군뇌청軍牢廳·포수교사청砲手敎師廳·궁시인청弓矢人廳·선직타공청船直舵工廳·주해청籌海廳[武營]·내아內衙[亞營]·군관청軍官廳·장관청將官廳·배리청陪吏廳·군뇌기수청軍牢旗手廳

이밖에도 각처에 정亭 또는 루樓의 회의소會議所가 아래와 같이 있었다.

복파루伏波樓[客舍]·운주루運籌樓[客舍門樓]·인양루寅陽樓[東門樓]·진금루振金樓[西門樓]·진해루鎭海樓[南門樓]·공북루拱北樓[北門樓]·망해루望海樓[主峰上]·태평정太平亭[南城內]·칠계루七計樓[在船所]·어변정禦邊亭[在船所]·정해루靜海樓[將臺]·관왕정觀往亭[東城外]

그리고 각 영과 포항浦港에 있어서 가장 중요한 시설로는 선박을 매어두는 선창船艙이 있었으니 만조가 되면 배가 뜨고 낙조가 되면 해저에 안좌安坐되는 것이었다. 본영에는 남문 밖에 돌로 쌓아 만든 선거船渠 4개소가 설치되어 있었다.

여기 상비된 전선은 장자張字 제1호와 제2호의 전함 2척과 같은 제3호와 제4호의 귀선龜船[거북선] 2척 및 해골선海鶻船·방패선防牌船 각 1척, 병선 3척, 사후선伺候船 8척, 합계 17척이 부속되어 있었다. 그리고 이때 승선하는 수군의 장병은 합계 1,850명으로 그 배치는 아래와 같다.

선종 \ 직능별	선척수	선장	射夫 及 左右捕監	火砲手	砲手	舵工 舞工 繚碇手 船直	能櫓	旗羅卒
장張자 제1호 전선	1		22	12	26	10	110	90
해골선海鶻船	1	1	10		10	1	34	
방패선防牌船	1	1	6	2	6	2	33	

사후선伺候船	2						각1	각4	
장자 제2호 전선	1		20	10	24	10	100	54
병선兵船	1	1	10		10	1	14	
사후선	2						각1	각4	
장자 제3호 귀선龜船	1	1	16	10	29	10	90	10
병선	1	1	10		10	1	14	
사후선	2						각1	각4	
장자 제4호 귀선	1	1	16	10	24	10	90	10
병선	1	1	10		10			
사후선	2						각1	각4	

그리고 이것이 전시체제로 동원되는 때의 수군편제는 다음과 같이 된다. 초사본영哨司本營에는 수군절도사가 제1호 전함에 승선하여 좌정하고 중군中軍은 제2호 전선에 승선하게 된다. 그리고 아래로 전·후·좌·우·중의 5사司 파총把摠이 전·후·좌·우·중의 5초관哨官을 인솔하고 출전했다. 이를 표시하면 아래와 같다.

사파총별 \ 초관별		전초관	후초관	좌초관	우초관	중초관
前司 파총	청산진첨사	마도진만호	신지도만호	영암군수	해남현감	고금도첨사
後司 파총	가리포첨사	동진귀선장	진도부사	남도포만호	이진진만호	갑도만호
左司 파총	고군산첨사	법성포첨사	영광군수	위도진첨사	격포진첨사	군산진첨사
右司 파총	임치진첨사	본영3귀선장	본영4귀선장	목포진만호	무안현감	함평현감
中司 파총	임자도첨사	나주목사	동주귀선장	어란진만호	다경포만호	지도진만호

여기서 우리는 조선의 수군행정이 수 개년간의 대-왜구피해로부터 받은 쓰린 경험에서 주도면밀한 이상적 조직을 가지고 있었음을 엿볼 수 있다. 즉 이 수군의 군정기구는 3남 각 연해의 행정기구와 완전히 일치하고 있었다. 다시 말하면 평시에는 첨사·만호·현감·군수로서 각기 임무를 다

했던 것이다. 일단 해적이 침입해 오면 상호 협동작전으로 출전했다. 현감이나 군수와 같은 행정관도 사병을 인솔하고 수영에 집합하여 수영의 수군들과 같이 훈련을 쌓아두었다가 전시에는 승선하여 군무에 종사했다.

적침의 경보를 신속히 전달하기 위하여 각 수영을 중심으로 수십 리 거리를 두어 각지에 봉수소烽燧所를 높은 봉우리에 설치했다. 지명의 변화로 말미암아 그 위치가 지금은 불분명한 곳이 없지 않으나 원문 그대로 적으면 그 조직은 아래와 같다.

지역	봉수대	지역	봉수대
강진康津	원포垣浦봉수 좌곡佐谷봉수 완도莞島봉수	함평咸平	옹산甕山봉수 해제海際봉수
영암靈岩	달마산達磨山봉수	무장茂長	고리포古里浦봉수 소근포所斤浦봉수
해남海南	관두산舘頭山봉수 황원일성산黃原日城山봉수	부안扶安	월고리月古里봉수 계화리界火里봉수
진도珍島	여귀산女貴山봉수 첨찰산尖察山봉수	옥구沃溝	화산花山봉수
무안務安	목포진 유달산鍮達山봉수	염피鹽陂	오성산吾聖山봉수
나주羅州	군산群山봉수	함열咸悅	소방산所防山봉수
영광靈光	다경포 고림高林봉수 차음산次音山봉수 고도산古道山봉수 홍농산봉수	용안龍安	광두원廣頭原봉수

그리고 또 본영에 예속되는 분영分營이 각지에 26개소 있었고 그곳에 배치되었던 전함과 수군의 장졸을 열거하면 다음과 같다.

지명\병선수\선종船種	귀선수龜船數	함선수艦船數	병선수兵船數	방패선수防牌船數	사후선수伺候船數	가왜선수假倭船數	수군수水軍數	민호수民戶數	선창수船艙數
해남현	1		1		2		226	6259	
진도부			1	1		1	231		1
금갑도 만호			1	1	1	2	1	277	

남도포 만호		1	1	1	2		291	
영암군		1	1		2		231	
어란진 만호		1	1	1	2		276	1
이진진 만호		1	1		1		247	
가리포 수군첨절제사	1	1	2	1	4		506	
청산진		1	1		1		?	
고금도 동첨절제사		1	1		2		250	
신지도 만호	1		1		2		246	
마도진 만호	1		1	1	2		276	1
무안현		1	1		2		226	1
목포진 만호		1	1	1	2		277	
영광군		1	1		2		230	1
다경포 만호		1	1	1	2		276	
임자도 동첨절제사		1	1		2		250	
법성포	1		1		2		245	
함평현		1	1		2		1412	
임치진 첨사		1	1	1	2		282	
나주목	2			1	4		461	
지도진 만호	1		1		2		245	
위도진 만호			1		2		271	
검모포		1	1	1	2		273	
고군산 첨사		1	1	1	2		217	
군산진		1	1		?		?	
흑산도		?	?		?		?	

주1) 군산진 이하는 결손缺損되어 문자를 알아볼 수 없음.

주2) 이상 열거된 진포鎭浦 군현 등의 관청에는 대략 군정軍政과 행정요원으로 문·무관의 3품 내지 4품관인 수군첨절제사·수군동첨절제사·수군만호·군수·현감 등이 군관 수십 명, 좌수座首·별감別監·아전衙典·진무鎭撫 등 전원 50명 전후를 통솔하고 있었다.

제2장 거북선과 화포

　승전勝戰의 3대 요소는 우수한 병기와 전술 및 강렬한 전투정신이라고 하겠다. 임진왜란 해전에 있어서 일본군보다 전투경험이 박약하면서도 위대한 통솔자 이 충무공의 신출귀몰하는 전략과 세계최초의 장갑선裝甲船인 거북선과 우리나라 특유의 화포로써 일본군의 예봉銳鋒을 여지없이 무찔러서 대륙에 대한 그들의 야망을 마침내 꺾어버렸던 것이다. 그러면 이 우수한 무기가 어떤 경로를 밟아서 만들어졌으며, 어떤 작용과 구조를 가지고 있었는지를 알 필요가 있다.

제1절 거북선

1. 거북선의 구조와 그 성능

　지금의 『이충무공전서李忠武公全書』와 『징비록懲毖錄』에 준해 그 구조를 살펴보면 대강 아래와 같았던 듯하다. 외형은 철판으로 덮고 갑판 하에는 십자十字의 세로細路를 만들어 일면에 송곳과 칼錐刀을 꽂아 적군의 침입과 배에 오르는 것을 막아내고, 앞부분에는 용구龍口 뒷면에는 거북이 꼬리[龜尾]를 만들어 총구멍이 전·후·좌·우 각각 6개씩 있어서 화포를 쏠 수 있게 장치되었다.

적선과 접전할 때는 편모編茅, 즉 띠로 엮은 가마니 같은 것으로 덮어 적군에게 송곳 등이 안 보이도록 했고, 적진에 돌진하면 적군이 배에 올라타다가 송곳에 걸려 사상死傷되어 전투능력을 잃게 했다. 적이 내습하려면 일제히 총을 발사하여 향하는 곳곳마다 무적이므로 백전백승의 전과를 세울 수 있었는데 그 모양이 엎드린 거북이와 비슷하여 거북선[龜船]이라고 부르게 된 것이다.

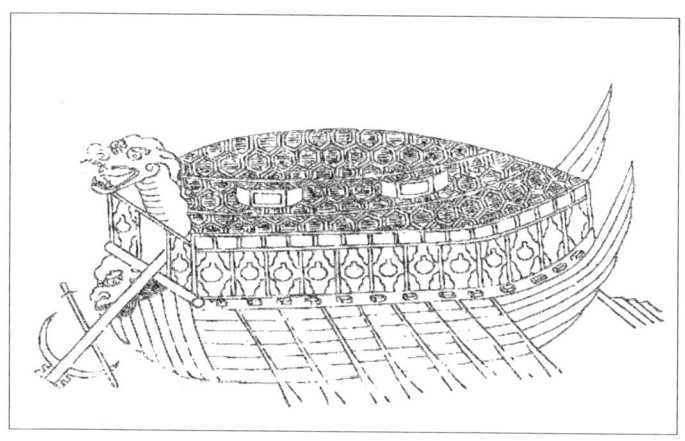

[사진 1] 전라좌수영 거북선

그 내부의 구조를 보면 아래와 같다.

① 저판底板[俗名本板]은 10개를 연결하니 길이가 64척 8촌, 두광頭廣[선수 너비]이 12척, 요광腰廣[중앙부분 너비]이 14척 5촌, 미광尾廣[선미너비]이 10척 6촌[밑

[줄부분이 빠져 있음:-역자주]

② 좌우현판左右舷板[속명 杉板]은 각 7개를 연결하니 높이가 7척 5촌, 최하 제1판의 길이가 68척, 최상 제7판의 길이가 113척이고 두께는 4촌이다.

③ 노판艣板[속명 荷板 선수]은 4개를 연결하여 높이 4척이요, 제2판에 좌·우 현자玄字 총구멍 각 1개씩을 뚫었다.

④ 축판舳板[속명 亦荷板 선미]은 7개를 연결하여 높이 7척 5촌, 상광上廣 14척 5촌, 하광下廣은 10척 6촌이요, 제6판 정중앙에 지름 1척 2촌의 구멍을 뚫어서 타舵[속명 鴎]를 꽂는다.

⑤ 다음으로 좌·우 현에 난欄[속명 信防]을 만들고 난두欄頭에 횡량橫梁[속명 駕龍]을 얹으니 바로 뱃머리 앞에 닿게 되어[艣前當] 우마牛馬에 멍에를 메운 것과 같으며 난의 가장자리 둘레에 판을 깔고, 돌아가면서 패牌를 세우고 그 패 위에 또 난[속명 假防]을 만든다.

⑥ 현란舷欄으로부터 패란牌欄에 이르는 높이는 4척 3촌이요, 패란은 좌우 각 11판[속명 蓋板 또는 龜背板]이 차례로 서로 향하여 덮는다. 등에는 1척 5촌의 틈[縛]을 두어 돛대[桅]를 세우고 눕히는 데 편리하도록 했다.

⑦ 선수船首[노에 거북머리]를 만드니 그 길이가 4척 3촌, 너비가 3척이고, 그 안쪽[裏面]에서는 유황과 염초를 태워서 입을 벌리고 불꽃과 연기를 토하기를 안개와 같이 함으로써 적군을 미혹하게 했다.

⑧ 좌우의 노는 각 10개씩이고 좌우의 패에는 각 22개의 포혈砲穴[礮穴]을 뚫어 놓았다. 또 거북머리에도 포 구멍을 내고 그 밑에 2개의 문을 내고 문 옆에는 각 1개씩의 포혈을 뚫었다.

⑨ 좌우의 복판覆板에도 또 각각 12개의 포혈을 뚫고 귀자기龜字旗를 꽂는다.

⑩ 좌우포판左右鋪板 아래에 각각 12칸의 격실[房]이 있다. 2칸에는 철물鐵物을 간직하고, 3칸에는 화포·궁시弓矢 및 창검을 나누어 저장한다. 나머지 19칸은 수병의 휴식소로 되어 있다. 그리고 포판 위의 격실의 1칸에는 선장이 거주하고 우포판 위의 격실 1칸에는 장교가 있다. 군사들이 휴식할 때는 포판 아래에 있으나 전투시에는 포판상에 올라와 포를 여러 구멍에 갖다놓고 장전하고 발사하기를 그치지 않도록 하는 것이다.

2. 거북선의 창안

『이충무공전서』에 2종의 귀선도龜船圖를 게재하고 해설하여 이 충무공이 창안한 거북선이 왜인의 제선制船을 본떠서 만든 것처럼 기록되어 있으나 왜군이 임란 7년 동안 우리 수군에게 여지없이 격파된 점으로 보아 만일 비슷한 함선이 있었다면 이것을 이용했을 것이다. 당시 일본 측의 사료인 『태합기太閤記』에 의하면 일본의 수군장수 협판안치脇坂安治(와키자카 야스하루) 가 거북선을 보고 자기나라의 맹선盲船과 같은 것이라고 사졸들을 격려시킨 기사가 보이나 외형은 약간 유사했을지 모르지만 그 성능에 있어서는 하늘 과 땅 차이였을 것이다.

전술한 바와 같이 거북선의 특색은 속력이 빠르고 외판이 철판으로 되어 있어 적탄이 명중되어도 아무런 손해가 없을 뿐더러 송곳이 사방에 꽂혀 육박전에 숙련된 일본군도 감히 범접을 하지 못했던 것이다. 이편에는 아무런 타격도 받지 않고 다만 적군에게 화포와 불화살을 발출하여 적의 함선을 파괴하고 사병을 살상시켜서 결국 그 함대는 지리멸렬하게 했던 것이니 다방면으로 잘 고안된 완성품이므로 모방에 능한 일본군도 7년이란 긴 세월을 두고도 제해권을 빼앗지 못하고 말았다.

충분한 사료로 확인되지는 않으나 조선건국 이래 열심히 수군정비에 노력한 결과로 태종 때에는 거북선을 만들었다. 태종 13년(1413) 2월에는 "친히 임진강에 나아가서 거북선과 왜선을 서로 싸우게 했다"는 기사가 『실록』에 보이고, 다시 15년 7월 좌대언左代言 탁신卓愼의 상서 중에도 보인다.

거북선의 전법은 중적衆敵에 충돌하여도 적선이 해할 수가 없으니 승전의 양책良策이라고 할 수가 있다. 그러므로 이것을 한층 더 연구 발전시켜 견고하게 만들면 승전의 우수한 무기가 될 수 있다.

완전하지는 않았으나 거북선이란 것이 벌써부터 창안되어 있었던 것을 알 수 있다.

중종 8년(1513)에 왜군의 배에 올라타서 벌이는 육박전(上船接戰)을 하지 못하도록 창안한 창선槍船은 선박일면에 송곳을 열립列立시킨 것으로서 거북선을 창안하는 데 암시를 주었을 것으로 생각된다. 또 명종 5년(1550) 2월에 경상도 관찰사로 있던 현현玹이 『대학연의보大學衍義補』의 윤선제輪船制를 연구하여 병사 이순고李舜皐로 하여금 이를 창조하게 한 일이 있다. 그리고 명종 8년(1553)에는 왕이 친히 망원정望遠亭에 나아가 새로 만든 윤선輪船을 관람했다는 기사가 있는 점으로 보아 이순신은 전라도 좌수사로 임명된 지 1년 동안 왜구의 대침범이 있을 것을 미리 알고, 그 전에 거북선을 의거하여 상술한 창선과 윤선 등의 장점을 채택하고 다시 철판을 겉 표면에 씌우며 화포를 장치하도록 고안 발명한 것이 아닌가 생각된다.

제2절 화포

1. 화포의 발달개요

알렉산더대왕이 세계정복 과정에 있어서 인도원정을 중단하고 귀환하게 된 것은 주로 인도인의 화약위력 때문이었다고 전한다. 화포에 대한 저술로 유명한 '로버트 노톤'이 그의 저서에서 "화약과 대포의 발명은 중국에서 시작되었다"고 지적했다. 이태리인 '마르코 폴로'가 10년간 몽고에 체류하고 귀국하여 중국에서는 벌써 이전부터 공성용攻城用으로 대포를 사용한다는 것을 『동방견문록』에 기록한 것을 보면 화약과 대포의 발명과 사용은 동양에서 가장 일찍 시작된 것임을 알 수 있다. 벌써 송·금 시대에 화약을 이용한 화구火毬·화전火箭·수포手砲·진천뢰구震天雷求의 투석기가 사용되고 있었는데 몽고군이 중앙아시아와 서아시아 지방을 정복하고 회교도의 역사마인亦思馬因으로 하여금 중량 5백10근 되는 철제의 대포를 만들어 난공불락의 양양성襄陽城을 함락시켜 몽고인에 의한 중국통일의 위업을 완성하게 한 것은 유명한 사실이다.

그 후 원나라 세조가 고려와 연합하여 두 차례나 일본원정을 단행했을 때에도 이 화포가 사용되었으므로 고려시대에 화약과 화포의 사용이 있었던 것을 미루어 알 수 있다. 즉『고려사高麗史』에 의하면 공민왕 5년(1356)에 화약을 폭발시켜 탄환을 발사하는 일종의 총포를 사용한 기사가 있고, 같은 왕 22년(1373) 2월에는 새로 만든 화전火箭과 화통火筒의 사용법을 연습한 사실이 있으며 왜구의 침략이 격화되니 그 창궐을 봉쇄하기 위하여 화포의 원료인 화약·유황·염초 등을 명나라에 요청하여 공민왕 23년에는 초석硝石 50만 근觔, 유황 10만 근을 수입하고 우왕 3년(1377)에는 화통도감火桶都監이라는 화포제조의 관청까지 둘 수 있었다.

고려가 망한 뒤에 조선은 한층 이 화약무기 개발에 전력한 것은 여러 문헌에 나타난 것과 같다. 『실록』에 의하면 세종 7년(1425) 1월에 전라감사가 새로 만든 천자철탄자天子鐵彈子와 당소철탄자唐小鐵彈子 및 차소철탄자次小鐵彈子의 3종을 조정에 진상했다. 세종 8년 3월에는 호조戶曹의 주청에 의하여 화포의 원료로서의 동철銅鐵을 왜인에게만 의존하는 것은 영구지책永久之策이 아니라 하여 경상도 창원부昌原府와 황해도 수안遂安·장연長淵에서 매년 주물과 단조로 만들어 바치게 하도록 결정하고 시행했다. 같은 왕 11년(1429) 12월에는 적극적으로 금속채굴을 장려하기 위하여 현상懸賞으로 각 도의 동철과 수은水銀의 산지를 널리 구했다. 그 다음해인 12년 6월에는 명나라의 수성병기守城兵器인 철질려鐵蒺藜를 각 도에 보내 모방 제작시켰으며, 동왕 13년 4월에는 국왕의 임석臨席하에 경회루 밑에서 화포연습을 거행했다. 또한 동왕 15년 3월에는 평안도와 함경도의 야인들에게 철물을 팔지 못하게 하는 금령을 내렸고, 같은해 윤8월에는 군기용軍器用의 철재를 왜인에게 방매함을 엄금했다. 그리고 같은 해 9월에는 군기감軍器監 이견기李堅基 등이 일발이전사전一發二箭四箭하는 화포를 새로 만든 공으로 포상되었으며, 세종 19년(1437) 6월에는 화포교육관 박대생朴大生을 각 도에 파송하여 화포사용법을 훈련했다.

세종 21년 2월에는 왜인의 철공鐵工 가지사야문加智沙也文을 초빙하여 화포주조에 종사하게 했으며, 다시 24년 9월에는 황해도 평산부사平山府使에게 명하여 연철鉛鐵을 항상 바치도록 했다. 동왕 27년 8월에는 새로운 화포를 주조하기 위하여 감련관監練官을 여러 도道에 파송하여 각종의 화포를 만들어 냈으며, 동 30년 4월에는 3남지방에 명하여 총통전銃筒箭을 주조시키고, 9월에는 『총통등록銃筒謄錄』을 2부 만들어 각 도의 절제사와 춘추관春秋館에 비밀리에 보관하게 하여 영세보전永世保全을 기했다. 동년 8월에는 총통위銃筒衛 매 50인을 1패牌로 하여 16패를 두고 패두牌頭로 하여금 통솔하게 했다. 그리고 이 화포를 이용하여 적진의 진지를 격파한 부대에게는 후한 상을 주게 규정했다. 세종의 이러한 정책은 대마도 정벌과 북변 야인들을 구축하여 국토를 확장한 강경책과 연관성을 가진 것임을 잊어서는 안되겠다.

세종의 이러한 적극정책으로도 국내의 채철사업採鐵事業은 지지부진하여 중종 때에는 총통주조의 철을 시중으로부터 사서 올리게 하는 바람에 원망과 탄식의 소리가 높아졌으므로 훈련원에서는 동대문과 남대문 누상의 대종大鍾으로써 총통을 주조할 것을 주청할 정도에 이르게 되었다.[1] 다시 명종 11년(1556) 1월에 이르러서는 시중의 동철 10만 근을 징발하려고 했으나 양사兩司의 논소論疏에 의하여 그 반수만을 징발하여 총통주조에 사용했다.

---

1) 『중종실록』 권81. 중종 31년 4월 癸丑.

동년 12월에 다시 6만 근을 징발하고, 동왕 14년에는 비변사의 상계에 의하여 왜인포로 중에서 동철공·유황공硫黃工·선공船工들을 우대하여 관직을 주고 기술을 보제원普濟院에서 우리나라 기술자들에게 전습하게 했다.

2. 화포의 종류와 그 성능

『명사明史』병지兵誌에 의하면 수십 종의 화전火箭이 중국에서 발명 사용되었던 것을 알 수 있는데, 임진왜란 당시에 사용된 화기 가운데는 우리나라 고유의 것과 중국 또는 서양에서 전래된 외국제의 두 종류로 나눌 수가 있다. 물론 그 중에는 중국전래의 것이기 때문에 명칭은 동일하더라도 오랫동안 사용하는 도중에 세부에 있어서는 상당히 발달 개조된 것도 있다. 임진왜란 때에 그 위력을 발휘한 우리나라 고유의 화기에 대해 구조와 그 성능을 살펴보면 다음과 같다.

(1) 승자총勝字銃

『선조실록』에 의하면 선조 20년(1587) 10월 19일에 전 병사 김지金墀[2]가 승자총을 창제한 공으로 병조판서에 임명되었다고 기록되어 있으며『서애문집西厓文集』권16, 잡저雜著의 기조총제조사記鳥銃製造事조에 보면 이 승자총은 대·중·소 3종이 있었음을 알 수 있다. 이순신의 「봉진화포장封進火砲狀」에 의하면 이것은 쌍공총雙空銃으로서 포르투갈 사람에게서 수입한 왜총倭銃보다 그 성능이 열등하며, 체단혈천體短穴淺[몸통이 짧고 총혈 또한 얕은 것]이었음을 알 수 있다. 현존 유물의 하나로서는 임진년 9월에 주조한 소승자총[중량 4근 8량 5의 것]이 있는데 청동제로서 전장全長 560모粍[밀리미터], 당장膛長[총신의 길이인 듯] 553모(㎜), 구경口徑 19모, 외경外徑 전부前部 28모, 후부後部 35모이다.

---

[2] 金墀는 1575~1578년간에 전라좌수사와 경상병사로 있던 인물이다. 姓을 김씨로 바로잡는다.

(2) 천자총天字銃

『서애문집』(권16)에 의하면 임진왜란 때의 군기軍器 등에는 천자天字・지자地字・현자玄字・황자黃字의 대포와 우자宇字・주자宙字・영자盈字・측자仄字3)의 소포小砲 등 각양의 총통이 있었다고 하는데, 임란시에 수군에서 사용한 것은 주로 천・지・현・황의 4종류뿐이었던 것을 보면 우宇・주宙・영盈・측자仄字 총은 그 성능이 약하여 수전에는 사용되지 않은 것 같다. 지금 남아있는 것 중에 가정嘉靖 을묘乙卯(1555) 10월에 주조한 것은 493근의 중량이고, 포신은 동제銅製로서 구경 14리糎(cm)4) 전장全長 1m 30cm, 포구부砲口部의 직경 24리糎의 것이 있다.

[사진 2] 천자총통

(3) 지자총地字銃

기유년己酉年에 만들어 올린 현존품은 중량 476근, 약입藥入 20량兩으로서 포신은 동제銅製, 구경 10.2리, 전장은 1미米 17이다.

(4) 현자총玄字銃

현존유물 중 '기유년 남만철南蠻鐵 주조鑄造 중량 4백 근 개지開之'의 명문이 있는 것으로는 포신이 철제이고 구경 7리 외경 12리, 전장 70리, 당장膛長 60리이다.

---

3) '戻'자는 '仄'자를 잘못 쓴 것으로 바로잡는다.
4) 直徑이 24cm이므로 口徑도 14cm가 옳다고 판단된다. 粔를 糎로 바로잡는다.

[사진 3] 현자총통

(5) **황자총**黃字銃

현존품 중 기유년에 만들어 올린 것 가운데는 무게 104근, 약입藥入 4냥兩으로 주성鑄成된 것도 있다.

이상의 천지현황 각 총은 그 대소에 의하여 명명한 것인데 반드시 동차童車라고 하는 포가砲架가 있어서 이를 싣고 이동하도록 되어 있는데, 잔존품은 가로 길이 3척 5촌, 세로 길이 1척 2분分이다.

그리고 천자총으로부터 발사되는 화전을 대장군전大將軍箭, 지자총으로부터 발사되는 것을 장군전將軍箭, 현자총으로부터 발하는 것을 차대전次大箭, 황자총으로부터 발사되는 것을 피령전皮翎箭이라 불렀다. 그 구조는 대동소이하나, 대소는 다음과 같이 차등이 있다.

구분	대장군전	장군전	차대전	피령전
전체길이	11척 9촌	9척 2촌 3분	6척 3촌 7분	6척 3촌
우상장羽上長	4척 6촌	3척 4촌	2척 4촌 7분	2척 4촌
철우장鐵羽長	2척 5촌	1척 7촌	1척 3촌	1척 4촌
우하장羽下長	4척 8촌	4척 1촌 3분	2척 6촌	2척 5촌
원경圓徑	5촌	4촌 5분	2촌 2분	1촌 7분
족장鏃長	7촌	5촌	5촌	4촌

(6) 완구碗口

현대의 구포臼砲에 해당하는 동제銅製 화포로서 진천뢰震天雷와 철환鐵丸을 발사하는 병기이다. 형상의 크기에 따라 별대완구別大碗口·대완구大碗口·중완구中碗口의 3종이 있었는데 그 척도는 아래와 같다.

구 분	별대완구	대완구	중완구
중량重量	1,100근	528근	290근
통장通長	4척 3촌	3척 1촌	2척 7촌 3분
구경口徑	1척 8촌 5분	1척 3촌 1분	1척
외경外徑	2척 4촌	1척 7촌	1척 3촌 2분
화약火藥	70량	35량	35량
사거리[진천뢰]	350보步	400보	350보
사거리[團石]	400보	500보	500보

(7) 진천뢰震天雷

『서애집西厓集』 권16. 잡저雜著의 대포大砲조에 『송사宋史』를 인용하여 몽고군이 송과 연합하여 금金나라의 변경汴京을 공략할 때 진천뢰를 사용했다고 한 것을 보면 오래 전부터 공성용攻城用으로 이용된 듯한데, 군기시軍器寺의 이장손李長孫[5])이 여기서 힌트를 얻어 새로 비격진천뢰飛擊震天雷라는 현대의 시계폭탄時計爆彈 비슷한 것을 창작했다. 왜군이 침입함에 이르러 경상도 좌병사 박진朴晉은 경주를 회복하기 위하여 산민散民들을 모아서 경주성 아래로 잠입하여 비격진천뢰를 발사했던 바 성중城中 객사舍에 추락했다. 적군은 이것이 폭탄인 줄을 모르고 모여서 구경하던 중 갑자기 폭발되어 천지를 진동하는 큰 소리와 함께 파편이 사방으로 흩어져 즉사자가 30여 명에 이르고 부상자도 다수에 달했다. 이에 왜군은 이틀날 성을 버리고 서생포西生浦로 도귀逃歸[도망쳐 돌아감]했으므로 병량兵糧 1만여 석을 얻고 경주성을 탈환하여 그 공

---

5) 李長阿를 李長孫으로 바로잡는다.

훈에 의하여 승진되고 차후 이 무기는 여러 방면으로 이용했다. 이 무기는 대완구로 발사했는바 5~6백 보에 이르러 땅에 떨어지면 몇 분 뒤 내부의 발화장치가 폭발되어 큰 위력을 발생하여 적군이 가장 무서워했다고 한다.[6]

그 구조는 수철제水鐵製로 원형이고 중량은 120근. 원경은 1척 6촌 5분이다. 위쪽에 구멍이 있어 구원경口圓徑 3촌 8분. 화약 5근이었고. 그 속에 일종의 나사형 목곡木谷을 만들어 화약을 둘러두어 점화 폭발시키는 장치였다.

(8) **화전**火箭

옛날부터 화전(불화살)이 전쟁에 사용되었다.『서애집』(권4) 화전조에 의하건대 그 구조는 화살 끝에 기름을 담은 작은 박을 매달아서 적진 또는 적누敵樓·노櫓에 발사하면 박이 깨지면서 기름이 흐르게 되는데 연달아 불붙은 화살촉을 쏘아 발화하게 하는 성능을 갖고 있었다. 조선시대에 이르러서는 한층 발달되어 수전 때 적선 봉상篷上에 발화작용을 일으켜 적선을 태워 격파하는데 효능이 있었다. 제승制勝의 묘미가 다른 화포보다 못하지 않았다고 한다.

[사진 4] 중완구와 비격진천뢰

(9) **불랑기 · 자모포 · 대장군포 · 호준포**

불랑기佛狼機는『명사明史』병지兵誌에 의하면 포르투갈로부터 전래된 것이다. 정덕正德연간(명 武宗, 조선 中宗) 중에 광동지방에서 순검巡檢 하유何儒가 동銅으

---

6)『懲毖錄』권1.

로 만든 불랑기를 모방해서 만들었다. 길이가 5~6척이고 중량은 1천 근인데 해전에 가장 효력이 있어 점차로 유행되었다. 이와 유사한 것이 대장군포大將軍砲이며, 자모포子母砲는 비격진천뢰와 서로 비슷한 것으로서 적진을 야습하는데 이용되었다. 호준포虎準砲는 중국제를 모방하여 교서정자校書正字 이자해李自海가 제작한 것으로서 그는 개성부 재직 중에 왜인의 조총을 본떠서 정교하게 만들었다. 이순신이 노량해전에 있어서 이 포를 적선에 발사하여 무수한 적선을 깨뜨려 부러뜨린 것을 보면 그 성능이 우수했음을 알 수 있다.

이상의 여러 병기는 대개 중무기로서 운반의 불편과 숙련의 곤란 등으로 육전에서는 주로 공성攻城에 사용된 데 지나지 않았다. 유성룡이 그의 저서 『진사록辰巳錄』에서 지적한 바와 같이, 왜군의 장기는 조총·용검用劍·돌격突擊의 3진법을 썼고, 그에 반해 아군은 오직 궁시弓矢와 약간의 화포뿐이어서 수백 년간 승평타기昇平墮氣에 빠진 아군이 바람이나 우박과 같이 달려들어 정예하기가 비길 데 없는 도검으로 대하니 폭주해 오는 왜군에게 인마가 다 쓰러져 그 예봉을 당해낼 수 없었다고 한다. 왜군이 평양성에서 졸지에 명군의 습격을 받아 후퇴했으나 벽제관에서 명군을 격파하고 장기간에 강화휴전을 제기한 것도 실로 왜군의 전투력이 강렬하고 신예무기에 위압되었던 까닭이다.

『서애문집』 화포조에 의하면 국초에 군기 등에는 화약이 단지 6근에 지나지 않았고 해마다 증가되어 임란 전에는 화약 2만 7천 근이 있었다. 이것도 국왕이 북으로 도주함에 이르러 난민들의 방화로 인하여 소진되어버리니 명군이 구원군으로 와서 아군의 무기가 빈약한 것을 보고 놀랄 정도였다.

제3장 조선 전기의 해방정책

　　동양 근세사회의 정체성(停滯性)은 토지의 비옥과 계절풍의 이용으로 협소한 토지를 경작함으로써 대가족이 생활할 수 있는 환경에서 기인된 것이다. 자급자족의 생활체계로 고정되어 해외의 발전이나 자본축적이 필요치 않게 되어 자연히 형편에 따라 변화가 없는 생활태도를 유지하게 되었다. 우리나라는 중국과 마찬가지로 옛것만을 지키는 상태로 퇴보(守舊退嬰)를 인식하지 못한 채 쇄국정책을 취했다. 이와 같은 대륙의 보수적 정책에 대해 생활환경과 태도를 달리한 일본의 해적이 창궐함에 이르러 소극적이지만 여기 대응하는 방책이 강구되었으니 해방(海防)시설과 수군의 발달이 곧 그것이다.

　　그러면 일본에는 무슨 이유로 해적이 발생 창궐하게 되었는가? 일본은 평안(平安)[헤이안]시대 이래 산업이 크게 발전되어 그 교환의 매개로 화폐의 유통이 일어났다. 이에 따라 금융업자의 대두가 현저하게 나타났다. 이때 유통된 화폐는 일본제가 아니고 전부 중국 송·명의 것이었다. 이것을 다수 축적하는 자와 그렇지 못한 자. 빈부의 차가 현저하게 되었다. 이러한 사정은 실정(室町)[무로마치]막부가 한층 약화되고 사회의 질서가 혼란됨에 따라 더욱 격화되었다.

　　몽고와 고려 연합군이 일본원정을 결행한 시기에는 이러한 사태가 사회

외부로 폭발하는 상태에 이르러 외적에 대한 적개심. 경제적 필요와 외국인의 무력열약 등 여러 원인이 중첩되어 해적은 대륙으로 또는 남양 각지로 횡행하고 상대국가의 군사적 무력無力과 사무역私貿易[1] 엄금 등의 원인이 한층 왜구의 세를 격화시켰다. 이는 또한 우리나라 고려왕조 쇠망의 한 가지 원인이 되기도 했다.

오랜 전란으로 인한 토지황폐와 인구의 증가는 자연히 식량의 감소[부족]를 초래했다. 그들의 제일목표가 우리나라 곡창인 삼남지방을 주로 엄습하고 지방에서 생산된 쌀을 수도로 운반하는 조운시기를 택하여 내습한 점으로 보아 알 수가 있는 것이다. 더군다나 토지가 척박하여 쌀의 생산이 거의 없는 대마도와 일기도一岐島가 앞잡이가 되어서 드디어는 우리나라뿐만 아니라 중국 각 연안에까지 진출하게 되어 연해지방이 쑥대밭이 되게 한 것은『고려사』김선치전과『명사明史』일본전에 분명히 기록되어 있는 바와 같다.

여기 있어서 새로 건국한 조선왕조는 강력한 수군의 조직으로써 유효한 해방정책을 확립하고 대외적으로는 공무역을 허락하여 필수품을 떼어주는 대신에 해구海寇[해적]금퇴를 요청했다. 조선왕조의 이러한 양면정책은 태종太宗의 왜구귀화정책과 적극적인 세종대왕의 대마도 징벌로써 왜구의 화근을 제거하여 수백 년간의 바다 쪽 걱정이 대부분 일소되었다.

제1절 조선 초기의 대 왜구정책

조선왕조의 태조 이성계는 고려 말에 지리산과 해주海州 및 황산荒山에서

---

1) 公貿易을 私貿易으로 바로잡는다.

왜구의 대군을 섬멸한 경험이 있었다. 건국 이후에는 강력한 수군의 양성과 외교정책으로 화和·전戰 양면의 조치를 취했다. 즉위년에 승려 각추覺鎚를 파견하여 해구무리의 침구를 미리 일본에서 막도록 그들에게 청하는 동시에 공무역의 이익을 역설함으로써 왕성한 국제무역을 전개했다. 그러나 점진적으로 감소되기는 했지만 왜구의 침구는 금방 그치지 않았다. 주요한 것만 추려 표시하면 아래와 같다.

시대	침구장소	왜선 수	비고
태조 원년 5월	고만량高巒梁[충남 보령]		만호전사
2년 5월	아객포阿客浦[전라도]		
2년 5월	교동喬桐[강화도]		절도사 파견 격퇴
2년 6월	문화현[신천군] 영영현[송화군]		태자 방과 파견 토벌
2년 9월	정주定州[평안북도]		
3년 3월	연안부延安府[연백군]		
3년 7월	해주海州[황해도]		병선탈거奪去[빼앗아감]
3년 8월	안성安城[경기도]		수군만호 적선 9척 포획
4년 9월	부성포夫成浦		
5년 9월	경상도慶尙道	120척	동래·기장·동평성 함락, 탈병선 수군만호 살해
5년 9월	경상도 통양포通洋浦		병선탈거
5년 9월	경상도 영해성寧海城		
5년 10월	경상도 동래성東萊城		병선 21척 분소, 수군만호 전사
5년 11월	강원도 울진현蔚珍縣		
5년 11월	강원도 울산경蔚山境		
6년 5월	해주[황해도]		
6년 5월	옹진[황해도]		병선분소焚燒
6년 5월	선주宣州[평안북도]		
6년 5월	용주龍州[평안북도]		
6년 5월	장연長淵[황해도]		
6년 6월	용강龍岡[평안남도]		

6년 6월	장산곶長山串[황해도]		병선분소	
6년 8월	염포진鹽浦鎭[경남 울산]			
6년 8월	용주龍州[평안북도]			
태종 2년 정월	부산포富山浦[경상도]		천호千戶 수군 10여 명 전사	
2년 2월	남양 선좌도仙佐島[경기 부천]		농민다수 약탈	
3년 4월	전라·경상 해변 주군州郡			
3년 9월	번계포樊溪浦[경상도 고성]		천호피랍被拉	
3년 12월	낙안포樂安浦[전남 순천]		만호피랍, 병선 4척 분소	
4년 2월	제주도			
4년 3월	남양南洋[경기도 수원]		병선탈거奪去	
6년 3월	추자도楸子島[전라도]			
6년 4월	전라도		조선漕船 14척 탈거	
7년 12월	탐진耽津[전남 강진]		만덕사萬德寺 분소	
8년 3월	충청도 수영水營	23척	수군첨사 전사	
15년 5월	제주	〃		
15년 9월	제주		조운선 탈거	
세종 원년 5월	비인현 두음곶豆音串[충청도]		병선분소	
원년 7월	안흥량安興梁[충청 서산군]		공선貢船탈거	
25년 6월	제주		공선탈거	
성종 원년 4월	제주			
연산 3년 3월	녹도鹿島[전남 고흥]	4척	만호 전사	
3년 3월	돌산도突山島[여수]		농민 및 의량衣糧탈거	
5년 3월	여도呂島[전남 고흥]		〃	
6년 2월	마도馬島[전라도]		만호 및 군관 전사	
중종 5년 6월	가덕도加德島[경남]			
7년 9월	돌산도突山島			
39년 4월	사량진蛇梁鎭[경남]	20척	수군 10여 명 살상殺傷	
명종 10년 5월	달량포達梁浦·이진포梨津浦	70여 척	군관민軍官民 살상, 곡물탈거	
10년 6월	가리포[완도]·회령포[장흥]		군량·군기·병선·병사兵舍 분소	
10년 6월	녹도鹿島[고흥]	28척		

위 표에서 보는 바와 같이, 왜구의 주요목표는 식량이고, 그 다음으로 노예로 전매하기 위한 인민의 약취掠取였다. 따라서 남해안과 서해안이 주목표적이었다. 오늘날 통계로 보면 침략횟수가 태조 때에는 매년 평균 4회였고, 태종 이후에는 1회도 되지 않았으며 세종 이후에는 거의 근절된 상태였음을 알 수 있다. 이것은 조선의 국책國策이 강력하게 추진되었음을 의미한다.

왜구의 근절은 곧 3남곡창의 미곡을 수도 한양에 운반하여 문무백관의 생활안정 요소가 되는 것일 뿐만 아니라 나아가서는 현물 봉급으로써 생활하는 관리에 의존하고 있는 다수의 상공업자와 사회안정으로부터 오는 전 국민에 안도감을 주는 것이므로 가장 중요한 물자였음이 사실이다. 그러므로 막대한 경비와 엄준한 상벌을 시행하여 해방과 대일외교에 매진했던 것이다.

조선의 역대실록에 의하면 왜선을 무찔러 깨뜨리거나, 또는 포획하든지 왜구를 생포한 장졸에게는 후한 상을 주는 반면에, 일신의 편리만을 도모하여 태만하거나 도피 또는 구원하지 않는 자에 대해서는 철저히 구명하여 군법회의에 부쳐 엄벌에 처했다. 그러므로 태조 3년과 태종 2년에 포왜 불능한 수군만호와 일본사선을 포참捕斬한 견내량만호見乃梁萬戶를 각각 참형에 처했다. 정종定宗 원년에 이르러서는 총력을 남해연안에 집중하기 위하여 해구의 침략이 잠잠해진 함경도와 강원도 방면의 수군을 파하고 경쾌한 소선小船을 다수 제작하여 해적을 추격 포획하게 했다. 또 세종 4년부터는 전라도·충청도 연해를 오가는 사선私船은 반드시 병조兵曹의 항행허가증航行許可證이 있어야 각 진포鎭浦의 만호 또는 천호가 항행을 허가하도록 왜구에 대한 철저한 경계를 강행하고 위법한 공조좌랑 윤환尹煥은 헌부의 주청으로 속장贖杖 70을 받았던 것이다.

그러면 생포된 왜구는 어떻게 처치했던가? 여기에 대한 명문明文은 보이지 않으나 태종 이래로 점증하는 추세에 있는 소위 왜노비倭奴婢 가운데는 포로로부터 전성轉成한 것이 많았음을 생각할 수 있을 것이다. 세종대왕 원년에 대마도 정벌을 결행하려 할 때 먼저 왜인의 처치법을 상의하여 남자 20세 이하 자와 기술자는 조신朝臣들에게 하사하고 그 나머지는 전부 각 관청에 분급하여 노비로 삼는 동시에 만일 불순자가 발견되면 의법처단하기로 되었다.

이러한 조치가 그들의 격분을 사게 되어 함경도 길주로 배속된 왜노비들이 관리를 찔러죽이는 사건이 생겼다. 그러므로 노비의 왕래를 금지하여 상호연락을 두절시키며 각 해항海港에 통과하는 선박을 엄중히 사찰하여 왜노비의 도망을 단속했다.

조선정부의 대 왜구책은 앞서 든 탄압彈壓 외에 한편으로는 안심시키고 어루만지는 방법도 활용하여 농산물이 빈약한 대마도·일기도·오도五島 등의 여러 왜도인倭島人에 대해서는 우대하여 귀화를 장려했다. 동시에 흥리興利를 목적으로 하는 일본의 여러 제후들에게는 왜구금알倭寇禁遏을 청탁하는 교환조건으로 그들이 요구하는 불경佛經·상품과 식량을 공급하는 방법을 채택했다.

당시 일본의 제후로서 우리나라와 무역관계를 맺고 통상 왕래하던 제후들을 지방별로 보면 구주지방이 제일 많고, 다음으로 중국中國[쥬코쿠]의 근기近畿지방이었다. 그 교통을 『실록』 중 중요한 것만 간단히 표시하면 다음과 같다.

시대	지방명 또는 관명	제후이름	방물方物	요구품	비고
태조 2년	일기도 승僧	건철建哲	방물		피로 남녀 200여 명 송환
3년	구주탐제九州探題	금천료준今川了俊	방물		피로인被擄人 송환
3년	구주탐제	금천료준		대장경	

4년	구주탐제	금천료준			피로남여 570여 명 송환
5년	좌경권대부 左京權大夫	대내의홍 大內義弘	방물	대장경	피로인 송환
5년	살마태수薩摩太守	등원뢰구 藤原賴久	방물		
6년	좌경대부左京大夫	대내의홍	방물		왜구 금퇴禁退를 보고
6년	구주탐제	삽천만뢰 澁川滿賴	방물	대장경	
정종 원년	좌경대부	대내의홍	방물	대장경, 불구佛具	장군 족리의만足利義滿 명에 의함
원년	대마도주	종정무宗貞茂	방물, 말6필		
원년	좌경대부	대내의홍	방물	토전土田	백제의 후손이라 칭함
원년	정이대장군	족리의만	방물	대장경	국왕이 사신을 접견함
태종 원년	대마도주	종씨	말·석고石膏 등		백반白礬
2년	정이대장군	종씨	방물		해구 초포剿捕를 사례함
3년	정이대장군	종씨	방물		피로인 130명 송환
3년	비전태수肥前太守	원원규源圓珪	방물		피로인 송환
4년	정이대장군	족리의만	방물		금적禁賊을 보고함
5년	정이대장군	족리의만	방물		
6년	정이대장군	족리의만	방물	대장경	
6년	정이대장군	족리의만	방물		
7년	정이대장군	족리의만	방물		금직을 보고함
8년	정이대장군	족리의만	방물		금적을 보고함
9년	정이대장군	족리의지 足利義持	방물		
11년	정이대장군	족리의지	코끼리		사복시에 명하여 양육케 함
11년	대마도주	종씨	방물		미두米豆 3백여 석을 하사함
11년	정이대장군	족리의지	방물	대장경	대장경 1部를 주다

이상은 세종이 대마도를 정벌하기 전까지의 중요한 제추諸酋들과의 관계를 추려 표기한 것인데 그들의 의도가 어디에 있었으며 우리나라의 대책이 어떠했는지를 짐작할 수 있다. 즉 그들은 적극적으로 왜구들이 납치한 우리나라 동포들을 송환함으로써 그들이 필요한 물자를 가져다 무역을 했던 것이다.

중국지방의 거추巨酋 대내大內씨는 자기의 세계世系가 백제왕족의 후예라 하여 우리나라에 대해서 토지까지 요구하게 되어 정종이 전주의 토지 약간을 채전菜田으로 급여하려다가 간관諫官들의 반대로 중지했던 정도였다. 이렇게 우리나라와의 무역이익이 막대함을 알고 찾아오는 제추는 구주九州로부터 왜경倭京에 이르는 동안에 적지 않았다.

지금 신숙주의 『해동제국기海東諸國記』에 기록된 것만 보더라도 실정室町 막부 당시의 호족이던 산명山名의 세천細川씨를 비롯하여 풍후豊後의 대우大友씨, 축전筑前의 추월秋月씨·마포麻布씨·소이少貳씨·종상宗像씨·전원田原씨, 비전肥前의 대촌大村씨, 비후肥後의 국지菊池씨, 살마薩摩의 도진島津씨, 중국中國 지방에서는 석견石見의 익전益田씨·주포周布씨, 출운出雲의 좌좌목佐佐木씨, 안예安藝의 소조천小早川씨·무전武田씨, 비후비後의 사궁四宮씨, 사국四國지방에서는 이예伊豫의 하야河野씨, 찬기讚岐의 세천細川씨, 월전越前의 사파斯波씨, 경도京都의 이세伊勢씨·다하多賀씨 등이었다.

물론 이 중에는 대마도 사람들이 국사國使 또는 제추들의 사절이라고 사칭하는 예가 적지 않았던 것은 표류인 김필金必 등이 중종 20년 6월에 정부에 보고한 사실로써 알 수 있다.

또 한편으로 국제무역의 호이好餌(좋은 먹이)와 조선정부의 적극적인 왜구 탄압정책으로 말미암아 해적행위가 불가능하게 되자 투항 귀화하는 자가 격증하게 되었다. 지금 이것을 세종 말년까지 만을 가려내어 표기하여 보면 다음과 같다.

시 대	투항자 이름	원수員數	대우待遇	비 고
태조 4년	표시라表時羅	4		경상도 주군州郡에 분치함
5년	나가온羅可溫	왜선 60척		영해 축산도丑山島에 이르러 투항, 1개월 뒤 도망
6년	나가온의 子 도시라都時羅	3	사정司正·부사정의 벼슬을 주다	
6년	구육仇六	1		국왕이 근정전에 불러 위문함 미두와 의립衣笠을 줌
6년	동시라童時羅	2	의복을 주다	왜적 괴수의 아들임
6년	라가온	왜선 24 왜적 88		12인은 서울 도착, 나머지는 도망
6년	망사문望沙門	3	의복을 주다	
7년	만호구육	9	낭장·경원敬員 관직을 주다	전부 개명하게 함
정종 원년	구육仇陸	14	의관을 주다	항왜만호 등시라 등의 설득과 회유에 의함
원년	구육	60	의관을 주다	항왜만호 등시라 등의 설득과 회유에 의함
2년	왜의倭醫 평원해平原海	1		노비 2인을 주다
태종 6년	항왜 등륙藤陸	2		전라도에서 포왜捕倭케 함
6년	항왜 오문吳文	2		전라도의 수군인솔 포왜케 함
6년	항왜 만호 임온林溫			포왜의 공을 상주다

위에서 본 바와 같이 항왜降倭를 우대하여 왜구의 설득·회유와 포왜捕倭에 전력을 기울이는 '이이제이以夷制夷'의 정책을 썼다. 한편 그들을 서서히 편호화編戶化하기 위해서 항왜들을 각 지방에 분산시켜 농사종사에 힘쓰게 하여 전조를 3년간, 요역을 10년간 면제했다. 또 관리를 파견하여 그들을 무휼撫恤하고 왜인 및 야인野人(여진족)의 귀화자는 증손曾孫대에 가서 비로소 군역을 배정하도록 규정했다.

태종 10년 2월 갑자甲子의 규정을 보면 항왜 중 기술자나 거추巨酋의 경성京城거주를 허가했던 자에 대해서도 불측의 변란을 염려하여 도시거주의 항왜를 외떨어진 지방으로 분산시키고 남해연안 각지에 있는 귀화왜인을 흥리왜인과의 연락을 끊기 위하여 육지 먼 곳에 옮겨 살게 했으며 부산포富山浦에 거주하는 왜상倭商의 수가 점증하여 태종 18년 3월에는 그 작폐가 심하므로 좌도의 염포鹽浦[울산시]와 우도의 가배량加背梁[거제시]에 왜관을 설치하고 두 곳에 분산 거주시켰다.

한편 선군船軍·수병 중에서 나이 어리고 영특한 자를 택하여 왜어倭語를 전습하게 하여 내이포乃而浦·부산포富山浦에는 각 10명씩, 염포에는 6명의 통역관을 두게 하고 그들의 내정內情을 탐사하여 중앙에 보고하게 했다.

제2절 대마도 정벌

대마도는 그 위치가 일본과 우리나라의 중간에 있는 까닭에 먼 옛날부터 왕래가 서로 잦았고, 원래 토질이 척박하여 생산이 빈약하므로 어업과 통상으로 간신히 생계를 유지하여 왔다. 그러므로 우리나라의 국력이 쇠약하든지 통상의 길이 막히게 되면 자연히 해적으로 전변轉變할 뿐만 아니라 그들이 자주 우리나라와 접촉하여 지리와 국정國情을 자세히 아는 까닭에 전체왜구의 중계지 내지는 소굴이 되었다. 양국의 정상적 교통이 빈번할 시절에는 교통의 길 안내자가 되고 우리나라에 내란이나 전란이 벌어지면 또한 이것을 이용하여 중간이익을 탐했다.

임란 또는 그 이후 양국의 국교회복에 있어서도 공문서를 위조하여 그들의 입장을 호도糊塗하고, 임란 이전에 있어서는 우리나라의 물자를 취득하기 위하여 국왕 또는 제추들의 사절이라 사칭한 사실은 이를 일일이 열거할 수 없을 정도로 많았다. 이러한 관계를 이용 또 호전好轉하는 의미에서 대마도를 회유하여 왜구를 근절하려는 정책이 세종대왕에 이르러 실현되었다. 그러나 대마도의 우리나라에 대한 태도는 교사狡詐와 기롱欺弄을 위주로 하여 성실로써 기대할 수 없는 까닭에 우리나라에서도 자연히 위협하거나 특별혜택을 병행하여 그를 대할 수밖에 없었다.

대마도에 대해 무위를 보이기는 이미 고려 말에도 그 예가 있거니와 조선에 들어와서는 태종 때로부터 대마도에 위압을 가할 것을 생각하여 오다가 세종 원년 기해己亥(1419)에 이르러 상왕으로 있는 태종의 사전준비 계획 하에 전에 없던 대정토大征討를 마침내 결행했다.

대마도정벌의 직접 동기가 된 것은 세종 원년 5월 5일 새벽에 왜구 50여 척이 지금 충남 서천군의 비인현庇仁縣 도두음곶都豆音串을 약탈한 사건에서 기인되었다. 충청도 관찰사 정진鄭津의 비보飛報는 다음과 같았다.

해당지역의 수군만호가 적에게 패주하므로 왜적들은 드디어 상륙하여 현성縣城을 몇 겹으로 포위했다.

다행히 구원병의 내조來助를 얻어 겨우 격퇴했으나 퇴위 중에 있던 태종과 신왕 세종은 크게 놀라 각 도의 해방海防을 계엄시키기 위하여 총제總制 성달생成達生을 경기도-황해도 수군도처치시水軍都處置使, 상호군 이각李恪을 경기수군절제사水軍節制使, 이사검李思儉을 황해도 수군첨절제사水軍僉節制使, 전 총제總制 왕린王麟을 충청도 수군첨절제사로 임명하고, 또 해주목사 박령朴齡을 겸황해도병마도절제사兵馬都節制使, 대마도 해적으로서 귀화한 평도전平道全을 충청도 조전병마사助戰兵馬使로 임명하고 특별히 반왜伴倭 16인을 데리고 출전하게 했다.

5월 11일 황해도 감사의 비보가 있었다.

비인현에 내습했던 왜구는 그 목적을 이루지 못하고 다시 해주군 연평도延平島에 상륙했다. 마침 깊은 안개를 이용하여 돌연 이를 포위하고 위협하며 식량을 청구하여 말하기를 중국으로 가는 도중에 식량이 떨어졌으니 그것만 주면 퇴거하겠다 하여 미주米酒로써 접응했으나 퇴거하지는 않는다고 보고했다.

이에 대호군 김효성金孝誠을 경기·황해도 조전병마사로, 전 예빈소윤禮賓少尹 장우량張友良을 황해도 경차관敬差官으로 삼아 당일로 출발시키고, 다시 이지실李之實을 황해도 조전병마도절제사, 김만수金萬壽를 평안도 병마도절제사로 임명하여 황해·평안의 연안일대를 엄중히 경계·수비하도록 독려했다. 왕은 다시 중신들을 모이도록 해서 대마도의 빈틈을 타서 도중도島中을 섬멸하는 동시에 중국으로부터 돌아올 때 기다렸다가 공격해 쓸어버리는 것이 어떻겠느냐 하는 대책을 회의에 부쳤다. 대부분이 이를 반대했으나 태종이 중의를 거부하고 단연히 결책決策하여 다시 이종무李從茂를 3군도체찰사三軍都體察使로 임명하여 중군장中軍將으로 삼고, 우박禹博·이숙무李叔畝·황상黃象을 중군절제사中軍節制使, 류온柳溫을 좌군도절제사, 박초朴礎·박실朴實을 좌군절제사, 이지실을 우군도설세사, 김을화金乙和·이순증李順蒸을 우군절제사로 각각 임명하여 경상·전라·충청 3도의 병선 2백 척에 하번갑사下番甲士·별패別牌·시위패侍衛牌와 수성군守城軍·영속재인營屬才人·화척禾尺·한량閑良·인민人民·향리鄕吏·일수日守, 양반 중의 유능 기선자騎船者 및 기선군정騎船軍丁을 이끌고 왜구가 돌아오는 것을 영격하기 위하여 6월 8일을 기해서 각 도의 병선은 전부 견내량에 집합하도록 엄명했다.

한편 국내의 투화왜인들은 일제히 예비적으로 구속하며 귀화왜구로서 고관에까지 승진했던 평도전이 토벌의 기획을 대마도에 내통했다고 하여 그 처자를 평양, 그 부하들을 함경도 각 관청에 나누어 감금하는 등 주도면밀한 대책을 강구했다.

5월 16일에는 군관을 파견하여 연해 각 군영의 병선·군졸·기계를 검사하고, 5월 25일에는 3군도통사 유정현柳廷顯이 정벌길에 올랐다. 29일에는 도체찰사가 대마도 도주에게 다음과 같은 교서를 보내고 순순한 마음으로 논시論示했다.

대마도는 우리나라와 물 건너 서로 바라보는 땅에 자리잡아 우리의 은혜를 많이 입으면서도 고려왕조의 쇠란衰亂을 틈타서 자주 변경을 침략했고, 우리 태조 5년에는 동래東萊에 입구하여 병선을 창탈하고 군사를 살육했으며, 태조 6년에는 조운을 전라도에서 빼앗아가고 동 8년에는 병선을 충청도에서 불지르고 그 만호를 죽인 뒤 다시 제주濟州로 쳐들어가 아주 많은 살상을 했다. 그러나 우리 국왕전하는 관대한 마음으로써 오면 후대하고 갈 때에는 후상厚賞하여 굶주림을 막게 했을 뿐만 아니라 통상의 길을 열어 바라던 것을 도와주지 아니한 것이 없었다. 그런데 지금 또 다시 32척의 배를 끌고 우리나라의 허실을 엿보며 비인현庇仁縣 여러 포구에 잠입하여 선척을 불태우고 군사를 살육한 뒤 약탈하기가 3백여 명이요, 다시 황해에 떠서 평안도로 향하고 또 다시 명나라를 침범하려고 하니 배은망덕도 실로 심하다고 아니할 수 없다. 그러나 우리 국왕은 다만 투항의 화호를 두텁게 하려면 이것이 도리어 복이 되지 않겠느냐. 대전大戰을 아는 자는 이 행동거지에 분연히 순응하라.

6월 2일에 병조兵曹는 여러 도에 명하여 해안경비를 임중히 할 것을 명하고, 구주사선九州使船에 대해서는 대마도 정토征討는 구주지방과는 아무 관계가 없다는 점을 통지했다.

6월 17일 드디어 병선 227척에 장사將士 총 1만 7,285명 군량 65일분을 싣고 3군도체찰사 이종무는 거제도를 출발했으나 바람이 좋지 않아 다시 귀환했다가 19일 거제도 주원방포周原防浦에서 발선하여 20일 정오에 병선 10여 척이 대마도에 도착했다. 왜적들은 이것을 보고 왜구들이 약탈한 물건들을 가득 싣고 개선할 것이라고 생각하여 술과 고기를 준비하고 기다리다 가 우리 원정군의 대함대가 다다르자 크게 낙담하여 모두 산중으로 도피했 으므로 적선 129척을 탈취하고 적호賊戶 939채를 불사르고, 참수 114, 생포 21명, 중국인 포로 남녀 131명을 얻고 다시 두지포豆知浦를 엄습하여 인호人 戶와 병선을 불지르니 도주島主가 수호를 청하므로 7월 3일 개선했다.

    왜적을 철저히 소탕하기 위하여 중국으로부터 귀환하는 적선을 요격邀 擊하기로 작정하고 그 준비를 서둘렀다. 그러나 천추절千秋節 축하사祝賀使로 명나라 북경에 갔던 김청金聽의 보고에 의하여 비인현을 엄습했던 그 왜구 가 명나라 금주위金州衛 도독都督에게 패멸되었음이 확실하므로 변경방비만 을 엄중히 하고 길목을 지키다가 맞아 치려던 계획은 중지했다.

    7월 17일 병조가 다시 대마도주에게 유서를 보내 위협했다.

> 배은망덕한 전번의 과오는 다시 논의하지 않을 터이니 지난날의 잘못을 뉘우치고 생활이 곤란하거든 전체 섬사람들이 와서 항복할진대 좋은 벼슬과 후한 봉록을 골고루 주고 생활을 보장하려니와 다시 해적행위를 감행하면 결단코 용서할 수 없다.

    그 후 대마도 재정벌의 국론이 일어났으나 도주가 항서降書를 보내고 또 거제도에 이주를 요구하여 전번 비인현 도두음곶 입구入寇의 잔적과 그 처 자는 가둬두고 오직 우리나라의 처분만을 기다린다는 온순한 태도로 나오 게 되었으므로 세종 2년 윤정월 23일에 드디어 대마도를 경상도에 예속시 킴으로써 일단락지었다. 이 정벌로 인하여 대마도의 곤페困弊가 심하기를 말로써 형용할 수 없게 되자 왜구의 걱정은 더욱 줄어들었다. 그러나 이후 부터 대마도와의 무역관계와 매년 정액으로 주는 세견선歲遣船과 근해의 내 어來漁 등 복잡한 문제가 발생했고, 더욱이 남해 각지에 거류인이 해마다 증가하여 변방경비가 쉽지 않았다.

제3절 해방정책으로서의 대외무역

　동양 근세사회의 특색은 자작자급을 목표로 한 농본정책에 의하여 위정자는 전제·독재정치로써 상공업의 발달을 극도로 구속한 까닭에 화폐유통의 길이 막히고 자본축적이 불가능하게 되었다. 대륙과의 관계도 문물의 섭취와 극소수 귀족들의 필수품만이 사절단의 육상왕래로 충족되었을 뿐이고 해상교통에는 별로 제론提論할 것이 없다. 따라서 대륙과의 해양관계는 파선破船으로 인한 표착漂着이나 간혹 명나라의 해적이 침략해 오는 등이 있을 뿐이었다. 『실록』에 나타난 바를 보건대 태종 6년에 기성冀城[충남], 명종 때에 제주에 표착한 중국인을 육로로 요동까지 송환한 일이 있고, 또 왜구에게 피로被擄된 중국인을 탈환하여 송환하기도 했다.
　다음은 유구인琉球人과의 관계인데 유구는 고려 말에 내란이 일어나 중산中山·산남山南·산북山北의 세 나라로 나뉘어 혼란이 계속되다가 명나라가 건국할 무렵 전국을 통일하여 명의 책봉을 받고 자주 우리나라와 왕래하며 교역을 행했다. 고려 말엽 창왕 때부터 사절단을 교환하며 국교가 열리고 조선 초기부터 왜구에게 납치된 동포들이 유구에 노예로 전매되었다가 이 것이 물화교환상에 이용되기도 하고 철·동과 소목蘇木·향료 등을 가지고 와서 대장경·면포 등을 얻어갔다. 그들은 거의 해마다 내방하여 우대를 받았으나 우리나라에서는 태종 16년에 전 호군 이예李藝, 세종 12년에 통사通事 김원진金源珍을 보내 잡은 포로와 표류된 우리나라 사람을 쇄환함에 대해 사의를 표했을 뿐이다. 다만 우리나라에서 유구의 조선기술자를 초빙하여 병선개량에 이바지한 것은 유구와의 교통에서 얻은 이익이라고 하겠다.

이밖에 태조 때 섬라暹羅(태국)가 2회, 조와국瓜哇國(참바: 캄보디아 지역의 한 왕국)이 1회 호초胡椒·소목蘇木 기타의 향료 등을 싣고 내방한 일은 있으나 왜구의 발호로 말미암아 중단되고 말았다.

이상에서 보는 바와 같이 대명 사대외교와 대외 교린무역 밖에는 통상무역을 등한히 한 결과로 정상적인 대외교통이 활발하지 못했음을 알 수 있다. 일본과의 빈번한 왕래와 무역의 왕성은 첫째로 그들의 생활필수품을 제공함으로써 왜구의 발생을 억제하고, 둘째로 일본 제추諸酋들에게 소요물자를 줌으로써 왜구금알禁遏의 책임을 지게 했고, 셋째로는 무기원료로서 동철銅鐵교역, 물화로서 은의 광물과 사치품으로서 소목·호초, 기타 피로남녀의 쇄환 등 우리 측의 욕구를 만족시켜 준 대신에 막대한 양의 미두米豆·면포와 불구佛具가 일본으로 건너가게 되었던 것이다. 당시 일본인이 사용한 면제품이 전부 우리나라에서 공급했다는 것은 일반으로 널리 알려진 바와 같다.

대마도와 가지 제추의 이익을 위하여 도래하는 자가 점점 증가해서 남해안 일대에 갖가지 분란과 소요가 끊이지 않으므로 이미 태종 이래로 그에 대한 통제책이 강구되었다. 세종 8년(1426)에 이르러는 왜선의 정박과 왜인의 거류를 웅천熊川의 내이포乃而浦(薺浦), 동래의 부산포와 울산의 염포 등 3포에 제한하고 그 왕래·행동에 필요한 제한을 더하기로 했다. 그러나 3포로 분집奔集하는 선박과 인원이 점차 증가하여 국가의 부담이 또한 늘어났다. 세종 25년에는 소위 계해약조癸亥約條를 체결하여 대마도주에게 매년 미두 200석을 주고 50척의 세견선만을 허가하는 대신에 부득이한 경우에는 특송선特送船을 인정하고 심처深處의 왜인은 대마도의 증빙문서를 가져야 국가에서 접응하기로 했다. 그리고 중종 5년 경오庚午에 대마도가 3포의 거류민을 부채질하여 일시에 난을 일으켰으나 국가에서 단호한 처단을 내리어 3포를 봉쇄해 교통을 끊으니 제일 타격을 받은 것은 대마도였다.

그래서 대마도주가 백방으로 교통재개를 애원하거늘 오래 거절하고 배척해 오다가 나중에 우리나라에서 수모자를 주륙하고 그 수급을 가져오면 그 전대로 통상을 허가하기로 결정하여 그대로 함을 보고. 소위 임신약조壬申約條를 고쳐 체결하여 세견선을 반감하여 25척으로 하고 세사미歲賜米도 반감하여 1백 석으로 하고 특송선을 폐지하고 3포를 폐지하여 오직 제포薺浦 1항에 한하여 왕래와 교환접촉을 허용하기로 했다. 그 후 중종 말년에 대마도 사람들이 경상도 사량蛇梁을 침구했다. 이에 또 다시 그들의 교통을 차단해 버렸다가 명종 2년(1547)에 소위 정미약조丁未約條로 화교를 허할 때에는 세견선 25척 만을 허가하고 포소浦所를 부산 1항에 한하고 기타 일체의 대우를 폐지했고. 거제도 이서지역의 정박을 금지했다.

명종 10년 을묘乙卯에 왜구 60여 척이 크게 일어나 전라도 달량진達梁鎭을 함락시키고 이어 어란도·마도·가리포·장흥·강진 등 여러 곳을 함락했다. 다시 영암읍을 포위한 소위 을묘왜변乙卯倭變이 발생했다가 곧 토벌 평정된 일이 있었는데 난 뒤에 대마도주가 왜도倭徒의 수급이라는 것을 와서 바치거늘 그 포상으로 세견선 5척을 증가하여 30척으로 정하여 임란 때까지 계속 지켰다. 명종은 달량진의 왜변을 계기로 연해병제沿海兵制를 개혁하고 수륙공동으로 관찰사 지휘 하에 상호 협조하여 출전하는 제승방략制勝方略을 확립했다. 이와 같이 우리나라 수군의 발달은 왜구에 자극을 받아 추진되었다.

제4장 일본의 침공준비

제1절 내륙침략의 동기

세상에서 흔히 풍신수길豊臣秀吉(토요토미 히데요시)이 침략목표를 우리 한반도에 두었던 것처럼 생각하고 있으나 사실은 풍신수길이 선조에게 보낸 다음의 국서에 호언장담한 것을 보아도 그의 야망이 중국 쪽에 있었음을 엿볼 수 있다.

사람이 세상에 나서 오래 산다고 해야 옛날부터 1백 세를 넘기지 못한다. 그러니 어찌 이 작은 일본 같은 조그만 섬에만 웅크리고 앉아 있으랴! 그러므로 나는 국가의 간격間隔이나 산과 바다의 거리를 거리끼지 않고 단번에 뛰어넘어 대명국大明國에 쳐들어가 일본인의 문화와 풍속을 대륙 4백여 주州에 펴서 우리 정치를 억만 년 두고 시행하려 하노니 귀국은 그 의도를 잘 이해하고서 길을 빌려주며 대명국에 쳐들어가는 앞잡이 노릇을 하여 주기 바란다.

그러면 무엇 때문에 그러한 뜻을 품게 되었던가? 세상에는 풍신수길이 무위를 해외에 떨쳐보겠다는 영웅심리설英雄心理說과 통상무역설通商貿易說 등의 동기추측이 구구하나 임란 때 가등청정加藤淸正(가토 키요마사)과 더불어 두 거두였던 소서행장小西行長(고니시 유키나가)은 계堺(사카이)의 한 상인의 아들로서 경제적 지식과 대외정세에 밝았다. 이 자가 봉공강휴封貢講休(책봉·조공·강화·휴전)에 시종일관한 것은 풍신수길의 평화통상 의도를 간파했기 때문이다. 가등청정이 개전 초부터 종전까지 적극적인 무력정복의 방책을 강행한 것은 풍신수길의 무력적 침략야망의 일면을 보여주는 것이라고 할 수 있다.

일본들의 응인난應仁亂(1467~1477)이후 1백여 년의 난국을 평정하여 백전의 정예병력을 가진 풍신수길이 영웅의 풍모와 함께 치기稚氣를 가졌던 것은 그 전의 왜구거추巨酋 오오봉五五峰(王直이라고도 함)의 잔당에게서 "중국은 일본을 호랑이처럼 무서워한다. 중국을 취하고자 하는 것은 손바닥 뒤집기처럼 쉽다(唐畏日本如虎 欲取大唐 如又掌)"란 말을 듣고 호언하여 말하기를 "나의 지혜와 나의 병력으로 진행하면 마치 큰 물이 모래를 무너뜨리는 것이나 예리한 칼로 대를 가르는 것과 같을 것이요. 어느 나라가 망하지 않으며 어느 성이 격파되지 않겠는가? 나는 대당에서 황제가 되리라(以吾之智 行吾之兵 如大水崩沙 利刀破竹 何國不亡 何城不破 吾帝大唐矣)"라고 했다. 이러한 자신自信 또 망신妄信에 더하여 대륙의 정세에 어두웠던 것도 병사를 움직인 한 원인이 될 것이다.

제2절 일본수군의 특질

일본수군이 임란 7년간의 해전을 통해 번번이 실패한 것은 수군발달의 전통이 없었을 뿐만 아니라 풍신수길이 외국정세에 어두워 해전을 전혀 예상하지 않고 육상접전만으로 일본군이 우위에 있을 줄 알며 그냥 밀고 전진하면 보급도 유격작전도 다 걱정할 것 없이 중국은 물론이요, 인도印度까지도 좌우될 줄로 믿었던 것이 실패의 큰 원인이었다.

일본은 예로부터 섬나라이면서도 소범선小帆船을 사용하여 계절풍을 타고 해상을 왕래하는 정도의 선박 밖에 발달되지 않았던 것이며 풍신수길의 일본 통일과업에 있어서도 구주역九州役[큐슈지역 전투]이나 소전원역小田原役을 나를 막론하고 군수품과 식량의 운반밖에는 수군이 필요하지 않았던 것이다. 다시 말하면 수군이 발달할 요인이 없었던 것이다. 구주전투에 있어서 수군봉행이던 구귀九鬼와 협판脇坂·가등加藤 등이 모두 임란해전의 왜 수군 참모였지만 군수품·식량을 운반하는 역할밖에 하지 않았던 것이다. 그렇기 때문에 일본은 해양국가이면서도 조선술이 매우 유치했다. 겸창鎌倉막부시대로부터 중국과의 왕래가 빈번했던 실정室町시대에도 그들의 선박은 중국인 기술자를 사용하여 조성했다. 수백 년간 대륙·연해 각지에 창궐하던 왜구도 실지에 있어서는 육상에서 그 폭위暴威를 자랑할 뿐이요, 해상에서는 실제로 중국인을 항해기술자로 사용했던 것이다. 어떤 경우는 순전히 중국인을 모방하여 꾸민 가작假作왜구도 있었다.

제갈원성諸葛元聲은 그의 『양조평양록兩朝平壤錄』에서 일본병日本兵을 평하여 "육전에는 능하나 수전에서는 겁이 많았으니 도검과 조총을 잘 쓸 뿐이었다"하고, 모원의茅元儀도 그의 책 『무비지武備志』에서 "아군의 보졸步卒이 왜군의 이도利刀를 당할 수 없으나 왜인의 수군은 또한 아국전함을 이겨낼 수 없다. 그러므로 왜구를 막으려면 반드시 해중에서 막아야 한다"고 큰소리친 것을 보아도 왜군의 선박 및 수군이 성능과 소질이 열약했음을 알 수 있다.

모원의는 또 『무비지』에서 중왜中倭 양국의 선박을 비교하여 지적했다.

왜인은 배를 만들 적에 쇠못을 쓰지 않고 여러 목편木片을 철편鐵片으로 연결하여 매우 허약하므로 대선大船이라야 3백 인. 중선과 소선은 겨우 50명 내지는 1백 명을 수용할 정도밖에 아니된다. 그러므로 배가 대개 얕고도 좁아서 거함을 만나면 앙공仰攻하기 어렵고 밑은 평저하고 일범선一帆船[돛이 하나인 배]이므로 순풍에만 사용하고 폭풍이나 미풍迷風을 만나면 돛이 넘어지고 노가 흔들려 대양을 건널 수 없다. 그러나 중국 배는 밑이 뾰족하여 물결을 잘 헤쳐나가고 진범眞帆·편범片帆 등 여러 종류의 돛을 어떤 바람이나 센 물결에도 사용할 수 있었다. 일본 배보다 속히 또 오랫동안 항행에 사용할 수 있다. 왜선은 여기 비하면 장난감과 같아서 해전에 있어서 도처에서 연패를 당했던 것이다.

그러므로 풍신수길이 임란 초기에 순풍을 보아 발선하고 해안에 붙어서 항해하라고 재삼 지시한 것은 선박의 약점을 충분히 알고 있던 까닭이다.

제3절 침공준비

임란개시 6년 전인 1586년 4월에 대판성大阪城[오사카] 예수회 부관장인 페로에스가 수길을 찾아갔을 때 풍신수길이 전국을 통일한 뒤에는 조선과 중국을 정벌하고자 하는데 그 때는 2천 척의 함선을 만들겠고, 요구대로 줄 터이니 무장된 서양선박을 사도록 주선해 달라 부탁한 일이 있었다고 한다.[1]

그러나 이것은 다음해 구주원정九州遠征을 끝내고 돌아오던 도중에 박다博多[하카다]에 들러서 교섭하다가 포르투갈 선장의 완곡한 거절로 말미암아

---
1) 太田正雄 역, 『日蘭交通史』.

절망되니 수길의 금교령禁敎令은 실로 그 분풀이로 발포했다는 설이 있다.

　수길이 대륙침공의 의사를 가진 것은 오래된 일로서 정식으로 원정을 결정하고 준비에 착수하기는 개전 전년 정월의 일이었다. 곧 우리 선조 24년 신묘 정월 20일 전국에 선박건조령을 발포하여 병사와 병량을 운반하는 운송선을 연해 여러 번藩의 매 1만 석에 대해 대선 2척씩. 장납조미藏納租米〔전비로 납부하는 쌀〕는 매 10만 석에 대해 대선 3척, 중선 5척씩을 제조하게 하고, 수수水手〔선원〕는 매 1백 호에 10인씩을 제공하게 하고, 선두船頭는 보이는 대로 전부 징발했다. 그리고 그 이듬해까지 섭주攝州・파주播州・천주泉州의 각 항구에 도착하도록 총동원되었다.

　임란 전후의 상태로 보아서 해전을 수행할 수 있는 군함에 대한 준비는 전혀 염두에 두지 않은 듯하다. 출정병사・군비・무기・선박・식량・군복 등은 전부 각 출정제후들의 부담이었던 것이다. 우리 수군에 대항할 만한 병선의 준비도 없이 원정을 단행했을 때 벌써 중대한 실책이 내포되었다. 이것이 정전征戰 7년의 결과를 허사로 돌아가게 한 주요요인이었다.

　어쨌든 조선령造船令과 징병령에 이어 다시 8월에는 출발기점인 북구주의 명호옥名護屋〔나고야〕에 총사령부가 건축되고, 12월에는 풍신수길이 관백직을 조카 풍신수차秀次에게 물려주고 자기는 직접 진두지휘할 작정이었다. 군용으로 금・은화를 주조하여 50만 명의 식량을 수집하고 다량의 말먹이도 준비했다.

　제반준비가 진행됨에 따라 선발군 약 14만 명을 6군으로 나누어 제1군은 소서행장. 제2군은 가등청정이 인솔하고, 예비군 약 6만 명을 3군으로 나누어 명호옥에서 대기시켰다. 그런데 수군은 도합 겨우 9천4백여 명으로써 인원배정은 다음과 같았다.

구귀가륭九鬼嘉隆　　　1,500인　　등당고호藤堂高虎　　　2,000인

협판안치脇坂安治	1,500인	가등가명加藤嘉明	1,000인
내도來島 형제〔通之·通總〕	700인	관달장菅達長	250인
상산일청桑山一晴	1,000인	굴내씨선堀內氏善	850인
삼약씨종杉若氏宗	650인		합계 9,450명

그리고 1만 명이 못되는 이 수군도 독립적으로 해전에 대비하기 위한 것이 아니고 군수물자·병량·병원兵員을 실은 선박을 지휘 운전하기 위한 것이었다. 소위 '선봉행船奉行'이란 것 또한 조선·대마도·일기도·명호옥 4개 처 대본영에서 발착하는 운반선의 지휘자에 지나지 않았다. 수길은 꿈에도 우리나라에 강력한 수군과 우수한 함대가 있으리라고는 생각하지 않았기 때문이다.

제5장 조선의 임전태세

제1절 국방대책

　조선은 건국 이래 문치본위文治本位여서 외적을 방어하는 기관까지 문관으로 지휘관을 임명하여 실제로 많은 모순을 면하지 못했다.
　해방정책에 있어서도 건국 이래 세조까지는 강력한 태세로써 왜구의 내구來寇를 침식浸蝕하게 했으나 그 후 평화가 지속됨에 따라 사화士禍와 내분이 연속으로 일어났다. 명종 때부터는 이 틈을 타서 왜구가 다시 기세를 올렸고 국가내부의 기강도 해이해져 때로 변방비상이 있었다. 그러나 그 때가 지나면 그만이요, 아무런 삼가고 두렵게 생각하는 실제는 보이지 않았다.
　국정이 이럴 때 내우외환이 계속해서 일어났다. 선조 16년에는 북변에 번호蕃胡[여진족]의 난이 발생하고 여진야인이 국경을 넘어와 함경도를 약탈하여 소동을 일으켰다. 그러나 이것을 간신히 평정하자 또다시 22년에는 정여립의 난이 발발하였고, 한편 남해연안에서는 잠잠하던 왜구가 다시 폭위暴威를 부렸다. 이러한 중에 마주한 일본에서는 오랜 분열과 전란이 효웅梟雄 수길의 손에 통일 평정되고 그 여력이 국외로 넘쳐나오게 되었다.

선조 22년 기축 이래로 풍신수길이 대마도주 종의지宗義智로 하여금 명나라 침입을 위한 길을 빌리기를 수년 동안 조르다가 조선이 이에 따르지 아니하자 25년 임진(1592) 3월에 소서행장小西行長·가등청정加藤淸正·흑전장정黑田長政 등 여러 장수에게 병사 15만 8천7백을 데리고 조선에 침입하게 했다.

4월 14일에 그 선발대가 부산에 도착하여 상륙하자마자 공방攻防의 대응전투가 전개되었다. 급보가 조정에 도착하니 뜻밖의 일이어서 큰 소동이 일어나고 우선 신립申砬을 도순변사都巡邊使, 이일李鎰을 순변사巡邊使로 임명하여 나가 막게 했지만 모병이 신속하게 진행되지 못해 3일간 출발할 수 없다가 간신히 이렇다 할 훈련도 없는 시중의 유생들을 억지로 끌고 출전했다. 그러나 선봉 이일의 군이 상주尙州에서 패전하고, 신립은 충주忠州에서 달천撻川을 등지고 결진하다가 조령을 넘어 쇄도하는 적의 기세를 감당하지 못하여 병력은 패하고 자신도 죽었다.

육상에서는 과거 여진족과 싸워 용장의 위명威名을 휘날리던 이일과 신립 두 장수가 다 그 모양이 되었다. 일본은 파죽지세로 수도 한양을 20여 일도 되지 않아 점령했다.

한편 해상에서는 경상우수사 원균이 아무 준비없이 있다가 적선 7백여 척이 바다를 덮듯이 엄습해 오니 일전도 치르지 못하고 전함 1백여 척과 모든 군기를 바다에 던져버린 채 창황히 노량露梁으로 도피했다. 이순신의 장계에 의하면 해상 여러 섬의 진포책임자들이 제각기 왜적의 소식을 듣기만 해도 어느새 도주하고 군기와 수군이 전부 흩어졌다. 그러므로 수륙 모두 사기가 저조한 것이 도리어 놀랄 일이 아니었다.

제2절 이순신의 임전태세

이순신이 전라좌수사로 임명된 것은 대략 임란 1년 전의 일이다. 중신 유성룡柳成龍의 추천으로 반대가 많았음에도 불구하고 특별한 임용이었다. 이순신의 『난중일기亂中日記』에 의하면 그는 미리부터 큰 왜변倭變이 일어날 것을 예견하고 귀선을 창안하여 각종 병기를 수리 개량하고 훈련을 독려하며 군략軍略을 연마했다. 왜란발발 2개월 전인 임진년 2월 20일에는 방비선防備船을 새로이 만들고 군기의 준비가 거의 정돈되어 가지런해졌음이 그 일기에 보이고 군기·병선 및 영사營舍 등이 불비된 부장들에게 대해서는 엄중한 군율을 시행하고 2월 26일 각 포항浦港에 이르러 군기와 전함·대포를 점검한 결과 쓸 만한 것이 거의 없어 책임자들을 묶어놓고 장杖을 쳤다는 기사도 있다. 임란발발 20일 전인 3월 27일에는 거북선에 설치된 화포를 시험발사했으며, 임란발발 3일 전인 4월 12일에는 거북선에 부설된 현자포玄字砲를 시험했다.

이와 같이 이순신이 착착 응전태세를 갖추어 가는 도중에 의외에도 너무 빨리 왜군이 상륙 돌진해 왔다. 경상우수사 원균이 자기 부장 몇 사람을 데리고 우수영이 있던 거제도에서 도망해 오고 다시 왜군에게 밀리어 곤양昆陽 해구海口로 와서 육상으로 도망쳐버리려 하니 그 부장이던 이영남李英男이 구원군을 이순신에게 청해 보고 그 후에 도망해도 늦지 않다고 말하여 비로소 도망하려던 의도를 버리고 청원했다. 이때 이순신은 곧 부장들을 소집하여 원병 파견여부를 토의한 바 있으나 거의가 이를 반대했다. 그가 영남 토적討賊으로 원병을 보냄은 상부의 명령이 없을 뿐만 아니라 영역 외에 출정하는 것은 임무가 아니라고 거절한 그 이면의 이유는 실로 왜군에게 항전하여 이를 격멸할 만큼 충분한 준비가 되어 있지 않았던 까닭이다.

『이충무공전서』(권2) 부원경상도장赴援慶尙道狀에 "같은 도의 여러 진이 모두 배가 없다"[1]라 했고 또 "적선의 전후 수효가 많게는 5백여 척이므로 우리 무위를 불가불 엄하게 … 다섯 진포의 전함의 세는 심히 고단하고 약합니다"[2]라 했으며 또 제2장계에도 "본도 내지 연해 각 관官 및 변성邊城 입방의 신선 조방군 등 정예하고 강한 사졸은 다 육전에 나갔으므로 변진과 성보의 병력은 병기를 가진 자가 적고 다만 한 갓 수군의 무리를 거느려서 그 세가 심히 약하며 타에는 방어의 대책이 없다"고 지적했다. 이때 이순신은 전함이 겨우 30척 미만으로서 수로행진의 험함과 쉬움 또한 알지 못해 섣불리 먼 곳에 나섰다가 여의치 못하면 책임문제가 되므로 할 수 없이 거절했던 것이다. 그러나 이순신의 이러한 태도는 원균에게 악감을 사게 되어 후일 참소讒訴의 이유가 되었다.

그러나 그 후에도 원균의 구원을 청하는 사자가 끊이지 않고 적세가 창궐일로로 나가 장차 자기의 관할 구역인 전라도 해역으로도 침투할 가능성이 농후해졌다. 그러자 여기에 자극되어 군관 송희립宋希立과 같이 강하게 주장하는 부장이 있었다.

큰 적이 쳐들어와 그 세가 오래가니 가만히 앉아 외로운 성을 지켜서 홀로 보전될 이치가 없고 나가 싸우는 것만 같지 못하다. 다행히 승리하면 적세를 꺾을 수 있는 것이고, 불행히 전사한다 하더라도 신하된 도리에 부끄럽지 않은 것이다.[3]

---

1) "同道列鎭 皆無船隻."
2) "賊船 前後之數 多至五百餘隻 我武威不可不嚴 … 五鎭浦戰艦 勢甚孤弱."
3) 『이충무공전서』 권13, 「紀實」: "大賊壓境 其勢長驅 坐守孤城 未有獨保之理 不如進戰 幸而得勝 則賊氣可折 不幸戰死 亦無愧於人臣之義."

또한 녹도만호鹿島萬戶 정운鄭運도 "신하로서 평일에는 녹을 먹고 살고 이 때에 이르러 죽음을 불사하지 않고 감히 앉아서 바라만 볼 수가 있는가?"[4] 라 격론했다. 『연려실기술練藜室記述』에 의하면 광양현감 어영담魚泳潭도 크게 분개하여 결연히 큰소리로 외치기를 "영남은 왕토王土가 아니며 왜적은 국적國賊이 아닌가? 영남의 열진이 다 함락되고 다만 함선 수척만이 우리 경내에 박재泊在할 뿐이거늘 우리가 한 도의 정예한 군대로써 영남의 패전을 좌시하여 되겠는가?" 하고 자진하여 수로 향도嚮導가 되기를 자청하자 충무공도 드디어 원군을 보내기로 결정했다.

또한 전라도 순찰사 이광李洸도 이순신의 병력이 외로운 것을 걱정하여 우수사 이억기李億祺에게 명하여 예하의 수군을 이끌고 합세하게 한 것도 이순신에게 큰 용기를 주었다. 이순신의 작전은 완전히 승리할 자신이 서지 않으면 결코 경솔하게 행동하지 않는 것이 연전연승의 요결이었으니. 그리 함에는 부하들에게 투지를 일으키고 적의 정황을 상세히 안 연후에 행동을 개시할 필요가 있었기 때문이다. 이순신은 이리하여 사기를 진작시키고 선박의 준비도 4월 29일 완료되었으며 어영담과 같은 해로海路를 잘 아는 수하를 얻게 되었으므로 흔연히 출정을 결정했던 것이다.

어영담은 『일월록日月錄』에 의하면 담략膽略이 세상을 초월하여 무관시험도 경유하지 않고 다만 경험과 실력으로만 벌써 만호의 지위에 올랐었는데 등과 이후로는 현감으로 승진되었다. 그는 해로의 험하고 수월함에 대해 남해 각지를 모르는 곳이 없고 따라서 수군출입에 대해서는 자기의 집 뜰과 같이 자세했다고 이순신도 그의 글에 적고 있다.

바닷가에서 성장하여 배 타는데 익숙하고 서남해 수로의 먼 곳과 가까운 곳을 모두 상세히 알고 있다. 적을 토벌하는 일에 진심을 다하여 전년의 적을

---

[4] 위의 책: "人臣平日 受恩食祿 於此時 不效死 而敢欲坐視乎."

토벌할 때에도 매번 선봉에 서서 큰 공을 이루었다.[5]

또한 이순신은 참모장인 조방장으로 발탁 채용하기를 청원할 정도였다.

> 현감의 성품과 도량이 정중하여 의심과 의혹이 없다. 성을 지키거나 해전에 대한 전투의 책략이 상세히 알지 못함이 없다.… 또 주사의 여러 장수들과 여러 차례 전장에 나가 싸울 때 자신의 몸을 잊고 선봉으로 돌진해 해적을 섬멸함에 그 공이 이미 최고이다.… 수로의 형세를 널리 알아 모르는 것이 없고 계책과 사려가 보통 사람을 넘어 신이 이미 중부장으로 임명하여 그와 더불어 논의했고, 여러 차례 적을 토벌할 때에는 죽음을 무릅쓰고 선봉으로 돌진해 여러 차례 대승을 거두었다.[6]

이렇게 극구 칭찬한 것을 보면 거북선과 아울러 어영담의 지모智謀가 이순신의 위훈偉勳을 한층 광대하게 했던 것이라고 생각된다.『일월록』에도 다음과 같이 평한 것이 있다.

> 이순신의 배 형태는 거북이와 같은데 위로 개판을 덮고 쇠못을 꽂아서 매우 예리하게 하여 범하기 어렵고 또 매우 견고하고 빨랐다. 이와 함께 어영담의 지도를 얻어 능히 전후의 대공을 이루었다.[7]

---

5) 『이충무공전서』 권3,「請以魚泳潭爲助防將狀」: "生長海谷 慣習舟楫 西南水路迂直 島嶼形勢 歷歷詳知 其於討賊之事 極力盡心 上年戰討之日 每每先鋒 屢致大功."
6) 위의 책,「請光陽縣監魚泳潭仍任狀」: "縣監 性度靜重 不疑不惑 守城水戰 備禦之策 無不詳究 …又以舟師 諸將 累度赴戰 忘身先突 殲滅海賊 功旣最優… 水路形勢 無不慣知 計慮過人 臣中部將差定 與之謀議 屢次討 賊 冒死先登 仍致人捷."
7) "(李)舜臣 舟形如龜 上蔽蓋板 遍揷鐵釘 尖銳難犯 且甚堅疾 兼得(魚)泳潭指導 能成前後之功."

제6장 옥포해전

제1절 이순신함대의 제1회 출동

　풍신수길豊臣秀吉의 돌연한 대군침략으로 인하여 상당한 시일을 걸려 온갖 준비를 완성한 이순신은 왜군의 상륙 후 반 달 뒤인 5월 4일에 들어 비로소 작전행동을 개시하게 되었으니 그의 『난중일기』에 의하면 그 준비 행동으로서 임진년(1592) 5월 1일에 부장들을 진해루鎭海樓에 모아 작전참모회의를 열고, 그 다음 2일에는 미조항첨사彌助項僉使, 상주포尙州浦·곡포曲浦·평산포平山浦의 만호들이 왜적침입의 소식을 듣고서는 겁을 집어먹고 드디어 군기軍器와 병졸들을 버리고 도망쳐버렸다는 소식을 들으며 승선하여 전투연습을 행한 뒤에 암호暗號를 정했다. 여러 장수 중에는 출전을 기피하는 자도 있었으나 의연한 태도로 임전태세를 빈틈없이 갖추었다.

　초3일 궂은비가 내리는 날이었으나 밝은 새벽에 총동원 출전할 것을 명령하고 자기 집에서 도피하고 있는 여도呂島수군 황옥천黃玉千을 효수하여 군율의 엄한 바를 보였다.

　초4일 전 함대 85척을 인솔하고 좌수영을 출발하여 장도에 올랐는데 함선 종류로는 판옥선板屋船 24척, 협선挾船 15척, 포작선鮑作船 46척이었다.

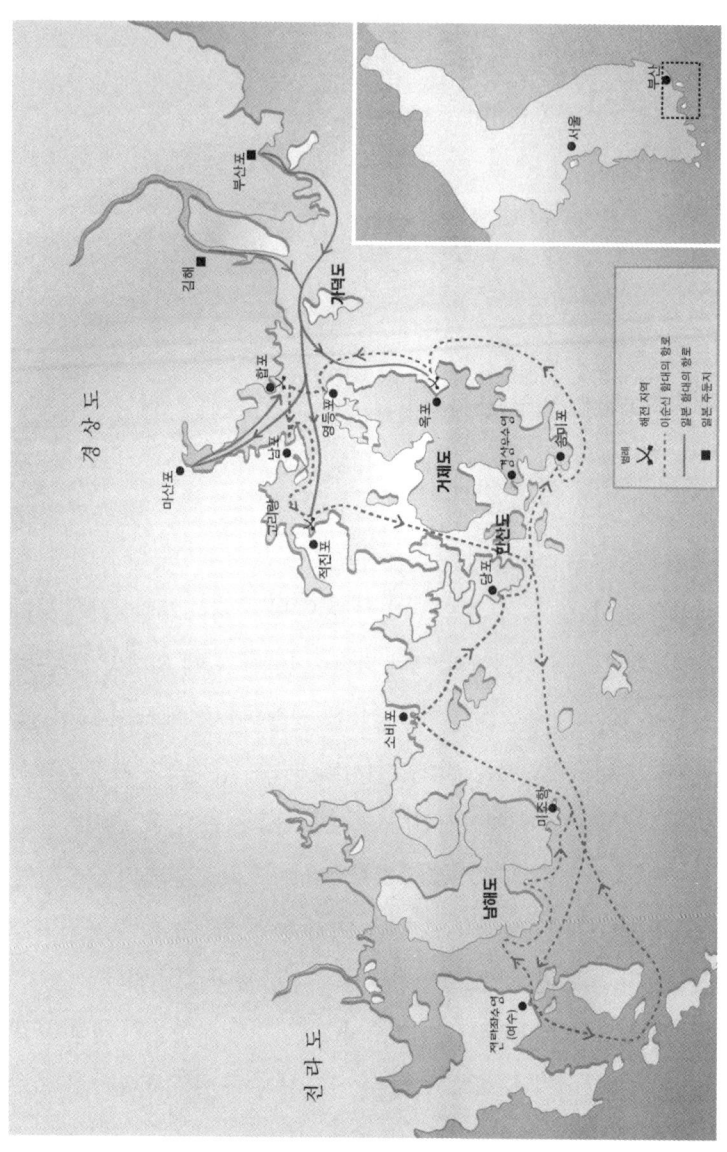

[도면 4] 이순신함대의 제1회 출동

이순신 함대는 미조항 앞바다에 이르러 다시 약속을 정하고 개이도介伊島를 경유하고 평산포를 지나서 경상우도 관내 소비포所非浦 앞바다에 이르니 해가 저물었으므로 결진結陣하여 밤을 새우고 5일 아침에 이곳을 떠나서 약속장소인 당포唐浦 앞바다에 이르렀다. 경상우수사 원균은 약속을 어기고 오지 않았으므로 그 곳에서 1박하고 경쾌선輕快船을 원균에게 보내 지정한 장소에서 대기 중이라는 소식을 알렸다. 6일 아침에 한산도閑山島에 이르니 원균이 다만 1척의 함선을 타고 와서 기다리고 있었다.

원균에게서 적선의 많고 적음과 왜선의 정박처 및 접전의 절차 등을 자세히 듣고 있던 판에 남해현령南海縣令 기효근奇孝謹, 미조항첨사彌助項僉使 김승룡金勝龍, 평산포권관平山浦權管 김축金軸 등이 1척의 판옥선을 타고 왔으며, 영등포만호永登浦萬戶 우치적禹致績, 지세포만호知世浦萬戶 한백록韓百祿, 옥포만호玉浦萬戶 이운룡李雲龍 등도 2척의 판옥선을 타고 오고, 사량만호蛇梁萬戶 이여활李汝活, 소비포권관所非浦權管 이영남李英男 등은 각기 협선을 타고 모여 적을 격파할 결의를 다짐하게 되었다.

이에 이순신은 91척에 달하는 전 함대를 모아 몇 차례 결진연습을 행한 뒤에 약속을 정하고 거제도 송미포松未浦 앞바다에 이르러 일몰관계로 그곳에서 밤을 새우고, 7일에 가덕도加德島를 거쳐 적함의 소굴이던 옥포에 이르러 왜선과 최초의 접전을 열어 크게 적을 격파하고〔玉浦海戰〕, 이어 함대를 옮겨 남포藍浦〔마산포〕에 이르러 밤을 새우고, 8일 고리량古里梁·저도猪島를 거쳐 고성固城경계인 적진포赤珍浦에서 재차 왜함과 접전〔적진포해전〕하여 적을 통쾌하게 격멸시킨 뒤 바다 가운데서 밤을 새우고 다음날인 9일에 무사히 좌수영에 귀환했다.

제2절 옥포해전

5월 7일은 양국의 수군이 처음 접촉하여 아군이 대승을 거둔 날이었다. 『이충무공전서』 옥포파왜병장玉浦破倭兵狀에 의하면 7일 아침에 송미포 앞바다에서 출발한 우리 함대는 일본수군이 유박하고 있다는 천성天城·가덕加德을 향해 전진해 가던 중 우선 옥포에 도착하니 척후장인 사도첨사蛇島僉使 김완金浣, 여도권관呂島權管 김인영金仁英 등이 신기전神機箭을 쏘아 급히 보고함으로써 적선이 있음을 알고 여러 장수들에게 엄명하여 경거망동을 하지 말고 신중한 행동을 취하도록 전령한 뒤 적진을 향하여 가지런히 나갔다. 왜선 30여 척[1]이 옥포선창에 나누어 정박하고 있는데, 그 중에도 대장선으로 보이는 대함大艦은 사면으로 화려한 문양으로 채색한 천이 치렁치렁 장막을 두르고 휘장 곁에는 대나무 장대를 나란히 꽂아 홍백紅白의 작은 깃발을 어지럽게 매달았다. 그 기의 형태는 번幡[표기] 또는 당幢[기]과 같이 다채색된 무늬를 놓아서 바람에 나부끼어 눈이 부실 지경이었다.

그런데 일본수군은 거의 다 상륙하여 식사를 하고 있는 중이었으므로 불로 인한 연기가 산에 가득 찼는데 아군이 바로 앞으로 나가니 크게 낭패하여 놀라 성급히 승선하고 노를 저어 우선 6척이 도망하고자 했다. 아군이 일부로써 이를 추격할 새 분연히 쫓아가 동서로 충돌하며 둘러싸고 대포를 놓으며 활을 당겨 우레와 같이 달려들어 이를 섬멸하고 우왕좌왕하며 사지에 빠진 적 수군을 포착捕捉하여 아군이 전력을 기울여 공격을 가하니 적이 기진맥진하여 대패를 당하고 전사자가 그 수를 헤아릴 수 없을 정도였다.

---
1) 원문에는 50여 척이라 되어 있으나 30여 척으로 바로잡음.

공훈자 직위	성명	공훈[당파]	비고
좌부장 낙안군수	신호申浩	왜대선 1척	참수 1급, 왜장물건 검갑劍甲·관복, 우리 포로인 1명 노획
전부장 흥양현감	배흥립裵興立	왜대선 2척	
중부장 광양현감	어영담魚泳潭	왜중선 2척 왜소선 2척	
우부장 보성군수	김득광金得光	왜대선 1척	우리 피로인 1명 사로잡음
중위장 방답첨사	이순신李純信	왜대선 1척	
우척후장 사도첨사	김완金浣	왜대선 1척	
우부기전통장 진군관 보인	이춘李春	왜중선 1척	
유군장 발포가장 신군관臣軍官 훈련봉사	나대용羅大用	왜대선 2척	(* 왜중선 2척을 바로잡음)
후부장 녹도만호	정운鄭運	왜중선 2척	
좌척후장 여도권관	김인영金仁英	왜중선 1척	
좌부기전통장 순천대장 전 봉사奉事	유화섭兪火畾	왜대선 1척	우리 피로여아 1명 생금
한후장 신군관 급제	최대성崔大成	왜대선 1척	
참퇴장 신군관 급제	배응록裵應祿	왜대선 1척	
돌격장 신 군관	이언량李彦良	왜대선 1척	
신 대솔군관 훈련봉사 변존서卞存緒 전 봉사	김효성金孝誠	왜대선 1척	
경상제장慶尙諸將 등		왜선 5척	아국 피로인 3명 생금

* 출전: 『임진장초』 만력萬曆 20년(1592) 5월 10일 계본啓本.

그 전과는 위의 표와 같다.

이상 이순신 함대는 초전에 있어서 왜선 대·중·소 합계 26척을 대포로 명중시켜 당파분멸撞破焚滅하여 버렸으므로 큰 바다에 연기와 화염이 충천했다. 상륙하여 도망한 왜군들을 추격하여 섬멸하려 했으나 날이 저물고 또 산악이 험준하므로 영등포永登浦 앞바다로 물러가 개선가를 부르며 장졸을

[사진 5] 옥포해전지

휴식하게 했다.

그런데 이번 해전에 참가한 일본수군에 대해서는 사로잡혔던 여자아이의 말에 의하여 고찰해 보면 5월 1일에 부산을 출발한 30여 척의 왜선은 김해와 율포栗浦를 경유하여 옥포에 유박하고 있던 것으로 보아 일본 운송선단의 일부였던 모양이다.

이 해전에 있어서 참수는 많지 아니하되 적전당파敵戰撞破에 치중하여 커다란 전과를 거두니 이렇게 서전에서의 대승리가 사기진작에 얼마나 큰 영향을 끼쳤는가는 우리가 상상할 수 없을 정도였다. 그 후 5월 7일 오후 4시 경에 왜대선 5척이 가까운 바다를 지나간다는 척후장의 보고를 받고 급히 추격하여 웅천 지역의 합포合浦(마산)[2] 앞바다에 이르니 왜적들은 배를 버리고 상륙해서 도망해 버려 불화살과 대포를 발사하여 다음과 같은 전과를 올렸다.

곧 이어서 노를 재촉하여 창원지역에 있는 남포藍浦에 이르러 결진하여 밤을 지새웠다.

---

[2] 합포는 연구결과 마산이 아닌 현재의 진해시 원포동 합개마을로 밝혀졌다.

공훈자 직위	성 명	공 훈
사도첨사	김완金浣	왜대선 1척 당파분멸
방답첨사	이순신李順信	왜대선 1척 당파분멸
광양현감	어영담魚泳潭	왜대선 1척 당파분멸
부통속방답적거전첨사	이응화李應華	왜소선 1척 당파분멸
신군관봉사	변존서, 송희립, 김효성, 이엽	왜대선 1척 당파분멸

제3절 적진포해전

5월 8일 이른 아침에 진해지구鎭海地區 고리량古里梁에 일본함대 13척이 머무르고 있다는 정보를 듣고 곧 함대를 몰아 내외의 여러 섬을 협공하여 수색하면서 저도猪島를 지나 고성지구 적진포赤珍浦에 이르니 과연 왜선 13척이 해구에 열박하고 있는지라 갑자기 이를 엄습하여 쳐들어가니 일본군이 우리 함대를 보고 크게 놀라 모두 육지로 올라 도망쳐버리므로 여러 장수들이 협력 격파하여 다음과 같은 대승을 이끌었다.

공훈자 직위	성 명	공 훈
낙안군수 기부통속 순천대장	유섭 동력	왜대선 1척
낙안군수 기부통장 군거급제	박영남 보인 김봉수 동력	왜대선 1척
보성군수	(김득광)	왜대선 1척
방답첨사	(이순신)	왜대선 1척
사도첨사	(김완)	왜대선 1척
녹도만호	(정운)	왜대선 1척
부통장적거전봉사適居前奉事	주몽룡	왜중선 1척
신대솔군관전봉사召帶率軍官前奉事	이엽, 송희립 동력	왜대선 2척
군관정로위軍官定虜衛	이봉수	왜대선 1척
군관별시위軍官別侍衛	송한련	왜중선 1척

위의 11척에 총통이 모두 명중되어 당파분멸되었다. 장졸들에게 아침밥을 주고 휴식하게 하던 중에 이 근처에 피란하고 있던 한 백성이 어린애를 업고 와서 투항하여 전말을 보고하여 말하기를 왜선이 어제 이곳에 와서 많은 재물과 우마들을 약탈한 뒤 이것을 싣고 중류에 배를 띄워 놓고 밤새도록 노래 부르며 음주하는 등 즐기는데 그 곡조를 들으니 다 우리나라 곡조였다고 했다. 이를 보니 임란당시 왜적과 협력한 반역자도 상당한 수에 달했던 것 같다.

이순신은 크게 분개하여 신속히 왜구를 소탕하려고 우선 적 수군의 소굴인 천성天城과 가덕加德을 섬멸하고자 했으나 그곳은 지형이 협소하여 대형선인 판옥선의 활약이 적당하지 않을 뿐 아니라 전라우수사 이억기李億祺가 아직 협력해 주지 않으므로 군세가 열약하여 위험성이 없지 않으므로 후일에 미루고 본영으로 무사히 개선했다. 그때 출동하여 얻은 총전과는 왜선 40여 척 당파撞破, 왜물노획품 5칸 창고에 가득하고 참수한 수급이 2급級이었다.

노획품으로 얻은 미두米豆와 의복은 사졸에게 나누어 주고 참수는 외쪽 귀를 베어 왜장의 소유인 듯한 철갑과 총통 및 철투구 등은 진상했다. 장졸의 공훈은 관찰사를 경유하여 조정으로부터 포상과 승진이 있었다.

이와 같이 혁혁한 대전과가 있었음에 비하여 우리 측의 손실은 실로 경미했다. 수병 1명의 좌측 어깨가 약간 부상했을 정도였다. 이순신은 이번 전첩戰捷의 공훈으로 가선대부嘉善大夫로 자급이 올라가게 되었다.

제1장 당포해전과 당항포해전

제1절 이순신함대의 제2회 출동

제1차 출동에서 많은 성과를 올린 이순신함대는 충분한 준비와 휴식을 한 뒤 6월 3일을 제2차 출동일로 정하고 전라우수사 이억기. 경상우수사 원균과 여수 앞바다에서 모이기로 약속하였다. 그러나 일본함대가 해륙으로 나뉘어 진격하여 사천泗川·곤양昆陽까지 침투하여 왔으므로 우리 수군의 근거지인 전라좌수영이 위태하게 되었다. 5월 27일 원균으로부터 자기가 일본수군에게 밀려 노량까지 이동해 오지 않을 수 없게 되었다는 급보를 받고 급히 작전계획을 변경하여 5월 29일에 모든 함대를 동원하게 되었다.

이날 전라우수사 이억기는 아직 회집하지 않았으므로 이순신 혼자서 전함 23척을 이끌고 새벽에 좌수영인 여수를 출발하여 노량으로 향했다. 원균이 겨우 3척의 전함을 이끌고 하동河東선창에 와 있었으므로 그곳에서 만나 적정賊情을 자세히 알고 급히 정찰하여 본 결과로 왜선 1척이 곤양으로부터 사천으로 향하여 오는 것을 선봉장이 추격하니 적군은 배를 버리고 상륙 도주했다. 도주하는 적을 당파분멸하고 다시 선창을 바라보니 일본함대 12

척이 있는지라 이를 전부 격파하고(泗川洋海戰:사천해전) 모자랑포毛自郞浦에 머물러 정박했다.

이튿날 6월 1일에는 사량蛇梁에서 군사를 쉬게 한 뒤에 밤에는 정박했으며, 2일 당포唐浦에 이르러 21척의 일본함대를 남김없이 전부 분쇄한 뒤(당포해전) 부산포로부터 이곳을 향해 오던 일본함대 20여 척이 우리 함대를 보고 개도介島로 도주하는 것을 만나서 초3일 여러 장수들을 격려하여 개도를 협공하니 적함은 벌써 도망하고 없으므로 울분을 참으면서 고성지구 모자랑포에 유숙했다.

초4일 전라우수사가 25척의 전함을 몰고 오는 것을 바라보고 고군분투하던 우리 장사들은 갑자기 활기를 띠어 크게 기뻐하며 강력한 51척의 연합함대로써 적선을 무찌를 결의를 굳게 하고 착포량鑿浦梁에서 정박했다. 초5일 고성지구 당항포에 이르러 일본함대 30여 척을 전부 당파하고 높이 개가를 올린 뒤에 바다 위에서 정박하고, 초6일 새벽 당항포 외구에서 적선 1척을 격파하고 고성지구 맛을간장ケ乙干場 바다 가운데서 밤을 지냈다. 초7일 가덕加德을 거쳐서 영등포 앞바다에 이르고 다시 율포 바깥 바다에서 일본함대를 소탕한 뒤 송진포에서 유박했다.

초8일 창원 마산포・안골포安骨浦・제포薺浦・웅천熊川 등을 정찰했으나 적의 그림자도 보이지 않으므로 다시 송진포에서 밤을 지냈다. 초9일 그곳에서 웅천 앞바다에 이르러 가덕과 천성에 적선이 있는가 없는가를 성탐한 뒤에 당포에 이르러 유박하고, 10일에 이르러서도 적함이 보이지 않았다. 들으니 일본함선은 전부 부산포 내에 숨어버렸다고 해서 이를 엄습하여 일본함대를 섬멸하고자 했으나 지금 우리 측은 병량도 다하고, 사졸이 피곤하고 지쳤으며 부상자 또한 적지 않아 득책得策이 아니라고 생각해서 원균・이억기 등과 헤어져 본영으로 귀환했다.

제3편 제7장 당포해전과 당항포해전 327

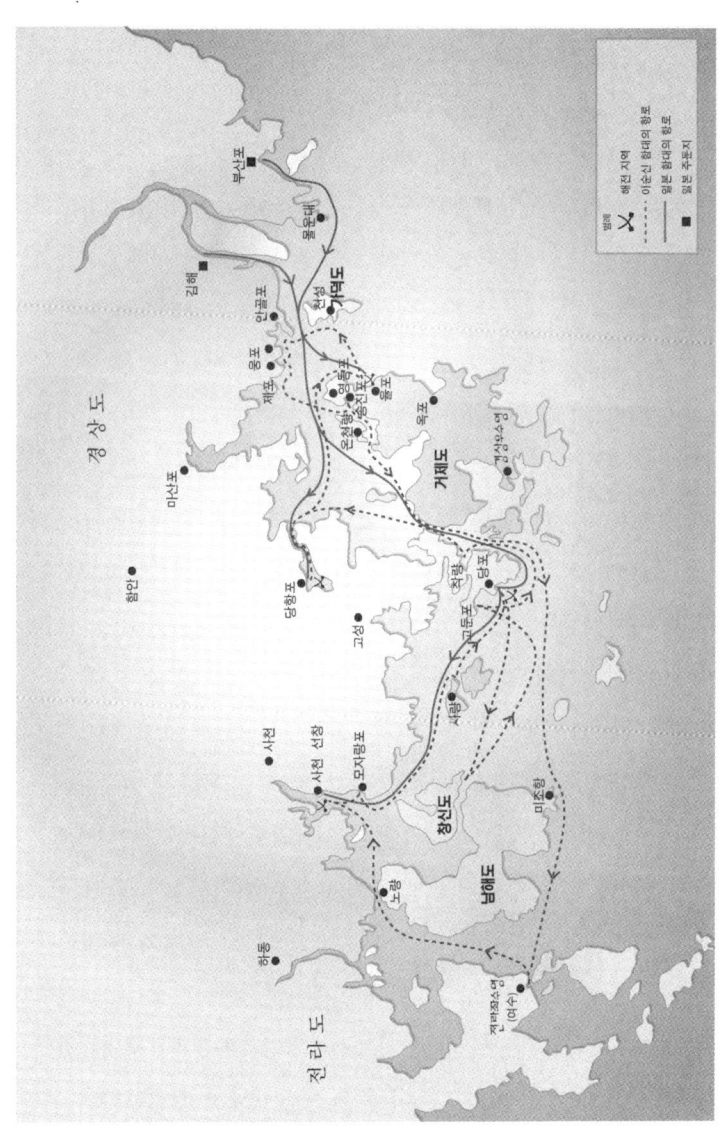

[도면 5] 이순신함대의 제2회 출동도

제2절 사천양해전

　　일본군의 서쪽으로 향진하는 수송선단을 격파하여 곡창 전라도를 확보하는 한편, 북상하는 일본육군의 보급로를 끊기 위하여 서해봉쇄를 단행할 목적으로 남해의 적함을 찾아서 직속함대 23척과 원균의 3척을 합하여 겨우 26척으로써 5월 29일 근거지를 출발. 도중에서 적함 1척을 무찌르고 사천선창을 바라보니 왜적 4백여 명이 장사진長蛇陣을 치고 눈이 부시는 홍백의 많은 깃발이 나열하여 있고 산 정상에는 따로 장막을 짓고 왕래가 분분한데 해상에는 누각과 같은 왜대선 12척이 나란히 정박하고 있었다.

　　우리 함대가 그곳까지 전진하여 접전하려고 하나 거리가 너무 멀어 칼과 화살이 미치지 못하고, 적선을 분멸하려고 했으나 조수潮水가 퇴락되어 흘수가 깊은 판옥선과 같은 대선은 자유스럽게 활동할 수 없어 이순신은 한가지 좋은 방책을 세웠다. 곧 적군이 교만한 태도가 보이니 거짓 퇴각하면 반드시 따라올 것이니 그 때에 중류에서 협력 공격하여 분쇄하리라 결심하고 선수를 돌리어 외양으로 퇴거했다. 채 1리도 못되어 과연 일본의 장졸 약 2백여 명은 승선하고 나머지 반은 육상으로 추격하여 나왔다. 이 때 바로 낙조가 되어 판옥선의 활동이 자유로워졌으므로 갑자기 뱃머리를 돌려 반격전을 전개하여 종횡으로 크게 치고 달렸다.

　　이순신이 그의 창안에서 나온 거북선[龜船]을 보내 돌격하게 하니 산과 바다의 병력 및 승선 중의 왜적들이 총탄을 난발하여 응전하는데 이상하게도 그 중에는 우리나라 사람도 섞여 아군에게 접전하여 왔다. 이순신이 격분하여 진두지휘로 적선을 포위하고 철환·장편전·피령전·화전과 기타

[사진 6] 사천해전지

화포를 일제히 발사하여 적선 전부를 당파하여 괴멸시켰다. 이때 이순신이 적의 탄환에 왼쪽 어깨로부터 등에 이르는 관통상을 입었고, 군관 나대용과 이설朱渫도 총전상銃箭傷을 입었으나 생명에는 지장이 없었다.

왜적 하나를 베고 사로잡혔던 우리나라 여자아이 1명을 산 채로 사로잡았다. 적군들은 멀리서서 자기들의 함대가 전멸되는 참혹한 광경을 눈앞에서 보며 발을 구르며 방성통곡하니, 장병을 가려뽑아 일거에 섬멸하려 했으나 산림이 울창하고, 또 해가 저물어 황혼이 가까워 그 곳에서 결진하며 밤을 지냈다. 이번 해전에 수훈을 올린 장사는 아래와 같다.

직 위	성 명	직 위	성 명
중위장 광양현감	어영담	좌별도장 우후	이몽구
전부장 방답첨사	이순신	우별도장 여도권관	김인영
후부장 흥양현감	배흥립	한후장 신군관전권관	가안책賈安策
좌척후장 녹도만호	정운	급제	송성宋晟
우척후장 사도첨사	김완	참퇴장 전첨사	이응화

제3절 당포해전

6월 초2일 아침에 적선 다수가 당포선창에 머물고 있다는 정보를 받고 10시에 곧 그곳에 가본즉, 3백여 명의 적군이 반은 성내에 침입하여 약탈 방화를 자행하고, 반은 성 밖 요지에 웅거하여 있는데 선창 안에는 대선 9척과 중소선 12척이 머물러 있었다. 그 중에도 가장 큰 층루선層樓船이 있어서 누선상樓船上 높이 3~4장丈[3m]이나 되는 곳에는 사방에 찬란한 홍색 비단장막을 두르고 장막 4면에는 '황黃'자를 크게 쓴 가운데 적장이 의젓하게 거처하고 있으므로 이 곳에 총공격을 집중할 필요가 있다고 생각하여 우선 거북선을 돌진시켜 용구龍口를 열고 현자포玄字砲를 놓으며 또 천자天字·지자포地字砲를 놓아서 대장군전大將軍箭 등을 발사하고 드디어 이를 당파해 버렸다. 우리 전함대가 여기 호응하여 시전矢箭과 탄환을 교대로 쏘며 대격전을 전개하던 중 중위장中衛將 권준權俊이 진출하여 적선에 접근하여 왜장을 쏘아 넘어뜨리고 그밖에 여러 함선들도 왜선들을 둘러싸고 당파하여 마침내 적 함대를 전멸시켜버렸다.

다음으로 육상의 왜군을 무찌르고자 전군을 상륙 추격하려고 했을 때 마침 왜대선 20척이 다수의 소선을 끌고 거제도로부터 온다는 보고를 받고 출격했다. 그런데 5리 정도 거리 쯤 접근했을 무렵에 적선은 벌써 우리 함대를 발견하고 도망쳐버렸다. 하는 수 없이 진주경계 창신도昌信島[창선도]에서 임시로 정박했다.

이 해전에서 부장 이몽구李夢龜가 누선樓船 속에서 금부채를 찾았는데 부채 중앙에 '6월 8일 수길秀吉 서書'라 하고 오른쪽 가에 '우시축전수羽柴筑前守'

[사진 7] 당포 해전지

라고 쓰고 왼쪽 가에는 '구정유구수전龜井琉球守殿'이라 쓰여 있었다. 고증에 의하면 이 왜선의 장은 당시 일본수군의 용맹한 장수으로 알려진 내도통지 來島通之라 한다.

제4절 당항포해전

다음날인 6월 3일 우리 함대는 추도楸島로 갔었으나 적함이 없으므로 고성지구 고둔포古屯浦에서 자고 다시 다음날 4일 이억기 함대와 연합하여 거제와 고성 사이의 착량鑿梁바다에서 밤을 지냈다. 6월 5일 당항포에 적선이 있다는 정보를 받고 견내량見乃梁을 지나 급히 당항포 앞바다에 이르렀더니 진해성鎭海城 밖의 한 지점에서 우연히 함안군수咸安郡守가 인솔하는 1천여 기의 군을 만나 부근의 적정을 자세히 듣고 당항포만 안을 수색하여 깊숙이 있는 다수의 왜선을 발견했다. 대선 9척, 중선 4척, 소선 13척이 해안가에 정박하고 있었는데 그 중 최대선 1척은 함두에 3층판각板閣을 베풀고 단청으로 곱게 바르고 불전佛殿과 같이 앞에 푸른 덮개를 세우고 전각 아래에는 흑색의 비단장막을 내렸다. 장막 면에는 크게 백화문白花紋을 그리고 그 가운데 무수한 왜적들이 죽 늘어져 서 있었고 그밖에 대선 4척은 검은색 기를 꽂았다. 각각의 기마다 '남무묘법연화경南無妙法蓮花經'의 일곱 자를 흰 글씨로 썼다.

이에 대해 이순신은 즉시로 왜선을 포위한 뒤 정면으로 거북선을 돌진시켜 대선에 접근하게 하고, 기타 여러 군선들은 배후로부터 박진하여 들어가면서 천자총·지자총을 연발하니 탄환이 비 오듯이 폭주하는 중에 돌격장이 탄 거북선이 층루의 아래로 들어가서 총통을 치켜 쏘아 그 누각을 당파하고 모든 배들이 또 불화살로 장막과 깃발, 그리고 돛을 쏘아 맞추자 화염이 왈각 일어나고 누각 위에 앉았던 왜장이 화살에 맞아 추락했다. 다른 왜선 4척이 창황한 틈을 타서 돛을 달고 도주하려 했으나 이순신이 이억기와 더불어 추격 포위하여 적의 선박과 병력을 섬멸하여 남기지 아니했다.

그날 밤에는 당항포 해구에 임시로 정박하고, 다음날인 6일에 근해를 정찰하여 바라를 헤매는 적선 몇 척을 포착 섬멸하였다. 그 가운데 나이 24·5세 되는 한 장수와 왜인 3,410여 명의 삽혈歃血동맹한 문서가 있었다. 『이충무공전서』에 실린 「승자헌대부유서陞資憲大夫諭書」에 의하면 "임란 이래 제장諸將이 오직 패퇴를 거듭하고 있을 뿐이러니 이번 당항포해전에서 비로소 대승을 얻었다"고 하였다. 특별히 그 공훈을 기리고 칭찬하여 자헌대부로 승자되었다.

제5절 율포해전

　당항포에서 대승을 얻고 7일 이른 아침에 웅천 땅의 증도甑島[시루섬] 바다 가운데 이르러 결진하여 천성과 가덕의 적정을 알고 방답첨사 이순신李純信의 의견을 따라서 당항포로서 탈출하는 적선을 사로잡기 위하여 포구에 가지런히 하여 기다렸더니 과연 왜선 1척이 다수의 도망치는 군사를 싣고 나오는지라 곧 지자포·현자포를 연이어 발사했다. 또 한편으로 장편전과 철환 질려포를 발사하니 왜적이 황겁히 도망하려 했으나 쇠갈고리라는 무기로써 바다 가운데에 색출하여 적장을 쏘아 죽이고 나머지 왜적을 참두斬頭하여 배에 불지른 뒤에 고성지구 마을간장乙丁場바다 가운데서 자고, 초 7일 이곳에서 출발하여 정오에 영등포 앞바다에 이른즉 적의 대선 5척과 중선 2척이 율포로부터 부산으로 향하는 것이 있어 즉시로 율포 바깥 바다까지 추격하여 다음 표와 같은 전과를 올렸다.

관 직	성 명	격파선박수	전 공
우후	이몽구	왜대선 1척	분멸焚滅 양중전포洋中全捕 참수 7급
사도첨사	김완	왜대선 1척	양중전포 참수 12급
녹도만호	정운	왜대선 1척	양중전포 참수 9급
광양현감	어영담	왜대선 1척	
가리포첨사	구사직 동력		진포분멸 참수 2급
여도권관	김인영	왜대선 1척	참수 1급
소비포권관	이영남	倭空船-중	양중분멸 참수 2급

　이후 가덕과 천성으로부터 좌도 몰운대沒雲臺까지 이르러 왜함을 협공하

여 수색 토벌했으나 그림자조차 보이지 않았다. 다시 거제도 송진포에서 자고, 초8일과 9일 양일간 창원 마산포·안골포·제포·웅천 등지의 적정을 탐색하여 종적이 없음을 알고 초10일에 미조항彌助項 앞바다에 이르러 우수사 이억기·원균 등과 모였다가 각각 파진하고 귀영歸營했다.

이번 2회 출동에 있어서 종합전과는 적함 72척을 분멸하고 참획된 왜군의 목 88급은 좌측 귀를 잘라 소금에 절인 다음 궤에 넣어 조정에 올려 보냈으며 기타의 노획품 등도 잘 봉하여 보냈다.

우리 측의 손실은 경미하여 오직 전사자 11명을 포함한 사상자 37명이 있었을 뿐이었다. 그리고 제2차 출동 중 여러 전투에는 거북선의 공이 위대하여 적을 향하여 꺾고 부러뜨려 패퇴시키는 모습을 드러냈다. 이로써 육상과는 반대로 조선군의 해상에서의 위력이 거의 절대적인 것으로 확실히 증명되었다.

제8장 한산양대해전

제1절 이순신함대의 제3회 출동

　제2회 출동 뒤 약 1개월간 군용軍容을 다시 차리고 7월 6일 전함대 90여 척을 인솔하고 본영 여수를 출동하여 창신도昌信島에 이르러 정박하고, 7일에 당포에 이르렀더니 왜선이 고성固城지구에 있다는 정보가 있는지라 내일 회전會戰의 제반준비를 명령했다. 8일 한산도에 이르러 외양에서 70여 척의 협판脇坂군과 전투하여 적함 59척을 격파 대승을 거둔 뒤에 다시 진격하여, 9일 안골포에 이르니 구귀九鬼군 40여 척이 정박했음을 확인하고 거제도의 온천溫泉(칠천도)에서 밤이 되어 정박했다.
　10일에 가덕도加德島를 경유하여 안골포에 돌진하여 적을 유도하며 도전했으나 적군이 여기에 응하지 않아 돌격하여 전함대를 당파분멸하고 10리 가량 바깥 바다로 후퇴하여 밤을 지낸 뒤 11일 다시 잔적을 수색 섬멸하려고 안골포에 돌입하니 벌써 밤중에 모두 도주하고 적의 그림자도 보이지 않았다. 12일 한산도에 이르러 한산양해전 때에 육상으로 도망한 왜적들을 소탕할 임무를 원균에게 맡기고 식량부족으로 말미암아 13일 본영으로 무사히 귀환했다.

[사진 8] 한산해전지

제2절 한산양대해전

경상도 각지에 또다시 왜선이 준동하여 가덕·거제 등지에 10척 내지 30척이 선단을 이루어 출몰할 뿐만 아니라 전라도 금산錦山지구까지 수륙병진으로 적세가 창궐한다는 정보를 받고 제2회 출동 뒤 거의 1개월 만에 모든 준비를 끝마치고 왜선을 남해에서 소탕할 결의를 굳게 다졌다. 그 후에 7월 4일 저녁에 전수군을 회집하여 군략軍略을 정하고, 5일 함대의 대연습을 거행했다. 6일 여수본영을 출발하여 90여 척의 대함대를 몰고 노량으로 향했다. 바다 가운데서 다시 대형운동隊形運動을 연습한 뒤에 창신도에서 밤이 되어 정박했다. 7일에는 고성지구 당포에 이르러 땔감과 물을 보급하려고 상륙한즉 피난 중에 있던 그 지역 목동 김천손金千孫이 왜선 70여 척이 견내

제3편 제8장 한산양대해전   337

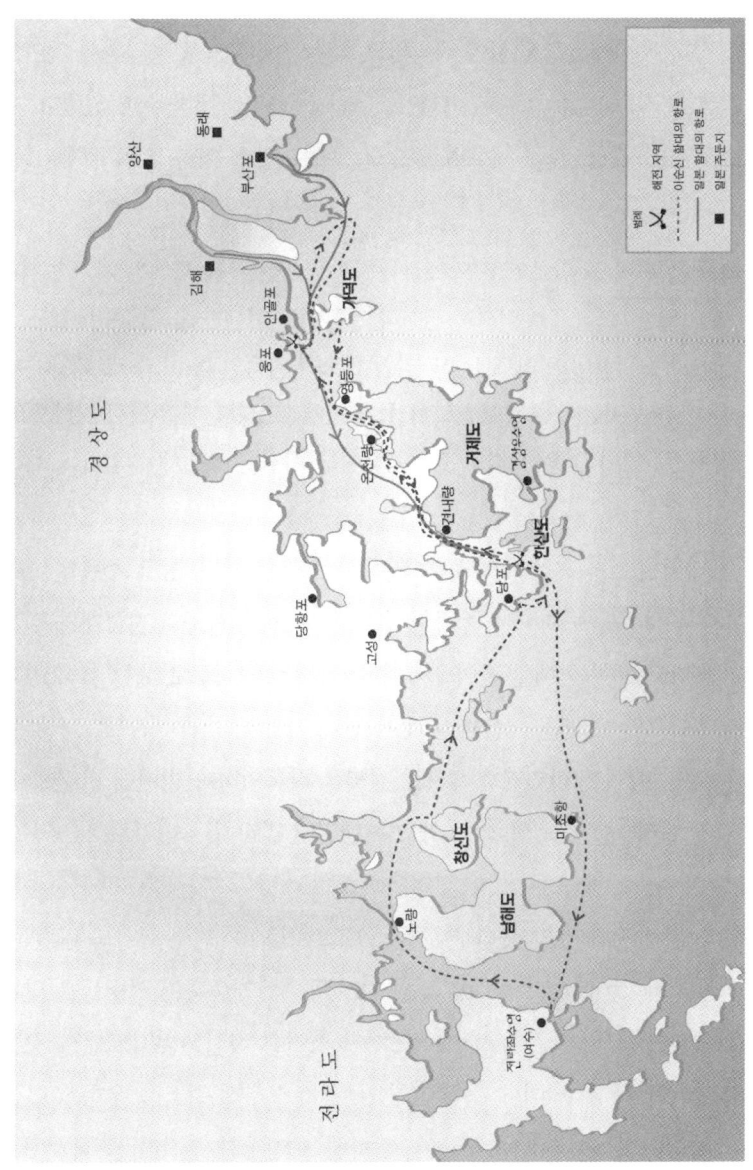

[도면 6] 이순신함대의 제3회 출동도

량見乃梁에 정박하고 있다는 정보를 제공했다.

이에 명일의 적을 공략하는 작전을 세우기 위하여 제장을 모아서 참모회의를 결행한 뒤에 8일 왜선이 정박하고 있는 견내량으로 돌입하여 알아보니 대선大船 36척, 중선中船 24척, 소선小船 13척으로 합계 73척이 떠 있었다. 원균이 진격하여 수공手功을 세우려 했으므로 이순신이 이를 말려 말했다.

이곳은 좁고 또 암초가 많으므로 대형선을 가진 우리 함대는 여기서 결전하면 안된다. 그리고 우리가 승전한다고 하여도 형세가 불리해지면 적군은 육상으로 도망하여 버리므로 차라리 한산도의 넓은 바다[閑山洋]로 유인하여 이를 전부 포획함이 좋겠다. 또 이 섬은 거제-고성 간에 있어서 사방으로 헤엄쳐 갈 길이 없으니 적병이 상륙하여도 아사할 수밖에는 없다.

드디어 유도작전을 전개하여 판옥선 5~6척을 보내 그 선봉선先鋒船을 쫓아가서 적선을 포위하여 공격할 태세를 보였다. 적군의 전함대가 일시에 돛을 올리고 우리 함대를 쫓아오니 우리 함대는 거짓으로 패한 척하고 퇴각하여 돌아오자 적선들은 용기를 내어 뒤를 따라 대양大洋 중으로 나오게 되었다. 우리 함대는 학익진鶴翼陣으로 전열을 다듬었다가 일시에 반전 돌진하여 각기 현자·승자勝字의 각종 화포를 맹렬히 발사하여 선두로 2~3척을 깨뜨려버렸다. 이에 모두 기가 질려서 도망쳐버렸다. 아군은 이에 승승장구 힘을 다해 돌진하여 앞을 다투며 돌격하고 처들어가면서 화살과 탄환을 바람과 우레와 같이 퍼부어 배에 불을 지르고 허둥지둥하는 적병들을 닥치는 대로 죽였다. 그러자 적의 세력이 드디어 꺾이고 적선은 위태로움이 풍전등화의 상태에 빠졌다. 이에 순천부사 권준權俊이 우선 죽음을 무릅쓰고 돌입하여 기함旗艦인 층각대선層閣大船을 격파하고 왜장과 부장 등을 베는 등 다음 표와 같은 대전과를 올렸다.

관 직	성 명	전 과
순천부사	권준	층각선 1척 양중전포 왜장 포함 참수 10급 우리 포로 남자 1명 산채로 찾음
광양현감	어영담	층각선 1층 양중전포 왜장 포함 참수 12급 우리 포로 남자 1명 산채로 찾음
사도첨사	김완	왜대선 1척 양중전포 왜장 포함 참수 16급
흥양현감	배흥립	왜대선 1척 양중전포, 참수 8급
방답첨사	이순신 李純信	왜대선 1척 양중전포, 참수 4 왜대선 2척 당파
좌돌격장 급제	이기남	왜대선 1척 양중전포, 참수 7
낙안군수	신호	왜대선 1척 양중전포, 참수 7
여도권관	김인영	왜대선 1척 양중전포, 참수 3
좌별도장 영군관 전 만호	윤사공 가안책 등	층각선 2척 양중전포, 참수 6
녹도만호	정운	층각선 2척 분파焚破, 참수 3 아국인 남자 2명 산채로 찾음
발포만호	황정록	층각선 1척 당파, 참수 2
우별도장 전 만호	송응민	참수 2
흥양통장	최천보	참수 3
참퇴장 전 첨사	이응화	참수 1
우돌격장 급제	김이량	참수 1
신소기선 (臣所騎船)		참수 5
유군일영장 遊軍一領將	손윤문	왜소선 2척 분파
오령장 전군사	최도전	아국인 어린 남아 3명 산채로 찾음
좌우도 제장 동력		왜대선 20척, 왜중선 17척, 화살을 맞고 떨어져 죽은 자 무수 소선 5척, 화살을 맞고 떨어져 죽은 자 무수

이외에 세력이 다하여 한산도로 도망한 왜적이 무려 4백여 명인바 안골포에서 왜선이 다수 유박했다는 급한 정보를 받고 이를 찾아가 공격하여 크게 격파한 뒤 12일에 이르러 다시 한산도로 와서 적정을 살펴보니 도망한

왜군패잔병은 기아상태에 빠져 보행이 곤란할 지경이었다. 이를 경상우수사 원균에게 감시시킨 뒤 남해일대에 거의 적의 그림자가 없고 또 식량부족으로 13일 본영으로 귀환했다. 이순신은 이번의 대전공으로 정헌대부正憲大夫로 자급이 올라갔다.

제3절 안골포해전

이순신 함대가 한산양에서 대승을 거두고 나니 날이 저물었다. 견내량에서 피로한 장사들을 위안시키며 임시로 정박하고 나서, 9일에 또다시 적선을 찾아 가덕도로 향하던 차에 들으니 안골포 부근에 왜선 40여 척이 정박하고 있다는 탐망선의 정보가 있었다. 이에 군중회의를 열어 전후의 전략을 결언하고 곧 결전에 옮기려 했으나 벌써 날이 저물고 또 역풍이 크게 일어나 진전進戰하기 곤란했으므로 거제 온천도溫川島에 이르러 야박했다. 다음 10일에 이르러 아침 일찍이 출발하여 전함대를 셋으로 나누어 전라우수사 이억기는 안골포 외양外洋에서 결진하고 있다가 내가 접전하면 통보할 터이니 그때 달려오라고 약속했다. 이순신은 학익진으로 정렬하여 선두를 서서 전진하고, 경상우수사 원균에게는 그 뒤를 따라오게 했다.

드디어 안골포에 이르러서 선창을 바라보니 왜대선 21척, 중선 15척, 소선 6척이 정박하고 있는데 그 중에 기함으로 보이는 3층유옥三層有屋의 대선과 2층의 대선 2척이 포구 밖에 뜬 채로 정박하고 그밖의 모든 배는 포구 내 한 면에 나란히 정박 중이었다. 그런데 이 포의 지세는 대단히 좁고 또 얕아서 퇴조하면 육지가 되어 우리나라의 판옥대선은 마음놓고 출입할 수

[사진 9] 안골포 해전지

가 없으므로 왜선을 재삼 유인하려 했다. 그러나 이미 여러 차례의 경험으로 우리의 작전을 아는지라 할 수 없이 여러 장수들로 하여금 교대하면서 출입시켜 천자·지자 등 각종의 대포와 장편선을 폭우와 같이 쏘아대고 후방에 대기 중이던 전라우수사의 세력이 달려와 합세하여 성세盛勢가 배로 증가했다. 그러자 유옥대선과 2층대선에 타고 있던 적병이 거의 화포에 맞아 죽고 나머지 약간의 생존자는 다 육지로 올라 도주하고 말았으므로 함선 전부를 태워버리고 말았다. 후퇴하여 약 1리 정도에서 밤을 지내고 이튿날 11일 새벽에 다시 이를 엄습하여 잔적들을 포위 공격하려 했더니 적병은 이미 크게 낭패하며 닻을 끊고 밤에 도망쳐버렸다.

이에 어제의 해전한 곳을 찾아보니 전사자들을 열두 곳에 모아 태워버렸던 탓에 잔해가 낭자하고 이 포구의 성 내외에는 유혈이 대지를 벌겋게 물들여 사상자가 얼마나 많았는지를 미루어 알게 했다.

제3회의 출동전과는 적군의 함선 약 1백 척(안골포 당파척수 불명)을 노획 또는 당파하고, 참수 250급. 우리나라 사람을 산 채로 찾은 것이 7명으로써 개전 이래 가장 전과가 컸다. 노획된 왜물 중 의복·포미布米는 장졸들에게 나누어 주고 참한 수급은 좌측 귀를 잘라 소금에 절여 서울로 올려보냈다.

전투가 격렬했던만큼 아군의 손해도 전사자가 19명에 달하고 부상자도 무려 1백여 명에 달했다. 전사자의 시체는 작은 배에 실어 고향에 매장해 주고 유가족에게는 휼전恤典을 시행하며 부상자에 대해서는 충분한 약품을 주어 치료해 주고 크게 공훈자들을 승급하도록 장계狀啓, 즉 왕에게 올리는 보고서를 올렸다.

제9장 한산대첩의 의의

제1절 제해권 획득의 의의

한산양해전에 있어서 수군의 총사령관이었던 협판안치脇坂安治(와키자카 야스하루)는 가장 빠른 쾌속선을 타고 있었던 관계로 간신히 사선死線을 탈출하여 김해까지 생환하여 "갑옷에 화살 등이 미치고, 사세의 위태로움이 구사일생九死一生에 달했다"[3]라고 일본에서 기록을 남겼고, 또 다음과 같이 일본군의 대참패를 자인自認했다.

> 적의 배는 크고, 우리 배는 작았다. 그 상황을 보니 그 곳 협수로 내에서 쫓아 따라갔을 때, 적의 전선들이 한꺼번에 포위해서 우리 배 쪽으로 불화살을 쏘았다. 곧바로 배들에 불이 붙었고 그 순간에, 협판안치의 가신인 협판좌병위·도변칠우위문을 시작으로 이름있는 장수들이 모두 죽어갔다.[4]

일본수군이 이 해전에 얼마나 질렸던지 이후에 공포증이 생겨 고기잡이

[3) 『續群書類從』 卷第593上, 脇坂記上: "鎧に矢など あだりて。危き事 十死一生に極れり。"
4) 위와 같음: "敵わ人船。味方わ小船なれば。叶かたくみえて。本の瀬戸内へ引退かんとしける時。敵の番船おし掛く。味方の船へほうろく火矢を投て。卽時に船を燒ける間。安治家臣脇坂左兵衛。渡邊七右衛門を始として。名有者共討死しけ。"

배의 불빛을 보고도 우리 수군이 쳐들어왔다고 겁을 집어먹고 어쩔 줄을 몰랐을 정도로 공황상태에 빠져 있었다.

> 김해성 내외의 주둔하고 있던 적들이 하루 저녁에는 고기잡이배의 불빛을 보고 전라도의 배가 공격하러 온 것으로 알고 두려워하여 크게 놀라 소란이 일어나 어찌할 바를 모르며 동분서주하다가 한참 후에 안정되었다.5)

7월 14일 한산도해전에서 대패를 당한 보고를 받은 풍신수길이 곧 협판안치에게 명령을 내려 그 경거망동을 질책하고 거제도에 성을 쌓아 일본수군의 최고핵심인 구귀가륭九鬼嘉隆[구키 요시타카]과 등당고호藤堂高虎[도오토오 타카토라]와 협의하여 이를 굳게 지키라고 명령했다. 다시 16일에는 등당고호에게 대총大銃 3백 자루와 많은 탄약을 보내며 성채를 거제도 및 여러 요충해구에 쌓고 그곳에 대총을 나누어 설치하여 우시수승猗柴秀勝의 병사들로 하여금 육상으로 이를 응원하게 하여 구귀九鬼 · 협판脇坂 · 가등가명加藤嘉明 · 관정영菅正蔭 · 내도통총來島通總 등의 수군대장과 및 기주紀州의 수군들로 하여금 각 성채에 나누어 주둔하여 구주 4국國 및 중국지방의 선함船艦으로 하여금 서로 긴밀하게 연락하게 했다. 그렇게 함으로써 강력한 우리 수군과 철없이 해양 중에서 교전함을 엄금하게 했으니 일본수군 장수들은 그 후 이 명령에 의하여 해구의 방비만을 엄하게 지키고 우리 수군과의 접전을 회피하게 되었다.6)

또한 유성룡의 『징비록』에도 기록이 있다.

> 대개 적은 본래 수륙으로 합세하여 서쪽으로 가려 했다. 이 일전을 의지하여 드디어 적의 한 팔을 끊었다. 소서행장이 비록 평양을 얻었지만 세력이 고립

---

5) 『이충무공전서』: "金海城內外 留屯之賊 一夜望見漁火 恐或全羅之兵來戮 大驚喧噪 罔知所爲 東奔西走 良久乃定云."
6) 『日本戰史 朝鮮役』 제6장, p.219.

되어 결코 다시 전진하지 못했고, 국가가 전라도와 충청도 나아가 황해도와 평안도를 보전하여 연해 일대에 군량을 조발하고 호령이 서로 통하게 하여 이로써 중흥할 수 있게 되었고, 요동과 금주·복주의 바다와 천진 등지가 모두 안전하게 되었다. 천병〔明軍〕으로 하여금 육로를 따라 적의 틈을 치게 한 것도 모두 이 일전의 공이다. 오호라. 어찌 하늘이 한 것이 아니겠는가?[7]

'헐버트'와 '물독크〔발라드 제독인 듯〕' 등 서양인들이 이 해전을 세계사적으로 설명하여 "이 해전은 조선의 살라미스해전이라고 하여도 과언이 아니다. 이 일선이야말로 수길의 중국정복의 웅도雄圖를 좌절하게 한 것이었다. 그 이래 전쟁은 수년간 계속 되었어도 그것은 다만 수길의 실망을 완화하려는 야심에 지나지 않았던 것이다"라고 논단論斷한 것은 당시의 사정을 가장 잘 파악한 논평이라고 할 것이다.

일본의 제해권 실추가 일본수군을 반신불수화시켜 수륙병진의 계획을 좌절시켰으므로 수길의 대륙에 대한 야망이 꿈과 같이 깨졌으며 아군의 후방차단과 저희 편의 식량부족 등 돌발사정으로 부산까지 전군을 후퇴시키지 않을 수 없는 비참한 상태에 빠지게 되어버렸던 것이다. 이런 의미로 보아 한산양대해전의 결정적 대승리는 실로 그 의의가 컸다고 할 수 있다.

제2절 일본수군의 동정과 그 패인

제4장에서 일본수군의 자질이 저급했던 것과 함선의 열약한 점을 지적

---

7) "蓋賊本欲水陸合勢西下 賴次一戰 遂斷賊一臂 行長雖得平壤 而勢孤不敢更進 國家得保全羅忠淸 而及黃海平安 沿海一帶 調度軍糧 傳通號令 以濟中興 而遼東金復海 蓋與天津等地 不被震警 使天兵 從陸路來援 以致劉賊者 皆此一戰之功 嗚呼豈非天哉."

하고 또 일본인이 의외로 수전에 익숙하지 못하고 수길이 조선과의 해전을 전혀 염두에 두지 않았던 점 등을 열거하여 두었다. 풍신수길이 우리나라의 수군을 전혀 안중에 두지 않았기 때문에 수송선단만을 파견하고 따라서 수군에 대한 편제가 없었던 것은 소위 선봉행船奉行으로 임용되었던 일본 수군 장수들의 개인행동을 살펴보아서도 잘 알 수 있다.

우선 협판안치脇坂安治는 대마도의 선봉장수로 임명되어 4월 7일에 대마도 대포大浦에 도착하여 출발하기 위해 부대를 정비한 뒤 항행하여 부산에 상륙했다. 이어서 5월 중순에는 경성京城 남방의 용인龍仁에서 수비하다가 일본의 수송선단이 남해 각지에서 연전연패하자 급히 웅천熊川으로 와서 본직이던 수군지휘관으로 돌아와 행동하게 되었다.

그리고 사국四國 지방 이예伊藝 수군의 총사령관이었던 내도來島 형제는 일본수군이 이순신함대에게 제1회 출동으로 말미암아 패퇴됨에 따라 5월 16일에 비로소 수길의 발령을 받고서 도해하여 수군을 지휘하게 되었다. 구귀가륭九鬼嘉隆과 가등가명加藤嘉明은 이순신함대의 제1·2회 출동으로 인하여 일본함대가 거의 파멸되어서 수륙병진이 불가능하게 된 애로隘路를 타개하려고 수길의 발령을 받고 6월 23일자로 도해하여 출동을 보게 되었다. 그러나 구귀九鬼·가등加藤의 두 수군장수는 40여 척의 함선을 인솔하고 부산을 떠나 가덕도를 거쳐 7월 9일 안골포에 이르렀다가 비참하게도 다음날인 10일에는 이순신함대에게 대패를 당했다.

그리고 등당고호藤堂高虎는 일기一岐의 선봉장수로 임명되어 한산양해전에서 일본군이 대패했다는 보고를 받고 7월 14일의 발령으로 곧 도해하여 거제에 축성하여 구귀·가등 두 장수와 같이 수비하게 되었던 것이다. 이로써 개전 초기에는 수군의 편제가 전혀 없었던 것이 이때에 비로소 수군의 편성을 보기는 했으나 수차의 해전에서 다 참패되어 농성정책을 취하지 않을 수 없는 상태에 빠지고 말았던 것이다.

7월 10일 안골포해전에서 산 채로 다시 찾은 우리나라 피로인被擄人들의 말에 의하면 이때의 일본수군은 3대로 구분되어 제1대는 협판이 73척을 인솔하고 견내량에 가 있다가 우리 수군의 유인작전에 의하여 한산양 중에서 대패를 보았으며 제2대는 구귀가 43척을 인솔하고 안골포에 입항 중 7월 10일 우리 수군에게 엄습掩襲되어 섬멸당했고, 제3대는 가등가명加藤嘉明이 인솔자였는데 아직 접촉이 없었다. 그러나 『일본전사』에 의하면 한산양해전에 협판이 단신지휘하여 한산양에서 참패를 보았다. 이번에는 제2대의 구귀와 제3대의 가등이 연합함대를 만들어 우리 수군을 잡아보려고 43척을 인솔하고 7월 7일 부산을 출발해서 9일에 안골포로 와서 정박 중이었던 것이라고 한다. 그러나 두 수군장수의 연합함대의 함선척수로는 43척이 너무 적지 않은가 생각된다. 가등의 제3대는 아직 이순신함대와 접전이 없었던 것으로 추측된다.

이러한 일본수군의 패인으로는 첫째로 수군의 전통이 없어서 지도자와 수군의 훈련 및 경험이 빈약했으며, 둘째로 무기로서의 선박과 화포의 열등劣等이 일본수군에게 결정적 타격이 되었으며 거기다가 전술의 졸렬과 지리의 불리 등이 수길의 대륙원정계획으로 하여금 대파국을 초래했던 것이다.

제10장 부산포해전

제1절 이순신함대의 제4회 출동

　제3회 출동으로부터 약 40일 뒤인 8월 24일에 이순신함대는 다시 여수 본영을 출발하게 되었다. 한산대첩과 안골포해전으로 인하여 가덕 이서의 남해 일대에 적의 그림자가 끊어진 상태였으므로 일본수군이 부산포 방면으로 퇴각해 버렸음을 알았다. 이에 수륙병진정책을 수립하고 전라우수사의 것과 합하여 전함 74척과 협선 18척, 합계 92척을 모아 8월 1일에 여수 앞바다에서 대대적인 연습을 행하고 기타 모든 준비를 갖추고 있는 중에 경상우도순찰사 김수金睟로부터 소관지역 내에 있던 왜군이 드디어 주야겸행晝夜兼行으로 퇴각하여 양산·김해 방면으로 짐을 가득 싣고 도주하는 모양이라는 정보를 받고 이를 해륙양면으로 아울러 쳐서 섬멸하려는 계획을 세우고 8월 24일에 비로소 출동했다.

　그날은 남해도 관음포에서 야박하고, 이튿날인 25일 약속했던 사량 바다 가운데서 전라우수사 이억기와 만나 당포에서 정박했다. 26일에는 폭풍으로 인하여 해가 저물 때에 기상회복과 함께 출동하여 거제에 이르러 야간에 몰래 견내량을 통과하여 웅천의 제포薺浦를 정찰한 뒤 다시 원포院

浦로 가서 적선을 수색했으나 적선이 보이지 않으므로 그곳에서 자고 27일을 지나 28일에 이르러 육상으로 파견했던 정찰대로부터 고성·진해·창원 등지에 있던 일본군은 벌써 24일에 떠나버렸다는 정보를 접했으며 25일 김해방면에서 일본군에게 잡혔다가 도망해 온 포작鮑作 정모丁某의 말에 의하면 김해강구에 있던 왜선들은 30일간 체류하다가 떼를 지어 몰운대 바깥 바다로 가버렸다고 한다. 이것은 『난중일기』에 "등산하여 우리 수군의 거취를 탐망하던 왜군이 우리 수군을 바라보자마자 무서워서 도망했다"는 기사가 연출되는 점으로 미루어 생각해 보면 지금까지의 경험으로 보아 연전연패하는 그들이 접전을 회피하고 부산포 방면으로 숨어버리는 술책이었던 것이다.

다시 방답첨사 이순신李純信과 광양현감 어영담으로 하여금 가덕방면에 잠복하여 적정을 정찰하게 했으나 겨우 적선 4척이 몰운대 방면으로 향하여 가는 것을 확인한 외에는 적의 그림자가 전혀 없었다. 가덕방면에는 왜적이 없다고 확인되어 천성天城선창에서 밤을 지낸 뒤 29일 이른 아침에 전함대를 이끌고 낙동강 하구 앞바다에 도달했다. 그러자 장림포長林浦 방면에서 30여 명의 왜적이 대선 4척, 소선 2척에 나누어 타고 양산으로 가는 것을 발견했다.

그러나 그들은 아군의 대위용을 바라보고 크게 놀래어 배를 버리고 도망하니 원균이 곧 따라가서 왜선 얼마를 불질러 파괴했다. 이순신은 드디어 강을 거슬러 올라가서 왜적들을 진격하고자 했으나 물이 얕아 판옥선의 행동이 부자유하므로 다시 가덕에 이르러 임시로 정박하고 이날 밤 중대한 군중회의를 열어 밤늦게까지 협의하고 다음날 9월 1일을 기하여 일본수군의 잠복소굴인 부산포를 총공격하기로 결정했다.

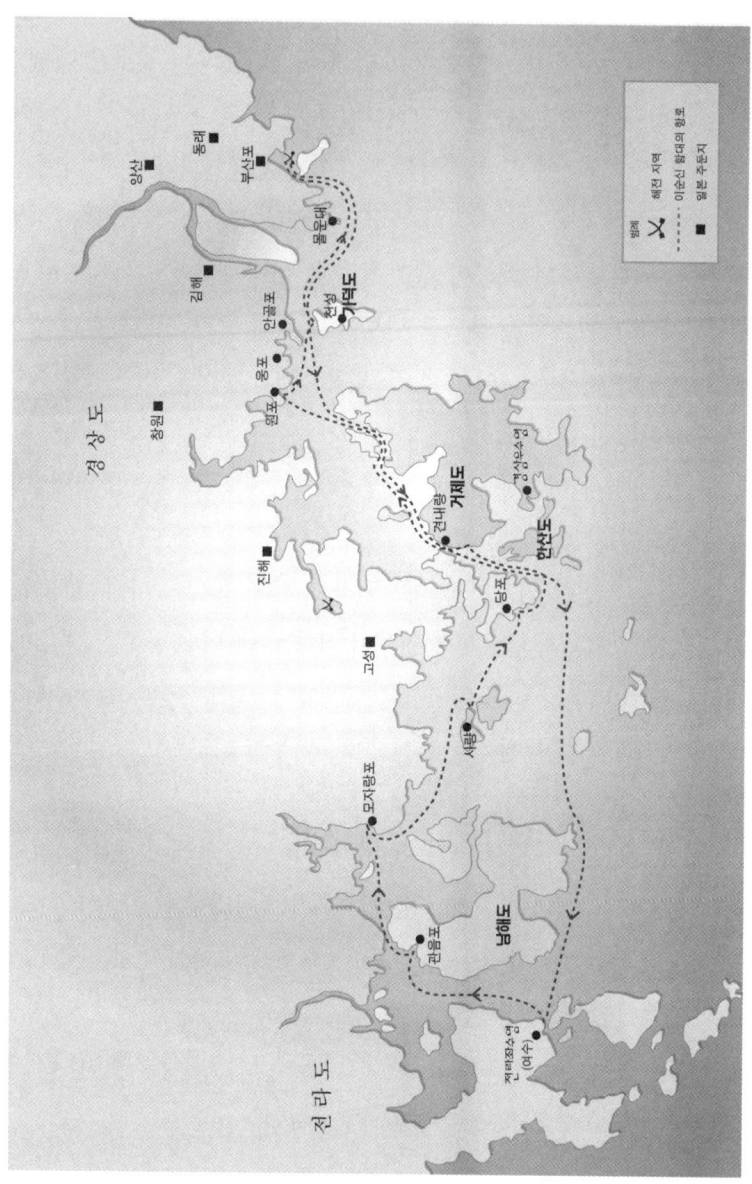

[도면 7] 이순신함대의 제4회 출동도

제2절 부산포해전

　9월 1일 첫 닭 울음소리를 기하여 전함대를 이끌고 가덕 북쪽 해안을 출발하여 오전 8시경 몰운대를 지날 무렵 폭풍이 일어나 함대행동이 곤란했다. 그러나 앞바다에 적 대선 5척, 다대포多大浦 앞바다에 8척, 서평포西平浦 앞바다에도 대선 9척, 절영도絶影島 방면에도 대선 2척이 각각 열지어 정박하여 있음을 보고 돌격했다. 모두 접전을 피하여 배를 버리고 육상으로 올라가서 당파하여 괴멸시키기만 하고 배에 가득한 전리품은 노획을 엄금했다.

　이리하여 왜선이 절영도 외측에는 없다는 것이 분명해졌다. 다시 정찰선을 파송하여 부산포 내의 적정을 탐지했더니 왜선 약 5백 척이 동쪽 산 아래에 줄지어 정박하고, 선봉의 대선 4척은 초량부근에 출동 중으로 보고되었다.

　이때 원元·이李 두 우수사는 이순신에게 의견을 진술하여 우리나라의 병위兵威로써 왜적을 쳐서 섬멸하지 않고 돌아가면 적군은 반드시 우리를 업신여기게 될 것이라고 강조했다. 이순신은 이에 전함대를 이끌고 항내에 돌진하기로 결정한 뒤 전투명령을 내렸다.

　우선 우부장 녹도만호 정운과 귀선돌격장龜船突擊將 이언량 등으로 하여금 선봉장이 되어서 돌진하게 하니, 직진하여 적함 4척을 당파 분멸하자 적도들이 허둥지둥 헤엄쳐 육지로 올라가는 사이에 후방에 있던 모든 전함들이 승승장구하여 적진을 향하여 돌진했다. 적선 약 470여 척은 감히 나와 접전할 용기를 잃었고 승선병졸들은 전부 하륙시켜 빈 배만 세 곳에 나뉘어

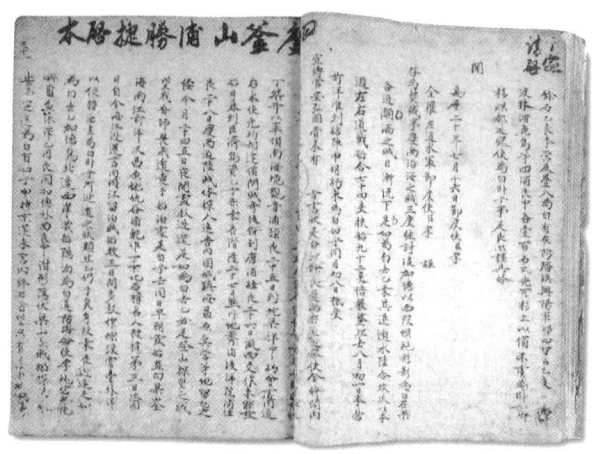

[사진 10] 부산포해전 장계

정박 중이었다.

이순신함대는 돌진하여 무수한 적선을 향해 총공격했다. 이 때 해안에 있던 일본군의 나누어 주둔한 6개 장소로부터 총포시銃砲矢의 맹반격을 받았다. 우리나라 군사들은 일본군의 우박과 같은 총포의 난사를 무릅쓰고 결사적으로 앞을 다투어 돌입하여 천자·지자의 장군전. 철환·장편전長片箭· 피령전皮翎箭 등을 일제히 발사하면서 종일 교전하여 적세를 꺾고 드디어 적함 1백여 척을 괴멸시켰다. 상륙 응전하여 왜적을 섬멸하려 했으나 적군은 기병이 많아서 이를 보병으로서는 응전하기 곤란하여 이를 중지하고 가덕도로 가서 임시로 정박하고 다음날 본영으로 귀환했다.

이번 해전에서 일본수군을 전멸시키지는 못했으나 적함을 무려 1백여 척이나 깨트리어 적도들의 간담을 서늘하게 하고 머리를 움츠리고 두려워하게 했다. 그러나 격전이었던만큼 아군에게도 손해가 적지 않았다. 돌격선 봉장으로 출전한 녹도만호 정운이 적군의 대철환에 맞아 전사했고, 사졸 5명도 전사했으며 25명이 부상을 입었다.

제3절 휴전회담과 수군의 활동

한산대첩 이래 일본수군은 경남연해 일부 항만에 칩거하여 접전을 회피하는 소극적인 작전으로 나왔다. 부산해전에서 본 바와 같이, 일본수군은 순전히 육병陸兵으로 변하고 말았다. 따라서 임란이 일어난 이듬해 계사년癸巳年(1593. 선조 26) 3월 초에 제2차 당항포해전이 있었을 뿐, 정유재란이 발발하기까지는 5년간 피아의 해상전투가 없었다. 지금 이순신의 『난중일기』에 의하여 그 동안 전개된 해상경비 상태를 살펴보면 아래와 같다.

□ **계사년**癸巳年(宣祖 26년[조선], 神宗 21년, 文祿 2년[일본])
2월 10일. 함대를 몰고 웅천 웅포熊浦에 이르러 열지어 정박 중에 있는 왜선을 유인하여 격멸하려 했으나 불응함.
12일. 3도의 연합함대가 또 다시 웅천 웅포로 가서 유인작전을 썼으나 적이 바다로 나오지 않음.
18일. 웅천에 이르러 오묘한 계책으로써 적선 10척을 유도하여 크게 적의 기세가 꺾임.
22일. 해륙병진海陸竝進으로 적군을 섬멸하려 했으나 경상우수사 원균이 여기에 합력하지 않았으므로 실패함.
3월 6일. 다시 웅천에 이르니 적 수군이 육상으로 도피했으므로 철환鐵丸과 편전片箭을 발사하여 다수의 적군을 죽이고 포로로 잡혔던 여인 1명을 탈환함.
5월 11일. 영등포 정찰인의 보고에 의하면 가덕 외양에 적선이 무려 2백여 척이나 머물러 정박한다고 함.
6월 10일. 영등포 탐망군探望軍의 보고에 의하면 웅천의 적선 4척은 본국귀환.

김해구金海口 적선 150여 척 중 19척은 본국귀환. 나머지는 부산으로 향했다고 함.

13일. 명나라 사절이 와서 적선을 나가 토벌치 않는다고 우리 수군을 추궁함.

16일. 영등포 탐망군의 보고에 의하면 부산의 적선은 무려 5백여 척으로써 안골포와 제포에는 종종 왕래 중이라고 함.

24일. 영등포 탐망군의 보고에 의하면 적선 5백여 척이 23일 야반에 소진포蘇秦浦로 합해서 들어갔다고 함.

28일. 탐망군의 보고에 의하면 적선은 우리 함대가 견내량에 이른 것을 보고 두렵고 놀라 물러났다고 함.

7월 5일. 탐망군이 적선 10여 척이 견내량에 있다 하므로 급히 함선을 몰고 가보니 적군은 우리 함대를 보고 창황히 도주함.

11일. 적선 10여 척이 견내량에 있다고 해서 급하게 쫓아가보니 벌써 적선은 도망가고 말았음.

☐ **갑오년**(1594. 선조 27년)

2월 1일. 경상감사로부터 좌도左道의 적이 거제로 몰려들어 장차 전라도 땅을 침범하려고 하니 3도의 수군을 연합하여 이를 소멸하라는 명령이 있음.

7일. 고성현령이 급보하되 적선 50여 척이 춘원포春院浦에 도착했다 함.

8일. 고성과 소비포에 적선 50여 척이 자주 출입한다 하므로 지형의 편부便否를 물음.

12일. 왜적의 의도는 호남침탈에 있으니 적세賊勢의 궤멸을 기하라는 밀지가 옴.

22일. 적선 10척이 구화역仇化驛에 이르고 또 6척이 춘원포에 왔다고 함.

29일. 적선 16척이 소소포召所浦에 들어와 도착했다 함.

3월 3일. 탐망장의 보고에 의하면 왜선 6척이 오리량五里梁 당항포에 나뉘어 정박 중이라고 하므로 흉도胸島 앞바다에 결진結陣 출발함.

4일. 진해 앞바다에 이르러 왜선 6척을 추포 분멸. 저도猪島에서 2척을 분멸함. 소소강에 적선 14척이 들어와 정박 중이라 하므로 출격함.

5일. 우조방장 어영담을 당항포에 보내어 토벌하게 하니 적병이 밤을 틈타

도주했으므로 공선空船 17척을 분멸함.

4월 17일. 거제현령이 급보로 연락하여 왜선 1백여 척이 본국으로부터 절영도로 향하여 온다고 함.

6월 4일. 수군제장이 서로 협조하지 않으니 지금 이후로는 앞의 습관을 쇄신함이 가하다는 조정의 지시가 있음. 이것은 오로지 원균이 취하여 망령된 탓이라 한탄함.

7월 17일. 명나라 장수 파총把摠 장학유張鶴儒가 병선 5척을 타고 옴.

9월 26일. 곽재우郭在祐・김덕령金德齡 등이 견내량에 이르러 원수의 전령으로 수군의 합세할 일을 논함.

29일. 발선하여 장문포長門浦에 앞바다에 돌입하니 적의 무리가 험준한 곳에 의지해 나오지 않으니 선봉적선을 날쌔게 공격하니 왜적이 육지에 내려 도망하여 숨으므로 빈 배를 분멸함.

10월 3일. 이른 아침 장문포에 이르렀으나 출전하지 않으므로 귀환함.

4일. 곽재우・김덕령 등과 약속하고 군사 수백 명을 가려뽑아 육지로 내려 산에 오르게 하고, 수륙합동으로 공격하니 적의 무리가 매우 놀라 동분서주하여 하선하여 귀환함.

6일. 이른 아침에 선봉군을 장문포 적의 소굴에 보내었더니 적군은 도망하고 그 패문牌文에 "일본과 대명이 바야흐로 화친하려 하니 서로 싸우는 것이 불가하다[日本與大明 方和睦 不可相戰]"라고 써 있었음.

8일. 장문포 적굴에 이르니 여전히 적군이 나오지 않아 다시 흉도胸島로 돌아옴.

☐ 을미년乙未年(선조 28년. 1595)

4월 25일. 경상우후가 치보하기를 왜선 대・중・소 도합 50여 척이 웅천熊川으로부터 진해로 향했다고 함.

☐ 병신년丙申年(선조 29년. 1596)

1월 12일. 웅천현감熊川縣監의 치보에 왜선 40척이 거제 금이포金伊浦에 와서 정박한다고 함.

3월 14일. 거제의 세포細浦[지세포인 듯]에 왜선 5척, 고성에 5척이 와서 정박하고 육지로 하선한다는 보고가 있음.

5월 24일. 경상좌도 각 진영의 왜는 다 철거하고 오직 부산에만 남아 있음.

□ **정유년**丁酉年(선조 30년, 1597)

1월 [24일]. 이순신이 원균의 참소로 인하여 체포당함.

전술한 바와 같이 한산대첩 이래 풍신수길은 수군제장에게 경거망동을 금하고 함선을 연해지대에 칩거하게 하여 접전을 엄금했다. 11월 10일(1592)에 또다시 수군장수 협판脇坂에게 적선이 해전을 강요하여도 이에 응전하지 말고 상륙하여 부동태세를 취하라고 엄명했다. 상기『난중일기』에서 본 것과 같이. 부산해전 이래 6년간은 이렇다 할 해전이 없어서 만사에 냉정하여 충분한 자신이 없이는 결코 경솔하게 출동하지 않는 이순신도 가끔 조정의 명령 또는 명군의 지휘로 웅포와 거제 등지에 왕래하며 적을 토벌했다. 그러나 일본군이 전혀 출전 대응하지 않자 아무 효과가 없었다.

계사년(1593) 4월에 명·일 양군의 사이에 화의和議가 진행하여 일본군이 남해안으로 퇴각하여 나누어 주둔한 뒤에 일본군은 농성할 뿐 접전하지 않는 전술을 위주로 하고, 아군은 육전陸戰으로써 이를 격멸하지 못하여 전국戰局은 이로부터 교착상태에 빠져서 타개의 대책이 없었다. 이를 명나라 모원의茅元儀가『무비지武備志』에 갈파喝破하고 있다.

우리의 보병은 왜의 날카로운 칼날을 감당하지 못하고, 왜의 수전에서의 싸움은 우리의 전투함선을 당하지 못한다.[1]

---

1) "我之前卒 不能當倭之利刀 倭之水鬪 不能當我之戰艇."

또 『명사明史』 조선전朝鮮傳에 자인自認한 것처럼 조선과 명 연합군으로서도 어찌할 도리가 없었던 것이다.

왜란 7년 동안 수십만의 군사를 잃고 수백만의 군량을 썼지만 조선과 일본은 승산을 갖지 못했다. 관백이 죽음에 이르러서야 화가 비로소 그쳤다.[2]

이순신이 구태여 해안에 칩거하고 나오지 않는 왜병을 섬멸하지 못한 이유가 또 있으니 그것은 우리 측 병선은 흘수가 깊어서 얕은 바다 안쪽으로 깊이 들어갈 수가 없는데 이에 비하여 왜선은 적고 또 밑이 저평하므로 얕은 바다에서도 정박 활동할 수가 있었던 까닭에 이순신이 유도작전을 써서 늘 공을 거뒀음은 이에 말미암는다. 또 개전 이래 우리 수군의 강점이던 대포류가 어느 사이에 왜군에게 이용된 사실도 간과할 수 없으니 이순신함대가 부산해전 전에는 조우전遭遇戰마다 일본수군 함대를 거의 전멸하다시피 했으나 부산해전에는 왜선의 4분지1도 못되는 선함밖에 당파하지 못한 이유는 실로 여기 있었다. 이여송李如松이 원병을 끌고 입국했을 때에 "왜는 다만 조총에 의지할 뿐 아군은 대포가 각종 있는 데 그 화력이 다 5~6리를 지나간다. 적병을 무서워 할 것이 무엇이 있겠는가?"(『징비록』권2)고 장담한 것을 보면 왜군은 화포를 사용하지 않은 것이 분명하다.

그런데 부산해전에 있어서는 아국제의 편전·대철환·수마석水磨石을 발사하여 아군에게 막대한 손해를 입혀 돌격장 정운을 전사하게 했던 것이다. 뿐만 아니라 천하에 당할 배가 없던 그 실격선實擊船인 거북선도 화포에 의하여 파괴될 위험이 있었다고 한다.

지금까지의 해전에서 노획된 무기는 왜물뿐이었는데, 부산해전에서 왜군으로부터 얻은 전리품 중에는 우리나라 무기로 간주되는 아국장편 9개, 지자

---

[2] "自倭亂七歲 喪師數十萬 糜餉數百萬中 朝鮮與屬國 迄無勝算 至關白死而禍始息."

총전 2병, 현자총통 2병, 대완구 1개, 조피彫皮 1령令 등이 있었다. 일본군이 이러한 신무기를 어떻게 입수했는지는 모르겠으나 부산전투의 고전苦戰에 의하여 육상왜군과의 대전對戰이 얼마나 많은 희생을 내고, 또 효과적이 아니라는 것을 잘 아는 이순신이기 때문에 출전하여 용병함에 만전을 기하여 지금 상륙작전에 믿음이 내키지 아니했다. 그런데도 뛰어드는 왜군을 얼른 진격하지 않는다는 이유가 결국 이순신 모해의 첫 이유가 되었던 것이다.

제4절 제2차 당항포해전

임진왜란 발발 만 1주년이 조금 넘은 선조 26년(1593) 8월에 여수본영이 남해를 경비하는 데 너무 서편에 치우쳐 있다고 생각하여 한산도로 이진移 陣하고, 다음 달에는 3도의 수군통제사로 임명되어 각 연해지방에 둔전을 설치하며 소금을 굽는 일(煮鹽)을 개시하게 하여 자급자족을 꾀하고, 이로써 지구전에 대비하여 각지의 왜적을 소탕 중이었다.

선조 27년(1594) 3월에 이르러 거제 웅천의 왜적이 다수 작당하여 진해와 고성 등지를 마음대로 무상출입하면서 민가를 분탕焚蕩하고 양민을 살육한다는 정보를 받고 기회를 보아서 이를 퇴치하고자 군선을 정비하고 수리하며 기구를 엄하게 단련하고 있었다. 그런데 3월 3일에 입수한 보고에 의하면 왜대선 10척, 중선 14척, 소선 7척이 영등포로부터 출발하여 21척은 고성지구의 당항포, 7척은 진해지구의 오리량에 또 3척은 저도로 향한다고 했다. 이순신은 그 즉시 원균·이억기 등에게 전령하여 굳게 약속을 정하고 한산도 바다 가운데에서 회집하여 밤을 타서 잠행하여 거제의 지도紙島 바다 가운데서 밤을 보냈다. 초4일 새벽 전선 20여 척을 견내량에 유박시켜 예상하지 않은 일에 대비하고 3도의 경쾌선을 선발하며 용장 31명을 가려 뽑아 학익열진鶴翼列陣을 지어 대양을 횡단하여 전진했다. 마침 적선 10척이 진해선창을 나와 연안으로 떠가고 있었다. 조방장 어영담 소속의 여러 장수들이 즉시로 돌진하여 좌우협공으로 진해 앞바다에서 1척, 고성지구 어선포於善浦에서 2척, 진해지구 시구화포柴仇化浦에서 2척을 당파분멸하여 우리나라 포로로 잡혔던 사람들을 구출했다. 다시 당항포에 유박 중인 왜선 대·소를 아울러 21척이 멀리서 발견되므로 순변사巡邊使 이빈李蘋이 있는 곳에 공문을 보내 수륙협공을 통지通知하고 어영담으로 하여금 그리로 가게 했다. 마침 날이 저물고 또 조수가 물러가 판옥선의 항행이 곤란하여 포구에서 자고 초5일 새벽에 바깥 바다에서 대기 중에 있었다. 그때 선발대로 돌격한 어영담의 보고에 왜적은 다 등륙 도망하고 적선 21척은 건축재료로서의 개와蓋瓦와 왕죽王竹을 가득 실은 것을 당파하여 괴멸시켜버렸다.

이런 때 수륙합공하면 거의 다 섬멸했을 터인데, 우리 수·륙 주둔병들의 거리가 너무 멀어 계획대로 되지 않았음이 큰 유감이었다. 이번 전과는 아래와 같은 데 총 당파척수는 31척이다. 경상우수사 원균은 모두 자기 휘하 부장部將들의 공훈으로 중앙에 보고했다. 이순신은 그의 일기에서 '참으로 한심한 노릇'이라고 탄식했다.

관 직	성 명	공훈사항
折衝將軍 주사조방장舟師助防將	어영담魚泳潭	왜대선 2척 분멸焚滅
우척후장 훈련부정 겸 여도만호	김인영金仁英	왜대선 1척, 중선 1척 분멸
우부장 서부주부西部主簿겸 녹도만호	송여종宋汝悰	왜대선 1척 소선 1척 분멸
우돌격장 훈련주부訓練主簿	이언량李彦良	왜중선 2척 분멸
좌척후장 절충장군 사도첨사蛇島僉使	김완金浣	왜중선 1척 분멸

좌도별장 전 첨사 훈련판관	배경남裵慶男 이설李渫	왜대선 1척 분멸
좌부전전통장 훈련봉사訓練奉事 좌척후일영장 정병보正兵保 이영장 정병보	최도전崔道傳 최천기崔天紀 조장수曺長守	왜소선 1척 분멸
계원장繼援將 수군우후	이정충李廷忠	왜대선 1척 분멸
전부장 해남현감海南縣監	위대기魏大器	왜중선 1척 분멸
좌응양장 훈련판관 겸어란만호	정담수鄭聃壽	왜대선 1척 분멸
우응양장 훈련판관 겸남도포만호	강응표姜應彪	왜중선 1척 분멸
중위좌부장 훈련판관 겸금갑도만호	이정표李廷彪	왜중선 1척 분멸
좌위좌부장 훈련판관 겸목포만호	전희광田希光	왜소선 1척 분멸
우위중부장 강진현감康津縣監 우부장 주부主簿	유첨柳濈 김남준金南俊	왜중선 1척 분멸
우척후 일영장 겸사복兼司僕 우응양조방장 충순위忠順衛 중위좌부보주통장 정병보	윤붕尹鵬 배윤裵胤 곽호신郭好信	왜소선 1척 분멸
우수사右水使	원균元均	왜중선 2척 분멸
좌척후일선봉장 사천현감四川縣監	기효근奇孝謹	왜대선 1척 분멸
좌돌격장 군기시부정軍器寺副正	조응도趙凝道	왜대선 1척 분멸
좌척후선봉도장 웅천현감熊川縣監	이운룡李雲龍	왜대선 1척 분멸
유격장遊擊將 하동현감河東縣監 우부장右部將 당포만호唐浦萬戶	성천유成天裕 하종해河宗海	왜중선 1척 분멸
좌선봉장 훈련판관 겸소비포권관	이영남李英男	왜대선 2척 분멸
우돌격도장 훈련정 겸사량만호	이여념李汝恬	왜중선 1척 분멸
전부장前部將 거제현령巨濟縣令	안위安衛	왜중선 1척 분멸
우돌격장 진해현감鎭海縣監	정항鄭沆	왜중선 1척 분멸

제11장 거제도해전

제1절 휴전회담과 일본수군의 재건

1. 일본수군의 대형선 신조新造

　일본군은 임진년 4월 부산에 상륙하여 20일도 안 걸려서 수도 서울을 점령하고 다시 소서행장小西行長 군은 북진하여 6월 14일에 평양을 점령했으나, 우리 수군의 연전연승으로 말미암아 크게 위협을 당하게 되었다. 명과의 휴전회담이 개시되고 조금 뒤에는 명의 구원군에 의하여 평양이 탈환되었으며 일본군은 그 후 아군의 유격전과 식량궁핍으로 인하여 일시 벽제관碧蹄館에서 조-명연합군을 격퇴했으나 다음해 4월 중에는 전군이 서울을 철수하여 경남 연해지역에서 지구전을 계획하게 되었다.

　이후 선조 29년(1596) 9월에 이르러 강화담판이 결렬되고 다시 선조 30년 정유(1597) 정월에 일본군의 재침략이 개시되기까지 5년 동안 일본수군은 과연 무엇을 하고 있었던가? 모방성模倣性이 가장 풍부하고 역사적으로 보아서 외래문화를 신속히 흡수·섭취하는 일본민족으로서는 이 기간을 결코 허비하지 않았으리라는 것을 추측할 수 있다.

　풍신수길이 침략군을 파견함에 있어서 병선준비를 소홀하게 하여 수송선이 우리 수군에게 참패를 보게 되었다. 이 패전의 자극으로 말미암아 비로소 병선의 건조에 온 힘을 다했으나 때는 이미 늦어 협판脇坂·구귀九鬼·가등加藤과 같은 수군 장수들도 벌써부터 육전陸戰에 종군 중이어서 우리 수군의 활약으로 말미암아 일본군의 작전기지인 부산지구와 후방연락로가 큰 위협을 받게 되었다. 수길은 이상의 3명을 도로 남하시켜 부산 및 안골포에서 해전준비에 몰두하게 했다.

그러나 가장 일찍이 준비가 완료된 협판만이 우선 이순신 함대와 자웅을 결하려고 바다에 나가 드디어 한산양閑山洋에서 결전했던바 비참하게도 대패하여 목숨만 간신히 보전한 것이 7월 7일이었다. 이 참패의 보고를 접수한 수길은 곧 명호옥名護屋에 대기 중이던 수군장수 등당고호藤堂高虎와 기주紀州수군을 파송하여 일본수군의 약세를 원조하게 했다.〔7월 14일부 일자〕

이와 동시에 7월 15일에 대형의 군선을 건조하게 하여 선봉행船奉行이 이를 감독했다. 이때의 조선계획은 『축자가문서筑紫家文書』에 의하여 보면 대철포大鐵砲를 탑재할 만한 대전함 수십 척을 철판을 깐 장갑선으로 하되 급속히 진행하여 선조 26년(1593) 3월까지 완성하도록 엄명했다. 전국의 목수木手 전부를 동원할 뿐만 아니라 함정 건조재료로 전국의 농기구 중에서 가래와 낫 이외의 철기구를 전부 징발·사용하고, 범포용帆布用으로 저포 즉 베모시의 매매금지와 수군의 총동원, 각 제후들에게 1만 석 당1) 할당하여 150매枚의 철판납부를 명했다.

여러 가지의 사정으로 말미암아 이 조함계획은 예정보다 조금 늦게 선조 26년 가운데 준공되었다고 추정되는데, 이때는 벌써 휴전회담이 진행되고 일본군이 남해연안 일대에서 지구전을 획책 중이었다. 즉 4월 17일 일자 수길의 지령에 의하면 서생포西生浦로부터 거제도의 장문포長門浦에 이르는 요지에 축성수비하게 되었고 우리 수군은 여기 대응하기 위해 7월 14일 수

---

1) "一萬石 式 할당하여"는 "1만 석당 할당하여"로 바로잡음.

군 근거지를 여수로부터 한산도로 이동하여 그 서로 간의 거리가 20리에 불과했다.

2. 화포의 제조와 신전술新戰術

조선수군에게 참패를 당하기까지 일본선박에는 화포의 장치가 없었던 것이 분명한데 참패 고전苦戰의 경험에 의하여 대포 3문을 탑재하는 거함과 우리 수군에서 노획된 화기류를 모방하여 다수의 신무기를 사용하게 되었다. 이 때 사용된 신무기는 부산해전에서도 아군에게서 얻은 대완구大碗口·지자地字총통·현자玄字총통과 장전長箭을 사용했던 것은 전술한 바이거니와 『사적집람史籍集覽』에 수록되어 있는 『조선일기朝鮮日記』[釋是琢 저]에 의하면 거제도해전에 철선鐵船인 안택安宅[대형병선을 이름]과 대포·수류탄 등이 사용되었다고 한다. 육상접전용에는 조총과 장검이 일본군의 이기利器로써 그 이름을 날렸으나 수상전水上戰에서는 그보다도 원거리에서 발포 사용할 수 있는 대포류가 필요했다. 대포탑재의 새로운 철갑선鐵甲船이 우리나라의 거북선과 화포의 자극으로 인하여 새로 모조되었던 것이다.

일본군이 장구한 시일과 다수의 전란을 통해 잘 훈련된 육병陸兵을 가지게 된 것과 마찬가지로 왜구의 꾸준한 자극으로 인하여 우수한 전통을 가지게 된 우리 수군은 확실히 일본수군의 추격을 허락하지 않았다. 이순신이 언제나 유도작전으로써 일본수군을 철저하게 격파한 것처럼 일본수군 또한 계속된 패배의 고전으로 인하여 항만 내에 깊숙이 칩거하여 아군에게 육전을 강요하고 요해처마다 망루를 설치하여 우리 수군이 보이기만 하면 배를 버리고 상륙작전을 취했다.

선조 26년(1593) 평양탈환의 소식을 듣고 이순신은 왜적의 근거지를 소탕하려고 2월 6일 좌수영인 여수를 출발하여 7일과 8일에 원균 및 이억기와 견내량에서 만나 연합함대를 결성하고 10일에 일본수군의 근거지 웅천지역의 웅포를 습격했으나 일본군의 칩거작전으로 말미암아 실패했다.

적선들이 줄지어 정박해 있는 데 일찍이 우리 수군에 겁을 먹어 거짓으로 나가기도 하고 돌아 나오기도 했다. 끝내 적을 잡거나 섬멸하지 못해 통분하기 그지없다.[2]

12일에 또다시 엄습했으나 다음과 같이 효과가 없었다.

삼도의 수군이 일시에 새벽에 출발하여 바로 웅천의 웅포에 다다른즉, 적도는 어제와 같이 오고가며 유인작전을 펴도 나올 생각이 없었다. 두 번에 걸쳐 추격하고 쫓았으나 모두 잡거나 섬멸하지 못해 통분하다.[3]

18일에 이르러 3차의 습격작전으로 약간의 효과를 냈지만 이를 소멸할 수는 없었다. 22일 제4차의 엄격전掩擊戰에는 우리 전함이 결사적으로 너무 깊게 들어갔다가 도리어 우리 배 4척이 얕은 쪽에 걸려 좌초된 사이에 일본 수군에게 포획되고, 3월 6일 제5차의 습격을 감행했으나 큰 효과를 보지 못한 채 그만 본영으로 귀환하고 말았다.

그 후 5년 동안 이렇다 할 해전이 없었던 것은 이러한 이유에 기인되었다. 그러므로 이순신이 수군통제사로 있는 이상 일본군이 서해를 석권하고 북상진출하는 것은 절망이었다. 따라서 후방차단의 위험과 보급의 곤란 등의 여러 사정으로 말미암아 이를 단념하지 않을 수 없기 때문에 드디어 일본군의 이간책으로 이순신이 무고당해 파직되고 무능한 원균이 새로운 통제사統制使로 임명된 것이다.

---

2) 『난중일기』 1593년 2월 10일: "賊船列泊 曾怯我師 作出作還 終莫捕殲 痛憤痛憤."
3) 같은 책: "三道一時曉發 直抵熊川熊浦 則賊徒如昨 進退誘引 意不出海 兩度追逐 幷未捕滅 痛憤痛憤."

제2절 수군통제사의 경질

　개전 이래로 일본수군은 우리나라 수군의 강력함이 무서워 통제사 이순신을 기피하여 이간책을 연구 중이었다. 소서행장小西行長이 그 부하 요시라要時羅[대마도 사람으로서 가장 우리나라 사정에 능통한 책사였던 것 같음]를 경상좌병사慶尙左兵使 김응서金應瑞에게 보내 은근히 말하기를 "행장은 본시 가등청정加藤淸正과 사이가 나쁜데 양국의 휴전회담이 성립되지 않는 것은 전부 가등청정 때문이므로 모일某日에 바다를 건너올 터인즉 조선군은 수전이 능하니 청정을 바다 가운데서 요격하여 죽여버리면 평화는 틀림없이 회복될 것이다. 이런 좋은 기회를 잃지 말라"고 수차에 걸쳐 달랬다. 김응서가 여기 속아 조정에 치계馳啓하여 이순신으로 하여금 이를 실행하게 했다.

　여기에서 선조는 중신들과 깊이 심의한 결과로 일본에 사신으로 갔다 와서 일본사정에 능통한 황신 등은 이것은 믿을 수 없는 일이라고 반대했으나 좌우의 여러 신하들이 대개 여기 동의했다. 결국 "수군을 이끌고 가서 적의 귀로를 막아 끊으라 명함[命率舟師 截賊歸路]"의 유시하는 글을 수차에 걸쳐 지령했던 것이다. 그러나 이순신의 행동은 엄격한 비판과 사건의 주밀한 연구와 여기 따르는 자신이 없는 비록 왕명이라도 절대로 움직이지 않았다. 늦도록 의심하고 깊이 돌아보는[遲疑逡巡] 태도를 취하여 이를 실행하지 않았다. 이순신은 생각했다.

　바닷길이 어렵고 험난하기 때문에 적은 반드시 많은 복병을 설치했을 것이다. 많은 선박을 끌고 가면 적이 모를 리 없고, 적게 데려가면 오히려 습격을

받을 것이라〔고 생각하여〕 행하지 않았다.4)

그러나 그날 바로 가등청정이 예정대로 왔다고 요시라는 주장했다. 사실은 행장과 서로 의론하고 우리 수군을 유도하려던 모략이었지만 요시라가 그 후에도 김응서에게 술책을 부려 말하기를 "이순신이 바다 가운데서 격멸하지 않았기 때문에 청정이 하륙하여 왔으니 이는 참으로 한탄할 일"이라고 말했다. 이 보고가 국왕에게 상달되어 이순신에게 허물을 묻자 드디어 체포해 심문을 하게 되었다. 이때 전 현감 박성朴惺은 극언하여 〔이순신을〕 참형에 처할 것을 상소했다.〔『선조실록』〕

당시 조정에는 동인과 서인의 당파싸움으로 국론이 크게 분열되었다. 즉 서인은 원균을 통제사로 임명하기 위하여 순신을 헐뜯고 동인은 이순신의 의견이 옳다하여 의론이 비등되었다. 드디어 이순신은 죽음을 감해 직책만 삭제〔減死削職〕되고 도원수 막하에서 백의종군을 하게 되었다. 이간책과 당파싸움의 결과로 원균이 통제사로 승진 발탁되고 이를 말미암아 우리 수군 수백 년간 쌓은 공적이 하루아침에 궤멸됨과 함께 국가의 위망危亡이 조석을 생각하지 못하게 되었다. 『재조번방지』에는 "나라가 망하지 않은 것이 다행이다〔國之不亡 幸矣〕"라고 한탄했고, 『연려실기술練藜室記述』에는 이순신을 참소한 것은 서인과 동인 중의 북당北黨으로써 이순신을 추천한 유성룡을 모해하기 위하여 감행한 일이라고 기술되어 있다.

이렇게 중임을 맡은 원균은 곧바로 일본의 번미翻美에 들어 어리석고 나약함을 드러냈다. 『징비록』은 다음과 같이 쓰고 있다.

소서행장이 또 요시라를 파견하여 김응서를 불러 말하기를 "왜선이 모일에 와서 닿을 것이니 조선수군이 오히려 가히 맞아서 칠 수 있다"고 했다. 도원

---

4) 『再造藩邦志』: "海島艱險 賊必多設伏兵 以待多率船 則賊無不知 少其船 則反爲所襲矣 遂不行."

수가 또한 이 말을 믿었고, 또 이순신이 지체하고 머물러 이미 득죄한 뒤에 원균이 진병하도록 재촉했다. 원균 역시 항상 이순신은 적을 보면 나가지 않는다고 해서 이로써 이순신을 함정에 빠뜨렸고, 자신이 그 임무를 대신하게 되었다. 〔통제사 직〕 이때에 이르러 누가 그 형세가 어렵고 말이 없음을 부끄러워할지 알았겠는가. 단지 모든 병선을 이끌고 앞으로 나아갔다.5)

원균은 드디어 자기가 판 함정에 스스로 빠지고 말았던 것이다.

제3절 거제도해전[칠천량해전]

1. 원균의 출동

신임통제사 원균은 적 수군의 재침략을 보고도 출격하지 않았다는 이유로 이순신이 파직되었으니, 당연히 전 수군을 인솔하고 진격해야 될 때였으나 도리어 수륙병진론水陸竝進論을 주창하여 육군의 안골포安骨浦 공격을 도원수 권율에게 제안했던바 채택되지 않고 원균이 사천泗川으로 호출되어 수군 진격을 독촉당했다.6)

원균은 이에 불만을 품고 한산도 통제영에 돌아가 술을 먹고 취해 누워서는 군을 출동시킬 기색이 보이지 않았다. 다시 종사관 남이공南以恭을 한산도에 파견하여 군선출동을 독려하여 통제영의 전함대 90여 척에 전라·

---

5) "平行長 又遣要時羅 紹金應瑞曰 倭船 某日當添至 朝鮮舟師 猶可邀擊 都元帥 又信其說 且以李舜臣 以逗留 已得罪 且促元均進兵 均亦常言舜臣見敵不進 以此陷舜臣 而已得代其任 至是 雖知其勢難 而慙無以爲辭 只得 盡率舟艦 進前."
6) 『선조실록』 권89, 선조 30년 6월 丁亥(18일).

충청·경상 3도의 함선을 합하여 2백여 척으로 일본군을 바다 가운데서 요격하게 했다.

　이 거제도해전에서 간신히 생환된 사노私奴 세남世男과 김억金億이란 자의 말을 종합해 보면 7월 5일에 한산도를 출발한 뒤 6일에 칠천량을 경유하여 옥포玉浦에 정박했다. 7일 미명未明에 옥포를 출발하여 다대포多大浦에 이르니 왜선 8척이 머무르는 중이라 돌격하여 들어가니 일본군은 다 하륙하여 빈 배만이 남아 있었다. 이를 불태워 없애고 절영도絶影島 바깥바다에 이른 즉 적선 무려 1천여 척이 대마도로부터 오고 있는 중이어서 이를 요격하려 했으나 풍랑이 심해 곧 함대를 돌리려 했다. 여기서 일본수군은 계략을 써서 아군을 피로하게 하기 위하여 결전태세를 취하는 척하다가는 따라가면 또 흩어져 싸우는 둥 마는 둥 회피[散亂回避]하여 이를 포착할 수 없었다.

　이러는 사이에 차차 풍랑이 심하여져 표류할 우려가 있었다. 일부는 서생포西生浦 앞바다에 이르러 일본주둔군에게 거의 살육되고 일부는 모두포毛頭浦에 이르러 표류했다. 주력함대는 간신히 가덕도에 도착했으나 정찰에 의하여 미리 이 부근에 기다리고 있던 일본군은 우리 사졸들이 종일 풍랑에 시달리고 일본군에게 희롱당한 까닭에 갈증을 풀고 피로를 회복하기 위하여 앞을 다투어 상륙하는 것을 보고 엄습掩襲하여 무려 수백 명이 희생되고 낭패한 잔병들이 배를 타고 급히 노를 저어 거제도 칠천량漆川梁에 정박하게 되었다. 이것이 기제도해전의 전초선이다.

2. 칠천량해전漆川梁海戰

　이 패보敗報를 듣고 도원수 권율이 크게 분개하여 7월 11일 원균을 호출하여 적극 진격하도록 태형笞刑을 가하자 원균이 이에 분노하여 함선으로 돌아와 종일 어지럽게 취하니 여러 장수들이 전략을 논의하려 하여도 겨를

[사진 11] 칠천량 해전지

이 없이 수일간 지체되었다. 드디어 15일에 이르러 간신히 군중회의를 개최한 결과 경상수사 배설裵楔의 "우리 편의 세력이 고약孤弱한 바에 용감하게 나감보다는 차라리 겁겁怯怯, 즉 후퇴전을 채택하여 신속하게 물러나 다시 전투를 도모함이 옳겠다"고 하는 간곡한 만류를 물리쳤다. 배설이 다시 최후로 "칠천량의 묘박지錨泊地는 수심이 매우 얕고 좁아 함대의 진퇴가 불편하니 속히 진지를 다른 곳으로 이동함이 옳음"을 간곡히 말했으나 종시 듣지 않았다. 전국戰局은 급속도로 위기를 잉태하게 되었다.

7월 15일 의외로 속히 배설의 예견은 적중되었다. 즉 일본수군의 중추인 등당藤堂과 협판脇坂은 육상군의 수뇌 소서小西 및 도진島津과 연석회의를 10일에 개최하여 결전계획을 세우고 수백 척의 전함을 끌고 부산을 출발하여 거제도로 향하고 소서와 도진의 육상군은 가덕도로 향했다.

정찰에 의하여 우리 함대가 칠천량에 정박 중임을 탐지한 일본군은 7월 15일 달뜨는 시각을 기하여 야습을 단행하기로 결정하고 그 총력으로 우리 함대를 포위하여 격전이 벌어졌다. 아군 또한 의외의 야습이기는 하지만 우수한 화포와 항상 승리한 의기를 가지고 있어 용감히 분투하여 일본군에게 막대한 희생을 강요했다.

그러나 결전단계에 이르러 다시 적 가등가명加藤嘉明의 수군이 가담하여 아군이 차차 불리하게 된데다가 죽도竹島로부터 와서 구원한 과도鍋島부대와 또 도진島津 부자의 육상부대가 거제도에 상륙하여 수륙병공을 행했다. 아군은 대세가 기울어진 것을 알고 바깥 바다로 탈출하려 하다가 거듭 살마薩摩[사츠마] 군의 엄호작전掩護作戰을 만나 아깝게도 우리 수군의 장졸 대부분을 상실했다. 통제사 원균은 물론 전라우수사 이억기와 충청수사 최호崔湖, 조방장 배흥립도 희생되었다.[7]

다만 후퇴를 주장하던 배설만이 기회를 엿보아 전선 12척을 끌고 탈출하여 통제영이 있던 한산도에 이르러 방화하여 병령兵令과 기타의 관청·양곡·군기 등을 소각해 버리고 머물고 있던 주민들을 피난시킨 뒤 겨우 귀영歸營했다.

---

7) 배흥립은 이때 전사하지 않았고, 통제사와 전라우수사 충청수사 등이 전사했다.

제12장 노량해전과 이순신의 전술

제1절 이순신의 재활동과 수군정비

이성령李星齡의 『일월록日月錄』에 의하면 원균의 대참패 영향이 의외로 커 제해권 상실이 조야관민들에게 형언할 수 없을 만큼 큰 우려를 일으켰다.

7월에 한산도의 패보가 도착하자 조야가 모두 떨고 당황했다. 상(임금)이 비국의 대신들을 불러 당황하여 어찌할 바를 알지 못하겠다고 묻자. 경림군 김명원과 병조판서 이항복이 지금 당장의 계책으로는 오직 이순신을 다시 통제사로 삼는 것이 있을 뿐입니다 하여 그렇게 되었다. 그 때 이순신은 진주를 경유해서 서쪽으로 구례를 향하고 있었다. 적선이 이미 나루터 어귀에 도착한 것을 보고는 곡성을 거쳐 서해 쪽으로 나갔다. 이때 배설은 12척을 거느리고 후퇴하여 진도 벽파정에 있었고, 순신은 그 곳으로 달려갔다.[1]

일본육군의 북진을 막아내는 길은 오직 일본수군의 서진西進을 막아내

---

1) "七月 閑山敗報至 朝野震駭 上召見備局諸君問之 惶惑不知所對 慶林君金命元 兵判李恒福 以爲方今之計 唯復以李舜臣爲統制使 乃可 時舜臣由晋州西路向求禮 見賊船已迫津口 由谷 城指西海而去 時裵楔以十二隻 退保珍島碧波亭 舜臣馳赴."

는 길밖에 없어 이순신을 수군통제사로 재기용하게 되었다.

> 왕은 이르노라. 오호라! 국가의 보장으로서 의지하는 바는 오직 수군에 있을 뿐이었다. 그러나 하늘이 바다에 재앙을 내려 적의 흉봉이 재차 치성하여 드디어 3도의 대군이 한 번 전투에 모두 궤멸되고 말았다. 이후 근해의 성읍을 누가 다시 회복시킬 것이며 한산도를 이미 잃었으니 적이 꺼려하는 바가 무엇이겠는가. 눈썹이 타는 급한 상황이 조석에 닿았으니 당장의 계책은 오로지 패망한 무리를 불러모으고 함선을 수합하는 것뿐이다.[2]

라는 유서諭書로 이순신을 다시 기용하여 하늘의 해가 돌듯이[回天轉日] 대임을 짊어지게 했다.

이순신은 7월 16일의 수군패보를 18일 운봉雲峰부근에서 접수했는데 도원수 권율이 이순신을 방문하고 크게 낙담하는 것을 보고 이순신은 연해 각지에 직접 나가서 사태를 연구한 뒤에 계책을 정하겠다고 대답하고 수하 9명을 인솔하고 다음날인 19일에 출발하여 단성·진주를 경유하여 21일에 노량에 도착했다. 여기에서 거제도해전巨濟島海戰의 참패실상을 패하고 돌아온 장사壯士들에게 듣고 22일 이후 남해·곤양·진주·정성鼎城을 시찰하던 중 8월 3일에 삼도수군통제사로 다시 임명하는 교서를 받고서 8월 4일 구례, 5일 곡성, 6일 옥과玉果를 거쳐 8일 순천에 도착 9일 이후 낙안·보성·상흥을 거쳐 회령포會寧浦에 이르렀다.

마침 배설의 함대가 집결되어 있었으므로 이를 타고서 20일 이진포梨津浦에 이르러 가능한 준비를 행하고 24일 어란포於蘭浦에 이르렀다. 일본수군이 침공하여 온다는 경보警報가 빈번하여 남해연해 일대는 인적이 고요하고

---

[2] 『李忠武公全書』 卷一, 「諭書」, '起復授三道統制使諭書'; "王若曰 嗚呼國家之所倚 以爲保障者 唯在於舟師 而天未悔禍 兇鋒再熾 遂使三道大軍 盡於 一戰之下 此後近海城邑 雖復屛蔽 而閑山已失 賊何所憚 燒眉之急 迫於朝夕 目下之策 惟當 召聚蔽亡 收合船艦."

피난 남녀가 남부여대男負女戴하여 길에 가득 찼다. 각 군현의 책임자가 도망해버려 식량과 군기는 숨기거나 잃어버려 거의 없어질 지경이었으므로 이를 수습하여 피해를 최소한도에 끝내려고 노력했다.

28일 적선을 추격하여 갈두葛頭에 출동했다가 장도獐島로 돌아와 29일 벽파진碧波津에 도착하여 여기에서 10여 척의 소수 선척으로써 수천 척의 적의 대함대를 격파하는 준비에 바쁘게 움직였다.

거제도해전에서 대부분의 장졸이 전사하고 오직 남아 있는 경상우수사 배설의 힘대도 놀란 정신들이 안정하지 아니하여 보기에도 딱했다. 『난중일기』에는 배설이 잔존함대의 지휘관으로서 전혀 전의를 상실한 채 드디어 9월 2일 새벽에는 도망해버린 내용이 수록되어 있다.

> 8월 12일. 배설의 겁내는 모양은 점점 노골화하여 한탄할 노릇이다.
> 18일. 회령포에 이르니 수사 배설이 수질水疾을 핑계로 나오지 않았다.
> 27일. 배설이 비로소 내견來見하는데 두려워하여 기색이 대단하기로 "당신이 떠나 피할[移避] 생각이냐?" 했다.
> 28일. 적선 8척이 불의에 내습하니 수사 배설은 크게 두려워하여 퇴거하여 피하려 했지만 나머지는 조금도 동요치 않고 전함대에 호령하여 적선을 쫓아버렸다.

이러한 심적 변화는 그의 부하들과 관민 전체에도 크게 영향을 미쳐 투지를 지닌 자가 거의 없으며, 중앙정부까지도 전함의 수가 너무 적어 적군을 막아낼 수가 없다 하여 수군을 모두 없애도록 결정하고 이순신으로 하여금 육상근무를 명하게 되었으나 이순신은 그 불가를 주장했다.

임진왜란 발발 이후 5~6년간 적병들이 감히 곡창인 양호兩湖, 즉 호서와 호남지방을 범접하지 못한 것은 오로지 조선의 수군이 건투하여 그 요로를 잘 막아냈기 때문이다. 아직도 전선 12척이 남아 있으니 사력을 다해 막아 싸운다면 막아낼 도리가 있다. 지금 만일 수군을 전폐하면 도리어 적에게는 다행이 되어 호남지방은 물론이요 한강에까지 침범하게 되면 큰일이니 함선이 적은 대로 소신이 죽지 않는 한 적이 감히 우리 수군을 쉽게 볼 수가 없을 것입니다.[3]

이 상계上啓로 정부의 결정을 엎어버리고 수군의 사기를 진흥하기 위하여 함대를 우수영 앞바다에 집결한 뒤 여러 장사를 부르고 군인의 전투신념을 강조했다.

병법에 말하기를 "결사적 정신으로 싸우면 반드시 살 수가 있고, 도리어 살려고만 하면 죽기 쉽다. 그러므로 적어도 한 사람의 남아가 죽을 결심으로 험조險阻에 당하면 1천 부夫가 무서워한다"는 말은 지금 우리를 두고 한 말이다. 너희 장사들은 살 생각만 하지 말고 죽도록 싸우라. 조금이라도 명령을 어기면 곧 군법대로 처단할 것이다.[4]

일생을 오직 굳은 신념 하에서만 만사를 움직여 온 이순신의 이 한 마디는 드디어 여러 장사들의 공포심을 일소一掃하고 전통적인 꿋꿋한 임전태도를 회복하여 다음의 승리를 가져오게 했다.

일본수군이 침범하여 온다는 유언비어에 의하여 8월부터 근무지를 버리고 도망하는 관리와 군기軍器를 버리고 달아나는 군관, 또는 여기에 따라서 부모처자가 남부여대하고 도주하는 피난민이 사방으로 흩어지고 도주하여 성시城市와 부락이 모조리 황폐하게 되었다. 그런데 이순신의 의연한 결전정신에 감응되어 차츰 정세가 전환되었다. 이러한 동요를 틈타 사리와

---

3) 『이충무공전서』 권9, 부록 · 행록〔李芬〕.
4) 『난중일기』 정유년(1597) 9월 15일 일기: "必死則生 必生則死 一夫當逕 足懼千夫."

사욕을 채우는 자도 적지 않았다. 이를 단속 체포하여 처단함에 이르러 군대의 규율이 크게 안정되었다.〔『난중일기』〕

제2절 명량해전

다음번 대해전의 정찰전偵察戰으로서 일본수군과의 접촉은 8월 하순부터 개시되었다. 8월 28일 일본수군의 전위함대 8척이 어란포於蘭浦에 출현했으나 접전하여 격퇴하고, 29일에는 진鎭을 벽파정碧波亭으로 옮겨 적의 예봉을 피했다. 9월 7일에는 55척의 적 함대가 서진西進하면서 그 일부인 13척의 전위함선이 어란포에 나타났다는 보고를 받고 대기하던 중 드디어 벽파진에까지 와서 주간에는 바람과 파도관계로 접전하지 못하고 밤 2경(10시 전후)이 되어서야 적선이 맞서 격전이 전개되었다. 이순신은 진두지휘로써 장졸을 독려하면서 스스로 선봉이 되어 직진 돌격하니 적이 능히 지탱하지 못하고 틈을 보아 퇴각했다.

이 일전으로 사기가 크게 앙양된 판에 하늘과 땅이 거꾸로 되는 듯한 첩보가 들어왔다. 9월 14일 육상정찰자의 말에 의하면 적함 2백여 척 중 55척이 벌써 어란포에 침입하여 왔다는 보고였다. 아군은 겨우 12척이란 적은 수로써 이 대결전에 임하지 않을 수 없게 되었다. 이 대무대가 되는 명량도鳴梁渡는 진도珍島와 해남군海南郡과의 사이에 생긴 해협으로써 조류의 진퇴가 격심하고 물흐름과 함께 파도소리가 대단하므로 '울돌목', 곧 명량鳴梁이라는 이름을 얻은 곳이요, 벽파진으로부터 반도의 서해로 돌아나가는 길목에 해당한다.

[사진 12] 명량 해전지

9월 15일 월명을 기하여 이순신함대는 벽파진에 진을 펴고 대기 중 적선 수백 척이 16일 이른 아침에 어란포를 출발해서 순한 조수를 타고 벽파진으로 공격하고 나왔다. 『난중일기』에 의해 당시전황을 보면 다음과 같다.

무수한 적선이 침범하여 온다는 보고를 받고 이를 맞이하여 공격하리고 닻〔碇〕을 푸니 벌써 적선 3백여 척이 우리 함대를 포위하고 말았다. 제장들은 수십 배에 달하는 적 함대를 보고서 싸우기 전에 벌써 중과부적이라 단념하고 회피코자 하고 먼저 우수사 김억추金億秋가 후퇴하여 먼 곳에 있거늘 이순신이 선두에 서서 적함에 돌진하여 지자총통·현자총통을 연달아 발사하니 그 소리가 우레와 같이 천지를 진동했다. 이에 떨고 있던 제선諸船의 군관들도 여기에 응해서 선상에 족립簇立하여 화포·화전 등을 비바람과 같이 난사했기 때문에 적군은 감히 대항하지 못하고 진퇴를 거듭할 뿐이었다.

그러나 적선이 여러 겹으로 아군을 둘러쌌기 때문에 아군 장병들은 낯빛을 잃은 채 서로 돌아보고 용기를 잃었다. 이에 이순신이 조용히 타일러서 적선이 비록 수천 척이라도 우리 전선을 당해낼 자가 없으니 결코 동요하지 말고 힘껏 싸워 적선을 격파하기를 기하라고 엄명을 내렸다. 그리고 나서 여러 장수들의 함선을 바라보니 벌써 멀리 후퇴하여 적선을 바라보기만하고 불러도 전진하지 않았다.

배를 돌려 미적거리는 배를 먼저 효수하여 군율의 엄함을 보이려 했으나 만일 지휘선인 이순신의 함선이 뒤로 돌리면 여러 군선이 점점더 멀리로 후퇴할 염려가 있었다. 또한 적선은 가까이 접근해 오고 사세가 위급하게 되어갔다. 이순신은 곧 중군에게 명하여 기旗를 내리고 또 초요기招搖旗 즉 부하를 부를 때 사용한 깃발을 내세우게 했다. 미적거리며 관망하던 중군장 미조항첨사 김응함金應諴의 배가 기함에 접근해 오고 이를 보고 다음으로 거제현령 안위安衛의 배가 가까이에 다가왔다.

이순신이 직접 선상에 나아가 안위를 불러 말하기를 "안위야 네가 과연 군법에 죽고 싶으냐. 죽고 싶지 않으냐? 네가 어디로 갈 작정이냐?"고 꾸짖으니 안위가 황망히 적선을 향하여 돌입하는지라. 또 김응함을 불러 말하기를 "네가 중군으로서 멀리 피하여 대장을 구하려 하지 않고 너만 살려고 도피하니 네 죄를 용서 할 수가 없다. 지금 군법에 의하여 형벌을 행하고자 하지만 적세가 매우 급하므로 잠시 공을 세우도록 기회를 주니 빨리 돌입 공격하라"고 엄명하니 두 군선이 돌진하여 쳐들어갔다.

그런데 이때 적장이 그 휘하의 배 3척을 지휘하고서 일시에 안위의 배에 돌진하여 앞 다투어 배에 오르려 하니 안위와 선상의 장졸들이 결사적으로 싸워 거의 기진맥진한 상태에 빠졌다. 이순신이 배를 돌려 돌입하여 화포 등을 난사하자 적선 3척이 하나도 없이 진멸되었다.

녹도만호 송여종宋汝悰, 평산포만호 정응두丁應斗 등의 배도 뒤따라 적선에 돌입했다. 이때 안골포해전 때의 항왜(降倭)인 준사(俊沙)라는 자의 말에 의하면 그림을 그려넣은 붉은 비단옷[畵文紅錦]을 입은 것이 안골포해전의 적장 마다시(馬多時)⁵⁾라 하여 즉시 이를 한 칼에 베어버렸다. 이에 적의 기세가 크게 꺾이고 아군은 용기백배하여 일제히 포문을 열어 적함을 향해 어지럽게 발포하니 포성이 산천을 진동시켰다.

이리하여 잠깐 사이에 적함 30척을 깨뜨리자 나머지 배들은 그만 흩어져 도주하고 말았다. 이후 일본수군은 다시는 서진할 용기를 잃었다. 명량대첩은 실로 임진왜란의 대세를 결정한 최후의 기회였다.

제3절 명량해전의 영향

유성룡은 『징비록』에 보면 거제도해전으로써 우리 수군을 깨트리고 수륙 협동작전으로 양호(兩湖)지방을 휩쓸려 했던 것이 분명하다.

한산이 이미 패하고 적은 승리한 기운을 타고 서쪽으로 향해 남해와 순천을 차례로 함몰시켰다. 적선은 두치진에 이르러 하륙하여 전진해시 남원을 포위했고 양호지방(호남과 기호)은 크게 진동했다. 대개 적이 임진년 이래로 우리나라에 쳐들어와 오직 수군에서만 패했다. 평수길이 이를 분하게 여겨 행장을 책망하고 반드시 수군을 취하도록 명했다. 행장이 거짓으로 김응서에게 거짓을 통보하여 이순신으로 하여금 죄를 얻게 했고, 또 원균을 유인하여 해중으로 출동하게 하여 그 허실을 모두 알고 몰래 습격을 가했다. 그 계교

---

5) 이때 來島通總이 전사함.

가 지극히 교활하여 우리나라가 실로 그 계략에 빠져버린 것이다. 슬프다.[6)]

풍신수길은 이 대승보고를 받고 스스로 도해하여 제가 지휘하여 명나라에까지 돌진할 것을 선언하게 되었다. 이 계획은 그 후 중지되었지만 거제도해전의 결과가 대국大局에 던진 파문은 실로 컸다.

원균함대의 작전실패로 육상의 병세兵勢가 불리하여 일본군은 이것을 계기로 죽도성竹島城에서 부장회의를 열고 육군을 3분하여 양호지구를 석권하기로 정하고 수군을 독립시켜 서해를 침범하게 했다.

그런데 호남의 북상관문은 남원이므로 해육병海陸兵이 전력을 기울여 7월 28일에 행동을 개시하여 우선 각지의 병력을 사천에 집결하고 곤양昆陽 경유로 8월 5일 하동河東에 도착했다. 수군은 해상으로부터 두치진蟾津口을 거슬러 올라가 구례求禮에 도착하기로 했다. 여기에서 수륙 전병력이 집결됨을 기다려 제반준비를 완료했다. 이어서 8월 10일에 행동을 개시하여 8월 15일 중추명월中秋明月을 기하여 남원성에 육박하고 조·명 연합군을 격파함으로써 드디어 이를 점경하게 되었다.

이 보고가 이르자 수도에 큰 소동이 일어나 명나라 조성에서는 강화의 책임자였던 석성石星과 양원楊元 등이 참수되었고 명나라 황제는 적극정책을 취하여 대병을 파견하여 일본군을 한반도에서 꺾을 계획을 세우게 되었다. 명나라는 임란 후에 휴전담판으로 인하여 약간의 병력만을 남기고 대부분 귀환했더니 거제도해전 이후 양호지방이 동요하고 적의 선봉이 평택平澤까지 진출하는 지경에 이르자 국내에서는 선조가 해주海州로 도피할 의도를 품게 되고 국외에서는 명나라가 다시 이여송李如松·진린陳璘을 비롯한 수륙

---

6) "閑山[漆川梁海戰을 가리킴]旣敗 賊乘勝西向 南海順天次第陷沒 賊船至豆恥津下陸 進圍南原 兩湖人震 蓋賊自壬辰入我境 惟見敗於舟師 平秀吉憤之 責行長 必取舟師 行長佯輸疑於金應瑞 使李舜臣得罪 又誘元均 出海中 盡得其虛實 因行掩襲 其計至巧 而我實墜其計中 哀哉."

대군을 동원했다.

　그러나 일본군의 북진은 소사素沙에서 차단되고 남방 해상에서는 명량해전의 패전으로 서해진출이 봉쇄되자 일본군이 정읍井邑에서 부장회의를 열었다. 그 결과 소서小西·가등加藤 등의 각 장수가 약 12만 명의 병력을 각각   나누어   울산·양산·부산·죽도[김해]·창원·웅천·안골포·고성·사천·남해·순천 등지에 성을 축조하여 수비하게 했다.

　우리 수군은 일본수군의 서침을 방어하기 위해 당사도唐笥島 법성포法聖浦-고군산열도古群山列島·발음도發音島를 왕복하여 근해를 경비했는데 일본군에게 짓밟히므로 보금자리를 잃은 민중들이 이순신의 뒤를 따라 가산을 싣고 해도海島로 피난하고 있었다. 이순신은 적극적으로 이들 난민들을 보호하여 고금도古今島·돌산도突山島 등 경작지를 개간하게 했다. 이순신은 이와 같이 일면전투·일면건설로 부흥에 노력하여 다시 한산통제영 시대를 능가할 만한 수군을 단시일 내에 재건하고 적군섬멸의 기회를 노리게 되었다.

　일본군이 남해안 일대에 칩거정책을 취하게 되자 이를 격멸하려는 조·명 연합군은 속속 남하할 때 3로를 통해서 동로군은 마귀麻貴를 대장으로 하여 경성을 출발 안동安東·경주慶州를 거쳐 가등청정의 진지인 울산蔚山에 육박하고, 중로군은 동일원董一元이 총지휘관이 되어 청주淸州·상주尙州·성주星州·진주晋州를 거쳐서 도진의홍島津義弘 부자가 수비하던 사천泗川을 수륙으로 함께 공격했으며, 서로군은 대장 유정劉綎이 인솔하고 공주·전주·남원을 거쳐 소서행장이 수비하고 있는 순천順天을 공격했다.

　일본군이 조만간 본국으로 귀환하지 않을 수 없는 이유는 식량난과 명군明軍의 내원來援과 아울러 수길의 죽음은 임진왜란의 종국을 고하는 까닭이었다.

　머지않아 인편으로 수길이 이미 죽었다는 사실이 전해졌고, 그 아들 금가가 나이 어려 국중에는 찬탈을 몰래 도모하는 무리가 있었다. 3로의 왜장들은 모두 돌아갈 의사가 있었으나 단 아뢸 명분이 없었기 때문에 감히 앞서 출발하지 못하고 있었다.[7]

이에 수만의 무수한 생령을 죽이고 팔도의 강토를 피로 물들인 왜적의 귀로를 차단하여 이를 고기의 뱃속에 장사해 버리려는 이순신의 위업은 드디어 노량해전으로 전개된다.

제4절 노량해전

일본군에서는 풍신수길이 죽은 뒤에 그 유언과 5대로大老가 합의 결정한 철수령에 의하여 각자 수비진에서 11월 중순 이후 환국하게 되었다. 11월 10일 순천주둔의 소서小西군은 밤새도록 주연을 베풀어 놓고서 닻을 올리고 닻줄을 풀어 출발하려 했다. 그러나 바다를 바라보니 조-명연합함대가 소서군의 퇴로를 차단하려고 달려들었다. 크게 낙담하여 어찌할 바를 모르던 소서 군은 다시 순천으로 돌아가서 교섭을 재개하려 했다. 명나라 수군장수 진린陳璘은 일본군에게서 많은 뇌물을 받고서 소서 군의 철수를 용인했다.

그러나 이순신은 철천徹天의 원한을 씻는 길은 오직 이 일전에서 일본군을 섬멸하는 일이므로 이를 승인하지 않고 틈을 봐 일본군 격멸의 기회만 엿보고 있었다. 소서의 이 급보를 듣고 구주九州의 도진島津군이 원병을 몰고 순천으로 오게 되었으므로 두 수군 사이에 마침내 노량대해전이 벌어졌다.

---

[7] 『兩朝平壤錄』: "未幾 人傳秀吉已死 其子金哥年幼 國中潛謀篡奪 三路倭將 皆有歸意 但無所稟命 未敢先發."

[사진 13] 노량해전지

이것은 바로 11월 19일 오전 2시의 일이었는데, 개전 이래 최대의 격전이었다. 따라서 양군의 손실이 또한 막심했다. 지금 『선조실록』과 『징비록』에 의하여 전투경과를 보면 대략 아래와 같다.

　행장行長의 퇴로를 열어주기 위하여 사천泗川의 도진島津과 남해南海의 종宗씨의 함대 5백여 척이 노량으로 온다는 정보를 받고 이순신은 진린陳璘과 상의하여 연합함대를 둘로 나누어 복병伏兵을 포구와 섬 사이에 감추어 두고 정돈하여 기다린즉 과연 적함 5백여 척이 돌진하여 오므로 양군이 좌우에서 돌연히 발선하여 공격을 가할 때 불붙인 섶을 어지럽게 던져 적선을 연소하니 적군이 견디다 못하여 관음포觀音浦로 물러나 들어갔으나 퇴로가 없으니 다시 출항하는 것을 총격했다. 이때 이순신이 먼저 돌진하니 적군이 반사적으로 이를 포위했다. 진린의 함대가 쫓아가 이를 구조하니 적군 또한 진린의 배를 포위하는지라 이순신이 포위망을 뚫고 합력하여 혈전血戰을 벌였다.

[사진 14] 고금도 충무공 가묘지

 한편 명 수군의 부총병副總兵 등자룡鄧子龍의 배에서 화재가 일어나 배 안이 소란한 사이에 적군이 이를 틈타 등자룡을 죽이고 배를 불태워 버렸다. 멀리서 바라보니 적군의 수군장수 3인이 누선에 앉아 독전하고 있었다. 이순신이 정병을 발동하여 이에 돌진 한 장수를 죽이니. 적군이 진린을 포위했던 것을 풀고 이를 구출하려고 달려들었다. 이순신은 진린과 합력하여 호준포虎蹲砲를 연발하여 적함을 연파했다. 그러던 중 갑자기 적진에서 날아온 철환이 이순신의 가슴에 관통되었다. 조용히 그 부하에게 명하여 "전투가 지금 격렬하니 내가 죽었다고 발표하지 말라"는 유언을 남기고 절명되었다. 이 전투에서 적함 2백여 척이 분파되고 불에 타 익사하거나 포로로 잡히거나 참수[燒溺俘斬]된 적병이 무수했지만 도진島津 등이 50여 척을 건져 탈주하고 행장行長군은 양군이 혼전하던 중에 묘도猫島 측면으로 몰래 나와 외양外洋으로 간신히 탈출하여 귀국하니 이에 7년의 대란大亂이 어름어름 종국을 고했다.

제5절 명 수군과 이순신

명나라는 구원군을 우리나라에 보낼 때 최초에는 육군만을 보냈으나 차차 수군의 중요함을 느끼고 선조 30년(丁酉, 1597)에 화의가 결렬되어 일본군의 재침략이 있게 되자 육군 3만 5천여 명에 대해, 수군 3천5백을 유격장遊擊將 계금季金으로 하여금 인솔하게 하고, 수군 약 2천밖에 안되는 이순신과 협동작전을 행하게 했다.

그러므로 강력한 일본수군을 제압함에는 수군의 증강이 필요하게 되어 이듬해인 선조 31년에는 강남수병을 증모增募하여 증원부대를 편성하고 진린은 광동성의 병력을, 등자룡鄧子龍 및 남방위藍芳威는 절강성의 병력을 인솔하고 입국하여 조-명연합함대를 재조직하여 진린陳璘이 수병도독水兵都督으로 지휘권을 장악하고, 이순신을 부도독副都督으로 임명했다.

진린은 위인이 광포하여 즐겨 폭위暴威를 부렸다. 『징비록』에 의하여 그 편모를 살펴보면 아래와 같다.

명나라 수군 제독 진린이 나왔고, 고금도로 남하하여 이순신 군과 합세했다. 진린은 성격이 난폭하고 사나워 사람들이 꺼리고 그를 두려워했다. 상[선조]이 청파까지 나와 진린을 전송했다. 나는 진린의 군사가 수령을 때리고 욕하기를 함부로 하고 노끈으로 찰방 이상규의 목을 매어 끌어서 얼굴이 피투성이가 된 것을 보고 역관을 시켜 말렸으나 듣지 않았다. 나는 같이 앉았던 재상들을 보고 말하기를 "안타깝게도 이순신의 군사가 또 장차 패하겠구나! 진린과 같이 군중에 있으면 견제를 당하고 의견이 틀려서 반드시 장수의 권한을 빼앗고 군사들을 학대할 것이다. 이것을 제지하면 화를 더 낼 것이고 이것에 순응하면 더욱 거리낌이 없을 것이니 이순신의 군사가 어찌 패전을 면할 수 있겠는가?" 하니 여러 사람들이 동의하고 탄식할 뿐이었다.[8]

그러나 유성룡의 걱정은 순전히 기우에 지나지 않았던 것이니 이순신의 원만한 인격과 익숙한 외교적 수완은 맹호 같은 그를 순한 양처럼 어루만져서 사귀고 길들임에 거침이 없었다.

이순신은 진린이 장차 도착한다는 소식을 듣고 휘하장병을 거느리고 크게 사냥하고 고기를 잡아 사슴과 돼지·해물을 심히 많이 갖추고 술도 성대하게 준비하고 기다렸다. 진린의 배가 바다에 들어가자 이순신이 군의를 갖추고 멀리 영접했고, 도착하자 그 군사를 크게 대접했다. 제장 이하가 많이 취하지 않은 자가 없고 사졸이 서로 전하여 말하기를 "과연 좋은 장수다"라고 했다. 진린 역시 심히 흡족해했다.

얼마 지나지 않아 적선이 근처 섬을 침범했는데. 이순신이 병력을 파견하여 이를 패퇴시키고 적의 수급 40여 개를 얻었다. 이를 모두 진린에게 주어 공을 삼았다. 진린이 더욱 기뻐하여 신망으로 대우했다. 이로부터 범사를 이순신에게 먼저 물었고 나가면 이순신과 가마를 같이 탔는데 감히 나서지 않았다. 순신이 드디어 명군과 아군에 차별이 없음을 약속하고 백성에게 실 한 타래라도 탈취한 자는 모두 잡아 곤장으로 다스려 감히 영을 어기는 자가 없었고 섬이 질서가 있었다. 진린이 상서를 통해 보고하기를 통제사는 하늘과 땅을 경영하는 재주와 하늘을 돕고 해를 씻기는 공이 있다고 했다. 이는 대개 마음으로 감복했던 것이다.[9]

---

8) "天朝水兵提督 陳璘出來 南下古今島 與李舜臣合兵 璘性暴猛 與人多忤人多畏之 上(宣祖) 餞送于靑坡野 餘見璘軍人 敺辱守令無忌 以繩繫察訪李尙規頭曳之 流血滿面 令譯官勤解不得 余謂司座辛臣曰 可惜李舜臣軍 又將敗矣 與璘同在軍中 掣肘矛看 必侵奪將權 從暴軍士 逆之則增怒 順之則無厭 軍何由不敗 衆曰然 相與嗟歎而已."

9) 『懲毖錄』: "舜臣 聞璘將至 令軍人 大敗漁 得鹿豕海物甚多 盛備酒醪而待之 璘船入海 舜臣備軍儀遠迎 旣到大享其軍 諸將以下 無不沾醉 士卒傳相告語曰 果良將也 璘亦甚喜 不久 賊船犯近島 舜臣遣兵敗之 獲賊首四

진제독이 여러 곳에서 가옥이 파괴된 것을 보고 이상하게 생각하여 이순신에게 물으니 대답하여 말하기를 "우리 소국의 군민들은 명군이 구원하여 주려고 온 것을 부모와 같이 우러러보고 있었는데 지금 명병明兵들은 약탈을 전업으로 삼으니 우리들은 살아나갈 도리가 없으므로 다들 도피하고 마는 상태이며 나 또한 일군一軍의 대장으로서 혼자서만 남아 있을 수 없었다. 또한 배를 타고 다른 곳으로 가겠노라고도 한다"고 말했다. 이에 진 제독은 크게 놀라 공의 손을 붙잡고 파괴중지와 함께 이순신의 체류를 애원했다. 이로 인하여 명병침탈의 악습이 없어지고 명병들도 이순신의 명령에 의하여 움직이게 되었다.10)

이리하여 실질적인 수군의 지휘권은 이순신에게 장악되어 원만한 연합함대의 행동이 가능하게 되었다.

다음으로 조-명 양수군의 협동작전에 대해 고찰하여 보기로 하겠다.

8월 18일. 수길秀吉이 병사했다는 소식이 전해졌다. 이 사실이 확인되자 일본군이 철수할 것을 알아차리고 9월 15일 명나라 수군과 협동작전을 전개하여 18일에는 전라좌수영에 이르러 20일에는 소서행장의 진영인 순천 예교曳橋에 나가 진을 쳤다. 적군이 낭패하여 군량을 장도獐島에서 배에 싣고 도망하려는 것을 탐지하고 이를 습격해서 탈취하고 나머지는 불태워버렸다.

21일. 명의 육군장수 유정劉綎과 적군을 수륙양면으로 협공할 것을 약속하고 적진을 들이칠 때 조수의 들고 남이 심하여 나가 싸울 수가 없으므로 대기 중에 남해에서 일본군이 쾌속선박을 타고서 군수물자를 싣고 오기에 이순신은 망을 보다가 찾아(哨探) 적선과 물자를 탈취하여 이를 진 도독에게 보냈다.

22일. 육상에서 싸우는 유정과 긴밀한 연락하에 해상에서 일본군에게 포격을

十級 悉以與璘爲功 璘益喜遇望 自是凡事 一咨於舜臣 出則與舜臣幷轎 不敢先行 舜臣遂約束唐軍與己軍無間 有奪民一縷者 皆掌致梱打 無敢違令者 島中蕭然 璘上書於上言 統制使有經天緯地之方 補天浴日之功 蓋心服也."

10) 『이충무공전서』 권9. 附錄 「行錄」.

가하여 격전을 전개한 결과로 많은 성과를 얻었으나 연합군 측에도 명의 유격장이 중상을 입고 명나라 병사 십수 명이 전사했으며 우리 수군에는 지세포知世浦·옥포玉浦만호가 각각 중상을 입었다.

30일로부터 다시 전투를 개시하여 10월 2일에는 이순신이 직접 진두지휘하여 다수의 적군을 살상했으나 사도첨사蛇島僉使가 전사하고 기타 제포薺浦·사량蛇梁만호와 해남현감·진도군수·강진현감 등이 중상했다.

11월 초3일에는 진 도독·유 제독과 밀약을 맺고 새벽부터 3경에 이르기까지 적군을 맹공했으나 육병陸兵의 부진과 해수海水의 퇴락으로 인하여 사선沙船 19척, 호선 20여 척이 도리어 불리고 안골포만호가 중상했다. 이리하여 7일까지 수륙협공전이 계속 추진되었으나 육전의 불리로 말미암아 우리 수군은 많은 손해를 받은 채 유 제독의 전투중지 명령으로 인하여 중단되고 말았다.

8일. 순천주둔의 소서小西군이 10일 철수한다는 정보를 받고 귀로를 차단할 계획을 세워 9일에 진 도독과 같이 백서량白嶼梁에 결진했다가 10일에는 좌수영 앞바다로 진을 옮기고, 11일 유도柚島로 전진하여 13일에는 왜선 10여 척이 장도獐島에 출현하므로 이를 쫓아갔다가 종일토록 조우할 기회를 얻지 못하여 그냥 돌아오고 14일에는 왜선 2척이 소서행장의 명을 받고 철수로를 타개하기 위하여 타협차 도독부로 오니 진린이 왜통사倭通事로써 이들을 영접하고 뇌물로 가져온 돼지 두 마리와 술 두 통을 받았으며, 15일과 16일에도 일본군에게서 수차에 걸쳐 뇌물을 받고 요구하는 바를 허락하게 되었다.

17일. 아군이 왜선을 사로잡아 탈취한 군량을 명군에게 빼앗기게 되었다. 행장行長의 이와 같은 뇌물책이 공을 들여 진린이 일본군의 퇴로를 열어줌을 보고 이순신은 크게 분하여 "장수는 화和를 말하는 것이 아니고 적군은 놓아 보내는 법이 아니다. 왜적은 명나라에서도 용서할 수 없는 불구대천의 원수로서 끝까지 섬멸을 기해야 될 것이거늘 지금 타협으로 놓아 보낸다는 것은 도대체 무슨 일인가"고 책망하니 진린이 아무 말도 못하고 이순신의 의견대로 일본군을 야습하기로 화응和應했다. 이에 이순신은 선상에 올라 분향하고 하늘에 빌어 말하기를 "내가 만일 이 철천의 원수를 섬멸할 수 있다면 죽어도 여한이 없겠습니다"고 했다. 과연 노량해전에서 그는 숙원에 맞는 최후를 성취했다.

일본의 사가 덕부소봉德富蘇峰은 그의 『근세일본국민사 풍신씨시대近世日本國民史 豊臣氏時代』 조선역朝鮮役 하편에서 다음과 같이 평했다.

이순신의 죽음은 흡사 넬슨의 최후와도 같다. 그는 이기고 죽었으며 죽어서 이겼다. 조선역朝鮮役(임진왜란을 이름) 7년간에 조선에는 책사策士·변사辯士·문사文士의 종류는 많았으나 전쟁에 있어서는 실로 한 사람의 이순신으로써 자랑을 삼지 않으면 아니된다. 이리하여 일본수군 제장도 드디어 이순신에게 향하여 그 생전에는 뜻을 펼 수가 없었던 것이다. 그는 실로 조선역에 있어서의 조선만의 영웅일 뿐 아니라 또한 3국 중 최고영웅인 것이다.

헐버트도 『조선의 변천變遷』에도 조선민족의 위기를 전환시킨 민족의 영웅이라고 극구 칭송했으니, 실로 이순신은 세계적 영웅으로서 우리에게 영원한 경탄과 추앙을 받으실 분이다.

제6절 이순신의 전술

명의 찬획주사贊劃主事 양위楊位[11]가 신종神宗의 사절로 우리나라에 와서 접반사 정경달丁景達에게 물어 말하기를 "중국이 수십만의 장병을 보내 원조하는 금일에 양국의 장사 중 지략이 출중하고 병법에 익숙하여 일을 추진하

---

11) 당시 찬획주사는 丁應泰였고, 楊虎는 經理였다. 양호를 이른 것인지, 정응태를 이른 것인지 알 수 없지만, 문맥상 찬획주사 정응태를 말한 것으로 볼 수 있다.

[사진 15] 통영 충렬사

고 함께 풀어나갈 만한 이가 누구냐?"고 물었다. 정경달이 대답하여 말하기를 "우리나라에는 이순신李舜臣이란 수장水將이 있어서 용병하기를 신과 같이 하고 작은 수군으로써 백만의 강한 왜구를 제어하여 우리나라가 지금까지 지탱되어 온 것은 다 이순신의 힘"이라고 했다. 양煬이 "이순신의 선전기모善戰奇謀는 벌써부터 들었거니와 과연 소문과 같다"고 경탄했다는 기사가 『반곡집盤谷集』에 실려 있다.

그러면 이순신의 백전백승한 전략은 어떠했는가? 그의 전술로서 돌격전법突擊戰法·유도작전誘導作戰·위장법僞裝法·정찰전법偵察戰法 등을 들 수 있지만 실상 그는 '용병여신用兵如神'이라는 말처럼 곳과 때에 따라 신출귀몰하는 전법을 사용했다. 어느 한두 가지의 종목으로 운운할 것이 아니다.

그러나 모든 작전을 수행함에 있어서 통솔자로서의 부하에게 신뢰감, 즉 마음으로써 복종함이 기초가 되지 않으면 효과가 적었을 것이다. 이 점에서 이순신의 두텁게 대하고 너그러우며 지극히 공평하고 사사로움이 없는 인격과 엄정한 군율 및 강렬한 신념, 풍부한 바다의 활용 및 바다 조류의 지식, 충분한 보급과 우수한 무기가 절대 필요한 전제조건일 것이므로 이제 역사적 사실에 의하여 종합적 고찰을 시도해 보려고 한다.

이순신은 본래 문무 양쪽의 재능을 겸하고 지知·인仁·용勇의 3덕德이 겸전한 천품天稟을 타고 났다. 조산만호造山萬戶로 있을 때에 야인野人[여진족]과 전투 중 적의 화살이 왼쪽 허벅지에 적중되어서 상처가 컸으나 사기士氣의 손실을 염려하여 혼자서 남모르게 그것을 뽑아버리고 태연히 전투를 계속했다. 사천해전泗川海戰12) 때에도 적탄이 왼쪽 어깨에 맞아 유혈이 옷을 적시었으나 전투를 마친 뒤에야 비로소 단도短刀로써 탄환을 파내고 태연하게 웃었다는 사실과 노량해전露梁海戰의 최후를 생각해 보면 하늘이 이룬 위대한 그릇이었음을 알 수 있다.

강화회담이 결렬되어 정유재란丁酉再亂이 발생한 상황에서도 연해지역 피난민은 가재도구를 실고 이순신의 진지인 해도海島로 모여들었다. 그것은 그가 난민들을 잘 보호해 주며 그를 따르면 생명과 재산이 안전하다는 신뢰심信賴心에서 나왔던 것이며 원균이 거제도해전에서 대패하여 이순신이 다시 통제사로 부임하자 피난하던 사민이 도로에 가득 찼는데 그를 바라보고, 장자들이 그 처자에게 일러 말하기를 "우리 공[이순신]이 오셨으니 너희들은 살았다"13) 라고 크게 기뻐한 사실이 있다. 또한 명량해전鳴梁海戰에서 "공이 피난선으로 와서 정박한 배가 수백 척에 이르자 드디어 하령하여 이르기를 '큰 적이 바다를 덮어 오고 있는데, 너희들은 여기에서 무엇을 하는 것이냐?' 대답하기를 '우리들은 오로지 사또가 여기에 있는 것을 바라볼 뿐입니다'"14)라고 했다. 또 명량해전 때에 다음과 같이 말한 것을 보면, 일반민의

---

12) 옥포해전이라 잘못된 것을 사천해전으로 바로잡음.
13) 『이충무공전서』 권9, 부록 「行錄」: "避亂士民 載盈道路 望見之 壯者皆告其妻孥曰 我公至 汝不死."

신뢰가 얼마나 두터웠던 것인지를 알 수 있다.

　　이날 피난민들이 높은 봉우리에 올라가본즉 적선의 수가 3백에 이르렀고 그 오는 것을 다 그리기 힘들었다. 대해를 가득 채워 바닷물이 안 보일 정도였고, 우리 군선은 다만 십여 척뿐이어서 마치 계란을 누를 바위 같은 기세였다. 피난민들이 서로 통곡하며 말하기를 "우리들이 온 것은 단지 통제사를 믿고 왔는데 지금 이와 같으니 우리는 장차 어디로 갈꼬?" 했다. 갑자기 적선이 조금 물러나는 것이 보이고 공이 탄 배가 걱정없이 우뚝 서 있었다. 적이 군사를 나누어 교대로 싸우기를 종일했고, 적은 대패하고 도주했다. 이로부터 남쪽 백성들이 공을 의지함이 더욱 돈독했다.15)

　　이 때 장기간의 전쟁재난으로 말미암아 군량과 피복이 여의치 못하여 사졸의 배고픔과 추위가 심한지라 피란민에게서 더러 의복과 식량을 거두어 군병들의 기한을 면해 주고 원균이 패하여 부서짐으로 인하여 병선과 군량 및 병기가 땅을 쓴 것처럼 소실되었으므로 이순신은 피난민을 이용하여 고금도·돌산도 등 각 지역의 황무지를 개간하고 어염魚鹽을 거두어 군량을 마련하여 크게 넉넉해졌고 민간의 철재鐵材를 널리 구하여 화포 등의 무기를 주조, 재목을 벌채하여 많은 병선을 만들어서 1년이 못되는 동안에 한산도 통제영 시절의 왕성한 수군을 능가하게 되었다고 한다. 군수물자의 자급자족과 거북선·대포 등의 발명과 개량 등의 사업은 아무나 기도할 수 없는 이순신 특유의 천재적 경륜과 연구심에서 출현된 것이라고 하겠다.

　　이밖에 그의 지극히 공적이고 사사로움이 없는 처사와 엄정한 군율의

---

14) 위의 책, 「行錄」: "公見避難船 來泊者 不知幾百 遂下令曰 曰賊捲海 汝等有此何爲 對曰 我等唯仰 使道在此耳."

15) 위의 책, 「行錄」: "是日 避難人上 登高峰望之 則賊船來者 只計其三百 而給不可畫記 彌滿大海 海不見水 我舟只十餘 不啻若壓卵… 避亂人等 相與痛哭曰 我等之來 只恃統制而今若此 我將何歸 俄見賊船稍退 公所乘船 兀立無恙 賊分軍迭戰 如是者終日 賊人敗而走 自是 南民之倚公 尤篤."

시행. 상벌의 공정. 지위를 탐내고 자리를 빼앗으려고 자기를 참소한 원균에게까지도 관대하게 대한 덕량德量 등은 『난중일기』전면에 가득 차고 있어서 그 위대한 인격이 드러났다. 역전歷戰 10여 차례의 해전공적을 차례 매김에 있어서 공적은 반드시 부하장졸들에게 돌리고 부상당한 일개 졸병에게까지 주도면밀한 치료와 심로心勞를 기울인 그의 심정은 신神에 가까운 미덕의 소유자임을 보여준다. 그러면서도 군율을 위반하면 엄벌을 가하여 모든일을 경계하고 만인을 움직이게 했다.

　서전緒戰에 출전을 기피한 여도呂島수군 황옥천黃玉千을 효수하고 거제도해전에 원균함대가 참패하여 일본수군의 서해침입이 우려되었을 때에 대중들이 혼란을 틈타 이익을 도모하는 행위가 심한 것을 보고 몇 명을 목베어 시범한 것은 그 엄한 일면을 나타내는 사실이다.

　화포의 우수성과 수로水路·해조海潮의 깊은 지식은 전술한 바와 같거니와 매 해전에 있어서 정찰전偵察戰을 선행시켜 많은 정보를 수집하고 냉정한 비판을 가한 연후에 비로소 결전을 도모함으로써 백전백승의 공을 거둘 수 있었던 것이다. 일본수군이 정유해전丁酉海戰에 있어서는 이 전법을 모방했으니 도리어 원균은 무모하게 맹목적으로 나아가 연패를 거듭하고 드디어 거제도해전의 참패를 초래하여 국가를 누란累卵의 위기에 떨어트린 것과는 하늘과 땅 차이라고 할 것이다.

　이러한 지휘자로시 몇 배 내지 몇십 배에 달하는 적군을 신무기인 거북선을 발명하여 우선 적의 지휘함선을 당파撞破하고 우수한 대포·화전 등의 신무기로써 달려드는 적선을 연파 필멸必滅했다. 당시 세계수준으로 보건대 우리 이순신함대를 이겨낼 해군은 아무래도 없었을 것이라고 생각된다.

　위장법僞裝法을 사용한 해전의 사실은 명량해전鳴梁海戰에 있어서도 피난민의 배로써 구원선救援船을 가장하여 우리 수군의 성한 위세를 과시하여 감히 다시 침범을 기도하지 못하게 했다.

공은 피난민들에게 배를 옮겨 왜구를 피할 것을 명했다. 그 사람들은 모두 공을 버려두고 가는 것을 옳게 여기지 않았다. 명량해전에서 공은 그 선박들을 먼 바다에 열지어 세워 원군처럼 만들었다. 공은 그 앞에서 열심히 싸웠고 적은 대패했는데, 그들이 이르기를 "조선수군이 아직도 성하다" 하며 감히 다시 침범치 못했다.16)

복병법伏兵法은 당항포해전에 있어서도 왕왕 유도작전과 아울러 복병전법이 사용되어 대승리를 거두었다.

신등의 함대는 몰래 숨어 있다가 습격할 계획을 세웠습니다. 그러자 포구로 들여보냈던 전선이 바다 어귀로 되돌아 나오면서 신기전을 쏘아 변을 알리며 "빨리 들어오라"고 했으므로 전선 4척을 바다 어귀에 머물러 복병하도록 지시한 뒤에 노를 재촉하여 들어갔습니다.17)

『난중일기』에 의하면 계사년癸巳年(1593) 2월 18일에도 제3회의 웅포습격전熊浦襲擊戰에 있어서 복병장伏兵將을 특별히 설치하고 적선 10여 척을 유도하여 적의 기세를 꺾어버렸다.

아침 일찍 부대를 움직여 웅천에 이르렀다. 적의 형세는 전과 마찬가지였다. 사도첨사를 복병장으로 정하여 여도만호·녹도가장·좌우별도장·좌우돌격장·광양2선·흥양대장·방답2선 등을 거느리고 송도에 매복하게 했다. 그러고 나서 여러 배를 시켜 유인하게 했더니 적의 배 10여 척이 뒤쫓아 나왔다. 경상도 복병선 다섯 척이 날쌔게 출발하여 적의 배를 쫓을 때 다른 복병

---

16) 『이충무공전서』 권9. 부록 「行錄」: "公令避亂人等 移船避寇 其人 皆不肯捨公而去 鳴梁之戰 公使其諸船列於遙海 以作疑援 而公當前力鬪 故賊大敗 謂我猶盛 不敢再犯."
17) 『이충무공전서』 권2. 「당포파왜병장」: "臣等舟師潛形隱迹 以爲狙擊之計 而所送戰船 先出海口 放神機箭報變 促赴留戰船四隻於浦口 使之伏兵後 促櫓以入."

선들이 돌진해 들어가 적을 둘러싸고 마구 쏘아댔다. 왜적이 헤아릴 수 없이 많이 죽었고, 적의 기세는 크게 꺾여 다시 나와 항거하지 못했다.[18]

이와 같이 자유자재의 변환전술과 우수한 신무기를 사용함에 있어서도 이순신은 계획과 작전을 신중하게 살피고 점검하고 토론한 뒤에 비로소 단행했던 것이 그 예다. 또한 하졸의 의견까지라도 널리 참작하여 계획에 있어서 물샐 틈이 없는 작전을 수행했기 때문에 항상 승리할 수 있었다.

처음에 원균이 한산도에 이르자 이순신의 이전 약속을 모두 바꾸었다. 무릇 하급무장이나 사졸이라도 조금이라도 이순신에게 소임을 맡은 바 있으면 모두 배척하고 버렸다. 이영남은 전날 자신이 달아나 패한 상황을 모두 알았기 때문에 더욱 미워했고, 군심이 분하고 억울해 했다. 이순신은 한산도 시절에 건물을 짓고 이름을 '운주당'이라 하고 밤낮으로 그 곳에 거하며 제장과 더불어 병사를 의논했다. 비록 사졸이라도 군사에 대해 말하고자 하는 바가 있으면 와서 고하도록 허락하여 군정軍情이 통하도록 했다. 매번 전투할 때마다 하급무장까지 모두 불러 계책을 묻고 방략이 정해진 다음에 전투에 임했으므로 패하는 일이 없었다.[19]

이러한 자신 밑에서는 자연히 용솟음치는 신념이 생기는 법이니 원균에 비하면 차이가 현격함을 알 것이며, 원균이 서선 이래로 패군으로 종시함이 또한 우연한 것이 아님을 알 수 있다.

---

18) "早朝行軍到熊川 賊勢如前 蛇島僉使 伏兵將差定 領呂島萬戶 鹿島假將 左右別都將 左右突擊將 光陽二船 興陽代將 防踏二船等 伏于松島 使諸船誘引 則賊船十餘隻 踵後而出 慶尙伏兵五隻 輕先進逐之際 伏船突入回 擁 多般放射 倭人死者 不知其數 賊氣大挫 更不出抗."

19) 『징비록』권2: "初元均 旣至閑山 盡變舜臣約束 凡編裨士卒 稍爲舜臣所任使者 皆斥去 以李英男詳知其 前日奔敗狀 尤惡之 軍心怨憤 舜臣在閑山時 作堂名日 運籌堂 日夜處其中 與諸將 公論兵事 雖士卒 欲言軍事 者 許來告 以通軍情 每將戰 悉招編裨問計 謀定以後戰 故無敗事."

원균은 제장과 대면하는 일이 드물었다. 또한 술을 즐겨 날마다 술주정으로 일삼았고 형벌이 법도가 없었다. 군중이 수군거리며 말하기를 만약 적을 만나면 오직 도망이 있을 뿐이다 했다. 제장이 서로 상의하여 이를 비웃고 또한 두려워하여 다시 일을 논의하지 않았다. 이런 이유 때문에 호령이 통하지 못했다.[20]

사람이 존재하면 정치가 생겨난다 함은 천고무변의 진리이거니와 임진 왜란 당시의 경과를 보건대 이순신이 있었기 때문에 조선의 수군이 장했었음은 조금도 에누리 없는 사실인 것이다. 부서지고 퇴락한 것은 다시 세우며 열약한 것은 강화하여 이순신의 손에서 당시의 수군이 살기도 하고 죽기도 했음은 다음에서도 알 수 있다.

계사년과 갑오년(1593·94) 이래로 수병들이 심히 고생했고. 연변 곳곳에 역질이 배나 무성하여 한산도를 지키는 군사들이 10중 8·9가 죽었다. 이러므로 간 자는 돌아오지 않고 있는 자는 도망하고 흩어져서 허다한 군선이 장차 다 비게 되었다. 이순신이 이를 걱정하여 수군에 속한 각 관으로 하여금 촌의 백성을 수색하여 잡아 군사를 채우고 군관과 모든 장수를 연해의 시장에 나누어보내 장사꾼을 덮쳐잡아 배에다 싣고 군사를 만드니. 이로부터 연로의 시장이 다 파하고 촌락이 쑥대밭이 되어 사람이 모두 풀 속에 엎드리고 구멍에서 살다가 엿보아 농사짓고 수확하는 것이 제비의 괴로운 생활과 같았다.[21]

임진왜란이 발발하고 경상도 수군이 원균의 실수로 모두 전멸하여 원병

---

20) 위의 책: "均… 諸將罕見其面 又嗜酒日事酗怒 刑罰無度 軍中竊語曰 若遇賊 惟有走耳 諸將私相議笑 亦不復棄畏 故號令不行."
21) 趙慶男, 『亂中雜錄』 3. 을미년(乙未年: 1595) 3월조: "癸甲年來 水兵甚苦 而沿邊處處 癘疫倍織 閑山戌卒 十死八九 以此往者不還 存者逃散 許多軍船 將盡空虛 李舜臣有憂之 乃令所俰各官 搜捕村民充軍 分送軍官諸將 于沿海場市 掩捕商賈 載船爲軍 自此沿海 場市盡罷 閭里蕭然 人皆草伏穴處 伺候耕穫 有同燕子田之苦."

을 내게 되었을 때도 수군은 대개 약졸이었다.

> 새로 뽑은 조방군 등 정예롭고 강한 사졸은 모두 육전에 달려갔고 변빈의 빈약한 진보에는 가지고 있는 병사가 매우 적고 단지 수군으로 맨손뿐인 자들입니다. 그 세력이 매우 약하고 달리 막아낼 계책이 없습니다.22)

각 해전에 있어서 사상장병의 성명을 발표한 장계를 보아도 수군의 소질은 저열하여 공사公私노예와 승려가 많았던 것을 미루어 보면 이 열악한 모든 조건을 극복해 나가면서 수군의 향상을 도모하는 한편 3도의 수군절도사와의 협조, 군수물자의 확보, 신무기의 생산과 이것을 개량하는 등등 유성룡이 다음과 같은 논의를 할 만했다.

> 이순신의 사람됨은 말과 웃음이 적고 용모가 단정하여 몸을 닦고 언행을 삼가는 선비와 같았으나, 그의 뱃속에는 담기가 있어 자기 몸을 잊고 국난을 위하여 목숨을 바쳤으니, 이것은 평소에 수양을 했기 때문이다.23)

뛰어난 타고난 자질이 아니고는 기대할 수 없는 일이었다. 또한 그 근본이 된 것은 충성을 다하고 있는 힘을 다하고, 자신을 잊고 나라를 위해 목숨을 바치는 일편단심에 있었을 뿐이다.

---

22) 『이충무공전서』 권2, 「부원경상도장2」: "如新選助防軍等 精强士卒 咸赴陸戰 邊鎭殘堡 持兵者鮮少 只率水軍徒手之輩 其勢甚弱 他無捍禦之策."
23) 『징비록』 권2: "舜臣爲人 寡言笑 容貌雅飾 如修勤之士 而中有膽氣 亡身殉國 乃其素所蓄積也."

제4편
조선시대 후기

제1장 임진·정유재란 이후의 동아정세

제1절 동아시아에 미친 영향

일본은 임진왜란 중 육상에서 일부 승리하기는 했으나, 해상에서 그들의 수군이 복멸覆滅되어 우리나라에 침투시킨 지상부대의 보급연락이 두절됨에 따라 강화회담을 구실로 그 본국으로 군대를 철수시켰다. 이어서 정유재란丁酉再亂 때에는 풍신수길豊臣秀吉이 사망하자 출동시켰던 전군을 철수 시키고 말았다. 전쟁의 결과 풍신수길이 근근이 이루어놓은 일본의 국내통일은 새로이 등장한 덕천德川씨가 장악하면서 전혀 다른 국면을 맞이하게 되었다.

풍신수길은 전쟁에 앞서 선조 18년(1585), 곧 일본의 천정天正 13년에 명나라에 침입할 뜻을 예수회 선교사 캐스퍼 게로(Caspar Gero)에게 전달했다. 이어서 선조 24년(1591), 곧 일본의 천정 19년에는 남양방면으로 침입하기 위해 인도의 부왕副王, 즉 당시 포르투갈령이었던 인도의 와아(臥亞: Goa) 총독으로부터 전해 온 서한에 답하여 입공入貢을 권유했다. 또한 같은 해 9월에는 필리핀에 입공을 독촉하는 서신을 보내고, 대만臺灣에도 침입할 계획을 세웠다. 그러나 이러한 모든 계획은 선조 31년(1598), 곧 일본의 경장慶長 3년에 풍신수길이 사망하면서 물거품처럼 사라지고 말았다.

이로써 일본군이 필리핀과 대만 등지로 진출하고자 하던 꿈은 무너져버렸고, 그들의 집권자도 바뀌게 되었다. 또한 그들의 해상활동이 조선에서는 괴멸되었지만 이러한 사실들이 이후 일본인들에게 해외발전에 대한 자극이 되었던 것만은 부정할 수 없는 사실이다. 당시 중국 쪽의 상황을 살펴보면 명나라는 조선이 구원병을 요청하자 우선적으로 요동에 주둔하고 있던 조승훈祖承訓을 파견했다. 한편 만주에서 흥기하고 있던 누르하치奴爾哈赤는 선조 30년(1597), 곧 명나라 만력萬曆 25년과 광해군 5년(1613) 곧 만력 41년에 걸쳐 전부족을 통합하고 만주일대를 통일하면서 새로운 강자로 떠오르고 있었다.

후금後金이 성장하는 동안 명나라는 조선전쟁에 출병하여 피폐할 대로 피폐해진 상황이었다. 후금은 명나라 20만 대군을 광해군 8년(1616)에 사르호薩爾滸산에서 무찌르고 차츰 명나라 조정을 위협하기에 이르렀다. 인조 22년(1644), 곧 명나라 숭정崇禎 17년에 신흥세력 후금의 위협이 가시화되면서 명은 국내적으로 매우 심각한 상황에 처하게 되었다. 청과의 전쟁에 따른 과중한 군비부담을 견디지 못한 세력들에 의한 반란이 속출했고, 보급지원의 결핍으로 정규군마저 반란에 가담하면서 비적화匪賊化하기도 했다. 조정의 무능력과 신료들 사이의 당쟁은 명나라의 쇠망을 한층 촉진시켰다. 임진왜란과 정유재란은 명나라 조정이 쇠망하는 가장 결정적인 원인을 제공함은 물론 그것을 더욱 촉진시키는 촉진제로서의 기능으로 작용했다.

제2절 조선이 받은 영향

전부터 조선문물에 눈을 뜬 일본은 특히 고려 때 이르러 고려대장경을 포함한 모든 전적을 구하고자 했다. 또한 우리나라 문적文籍을 늘 청구했다.

1. 사회·문화의 쇠퇴

그뿐만 아니라 일본은 임진란·정유란의 침략을 기회로 우리나라의 활자를 가져가 '일자판一字板'이라는 명목으로 활자인쇄를 시행했다. 부전浮田·가등加藤·모리毛利·도진島津 등을 비롯한 전란에 참전한 제장들은 조선의 허다한 문적들을 약탈하여 일본으로 가져갔다. 그 결과 일본의 한화서적漢和書籍의 인쇄와 장황裝潢방식은 모두 조선의 양식을 따르게 되었고, 더욱이 조선본은 일본에서 매우 귀중하게 여겨져 당시의 약탈품은 현재 일본의 홍엽산문고紅葉山文庫·봉좌문고蓬左文庫·존경각尊經閣 등에 수장되어 있다. 이에 대한 문헌학적 가치는 등원성와藤原惺窩·임라산林羅山 등이 규명한 바와 같이 일본의 근세문화에 막대한 영향을 끼쳤다.

이러한 영향으로 말미암아 일본에서는 조선본의 모각摹刻이 덕천德川시대를 통해 성했고, 특히 조선에서 잡혀간 공예부문의 장인匠人들에 의한 도자공업이 왕성했다. 일본의 구주九州와 중국中國 서남일대에서 유행한 조선풍朝鮮風[일본인들은 이를 李朝風이라 함]은 바로 이런 상황에서 비롯된다.

한편 조선은 일본과 달리 막대한 문화재의 소진과 약탈 피해를 입었다. 뒷날 서책의 서지학적 성격을 논함에 있어 임진왜란 전후를 그 분기점으로 구분함은 바로 이 전란을 계기로 많은 양의 서적이 소실 또는 약탈되어 이 전시기부터 전해 오던 서책이 희소해졌기 때문이다. 또 강항姜沆의 『간양록看羊錄』을 위시한 수많은 국내외 기록을 보면 얼마나 많은 조선인들이 일본으로 붙잡혀 갔는지 알 수 있다. 특히 전문장인과 기술자들을 약탈당한 조선은 공예기술의 쇠퇴를 경험해야 했다.

국내의 모든 문화시설 역시 잿더미로 변했다. 세종世宗 때 정비한 천문·

의례기구 등이 소실되었으니, 물론 그 후 이를 복구시키고자 하는 노력이 없지 않았으나, 전날과 같은 수준으로 복원시키지는 못하고 말았다. 제도의 피폐 또한 그러했으니 임진왜란은 근대로 진입하기에 앞서 존재한 조선 후기사회를 퇴락과 쇠퇴로 향하게 하는 직접적인 계기로 작용했다.

2. 서양관계의 발단

조선과 서양과의 관계는 임진왜란 이전부터 형성되고 있었다. 서양인 마리이馬里伊가 제주에 표착한 것을 북경으로 호송한 사례와 일본에 들어와 있던 야소회 선교사들의 서한에 '고려니'·'코리아'·'고라이'라는 이름이 유럽사회에 전하는 것은 그것을 입증한다. 한편 16세기 중엽 이후로는 동방을 왕래하던 서양인들의 해도상에 나타나기도 한다.

1513년 포르투갈 왕 임마뉴엘 2세가 로마법황에 보내는 서한에서 말라카(현 말레이시아에 있는 항구도시) 방면에 총독으로 와 있던 알폰소 딸브게르끄를 언급한 중에 고레스(Gores)에 관해서 말한 바 있어, 그 뒤 유럽과 일본학자 사이에 논의가 많은 소위 '고레스' 문제를 발생시킨 사례를 보더라도 일찍이 조선사람들이 동아시아 해상에서 활동했음을 잘 알 수 있다.

고레스는 조선으로부터 유구琉球방면에 표착한 사람들이 유구를 근거지로 다시 남빙해상으로 나아가 활동한 사람들이다. 포루투갈 인이 기록한 '딸브게르끄'의 전기 속에 나타난 기록을 보면 그들은 용감하고 침착하며 신의가 있으며 또 레키아[1]에서 왔다고 한다. 유구로부터 가는 고레스가 확실히 조선사람임은 유구방언으로 조선에서 건너간 물품에 '꼬레'라는 말을 접두함에서 '고려'·'꼬레'로 음이 와전됨에서 유래한 것이 아닌가 한다.[2]

---

1) 原註: 현재 학계에서는 유구로 旣定되어 있다.
2) 原註: 상세한 것은 임진왜란 이전에 속하기에 여기 언급하지 않음.

이어 1562년 바톨로뮤 베류유(Bartholomeu Velho)의「세계도世界圖」[3]에는 야판(IAPAM)지도상 구주 서방에 있는 대륙의 돌출부인 반도 첨단부근에 도적도盜賊島(I dos Ladrones)라는 섬이 보인다. 이것은 랑그렌(Arnold & Henri a Langren)의「아시아도」[4]와 데이세라(Luis Teisrea)의「일본도」[5]에서「조선도朝鮮圖」남단에 도적도를 붙인 것으로서 대륙의 돌출부인 반도를 조선이라 추정한다면, 16세기 중엽 포르투갈 인의 지도상에 조선이 표시된 것이라 할 수 있다. 같은 사례는 두라아드(Fernao Vaz Dourabo)의「세계도」[6]에서 뚜렷하게 같은 형태로서 '조선'이라 명기한 돌출부를 볼 수 있다.

이와 같은 사례와 아울러 16세기 중엽 일본에까지 왕래하던 포르투갈인의 항해기록 내지 선교사의 서한에 나타난 것에서 보듯이 조선까지 도달했는지는 명확하지 않으나 그들의 기록에 근거하여 그들이 일본 서북변 대륙에 연접되는 지점에 '고려'라는 나라가 있는 것을 알고 있었다. 그리고 일반 항해가들에게는 무서운 '도적의 섬'으로 알려지고, 일본주재 선교사들에게는 기독교를 전교할 새로운 땅으로 도항하고자 하는 목적지의 하나였던 것을 인지할 수 있다. 이런 모든 지견知見은 임진왜란 이전에 이루어졌다. 또 그와 대조적으로 조선에서는 북경을 통해 왕래하는 사신들이 전하는 포르투갈의 전문傳聞으로써 말라카 방면에 새로이 왕래하는 포르투갈인에 관한 지식을 얻었다. 그러나 오늘 우리들이 알고 있듯이 뚜렷하게 포르투갈인으로 인식하지는 못했고 어렴풋이 중국적인 서양세계의 지견으로 수용했던 것이다.

---

3) 原註: 1562년간, 葡萄牙 스페지야 해군박물관 소장. 콜테쌍(Cortejao) 저서에서 복사한 歐洲古版『日本地圖集』, 제45도 해설 45항.
4) 原註: Arnold &Henri a Langren, ASIAE NOVA DESCRIPTIO(1590년 516㎜×378㎜).
5) 原註: Luis Teisrea, IAPONIAE INSVLAE DESCRIPTO(1595년 Abraham Qrtejius 日刊 428㎜×352㎜).
6) 原註: 1568년 리스본국립도서관 소장. Cortejao에서 복사한 일본지도집 제17도 해설 47항.

임진왜란을 전후하여 일본주재 선교사들은 '고려(朝鮮)'를 현실적으로 직접 인식하며 찾아와 이 땅을 목격하게 되었다. 1571년 2월 4일(선조 4). 곧 일본의 원귀元龜 2년 1월 10일에 교지交趾에서 발송한 것으로 빠드레 까쓰빨 비레라가 에보라의 꼬레지요의 모謀 이르만에게 보낸 편지에 쓰여 있다.

일본에서 해상으로 10일 노정에 '고오라이(고려)'라는 나라가 있다. 나는 4년 전에 이 땅에 가려고 한 일이 있다.[7]

1571년 10월 6일(선조 4). 일본의 원귀元龜 2년 9월 18일자로 고아에서 보낸 빠드레 가스빨 비레라가 포르투갈 아비스 승원의 빠드레들에게 보낸 서한[8]에도 쓰여 있다.

일본에서 다른 방면으로 3일 노정에 그 용어로 '고오라이'라 칭하고. 우리들이 달다리야(韃靼·몽고지방)라고 하는 예부터 유명한 다른 대국이 있다. 나는 그 나라로 가고자 했으나. 중도에 전쟁이 있어 이를 실행하지 못했다. 그 부르시는 날이 아직 이르지 않은 것인가 한다. 우리의 주님 그들을 인도하여 광명을 베푸시기를. 아멘.

서구인들은 그들이 간접적으로 인식할 정도의 조선 땅에 족적을 남기게 되었다. 즉 임진왜란이 발발하자 소서행장小西行長[9]이 자신의 진영으로 초빙한 포르투갈 선교사 세스페데스(Gregorio de Cespedes)[10]는 일본에서 대마도

---
7) 原註: 村上直太郎 역. 『日本耶蘇會通信』 하권 94항. 異國叢書本.
8) 原註: 앞서 제시한 『야소회사서서적집』 동권. 217항 참조.
9) 생몰연대 ?~1600. 풍신수길의 부하로 임진왜란 때 加藤淸正과 함께 조선에 쳐들어온 장수. 마지막에 순천 예교성에 주둔했다가 풍신수길이 죽자 후퇴하여 돌아갔다. 귀국 후 石田三成과 함께 德川家康에 반대하여 싸웠으나 패배하고 사형당했다.
10) Gregorio de Cespedes은 포르투갈의 예수회 선교사이다. 임진왜란 당시 일본군과 함께 서양선교사로는 처음으로 조선에 입국. 1593년에 퇴각했다가 웅천성에 있던 천주교도인 일본

를 거쳐 웅천성熊川城11)에 체류하는 동안 조선사람과 접촉한 흔적은 없으나 이곳에서 유럽으로 보낸 서한 2통은 현재 포르투갈 리스본 교외의 아쥬따 문서관에 보존되어 있다.

이와 대조적으로 조선사람들은 이 난을 계기로 일본으로 잡혀갔고, 다시 그 곳으로부터 동남아시아 또는 유럽 여러 지역으로 매매되어 흘러들어 갔다. 포르투갈 인들은 동방에 나타나면서 이르는 곳곳마다 인신매매를 강요하고 또한 감행했다. 그들이 일본에 와서 일본인을 사가더니 임진왜란을 계기로 조선에 침입한 일본의 대명人名12)들이 잡아간 조선사람들마저도 사가게 되자 일본의 대명들은 더욱 악랄하게 상업목적으로 조선사람들을 잡아갔다. 특히 일본인들이 조선사람을 잡아감에 있어서는 기술자와 부녀자에 한했으니 기술자는 고용하여 쓰고, 부녀자는 노비로 사용했으며 대부분을 포르투갈 인에게 매각했다.

이보다 앞서 조선사람들은 남해로 표류되어 유구에 살면서 남해南海에서 활동했는데, 임진왜란 이후에 또 한 무리의 조선사람들이 피로인被虜人으로 자의가 아닌 타의에 의해 해외에서 표박漂泊을 당하였다. 노예로 팔려간 사람들이 어느 곳으로 갔는지 알 길은 어려우나 지금까지 전하는 바에 따르면 임진왜란 때 피로인들이 흘러들어 살고 있었던 지방을 추상推想할 수 있다. 즉 안토리오 코레아(Antorio Corea)라는 조선청년은 이탈리아인 카를레티(Francesco Carletti)에게 매수되어 17세기의 프로렌스(Frorence:피렌체) 지방까지 떠돌게 되었다. 아마항阿媽港 방면으로 팔려갔다가 다시 일본으로 돌아와 일본

군 장수 소서행장으로부터 종군신부를 파견해달라는 요청을 받아 파견되어 입국. 1년 6개월 동안 종군신부로 활동했다. 1595년 일본으로 돌아간 뒤 포로가 되어 일본으로 끌려간 5만여 명의 조선사람 가운데 2천여 명을 천주교에 귀의시키고 세례를 주었다. 1597년 정유재란 때 다시 조선에 들어와 2개월간 머물렀다.

11) 原註: 경상남도 웅천[곰개] 南山城.
12) 강호시대에 1만 석 이상을 생산하는 영지를 보유하고 그 규모에 따라 행정·군사기구를 구성한 무사.

인으로서 영구정착한 사람도 있었고, 예수교인으로 순교한 사람도 한두 사람이 아니었다.

이런 기구한 운명을 타고난 당시의 조선인들은 뜻하지 않게 해양과 관계를 맺었던 사람들이었다. 이것은 비로소 서양과 직접적인 접촉의 서막이었다. 그러나 자의로 먼 바다에까지 나갈 계기는 못되었다.

제2장 병자호란과 대명관계

제1절 명나라 사람 모문룡의 폐해

누르하치奴爾哈赤가 국호를 후금後金이라 칭하고 흥기하면서 무순撫順(요녕성)을 공격해 탈취하자 명나라는 양호楊鎬[1]로 하여금 요동경략經略을 삼아 대군을 발하여 후금군을 치도록 하고 조선에도 원병을 청했다. 이에 우리는 강홍립姜弘立[2]을 도원수로 평안병사 김경서金景瑞[3]를 부원수로 삼아 출병토록 했으나, 후금군에게 패하여 강홍립과 김경서는 휘하의 군대를 이끌고 후금에 투항하였다. 뒤에 후금은 조선에 사람을 보내 상호 왕래하기를 청하였다.

조선에서도 그에 응하여 사신을 파견했더니 명나라에서 이를 알고 조선

---

1) 중국 河南省 출신의 무장. 정유재란 때 經略朝鮮軍務使가 되어 총독 형개, 총병 麻貴, 부총병 楊元 등과 함께 참전. 울산에서 벌어진 島山城 전투에서 크게 패했는데 이를 승리로 보고했다가 들통이 나 파면되었다. 1618년 명나라 재침 때 재기용되었으나 서르후전투 패배의 책임을 지고 사형당했다.
2) 본관 晉州, 자 君信, 호 耐村. 1618년 명나라가 후금을 치기 위해 조선에 원병을 요청하자 도원수의 직책으로 군사 1만 3천 명과 함께 출정. 광해군의 밀명에 따라 후금에 투항. 장기간 억류생활을 했다. 정묘호란 때 후금군의 선도로 입국하여 강화에서 화의를 주선한 뒤 국내에 머물렀으나 역신으로 몰려 삭탈관직당한 뒤 죽임을 당했다.
3) 강홍립과 함께 후금을 지원하기 위한 장수로 파견. 부원수로 활동.

에 사신을 보내어 감시할 뜻을 비치므로 조선에서는 청과 그러한 관계가 없음을 변명했다. 조선은 무시할 수 없는 양대 세력 사이에서 국제관계의 정세를 관망하던 중 후금이 광해군 13년(1621)에 심양瀋陽〔중국 요녕성 요하유역 도시〕을 공취하고 요양遼陽〔중국 요녕성 중부 태자하 중류의 도시〕을 공략했다. 이로서 조선과 명과의 육로교통은 완전히 차단되었고 조선은 해로를 이용하여 명나라 조정에 사신을 파견하게 되었다.

이 때 명나라 모문룡毛文龍4)이란 자가 요동도사遼東都司로 있으면서 광해군 13년(1621) 2월 후금에게 요양을 빼앗기자 의주로 이동하여 7월에 압록강을 건너 진강성鎭江城을 습격했다. 이듬해에는 가도椵島〔평북 철산〕에 진을 두고 이를 동강진東江鎭이라 하며, 철산鐵山·사량蛇梁·신미도身彌島〔평북 선천〕에 진을 나누어 설치했다. 이 때 국내에서는 서인들이 광해군을 폐하고 인조를 세우며 대의명분론을 주창하여 친명의 기세를 보이자 후금 태종은 인조 5년(1627) 조선에 침입하여 의주와 용천을 함락시키고 별장別將 5)을 보내 가도를 습격하게 하여 모문룡을 신미도로 쫓아냈다. 이어 남진하니 인조는 강화도로 피신하고 일단 화약을 맺었다.

조선에 침입하였던 후금군이 철수하자 모문룡은 다시 출병하여 벽동碧潼·광평성廣坪 등의 성城과 보堡를 공략하고 자녀와 재물을 약탈하고 병사를 모집하며 명나라 조정에 과장된 보고를 하였다. 또 과대한 군마용 사료를 조선에 요구하여 위협함이 심하였으나 요농경략 원숭환遠崇煥이 인조 7년(1629) 6월 모문룡을 여순旅順〔대련. 요동반도 남반부 소재〕의 쌍도雙島로 유치하여 그의 죄목을 열거하고 참살하니 문룡이 근거하던 동강진 가도는 흩어져 궤멸했다.

---

4) 명나라 장수. 1621년(광해군 13) 요동도사로 있을 때 청태종이 요양을 함락하자 의주로 도피. 이듬해 철산의 가도에 진을 둔 뒤 무기와 양곡을 무리하게 요구했고, 가도의 주민을 훈련시켜 쓰는 등 우리나라에 끼친 행패가 막심했다.
5) 조선시대에 각 營·廳에 소속되어 있던 정3품 및 종2품의 堂上軍官.

제2절 해상통명로海上通明路의 상황

광해군 13년(1621)에 요동이 후금의 손아귀에 들어가고 종전의 육로가 차단되자 해상으로 명나라와 통하는 길을 이용하게 되었다. 원래 조선과 중국과의 해상통로는 1) 산동의 등주登州를 기점으로 하고 혹은 지부芝罘에서 혹은 위해위威海衛에서 산동반도의 동단 성산두成山頭에서 황해를 가로질러 우리나라 황해도 옹진에 이르는 것과 2) 산동의 등주를 기점으로 묘도열도廟島列島를 거쳐 노철산수도老鐵山水道를 건너 여순에 이르러 다시 후장산열도後長山列島를 거쳐 석성도石城島에서 압록강구로 다시 해안선을 따라 남하하여 가도, 대동강 어귀의 초도椒島를 거쳐 덕적도德積島, 남양에 이르는 것이다. 명-청교체기 조선의 명에 대한 교통은 해로를 이용했으니 그 일례를 연행도폭에 보면.6) 그 해상통로를 자세히 알 수 있다.

곽산 선사포宣沙浦-(80리)-가도椵島-(약 100리)-거우도車牛島-(500리)-녹도鹿島-(500리)-석성도石城島-(300리)-장산도長山島-(200리)-광녹도廣鹿島-(300리)-삼산도三山島-(200리)-평도平島-(200리)-여순旅順 입구-(약 400리)-황성도皇城島-(200리)-타기도䑊磯島-(200리)-묘도廟島-(80리)-등주登州7)

등주에서 북경까지의 육로는 본 논의에서 관련이 없으므로 생략하겠지

---

6) 原註: 전 조선총독부 도서관관 문헌보국, 소화 16년(1941) 1월, 제7권 제1호 이재욱 해설에 의함.
7) 原註: 등주에서 황제의 도성까지의 거리는 1천8백 리인데, 濟南을 경유하지 않으면 1천7백 리이다. 두 곳의 육로는 생략한다.

만 해로를 보면 거리를 표기한 숫자에 약간의 차이가 있다. 하지만 상당히 실제적이며 구체적으로 기재했던 것이다. 또 이재욱李在郁씨의 해설에 보면 연도의 기사뿐만 아니라 봉사奉使일행의 거동·숙사·산천·고적·선박·풍속 등 대소를 빼지 않고 원색으로 정성스럽게 묘사하여 꼭 실제로 바라보는 듯한 감을 갖게 한다고 했다.

이 해상통명로에 관해서는 당시에도 논의가 많았다. 요양일대가 후금에게 함락되자 조선에서는 오직 항해하는 한 길밖에 없어 이 통로를 이용하게 되었으나, 그 때 사행한 유간柳澗·박이숙朴彝叔·정응두鄭應斗·윤창립尹昌立·윤안국尹安國 등이 모두 계속하여 물에 빠져죽었다. 『조야집요朝野輯要』권8, 광해군 하에 인용한 「속잡록續雜錄」 중전 유씨柳氏의 국문상소를 보면 다음과 같은 내용이 보인다.

> 수로 왕래가 심히 위험하나이다.… 성절聖節·동지冬至에는 다 사신을 보내는 것을 여러 해 보내지 못하여 200년 사대事大의 정성이 헛되이 돌아가오니 사신과 역관이 싫어하고 피함을 어찌 옳다고 하오리이까?…

이처럼 두 세력에 낀 조선이 명에 대한 의리와 사대의 굴레에서 끊지 못할 정리情理를 어떻게 처리할지 몰랐으나, 명의 서울에 가는 사신들이 속속 표몰漂沒함에 부득이 중지하고 보내지 못했다.

표몰하는 원인에 대해서 성호 이익李瀷은 『성호사설星湖僿說』에서 해로를 이용함에 계속 물에 빠져죽는 이유로써 명나라가 편안한 길을 불허함을 지적했다. 즉 만약 해주에서 광녕廣寧을 거치지 않고 곧 영원寧遠에 이르면 아주 빠르고 쉬웠다. 명나라는 이 직항로를 허락할 생각이었으나, 유대하劉大夏 라고 하는 자가 당초에 상정한바, 반드시 3~4개의 커다란 진鎭을 우회하여 산해관山海關에 도달하게 한 것은 무슨 뜻이 없지 않은 것이므로 경솔히 고치지 말 것이라고 고집했고, 또 인조 때 다시 등주 옛길을 회복하게 할 것을 주청했으나 또한 허락하지 않았다. 철산경유의 해로는 "파도가 험악하고 암초가 위험하고 도중에 정박할 만한 도서가 없으며 겸하여 선제가 둔하여 경쾌하지 못함으로 바다를 건너기에 적합하지 않다"고 하며 유대하의 태도를 비난했다. 또 성호 이익은 당시의 원천적 흐름대로 조선-중국 사이를 8일간에 왕래한 일례에 근거하여 상호 거리가 멀지 않음을 지적했다.

또 『조야집요』8)에 인용한 춘파당春坡堂 『일월록日月錄』에서도 "해상통명通明에 있어 표몰함은 해로에 익숙하지 않음에서"라 했다. 또 『하담록荷潭錄』에도 그 저자가 명나라 서울에 갈 때에 영해寧海에서 임소암任疎庵9)이 시를 지어 보냈다.

어찌하여 해로海路를 잊었는가.
관문 밖 오랑캐는 빈번히 포위하는데.
이 길이 누구로부터 나온 말인가.
그대들 일찍이 낌새를 알아차렸도다.10)

이에 시를 지어 답했다.

바다 위의 배는 말과 같은데.
연운燕雲지방을 지나게 하는 보답이 사방에 넘치네.
정다운 때는 서로의 냄새를 맡으며 누운 것과 같은데.
계획하고 추측한 일이 잘 들어맞는 것이 부끄러운 것을 알아차렸도다.11)

---

8) 原註: 권8. 광해군 下.
9) 任叔英.
10) 原註: 任叔英: "如何忘海路 關外虜頻圍 此語從誰出 多君早見幾."
11) 原註: 金時讓: "海上舟如馬 燕雲報合圍 情時如嗅寢 億中愧知幾."

또한 요동을 건너가는 길이 정情에 막혀 해로이용을 문제삼게 되었던 것이다. 이 해상로는 자고로 이용되었던 것으로 신라시대 북방항로를 보는 당나라 가탐賈耽의 『방역도리수기方域道里數記』12)에 보이는 당·외국 교통로의 가장 중요한 일곱 가운데 2번째인 '등주해행입고려발해도登州海行入高麗渤海道(등주로부터 바다를 통해 고려와 발해에 이르는 길)'의 등주로, 즉 산동 등주에서 경기 남양 당은포까지의 해로를 이용했다. 그러나 선조 26년 계사(1593) 4월 명나라에서 산동식량 10만 석을 조운하는 기사를 『국조보감國朝寶鑑』13)에 보면 그 협주夾註에 "이 때에 이미 2백년이나 해로로 통하지 않았다" 함에서 이 해로는 고려말 조선초에 걸쳐서까지도 그대로 이용되었던 것이 아닌 것 같다. 선묘조宣廟朝14)에서는 무관 오정방吳定邦을 여순입구까지 보내 향도하여 왔었다. 이로 볼 때 명나라 말기에 표몰이 잦았던 가장 큰 원인은 성호 이익이 선박이 둔중하다고 했던 것과 『일월록日月錄』에서 해로에 익숙하지 못함이라 한 것이 그에 해당한다 하겠다.

---

12) 原註: 『신당서』 권43하, 지리지 참조.
13) 原註: 『국조보감』 권31, 제51장右.
14) 선조.

제3장 국내의 피폐와 수군

제1절 국내의 피폐

해상에서 일본수군이 충무공 이순신 장군에게 궤멸되었으나, 내륙 각지는 일본침입군의 난폭한 파괴 약탈로 피폐가 심하더니, 전후 8년에 걸친 전쟁이 흐지부지 종막으로 치닫자 국가에서는 그것을 수습하기 힘이 들었다. 『징비록』[1])에는 성 안의 유민이 보이기는 백에 한 사람으로서 그 남은 사람들도 모두 굶주려 피곤하여 낯빛이 귀신같으며, 날씨가 무더워 인마의 시체가 각처에서 썩는 냄새가 성 안에 가득하여 지나는 사람의 코를 막게 했다 한다. 또 『지봉유설芝峰類說』[2])에도 계사癸巳·갑오甲午연간, 곧 선조 26~27년에 굶주린 백성이 대낮에 서로 칼로 찔러죽여 먹었고, 전염병이 연이어 발생하여 노상에 죽은 자가 즐비하고, 서울 수구문水口門 밖에 시체가 산적

---

1) 조선중기의 문신인 서애 유성룡(1542~1607)이 임진왜란 때의 상황을 기록한 책으로 저술 시기는 미상. 그 내용은 임진왜란 이전 일본과의 관계, 명나라의 구원병 파견 및 제해권의 장악에 대한 전황 등 전란과 관련하여 정확한 내용이 기록되어 난중일기와 더불어 사료로서의 가치가 매우 높다.
2) 李晬光이 저술한 백과사전식 책으로 그 내용은 천문·역학·지리·역사·제도·풍습·종교·문예 등 3,435개의 항목을 설명하고 있다. 이수광은 이 책을 통해 토지개혁, 상업의 육성, 해외통상의 필요성을 주장했으며, 특히 서양문명을 많이 소개했다.

하여 성보다도 높았기에 승려들을 불러다가 모두 거둬 매장했다는 정황을 기록했다.

이런 상태에서 국가에서는 먼저 복구책으로 선조 35년(1603)에 문묘文廟를, 동왕 39년에는 명륜당明倫堂3), 41년에는 종묘宗廟4)를 중건하고, 이어서 광해군 치세에도 2년(1610)과 8년에 걸쳐 4학四學·창덕궁昌德宮·영경각領敬閣 및 보루각報漏閣·창경궁昌慶宮을 중수하고 경덕궁慶德宮·자수궁慈壽宮·인경궁仁慶宮을 차례로 창건했다. 이로써 두 가지 사실을 볼 수 있다. 하나는 중앙에서 이와 같은 토목사업이 진행됨은 한양도시가 복구됨이요, 또 하나는 이런 토목사역으로써 전란에 시달린 일반백성들의 생활이 가일층 피곤해진 것이다. 더욱이 광해군은 후대 서인西人일파의 사람들이 말하듯이 포악한 군주가 아니었으나, 과도한 토목사역을 추진했던 것이 오히려 한양 성안에 재액과 화난災禍을 초래하고 피폐를 거듭하게 했다. 또 정묘·병자의 양란은 국내피폐의 정도를 더욱 심하게 했다.

제2절 조선기술의 변천

임진란 당시 이순신의 거북선이 일본군을 크게 격파했으나 병자호란 이후 점차 국내가 수습됨에 따라 숙종 41년(1715), 곧 을미년경에는 점차 없어지는 전선의 구제도를 운용하기 어렵다 하여 각 진의 선창船艙의 편리함과 불편함, 전함의 모든 제도를 개정했다. 그 실제를 보면 연안의 각 선창은

---

3) 서울의 성균관이나 지방의 향교에 부설되어 있는 건물로, 학생들이 공부하던 강당.
4) 조선시대 역대 왕과 왕비의 신주를 봉안한 곳. 左廟右社의 원칙에 따라 동쪽에 배치.

조수가 만조가 아니면 선박을 이동하지 못하여, 경상좌수사慶尙左水使는 수영水營(수군절도사의 군영)의 선박건조는 그 길이와 넓이를 줄일 것을 말하고, 전라좌수사全羅左水使는 보성寶城·낙안樂安 두 읍의 선창이 불편하다 하며, 전라우수사는 각 진에 군사가 없으니 방선防船 11척을 감축하자 하고, 충청수사는 서천舒川·한산韓山·임천林川·평신平薪의 선창이 불편하니 전선을 방선으로 고치자 했다. 또 경기수사는 수영전선 1척과 주문注文·화량花梁의 전선을 방선으로 고치자 했으며, 해서海西는 곧 해로가 남방과 같지 않으며, 또 선재가 없어 매번 타도의 퇴역한 함선을 가져다 사용함으로써 불편이 많으니, 각 읍의 전선은 다 방선으로 고치자 했다. 오차吾又·허사許沙 두 진의 전선과 등산登山의 맹선猛船은 다 방선으로 고치자 했다.

앞서 숙종 36년(1710), 곧 경인년에 이조판서 최석항崔錫恒이 해방과 해로 이용을 말하며 수군과 함선정비와 선체보관에 관해 건의했다.[5]

　　호서지방의 해방海防은 양남지방에 미치지 못합니다. 수영水營은 바깥 바다보다 수십 리 안쪽에 있고, 서천과 한산 두 읍의 선박과 기구는 다른 진보다 못합니다. 금신진金新鎭의 방어는 비방과 칭찬의 논란으로 아직도 정해지지 못했으며, 태안에는 방어영을 신설했습니다. 안흥에는 조운해야 할 곡식이 쌓여 있으나 격군이 없습니다. 이와 같은 제도는 더욱 헤아려서 조치해야 마땅하나 새로 인선된 수사水使는 숙련된 인재가 아닌 것 같으므로, 역시 역량을 고려해야만 하고, 또 순무사로 하여금 이롭고 해로움을 자세히 심의하고 널리 물정을 묻게 해야 합니다.

　　날로 연해변의 선박건조용 목재가 이미 벌레에 많이 손실되었고, 홀로 안면곶만이 피해를 면했으나 금지하는 방책이 날로 해이해져 큰 목재는 거의 다 없어지게 되었다고 합니다. 특별히 더욱 신칙함이 불가한 듯합니다.[6]

---

5) 原註: 李頤命, 『疎齋集』 권8, 啓辭, 條陳海防事宜啓.
6) "湖西海防 又不及於兩南 水營處於外洋數十里之內 舒韓兩邑 船機不及於諸鎭 杭金新鎭毀譽 尙未有定 泰安

특히 호서 충청도 방면의 수군정비는 경상·전라 두 도에 비하여 미치지 못했다. 서천 한산의 선박이 다른 진에 비하여 떨어지며, 신설한 태안의 방영과 안흥창安興倉[충남 태안의 조창]에는 수졸이 없으니 이것이 더욱 생각할 바요. 새로이 수사를 보냄에는 숙련한 사람이 아니면 안될 것이요, 순무사巡撫使로 하여금 정세를 상세히 살피게 할 것이다. 또 연변선재가 많이 충해를 입는데 오직 안면安眠만이 이 피해를 면했으나 해방海防이 날로 해이하니 쓸 만한 선재가 더 없어질 것이라고 하여 그 대책을 세우기를 주장했다.

선박대책은 숙종연간에 심히 논의되었으니 임진·병자 이후 처음으로 모든 면에 다시금 흥성하게 할 방책을 강구하던 때라 선박정비에 유의한 일단一端으로 논의되던 바로서, 숙종 을묘 원년(1675) 3월 전라도순무사 이세화李世華가 떠날 때에 묘당廟堂이 그 「응행절목應行節目」을 의정했으나 이에 나타난 선박체제에는 이론이 분분했다. 『국조보감』 숙종조의 기사에 따르면 선박구조에 관하여 묘당의 의견이 구구했다.

　　전선의 크기와 높낮이 그리고 목재 두께에 대해서는 사람마다 소견이 다르고 말썽도 많으므로 반드시 바람이 세게 부는 날 바다 깊숙이 들어가서 노질도 해보고 배를 돌려보기도 하여 어느 것이 더 좋은 가를 시험해야 한다.[7]

결국 실제적인 조선기술에 의할 것을 주체로 절목에 규정했던 것이다. 모든 선박의 규모는 『경국대전經國大典』[8] 공전工典에 이미 해선海船과 강선江船

新設防營 安興有積貯而斌水卒 此等制置 尤宜商量 而新差水使 似非練達之才 亦涉可慮 亦令巡撫使詳審利害 廣詢物情 且沿邊船材已多蠹損 獨安眠串得免此患 而禁防日解 才幾盡云 另加中筋 似不可已矣.

7) 原註:『국조보감』 권41. 숙종조 숙종 1년 3월: "(節目) 日戰船之體制 大小高下厚薄 人各異見 論說多端 必於風亂之日 深入海中 棹船回旋 …"

8) 『經國大典』: 세조 때 시작하여 예종대의 교정을 거쳐 성종 15년에 완성한 조선시대의 법전이다. 『경국대전』은 『경제육전』과 마찬가지로 이·호·예·병·형·공의 6전으로 구성되었으며 중앙집권체제 정비를 위한 것이 『경국대전』 편찬의 중요한 목적이었다. 『경국대전』의 편찬으로 법치주의에 바탕을 둔 통치규범이 확립되었고, 각종 제도의 유교적 정비가 일단락되었다.

으로 구별하여 대선·중선·소선 3종으로 정했으니 대체로 다음과 같은 기준으로 제작되었다.

선척 종별척수 대조표

형종\선종	해 선	강 선
대 선	42척 × 18척 9촌 이상	50척 × 10척 3촌 이상
중 선	33척 6촌 × 13척 6촌 이상	46척 × 9척 이상
소 선	18척 9촌 × 6척 3촌 이상	41척 × 8척 이상

그러나 현재 그 구조의 대략을 『개사신서改事新書』 권9 고령선제조古令船制條에 보이는 바와 같이 선박구조의 기술적인 점에 언급한 것이 아니고, 오직 일부 장비를 설명함에 그친 것이다.

전선은 일명 싸움배(鬪艦)라고 하는데, 배의 현측 위에 여장女墻을 설치하여 몸을 감출 수 있고 높이는 3자이다. 여장 아래는 창구멍을 내어 열고 당길 수 있게 했다. 현측 안쪽 5지에는 또 시렁을 세웠는데 여장과 더불어 나란하다. 시렁 위에 또다시 여장을 만들고 방패(戰格)를 겹쳐 배열했는데 위는 덮지 않은 등背이다. 전후좌우에는 기치와 금고기를 꽂았다.[9]

영조 경신년(1740)에 처음으로 만들었다는 전운상田雲祥의 해골선海鶻船은 『만기요람萬機要覽』 군정편軍政編 주사조舟師條에 보이는 바와 같다.

그 만듦새는 머리는 낮고 꼬리가 높으며, 앞이 크고 뒤가 작아서 마치 매의 모양과 같고 뱃전의 양쪽에 부판浮板을 설치하여 양 날개를 모방했다. 바람

---

9) "戰船 一名鬪艦 船舷上設女墻 可蔽身 高 三尺 墻下開擊戟孔 舷內五尺 又建棚 與女墻齊 棚上又建女墻 重列戰格 上無覆背 前後左右 樹牙旗幟金鼓."

을 타지 않으며 매우 가볍고 빠르다. 안에서 밖을 볼 수 있지만, 밖에서는 안을 엿보지 못한다. 노젓는 격군格軍10)·사수射手가 다 몸을 숨겨서 노를 젓고 쏘게 되어 있다.11)

해골형으로 된 배로 처음 전라좌수영에 두었다. 뱃전 좌우에 부판을 두 날개와 같이 붙여 풍파에 안전히 경쾌하게 달릴 수 있게 한 것이다. 또 그 형태에 관해서는 『개사신서』 권9에 다음과 같이 기록하고 있다.

해골선은 머리는 낮고 꼬리는 높으며 앞이 작고 뒤가 크니 송골매의 형상과 같다. 뱃전의 좌우에 부판을 설치하니 송골매의 날개처럼 선박을 보조하는 것과 같은 형상이다. 비록 바람과 파도가 크게 일어나도 기울어서 뒤집히는 것을 면할 수 있다. 등 위 좌우에는 생 소가죽으로 입혀서 성처럼 만들었다.12)

『만기요람』의 기사를 좀더 구체적으로 상세히 보충하여 바람과 파도가 크게 일어나도 뒤집히지 않는다 했다. 이로써 일반선박에 비하여 속력이 빠르며 항행에 있어 안전성이 증가되었던 것이다. 또 선내에서 밖을 내다볼 수는 있어도 밖에서 안을 들여다보지 못하게 되어 있어 격군과 사수가 내부에 은신하면서 노를 젓고 화살을 쏠 수 있었다. 전선으로서는 종전의 것을 기술적으로 능가했다. 『만기요람』의 "앞이 크고 뒤가 작다"와 『개사신서』의 "앞이 작고 뒤가 크다"는 것에서 양자의 기사가 서로 상치되는 면이 있으나, 이것은 무엇을 기준으로 했는지 판단하기 어렵기에 『만기요람』의 기록을 따른다.

---

10) 조선시대 수부의 하나로 사공의 일을 돕는 사람. 船格이라고도 한다.
11) 『만기요람』, 군정편4. 해방·주사·총례·해골선 참조.
12) "海鶻船 頭低尾高 前小後大 如鶻之狀 舷左右置浮板 形如鶻翅 以助其船 雖風濤漲天 免柔傾側覆 背上左右 生牛皮爲城."

전선의 규모는 원래『경국대전』병전兵典에서 대맹선大猛船은 매 1척에 수군 80명, 중맹선中猛船은 60명, 소맹선小猛船은 30명이었으나,『속대전續大典』의 규정에 보면 대·중·소맹 모든 배 이름을 고쳐 전선戰船·방선防船·병선兵船으로 했고, 배치와 수에 있어서도 고치고 가감한 것이 있었다. 이에 임진왜란 전후에 있어 그 배치와 수의 가감을 임진왜란 이전의 상황을 가리킨다고 볼 수 있는『경국대전』과 그 후의 사정을 나타내는『속대전』에 의거하면 다음 표와 같다.

구분	대맹	중맹	소맹	무군 소맹	귀선	사후선	거도선	급수선	해골선	탐선	협선	임진전
	전선	방선	병선									임진후
경기	16	20	14		1	16	3	9				60
	4	10	10									53
충청	11	34	24	40	1	41						109
	9	21	20									92
경상	20	66	105	75	9	143				2		266
	55	2	66									175
전라	22	43	33	86	3	101			1			289
	47	11	51									214
강원			14	2								16
황해	7	12	10	10	×소맹선 1주급	5	21	6	×별소선 1	×추포선23	17	39
	2	26	9									111
영안 [함경]		2	12	9								23
평안	4	15	4	16	△(무군 대맹1)	12	1	4	△(무군 중맹3)		1	43
		6	5									29
총계	82	195	216	238								731
	117	76	161		14	318	25		(A)354	(B)422		776

※ (A): 실제전선, (B): 잡선, △: 임진왜란 이전, ×: 임진왜란 이후

위에서 명료하게 나타나듯이 임진왜란 이전에 있어 병선은 전투에 치중했으나 그 이후에는 병선이 각 종류별로 분화되었다. 맹선의 수는 대·중·소별로 구분되어 임진왜란 이전에는 총 731척이었으나 그 이후에는 그에 해당하는 병선이 354척이요, 여기에다 귀선龜船 4척, 사후선伺候船 318척, 거도선艍舠船 25척, 해골선 1척, 탐선探船 2척 등을 합한 3백60척을 더하여 겨우 7백 척에 달하게 되었다. 그 뒤 수십 척의 특수보조선 등은 해안경비와 수군기지와 관련한 특수한 임무에 종사한 것이었으므로 전선의 실제숫자는 임진란 이전에 비하여 감소했던 것이 사실이다.

더욱이 사후선 318척을 제외한 것은 양·질적으로 보아 수군에서 중시할 바가 못되니 전선의 실제수는 7백 척 미만이었다고 하겠다. 더군다나 임진란 이전에 있어 충청·경상·전라 등 3남지방에 비치한 병선 5백59척은 전체 숫자와 비교시 76% 이상이었고, 강원 및 영안 두 도에도 약 7%의 수군을 배치했던 것은 전부터 일본 특히 해적인 왜구를 상정했음을 의미한다. 난 이후로 강원·영안 방면의 수군을 전폐한 것은 임진·정유 양란에서 일본해적들이 괴멸되었던 사실과 일본사회 자체의 대내적인 변화와 발달양상에 기복이 발생함에 따라 조선연안에까지 모험적인 진출을 시도할 필요성이 없어져 동해안이 잠잠해져 가던 상황에서 폐군된 것이라 하겠다.

한편 이와 달리 황해방면은 임진란 이전에는 39척의 배치가 이루어졌음에 비해 이후에는 1백11척으로 약 4배의 증가를 보이고 있어 병자호란을 전후한 숙종연간에 있어 호서지방 해양의 경비를 논의하던 사실과 비교해 볼 때 눈여겨 볼만하다.[13] 이것은 산동방면으로부터 황해연안에 출몰하던 소위 황당선荒唐船[14]에 대비한 경비관계로 전과 달리 추포선 23척을 증강 배치했던 것이다.

---

13) 原註: 이에 대해서는 海事政策을 참조할 것.
14) 해적선 및 密漁船을 의미함.

임진·병자 양란 이후 사회전반을 복구하기 위한 여러 정책 중에서 수군정비는 3면으로 둘러싸인 국가에 대한 경비와 함께 조운상 긴요하면서도 현실적인 문제로 일찍이 뜻있는 행정가가 주목한 문제였고, 그 정비에 따라 조선기술 역시 약간 변천하게 되었다. 그러나 앞서 제시한 표에서 볼 수 있듯이 귀선은 경상도에 9척, 전라도에 3척, 경기·충청 두 도에 각 1척씩 배치된 점에서 형식적인 것에 불과함을 간과할 수 없다.

귀선제작과 관련하여 영조 27년(1751) 신미 2월 영남균세사嶺南均稅使 박문수朴文秀의 상소를 보면 다음과 같이 말하고 있다.

> 전선과 귀선의 제도를 살핀 즉 전선은 개조할 때마다 그 몸체가 점차 길어져 전혀 운용하기 어려우며, 귀선에 이르러서는 당초의 선체제도가 몽충艨衝과 같고 위는 두터운 널판으로 덮어 화살과 돌을 피할 수 있으나, 이순신李舜臣의 기록에 보이는 귀선은 좌우 각 6개의 총혈銃穴을 열었는데 지금은 8혈이니 전에 비하여 과대하니 개조하지 않을 수 없다.

이것은 곧 전날의 귀선이 형태만 유지할 뿐 실용면에서 벗어난 형식적인 제작이었음을 의미한다.15)

국가적인 시책으로는 귀선의 실용성이 점차 없어지고 일반전선 제작기술도 쇠퇴하는 한편 부분적으로 한두 개 개인적 수준의 창안이 이따금씩 출현했다. 다산 정약용丁若鏞16)의 『목민심서牧民心書』17) 권12, 공전工典 장작匠

---

15) 原註: 『英宗實錄』 권73, 영종 27년 2월 己丑.
16) 정약용: 생몰 1762~1836. 유형원·이익의 학문과 사상을 계승하여 조선 후기 실학을 집대성했다. 실용지학·이용후생을 주장하면서 주자 성리학의 공리공담을 배격하고 봉건제도의 각종 폐해를 개혁하려는 진보적인 사회개혁안을 제시했다. 본관은 나주, 호는 사암, 자호는 다산, 당호는 여유. 아버지는 진주목사 재원이며, 어머니는 해남 윤씨로 두서의 손녀이다. 경기도 광주시 초부면 마재에서 태어났다.
17) 『목민심서』: 정약용이 목민관, 즉 수령이 지켜야 할 지침을 밝히고 관리들의 탐학을 비판한 저서. 48권16책으로 부임·율기·봉공·애민·이전·호전·예전·병전·형전·공전·진황·해

作조에 의거해 보면 해남수군사海南水軍使, 곧 전라우수사 이민수李民秀가 차륜선車輪船을 창조하여 비변사[18]에 보내고 여러 방면으로 형식을 따르기를 청했으나 중앙에서는 그대로 묵살했다. 이에 다산은 이민수에 대해 그 조상 충무공 이순신이 귀선을 창조하여 외적을 방어했으니 가히 그 무제를 잇는 자손이라 할 만하다고 했으나 국가에서는 그것을 실용화하도록 조처하지 못했다.

이 차륜선이 어떤 형상인지 알 수 없지만 왕명학王鳴鶴의 '등단필구登壇必究'를 인용한 다산의 설명에는 중국에서 이미 병가들이 차륜선을 강구한 지 오래되었다. 다만 이민수가 이런 병가의 차륜법을 받아들였는지는 명확하지 않으나 『등단필구』에 "바퀴로써 물결을 헤치니 그 움직임이 나는 것과 같고…[19]", "바퀴로써 물결을 헤치니 바람이 없이도 갈 수 있는 것이다.…"[20] 라고 했다. 모원의茅元儀의 「군자軍資」 3편을 살필 때 빨리 운항할 수 있는 것으로 차륜으로 물을 헤치게 하여 바람이 없어도 항행할 수 있는 배였다.

차륜선車輪舸은 치수가 상세하고 분명하다. 구준경仇俊卿도 또한 말하기를 "차륜선의 제도는 군사에게 앞뒤에서 바퀴를 밟아 배가 스스로 나아가고 물러나도록 물속에서 위아래로 회전시키는 데 빠르기가 나는 것과 같다.[21]

관의 12편으로 나누고, 각 편은 다시 6조로 나누어 모두 72조로 편제되어 있다. 이 책은 농민의 실태, 서리의 부정, 토호의 작폐, 도서민의 생활상태 등을 낱낱이 파헤치고 있으며, 한국의 사회·경제사 연구에 귀중한 자료이다.

[18] 비변사: 조선 초 왜구와 여진의 침입에 대한 대비책을 논의하던 협의체에서 출발. 삼포왜란을 계기로 임시 관청으로 격상시켰다. 임진왜란 때부터 정치·경제·외교·문화·군사 등 국정의 모든 사무를 담당했다. 비변사의 강화는 의정부와 6조를 중심으로 하던 국가 행정체계를 무너뜨렸으며 왕권 또한 강화시켰다. 흥선대원군이 권력을 잡은 뒤에는 비변사를 폐지하고 그 기능을 의정부와 삼군부로 옮겼다.

[19] "以輪激水 其行如飛."
[20] "以輪激水 無風可行者."
[21] "車輪舸 詳著尺寸 仇俊卿亦云 車船之制 令軍士前後踏輪 舟自進退中流 上下回轉 如飛."

그러나 중국과 조선에서 실용화되지 못한 것은 기술의 정체요. 특히 조선에서는 수군제도의 해이로 시도도 해보지 못했던 것 같다.

병선兵船의 사용기한 또한 조선기술과 관련되는 것이니 『경국대전』에서 조선 초기의 것을 보면 병선이나 일반조운선이나 모두 같이 만든 지 8년에 개수改修하고, 6년이면 다시 수리한다고 했다. 매월 그믐과 보름에 연기와 훈증煙薰, 즉 선체의 물에 잠기는 부분을 나무를 때어 그을리어 부패를 방지하는 것으로 선체를 정리했다. 이런 연훈은 어패류의 부착 번식을 막기 위해서도 필요했다. 경상좌도와 강원 영안(평안)도는 10년에 개수, 11년에 개조했다. 육지 속의 물(陸水)에 항상 정박하는 선체에는 연훈을 실시하지 않았다. 그러나 임진란 이후에는 선체관리도 세분화되어 그 규정도 전에 비하여 복잡해졌다.

대체로 『대전통편大典通編』이 지적하는 조선 후기의 제도에 따르면 각 도 전병선戰兵船의 연한이 차면 부식과 파도에 손상여부를 수군절도사[22]가 직접 조사하여 상부에 보고하도록 되었다. 이를 각 수군기지별로 보면 경상도의 전병선이 우도는 퇴역기한이 80개월로 20개월에 개조하며 좌도는 퇴역기한이 60개월로 20개월에 개조했으며, 경상노에서는 다 철못을 사용해서 개삭改槊[23]함이 없었다. 전라도의 전戰·방防·병兵 등 군선은 3년 뒤에 처음 개삭하고 또 3년에 다시 개삭하며 또 3년 뒤에 개조했다. 경상도는 철못을 사용하므로 선체의 어그러진 것을 고쳐 조이는 개삭이 없었고, 전라도 외의

---

22) 조선시대 각 도의 수군을 다스리던 지휘관으로 정3품의 당상관 서반직. 고려 말 왜구에 대처하는 과정에서 해도원수가 두어졌다가, 조선 초기에 경기좌·우도, 충청도, 전라도, 경상도에 수군절도사가 임명되었다. 1420년(세종 2)에 수군도안무처치사로 개칭되면서 그 관하에 도만호와 만호를 두었다. 1466년(세조 12)에 수군도안무처치사는 수군절도사로 개칭되었으며, 경기도, 충청도, 경상좌·우도, 전라좌·우도에 각 1명씩 있었으며, 특히 영안도와 평안도에는 병사가 모두 수군절도가를 겸직토록 했다. 수사로 줄여서 말하는 수군절도사는 수영을 설치하고 예하에 수군 누후와 지인·영리를 비롯한 많은 병선을 거느렸다.
23) 나무못을 갈아끼워 전선을 수리하는 것을 말함.

각 도에서는 개삭을 했다.

선박을 건조함에 있어 경상도와 이를 제외한 여러 도에서 사용하는 못이 달랐다. 경상도에서는 철못을 박아가며 배를 무었으나 다른 곳에서는 철못을 쓰지 않아 개삭할 수 있었던 것이다. 충청도에서는 전선을 30개월에 개삭하고 다음 30개월에 재개삭하고 다시 30개월 뒤에 개조했다. 즉 7년 6개월 만에 개조한 것이다. 방선은 36개월마다 초개삭初改槊・재개삭再改槊 개조했으니, 9년 만에 개조한 것이고, 병선은 36개월마다 초・재・삼 개삭하여 12년에 개조했다. 황해도 대・소선은 매 2년마다 개삭하다가 12년이면 개조했다. 경기 대・소선은 기한을 정하지 않고 수시로 깨지고 상처난 곳을 개삭했다. 양호兩湖의 모든 선박은 기한전이라도 부패하고 상하면 개삭・개조하나 그 상황은 수군절도사 스스로가 직접 검사하여 비변사에 보고하도록 했다.

제3절 수군의 정비

임진왜란이라는 대전란을 치른 뒤 국내 여러 제도와 함께 수군도 정비를 이룰 수 있었다. 『조선배[船之朝鮮]』의 저자 금촌병今村鞆은 과거 조선수군에 대해 "수상경찰선이라 함이 타당하겠다"고 했다. 혹 혹평이라고 할 수도 있겠으나 임진란 이후 조선수군의 상황은 사회의 퇴영과 아울러 고종시대의 개혁에서 전부 진鎭을 없앨 때까지 쇠잔한 풍을 보면 오히려 일면의 실상을 지적했다고 하겠다. 이런 현상은 우리들이 앞으로 발전시키는 데 산 교훈이 될 것이다.

중엽 이후의 수군 배치상황을 『대전회통大典會通』 병전兵典에 의거해 보면 대략 다음과 같다.

(1) 경기도

□ 수군통어사 1인. 종2품이며 중엽 이후에 증치한 것으로 수군절도사가 겸하던 것을 파하고 강화유수江華留守가 겸했다가 다시 수군절도사가 겸했다. 후에 중군中軍 1인에 정3품[堂上官]을 증치했다.[24)]

□ 수군절도사 2인. 정3품이며 1인은 관찰사[25)]가 겸했다가 후에 1인은 관찰사가 겸하고 1인은 통이사가 겸했다. 중간에 감했나 뒤에 다시 설치했다.

□ 수군방어사 1인. 종3품이며 중엽 이후에 증치했다. 영종첨사永宗僉使 혹은 교동부사喬桐府使가 겸했다. 후에 감했다. 위계는 수군절도사보다 높았으나, 수사가 관찰사의 겸직이었으므로 사실상의 불합리를 부자연하게 면했다.[26)]

□ 수군첨절제사水軍僉節制使[27)] 3인. 종3품으로 중엽 이후에 증치한 것으로서 영종진永宗鎭 · 덕적진德積鎭 · 덕포진德浦鎭에 두었다.

□ 수군동첨절제사水軍同僉節制使 2인. 종3품이며 역시 후기의 증치로서 덕포진 관하에 있는 화량진花梁鎭 주문도注文島에 두었다.[28)] 동同은 부副라는 뜻으로서 덕포진 첨절제사의 관하에 있는 화량 · 주문도에 동첨절제사가 있었고 품계도 전자는 종2품이고 후자는 종3품이었다.

---

24) 原註: 중군이란 副將의 뜻으로 상세히는 최남선, 『朝鮮常識』 制度篇, 94쪽 중군조를 참조할 것.
25) 종2품의 지방장관으로 각 도에 1명씩을 두었다. 고려 말기에도 있었으나 조선시대에 이르러 확정됨. 문관직으로서 병마절도사 · 수군절도사 등의 무관직을 거의 겸임했다. 중요정사에 대해서는 중앙의 명령에 따라 시행했지만, 자기 관할 도에 대한 경찰권 · 사법권 · 징세권 등을 행사하여 지방행정상 절대권력을 행사했다. 경기관찰사는 서울 또는 수원에, 충청관찰사는 충주 또는 공주에, 경상관찰사는 경주 또는 상주 · 성주 · 달성 · 안동에, 전라관찰사는 전주에, 함경관찰사는 함흥 또는 영흥에, 평안관찰사는 해주에, 강원관찰사는 원주에 각각 두었다.
26) 原註: 최남선, 『朝鮮常識』 制度篇, 96쪽 防禦使조를 참조할 것.
27) 조선시대 각 도의 수군절도사 관하에 있던 종3품의 무관직으로 수군의 거진을 이루는 포구를 근거로 하면서 인근 제진을 이루는 제 포구의 수군만호를 관장했다.
28) 原註: 今村병(革內) '船之朝鮮' 94쪽 표에서 경기도 수군첨절제사 5인이라 함은 첨절제사와 동첨절제사를 혼동하여 하나로 본 것에서 온 착오이다.

□ 수군만호水軍萬戶[29] 1인. 종4품이며 덕포진 관하의 장봉도長峯島에 두었다. 중엽에 일시 영종·초지草芝·제물濟物·교동 등지에 두었으나 다 감했고, 원래 정포井浦에도 있었으나 파했다.

(2) 충청도

□ 수군절도사 2인. 정3품이며 1인은 관찰사가 겸했다. 우후虞侯[30] 1인에 정4품을 두었다.

□ 수군첨절제사 4인. 종3품이며, 소근포진所斤浦鎭·마량진馬梁鎭[충남 서천 마량]·평신진 등에 두었으며 뒤에 더하여 안흥진安興鎭에 두었고, 또 가감이 있었으나 4인이 항례였다.

□ 수군만호 1인. 종4품으로 마량진 관하 서천포에 두었다. 당진포唐津浦·파지도波知島[충남 서산시 팔봉면 고파도]에도 있었지만 모두 파했다.

(3) 경상도

□ 수군통제사 1인. 종2품이며 별도로 칭하기를 통곤統閫이라고 한다. 경상·충청·전라의 수군을 통할하는 장관으로 경상우도 수군절도사를 겸한다. 임진란이 일어난 이듬해 선조 26년(1593) 계사년에 이순신 장군이 전라좌수사로 3남수군을 통솔하여 노량露梁[경남 남해군 설천면 노량리], 한산에서 승첩하니 이로써 순신을 삼도수군통제사三道水軍統制使[31]로 발탁 임명하여 곧 전권을 발휘하게 하니 이에 통제의 칭호가 비롯했다.[32] 그 아래에 중군 1인 종2품, 우후 정3품[당상관] 등을 증치했다가 우후는 뒤에 폐했다.

□ 수군절도사 3인은 정3품이며 2인은 좌도·우도 수군절도사요, 1인은 관찰

---

29) 조선시대 종4품의 외관직 무관으로서 각 포에 설치된 수군 제진의 장이었다. 고려 말에 수군이 재건되면서 각 도별로 도만호 관하에 만호·천호 등의 장수가 임명되어 왜구와의 전투를 임한 바가 있는데, 조선 초기에는 만호가 요해처별로 군사적 단위를 이루어 수군운용의 중심을 이루었다.
30) 原註: 절도사의 副職, 『朝鮮常識』, 制度篇, 95쪽 虞侯 참조.
31) 충청·전라·경상도의 수군을 다스리는 통제사로 1593년 8월 15(계사)일에 처음으로 내렸다.
32) 原註: 『朝鮮常識』, 制度篇, 92쪽, 통제사조.

사가 겸했다. 우도수군절도사는 임진란 이후 3도수군통제사가 겸했다. 우후 1인은 정4품으로 좌도・우도에 각각 배치되었으나 우도는 통제영 우후가 겸하여 사실상 1인이었고, 훗날 중군으로 승격했다.

□ 수군첨절제사 4인은 종3품으로 부산포진・다대포진・가덕진加德鎭[부산 강서구 가덕도 성북동]・미조항진彌助項鎭[남해군 미조면 미조리]에 두었다. 다대포진은 원래 만호였으나 올려서 동첨절제사가 되었다가 다시 올려 좌도에 속하게 하며 첨절제사로 했고, 미조항진은 우도에 속하게 했다.

□ 수군동첨절제사 2인은 종4품으로 후기에 증치한 것으로서 1인은 부산포진 관하의 서생포西生浦[울산시 울주군 서생면]에 원래 만호를 두었다가 뒤에 올렸고, 1인은 가덕진 관하 구산포龜山浦에 두었다. 또 미조항진 관하 적량赤梁[남해군 창선면 진동리 적량]에도 원래 만호를 두다가 후기에 동첨절제사로 올리었으나 훗날 파했다.

□ 수군만호 15인은 종4품이다. ① 두모포豆毛浦, ② 개운포[원래 해운포로 뒤에 개칭한 것], ③ 포이포包伊浦, ④ 서평포西平浦[후에 증가]. 이상 부산포진 관하임. ⑤ 천성진天城鎭[부산 강서구 가덕도 천성동(후에 증가)], ⑥ 안골포安骨浦[원래 薺浦[진해시 제덕동)에 속했으나 뒤에 옮김], ⑦ 제포[원래 첨절제사였으나 뒤에 내려 미조항에 속하게 하고 다시 옮김] ⑧ 조라포助羅浦[원래 제포에 속했다가 옮김], ⑨ 옥포玉浦[원래 제포에 속했다가 옮김], ⑩ 지세포知世浦[원래 제포에 속했다가 옮김], ⑪ 가배량加背梁[후에 증가]. 이상 가덕진 관하임. ⑫ 평산포平山浦[남해군 남면 평산리(원래 제포에 속하다가 옮김)], ⑬ 사량蛇梁[원래 제포에 속하다가 옮김], ⑭ 당포唐浦[통영시 산양읍 신덕리(원래 제포에 속하다가 옮김)], ⑮ 영등포永登浦[거제시 장목면 구영리(원래 제포에 속하다가 옮김)]. 오포烏浦와 염포鹽浦는 뒤에 모두 파하고 감포甘浦・칠포漆浦・축산포丑山浦도 파하고 제포는 서울에서 직책을 겸했으나 고종연간에 파했다.

(4) 전라도

□ 수군절도사 3인. 정3품으로 2인은 좌도 및 우도 수군절도사이고 1인은 관찰사가 겸했다. 우후 정4품은 좌도와 우도에 각 1인이다. 방어사 1인은 종2

품으로 뒤에 증치한 것으로 제주목사가 겸했다.
□ 수군절제사 1인. 정3품을 제주진에 두었다.
□ 수군첨절제사 7인은 종3품이다. ① 사도진蛇渡鎭[전남 고흥군 영남면 금사리(좌도에 속함)]. ② 임치도진臨淄島鎭. ③ 가리포진加里浦鎭은 뒤에 첨가. ④ 고군산진古群山鎭[전북 군산시 옥도면 선유도]은 동첨절제사에서 첨절제사로 승격했다. ⑤ 법성포진法聖浦鎭[전남 영광군 법성면 법성리]은 원래 만호로써 임치진臨淄鎭[전남 무안군 현경면 동산리]에 속하다가 뒤에 동첨절제사로 올리고 옮기어 고군산에 속하다가 다시 첨절제사로 올렸다. ⑥ 군산포진은 원래 만호로 임치진에 속했으나 뒤에 동첨절제사로 올리어 위도蝟島[전북 부안군 위도면 위도]에 속하게 하고 다시 옮겨 고군산에 속하게 했다가 첨절제사로 올렸다. ⑦ 위도는 뒤에 첨절제사를 두다가 다시 내려 고군산에 속하게 한 뒤 다시 올려 우도에 속하게 했다.
□ 수군동첨절제사 3인은 종4품으로 뒤에 증치함. 사도진 관하의 방답防踏[전남 여천군 돌산면]. 임치진 관하의 임자도, 가리포진 관하의 고금도 등에 두었다.
□ 수군만호 15인은 종4품으로. ① 회령포會寧浦[장흥군 회진면 회진리]. ② 여도呂島[고흥군 점암면 여호리]. ③ 녹도鹿島[고흥군 도양읍 봉암리]. ④ 발포鉢浦[고흥군 도화면 내발리]. 이상은 사도진 관하. ⑤ 다경포多慶浦[무안군 운남면 성내리]. ⑥ 목포. ⑦ 지도紙島[통영시 용남면 지도]는 뒤에 증치함. 이상 임치도진 관하. ⑧ 신지도薪智島는 뒤에 증가. 어란포於蘭浦[전남 해남군 송지면 어란리]는 원래 임치도에 속하다가 옮김. ⑨ 마도馬島는 원래 사도에 속하다가 옮김. ⑩ 금갑도金甲島[전남 진도군 의신면 금갑리]는 원래 임치도에 속하다가 옮김. ⑪ 이진梨津[전남 해남군 북평면 이진리]은 뒤에 증가. 이상 가리포진 관하. ⑫ 검모포는 원래 임치도 또는 고군산에 속하다가 옮김. 위도진 관하. ⑬ 명월포는 뒤에 증가. 제주진 관하. ⑭~⑮ 달량達梁과 돌산포는 뒤에 모두 파했다.

(5) 황해도

□ 수군절도사 2인은 정3품으로 1인은 관찰사가 겸하며 1인은 뒤에 증치한 것으로 옹진부사가 겸했다. 우후 1인은 정4품으로 증치함.
□ 수군첨절제사 2인은 종3품으로. 1인은 백령진이고, 1인은 초도진이니 초

도는 뒤에 동첨절제사로서 승격하여 첨절제사가 되었다. 소강진所江鎭에도 있었으니 뒤에 올려 수사로 했다.

□ 수군동첨절제사는 4인으로 종4품으로 뒤에 증치했다. 등산곶·허사포許沙浦·오차포吾叉浦·용매량龍媒梁은 원래 모두 만호로서 소강진에 속했다가 뒤에 승격하여 동첨절제사로 했으며 소관을 옮겼다. 이상 백령진 관하.

□ 수군만호는 1인으로 종4품이다. 백령진 관하 조니포助泥浦에 뒤에 증가시킴. 본래 광암량廣巖梁·아랑포阿郞浦·오차포·허사포·가을포茄乙浦·용매량 등에도 만호를 두었으나 모두 파했다.

(6) 강원도

□ 수군절도사 1인은 정3품으로 관찰사가 겸했다.

□ 수군첨절제사 1인은 종3품으로 삼척포진에 증치한 것으로 영장營將이 겸했다.

□ 수군만호 1인은 종4품으로 삼척포진 관하 송포松浦에 두었다. 안인포·고성포·울진포에 두었던 것은 뒤에 모두 파했다.

(7) 함경도

□ 수군절도사 3인은 정3품으로 2인은 남도와 북도 병마절도사가 겸히고 1인은 관찰사가 겸했다.

□ 수군만호 1인은 종4품으로 북도관하의 조산포造山浦에 있었다. 남도관하의 낭성포浪城浦·도안포道安浦에 두었던 것은 뒤에 모두 파했다.

(8) 평안도

□ 수군절도사 1인은 정3품으로 관찰사가 겸했다. 원래 2인으로 1인은 병마절도사가 겸했다가 뒤에 감했다.

□ 수군방어사 2인은 종2품으로 뒤에 증치. 삼화부사·선천부사가 각각 겸했다.

□ 수군첨절제사 6인은 종3품으로. ① 선사포진宣沙浦鎭 ② 노강진老江鎭, ③ 광량진廣梁鎭, ④ 삼화진三和鎭〔원래 종 6품의 병마절제도위였던 것을 첨절제사로 승격시켰

다〕. ⑤ 선천진宣川鎭〔원래 동첨절제사였던 것을 첨절제사로 승격시켰다〕. ⑥ 신도진薪島鎭〔뒤에 병마첨절제사33)를 두었다가 뒤에 수군으로 고쳐 속하게 했다〕.

이상의 수뇌관원의 배치는 임진란 이후 고종 말년에 제 진이 혁파될 때까지의 상황이었다. 각 인원과 함선 배치상황을 『증보문헌비고增補文獻備考』권120 병고兵考에 의거하여 도별로 일람하면 다음과 같다.

경기수군 인원

직책	인원	직책	인원	직책	인원
삼도통어사겸경성수사	1	중군	1	송성파총	1
초관	4	기패관	3	군관	128
속오	4	초표하군	250	선장	7
선봉장	2	선감관	1	군기감관	4
지구관	4	기패관	25	포도관	15
교사	1	별파군	4	사수	118
포수	159	표하군	324	격군	362
능로군	97	방수군	876	통계장졸	1,075
방수군	2,475	방어영		속오	8
초표하군	94	장졸	298	방수군	214

경기수영 및 속진선척 배치일람

구분	복물선	보경선	급수선	거도선	사후선	귀선	병선	방선	전선
주진			3		8	1	4	1	2
영종포			2	1			1	2	
주문도	1		2	2	2			1	1
화량			1				1	1	1

---

33) 조선시대 각 도의 병마절도사 관하에 있던 종3품의 무관직으로 거진의 장이 되었다. 그러나 이들은 양계의 경직겸차하는 단독 진의 병마첨절제사를 제외하고는 모두가 목사나 도호부사와 같이 격이 높은 수령이 겸했으므로 문관으로 무관직을 겸대했다.

장봉도			1	1	2		3	
덕봉					3		1	2
덕적진		2	1		1		2	1

경상우수 수군인원

직책	인원	직책	인원	직책	인원
삼도통제사겸경상우수사	1	우후	1	산성중군	1
천총	1	파총	4	치총	6
초관	19	성장	19	지구관	7
기패관	5	도훈도	6	화포감관	2
지곡관	4	기패관	25	포도관	15
성정군	440	친병	16초	아병	3초
표하군	654	승장		승군	42
대변군관	140	선장	12	포도장	14
포수파총	1	파수별장	2	지구관	6
기패관	20	도훈도	16	감관	18
별무사겸가왜장	29	사수	174	화포수	150
포수	200	타공	7	사공	144
가왜군	75	난후병	41	능노군	841
선고직	69	중영장솔계	386	장졸	8,638
영진방수군공	22,932	모	9,240	선후운사수	584
첨격사수	2,532	차비군	100		

경상우수 선척 배치일람

구분	선종 및 척수						구분	선종 및 척수					
	급수선	사후선	귀선	병선	방선	전선		급수선	사후선	귀선	병선	방선	전선
우도주진	2	21	3	7		3	곤양		2	1			1
안골포		2		1		1	진해		2	1			1
제포		2		1		1	남해		2	1			1
영등포		2		1		1	고성		2	1			1
옥포		2		1		1	가덕진		4	1	2		1
지세포		2		1		1	미조항		2		1		1

조라포	2		1	1	통영	2	(3	(7)
당포	2		1	1	천성포	2	1	1
사량	2		1	1	귀산포	2	1	1
적량	2		1	1	가배량	2	1	1
평산포	2		1	1	소비포	2	1	1
※감포	2		1	1	율포	2	1	1
※축산포	2		1	1	삼천포	2	1	1
※칠포	2		1	1	상주포	2	1	1
진주	4	1	2	1	곡포	2	1	1
창원	2		1	1	구소비포	2	1	1
김해	2		1	1	남촌풍덕포	2	1	1
※하동	2		1	1	신문	2	1	1
※거제	4	1	2	1	청천	2	1	1
※웅천	2	1	1	1	장목포	2	1	1
사천	2			1				

※ 감포·축산포·칠포 등은 임진왜란시에는 존속했으나, 중엽 이후 파진됨.

경상좌수 수군인원

직책	인원	직책	인원	직책	인원
경상좌수사	1	우후	1	대변관	100
선장	8	선감	2	군기감관	1
지구관	28	기패관	70	도훈	5
교사	20	사수	132	포수	166
표하군	191	타공	25	요수	8
정공	8	능노군	575	난후병	41
선고직	6	장졸	2,696	관진방수군공	10,440
보	4,247	첨격사수	911	선후군사수	312
차비군	111	탄사수	528	탄장	180

경상좌수 선척 배치일람

구분	전선	병선	사후선	귀선
좌도주진	3	5	12	1

울산	1	1	2	
기장	1	1	2	
부산	1	2	4	1
다대포	1	2	4	1
포이	1	1	2	
두모포	1	1	2	
개운포	1	1	2	
서평포	1	1	2	
서생포	1	1	2	

전라우수 수군인원

직책	인원	직책	인원	직책	인원
전라우수사	1	우후	1	대변관	170
선장	7	포고관	2	장교	28
지구관	6	기패관	25	훈도	6
교사	8	포도관	8	사수	116
화포수	42	포수	140	표하군	246
타수	21	무상	9	요수	8
정수	8	선직	8	능노군	546
입방군	3,530	수용군	400	장졸계	7,443
입방군	13,950				

전라우수 선척 배치일람

구분	전선	방선	병선	사후선	귀선	왜선	해골선
우도주진	3	1	4	8	1		1
나주	1		1	4	2		
운암	1		1	2			
영광	1		1	2			
진도	1		1	2			
무안	1		1	2			
해남	1		1	2			
함평	1		1	2			

법성포	1		1	2			
고군산	6	2	6	10			
고금도	1		1	2			
임치	1	1	1	2			
군산	1		1	2			
위도	1		1	2			
임자도	1		1	2			
마도		1	1	2			
신지도			1	2	1	2	
검모포	1	1	1	2			
다경포	1	1	1	2			
목포	1	1	1	2			
어란	1	1	1	2			
남도포	1	1	1	2			
금갑도	1	1	1	2			
이진	1		1	2			
지도	1		1	2			
격포	1	1	1	2			
섬진	1	1	1	2			
가리포	1	1	2	2	1		

전라좌수 수군인원

직책	인원	직책	인원	직책	인원
전라좌수사	1	우후	1	대변관	170
선장	7	지구관	2	기패관	60
포도관	8	훈도	9	화포교사	1
화포수	40	사수	105	포수	146
군수군	150	수용군	800	입방군	4,145
선직	4	무상	8	정수	8
료수	8	타수	24	표하군	408
장졸	3,616	방군	7,910	모훈군	100

전라좌수 선척 배치일람

구분	선종 및 척수						구분	선종 및 척수					
	전선	병선	사후선	방선	귀선	왜선		전선	병선	사후선	방선	귀선	왜선
좌도주진	3	5	11		1		회령포	1	1	2			
장흥	1	1	2	1			여도	1	1	2			
순천	1	1	2	1			녹도	1	1	2			
보성	1	1	2				발포		1	2		1	
낙안	1	1	2				고돌산	1	1	2			1
광양	1	1	2				※진도	1	1	2			
흥양	1	1	2				※함평	1	1	2			
사도	2	2	4				※해남	1	1	2			
방답	2	2	4										

※ 진도·함평·해남: 말기에는 보이지 않는다.

공충[충청]우수 수군인원

직책	인원	직책	인원	직책	인원
공충우수사	1	우후	1	대변관	170
선장	2	지구관	7	기패관	20
포도관	8	훈도	6	교사	6
화포교사	4	사수	90	포수	141
표하군	162	타수	9	요수	6
정수	6	무상	3	능노군	424
방수군	3,297	수방교군	290	장졸	3,749

공충[충청]우수 선척 배치일람

구분	선종 및 척수				구분	선종 및 척수			
	병선	사후선	전선	귀선		병선	사후선	전선	귀선
주진					비인	1	1		
홍주	1	3		1	해미	1	1		
한산	1	2			당진	1	1		
서천	1	1			평신	1	2		

면천	1	1			안흥	1	3		
서산	1	3		1	소근	1	3	1	
태안		2		1	마량	1	3	1	
결성	1	1			서천포	1	3	1	
보령	1	1			※임천	2		1	방선1
남포	1	1							

※임천은 말기에는 보이지 않음.

황해 수군인원

구분	직책	인원	구분	직책	인원
주진	중군	1	속진	별초군관	200
	수성장	1		포도관	100
	성장	4		대변군관	100
	천총	2		사부군관	90
	파총	4		보군군관	50
	초관	8		기패관	80
	기패관	63		별무사	300
	군관	130		화포수	10
	별무사	51		포수	83
	아병	2초		표하군	193
	표하군	110		장졸계	3,323
				승장	1
				승군	298

황해 수군선척 배치일람

구분	선종 및 척수						구분	선종 및 척수					
	방선	병선	사후선	협선	추포선	거도선		전선	병선	사후선	협선	추포선	거도선
주진	3	1		2	10	5	장연	1			1		
옹진	1			1	2		강령	1			1		
풍천	2			2	1		등산	2					3
허사	2	1			3		안악	1	1		1	소선1	

초도	1	2	1	3		해주	2		2	1	1
은율	1			1		용매	2	1		1	2
장연	2	4			6	연안	1			1	
오차	2	1			3	백천	1			1	
백령	1	2	전선1			조니	1		1	1	1

※ 평안도방어사 겸 삼화부사

평안 수군인원 및 선척 배치일람

속진	방선	병선	급수선	사후선	요망선	모선	군수선
광량	2	2	3		1	1	
노강	1	1	1	1	1		
장졸계 : 835							
선사포	2	1		6			1
선천	1	1		3			
미곶진			거도선1	1	협선1		
장졸계 : 531							

※ 함경도는 조산만호造山萬戶가 수군의 장수였다.

제4절 해방과 조운행정

조선수군에 있어 가상의 적은 언제든지 일본이었으므로 임진란 전후를 통해 경상도와 전라도 해안을 중요시하여 수군병력과 전선을 배치하였다. 『만기요람』 군정편 해방조海防條에 보면 역사-지리적으로 해방의 목표를 명확하게 살펴볼 수 있다.

우리나라는 동·남·서쪽 3면이 바다로 둘러싸여 있어 동쪽과 남쪽은 왜국과 잇닿아 있고, 또 남쪽과 서쪽은 중국의 오吳・월越・연燕・제齊 지방과 서로 인접했기 때문에 해방海防을 설치했다.34)

조선은 이러한 해상방위의 목표에 맞추어 수군인원 2만 4,400명을 해방의 요지인 160여 곳에 배치했다. 이는 매 한 곳당 평균 150명을 배치한 셈이다. 그러나 해방에 심혈을 기울였으나, 조직이 제대로 운영되지 못했으니 이는 당시 사회의 여러 피폐한 현상을 통해 살펴볼 수 있다.

물론 위정자들 사이에서는 해방에 대한 논의가 가끔 구체적으로 나타나기도 했다. 즉 숙종 26년(1710) 경신 10월에 이조판서 최석항崔錫恒은 지방 관헌의 순무와 순찰에 있어 해로가 편함을 말하고 겸하여 해방의 중요성을 논하는 가운데 강도江都는 국도國都의 목구멍과 같은 곳이니 증수增修함이 필요하다고 역설했다. 즉 교동喬桐과 영종永宗은 강도의 순치脣齒이니 또한 병력을 증강 배치할 것이요, 남양南陽과 인천 등은 해변지대로서 해방을 소홀히 하지 못할 것임을 주장했다. 이에 관하여 이이명李頤命은 『소제집疎齊集』 권8, 계사啓辭의 조진해방사의계條陳海防事宜啓에서 관방關防문제로서 해양의 우려를 제거하기 위해 해방에 유의할 것을 다음과 같이 말하고 있다.

강화도[江都]는 비록 지금은 돌아가서 의지할 만한 땅이 되지 못하나, 강과 바다의 목구멍에 위치해 있으므로 전조前朝, 곧 고려 때로부터 큰 관방으로 삼았던 것을 볼 수 있습니다. 하물며 지금은 바다에 해양海洋의 염려가 있으니 더욱 버려둘 수는 없습니다.35)

그러나 어디까지나 서울(京都)의 방위를 중심으로 한 논의이지 해양으로

---

34) 『萬機要覽』, 軍政篇, 海防條: "我國東南西三面環海 東及南距倭 又南及 西與中國之吳 越 燕 齊地方相距 故設置海防."

35) 李頤命, 『疎齊集』 권8, 啓辭, 條陳海防事宜啓: "江都雖不可爲 今日依歸之地 處漁江海之咽喉 自前朝視爲 大關防 況今柔海洋之憂 尤不可棄置."

의 진출을 제기한 것은 아니었다. 따라서 관방의 일부로서의 해방만이 논의되었을 뿐이었다. 당시 위정자들은 다음과 같이 논의하고 있다.

> 용진龍津으로부터 승천보昇天堡에 이르기까지 강과 맞닿은 곳은 척박한 곳입니다. 그런즉 지금 이미 돈대를 벌려 놓고 흙을 쌓아 성가퀴를 보강했습니다. 그러나 인화보寅火堡는 강도의 서쪽으로 산의 험함과 더불어 바다를 막을 만하므로 십여 리에 하나의 돈대가 있을 뿐 그밖에는 아무런 조치가 없습니다. 적선이 바람을 타고 침범해 오면 멀리 볼 수도 없고 또 방어할 수도 없으니 실로 염려됩니다.[36]

이로써 통진通津 서쪽 염하鹽河를 건너 강화도 용진에서 북으로 승천보까지는 강이 얕기 때문에 각각 돈대에 보와 성첩을 더 쌓았다. 그러나 강화 서북단의 인화보 이서방면은 바다로 가로막히고 험준한 산에 의지하여 해방海防이 될 수 있으나 그밖의 곳은 전혀 적선의 침입을 막을 길이 없었기에 심히 우려되는 것이었다. 소제疎齊 이이명李頤命이 스스로 강화도 마니산에 올라가 멀리 내려다보면서 강도방위의 중대성을 간파한 것이 당시에 있어 새삼스러운 일은 아니었다.

> 신이 일찍이 강화 유수로 있을 때에 마니산 정상에 올라가서 묵으면서 비를 기원한 바 있는데 주위가 바다로 둘러싸여 있어 곧 이 섬의 남쪽에는 영종永宗이 있고, 북쪽에는 교동喬桐이 있습니다. 두 섬 사이에는 크고 작은 수십 개의 섬들이 큰 아문이 되어 서로 섞여 있는데 멀리서 바라보면 배들이 통행할 수 있는 길이 없는 것 같습니다. 이러한 위태로움이 하늘이 강도를 방어할 수 있게 하는 까닭입니다.[37]

---

36) 李頤命, 『疎齊集』 권8, 啓辭, 條陳海防事宜啓: "自龍津至昇天堡 江面薄處 則今旣 列敬討築加堞 而寅火堡以西都 恃海阻與山險 十餘里一敦之外 無他措置 賊船之乘風來犯者 旣無以遠瞭 且無以捍禦 實爲可慮."

몸소 목도한 바로 나라의 서울을 중심으로 한 해방을 살피건대 강도江都를 중심으로 하고 남으로 인천[옛 인천부를 중심으로 한 일대], 남양·안산[경기 안양의 서남, 수원의 서북] 등은 서울에 가깝고 또 해안에 근접하여 있으나 영종진 외에는 아직 유의치 않았으니 지금 연해에 진을 두지 못할지라도 따로 수령을 택하여 각자 방수하여 전일과 같이 우려함이 없도록 하던지 또 이런 읍지를 강도의 총융摠戎에 분속시켜 유사시에 잘 대처하도록 주장했다. 또 다음과 같이 서울방위를 강조했다.

하물며 지금은 어렵고 걱정스러운 때이므로 더욱 염려하지 않을 수 없습니다. 또한 마땅히 그 세력을 점점 굳세게 하고 별도로 그 임무를 가려서 바다를 막고 서울을 보위하는 책임을 맡긴다면 반드시 힘을 얻을 수 있습니다.38)

이이명은 다음 글을 보면 바다문제와 관련한 해사海事행정에 얼마나 미비한 점이 많으며 실제와 어긋나 있었는지 알 수 있다.

또 서해의 관방은 드물어서 삼남지방에 미치지 못합니다. 요해처에는 반드시 많아야 하지만 아직 진보가 설치되지 않았습니다. 비록 이미 설치된 것이라도 혹은 한가한 곳에 있는 것이라면 역시 마땅히 옮겨서 변경해야 합니다. 배가 아식도 충족되지 못한 것 역시 더 설치해야 마땅합니다. 수군으로 산이 있는 고을에 있는 자는 연해의 육군과 서로 바꿔야 합니다.39)

---

37) 李頤命, 『疎齊集』 권8, 啓辭, 條陳海防事宜啓: "臣嘗爲留守時 伊禱雨登宿摩尼絶頂 周覽海面 則本島之南 有永宗 北有喬桐 兩間大小十數島嶼 大牙相錯 遠望則舟楫疑無可通之路 此殆天所以捍衛江都也."
38) 李頤命, 『疎齊集』 권8, 啓辭, 條陳海防事宜啓: "況今艱虞之日 尤不可不念 亦宜稍壯其勢 別擇其任 以委捍海 衛京之責 則必可以得力矣."
39) 李頤命, 『疎齊集』 권8, 啓辭, 條陳海防事宜啓: "且西海關防 素不及於三南 要害之處必多 未設之鎭堡 雖已設者 或在閑處 則亦宜移變 舟楫之未滿者 亦宜加設 水軍之在山邑者 與沿海陸軍相換."

巡撫로 가는 신하는 관찰사와 절도사 등 그 도의 신하와 함께 극히 가려서 택하게 하고 돌아와서 들은 바를 소상하게 보고하도록 해야 할 것입니다.[41]

또한 호서해방에 주의해야만 서해방위가 완벽하게 됨을 논증하고 있다.[42]

호서지방의 해방海防은 양남지방에 미치지 못합니다. 수영水營은 바깥 바다보다 수십 리 안쪽에 있고, 서천과 한산 두 읍의 선박과 기구는 다른 진보다 못합니다. 금신진金新鎭의 방어는 비방과 칭찬의 논란으로 아직도 정해지지 못했으며, 태안에는 방어영을 신설했습니다. 안흥에는 조운해야 할 곡식이 쌓여 있으나 격군이 없습니다. 이와 같은 제도들은 더욱 헤아려서 조치해야 마땅하나 새로 인선된 수사水使는 숙련된 인재가 아닌 것 같으므로, 역시 역량을 고려해야만 하고, 또 순무사로 하여금 이롭고 해로움을 자세히 심의하고 널리 물정을 묻게 해야 합니다.[43]

대체로 소재疎齊가 서해해방에 깊이 유의하기는 일찍이 북경에 사신으로 갔을 때 황해를 사이에 둔 중국과의 해상관계를 살피면서 궁리한 바가 있었기 때문이다. 그의 『산동해방도서山東海防圖序』를 보면 이를 잘 말하고 있다.

우右의 신하가 북경에 사신으로 갔을 때 구입하여 얻은 책에 … 대개 우리나

---

41) 李頤命, 『疎齊集』 권8. 啓辭. 條陳海防事宜啓: "關西沿海 但有中和 廣梁 老江 宣川等 數處 防禦邊將 而舟楫軍儲尤不成樣 目前本道海防 曾不置意者 豈以海路險急 賊路不便故耶 以水路朝天(通明)時事言之 發船險非甄山則鐵山 此外船泊俱不便耶 丁丑(仁祖十五年) 淸人運糧時 泊船於龍灣口 以比言之 則可見其無處不泊 巡撫之行 尤當細察其要害處 廣詢於海邊知水路者 備陳論列 以資變通措置之地宜當 而疎虞特甚 用力當倍 臨急制置 至爲可慮 巡撫之臣 尤爲極擇 使與道臣 熟講歸聞."
42) 原註: 李頤命의 『疎齊集』에 崔鎭漢 운운한 것은 『국조보감』 권54. 숙종 14 경인 36년 冬10월조의 "대신이 면대하기를 청했을 때에 이조판서 최석항이 말하기를 …"의 잘못된 것이 아닌가 한다.
43) 李頤命, 『疎齊集』 권8. 啓辭. 條陳海防事宜啓: "湖西海防 又不及於兩南 水營處於外洋數十里之內 舒韓兩邑 船機不及於諸鎭 杭金新鎭毁譽 尙未有定 泰安新設防營 安興有積貯而斌水卒 此等制置 尤宜商量 而新差水使 似非練達之才 亦涉可慮 亦令巡撫使詳審利害 廣詢物情."

임진란 이후인 인조 11년(1633) 계유에 경기·해서(황해도)·호서(충청도)의 수군을 통제하는 3도통어영三道統禦營을 강화도 교동에 두었으며, 관서(평안도)와 관북(함경도)에는 감사가 수군절도사를 겸하게 했다. 숙종조에 이르러 소제疎齊가 해방을 논하게 된 원인은 그가 열거한 조목 중 특히 서해관방의 시급성에 치중한 내용이다.

백령·초도는 외해에 가까우며 실로 적의 침입로 가운데 첫 길이 되므로 더욱 특별히 사람을 가려써서 그 세력을 점차로 굳세게 하지 않으면 안됩니다. 곧 지금 적임자를 보는 것은 참으로 그 사람이 아니라 정성을 다하는가를 생각해야 합니다. 이것은 곧 순찰사와 순무사가 더욱 마땅히 유의해야 합니다.[40]

그리고 그 아래에 좀더 구체적으로 그 논지를 밝히고 있다.

관서연해는 다만 중화中和·광량廣梁·노강老江·선천宣川 등 수 개처에 방어를 위한 변방장수를 두었으나 배와 군사의 확보가 더욱 갖추어진 상태가 아닙니다. 전부터 본도의 해방海防을 더 설치하지 않았던 것이 어찌 해로의 험하고 급한 것으로써 적의 침입로가 불편하다고 생각했기 때문이겠습니까? 수로로 명나라에 사신 갈 때의 일로 말하건대 배가 출발하기 어려운 곳은 증산, 곧 철산이 아니며 그밖에는 배가 정박하기에 모두 불편합니다. 정축년(인조 15. 1637)에 청나라 사람이 곡식을 운반할 때 용만강龍灣江 어귀에 배를 정박했는데 이로써 그것을 말한다면 곧 정박할 수 없는 곳임을 알 수 있습니다. 순무巡撫가 가서 그 요해처를 자세히 살피고 해변의 수로를 아는 자에게 널리 의견을 묻는 것이 더욱 마땅하며, 변통 조치할 만한 땅에 대해 사례를 자세히 진술하고 의논하여야 마땅합니다. 그러나 소홀하여 실수함이 특히 심하여 힘을 배나 써서 임시로 급히 제도를 두니 지극히 염려스럽습니다. 순무

---

40) 李頤命, 『疎齊集』 권8, 啓辭, 條陳海防事宜啓: "白翎 椒島 近於外洋 悉爲賊路初程 尤不可不別擇其人 稍壯其勢 卽今見任者 苟非其人 誠甚可慮 此則巡察巡撫尤當留意."

라는 중국과 매우 가까워 무릇 천하(중국)에 변화가 있으면 과연 그 화禍도 같이 했다. 하물며 푸른 집과 바다의 파도가 서로 접하여… 옛날에 중국이 우리나라를 침략해 올 때는 아닌게 아니라 등주와 내주萊州 땅을 경유하여 바로 우리나라 경기·호남 지방과 서로 곧장 이어졌으니. 그 산과 바다의 형세는 우리나라 사람들이 진실로 살피지 않으면 안되는 바가 있다. 명나라 만력萬曆연간에 곡식을 운송하여 동쪽으로 우리를 원조했고, 천계天啓(1621~1627) 이래 요동 길이 막혀 중국과 우리나라를 오가는 사신은 모두 이 길로 나왔다. 병자년(1636)과 정축년(1637) 이래로 비록 해로가 통하지 않았으나 무인년(1638)에 선박을 운행했고 근년에는 고기잡는 배는 모두 산동지방 사람들이다. 신이 북경에 있을 때 청나라 사람이 말하기를 조선은 어떻게 산동지방과 바다를 통해 교역을 요청하지 않고도 그 배들이 쉽게 통행하는지를 역시 알 수 있다고 했다. 산동은 예부터 본시 도적을 많이 받았고 근자에는 해적을 경계하는데 비록 허와 실이 일치하지 않으나 우리나라 또한 마땅히 그 걱정을 함께 해야 할 것이다. 재난에 대한 대비는 잊을 수 없는 그럴 만한 까닭이 있다. 삼가 이 지도를 살펴보면 바다가 수천 리를 둘러싸는데 십 리마다 하나의 돈대를 설치하고 진영이 서로 바라보게 했다. 황조皇朝의 제도에 관방關防을 둔 것은 그 의미가 크다고 할 것이다.[44]

소제疎齋보다 뒷시기인 영조·정조연간의 성호星湖 이익李瀷은 수군정책에 대해 다음과 같이 논했다.

우리나는 삼면이 바다로 둘러싸여 있어 둘레가 거의 5천 리나 되므로 해방海防이 가장 걱정거리이다.[45]

---

44) 李頣命, 『疎齋集』 권10, 序: "石臣 使燕時 所購得之本 … 盖我國與中國密邇 凡天下有變 未嘗不與其禍 況靑齋海濤相接 … 昔中國之來侵我也 未嘗不由登萊之地 正與我國圻湖相直 其山海之勢 我人誠有不可不審者 皇朝萬曆中 運餉東援 天啓以來 遼路梗品皇華與我使 俱出此路 丙丁以來 海路雖不通 戊寅運舶 近年漁船 俱是山東之人 臣之在燕也 淸人或言 東國何不請與山東泛海交易 其舟楫之易通 亦可知也 山東自古素多盜 近者海寇之警 雖虛實不一 我國亦當與其共憂矣 陰雨之備 在所不忘然 而謹按此圖 環海數千里 十里設一墩 營鎭相望 皇朝之制置關防 可謂壯矣 … (疎齋集 卷之十 序)."

고려 말로부터 임진왜란 이전에 이르기까지를 비추어 보건대 이제 일이 없는 것을 다행으로 여겨 방비시설을 미리 준비함이 크게 소홀하다. 가령 시대가 변하여 위험한 사태가 벌어진다면 장차 어떻게 대비하겠는가. 이제 태평세월이 이미 오래 계속되어 수군을 통솔하는 자가 군사들의 재물을 약탈하여 위에 바치거나 자기를 살찌우게 되니 멈추게 해야 한다. 여러 섬과 연해에서 채취하는 무리들은 물에 익숙하지 않은 자가 없으니….46)

지식있는 자들의 심려가 마땅히 이러했어야 할 것이다. 그런데 이것은 오히려 현종·숙종연간의 일이거니와 영조·정조 이후로 쇠퇴하여 가는 추세에서는 더욱 돌이켜 그치게 할 수 없었음은 당연하다.

또 당시의 피폐한 상황에 대해서도 성호 이익은 말하고 있다.

참으로 군사를 모집하는데 좋은 술책만 쓴다면 수군을 즉시 충당시킬 수 있을 것이다. 지금 어민들은 세금징수에 시달려 일정한 거주를 가진 자가 드문가 하면, 그 뜻에 맞지 않아 바다에 떠서 다른 곳으로 옮겨가기도 한다. 그 세금의 징수는 관청의 일용잡비에 불과한데, 곡식에 부과하는 세금과는 다르므로 해마다 증가되기만 하고 본래 탐탁한 밭과 집은 없으니 어찌 흩어져 도피하지 않겠는가?47)

그러나 그는 어촌의 피폐상황을 어찌하면 정돈하여 토착시킬 수 있을까 궁리했으나 그의 논책이 곧 실현될 조건은 모두 갖추고 있지 못했다. 현실의 직시는 훗날의 사료로는 전해졌을망정 실질적인 개혁에는 적시적이지

---

45) 李瀷,『星湖僿說』: "我邦三面濱海 周幾五千里 海防最可患也."
46) 李瀷,『星湖僿說』: "麗末至壬辰以前可監 今幸無事 備預太疎設 或時轉光景 事移機會 將伺以待之 今時平旣久 節度水軍者 剝割軍卒 爲饋獻肥己而止耳 諸島沿海採之徒 莫非善水者."
47) 李瀷,『星湖僿說』: "苟召募有術 可伊立致 今漁戶困於徵斂 鮮有土著 或失其意 浮海轉徙 其徵斂不過官衙之日供 而異於穀粟之定賦 故逐年滋益 而本無田宅之戀 如何不流移耶."

못했다.

> 국가에서 만약 승도僧徒의 도첩度牒과 같이 문권文券을 작성하여 18세 이상 50세 이하의 건장한 자에게 주어 관노들이 함부로 침노하지 못하게 한다면 1천 명이나 1만 명쯤은 즉시 얻을 수 있을 것이니, 수시로 조련하여 변방을 방어한다면 어찌 유리하지 않겠는가?[48]

인적 자원을 골라 뽑는 방안을 작성 지시했으니 승도도첩僧徒度牒과 같이 18세 이상 50세 이하의 정예하고 용감한 자에게 문권文券을 주어 유사시에 가려 모집하여 방비하고 호위함에 쓰도록 함이 좋지 않은가 했으나, 이 때는 제도보다 사회의 기초문제로서 경제적인 문란이 제도를 붕괴시키고 있었다.

수군과 함께 연안 조운漕運행정도 국가적으로 가장 중요한 문제였으므로 이에 관해서도 논의가 있었고 제도정비라던가 행정적인 여러 시책이 강구되기도 했다. 조운정책은 조세를 선박으로써 운반하여 서울에 납공함으로써 일반행정과 밀접한 관계를 갖는데, 특히 국가재정의 기본적인 요소가 된다. 즉 조세수집의 통로로 수로를 이용한 것으로서 그 중심인 조창漕倉이 시대적으로 변화는 있었지마는 대체로 호조관하의 4창으로 전라도에 성당창聖堂倉〔함열〕· 군산창群山倉〔옥구〕· 법성창法聖倉〔영광〕이, 충청도에는 공진창貢津倉〔아산〕이 있었고, 선혜청宣惠廳 관하에는 영남의 마산창馬山倉· 가산창駕山倉· 삼낭창三浪倉이 있었으니 하천과 해상을 이용하여 선박으로 운송했던 것이다.

그 조운기한은 삼남의 조창은 11월 초1일에서 이듬해 정월까지 반드시 마치게 했다. 그러나 충청도는 2월 20일 이전에 배로 출발하여 3월 초10일 안까지 20일 내에 상납하게 하고, 전라도는 3월 15일 전에서 4월 초10일까

---

48) 李瀷, 『星湖僿說』: "國家若成文券 如僧徒度牒 擇年十八以上五十以下精勇者 與之 使官隷不得橫侵 則千萬之人 指顧可得 以時操 防護邊方 豈非有補 …"

지 25일 사이에 상납하게 했으며, 경상도는 3월 25일 전에서 5월 15일 한으로 즉 60일간에 상납하게 했다. 이것은 거리에 준하여 서울 서강西江[한강]에 도착함을 조절한 규정이었다.

조운선의 적하량은 영남과 호남은 1천석이요, 호서는 8백 석을 한으로 했다. 그 운항에 있어 각 읍의 감관 1명, 색리 1명, 사공 1명, 격군 15명이 동승했다. 선단은 여러 배가 일제히 운항했는데 한 운항에 30척이 하나의 선으로 출발하나 정박지에 도착하는 데는 선후가 없이 동일하게 운항하게 했다. 항로에 있어서는 연읍마다 각기 항로를 가르쳐 호송하게 했다. 즉 각 읍 경내의 도서 및 험난한 곳에서는 특히 표식을 세우게 하고 또 수로에 익숙한 사람이 수로를 지도하게 했다. 수로의 지도 관할은 변장邊將이 맡았으나 변장이 없는 곳에서는 그 지방관이 주관하게 했다.

이만운李萬運은 『만기요람』 재용편 조운조에서 특히 조운항로의 험한 곳으로 안흥의 관장항冠丈項과 강화의 손돌목係石項을 돌부리가 험준하여 물결이 세어 그곳을 통과하는 사람들이 걱정을 했다고 하며, 경강京江[서울 뚝섬에서 양화도 사이의 한강] 하천바닥의 변동이 있음을 말한다. 행주의 감창항監倉項이 모래가 쌓여 물이 얕으므로 큰 배가 통하기 어려워 조운선을 운행하는 자가 관장항·손돌목·감창항에서는 조수潮水를 기다려 통행했다. 조수의 기미는 그믐과 보름에 따르며, 물이 불어남을 '사리', 물이 감소함을 '조금'이라고 했다. 더욱이 점조시占潮詩까지 기재했는데, "지금 조강祖江의 조수기미는 이 시에 합당하다고 운운"49) 했다.

안흥과 손돌窄梁의 험한 2목을 무사히 통과할 계획은 고려 중엽부터 논의되었다. 즉 고려 인종 때 안흥정安興亭 아래의 해도海道 앞에 물줄기가 모이게 되어 물살이 세고 암석이 험하니 소대현蘇大縣[홍주]으로부터 운하를 파서 조운선을 통행하게 하면 편리하다 하여 당시 정습명鄭襲明을 보내어 군졸 수

---

49) 『萬機要覽』, 財用編, 漕運條: "今祖江潮候合於此詩云."

천 명으로 파서 열게 했으나 이루지 못했다. 또 공민왕 때 왕강王康이 올린 책략으로 전에 개굴한 곳을 다시 파도록 했으나 바닥에 돌이 있고 조수는 통해도 구렁이어서 끝내 완성하지 못했다. 조선시대에 들어와서 신권주申權舟로 하여금 이 운하를 개굴하게 했으나 이루지 못했다. 이어서 효종 원년 김육金堉도 개굴하여 통로를 만드는 것이 안전하다고 했으나 남이성南二星은 불가하다고 논했으며, 현종 무신년에도 재신宰臣을 보내어 형편을 조사토록 했으나 김경휘金慶徽가 상소로 다투어 중지되고 말았다. 또 기유년에 김좌명 金佐明이 안흥 좌우에 남창과 북창을 두자고 건의했다. 즉 이 곳을 통과하는 자는 남창에 물건을 올려 수레와 말을 이용하여 북창으로 옮기며, 빈 배가 안흥을 지나가게 하여 재해가 없도록 했다. 그러나 남창에서 북창으로 운반하는 백성들의 수고로 말미암아 곧 파하고 말았다.

또한 고려 최이崔怡는 사람을 시켜 안남[부평]에 운하를 개굴하여 해양으로 직통하게 하려다가 불가하다는 이가 있어 중지했다. 조선시대에 김안로 金安老가 다시 개굴하여 해양에서 김포로 직통하게 하려 했으나 이것 또한 중지되고 말았다. 이는 강화도의 손돌목의 험난함을 피하기 위함이었다. 지금 양자의 흔적은 남이 있지만 옛날의 운하건설 노력은 모두 실패로 돌아가고 말았다.

조운에 있어 조운선 이외의 일반 민간선박을 징발 사용할 때는 그에게 뱃삯을 지불했다. 조운선의 선재는 특히 벌채를 금지한 지정된 산림에서 채벌하여 사용하게 했다. 일반적으로 호조戶曹에서 비국備局, 곧 비변사에 보고한 뒤 비국에서 그 지방감영에 지시가 떨어지면 감영에서는 다시 수영에 맡기어 벌목하게 했다. 특히 호서의 사례를 보면 조운선의 선재는 안면도의 소나무를 사용했는데 아산 현감이 순찰사영[巡營], 곧 감영에 보고하면 거기에서 다시 호조로, 호조에서 다시 비변사로 보고한 뒤 비변사에서 호서 수영으로 지시가 있은 연후에 벌채하게 되었다. 선박을 새롭게 건조 시에는 척당 중간정도의 소나무 14주, 두송兜松 25주, 어린 소나무(稚松) 43주를 사용하게 했다. 호서절목에서는 신조 시에 작은 소나무 75주, 두송 26주, 어린 소나무 59주로 한했다.

「영남절목節目」에서는 조운선을 사용하기 어렵게 되면 조곡을 반드시 납부한 이후에 사람을 보내어 선혜청에 보고하고 선혜청(卽廳)은 비국에 보고하여 비국에서 순영에 지시가 있으면 통영으로 이관하여 부근 봉산封山에서 취하여 쓸 수 있게 했다. 신조 때에는 큰 소나무 73주, 개삼改杉 20주 이외에 1~2주를 첨가했으며 보수 때에는 2주 또는 3주를 주었다. 또 영남에서의 조운선 관리는 평시에는 순영에서 조운을 주관했으나, 유사시에는 통영에서 주관했다.

조창漕倉에 속한 읍 이외의 각 읍에서는 일반 나룻배를 운반용으로 사용했으며, 그 지방에 속한 배가 없을 경우에는 서울의 나룻배를 사용하게 했다. 정종 경술년 이후로 호서지방은 멀리 떨어진 읍으로부터 운반하게 하여 점차 가까운 읍에 이르게 했으며, 나머지 조운선은 경기와 해서의 세곡을 운반하게 했다. 경기는 3월 그믐 이내에, 관동은 4월 그믐 이내에, 해서는 3월 초10일 내로 상납하게 했으며, 재차 운반 때에는 호서가 5월 20일 이내, 호남은 6월 초5일 이내에 상납하게 했다.

제4장 해외교통 관계

제1절 조선·일본 사이의 해상교통

임진란 이후 일본국내를 통일한 덕천가강德川家康은 선조 32년(1599)부터 동왕 34년까지 대마도의 태수 종의지宗義智를 통해 4차례나 걸쳐 사신을 보내어 통교하기를 청했다. 이에 선조는 1606년에 손문욱孫文彧을 정사로 하여 승려 유정惟政(사명당, 송운대사)과 함께 동행하게 하여 일본을 정탐토록 했다. 이에 일본에서는 덕천가강과 그의 아들 수충秀忠이 경도京都에 와서 복견伏見에서 회견했으며, 서로간의 진의를 확인한 뒤 문욱 등이 돌아가 복명함에 따라 양국 사이의 통교가 다시 열리게 되었다. 이후 일본과의 왕래는 일본 측에서 대마도의 종씨宗氏를 통해 전하고자 함이 있는 경우에 그에 회답하는 형식으로 사신을 파견하기로 했다.

대마도를 경유한 양국 사이의 접촉사례

순번	조선기년	일본	순번	조선기년	일본
1	선조 40년 정미	경장 12년	2	광해 9년 정사	원화 3년
3	인조 2년 갑자	관영 원년	4	인조 14년 병자	관영 13년

5	인조 21년 계미	관영 20년	6	효종 6년 을미	명력 원년
7	숙종 8년 임술	천화 2년	8	숙종 37년 신묘	정덕 원년
9	숙종 45년 기해	형보 4년	10	영조 24년 무진	관연 원년
11	영조 40년 갑신	명화 원년	12	순조 11년 신미	원화 8년

　통신사의 파견은 이후 약 350년 동안 12회가 이루어졌다. 조·일 사이의 왕래에 있어 이용된 선박과 해상교통은 정사正使·부사副使·서장관書狀官 등 3사三使가 수행원들과 함께 3척의 선박에 분승했으며, 그 선박을 기선騎船이라 했다. 그밖에 방물과 식량 등을 적재 운송하는 복선 3척이 있었으며, 도합 6척이 대마도 종씨의 호위하에 출발했다. 『동사록東槎錄』[1]은 다음과 같이 쓰고 있다.

　2월 모일에 어전을 사직하고 길을 떠나 동래 부산포에 도착하니 유사가 이미 화선畫船 3척을 다스려 부두에 대어 놓고 기다리니 대개 3사三使를 각기 한 배에 태우기 위함이었다.
　불녕이 드디어 타루에 올라 그 배의 제도를 상고해 보니 배의 길이가 40자 남짓하고, 넓이가 15자 남짓한데, 밑판은 6장을 이었고, 삼판은 10쪽을 쌓았으며, 그 높이를 재어보니 1자되는 것이 12쪽이었다. 배 가운데 두 칸을 베풀어 한 칸 안에 좌우로 판옥을 지었는데 좌편이 동방洞房이요, 방안은 두 자리를 깔 만한데 판자로 벽을 삼아 연꽃을 칠했으며 사면 벽에는 다 문이 있고, 붉은칠·흰칠을 했으니 그 방이 나의 잘 곳이었다. 우편방도 위와 같으나 조금 좁은데 편비編裨가 거처할 곳이요. 그 뒤에 두 방이 있으니 통관通官과 여러 역원들이 거처할 곳이었다. 판옥 위의 제도는 보통 다락과 같은데 둘레에 난간을 쳤으니 곧 사신이 시무할 대청이다. 동방 좌우엔 모두 판자를 놓아 길을 만들어 뱃사공이 왕래하며 일보기에 편하도록 했고, 또 그 사이에 노를 벌려놓았으니 좌우를 합하여 노의 수가 무릇 16개였다. 뱃머리

---
1) 原註: 趙絅 著, 인조 21년 사신으로 파견되어 부사로 활동함.

와 허리에 각기 높은 돛대를 세웠으며, 뱃꼬리 구멍에는 큰 키를 두었으니, 이상이 그 배 제도의 대강이었다. 배 왼편에 기치를 세웠는데 용을 그린 것이 하나요, 글자를 수놓은 것이 넷이었으며, 배 오른편엔 둑纛과 절월節鉞을 세웠고, 뱃머리엔 또 북틀을 두어 그 위에 큰 북을 놓았으며 포박수炮欂手·고취수鼓吹手·정라수鉦鑼手들이 또 큰 북을 끼고 거처하도록 했으며, 배에는 채색한 휘장을 둘러쳤으니, 이상이 그 의물儀物의 대강이었다.2)

행로는 부산진 영가대 아래에서 발선하며 악포鰐浦[對馬]－부중府中[對馬]－승본勝本[壹岐]－남도藍島[筑前]－적간관赤間關[長門]－싱관上關[周防]－포예蒲刈[安藝]－병진鞆津[備後]－우창牛窓[備前]－실진室津[播磨]－병고兵庫[攝津]를 기항경로로 항해했다. 바람을 따라 항행했으므로 대마도의 부중[지금의 엄원]에서는 종씨와의 교섭절차도 있었다. 또 승본으로 가는 중에는 바람을 기다리는 관계로 여러 날 지체하기도 했으며, 남도에서는 바람을 기다리면서 10여일씩 정박하기도 했다. 병고에서 대판大阪[오사카] 하구에 다다르면 강호막부江戶幕府에서 몇 척의 출영선을 보내 맞이했다. 여기서 일본선으로 환승하여 대판에 상륙한다. 대판하구에서 배를 대는 데까지의 행차를 『해사일기海槎日記』3)에 보면 다음과 같은 여정이다.

해가 진 뒤에 국서를 금루선金鏤船에 모셨다. 세 사신도 각각 누선을 탔으며

---

2) 趙綱,『東槎錄』: "二月若日陰辭 行屆東萊釜山浦 有司者 已治三艘船艤 于泊步而待 蓋爲三使 各載一船也 不侫遂登柁樓 考其制度儀物 船長四十尺有奇 廣十五尺有奇 底板之連者六 杉板之築者十 測其高 械徒者十有二 中設二檣 檣中 作板屋者左右 左爲洞房 中容二席 以板爲壁塗以菱化 四壁皆有戶 赤白爲漆 乃餘寢隊處也 右亦如之而差狹 褊裨處焉 冀後有二房 通官諸員役處焉 板屋上制 如平勝樓 周施欄艦 卽使臣聽事也 洞房左右 咸巨板爲道 便舟格之往來 逐事者 且列櫓於其間 幷左右 數凡十六 船頭及腰 各建高檣船尾穴置人柁 此其船制 人較也 船之左 樹旗幟 畫龍者一 繡字者四 船之右 建纛及節鉞 船頭又植簧承人鼓 炮欂者 鼓吹者 鉦鑼者 又挾人鼓而處 緯船以彩幔 此其儀物人較也."
3) 조선 영조 때 趙曮이 통신정사로 일본에 다녀오며 기록한 사행기록으로 총 5권이며 1763년 8월부터 이듬해인 7월까지 1년여 간을 기록했다. 크게 일기, 서계와 예단, 왜인과 주고받은 글, 장계와 연화, 제문, 금양력, 사행명단 및 노정기, 통신사 내부군령 등 내용이 반영되어 있다.

세 수역首譯과 두 판사判事도 또한 누선을 탔는데, 누선의 제도는 크기가 우리나라의 수상선水上船과 같았다. 안팎으로 칠을 칠하고 좌우에는 난간이 있으며 황금으로 용봉龍鳳의 형상을 장식하고, 층각層閣에 금수禽獸의 모양을 조각했다. 그 빛이 사람의 눈을 현란하게 하고 물의 파란을 움직이니 그 제작의 기교로움을 이루 다 기록할 수 없었다.[4]

3명의 사신은 각각 1척의 선박에 타고 기타 일행도 수십 척의 선박에 분승하여 각 대명大名의 배의 전송을 받고 정박지淀에 다다른다. 이로부터는 육로로 이동한다. 해로로는 부산에서 대마도를 거쳐 대판 정하淀河어귀에 이르는 사이를 공식적으로 왕래했을 뿐이요. 그것도 약 3백 년간 근 12회의 행차 중 순조 11년 신미년에 행차한 일행은 대마도에서 멈추게 되어 다시 조선으로 돌아가게 되었다. 이밖에 해양을 통한 일본과의 교통은 부산왜관釜山倭館에서의 교역인데, 이것은 일본상품이 왜관에 도착한 것을 수용한 것으로 조선인들의 해상왕래가 없이도 행할 수 있는 해외교역이었다.[5]

(1) 광해군 원년(1609) 기유개정조약

20척의 선박이 왜관에 머무르는 기간으로 한정하며 대마도주의 특송선特送船은 110일, 세견선歲遣船은 85일이다. 표류관계 기타 특별한 사유로 도착한 것은 55일. 도주에게 세사미두歲賜米豆 1백 석을 주었고, 왕래하는 선박은 대선(28~30자, 선부 40명), 중선(26자, 선부 30명), 소선(25사 이하, 선부 20명) 3종이었고, 특히 왕래를 위한 해상통과에 있어 소요되는 양곡은 조선에서 지급했다. 대마도 사람과 대마도주가 특별히 보낸 사신에게는 5일분의 식량을, 국가의 사신으로 온 자에 대해서는 20일분의 식량을 주었다.

---

4) 趙曮, 『海槎日記』: "日西後先奉國書於金鏤船 三使臣各乘鏤艀 三首譯兩判事 亦有陋船 鏤船之制 大如我國 水上船 內外着漆 左右設欄 黃金粧飾 以形龍鳳 層閣彫刻 以象禽獸 眩人耳目 動水波瀾 奇巧之制 不勝殫記."
5) 대일교통관계조약.[『增訂交隣志』권4]

(2) 효종 4년(1653) 각 방에 흩어져 들어오는 것을 금하는 조약.

이 조약은 동래부에서 왜인들과의 교역 시에 금지 제한한 것에 관한 조약이다.

① 교역에 있어 상인들의 대청大廳출입을 엄금한다.
② 임진년 정월 효종 3년(1652) 이후 왜인에게 채무를 진 자는 처벌함
③ 왜인과 상호 접촉함은 매매 때뿐으로 조선의 사정을 누설하지 않게 한다.
④ 왜관문 출입을 제한한다.
⑤ 상시출입하여 조선사정을 낭설浪說하는 자에 관하여 알리는 자는 상을 주고 낭설한 자는 처벌한다.
⑥ 개시開市교역 중에는 단속을 엄중히 한다.
⑦ 왜관인들의 출입일용품의 사사로운 매매를 감시한다.

이상은 조선에서 단속하는 모든 건이고, 이에 대해 왜관 측으로서 엄수할 약조로 조선에 문서로 올린 내용은 다음과 같다.

① 왜관 내에서 방하를 금함.
② 저울을 정확히 할 것.
③ 위조화폐를 사용치 말 것.
④ 수표手標없는 왜인의 혼란스런 출입을 금할 것.
⑤ 군기軍器로 금하는 물건을 사지 말 것.
⑥ 조선사람을 대하여 이야기할 때 다투지 말 것.
⑦ 왜인은 조선인을 대할 때에 존경할 것.
⑧ 왜관문 출입에 있어 왜관 문지기에게 고할 것.
⑨ 대마도로부터 왕래하는 문서에는 일본사정을 이야기하지 말 것.
⑩ 왜선이 풍랑을 만났을 때 적극 구조해 줄 것.

이상은 왜관에서 조선 측에 대해 스스로 엄수할 서약과 조선 측에 요청하는 조건을 세운 것이다. 이것은 일본과 재래의 통교무역상 하나의 현상을 들어 본 것으로 이후 세세한 조약이 누차 개정 및 첨가되었으나 원칙적으로는 폐쇄적인 것이었다. 동래東萊에 앉아서 조선으로 찾아오는 왜상들을 접대하고 또 대마도에 세사미두를 주는 것은 너무 거만하고 오만스런 것이었고, 그처럼 소극적이면서도 퇴영적이었기에 너무나도 자위적이었다.

① 숙종 4년(1678) 무오에 조선에서 시장을 여는 조약을 정함.
② 숙종 5년(1679) 기미에 신관新館의 경계와 한계를 정함.
③ 숙종 22년(1696) 병자에 표류로 죽은 시신을 왜에 보내지 않는 조약을 맺음.
④ 숙종 35년(1709) 기축에 통역을 의뢰하고 왜인이 출입하는 법규를 정함.
⑤ 숙종 37년(1711) 신묘에 신사信使에 왜인이 몰래 간통을 범하는 간통률을 정함.
⑥ 영조 15년(1739) 기미에 표류인과 물건을 원래대로 돌려보내지 않는 법규를 정함.

이상과 같이 개시·왜관·표류자 등과 관련한 여러 조약을 협정했다. 표류민을 통한 일본과는 원래 바다로 격하여 상대하느니만큼 밀접한 관계를 유지했다. 또 해류海流관계로도 서로 밀접했다. 양국어민 사이의 교환은 역사적으로 싱호간의 중대한 문제였다. 그리하여 숙종 8년(1682)에는 일본과 천화天和 2년 통신사조약通信使條約을 맺었다. 내용은 다음과 같다.

① 무릇 일본각지에 조선인의 표류자가 있으면 대마도는 사신을 파견하여 조선에 호송한다.
② 죽은 자는 관에 넣어 보내되 조선땅에서 장사를 지내지 않는다.
③ 대마도에 표류하는 자는 해마다 정기적으로 보내는 선박에 부쳐 보낸다.

④ 대마도의 표류에 대해서도 선박이 파손되고 인명에 피해가 있으면 별도의 사신을 보내 호송한다.

또한 영조 15년(1739) 기미약조에는 파손된 선박은 부쳐 보내고 인명피해는 파손된 선박과 파손되지 않은 선박에 구애받지 않고 별도로 호송하게 했다. 이밖에 중국남방의 상선이 조선연안에 표착하는 것에 관해서도 대마도와 연락하여 일본을 경유하여 회송하기로 했다.

인조 22년(1644) 갑신에 광동선박이 전라도 남도포南桃浦에 표착했는데, 조선에서는 이를 일본으로 회송했다. 『통항일람通航一覽』은 이 내용을 자세히 적고 있다.

정보 원년 갑신에 광동의 선박이 조선 전라도 진도지방의 남도포 항구에 표착했다. 이 때에 조선은 그것을 본주本州에 알리었다. 이에 본주에서는 전도조지진田島助之進 · 고천미시우위문古川彌市右衛門 · 고천판지위古川判之尉를 조선에 파견하여 그것을 맞이하고 호송하여 장기長崎관청에 이송했다.6)

또 『통항일람』에 보면 조선으로 표류한 일본인은 물론 중국상인과 서구인까지도 문제 삼았다. 하멜 일행에 관해서도 일본에서는 조선에 조회했다.

제2절 울릉도 문제

울릉도는 임진란 이후 얼마 지나지 않아 일본과의 사이에 소요所要문제

---

6) 原註: 『通航一覽』 권135, 朝鮮國部 111(국서간행회본 제3책 611항).

가 발생하면서 논의가 되었다. 광해군 6년(1614) 갑인에 일본은 의죽도礒竹島가 자국의 경계라고 했다. 이에 대해 조선은 그 해 7월 동래부사 윤수겸尹守謙으로 하여금 대마도의 종의지宗義智에게 "의죽도는 우리 울릉도다"라고 대답했다. 이에 따라 잠시 동안 잠잠하던 문제가 재연되기에 이르렀다. 광해군 7년 을묘(1615) 일본은 선박 2척을 보내어 의죽도를 조사하게 했다. 당시 동래부사였던 박경업朴慶業7)은 다음과 같이 말하고 있다.

> 이 섬을 점령함은 가로채는 것이 됨을 모르는 것이 아닐 터인데 남의 땅을 넘보는 것은 무슨 마음인가? 인접한 나라에 대한 우호적인 도리가 아닌가 한다. 이른바 의죽도는 실로 우리나라의 울릉도이다.…8)

또 숙종 19년(1693) 계유에는 대마의 종의신宗義信이 표류민 2명을 송환하면서 예조에 다음 내용의 서신을 보냈는데, 어려운 논의가 여러 번에 걸쳐 이루어졌음을 말하고 있다.

> 귀 역域의 어민이 본국의 죽도竹島에 배를 타고 왔으나 이 곳은 와서는 안되는 지역입니다. 그런 까닭에 지방관(土官)이 나라에서 금하고 있음을 상세하게 알려주었습니다.9)

숙종 20년(1694) 대마도에서는 예조에 대해 전년에 어민을 돌려보낼 시의 서신에 대한 회답에서 죽도를 울릉도鬱陵島라고 함이 이해하기 곤란하다고 했다. 이듬해 21년(1695)에는 다시 귤진중橘眞重을 시켜 동래부사에게 서

---

7) 생몰연대 1569년~?. 초명은 승업, 자는 응휴, 호는 암수 또는 추탄, 본관은 고령. 장령·정언을 거쳐 광해군 때엔 충주목사와 대간을 역임했다. 성격이 과하여 하루에 삭직시키는 부정관리가 10명씩이나 되었다
8) "非不知此島之橫占 乃欲攙越窺覘 是誠何心 恐非隣好之道 所謂礒竹島 實我國之鬱陵島也 … "
9) 原註:『만기요람』, 군정편, 544쪽.

신으로 죽도에 관하여 4개조의 의문을 제시했다. 당시 묘당의 의논은 "하나의 빈 땅을 가지고 국제적인 분쟁을 일으키는 옳지 않다"10)라는 어리석은 소극론을 폈으나, 영상 남구만은 "강토는 조종祖宗에게서 물려받은 것이니 줄 수 없다"라고 강경하게 논박했으며 공도정책空島政策을 써오던 울릉도에 대해 이후 매 3년에 한 차례씩 사람을 보내 그 섬 내부의 상황을 관찰하게 했다. 일본 측에서도 누차 자신들의 영토임을 고집했으나 문서의 논의로 끝을 보지 못하더니 끝내 강호江戸에서 대마도로 지시하여 귀결을 보게 되었다.

『통항일람』에 인용된 이본조선물어異本朝鮮物語를 보면 강호막부江戸幕府11)의 지시에 의하여 일본 측에서 울릉도 방면으로 일본인을 보내지 않을 뿐더러 "… 이상은 죽도를 조선에 속하게 한다는 의미로 그 통행문제를 서로 해결했습니다"12)라 함에서 낙착을 보였다. 이 처사에 대해 일본 측에서는 대마도주의 실책이라고 평하고 있다.

조선 측에서는 어리석은 묘당廟堂의 논의와 반대로 동래부 전선戰船의 격군으로 있던 안용복安龍福이 숙종 19년(1693) 계유 여름에 울릉도에 표박하고 전에 와 있던 왜인들과 힐난이 생기자 왜인들이 용복을 오랑도五浪島로 잡아가니 용복이 도주에게 말하기를 "울릉도와 우산도芋山島는 본디 조선에 속하며 조선에 가깝고 일본에서 멀거늘 어찌하여 나를 잡아 돌아가지 못하게 하느냐?" 하니 그 도주가 용복을 백기주伯耆州로 보내니 백기도주가 귀빈으로 예우하며 먹을 것을 많이 주었으나 받지 않았다. 도주가 "당신은 어떻게 하려 하느냐?" 하거늘 용복은 "조선을 침범하지 말고 서로 교린의 의를 두텁게 하자. 이것이 내 소원일 뿐이다.

---

10) 原註: 『만기요람』, 군정편, 547~548쪽: "以爭一空曠之地 以開邊釁爲不可."
11) 1603년 2월 덕천가강이 정이대장군에 임명되어 江戸에 막부를 열면서부터 1867년 10월 15일 쇼군 德川慶喜의 大政奉還까지 256년 동안 지속된 무가정권으로 德川幕府라고도 한다.
12) 原註: 『통항일람』 권137, 國書木, 제4책, 24쪽.

이에 백기도주는 안용복의 말대로 강호江戶막부에 전하여 문서를 만들어 안용복에게 주어 돌려보냈는데, 장기도長岐島에 이르니 도주가 그 문서를 빼앗고 대마도로 보내니 대마도에서는 안용복을 잡아 문서를 탈취하고 50일을 가두었다가 동래왜관으로 보냈다. 동래왜관에서 또 40일을 가두었다가 동래부에 보내었다. 안용복이 전후사정을 일일이 부사에게 보고했으나 부사는 들은 체도 하지 않고 무단으로 넘나들었다 하여 형벌을 주었다.

　안용복은 분함을 못 이겨 숙종 21년(1695) 을해에 다시 상인과 승려 5명, 사공 4인을 이끌고 울릉도에 가서 고기를 잡으며 대나무를 베고 있었다. 마침 왜선이 오자 안용복이 사람을 시키어 다 잡으려고 하니 왜인들이 앙탈하며 "우리들은 송도松島로 고기잡이를 하러 왔는데 우연히 여기에 왔다" 하며 곧 떠나가자 안용복이 "송도는 본래 우리 우산도芋山島이다"라고 했다. 이튿날 우산도로 쫓아가니 왜인들은 돛을 달고 달아났다.

　안용복이 뒤를 쫓아 은기도隱岐島를 거쳐 백기주에 이르니 도주가 환영하거늘, 안용복은 울릉도 수색장수[搜捕將]라 자칭하고 교자를 타고 들어가서 도주와 마주 예를 하고 전후사실을 상세히 이야기했다. 특히 대마도주가 대일본교역의 중간에서 농간을 부리며 사취함을 일일이 들어서 지적하고 동행 중 문자를 해독하는 사람으로 하여금 문서를 만들어 백기도주에게 보이고 강호막부에 직접 전하여 달라 했다. 이것을 안 대마도주가 백기주에 애걸하여 결국 이 문서는 강호에 전달되지 못했고, 백기도주는 안용복을 위로하며 강토침범은 모두 안용복의 말과 같으니 만약 위약하는 자가 있을 경우에는 엄중히 처벌하겠다고 했다.

　안용복 일행이 8월 강원도 양양으로 돌아오니 강원도에서는 일행을 잡아 서울로 압송했다. 안용복이 경과한 바를 고하자 조정에서 의논하기를 월경을 범한 죄를 용서하지 못하리라 하니 오직 영돈령領敦寧 윤지완尹趾完이 "용복이 비록 죄가 있다고 하더라도 죽이는 것은 옳지 못하다" 하고 남구만南九萬 또한 "대마도주의 사기는 용복이 아니면 밝히지 못할 것이었으니 용복의 죄의 유무는 잠시 덮어두고 도주의 문제를 이 기회에 밝혀야 한다"고 주장했다.

윤지완과 남구만의 변호로 용복이 겨우 죽음을 면했으되 끝내 조정의 논의에 따라 사형만을 면하고 유배되었다. 성호 이익은 안용복이 일개 천졸 賤卒이지만 죽음을 무릅쓰고 나라를 위하여 강적의 간계를 물리치고 누대의 분쟁을 멈추게 한 것은 영웅에 필적할 만하다고 했다.13)

안용복의 사건을 통해 볼 때 울릉도와 은기 사이에는 어떤 섬이 있었음을 확실히 알 수 있다. 일본인과 안용복 모두 이를 조선영토로 잘 알고 있었고 또 왕래도 했음이 드러나니 후일의 이른바 독도란 것이 이에 해당한 것을 생각할 수 있겠다.

제3절 해외교통으로의 표류

먼저 일본에 표류하여 조선으로 송환된 예에서 조선사람들의 해외교통의 일단을 찾아볼 수 있다. 지나간 일은 묻지 말고 근세에 있어 해상으로 나아갈 유일한 길은 바다를 격한 일본과의 왕래였고. 조선에서도 배를 타고 항해할 것을 동래에서만 집착하고 말았으므로 이 기간에 조선사람 자신들이 해외로 나아간다는 것은 근대사상에 있어 표류를 통해 볼 수밖에 없다.

① 선조 32년(1599) 신묘 12월 14일에 축전국筑前國 대야포大野浦에 조선선박 표착.
② 인조 7년(1629) 기축 2월 그믐날에 축전국 당박포唐泊浦에 어민 6인 표착.

---

13) 原註: 李瀷, 『星湖僿說』卷之九下, 울릉도조.

대마도로 송부. 일본 측의 조사서에는 경상도 내령포內寧浦의 어민이라 했으니 제포 즉 내이포內而浦인가? 어민들은 2월 23일 발선했다가 표류하여 그믐에 표착한 것이었다.

③ 인조 13년(1635) 을해 5월 석견국石見國에 어민 6인 표착. 인조 23년(1645)에 대마도에 송부됨.

④ 효종 9년(1658) 무술 5월 2일에 대마도에 어선 2척 표착. 전라도 출발시에는 3척이었으나 1척은 행처를 알지 못하고 2척은 대마도에서 돛을 달고 돌아옴.

⑤ 효종 10년(1659) 기해 11월에 석견국에 9인 표착. 장기長崎로 호송됨.

⑥ 현종 9년(1668) 무신 10월 비전肥前의 평호령平戶領인 생월도生月島에 진주晉州 공선貢船이 표착. 대마도로 송부.

⑦ 숙종 22년(1696) 병자 5월 하이지蝦夷地에 동래선박 표착. 송전번松前藩에서는 일행을 강호로 호송. 대마도 경유 회송. 이것이 이선달李先達 일행의 표류 사실이다.

⑧ 숙종 27년(1701) 신사 정월에 장문국長門國 해안에 전남 장흥의 상선 1척과 18인 표착.

⑨ 동 정월에 또 장문국 뇌호기瀨戶崎에 경상도 장기長髻 상인 9인 표착.

⑩ 동년 10월 장문국 각도角島에 경주어부 8인이 표착

⑪ 숙종 29년(1703) 계미 2월에 대마도로 간 경조역관慶弔譯官의 사신선이 엎어져 침몰.

⑫ 숙종 38년(1712) 임진 겨울에 대마도 삼도三島에 공선 1척이 표착. 대마에서 세견선에 부쳐 송환. 이에 예조참의 홍중하洪重夏는 공선은 환부하지 말기를 전함. 이것은 썩은 빈 배 한 척을 받는 대신 왜인에게 대우하는 비용이 값보다 더 많기 때문이었다. 대마도의 왜인들은 구실만 있으면 와서 얻어가려 했으므로 귀찮은 존재였다.

⑬ 숙종 41년(1715) 을미 겨울 좌도국佐渡國 근해에 지세포知世浦의 선박 1척이 표착하여 파선됨.

⑭ 숙종 42년(1716) 병신 좌도국 지다유포志多留浦에 남해포南海浦의 피난선 1척

이 표착. 5인 생존. 별도의 사신으로 호송.
⑮ 경종 원년(1721) 신축 정월에 장문국長門國 대포大浦에 영등永登어부 16인이 표착. 장기를 경유하여 대마도로 송부됨.
⑯ 영조 20년(1744) 3월 오도五島에 남녀 10인 표착.
⑰ 영조 42년(1766) 병술에 대마도를 향해 출발한 역관 등이 승선한 선박이 바람에 파괴되어 표류. 7월 6일 대양 중에서 파선. 생존자 9인은 조선어선이 구조했으나, 나머지는 생사불명.
⑱ 영조 46년(1770) 경인 정월 28일 전라도 영암의 상선에 34인이 타고 소안도所安島로 향하던 중 풍랑으로 바다를 표류. 수개월 만에 생존자 13인을 태운 채 7월 6일 준주駿州 흥진興津·숙포宿浦에 표착. 흔히 동해방면이나 구주 서북해안 지대에 표착함이 예이거늘 태평양 방면의 일본해안에 표착하는 예는 드문데 이는 희귀한 일례이다. 더욱이 이 때에 표류한 사람들 중에는 일본의 지식있는 사람과 필담할 정도의 문식이 있어 경종 원년 장문국 대포에 표착한 영등포 어부나 앞서 인조 7년 축전 당박포에 표류한 제포사람들은 일본기록에 그들의 성명을 전하기는 하되 일본인이 조사 기록함에 내맡긴 것이러니 이 때의 표류인 성명은 또렷이 정확하게 전한다.

　　김취성金取成(34세, 두목)·김진용金進用(25세)·김춘성金春成(34세)·송부산末夫山(50세)·임의용林逸用(37세)·허재완許才完(32세)·고처행高處幸(37세)·오봉룡吳鳳龍(26세)·현영발玄永發(35세)·이효손李孝孫(17세)·이현채李顯采(22세)·이종삼李宗三(21세)·송영채末永采(25세).

⑲ 순조 19년(1817) 기묘 정월 11일 백주伯州 팔교군八橋郡 적기포赤崎浦에 상객 12인 표착.

이상은 『통항일람』 권136 조선국부朝鮮國部 112의 조선어민과 상인들이 일본방면으로 표류한 기록에서 찾아본 개략이다. 대략 호남과 영남해안에서 일본의 일본해안과 서북 구주연안에 표착함을 볼 수 있다. 여기서 상인이라 함은 외국과의 통교가 아니라 국내 연안지대에서의 상인들이 의외로 외양으로 표류를 당한 것이다. 이에 관한 상세한 기록은 오히려 본국인 우리나라에서보다 일본 측에 구체적으로 조사 작성되어 있다. 연안 여러 도서의 주민들이 바다와 싸우며 생활하는 백성에 대해서라든지, 표류한 백성들이 돌아옴을 월경을 범하는 것이라 하여 처벌했다. 이에 대해서는 일본의 『이국일기異國日記』14)에 전하는 인조 23년(1645) 때 예조참의 이덕수李德洙가 대마도주에게 보낸 서신이 있다.

> 사신이 바다를 건너올 때 표류민을 함께 보내오니 심히 다행스럽습니다. 바닷가에 사는 어민들이 이득을 얻고자 가볍게 출항하는 모험을 하다가 풍파에 표류하여 깊은 바다 먼 곳에 이르렀으나 어려움을 이기고 생명을 보전했습니다.15)

연안백성들의 조난이 실로 막중했음에도 당시 위정자이 얼마나 해안관념이 부족했는지를 엿보고 남는다.

일본 이외의 다른 지역인 중국방면으로 표류한 사례를 살펴보자. 중국방면에 표착했으되 조선에 돌아온 예만 볼 수 있고, 귀환치 않은 사람들이 필시 허다할 것이기에 이것은 중국 측 문헌에서 찾아야 한다.

① 숙종 36년(1710) 경인에 경주민 고도필高道弼 등 7명이 강녕江寧·태주泰州방면에 표착. 북경-의주[북경 경유 의주에 귀환함을 의미하며 이하는 이처럼 간략히 기록하기로 함].
② 숙종 42년(1716) 병신에 진도사람 김서金瑞 등이 유구에 표류. 복건-북경.
③ 숙종 46년(1720) 경자에 광주민廣州民 강석홍姜石興 등 8명이 산동 성산위成山衛에 표류. 북경-의주.

---

14) 原註: 『通航一覽』 권136, 朝鮮國釜 112.
15) "槎使之來 順付漂民 不勝幸甚 濱海漁民 冒利輕出 至於颶漂深入 理難生全."

④ 영조 6년(1730) 경술에 나주인 김백삼金白三 등 30명이 복건에 표착. 북경-의주. 원래 제주인인데 가칭 나주인이라 했다.
⑤ 영조 9년(1733) 계축에 인천인 악순재岳順才 등 12명이 산동 문등현에 표착. 북경-의주.
⑥ 영조 10년(1734) 갑인에 평양부 사람 백귀득白貴得 등 6명이 고기잡이 중 풍파를 만나 산동 성산위에 도착. 북경-의주.
⑦ 영조 11년(1735) 을묘에 경상도민 서후정徐後丁 등 남녀 12명이 고기잡이 중 풍파를 만나 유구에 도착. 복건-북경-의주.
⑧ 영조 16년(1740) 경신에 황해도 금천인金川人 김철金鐵 등 8명이 금주金州 영해현寧海縣에 표착. 평안도 삼화 등 읍사람 김형태金亨泰 등 14명 중 6명이 바다에서 익사. 8명은 다행이 생명을 구하여 봉황성鳳凰城 소속 용대하龍台河에 표착. 성경(봉천)-의주.
⑨ 영조 17년(1741) 신유에 전라도 영암사람 문융장文隆章 등 20명이 절강성 임해현臨海縣에 표착. 1명은 병으로 사망. 북경-의주.
⑩ 영조 25년(1749) 기사에 평안도 의주인 이군필李君弼 등 13명 중 5인이 익사. 8명은 선저 목편을 잡고 헤엄쳐서 생명을 구해 봉황성 해변에 도착. 성경盛京-의주.
⑪ 영조 28년(1752) 임신에 전라도 사람 김유태金有太 등 7명이 표류하여 민성閩省에 도착. 경상도 사람 정열남鄭悅南 등 12명이 정해현定海縣에 표착. 북경 경유 진하사進賀使 편에 돌아옴.
⑫ 영조 29년(1753) 계유에 경성 동대문 밖에 거주하는 사람 유득삼柳得三 등 9명이 양곡을 운반 중 해양도海洋島에 표착. 성경-의주. 평안도 곽산사람 귀만貴萬 등 10명이 고기잡이 중 녹도鹿島에 표착. 성경-의주. 평안도 평양사람 유한성劉漢成 등 3인이 고기잡이 중 수암岫巖에 표착. 성경-의주.
⑬ 영조 31년(1755) 을해에 평안도 의주사람 박실동朴實東 등 14명과 안주사람 홍록흥洪祿興 등 6명, 용천인 이항서李恒舒 등 8명이 녹도에 표착. 의주사람 이만춘李萬春 등 14명이 수암에 표착. 성경-의주.
⑭ 영조 32년(1756) 병자에 평안도 용천 사람 박철봉朴哲奉이 고기잡이 중 녹도

에 표착. 성경-의주.

⑮ 영조 34년(1758) 무인에 본국 백성 김연송金延松 등 14명이 민성에 표류하다 도착. 북경-의주.

⑯ 영조 35년(1759) 기묘에 본국백성 이맹주李孟柱 등 7명이 고기잡이 중 강남성江南省 염성현鹽城縣에 표착. 북경-의주. 황해도 풍천사람 정세주鄭世冑 등 6명이 산동성 즉묵현卽墨縣에 표착. 북경경유 헌서관憲書官 이담사李湛事가 귀국하는 길에 따라 돌아옴.

⑰ 영조 39년(1763) 계미에 전라도 영광사람 최삼석崔三碩 등 15명이 표류하다 산동성에 도착. 북경-의주.

⑱ 영조 41년(1765) 을유에 본국백성 김순창金順昌 등 9명이 표류하다 복건성 하포현霞浦縣에 도착. 북경-의주. 몇 명은 통주通州에서 병으로 사망.

⑲ 영조 42년(1766) 병술에 충청도 임천사람 정태문鄭太文 등 9명이 표류하다 수암성岫巖城에 도착. 성경-의주.

⑳ 영조 43년(1767) 정해에 본국백성 신필창愼必昌 등 15명과 임중언林重彦 등 13명이 표류하다 복건성 복청현福淸縣 등에 도착. 북경-의주. 본국사람 상소은常素銀 등 14명이 봉성鳳城 소속의 소도小島에 표착했다가 돌아옴.

㉑ 영조 46년(1770) 경인에 평안도 의주사람 강검용康劒踊 등 13명과 선천백성 황애당黃愛堂 등 15인, 철산백성 채노앙蔡老仰 등 13인이 모두 고기잡이 중 표류하다 봉황성 용대하龍臺河에 표착. 성경-의주.

㉒ 영조 48년(1772) 임진에 최복崔卜 등 8명이 표류하다가 산동성에 도착. 제주민 홍달원洪達源 등 17명이 절강성에 표착. 귀국하는 사신편에 북경 경유하여 돌아옴.

㉓ 영조 49년(1773) 계사에 평안도 용천백성 허억許億이 표류하다 금주金州 노철산老鐵山 해변에 도착. 성경-의주.

㉔ 영조 51년(1775) 을미에 평안도 철산사람 탁무선卓武先과 의주사람 문무점文武占 등 모두 10명이 고기잡이 중 금주성金州城 바다 어귀에 도착. 성경-의주. 고화욱高和旭 등 7인이 풍랑으로 절강성 임해현에 표착. 북경경유 헌서관 최정상崔挺祥이 돌아오는 편으로 귀환.

㉕ 영조 52년(1776) 병신에 평안도 의주사람 9명이 고기잡이 중 풍랑을 만나 선박이 파손되어 7명이 죽고 정우승鄭遇陞 등 2명은 표류하다 수암성 흑취자黑嘴子에 도착. 성경-의주.

㉖ 정조 2년(1778) 무술에 전라도 영암사람 강현웅姜賢雄 등 13명이 고기잡이 중 표류하다 절강성 옥환玉環지방에 도착하므로 의주로 돌려보냄.

㉗ 정조 3년(1779) 기해에 평안도 의주사람 김만산金萬山 등 8인이 고기잡이 중 표류하다 봉황성 소도자小島子에 도착. 성경-의주.

㉘ 정조 6년(1782) 임인에 용천부 사람 홍우석洪友石 등 7인이 태풍으로 금주 장산도長山島에 도착. 성경-의주.

㉙ 정조 8년(1784) 갑진에 철산 백성 김상휘金尙輝 등 7명이 고기잡이 중 봉황성 녹도에 표착. 성경-의주. 의주 백성 김귀만金貴萬 등 4명이 고기잡이 중 돌풍〔値風〕을 만나 봉황성 해탄상海灘上에 표착. 성경-의주.

㉚ 정조 9년(1785) 을사에 조선상인 이응춘李應春 등 12명이 바람을 만나 표류하다가 강소성에 도착. 북경-의주.

㉛ 정조 15년(1791) 신해에 의주백성 김경호金京好 등 3인이 고기잡이 중 표류하다 봉황성 삼타자도三柁子島에 도착. 성경-의주. 김용찬金容贊 등 15명이 표류하다가 절강성 평양현平陽縣에 도착. 북경-의주. 용천민 장봉곤張鳳坤 등 6인이 고기잡이 중 표류하다 금주에 도착. 철산사람 김채흥金采興 등 6인이 고기잡이 중 표류하다 봉황성 해탄상에 도착. 북경-의주.

㉜ 정조 16년(1792) 임자에 용천사람 길상吉尙 등 6명이 표류하다 영해현寧海縣에 도착. 용천사람 김덕만金德萬 등 9인이 수암성에 표류하다 도착. 성경-의주.

㉝ 정조 18년(1794) 갑인에 용천사람 김덕유金德有 등 7인이 봉천부奉天府 복주復州 장흥도長興島에 표류하다 도착. 성경-귀환.

㉞ 정조 20년(1796) 병진에 황해도 장연사람 장삼돌張三乭 등 7명이 표류하다 유구에 도착. 북경을 경유하여 돌아오는 사신편에 돌아옴. 평안도 철산의 유녀幼女 1명이 조수로 표류하다 수암현岫巖縣에 도착. 성경-의주.

㉟ 정조 21년(1797) 정사에 제주사람 이방익李邦翼 등 8명이 바람에 휩쓸려 표류하다 복건성 팽호彭湖지방에 도착. 북경-의주〔이에 관해서는 朴趾源의 燕巖集

에 상세한 기사가 전한다]. 강진사람 이창보李昌寶 등 10명이 바람을 만나 표류하다 유구국에 도착, 북경을 경유 헌서관 변호邊鎬를 따라 귀환함.

㊱ 순조 원년(1801) 신유에 경상도 남해현 사람 이동주李東柱가 표류하다가 위원보威遠堡에 도착. 성경-의주.

㊲ 순조 2년(1802) 임술에 용강사람 이인수李仁壽 등 3인이 바람을 만나 표류하다 수암성에 도착. 성경-의주.

㊳ 순조 4년(1804) 갑자에 전라도 흑산도 사람 문순덕文順德 등 4인이 표류하다 유구국에 도착, 북경경유 돌아오는 사신 편으로 귀국.

㊴ 순조 6년(1806) 병인에 용천사람 이후봉李厚奉 등 3인이 임자구林子溝에 표착. 의주로 돌아옴.

㊵ 순조 9년(1809) 기사에 황해도 장연현 사람 김봉년金逢年 등 남자 및 부인 3인이 표류하다 등주부 영성현榮城縣에 도착, 돌아오는 사신을 따라 귀국. 전라도민 강충섭康忠燮 등 6인이 표류하다 절강성 정해현定海縣에 도착, 재자관齎咨官 이시형李時亨이 데리고 돌아옴. 황해도 장연현 사람 김봉년 등 4인이 등주부 영성현에 표류하다 도착. 의주로 데려옴.

㊶ 순조 11년(1811) 신미에 평안도민 김숭산金崇山 등 8인이 표류하다 봉황성 굴융산窟隆山에 도착, 의주로 옴.

㊷ 순조 13년(1813) 남해사람 강종열姜宗烈 등 23인이 표류하다 절강성에 도착. 1인은 병으로 죽고, 의주로 데려옴.

㊸ 순조 16년(1816) 병자에 전라도민 천일득千一得 등 7인이 표류하다 유구국에 도착, 북경경유 의주로 옴.

㊹ 순조 18년(1818) 무인에 김광현金光顯 등 12인이 표류하다 강소성 동대현東臺縣에 도착, 의주로 돌아옴. 해남사람 양성楊星 등 8인과 영암사람 윤광국尹光國 등 47인이 표류하다 절강성 태평현太平縣에 도착, 의주로 옴.

㊺ 순조 23년(1823) 계미에 김봉갑金奉甲 등이 표류하다 절강성 정해현에 도착, 돌아오는 사신을 따라 귀국. 제주사람 김광보金光寶 등 9인이 표류하다 민성閩省에 도착했으나 1인은 병으로 죽음, 의주로 옴.

㊻ 순조 24년(1824) 갑신에 김덕호金德好 등 2인이 표류하다 수암성에 도착했

으나 1인은 사망. 의주로 옴.

㊼ 순조 25년(1825) 을유에 전라도민 김순복金順福 등 4인이 표류하다 등주부 문등현에 도착. 의주로 돌아옴. 삼화백성 한흥래韓興來 등 6인이 표류하다 수암성에 도착. 의주에 옴.

㊽ 순조 26년(1826) 병술에 해남사람 황승건黃勝巾 등 5인이 표류하다 유구국에 도착. 북경-의주

㊾ 순조 27년(1827) 정해에 영암사람 고한록高閑祿 등 4인이 표류하다 강소성에 도착. 의주로 돌아옴. 평양사람 이봉수李鳳守 등 7인이 표류하다 산동성에 도착. 헌서재자관憲書齎咨官을 따라 돌아옴.

㊿ 순조 28년(1828) 무자에 화성華城사람 정화중鄭和中 등 13인이 표류하다 산동성 도착. 헌서재자관을 따라 돌아옴.

(51) 순조 29년(1829) 기축에 전라도민 김광현金光顯 등 7인이 절강성에 표류하다 도착. 남해사람 손승득孫勝得 등 12인이 표류하다 유구국에 도착. 북경경유 돌아오는 사신을 따라 돌아옴. 금주사람 김순복金順福 등 6인이 표류하다 강소성에 도착. 돌아오는 사신을 따라 귀국.

(52) 순조 30년(1830) 경인에 영암사람 김선문金先文 등 3인이 표류하다 강소성에 도착. 고계재자관告計齎咨官을 따라 돌아옴. 김재진金在振 등 8인이 표류하다 절강성에 도착. 이주로 옴. 해남사람 고달문高達文 등 9인이 표류하다 복건성에 도착. 의주로 돌아옴

(53) 순조 32년(1832) 임진에 이선재李先才 등 15인이 표류하다 절강성에 도착. 의주로 돌아옴.

(54) 순조 33년(1833) 계사에 이원탱李元撑 등이 표류하다 영해寧海에 도착. 의주로 돌아옴. 고한록高閑祿 등이 표류하다 강소성에 도착. 헌서재자관을 따라 돌아옴.

(55) 순조 34년(1834) 갑오에 장사동張四東 등이 표류하다 절강성에 도착. 이인수李寅秀 등이 표류하다 유구국에 도착. 북경-의주.

(56) 헌종 2년(1836) 병신에 박종철朴宗哲 등이 표류하다 등주부에 도착. 고한록 등이 표류하다 강소성에 도착. 헌서재자관을 따라 돌아옴. 이계신李季信 등

표류하다 유구국에 도착. 고천득高千得 등이 표류하다 절강성에 도착. 북경경유 돌아오는 사신 편에 돌아옴. 이계동李季同 등이 표류하다 수암성에 도착. 손익복孫益福 등이 표류하다 유구국에 도착. 북경으로 옮김. 이명보李明寶 등이 표류하다 강소성에 도착. 김국손金國孫 등이 표류하다 굴릉산에 도착. 의주로 돌아옴.

(57) 헌종 4년(1838) 무술에 고한록 등이 표류하다 절강성에 도착. 이의선李義善 등이 표류하다 영해에 도착. 의주로 돌아옴.(고한록은 순조 27·33년 및 헌종 2년에도 표류한 일이 있었다)

(58) 헌종 5년(1839) 기해에 고군화高君化 등이 표류하다 절강성에 도착. 돌아오는 사신을 따라 돌아옴. 조득후趙得厚 등이 표류하다 강소성에 도착. 돌아오는 사신을 따라 귀국. 김만성金萬成 등이 표류하다 강남성에 도착. 헌서재자관을 따라 돌아옴.

(59) 헌종 8년(1842) 임인에 정여방鄭如芳 등이 표류하다 강소성에 도착. 돌아오는 사신을 따라 귀국.

(60) 헌종 9년(1843) 계묘에 강춘화康春化 등이 표류하다 절강성에 도착. 돌아오는 사신을 따라 귀국.

(61) 헌종 13년(1847) 정미에 김상로金尙魯 등이 표류하다 강남성에 도착. 의주로 돌아옴.

(62) 철종 2년(1851) 신해에 임상일任尙日 등이 표류하다 복건성에 도착. 돌아오는 사신을 따라 귀국. 서진행徐進行 등이 표류하다 복건성에 도착. 돌아오는 사신을 따라 귀국.

(63) 철종 3년(1852) 임자에 부호철夫好哲 등이 표류하다 절강성에 도착. 의주로 돌아옴.

(64) 철종 5년(1854) 갑인에 최명록崔命祿 등이 표류하다 강남성에 도착. 헌서재자관을 따라 돌아옴.

(65) 철종 6년(1855) 을묘에 양학신梁鶴信 등이 표류하다 복건성에 도착. 고룡붕高龍鵬 등이 표류하다 강남성에 도착. 헌서재자관을 따라 돌아옴.

(66) 철종 8년(1857) 정사에 한치득韓致得 등 2인이 표류하다 복건성에 도착. 의주

로 돌아옴. 고치만高致萬 등 6인이 표류하다 절강성에 도착. 의주로 돌아옴.

⑥⑦ 철종 9년(1858) 무오에 김성진金聲振 등이 표류하다 강소성에 도착. 의주로 돌아옴.

⑥⑧ 철종 10년(1859) 기미에 김응채金應彩 등 5인이 표류하다 복건성에 도착. 의주로 돌아옴.

⑥⑨ 철종 12년(1861) 신유에 양명득梁明得 등 9명이 표류하다 복건성에 도착. 헌마재자관憲馬齎咨官을 따라 돌아옴.

⑦⑩ 철종 13년(1862) 임술에 신병희申秉熙 등 40명이 표류하다 복건성에 도착. 돌아오는 진하사進賀使를 따라 귀국.

⑦⑪ 철종 14년(1863) 계해에 김두성金斗成 등이 표류하다 강소성에 도착 재자관을 따라 돌아옴.

⑦⑫ 고종 원년(1864) 갑자에 김동석金東錫 등이 표류하다 산동성 금주에 도착. 의주로 돌아옴.

⑦⑬ 고종 2년(1865) 을축에 김자성金子聖 등이 표류하다 복건성에 도착. 의주로 돌아옴.

⑦⑭ 고종 4년(1867) 정묘에 문백익文白益 등이 표류하다 복건성에 도착. 의주로 돌아옴. 마영馬英 등이 표류하다 복건성에 도착. 의주로 돌아옴.

⑦⑮ 고종 6년(1868) 기사에 신순집申順集 등이 표류하다 복건에 도착. 의주로 돌아옴. 김신사金辛仕 등이 표류하다 절강성에 도착. 의주로 돌아옴

⑦⑯ 고종 7년(1870) 경오에 변유수邊有須 등이 표류하다 복건성에 도착. 의주로 돌아옴. 장운행張雲行 등이 표류하다 산동성에 도착. 재자관을 따라 돌아옴.

⑦⑰ 고종 8년(1871) 신미에 고재숙高才淑 등 6명이 표류하다 복건성에 도착. 의주로 돌아옴.

⑦⑱ 고종 9년(1872) 임신에 고문종高文宗 등 7명이 표류하다 산동성에 도착. 의주로 돌아옴. 광재참廣宰站에 있는 이하보李賀普 1명은 종적이 불명함.

⑦⑲ 고종 19년(1882) 임오에 강여굉姜如宏 등 2인이 표류하다 강서성에 도착. 헌서재자관을 따라 돌아옴.

⑧⑳ 고종 21년(1884) 갑신에 강도행姜道行 등 11명이 표류하다 절강성에 도착.

헌서재자관을 따라 돌아옴.

『통문관지通文館志』16)에 근거하여 조선 해안주민들이 중국과 유구방면에 표류한 기사만을 간추린 것으로, 이것을 통해 볼 때 조선인들의 해양에 대한 의욕적인 활동을 찾아볼 수 없음은 어찌할 수 없는 일이다.

한편 이와 대조적으로 일본인이나 중국인들이 조선 해안지대에 표착한 사례는 앞서 제시한 표류연표에 보이는 건수에 비하여 월등히 많았다. 이는 우연히 조선 연안지대에 표류했던 사실 이외에도 약탈을 목적으로 조선 해안에 출몰한 예가 적지 않았기 때문이었다.

제4절 표류를 계기로 한 서양과의 교섭

인접한 중국과 일본 이외의 서양과의 관계 역시 피동적으로 표류를 계기로 맺어졌다. 지금까지 밝혀진 일부의 연구에 의하면 비교적 이른 시기의 사실로 1578년(선조 11)에 마카오에서 일본으로 향하던 포르투갈 선박이 태풍으로 조선의 섬에 표착했다는 것이 문헌상으로 나타나는 포르투갈과의 직접적인 교섭의 시작이었다. 즉 프레네스티노(Prenestino)의 「1578년 일본행 포르투갈선 표류항해기록〔日本行葡萄牙船漂流航海記錄〕」에는 다음의 내용이 있다.

금년(1578) 6월 5일 우리들은 마항, 곧 마카오를 출발했지만 시기가 이미 지

---

16) 12권 2책. 김지남 편. 1720년(숙종 46) 이선방과 변정로 등이 간행. 1881년(고종 18)에 중간. 사역원의 연혁과 고래의 사적을 모았다. 1권은 연혁, 2권은 권상. 3·4권은 사대, 5·6권은 교린, 7권은 인물, 8권은 고사, 9권은 기년, 10~12권은 기년속편을 담고 있다.

나고 모두 연내 일어나지 않았던 태풍의 해(年)라고 함에 적지 않은 불안을 가졌었다.… 7월 15일이 되자 태풍이 맹렬하게 부닥쳐왔다. 안내자가 말하기를 천후는 차츰 늦춰졌다. 혹 앞의 돛이 찢어지지 않으면 Corea(조선)에 도착하려고 한다. 코리아는 일본보다 미개한 오랑캐(韃靼) 사람의 한 섬이다. 혹 그 곳에 잡히더라도 아직 구조될 수 있다. 일요일 아침 바람은 아주 자고 이 대풍大風은 그쳤다. 월요일 육지 가까이 있었지만 그 곳은 우리들이 기대한 바와 같은 일본의 육지가 아니고 코리아로 향함을 알았다. 거기에는 미개하고 잔인한 백성이 살며, 타국사람과 통상을 원하지 않는다. 연전에 포르투갈 사람의 한 정크선이 그 곳 해안가에 표착했을 때 이 흉악한 주민은 그 선박의 삭은 배를 빼앗고 배 안에 있는 사람을 죽였으므로 [그 배의 전원] 학살로부터 살아남기에 적지 않은 고역이 있었다 한다. 그 말을 듣고 새삼스럽게 두려움과 공포·불안을 느끼게 되었다.17)

결국 이 배는 일본 비전肥前의 설도雪島를 거쳐 장기長崎로 들어갔다. 여기에서 1578년 이전 포르투갈 상선이 우리 해안에 표착되었다는 기록은 아직까지 문헌상 발견된 것이 없고, 조금 늦은 1582년(선조 15) 임오 가을에 서양인 마리이馬里伊 등이 제주에 표착하여 서울로 데리고 와서 명나라에 보내는 사신 편으로 부쳐 보냈다고 할 뿐이었다.18)

좌우간 서양인으로 극동에 가장 먼저 진출한 포르투갈 사람들과의 교섭도 피동적으로 우연한 기회에 생긴 순간적인 접촉으로 조선에게는 그에 관한 기록조차 찾을 것이 없다. 그 중대한 원인은 쇄국적인 것에서 유래한다. 이에 관해서는 루이스 프로이스(Luis Frois)의 서한 중에서 얼마의 증거(證左)를 찾게 된다.

Coray(조선)사람은 매년 장사를 하기 위해 가는 3백 명의 일본인을 제외하고

---

17) 原註: 岡本良知,『16세기 日歐交通史의 硏究』.
18) 原註:『文獻撮要』,『六堂講演集』,『조선의 문화』참조.

는 여하한 경우라도 그 국내에서 외국인과의 교역을 허락하지 않는다. 일본에 오고자 하다 바람 또는 해류로 인하여 항로를 벗어난 우리나라(포르투갈 상선) 배가 잘못 항해하여 조선항구에 도달하면 곧 다수의 무장한 배가 나타나 싸우려 하고 어떤 이유나 변명도 듣지 않고 그 나라 항구에서 거절하고 쫓아버린다.[19]

그런데 여기서 무장한 배가 나와 싸우려고 한다든지, 변명도 듣지 않고 그 나라의 항구 밖으로 몰아내려고 하는 것은 언어가 통하지 않는 상황에서 발생한 오해라고 하겠다. 우리나라에서는 표류된 외국인에 대해서는 이상하게도 (하멜 일행을 제외하고는) 지나치게 친절히 대우했던 것이다. 또 이와 대조적으로 조선사람들이 해외에서 서구인과 접촉한 일이 있었으니 이것도 표류를 계기로 한 교섭이었지 의욕적으로 이 곳에서 교역을 목표로 진출한 것은 아니었다. 즉 포르투갈 사람들이 말라카(滿剌加) 방면으로 진출하기 시작한 때 말라카(Malacea)에서 만나 통상 교역한 고레스(Gores)는 즉 조선사람들이었다.

이 '고레스'는 일찍부터 유구방면에 표류한 사람들이 그곳에 영구적으로 거주하면서 그곳으로부터 다시 남해일대로 상선을 타고 왕래한 사람들이 16세기 초엽 이래 포르투갈 상인들과 접촉하게 되었던 것이다. '고레스'란 명칭은 고려의 와전으로서 유구인들이 '고려'란 음을 '고레라'로 와전시킨 것이라고 하겠다. 포르투갈 상인의 뒤를 이은 서구제국은 극동진출에 있어 인도를 근거지로 동인도회사(東印度會社)를 조직하고 극동으로의 진출을 기도했다. 그 중 영국이 평호(平戶)에 상관을 두고 강호(江戶)막부와 교섭이 있을 때 영국 동인도회사 측에서는 대마를 경유하여 조선과의 무역이 어떨지를 조사한 일이 있었다. 일본의 『이국총서(異國叢書)』에 다음의 기록이 있다.

---

19) 原註: Evora, 1598년 간행, 耶蘇會書翰集-구라파·인도·중국·일본 耶蘇會書翰集 참조. Frois의 서한집은 허다하며 그는 또한 일본에 왕래한 조선사람을 직접 만난 일도 있다.

1613년(광해군 5년) 12월 5일(양력으로 25일) 평호에 있던 선장 존 세리스(John Saris)가 그 상선원 리처드 콕스(Richard Cocks)에게 준 각서에는 에드워드 세리스(Edward Saris) 군에게 명하여 조선인과 여하한 통선通船을 할 수 있을 것인가를 조사시키며 귀하가 대마도에 소용될 것이다. 생각되는 상품과 호초胡椒의 화물船荷….20)

또 1614년(광해군 6) 3월 9일 평호에 있던 리처드 콕스가 리처드 위컴(Richard Wickham)에게 보낸 편지에서는, 조선과의 통상에는 전혀 희망이 없다는 보고를 받았다고 했다.21) 그러나 영국상인들은 꾸준히 조선에 대한 무역의 가능여부를 조사하기에 힘써서 다시 1614년 인조 6년 리처드 위컴은 강호에서 평호에 있는 리처드 콕스에게 서한을 보낸다.

나는 이곳에서 그곳이 극히 유망함을 깨달았으므로 귀하는 내게 조선, 곧 Coray무역에 여하한 희망이 있는지를 보고하기를 원함.22)

그러나 조선에서는 이것을 전혀 몰랐다. 영국과 네덜란드의 동인도회사에서 극동, 특히 일본과 통교무역을 하는 중에 그들의 선박이 풍파로 인하여 간간히 우리나라 해안에 표류하면서 접근했으니 이제 역사상에 전하는 한두 개의 사실을 찾아내면 다음과 같다.

이수광李睟光23)의 『지봉유설』에서도 17세기 초엽에 영국선박이 조선해

---

20) 原註: 岩生成一 譯註, 『慶元 이기리스 書翰』, 제9書翰.
21) 原註: 『慶元 이기리스 書翰集』 제16書翰.
22) 原註: 『慶元 이기리스 書翰』 제30書翰.
23) 조선 중기 문신이자 학자(1563~1628). 자는 潤卿, 호는 芝峰, 본관은 전주. 아버지가 병조판서를 지낸 명문가문 출신으로 일찍부터 관직생활을 시작했다. 임진왜란 때에는 함경도에서 민정을 시찰하고 백성을 격려하는 임무를 맡았다. 광해군 때 잠시 은거하다가 인조반정 뒤 이조참판·대사헌 등을 역임했다. 실학의 선구자로 유학자들이 주자를 맹목적으로 추종하는 것을 비판했다.

안에 왔음을 알 수 있다.

지난해에 일본으로부터 표류하여 흥양경계에 도착하니 그 선박이 극히 높고 거대하여 수층 누각으로 된 커다란 집이라. 우리군사가 전투했으나 능히 공격하여 파하지 못하고 물러나 떠나가도록 했다. 뒤에 왜 사신에게 물어 영국사람임을 알았다.24)

이후 제주도 해안에 빈번히 내왕하여 가축의 약탈이 심했다. 이와 함께 또한 바타비아(Batavia)에 근거지를 둔 네덜란드는 대만을 거쳐 일본에 왕래했다. 더욱이 그들은 일본 덕천시대德川時代를 통해 장기長崎에서 교역한 유일한 서구인으로서 빈번히 왕래했다. 그 동안 풍랑으로 조선에 표류한 것은 한두 번이 아니다.

1627년(인조 5년 정묘)에 네덜란드 상선 아우테르케레스(Auterkeres)호가 풍랑으로 조선해안에 표착했었는데. 식수(淡水)를 얻으러 3인이 상륙한 것을 관헌이 잡았다. 그리하여 벨테브레이(John Weltevree)·헤이스베르츠(Theodorick Gerards)·피터레이(John Pieters) 3인은 잡혀 조선에 머무르게 되고 말았다. 벨테브레이는 조선여자와 혼인까지 하고 인조 때 훈련대장 구인후具仁垕 막하에 있었다. 나머지 2인은 광해군 때 만주출병 시에 출정하여 죽었다. 벨테브레이는 박연朴燕이라고 조선성명으로 고치고 살았다.

그 후 1653년(효종 4년 계사)에 바타비아를 떠난 네덜란드 상선이 대만을 거쳐 장기長崎로 향하던 중 제주 대정현大靜縣에 표착했다. 『효종실록』에 전하는 제주목사 이원진의 치계에 그러한 내용이 있다.25)

어떤 배 한척이 고을 남쪽에서 깨져 해안에 닿았기에 대정현감大靜縣監 권극

---

24) 原註: 李龍和, 『朝鮮基督敎及外交史』 하권, 67항 참조.
25) 原註: 『朝鮮基督敎及外交史』 하권, 68항 所揭.

중權克中과 판관 노정盧鋌으로 하여금 군사를 거느리고 가보게 했더니 어느 나라 사람인지 모르겠으나 배가 바다 가운데에서 뒤집혀 살아남은 자는 38명이며 말이 통하지 않고 문자도 다릅니다.… 왜나라 말을 아는 사람을 시켜 묻기를 "너희는 서양의 크리스천인가?" 하니, 모두들 말하기를 '야야耶耶' 했고, 우리나라를 가리켜 물으니 고려高麗라 하고, 본도를 가리켜 물으니 오질도吾叱島다 하고, 중원을 가리켜 물으니 혹 대명大明이라고도 하고 대방大邦이라고도 했으며, 서북을 가리켜 물으니 달단韃靼이라 하고 정동正東을 가리켜 물으니 일본이라고도 하고 낭가삭기郎可朔其라 하고, 이어서 가려는 곳을 물으려 하니… 이에 조정에서 서울로 올려보내라고 명했다. 전에 온 남만南蠻인 박연朴燕이라는 자가 보고 "과연 만인이다" 했으므로 금려禁旅에 편입했는데, 대개 그 사람들은 화포를 잘 다루었기 때문이다. 그들 중에는 코로 퉁소를 부는 자도 있었고, 발을 흔들며 춤추는 자도 있었다.26)

이에 일행은 전라도 지방을 거쳐 서울로 끌려왔다가 다시 전라남도 순천과 여수에 있는 좌수영에 유치시켰더니 좌수영에 있던 사람들인 하멜27)을 비롯한 8인은 1666년에 작은 배를 타고 탈출하여 장기에 도착했다. 일행은 바타비아를 경유하여 1668년 7월 20일 네덜란드 암스테르담에 도착했다.

- A. 잔존자 8명 : Johnannis Lampen, Hendrick Cornelissen, Jan Claeszen, Jacob Janse, Anthony Ulderic, Sander Basket, Jan Janse Pelt.
- B. 탈출 귀환자 : Hendrick Hamel, Govert Denijszen, Mattheus Ihocken, Jan Pieterszen, Gerrit Janszen, Cornelis Dirckje, Benedictus Clercq, Denijs Govertszen.

---

26) 原註:『효종실록』권11, 효종 4년 8월 무진 :『조선사』제5편, 제3권 466항.
27) Hendrick Hamel: 1653년 제주도에 표착, 표착한 이듬해인 1645년 5월에 서울로 호송되었다가 2년 뒤에는 전라도 지방으로 분산 이송되었다. 1666년 9월 하멜 이하 8명은 야음을 틈타 읍성을 탈출하여 해변에 있는 배를 타고 일본 나가사키로 도망하여 1668년 7월 귀국했다.

일행 중 하멜은 조선표류의 경험을 상세히 기록하여 표류기를 간행하여 서구에 비로소 조선을 상세히 소개했다. 그러나 당시의 유럽인들은 일반적인 항해표류기의 황당함과 같이 보았으나 비로소 하멜의 책을 통해 조선사정이 그들에게 알려지게 되었다.28) 하멜 일행이 장기로 가자 일본의 강호江戶막부에서는 비로소 이 사건에 대해서 자세한 경위를 알고자 할 뿐만 아니라 당치않은 항의를 제출했다. 『현종실록』에 그 내용이 있다.

현종 병오(1666) 10월 경오에 동래부사 안진安鎭의 치계에 왜 사신 귤성진橘成陳이 역관에게 말하기를 "10여 년 전에 네덜란드 사람 36명이 물화를 싣고 탐라耽羅에 표착하니 탐라인이 그 화물을 약탈하고 그들을 전라도 내에 안치하니 그 중 8인이 배를 타고 몰래 도주하여 강호江戶에 오니 강호에서는 그 시말을 알고자 하여 이제 장차 예조에 서계書契29)를 주어 살피니 소위 아란타는 일본에 속한 군郡이요, 공물을 바치러온 자이거늘 조선이 그 재물을 빼앗아 억류하니 이것이 과연 정성과 믿음을 다하는 도리인가?" 하고 허위로 호언함에 답하여 말하기를 "소위 네덜란드인은 지난해에 표류하다 도착한 남만南蠻인과 유사하며, 복색이 왜인과 더불어 같지 아니하고 그 언어가 서로 통하지 않는 고로 어느 나라 사람인지 알지 못하니 무엇에 근거하여 일본에 입송할 것인가?"30)라고 반박했다. 하멜 이전에도 네덜란드 상선이 조선 근해에 표류한 사례는 네덜란드 동인도회사 문서 중 평호상관일지平戶商館日

---

28) 原註: 『하멜표류기』에 관한 문헌으로는 먼저 지적한 1920년에 헤이그에서 간행한 린스호텐 협회본이 가장 상세한 교주본으로 정본이라 할 만하며, 나머지 문헌은 H. Cordier의 Bibliotheca sinica Ⅳ와 Bibliotheca Japonica에 상세하며 이병도 교수의 『하멜표류기』 역주본은 조선에 소개된 좋은 책이다. 앞서 '태평양 잡지'에 번역하여 게재한 것을 최남선 씨가 해설을 붙여 『청춘 14호』(1918)에 전재한 일도 있었다.
29) 조선시대 일본과 내왕한 공식외교문서. 조선에서는 국왕의 명의로 일본의 막부장군에게 국서를 작성했고, 그밖에 대마도주나 막부의 관리들에게는 예조참관 또는 참의 좌랑 등 상대방의 직위에 따라 그에 상응한 직명으로 작성했다.
30) 原註: 『현종실록』 권3, 현종 7년 10월 경오 : 『현종개수실록』 권16, 현종 7년 10월 경오 : 『조선사』 제5편, 제4권 287~288항 : 『조선기독교외교사』 하권, 67~68항.

誌에도 나타나는 바이나, 우리나라에 남아 있는 기록으로는 1797년(정조 21년 정사) 동래에 그 선박이 기항했지만 방문한 동래부사와 부산첨사·역관 간에 뜻이 통하지 못했다. 그 때 왜관의 일본사람이 아란타선이라 함에서 네덜란드 배였음을 알았다.[31]

은둔적인 조선사람들은 서양선박이 점차 빈번하게 표류하는 것에 대해 중국이나 일본에 습관적으로 연락을 취한다거나, 또는 그들 스스로 제풀에 지쳐 떠나가는 것에 대해 당장의 화를 피하는 데 급급했을 뿐이었다. 중앙에서나 연안방위를 담당한 관리들에게서나 조상전래의 일률적인 법에만 의거했고, 신세계에 대해 열린 눈으로 바라보지 못했다.

제5절 해양사상의 제주도

제주도는 조선해양사에서 매우 주목되는 곳이다. 조선에 있어 오직 해양적 성격을 다분히 지닌 이 섬 하나를 통해 과거 도서정책의 전면을 볼 수 있을 것이다. 예부터 유배지는 동북으로 궁벽한 함경도 북부지대나 강원도의 영동해안 또는 경상도·전라도 해안지대와 3남연안의 각 도서로 특히 죄를 지은 사람 또는 정쟁에서 실패한 사람들이 유배당하는 곳이었다. 더욱이 도서는 집정자들에게 반대하던 한 무리를 격리하는 곳으로 그들을 안치하는 처소로 이용했을 뿐이었다. 이에 대표적인 곳이 본토 내륙해안에서 가장 멀리 떨어져 있으며, 왕래하는 해상의 풍랑도 사나워 그 꺼리는 인물

---

31) 原註: 鄭東愈, 晝永編.

을 구속하는 데에도 적당한 도서였다. 제주도에서 민란이 심했던 것도 행정적으로 갖추지 못했음에서 기인하는 바가 컸다.

　남해상의 적지 않은 섬들 중에서 이 외로운 섬이 외국과의 교섭에서 얼마나 중요한 지점이었던 것인가를 살펴보면, 조선지역 중에서 그 이름이 가장 일찍이 극동에 왕래한 서구인의 지도상에 보이며, 또 남해에 표류하는 외국선박의 대부분이 제주도에서도 서남해안에 표착했다.

　1558년에 간행된 호멤(Diogo Homem)의 「세계도」32)와 1562년에 간행된 바톨로메우 벨류의 「세계지도」33)를 보면 일본열도의 서방대륙 돌출부 앞부분에 있는 섬을 도적도盜賊島(I dos Ladrones)라고 했는데 루이스 테이세이라가 작도한 1595년 간행본 「일본도」34)에서는 「조선도(Corea Insula)」 Cory라는 선단에 또한 도적도를 아주 접근시키어 그린 것과 아울러 보면 먼저의 돌출부를 조선이라고 보겠는데, 지도상 일본의 서방대륙의 돌출부를 3종의 지도로 상호 보완하여 조선이라고 봄에는 무리가 없으나, 그 앞부분 도적도의 유래와 반드시 있어야 할 제주도의 위치에 있는 섬의 명칭이 좀 이상하게 표시된 것은 서구인의 초기 극동항해에 있어 얻은 좋지 못한 인상에서 온 것이라 하겠다.

　초기 포르투갈인의 항해기록에 조선에 대한 인식이 공포를 갖게 한 것과 지도상에 나타나는 도적도의 명칭에 어떤 연관성을 갖게 된 것이나, 실상 이런 허망한 인식은 세계지리를 재발견하던 18세기 말엽부터 19세기 초엽까지 있었던 미지의 지대에 대해 지니고 있던 기괴로운 상상과 같이 어떤 설화와 복합된 것이 아닌가 하겠다. 제주도의 해양관계를 임진왜란 이후의 사실만 대략 추출하여 중앙정부의 정책과 대비해 보겠다.

---

32) 原註: 파리 국민도서관 소장(731×500㎜).
33) 原註: 포르투갈 스페치야 해군박물관 소장.
34) 原註: Abraham ortelius(482×352㎜).

① 광해군 3년(1611) 신해 가을 9월에 유구국 왕자가 제주 죽서루竹西樓 아래에 표류하다 도착한 것을 목사 이류李琉가 잡아 죽이고 가져온 물건을 탈취함.
② 광해군 6년(1614) 여름 6월에 판관判官 이정신李廷臣이 왜적 2척을 북포 앞바다에서 잡았다.
③ 인조 6년(1628) 무진 가을 9월에 남쪽에서 표착하여 우리나라 사람이 된 박연朴淵이 표류하다 도착했다.… 또 말하기를 "일찍이 듣건대 조선인들은 인육을 구워 먹는 까닭에 오랑캐의 우두머리다." 날이 저물 무렵에 가서 그 우두머리와 부하들을 만나보니 성대하게 횃불을 갖추고 왔다. 배 가운데에서 모두 말하기를 "이는 반드시 우리를 구워먹는 도구이다." 울음소리가 하늘을 꿰뚫었다. 한참 뒤에야 비로소 그것이 그렇지 않음을 비로소 깨달았다.[35]
④ 효종 4년(1653) 계사. 이 해에 네덜란드 사람 합매아哈梅兒가 표류하다 주경계에 표착. 12년에 돌아갔다.
⑤ 효종 8년(1657) 정미 여름에 절강사람 임인관林寅觀 등 일행 95인이 표류하다 정박.
⑥ 숙종 18년(1692) 임신에 복주福州사람 설자천薛子千 등이 표류하다 정의지방에 도착하여 봉서封書를 가지고 와서 사은표謝恩表를 바치기를 청함. 자천은 무진년(숙종 14)에 제주인 김재황金載璜이 태우고 와서 살아 돌아간 사람이다.
⑦ 경종 14년(1724) 무오에 정의현旌義縣에 절강浙江사람 오서신吳書紳이 표류하다 도착함. 그는 토산포土山浦에서 바람을 만나 파선하고 재물을 전부 수중에 빠뜨렸다. 그가 장기長崎에 갔던 얘기에 임진란 때 잡혀간 사람들의 자손이 한 촌락을 이루고 조선말을 전습하며 조선사람이 표착하면 조선의관을 하고 만난다고 했다.
⑧ 정조 7년 계묘에 일본 평호도平戶島 사람이 대군大郡 조수포鳥水浦에 표류하다 도착함.
⑨ 정조 21년 정사 여름 6월에 바다를 표류했던 이방익李邦翼이 연경을 거쳐

---

35) 原註: 『耽羅紀年』, 54항에 所載하는데 그 연유를 모르겠다. 1951년 9월 필자가 제주도 여행 때 『탐라기년』의 저자인 金錫翼 노인을 방문하여 紀年의 자료에 관하여 문의했으나 확답이 없있다. 後考를 요하는 바이다.

돌아옴.36)

⑩ 순조 원년 신유에 다른 나라 사람 5명이 표류하다 도착. 조선에서는 어느 나라 사람인지를 몰라 북경으로 보냈으나, 북경에서는 다시 조선으로 보내어 제주로 돌아왔다. 그들은 말하기를 자신들의 나라는 마카오(Macao)라 했다.

⑪ 순조 7년 정묘 가을에 유구국 사람이 표류하다 도착함

⑫ 순조 9년 기사에 유구국 순견관巡見官 옹세황翁世煌이 사관 요세강姚世康·모유환毛維換 등과 함께 표류하다 우도牛島에 도착함.

⑬ 헌종 6년 경자 가을 9월에 영국전함 1척이 가파도加波島에 와 정박하면서 소와 가축을 어지럽게 약탈함.〔가파도는 당시 목장이었음〕

⑭ 헌종 11년 을사 여름에 이상한 선박 1척이 우도 앞바다에 와서 정박함. 그 사람의 형상이 눈이 깊고 코는 높으며, 푸른 눈에 모발은 양털과 같았다. 그 중 한사람은 문자를 좀 알며 복색이 판이했으니 중국인 오아순吳亞順이라는 사람이었다. 양인들은 매일 작은 선박을 내리어 밧줄로 섬 일대를 측량했다. 즉 "작은 선박을 아래로 내리어 새끼줄로 섬을 측량해 왔다. 매 백 보를 넘을 때마다 돌을 모아 검게 칠하고 철정으로써 그 위에 꽂았다. 3읍 연안을 두로 돌았다. 그 이유를 물은 즉 산과 하천을 그림으로 그린다"라고 했다.

⑮ 고종 6년 을사에 중국상인 고동성顧東性이 표류하다 협재포挾才浦에 도착했다. 선박이 파손되어 전부 익사했다.

⑯ 고종 17년 경신 8월에 큰 바람으로 청나라 선박 1척이 사라봉紗羅峰 아래에서 난파했다.

제주 서남해안은 근자에도 선박이 좌초하는 것으로서 선박항행에 주의를 요할 곳이나 또 계절풍에 따른 풍랑으로 동지나 해상에서 난파된 선박이 북상하면 제주해안에 표류하여 도착하게 되었다. 즉 조선에 표류한 서양인이란 모두가 제주해안에 표착한 것이었다. 이것은 곧 해상교통의 요충임을 가리키는 한 조건이 된다. 전날의 위정자들에게는 내륙지방인 관서와 관북

---

36) 原註: 『燕巖集』 권6. 書李邦翼事에 상세함.

양계와 제주도가 특별한 구속대상이었음을 『대전회통大典會通』 호전戶典 해유조解由條 중에 기록하고 있다.

> 양계 및 제주의 백성으로 쇄환되지 않은 자는 많고 적음에 따라 혹은 구속하고 혹은 녹봉을 감하는데, 1인이면 2등을 감하고, 2인이면 4등을 감하고, 3인이면 6등을 감하며, 4인이면 구속한다.…37)

심지어 이를 소홀히 하는 지방관의 책임까지를 엄중히 추궁해서 감봉 혹은 해임의 징벌을 보이기까지 했다.

---

37) "兩界 濟州人物未刷還者 從多少 或拘或越 一口越二等 二口越四等 三口越六等 四口拘碍."

제5장 해방과 외국관계

제1절 해방海防

　　임진왜란을 겪은 우리 근대사회에 있어서는 전란 뒤 일반행정 정비에 따라 수군도 역시 전부터 이어져온 제도에 맞춰 정비가 행해졌으며, 해방정책도 전과 같이 시행하도록 했으니 『만기요람』 군정편 해방조를 통해서 살펴볼 수 있다. 『만기요람』 군정편 해방조를 보면, 동해는 경흥조산慶興造山의 남방에서 경성鏡城에 이르는 사이, 경성에서 어랑포魚郞浦, 어랑포에서 갈마산乫亇山에 이르는 구간, 갈마산에서 길주吉州, 성진城津에서 호타봉대胡打烽臺, 단천端川에서 정평定平, 영흥永興에서 덕원德源, 덕원에서 장기 울산, 울산에서 동래東萊 해운대에 이르는 일선이 모두 3,046리에 달하며, 남해안은 경상도 동래 남내포南乃浦에서 전라도 광양을 거쳐 순천으로 해남에 이르는 온 해안선이 1,080리에 걸치며, 서해안은 해남 명량鳴梁에서 부안 만경, 부안 만경에서 서산, 서산에서 홍주의 대진大津, 수원에서 통진通津 조강祖江의 남쪽까지 남반南半이 내륙 1,662리이다.[이 구간의 제주도·진도·강화도 등 연안선은 계산하지 않은 것이다] 의주 미라산彌羅山의 남쪽에서 안주安州 노강老江, 노강에서 장연長淵, 장연에서 강령康翎, 강령에서 백천白川, 백천에서 벽란도를 건너 풍덕豊德 조강祖江 북안에 이르는 북반北半이 1,686리이며, 서해연안 전 해안선은 총

3,348리에 달했다. 그러므로 해안선이 총 7,425리이다.

그리고 또 해방에 준한 강 방위선이 압록강 연안 갑산甲山 혜산강惠山江에서 갑산·삼수三水·폐사군廢四郡·강계江界·위원渭原·이산理山·벽동碧潼·창성昌城·삭주朔州·의주까지의 2,033리와, 두만강 연안에서는 무산茂山, 삼산사三山社에서 비롯하여 무산·회령會寧·종성鍾城·온성穩城·경원慶源·경흥慶興까지의 844리와 또 거기 백두산 동서에 걸치는 중간지대를 합하면 두 강 연안의 총계는 3,673리이니, 세 바다와 두 강 연안의 총계가 1만 1,218리이다. 이 전 수역의 방어를 위하여 진鎭·보堡·영營이 설치되었고, 또 거기에는 전선戰船 이하의 모든 선박이 배치되었는데, 전선은 분방법分防法으로써 조종하게 했다.1) 분방법이란 것은 아래와 같다.

> 각 포의 전선에는 좌우에 나란히 노 20개를 설치하는데, 노 하나당 각 4명, 사공과 무상舞上 각 1명으로 구성하여 도합 82명이고, 포수는 40명이다. 각 진의 입방군入防軍은 풍화風和와 풍고風高의 양 계절로 나누어 그 번으로 들어가는 인원의 많고 적음을 정했다. 바람이 셀 때는 1백 인이 번을 들고, 바람이 없을 때는 곱절로 입번하게 했으니 연해 모든 지역이 모두 이 예에 따랐다.2)

그러나 이것은 제도상의 것으로 근대의 실제를 말한다면 다산 정약용이 그 『경세유표經世遺表』의 내용과 같이 기동성이 심히 부족했던 것이다.

> 살피건대 우리나라의 전함은 만력 임진년 이래 수영 한 곳에 거느린 배가 적어도 2백여 척 이하는 되지 않으며 양서兩西에는 이보다 조금 적었는데 이것은 비상시에 대비한 것이었다. 그러나 차항叉港에 대어놓고 모래 위에 끌어올려서 전혀 운용하지 않으면서 변고를 대비하는 것은 좋은 계책이 아니다.3)

---

1) 原註: 제3장 제3절 참조
2) 原註: 『만기요람』, 군정편, 해방.

또 병선으로서 실제방어에 유용하게 하기 위한 다산의 의견이 있다.

2척씩을 번갈아가면서 수영의 포구에 계류해 두고 1년 동안에 4차례 교대하여 쉬도록 하면 창졸간에 급한 경보가 있더라도 사방 가까운 곳의 배를 소집하여 대오를 편성할 수가 있을 것이다. 혹 변경경보가 그리 급한 것이 아니면 비록 천 리 밖에 있는 배라도 소집할 수 있으니 때에 맞춰오지 못할 염려는 없다.4)

당시 수군의 약점이 그 설폐구폐說弊抹弊하는 문자 중에 드러났다.

제2절 서구인의 조선근해 항행

유럽의 근대 여러 국가들이 태평양으로 발전시대에서 대 중국 또는 대 일무역으로 왕래하던 도중에 황해 모퉁이에 돌출한 조선반도의 해상과 연안에 족적을 남긴 사실이 계속하여 있었다.

1. 울릉도의 발견과 동해안 항행

1768~80년간 3차례에 걸쳐 진행된 영국 쿡(Cook) 대령의 태평양 탐험에 자극된 프랑스의 루이 16세는 쿡 대령이 가보지 못한 지역을 폭넓게 탐사할

---

3) 『경세유표』 권2, 공관공조 제6 사관지속 전함사.
4) 『경세유표』 권2, 공관공조 제6 사관지속 전함사.

의도로 라 페루스(Jean Frangois de la Perouse)백작에게 명하여 태평양을 탐사하게 했다. 그 때 루이 16세가 라 페루스 백작에게 준 계획서에 나타난 아세아 방면의 조사계획은 베링해협·캄차카반도 일대와 쿠릴열도(일본열도)를 따라 남하하여 오문(澳門)이나 광동 또는 필리핀 마닐라에 들러 얼마동안 휴식토록 하는 것이었다. 특히 그 계획서에는 라 페루스로 하여금 황해측량의 임무를 맡게 하였다.

> 드 라 페루스(de La Perouse)는 조선 서해안과 황해를 들르되 십분 신중한 태도로 이 조항에 구속됨이 없이 늘 남서와 남풍을 이용하고 용이하게 조선남부 해안을 우회토록 십분 주의함을 요함. 마침내 드 라 페루스는 조선반도 동쪽 해안의 진주와 어획이 되는 달단(韃靼)연안과 아울러 그와 마주하고 있는 일본해안을 주시할 바다.[5]

1787년 5월 19일 예정 일자보다 늦었을 뿐만 아니라 농무와 바람으로 인하여 이 계획은 중지되고 항로를 제주도로 바꾸어 21일에는 제주도 서남단을 멀리서 바라보면서 측량했다. 그들은 하루 동안 제주도를 항행하고 본토에 접근하기 위해 항로를 북동동으로 바꾸었다. 이 때 탐험하던 소함대는 남부 다도해 외측을 따라 항행하게 되어 통과하는 길목을 일일이 해도에 기입했다.

5월 25일 밤 소함대는 본토와 대마도해협을 거쳐 이튿날 26일 오전 중에 통과했다. 해상에서 멀리 바라보니 조선본토는 잘 개간되어 인구도 많은 듯 해안 부근에는 다수의 작은 선박이 항행하는 것이 보였다. 다른 형태의 커다란 범선에 경계를 하는 듯 2척의 조선범선이 한 항구에서 나타나 26일 오전 11시부터 2시간에 걸쳐 약 10리 가량이나 추적한 뒤 돌아갔다. 그 보

---

5) 原註:『青丘學叢』제3호, 5~6항 : 田保橋潔, 「鬱陵島その發見と領有」.

고에 의한 것인지 그날 오후 해안의 한 곳에서 연기가 솟아오르는 것이 눈에 보였다.

5월 26일 쾌청한 날씨 속에 소함대는 조선해안에 가까이 항행했으나 기상이 급변할 징조가 있고, 그날 밤 폭풍우가 불어닥쳤으므로 계속해 조선 동해안을 북상하기는 곤란했기에 항로를 동쪽 방향으로 바꾸어 일본본도 능등갑能登岬을 향하기로 했다.

5월 27일 신호로써 동료함인 천측기天測器를 가진 함정(Artrolabe)에 명했다. 이 때 나침의를 가진 함정 부쏠(Boussole)호에 탑승한 육군사관학교 교수인 르포트 다쥴레(Joseph Lepaute Dagelet)는 북북동의 작은 섬을 발견했다. 이것은 조선본토에서 약 2백 리 지점에 있으며 해도에 기재되지 않았으므로 라 페루스는 이 섬에 접근하고자 했다. 그러나 바람의 위치가 반대여서 항진이 용이치 않았으나 27일 밤 풍향이 바뀌어 하루 뒤인 28일에는 이 섬에 접근할 수 있었으므로 섬의 이름을 다쥴레(Lile Dagetet)섬이라 했다.6)

부쏠(Boussole)호는 해안에서 1/3 떨어진 거리에서 그 섬을 일주하며 수심을 쟀으나 바다가 깊어 측심연이 해저에 도달치 않았다. 라 페루스는 해군대위 부탱(Charles Fantin de Boutin)에게 명하여 소형선박을 내려 해안 부근의 수심을 측심하게 했다. 부탱 대위는 이 섬의 서남지점의 조선소가 있는 해변. 곧 현포女浦부근에 상륙했다. 라 페루스의 복명서에는 모두 삼림 속으로 도주했으나 프랑스 사람들이 해를 가하지 않을 것을 안 2~3명의 사람들로부터 어떤 물건을 받았음을 전한다. 얼마 뒤 본함에서는 곧 귀환을 명했다.

부탱 대위가 측량한 부분은 굴암말屈巖末에서 황토금말黃土金末을 중심으로 공암孔岩부근에 걸치는 거의 전도서의 1/3에 미친다. 굴암말 부근을 중심으로 실측한 위치에 대해서는 북위 37도 25분. 파리를 기준으로 한 동경 129도 2분으로 비정하나 비비앙 드 생모르탱(L. Vivien de St-Mortin)은 북위 37도

---

6) 原註: 田保橋潔 앞의 논문에 근거함.

25분, 동경 128도 36분으로 보았다.

그런 뒤 10년을 지나 정조 21년(1797) 정사 9월 하순에서 10월 상순에 걸쳐 영국 해군중령 브로우턴(William Robert Broughton)은 북동아시아 연안탐험 후 귀로에 군함 프로비덴스(Providence) 호의 부속선附屬船을 이끌고 연해주 연안에서 조선 동해안 일대를 탐험했다. 정조 21년 정사 9월 6일 경상도관찰사 이형원李亨元과 3도통제사 윤득달尹得達은 함께 동래부 용당포龍塘浦에 표착한 이양선의 상태를 탐사하여 장계를 올렸다. 기록에는 바람의 영향으로 표착했으되 실은 그저 통과함에 불과했다.[7]

브로우턴은 본토해안에 너무 근접항해를 했으므로 울릉도는 발견하지 못했다. 이어 조선 동해안은 1853년 이후 동부시베리아 총독 육군중장 무라비에프(Nikolai nikolaievitch Muraviev)의 명으로 해군중장 백작 푸차친(Evfemi Vasilievitch putiatin) 휘하의 팔라다(Pallada)〔함장 해군대령 Unkovski〕호와 보르톡(Vostok)〔함장 Rimski-Korsakov〕호는 간궁해협間宮海峽〔마미야해협〕에서 조선해협에 이르는 연안을 측량 제도했다. 이 때 조선 동해안도 러시아 함정이 내왕하며 조사했으므로 송전만松田灣을 '라자레프항(Part Lazareff)', 영일만迎日灣을 '운코프스키만(Unkovski Bay)'이라고 명명하게 되었으며, 1854년에는 팔라다(Pallada)호가 울릉도·리앙쿠르(Liancourt: 독도)섬을 재발견하여 라 페루스(La perouse)가 실측을 조정했다. 리앙쿠르섬은 1849년 프랑스 선박 리앙쿠르(Liancourt)호가 발견했고 팔라다 호가 탐험한 뒤 비로소 해도상에 정확히 기록되게 되었다. 1855년 영국의 중국함대 소속 호넷(Hornet: 함장 Charles Codrington Forsyth)에 의하여 실측되어 영국해군성 지도에는 호넷 섬으로 나타난다.

팔라다 호가 조선 동해안을 항행할 때는 연안주민들을 폭행하여 살상도

---

7) 原註:『정종실록』권47, 정조 21년 9월 임신 :『일성록』, 정조 정사년 9월 6일 및 10일 :『승정원일기』, 嘉慶 2년 9월 6일 :『비변사등록』, 정조 정사년 9월 6일 : William Broughton A Voyae of Discovery to the North Pacific Ocean(London, 1804) :『朝鮮史』제5편, 제10권 922항.

한 것 같다. 철종 5년 4월 덕원부德源府의 용성진龍成津과 영흥부永興府의 대강진大江津에 온 러시아 함정이 곧 팔라다호가 아닌가 싶다.8) 이듬해 철종 6년에는 프랑스 군함 비르지니(Visginie)호가 부산-도문강圖們江 사이를 측량했고, 또한 존(St. John)이 탑승한 영국군함 실비아(Sylvia)호가 부산에 내항했으니 아세아로 진출하고자 하는 서구인들이 점차 조선연안에 표착하던 시기를 지나 이제는 의욕적으로 우리 해안에 접근하게 된 것이다.

2. 서남해안 항행

순조 16년(1816) 병자년에 영국 동인도회사에서 암허스트(Amherst) 경을 중국에 파견할 때 그들 일행을 태우고 중국에 왔던 함선 중 알세스트(Alcest)호·리라(Lyra)호 두 함은 다른 동료함정과 나뉘어 조선과 유구 순항의 길로 들어섰다. 8월 31일 조선연안인 북위 37도, 동경 124도 08분 지점에 투묘하여 선원이 상륙하고자 하므로 도민들이 손으로 자기 목을 베는 형용을 하며 극력 병사들의 상륙을 막았다. 이 지점의 군도를 Sir James Hall Group(황해도 대청군도)이라 명명하고 다시 2일간의 항해를 했으나 육지가 보이지 않았다. 이에 다시 동쪽으로 항해한지 3일 만에 군도 속으로 들어갔다.

9월 4일 본토에 접하면서 동북쪽으로 육지와 연결되는 만에 투묘했다. 이 곳은 충청남도 안면도 부근으로 그 지방관리는 리라호를 방문하고 다시 알세스트호를 방문했다. 두 함에서 조선관리들을 환대했고, 또 우리 관리들은 함상에서 세세히 정황을 조사했다. 배가 도착한 이튿날도 관리가 다시 다수의 수행원을 거느리고 영국함을 방문했다. 밤 사이에는 우리의 소형선박이 리라호의 주변에서 경비를 했다. 영국에서는 어디까지나 뜻하지 않은 변고가 생기지 않도록 주의했다.

---

8) 原註: 渡邊勝美, 『朝鮮開國外交』, 57頁.

9월 5일 오후 영국함은 남하하여 8일 북위 34도 26분의 지점에서 투묘했고, 그 일대의 약 24개로 구성된 도서를 암허스트군도라 명명했다. 또 그 남북으로 이어진 한 무리의 도서를 암허스트군도라고 명명하고 그 중 2개의 섬 사이에 끼인 양호한 내량(內梁)에 투묘했다. 이것을 뮤레이량(Murray Sound)이라 명했다. 여기서 관찰 및 측량을 하여 섬의 위치 투묘지의 상태를 확정할 수 있었다. 또 특징적인 지점에는 장래를 위하여 각종 명칭을 붙이고 몽토릴이라고 명명한 섬의 가장 높은 정상에서는 135개의 군도를 확실하게 셀 수 있었다.

계도(薊島)라는 섬에 영국함의 승조원이 상륙했을 때는 섬의 부인들이 여자아이들을 데리고 언덕 위로 도망하거나 암굴 사이에 숨기도 했다. 남자들은 무기는 갖지 않았으나 한 무리가 되어 손을 흔들며 전과 같이 손으로 목을 베는 형용을 하며 군함 승조원의 전진을 막았다. 그러나 함 승조원들이 조금도 적의없이 무엇을 주고자 하는 태도를 깨달은 도민들은 차츰 함 승조원들과 익어서 물도 길어다 주고, 그들의 사격연습도 가까이 가서 구경했다. 그 때 한사람이 알세스트 호를 방문했다.

영국군함은 9월 10일 조선근해를 떠나 유구·광동·마닐라·희망봉을 거쳐 영국으로 돌아갔다. 귀환도중에 리라호는 1817년 8월 11일에 대서양상의 외로운 섬인 세인트 헬레나(St Helena)에 기항했고, 함장 홀(Basil Hall)은 유폐(幽閉) 중인 나폴레옹 황제를 만났다. 홀은 자기 아버지와 폐위된 황제와의 친분을 생각하고 나폴레옹을 찾았던 것이다. 홀은 자기가 순항한 조선과 유구사정을 이야기하면서 채색으로 그려온 조선의 풍경과 풍속화를 나폴레옹에게 보였다. 나폴레옹은 한 장의 그림에 흥미를 보이면서 "큰 모자를 쓴 백발노인이로군. 긴 담뱃대를 가졌네. 중국식 자리와 복장이군. 측근자가 무엇을 받아쓰는군. 천연스럽게 그렸군. 참으로 걸작이다"라고 했다.

알세스트호·리라호가 통과할 때 중앙에서는 연안관헌의 보고를 통해서만 접하고, 예전의 사례에 따라 정황을 물었을 뿐 다른 것을 알려고 힘쓰지 않았다. 그 말단적인 풍경은 연안의 지방관헌이나 주민들 모두 무사히 한시라도 빨리 우리나라 해안에서 그들이 떠나가기만 바랐던 것이다. 위에 소개한 얘기는 과거의 이향적異鄕的인 한 에피소드에 불과하며 별로 흥미있는 자료가 아닌지라 당시의 사실이 비교적 뚜렷하게 우리나라 기록에 전하기는 두 함선이 충청도 비인현 마량진馬梁鎭 앞바다를 통과하던 때의 상황뿐이다. 또 쇄국 조선근해를 항행한 외국선박 중 비교적 상세히 관찰한 알세스트호·리라호 두 함선의 기행 중에 조선 서해안을 항행하는 조사기록이 포함되어 있으며, 특히 조선과 유구에 대한 항행기가 책으로 나와 19세기 초엽에 비로소 조선 서남해안이 외국인들에게 알려지게 되었다.9)

마량진 앞바다에서의 상황을 보면 조선 측에서도 꽤 상세히 관찰했고, 영국함 승조원과의 친밀한 교제도 쇄국조선의 해양관계사상 처음 보는 일이기에 대략의 사정을 『실록』에서 알아보기로 하겠다.

순조 16년(1816) 병자 가을 7월(양력 9월) 19일에 충청수사 이재홍李載弘이 마량진 갈곶이(葛串) 아래에서 이양선 2척이 표류하다 도착하자 그 진의 첨사 조대복趙大福과 지방관 비인 현감 이승렬李升烈이 정황을 물어 이름을 같이 하여 장계를 올렸다. 그 내용의 일반적인 사항은 맥레오드(M'Leod)의 항해기의 기사와 대비할 만하다.

"표류하여 도착한 이양선을 인력과 선박을 많이 사용했으나 끌어들일 수 없었습니다. 그래서 14일 아침에 첨사와 현감이 이상한 모양의 작은 배가 떠 있는 곳으로 같이 가서 먼저 한문으로 써서 물었더니 모른다고 머리를 사래질하기에, 다시 언문으로 써서 물었으나 또 모른다고 손을 저었습니다. 이와 같이 한참동안 힐난했으나 마침내 의사를 소통하지 못했고, 필경에는

---

9) 原註:『순조실록』권19, 순조 16년 7월 병인 ;『일성록』, 순조 병자년 7월 19일 ;『조선사』제3편, 제1권 568쪽.

그들이 스스로 붓을 들고 썼지만 전자篆字와 같으면서 전자가 아니고, 언문과 같으면서 언문이 아니었으므로 알아볼 수가 없었습니다. 그러자 그들이 좌우와 상하 층각 사이의 무수한 서책 가운데에서 또 책 두 권을 끄집어내어 한 권은 첨사에게 주고 한 권은 현감에게 주었습니다. 그래서 그 책을 펼쳐 보았지만 역시 전자도 아니고 언문도 아니어서 알 수가 없었으므로 되돌려 주자 굳이 사양하고 받지 않기에 받아서 소매 안에 넣었습니다. 책을 주고받을 때에 하나의 작은 진서眞書가 있었는데, 그 나라에서 거래하는 문자인 것 같았기에… 또 큰 배에 가서 실정을 물어보았는데 …첨사가 내릴 때에 그 가운데 한 사람이 책 한 권을 가지고 굳이 주었는데 작은 배에서 받은 두 권과 합하면 세 권입니다. 그러는 사이에 서북풍이 불자 크고 작은 배가 불시에 호포號砲를 쏘며 차례로 돛을 달고 바로 서남 연도烟島 밖의 넓은 바다로 나갔습니다.10)

비인현 마량진 앞바다에서 영국함정이 떠나갈 때 너무도 빨랐기 때문에 "첨사와 현감이 여러 선박을 지휘하여 일시에 쫓아갔으나 마치 나는 새처럼 빨라 붙잡아 둘 수 없었으므로 바라보기만 했다"라고 했다. 잠시의 면담으로 끝난 이 교섭에서 영국인들은 비로소 조선해안의 상태를 자세히 보도하게 되었다.

일찍부터 프랑스 예수회 선교사들이 조선에 전교하던 사정을 듣고 있던 신교 선교사 귀츨라프(Karl Friedrich August Giitzlaff)는 조선전도를 위해 조선으로 향할 생각을 하던 중 마항媽港으로부터 중국에 유력한 신교 선교사로 와 있던 모리슨(Robert Morison)과 서로 알게 되었다. 1832년 귀츨라프가 영국 동인도회사 상선 로드 암허스트(Lord Aamherst)호를 타고 화북지대에서 통상무역을 시찰하던 것을 계기로 모리슨은 귀츨라프에게 연안주민들에게 나누어 줄 전도용 한역서漢譯書를 상당수 기탁했다.

---

10) 原註:『순조실록』권19, 순조 16년 7월 병인 :『朝鮮基督敎及外交史』하편, 72~73항.

그는 순조 32년(1832) 7월 중국 산동성에서 조선 황해도 창선도昌善島 부근으로 건너왔고, 다시 홍주목 불모도不毛島를 거쳐 고대도古代島 안항安港에 와서 우리나라 관헌과 교섭하여 통상무역의 개시를 청원하고 함께 국왕에 대한 헌상품과 성서의 전달을 위탁하는 한편으로 연안주민에게 많은 복음서를 주었다. 도민에게 감자의 재배법을 가르치기도 하며 약 한 달 동안 연안에 체류했으나 끝내 통상무역은 허락되지 못했고, 국왕에게 바친 헌상품을 반환할 것을 주장했으나 아무런 효과도 거두지 못하고 조선을 떠나고 말았다. 특히 황해도 창선도 부근과 충청도 서산 간월도看月島 앞바다를 지나 태안 주사창리舟師倉里 앞 포구에 머무를 때 그 부근 주민에게 서책을 던져주었다.

1832년 7월 17일(순조 32년 임신 6월 21일 병신) 황해도 장연현長淵縣 조니진助泥鎭 몽금포夢金浦 앞바다 창선도에 투묘했을 때 어민과 담화는 못했지만 필담 복음서 여러 책을 주었다. 이어 공충도 홍주목 불모도에 표박한 것을 음력 6월 28일 변방관리가 고대도 안항에 인도 정박하게 하니 공충도 관찰사 홍희근洪羲瑾, 홍주목사 이민회李敏會, 수군우후11) 김영완金瑩緩으로 하여금 정황을 묻게 했다. 음력 7월 12일 이 암허스트 호가 공충도 서산 간월도 앞바다를 거쳐 태안에 왔을 때 또 관찰사 홍희근, 태안군수 권달준權達準의 첩정에 의해 고대도 문정관問情官을 시켜 이 영국선박을 상세하게 조사하게 했다. 서울에서는 급히 별도로 정한 역관 오계순吳繼淳을 보내 정황을 묻게 했다. 이 때 그 배는 통상을 요청했으나 조선에서는 국법에 전례가 없기에 상부에 보고하기 어렵다 하고, 영국 측에서는 수일간 강요 대치하다가 17일

---

11) 각 도의 수군절도사를 보좌하는 정4품의 외관직 무관으로 수군도안무처치사진무가 1466년(세조 12)에 수군우후로 개칭되었다. 수군우후는 충청도, 전라좌·우도, 경상좌·우도의 다섯 수영에만 있었으며 임무는 병무우후와 마찬가지로 수사 유고시에 도내의 군사전반을 다루는 것을 비롯하여 수시로 제 읍을 순행하면서 군사조치와 지방군 훈련 및 군기의 정비 등을 살피고 수사의 명령전달과 군량·군자의 관리를 담당했다.

서남해상으로 떠나고 말았다. 이에 황급히 추격하여 갔으나 영국선박이 민첩하고 우리 배가 둔하여 채 따라잡지 못하여 문서와 예물을 돌려주지 못했다.

비변사에서는 두고 간 문서와 물건에 대해 신중히 취할 바를 말하여 문정관 역관을 시켜 일일이 수를 정확히 헤아리고 또 연안주민들에 준 서책은 정식경로를 거친 것이 아니라 하여 남김없이 거두어 모아 관고에 봉하여 두기로 했으며, 정황을 물을 때 착오가 있다 하여 공충도 수군절도사 이재형李載亨, 우후 김영완, 홍주목사 이민회 등은 파직의 전교를 내렸다.[12]

신교선교를 기도한 규즈라프가 우리나라 서해안을 들러 간 이후 우리 국내에서는 헌종 5년(1839) 기해에 천주교도의 탄압이 생겨 프랑스인 선교사 샤스당·앙뻴·모오빵 등 3인이 살해를 당하여 순교되었다. 그러자 헌종 11년(1845) 을사에 프랑스 수군제독 쎄시일은 충청도 외연도外烟島의 백성을 통해 조선국왕에게 보내는 프랑스인 선교사 피살사건에 대해 죄를 묻는 항의서를 전하고 떠나면서 이듬해에 다시 회답을 받으러 오겠다고 했다. 『헌종실록』 헌종 12년 7월 병술의 기록을 보면 충청감사 조운철趙雲澈이 장계한 내용 중에 이양선과 도민 사이에 문답한 기록과 이양인의 서한이 등록되어 전한다.

흠명 도인도여도중국각전선 원수欽命到印度與到中國各戰船元帥 슬서이瑟西爾는 죄 없이 살해된 것을 구문究問하는 일 때문에 알립니다. 살피건대 기해년 8월 14일에 프랑스인 안묵이安默爾·사사당沙斯當·모인慕印 세 분이 있었습니다. 이 세 분은 우리나라에서 큰 덕망이 있다고 여기는 인사인데, 뜻밖에 귀 고려高麗에서 살해되었습니다. 대개 이 동방에서 본수本帥는 우리나라의 사서士庶를 돌보고 지키는 직분입니다. 그러므로 전에 와서 그 세 분의 죄범이 무슨 조목에 해당되어 이러한 참혹한 죽음을 받아야 했는지를 구문했더니, 혹

---

12) 原註:『조선사』 제6편, 제2권 420항 : 楠田斧三郎, 『朝鮮天主敎小史』, 제2급 295~339頁.

귀 고려의 율법은 외국인이 국내에 들어오는 것을 금지하는데, 그 세 분이 들어왔으므로 살해했다고 했습니다. 그러나 본수가 살피건대 혹 한인漢人·만주인·일본인으로서 귀 고려의 지경에 함부로 들어가는 자가 있더라도 데려다 보호했다가 풀어보내 지경을 나가게 하는 데 지나지 않으며, 몹시 괴롭히고 해치는 등의 일은 모두 없었습니다. 그런데 어찌하여 그 세 분은 한인·만주인·일본인을 대우하듯이 마찬가지로 대우하지 않았는지를 묻겠습니다.

생각건대 귀 고려의 중임重任을 몸에 진 대군자大君子는 우리 프랑스 황제의 인덕을 알지 못하실 것입니다.… 대개 본수가 묻고 있는 우리나라의 어진 인사 세 분이 귀 고려에서 살해된 일은 아마도 귀 보상輔相께서 이제 곧 회답하실 수 없을 것으로 생각합니다. 그러므로 내년에 우리나라의 전선戰船이 특별히 여기에 오거든 귀국에서 그 때에 회답하시면 된다는 것을 아시기 거듭 바랍니다. 본수는 귀 보상에게 우리나라의 황제께서 그 사민을 덮어 감싸는 인덕을 다시 고합니다. 이제 이미 귀국에 일러서 밝혔거니와, 이제부터 이후에 우리나라의 사민을 가혹하게 해치는 일이 있으면 귀 고려는 반드시 큰 재해를 면할 수 없을 것입니다. 그렇다면 재해를 임시하여 위로 귀국의 국왕에서부터 아래로 대신·백관에 이르기까지 모두 다른 사람에게 원망을 돌릴 수 없고, 오직 자기가 불인不仁하고 불의不義하며 무례한 것을 원망할 수 있을 뿐일 것입니다. 이를 아시기 바랍니다. 구세救世 1846년 5월 8일.13)

그리고 겉봉에는 고려국 보상대인輔相大人 고승高陞이라 쓰여 있다. 프랑스 함선에서 정부에 보내는 서한을 던지고 가는 한편 외연도민과 문답한 것이 기록되어 있다. 서남해안을 항행한 외국선박과 교섭하던 주민들의 기록이 조선보다 프랑스 측에 상세할 것이나, 우리에게 남은 자료를 가지고서도 교섭된 일면을 구체적으로 이해하게 되며 흥미를 갖게 한다. 이에 외연도민과 프랑스인이 문답한 것을 보면 다음과 같다.

---

13) 原註:『조선사』제6편, 제3권 144~145항 :『헌종실록』권13, 헌종 12년 7월 병술.

그들이 묻기를 "귀 섬의 이름은 무엇인가?"
답하기를 "외연도이다."
말하기를 "귀선은 어느 나라의 어느 고을에 속해 있는가?"
답하기를 "이 배는 프랑스국에 속한 전선으로 황제의 명으로 인도 각 지방과 중국에 온 3호號 가운데 대선이며, 위에는 원수元帥가 있다. 황제의 명으로 귀 고려국에 왔는데 알릴 일이 있다."
답하기를 "인도지방이라면 어찌하여 여기에 왔으며, 알릴 일이 있다는 것은 무엇인가?"
말하기를 "인도지방에 왔을 뿐이 아니라 또한 특별히 황제의 명으로 여기에 왔다."
답하기를 "뱃사람은 얼마나 되며, 혹 병은 없는가?"
말하기를 "모두 870명이 있는데 자못 병은 없다."
답하기를 "뱃사람이 어찌 그리 많은가?"
말하기를 "사람 수가 많다 할 수 없다. 이는 전선이기 때문이다."
답하기를 "어찌 전선이라 하겠는가?"
말하기를 "이는 프랑스 황제의 배이므로 장사하러 오지 않았다. 장사하는 것이라면 그 나라 개인 배이다.… 원수가 문서 한 봉을 가졌는데 귀국의 보상에게 보내는 것이다. 번거로워서 혹 잘못하여 보내지 않으면 뒷날에 가서 귀 고려에 큰 재앙이 있을 것이다."
답하기를 "문서는 무슨 문서인가?"
말하기를 "문서에는 인신印信과 봉호封號가 있다. 귀 보상이 열어보면 자연히 알 것이다."
답하기를 "이 섬은 아득한 바다 가운데에 있고 관문官門은 멀리 천 리나 떨어져 있으므로 서로 통하기가 매우 어렵다."
말하기를 "여기에서 관문까지는 또한 그리 멀지 않으므로 자연히 왕래가 있을 것이니 반드시 보내야 한다. 그렇지 않으면 또한 불편한 일이 있을 것이고, 다시 상세히 물으러 여기에 와야 한다."
말하기를 "너희들이 와서 묻는 것이 무슨 일인지 써와서 보이기 바란다."

답하기를 "좌정한 뒤에 상세히 묻겠다. 네 분만을 청하니 1층에 내려가 앉기 바란다."

말하기를 "원수께서 여러분이 무슨 상세히 물을 것이 있는지 묻는다."

답하기를 "아까 준 문서는 아주 먼 해도海島이므로 보내기가 과연 매우 어려우니 어찌하겠는가?"

말하기를 "원수가 말하기를 '부탁한 문서는 즉각 보낼 것 없고 고려의 도성都城에서도 즉각 회답하는 글이 있어야 할 것 없다. 뒷날에 반드시 전선이 와서 글을 받고 일의 정황을 완전히 해결할 것이니, 다만 기회는 한 번뿐이니 곧 빨리 도성에 보내면 될 것이다."

답하기를 "그렇다면 이 섬에 머무를 것인가. 귀국으로 돌아갈 것인가?"

말하기를 "원수는 즉각 돌아갈 것이다. 내년에 다른 배가 글을 받을 것이다."

답하기를 "글을 받고 사정을 완전히 한다는 것은 여기에 상세히 써서 보였는지 알 수 없다."

말하기를 "그 말은 명백하지 못하니 다시 쓰기 바란다."

답하기를 "문서 가운데에서 말한 바는 무슨 뜻이 있는가?"

말하기를 "원수는 5만 리 밖에서 여기에 왔다. 여러분이 괴로움을 당하는 것을 바라지 않고, 다만 부탁한 문서를 귀국의 도성에 보내기를 바랄 뿐이다. 귀 보상이 회답하는 글은 전선戰船이 와서 받을 것이다. 나머지는 말할 것이 없다."

답하기를 "회답하는 글을 전선이 와서 받는다는 것은 무엇 때문인가?"

말하기를 "원수가 이 곳에 오래 머무르면 반드시 너희들에게 누를 끼치게 될 것이므로, 이제 원수는 돌아가고 내년에 다른 전선이 여기에 와서 일을 끝낼 것이다. 원수는 먼저 들러서 문서를 넘겨주는 일을 맡은데 지나지 않는다."

답하기를 "내년에 다른 전선이 여기에 오는 것은 무엇 때문인가?"

말하기를 "지금은 모른다. 내년에 귀 보상이 회답하는 글이 있고 나면 곧 알 것이다."

답하기를 "이 섬은 땅이 험하고 물결이 높아서 오래 머무를 수 없는데. 언제

배를 띄우겠는가?"
말하기를 "땅이 험하고 물결이 높은 것은 방해되지 않는다. 원수는 오늘 닻을 올리고 떠날 것이다."
답하기를 "원수가 떠나면 귀선 3척도 같이 돌아가는가?"
말하기를 "그렇다."

그리고는 돛을 올리고 곧 떠나갔다.[14] 연안주민들은 프랑스 함선이 떠나가므로 안도했으며 곧 홍주목사에 보고하고, 홍주목사는 충청도 감사에게 전달하고, 감사는 이러한 사정을 조정에 보고하니, 조정에서는 군신 간에 이에 대한 내책을 강구했다. 그러나 그 대책이란 천주교 금압에만 치우치고 앞서 장황하게 설명한 프랑스 함선과의 대담에 나타난 프랑스의 무력이나 그들의 태도에서 간취할 수 있었던 내포된 의도에 대해 취해야 할 국방사항에는 전혀 대책이 없었던 것은 근대 우리 위정자들이 일반적으로 해외사정에 전혀 무지함을 드러낸 것이었다.

헌종 12년(1845. 병오) 7월 무술일에 국왕과 영의정 권돈인權敦仁과의 대담은 또한 당시 우리 조정에서 외국함선의 왕래 특히 이른바 사교邪敎를 없앤다는 정책에서 빚어진 외국교섭에 있어 조선 측의 독선적인 모습을 잘 보여준다. 그 대담을 보면 다음과 같다.

임금이 말하기를 "불랑국佛朗國의 글을 보았는가?"
영의정 권돈인이 말하기를 "보았는데, 그 서사書辭에는 자못 공동恐動하는 뜻이 있었습니다. 또한 외양에 출몰하며 그 사술邪術을 빌어 인심을 선동하며 어지럽히는데, 이것은 이른바 영길리英吉利와 함께 모두 서양의 무리입니다."
....
임금이 하교하기를 "내년 봄에 반드시 소요가 있을 것이다."

---

14) 原註: 『朝鮮基督敎及外交史』 하권, 82~84쪽.

권돈인이 말하기를 "내념 봄을 기다리지 않고 지금도 소요가 있습니다. 항간에 사설이 자못 많은데, 이것은 오로지 그 글을 보지 못했기 때문에 이처럼 의혹하여 현혹됨이 있는 것입니다. 바라건대 빨리 그 글을 내려서 사람마다 보게 하소서. 그런 뒤에야 절로 의혹을 풀 수 있을 것입니다."

임금이 말하기를 "내 생각으로는 주문奏聞하는 것이 좋을 듯하다. 임진년에 영길리의 일 때문에 주문한 일이 있는데, 이것과 다를 것이 없을 듯하다."

권돈인이 말하기를 "이것은 임진년과 차이가 있습니다. 영길리의 배가 홍주洪州에 와서 정박했을 때에는 10여 일이나 머물렀고, 그들이 교역 따위의 말을 했으나 사리에 의거하여 물리쳤으며, 또 곧 정상을 묻고 그 동정을 상세히 탐지했으므로, 주문하는 일까지 있었습니다. 이번에 불랑선이 외양에 출몰했을 때에는 섬 백성을 위협하여 사사롭게 문답하고, 그 궤서櫃書를 반드시 바치게 하려고 말끝마다 반드시 황제를 칭탁한 것은 이를 빙자하여 공갈할 계책을 삼은데 지나지 않을 따름인데. 어찌 이처럼 허황된 말을 문득 주문할 수 있겠습니까? 연전에 양인洋人을 죽였을 때에 이미 주문하지 않았는데. 이제 갑자기 이 일을 주문하면 도리어 의심받을 염려가 있습니다. 바깥에서는 혹 이런 의논이 있으나, 신의 생각에 주문하는 일은 실로 온당하지 못할 것으로 여깁니다. 다만 의논들이 어떠한지 모르겠습니다."

임금이 교시하기를 "과연 의심받을 염려가 없지 않다. 이는 반드시 조선사람으로서 맥락이 서로 통하는 자가 있을 것이다. 그렇지 않으면 저들이 어떻게 살해된 연유를 알겠으며. 또 어떻게 그 연조年條를 알겠는가?"

권돈인이 말하기를 "한번 사술이 유행하고부터 점점 물들어 가는 사람이 많고. 이번에 불랑선이 온 것도 반드시 부추기고 유인했기 때문이 아니라 할 수 없으니, 모두 내부의 변괴입니다."

권돈인은 임진년(순조 16년. 1832)에 왔던 영국선박(Giitlaff가 타고 온 로드 암허스트호)과는 내방의 성질이 다른 것을 대답했으나 프랑스 함선 내방에 대한 대책에는 언급함이 없고 내방의 원인을 탐색하기에만 급급하여 사교와 연결짓는 데 그쳤으니, 이는 국제정세를 전혀 도외시한 미욱한 처사였다고 하겠다.

다음해인 1847년(헌종 13년. 정미)에 프랑스 함선 라 글루아르(La Gloire)호와 라 빅투아르(La Victoire)호 등 3척이 홍콩에서 조선근해에 왔으나 남양만 부근으로 들어오려던 것이 지리에 밝지 못하여 음력 6월 30일(양력 8월 10일)에 전라도 고군산도 신치도新峙島 동남쪽 앞바다 부안군 계화도界火島 사이의 얕은 곳에 좌초되었다. 전 해에 외연도에 온 것도 남양만으로 와서 서울에 문서를 보내려고 왔었으나 역시 지리가 밝지 못하여 잘못 들었더니, 이제 또 신치양新峙洋에 와서 걸린 것이다. 신치도 동남쪽 백사장에 막을 치고 상해에서 영국선을 빌려다가 떠났는데, 그 동안 조선 측에서는 프랑스 함선에 대해 최선을 다하여 유화적인 뜻을 극진히 했다. 지금도 신치도를 중심으로 한 선유도仙遊島 등에는 당시의 얘기가 전한다.

지방에서는 곧 전라도관찰사 홍희석洪羲錫, 만경현령 박종진朴宗瑱, 부안겸고부군수 서형순徐逈淳, 여산부사 성혁진成革鎭, 익산군수 권영규權永圭, 전라우도 수군우후 이탁李鐸 등으로 하여금 정황을 문초히게 했으며, 서울서는 곧 비변사의 건의에 따라 한학역관 방우서方禹叙를 파견하여 정황을 문초했다. 방우서는 신치도로 가서 함장 해군대령 라 피에르(La Pierre: 拉別耳)를 방문하고, 함 내의 통역을 통해 필담을 하고, 소·돼지·식량·채소를 주며 프랑스 함선에서 자기들의 송환에 필요한 선박을 요구하니, 부근에 있는 조운선 가운데서 마음대로 골라 쓰도록 했다. 당시 프랑스 함선에서는 과천현果川縣의 천주교인 최양업(Thomas)이 신부가 되어 프랑스 선교사 앙쁘로아스 메에뚤을 따라와 통역을 했다고 한다.[15]

전라도관찰사 홍희석이 보낸 라 피에르의 조회등본照會謄本에 의하면 프랑스 함선 측에서는 세실이 외연도에서 고려 보상에게 보낸 서한에 대한 회

---

15) 原註:『朝鮮史』제6편, 제3권, 178~179쪽 ;『憲宗實錄』권14, 헌종 13년 7월 丁亥 ; 8월 乙卯.

답을 수령하러 왔으며, 조난당한 프랑스 함선 승조원의 송환을 요청했다. 이에 대해서는 상당히 우대했으며, 불국선교사 처형에 관해서는 단순히 이국인으로 처형한 것이지 프랑스 사람인 것은 금시초문이며, 표착한 사람에 대해서 교통이 없는 나라 사람이라도 우대하여 송환하는 것이 상례로서 천주교는 사교라 하여 우리 국법에 어긋나니 우리국내의 법률로 다스린다고 하며, 중앙정부에 조회하여도 그 뜻은 별로 다를 것이 없을 것인즉, 바라건대 귀국원수에게 돌아가도록 보고하는 것이 어떻겠는가 했다.

조선 측으로는 해외사정은 몰랐어도 자기의 입장을 지켜 사리정연하게 논박했었다. 이에 프랑스 함선은 상해로 떠났다. 프랑스로서는 따로 청나라 예부에 통보하고 양광총독兩廣總督을 거쳐 오문澳門에 정박중인 라 피에르 함장에게 전달했다고 한다.16)

상해에서 빌린 영국선 3척이 음력 7월 25일 고군산진 신치도에 도착하여 전원을 나누어 태우고 떠났으며, 파손된 배는 돛대 하부(下檣)·돛가(帆邊)·목재·밧줄·돛배(布張)·작은 배(小艇) 등을 결막처結幕處에서 표시하여 두고, 다음 배편에 회수하고자 했다. 라 피에르 함장은 작별할 때 자명종 1개, 거울 1개와 전라도관찰사에게 보내는 편지를 문정통역관 방우서17)에게 부탁하고 양식을 잘 지급하여 준 데 대해 감사하고 떠났다.18)

이 때 주고 간 자명종이 똑딱똑딱하므로 섬사람들이 놀래서 그 속에 귀신이 들었다고 굿까지 한 일이 있었다. 이 설화는 근세에 조선과 서양의 관계에 부수되어 따르는 것으로 후일 제너럴셔먼호와 대원군 이하응李昰應에 연결짓기도 했다. 『일사유문逸事遺聞』에는 그 때의 이야기가 전한다.

헌종 정미丁未년(1847)에 프랑스 함선 2척이 고군산 바다에서 조난 파손되었

---

16) 原註:『朝鮮史』제6편, 제3권, 182~187쪽 ;『憲宗實錄』권14, 헌종 13년 8월 庚戌·丁巳.
17) 原註:『조선사』에는 敍를 叙으로 했다. 연유를 모른다.
18) 原註:『조선사』제6편, 제3권, 186~187쪽.

는데, 선원과 물품은 모두 피해를 입지 않았다. 프랑스 사람이 돌아갈 때에 남겨둔 물품은 모두 2개의 막사에 있었는데 진鎭의 창고에 봉하여 수호했다. 하루는 똑딱똑딱하는 괴상한 소리가 상자 속으로부터 나오는데 7일간을 계속했다. 섬 안 백성들이 크게 놀라 서양사람이 독한 귀신을 남겨두고 떠난 것으로 생각했다. 그리하여 섬사람들은 장차 재해가 있을까 하여 큰 제사를 지냈다. 뒤에 알고 보니 자명종自鳴鐘이었는데 지금도 섬사람들에게 전해 오는 우스운 애기이다.[19]

삽화는 한편의 우스운 애기일 뿐만 아니라 우리나라가 해외정세를 모르고 우물 안 개구리처럼 살았던 때의 무지를 상징하는 것이다.『일사유문』의 기사는 좀 과장한 듯하다.

3. 남해안의 조사

영국에서는 동인도회사를 근거로 하여 차츰 중국 해안지대로 그 통상로를 개척하며, 또 다른 한편으로 황해 모퉁이의 조선연안에 뜻을 두고 알세스트(Alcest)호 · 리라(Lyra)호 · 로드 암허스트(Lard Amherst)호 등 여러 군함이 서남해안 일대의 수심을 측량 및 탐사했다. 헌종 6년(1840) 12월 비변사의 계언啓言을 보면,

지금 전라감사 이목연李穆淵의 장계를 보았더니 제주목사 구재룡具載龍의 첩정[20]에 이르기를 "대정현 모슬포 · 가파도에 영국배 2척이 와서 정박하여 감히 포를 쏘고 소를 겁탈하는 변이 있습니다" 하고, 이어서 현감을 파출하고

---

19) 原註:『朝鮮基督敎及外交史』하권, 88~89쪽.
20) 품계가 낮은 관리가 높은 관리에게 보내는 공문서. 도관찰사 · 도순문사 또는 검병마도절제사가 병조에 이문할 때 군사에 관계되는 일을 아뢰는 공문.

나처하기를 청했습니다. "오랑캐의 배가 바다에 출몰하는 것은 본디 교활한 버릇이니. 오랫동안 해이해진 해졸海卒 때문에 어모禦侮를 튼튼히 하라고 책망하기 어렵다 하나 온 섬의 포소와 항구가 다 사변에 대비하는 것은 매우 중요합니다. 그런 즉 경비하는 방법은 십분 규찰함을 견고히 해야 합니다. 저들이 불과 40여 명이거늘 어찌 먼저 도착했음에도 겁을 먹고 도주하며 흩어집니까? 변경지대의 정세에 관계되는 일이므로 그대로 둘 수 없으니 해당 목사 구재룡을 파출하고 나처하소서" 하니 윤허했다.[21]

이와 같이 제주도 해안지대 목장에서 가축과 소를 약탈당하기는 사례가 19세기 중엽에는 비일비재한 일이었다. 영국선박은 단순히 가축과 소에만 목표를 둔 것이 아니었다. 남해연안의 수심을 측량하는 탐사가 그들의 목표였으니 헌종 6년 가파도加波島에서의 가축과 소 약탈은 접근하던 때의 한 사례였다. 헌종 11년(1845) 을사 6월에 해군대령 벨처(Sir Edward Belcher)가 사마랑(Samarang)호를 이끌고 조선 남해일대를 답사한 사건이 바로 그것이다.

사마랑호는 5월 22일 제주목 정의현 지만포止滿浦 우도牛島에 정박했다. 정의현감 임수용任秀龍, 역관 이인화李寅和가 정황을 물으니 그 배의 통역관인 청나라 광동 경주부慶州府 향산현香山縣 사람 오아순吳亞順이 답하되, 대영국함으로 자국황제의 명을 받고 곳곳의 산을 그림으로 그리고 수심을 측량하면서, 금월 4일에 광동을 떠나 여종呂宗 · 유구琉球를 거쳐온다고 했다. 겸하여 별방진別防鎭 · 어등포漁登浦 · 조천진朝天鎭 · 함덕포咸德浦 · 화북진禾北鎭 · 건입포健入浦, 대정현 죽도竹島와 도원포挑源浦 · 모슬포 · 마라도 등 각 처에 정박하고 재차 우도에 이르렀다. 다시 우도로부터 출발하여 전라도 장흥부 회령포會寧浦, 평일도 동송리東松里, 흥양현 초도草島, 강진현 여서도麗瑞島 등에 정박하여 측량하고, 28일 남해를 향하여 떠났다.[22]

---

21) 原註:『朝鮮基督教及外交史』하권, 134~135쪽 :『헌종실록』권7. 헌종 6년 12월 병술 :『朝鮮史』제6편. 제2권. 710쪽.

제3절 서양함선과의 분쟁

1. 프랑스 함선의 내침과 그 격퇴

고종 3년(1866) 병인년 천주교도 학살 때 프랑스인 선교사(Berneux·Daveluv·Breteniere·Beaulieu·Dorie·Petinicolas. Aumaitre·Huin)들이 잡혀 죽임을 당했다. 생존한 리델(Ridol) 등 3인은 도망쳐 산간에 숨어 탈출할 기회를 엿보다가 고종 3년 3월 28일 충청도 해미현 조금진調琴津 뒷바다에 도착한 영국상선 로나(Rona)호의 소식을 듣고 리델은 이를 찾았으나 찾지 못하고, 이어 8월 6일 영국상선 엠퍼러(Emperor)호가 해미에 정박했을 때 그 선장 제임스 모리슨(James Morison)이 해안을 산책했는데, 한 조선인이 와서 병인년 천주교도 학살과 프랑스인 선교사 9인의 잡혀 죽음과 생존자 3인이 산중에 잠복하여 구조를 요청한다는 프랑스어 서한을 그에게 전달했다. 때마침 엠퍼러호에 승선하고 있던 오페르트(E. Oppert)는 그 서한을 보자 곧 회신을 작성하여 그 조선인에게 기탁했으나 그 때는 이미 리델이 조선을 떠난 뒤였다. 리델은 충청도 신창 용당리 포구에서 조선인 신자 3~4명을 데리고 어선으로 탈출하여 산동반도 지부芝罘에 상륙했던 것이다. 이어 10월 26일에는 프롱(Feron)과 칼래(Calais) 두 사람도 역시 지부로 탈출했다.

리델은 때마침 천진에 있던 프랑스 극동함대사령관 해군소장 로즈(Roze) 제독에게 전후사정을 상세히 보고했다. 이 때 중국에 주재하고 있던 프랑스 대리공사 벨로네트(Bellonet)는 고종 3년 7월 13일 청국 총리아문에 청하여 조선을 문책하지 않는다면 자신이 직접 문책하겠다고 엄중히 항의서를 제출

---

22) 原註:『조선사』제6편, 제3권 113~114쪽 ;『헌종실록』권12. 헌종 11년 6월 기미.

하며, 청국에게 종주국의 권력으로서 조선에 적당한 처사를 못한다면 프랑스는 조·청 양국 사이의 종속관계를 인정치 않고 그 권한으로서 조선을 처분하겠다는 공갈로 청국을 위협했다.

드디어 벨로네트 공사와 로즈 제독은 프랑스정부는 알지 못하는 문책의 군대를 발하니 청국주재 영·미 양국은 이를 반대했다. 8월 17일 조선의 의정부에서는 "사학邪學을 바로잡아[調捉] 변경의 금령을 거듭 타이른다[申嚴邊禁]"는 상주를 하여 "아국은 아국법을 행할 것이오. 프랑스의 간섭을 받을 리 없으며 그 위협에 넘어가면 안된다. 더욱이 프랑스와 우리나라가 대단히 멀리 떨어져 있거늘 소문이 상통함이 이렇듯이 빠른 것은 반드시 그물을 뚫고 새집을 부수는 무리가 있어 내응함이 있음으로 이것은 변방의 금령이 소홀하고 법령이 해이해짐으로 말미암은 것이다.… 각 도 대장[道帥]에게 명하여 연해 각 읍진에서 선박의 행동을 감시하고 만약 이상함을 발견하면 곧 이를 포착하여 효수하여 무리를 경계하게 하는 형에 처할 것"이라고 했다.

이어 동 20일에는 또다시 신금해방조찰申禁海訪調察이라는 상주에서 "외국선이 내해에 출몰함에는 놀라워마지 않겠다. 황해·충청의 연해에 거리낌 없이 왕래함은 일찍이 전에 못 보던 바이니 해방의 소홀함이 심히 한심스럽다. 마땅히 국법을 거듭 타이르고 특히 각 읍진의 파수꾼에게 엄히 명하여 주의를 환기하지 않으면 안된다. 외국선이 동서에 출몰함은 반드시 아국인 중 내응히는 자가 있어 그러하니 행동이 괴이한 자가 있거든 이를 포착하여 그 자리에서 효수하여 경계할 것"이라 했다. 같은 해 23일에는 해방에 있이 외국선에 내응함이 없게 하며 외국선의 출입은 종전보다 더 엄중히 단속하라 하여 쇄국양이鎖國攘夷의 국시를 굳게 했다.

리델의 보고에 접한 로즈 제독은 9월 13일 교지지나交趾支那의 동란지에서 지부芝罘에 돌아오자마자 곧 군함 프리모귀에(Primauguet)호와 타르디프(Tardif)호·데룰레드(Déroulède)호 3척으로 조선 원정함대를 편성하고 리델 외

조선교인 3명을 통역 겸 향도로 삼아 9월 18일 지부를 떠나 20일에 경기도 남양만에 나타났다. 그런 다음 이 곳을 근거지로 정하고 초계함 데룰레드호를 보내 서울로 들어가는 진로를 정찰하게 했다. 동 함장은 다음날 21일 강화해협을 거슬러 올라가 갑곶진甲串津에 상륙하여 강화성의 상황을 정찰한 뒤 이튿날 22일에 남양만으로 돌아와 상세히 보고했다.

로즈 제독은 이날 곧 2척의 군함을 이끌고 한강을 거슬러 올라가 서울로 입성하고자 했다. 24일 월곶진月串津 부근에 도달했을 때 중앙관원이 와서 퇴거를 요청하는 것을 듣지 않고 또 중로에 김포군수 정기화鄭夔和의 정황물음에 "산천풍물을 유람하는 것이며, 상해를 주려함이 아니다" 하고 25일에는 다시 강을 거슬러 올라가 양천현陽川縣 감창항監倉港 전면에 왔다. 현령 윤수연尹守淵의 물음에 대해서는 "풍물유람이라" 하고 식량을 청하거늘 조선 측에서는 그들에게 이를 넉넉히 지급했다. 26일에는 서울 성외 양화진楊花津을 지나 서강 앞에까지 진출했다. 이에 서울시내는 물끓듯이 소요하여 남대문과 서대문의 수비를 견고하게 했다.

프랑스 군함은 이곳에서 정박하기로 하고 그동안 한강측량과 지형정찰을 했다. 이때 어영중군 이용희는 표하군標下軍과 훈국마군訓局馬軍 나수를 이끌고 한강강변의 수비를 하다가 프랑스 군함과 몇 발의 탄환으로 교전하고서 조용히 침몰하고 말았다. 프랑스 군함은 다른 접촉없이 27일 퇴항하여 다시 물치도勿淄島로 돌아왔다. 22일 프리모귀에호는 초지진草芝鎭 난지도蘭芝島 부근에서 좌초 파손되어 동료함과 떨어져 23일 새벽에 물치도로 회항하여 정박 중 부평부사 조병로趙秉老와 영종첨사 심영규沈永奎 등의 물음이 있었으나 일절 함구하고 말았다. 25일도 동일하였다. 이러는 사이에 로즈 제독은 10월 1일 갑자기 물치도 근거지로부터 철수하여 지부로 향하여 퇴거했다.

조선에서는 프랑스 함선이 퇴거하자 곧 군비를 정돈하고 무예에 숙련한 자를 각 요지에 배치하여 한강에서 서울의 관문인 양화진 방비에 만전을 기했다. 로즈 제독은 조선의 형세와 한강을 조사하여 수로지를 작성했으므로 다시 제2회 원정으로 전함 세 척[Guerriere호(기함)·Primanguet호·Laplace호] 외에 포함 두 척[Tardif호·Lebrethon호], 초계함 두 척[Deraulede호·Kien ehan호] 등 7척을 이끌고 고종 3년 10월 12일에 또 충청도 항금산亢金山 앞바다에 나타나 다시 남양만을 지나 13일에 인천 앞바다 물치도에 도착했다. 이 때 영종첨사 심영규는 곧 중군 김종화金鍾華로 하여금 정황을 묻고자 했으나 불응했다. 이 때의 프랑스군 총병력은 일본 횡빈橫濱에서 온 해병을 합하여 총 1천 5백 명이었다고 한다.

　로즈는 청국을 출발할 때 청국정부와 주청 각국 공사에게 프랑스 군함의 조선원정 목적을 설명하는 동시에 한강봉쇄를 선언하면서 뜻을 알렸다.

　　모든 나라에서 서해안으로부터 서울에 이르는 통로는 본영의 군함으로써 이를 봉쇄하고 일체의 선박은 잠시 그 통행을 금하고 이에 반하는 자가 있으면 각국의 군례에 비추어 엄벌에 처한다.

　이것이 곧 한강봉쇄령漢江封鎖令이다. 로즈는 한강을 봉쇄함으로써 서울로의 식량운반로를 단절하려는 의도였다. 로즈는 대함이 서울강변으로 거슬러 올라가기 어려우므로 군함 3척은 물치도에 정박시키고 포함과 초계함만을 이끌고 강화해협을 거슬러 올라가 10월 14일 갑곶진에 상륙하여 진해문鎭海門 부근의 고지를 점령했다. 프랑스 함대의 내습에 놀란 강화유수 이인기李寅夔는 이날 경력23) 김재헌金在獻을 보내 정황을 살피게 했다. 그는 육상에서의 정탐에만 만족치 않고 군함으로 가서 온 이유를 물었더니 프랑스

---
23) 고려 말부터 주요관서에 설치되기 시작한 실무담당 관직인데,『경국대전』에는 동반 및 서반의 몇몇 경과직 아문에 종4품관으로 나타난다. 서반의 경우 중추부에 4인. 오위도총부에 4인이 있었다.

선교사 9명이 피살된 문죄로 왔다고 대답했다. 다음날 15일 제독은 하루 동안 강화성 공격의 준비에 바빴으나 게니에르(Guenière) 함장 해군중령 도스리(d'Osery)는 성내의 정찰을 대략 마치고 16일 강화성의 총공격을 시작했다. 이날 새벽 프랑스 군함은 월곶진으로 거슬러 올라가 그곳에서 맹렬하게 포격을 하고 갑곶진 대로大路에서 강화남문을 향하여 돌격할 주력부대를 엄호했다. 육전대의 총사령관에는 제독 자신이 직접 담당했다.

프랑스군의 맹렬한 포격에 강화성은 하루 만에 함락되고 프랑스군의 다른 정찰대는 물치도의 근거지로부터 영종성[영종도]에 와서 첨사 심영규의 정황물음에 대해 자국인 9명의 피살에 대해 조선인 90명을 살해하겠다고 위협했다. 이날 프랑스군의 1대 60명은 통진부通津府를 정찰했다. 부사 이공렴李公濂은 단신으로 관인만 들고 도주했다. 다음날 10월 20일 프랑스군 5명이 갑곶진 대안의 문수산성文殊山城을 정찰했다. 광성진廣城鎭은 프랑스군의 공격으로 화약고가 폭발했고, 무기는 모두 약탈되었다.

이 프랑스 군함의 재침으로 중앙정부에서는 서양 오랑캐의 접근원인은 천주교도들의 내응에 있다 하여 교도들의 소굴을 박멸하고자 총융진영總戎陣營에서는 부지기수로 효수형에 처했다. 또 한편 프랑스 군함의 공격에 대한 대비로 곧 기보연해순무사畿輔沿海巡撫使 이경하李景夏, 총융중군 이원희李元熙, 순무좌선봉 정지현鄭志鉉, 순무우선봉 김선필金善弼, 순무초관 한성근韓聖根, 순무천총 심헌수深憲洙, 총융사 신관호申觀浩 등 제 장수들을 출동시켜 서울을 위시하여 양화진·통진·광성진·부평·제물포 등의 요충과 문수산성과 정족산성鼎足山城의 수비를 담당하게 했다.

이리하여 26일은 문수산성의 수성장 순무초관巡撫哨官 한성근이 프랑스군과 교전하여 프랑스군 120명 중 사상 20여 명을 내고 패퇴시켜 아군 측의 사기를 북돋았다. 30일 프랑스 군함 2척은 교동부喬桐府에 내습하여 그 수영水營의 관아를 포격하고 더욱 진격하여 황해도 연안부延安府에 이르러 수심을 측량했다. 이에 중앙정부는 감사 박승휘朴承輝의 보고에 따라 새로이 연안부사 한응필韓應弼을 초토사招討使에 임명하고 백천군수와 공동으로 수비하게 했으나 황해방면은 별다른 사건이 발생하지 않았다.

중앙정부에서는 연안방위에 힘쓰는 한편 10월 20일 별무사別武士 지홍관池弘寬을 프랑스 진영에 보내 강화를 청했으나, 프랑스군 측에서는 결연한 태도였으므로 조선에서는 북경정부에 조정을 요청했다. 북경정부에서는 11월 4일 벨로네트 공사에게 조선원정에 대해 재고를 요청했다. 벨로네트 공사는 큰소리쳤다.

전쟁은 우리들이 즐기는 일대의 쾌락이다. 피비린내는 향기로운 장미와 같고, 포성은 밝고 명랑한 음악과 같다. 조선인은 우리를 구세자救世者로 공경하며 우러러 본다. 우리는 조선의 부패한 정치를 소리높여 혁파하고 그곳에 밝은 법으로 부강하게 다스리는 정치를 펴고자 한다.

강화성을 함락시킨 올리비에(Oliviers) 해군대령의 한 부대는 남진하여 정족산성을 공략하고자 했다. 이 때 이런 일을 예측한 순무중군 양헌수梁憲洙는 11월 7일부터 강계포수江界砲手 5백여 명을 배치하여 수비했다. 11월 9일 160명의 프랑스군이 정족산성으로 침입하려는 것을 맞아 공격하여 프랑스군은 사상자 30여 명을 내고 패주하게 되었다. 약 1개월 동안이나 경강京江의 요충을 점거하고 횡포를 부리던 프랑스 군함은 정족산성에서 패전한 뒤에 11월 10일 강화성에 방화하여 관아를 모두 불지르고 18일 근거지인 물치도를 떠나 중국으로 향했다. 프랑스 군함은 퇴각했으나 또 후일의 환을 염려하여 성곽병기의 수리를 하며 포대를 축조하고 새로이 대포를 주조 설치하며, 다방면으로 군비에 대한 확충을 기했다. 한편 중앙에서는 서양화폐 사용을 금지하며 쇄국양이의 정책을 더욱 강화했다.

2. 제너럴셔먼호 사건과 그 후의 한미해양교섭

기록에 보이는 바로는 고종 3년(1866) 병인 5월 12일 평안도 철산부鐵山府 선천군宣川郡 선엄리仙嚴里에 표착한 이양선은 철산부사 백락연白樂淵이 정황을 물어보니 미국범선 서프라이즈호인 것이 밝혀졌으며, 그 선장 매카슈린 등의 진술에 의하면 청국의 산동성 지부를 떠나 유구로 향하던 중 풍파로 파선되어 표류했다고 했다. 선박 중의 미국인 8명은 원하는 대로 재자관齎咨官 이용준李用俊에게 명하여 육로를 통해 북경으로 보냈다. 이것이 해양을 통한 한미교섭의 발단이었다.[24]

이어 7월 초일에 평안도 용강현龍岡縣 다미면多美面 주영포구珠英浦口에 이르른 이양선 1척은 다시 대동강을 거슬러 올라가 황해도 황주목 삼전면三田面 송산리松山里 앞바다 급수문急水門에 정박했다. 황주목사 정대식丁大植, 우후 신영한申永翰, 역관 이용숙李容肅, 군관 지명신池命臣 등이 달려가 정황을 물은즉 프리스턴(Preston: 普來屯), 호가스(G. Hogarth: 何喝特), 선장 네덜란드인 파허(Page: 巴使)와 영국인 신수선교사新數宣敎師 토마스(R. Thomas: 崔蘭軒), 중국인 이팔행李八行 등으로 전부 서양인 5명과 말레이인·중국인 19명으로서 산동성 지부를 떠나 평양으로 오던 길이요, 배에 실은 서양의 면포와 그릇을 조선의 종이와 쌀·금·인삼·초피貂皮 등과 교역을 하고자 함이며, 조금도 해칠 의사는 없고 물건만 교환하면 돌아갈 것이나, 그렇지 못하면 서울에 가서 통상한 뒤에 돌아가겠다고 했다.

토마스는 조선어를 약간 알았다. 이에 안바다로 들어와 교역함은 나라에서 금하는 것이기에 접근하지 말 것을 깨우쳐 주었다. 그리고 용강龍岡현령 유군환兪郡煥과 관수장리慣水將吏를 보내 탐문했더니 그들은 평양의 산천·성문과 보물의 유무를 묻고 다시 서양인 7명은 무슨 죄로 학살을 당했는가?

---

24) 原註: 『조선사』 제6편, 제4권 81항 : 『通文舘志』 권2. 紀年續編, 수上[고종] 3년.

이제 자기나라 선척이 다수 너희나라의 3남 강 속에 보내졌으니 우리들은 모두 평양으로 갈 것을 기약하는 등을 말하며, 그날 급수문을 떠나 황주 송림리松林里 연봉포臙峰浦 앞바다에 머물렀다. 다시 연봉포를 떠나 강을 거슬러 올라가 11일 밤 평양부 초리방草里坊 1리 신장포구新場浦口에 정박했다. 이 배가 바로 제너럴서먼(General Sherman)호였다.

이 때 평안도 관찰사 박규수朴珪壽는 중군 이현익李玄益, 군관 방익용方益鏞, 평양부 서윤庶尹 신태정申泰鼎을 보내 정황을 묻게 했다. 그날 이 배는 다시 강을 거슬러 올라가 만경대萬景臺 아래 두로도豆老島 앞 포구에 정박하자 이현익・신태정 등이 선박에 올라가 퇴거하라고 말했다. 최란헌崔蘭軒 등은 이를 듣고 따를 듯했으나 선주船主 등은 전혀 떠날 기색이 없었다. 7월 15일에 최란헌 등 3인이 만경대에 이르러 사면을 조망하고 옥연지玉硯池로 가거늘 평양부 서윤 신태정 등이 만류하여 돌아갔다. 이날 또다시 배는 상류로 올라갔다. 16일 임신에 다시 강을 거슬러 올라가 한사정閑似亭 상류에 정박하고, 저녁 때 6명이 소청선小靑船을 타고 거슬러 올라가자 중군 이현익 등이 소선을 타고 이를 쫓았다. 그들은 이현익을 잡아갔다. 평양부 서윤 신태정 등이 깨우쳐 알리고 또 한사정에서 최란헌과 회합하여 석방을 요청했으나 끝내 송환하지 않았다.

19일 아침 배는 또다시 상류로 거슬러 올라가 총포를 난사하고 황강정黃江亭 앞에 머물고 5인은 소청선을 타고 수로를 탐색하기 위하여 오탄烏灘으로 거슬러 올라갔다. 이 때 평양성 안에 있던 사람들이 강변에 모여 중군 이현익을 돌려보내라고 부르짖으며 돌을 어지럽게 던지고, 지키던 사람들은 활과 총으로써 시위하니 서양인들은 소청선을 버리고 양각도羊角島 상단으로 달아나 본선으로 돌아간 다음 배는 그 하단으로 물러나 정박했다. 뒤에 영하퇴교營下退校 박춘권朴春權은 중영소속으로부터 빠져나와 배를 타고 서양선박에 돌입하여 중군을 구했다. 그러나 중군이 잡혀 갔을 때 따라간

유순원兪淳遠, 통인通引 박치영朴致永은 서양선박에서 강으로 투신하여 생사를 모르게 되었다.

배는 20일 다시 양각도 서쪽으로 물러나 정박하거늘 관찰사 박규수는 철산부사 백낙연이 마침 군영 아래로 오니 그로 하여금 평안중군을 겸하게 하여 경계를 하게 했다. 백낙연은 부서윤 신태정에게 강변방수를 엄중히 하게 하고 서양선박의 동태를 살피건대 퇴거의 기색은 없고, 오히려 상선에 필요한 곡식과 반찬을 약탈하며 총포를 난발하여 신민들 7명을 살해하고 5명에게 부상을 입혔다.

박규수는 도저히 퇴송할 가망이 없사 그날 강변에 나와 백낙연·신태정을 독려하여 이양선에 화공포격을 가하게 했다. 서양선박에서는 교묘히 연소는 방지했으나 탄약이 거의 다하고 배가 얕은 여울에 좌초하여 진퇴가 되지 않았다. 박규수는 종일 군민을 독려하여 싸웠다. 싸운 지 3일에 서양선박이 하류로 퇴거하거늘 백낙연은 부윤 신태정에게 명하여 하류 여러 곳에 총수와 사수를 보내 퇴로를 차단하도록 했다. 성 안의 주민과 방수교졸防守校卒들은 함성을 울리며 공격했다. 또 적자선척積紫船隻으로 하여금 일제히 방화하여 서양선박을 불태우자 최난헌·조능봉趙凌奉이 뱃머리에 뛰어나와 구조를 요청했다. 이들을 사로잡아 언덕 위에 묶어두니 분노한 군민들이 몽둥이로 때려죽이고, 나머지 사람들은 화살로 쏘아 죽이거나 불로 태워죽여 섬멸시켜 버렸다. 이에 선척과 기물·집기는 앞서 잡아두었던 소청선과 아울러 불태워버리고 말았다.[25]

서양함선이 우리 해안을 항행하여도 서로가 해를 끼침이 없이 무사히 지내왔었으나 셔먼호가 대동강안에 와서 전례없이 강경하고 난폭하게 굴다가 소진燒盡을 당하자 미국에서는 청국을 중개로 제너럴셔먼호의 사건을 조사하게 되었다. 한편 우리나라에서는 이후 7월 30일에 각 도 연안의 각

---

25) 原註:『조선사』제6편, 제4권. Sherman호 관계기사에 의거함.

포구와 읍에서 향반토호와 모리배 등이 사적으로 설치한 염분鹽盆·어기漁基를 모두 각 읍에 부쳐 군수에 충당하게 하며, 각 읍진에 방비를 엄하게 하고 군대의 충원과 전선·병기의 수리와 보충을 정비하게 했다. 또 내탕금内帑錢 5만 냥을 풀어 연해 각 읍의 무기확충과 정비에 보충하여 사용하게 했다. 8월 5일에는 좌의정 김병학金炳學의 건의로 각 도에 명하여 전선과 조운선을 서로 통용하게 하는 등 연안방비를 서둘렀다. 긴장한 태도에는 8월 2일 청나라 선박 9척이 황해도 해주 연평도에 와서 5일 외해로 이탈했음을 강령현감康翎縣監 조병직趙秉稷이 잘못 이양선이 내도했다고 치계하여 중앙관리들의 날카로워진 신경을 건드린 일도 있었기 때문이다.

미국은 청국을 통해 셔먼호의 소식을 수소문하는 한편 이 해 12월에 미국군함 워슈셋(Washusett)호〔해군대령 Robert Shufeldt가 함장〕가 황해도 장연현 오차포吾叉浦 월내도月乃島에 와서 주민에게 서신을 보내 제너럴셔먼호의 소식을 묻고, 선원 중 살아 있는 사람이 있으면 돌려보내 달라고 청하거늘 현감 한치용韓致容은 22일을 기하여 회답하기로 했으나 워츄셋함은 회답을 받지 않고 떠나버렸다. 슈펠트의 퇴거에 관해서는 분명이 단정할 자료는 없으나 슈펠트가 조선인에게서 셔먼호에서 조선관리를 모욕하다가 선원이 죽임을 당한 사실을 듣고서 반신반의 하던 중 1월 29일 조선 측 관리가 갑자기 미국함정의 퇴거를 요구함에 따라 지부를 향해 떠난 것이었다. 이것은 조사한 사건의 내용을 로원(Rowon) 제독에게 보고하고 그 지령을 기다리려고 함인지 또 조선관헌의 명을 어기고 퇴거하지 않다가 다시 셔먼호와 같은 상황에 처할 것을 의구疑懼했는지 그 양자 사이에 하나일 것이라고 본다.26)

이어 고종 5년(1868) 무진 3월 18일에 미국군함 선안다選安多호〔함장: 해군중령 존 훼피〕는 대동강구인 황해도 삼화부三和府 앞바다에 정박하여 제너럴셔먼호 생존자를 수색하려 했다. 삼화부사 이기조李基祖, 장연현감 박정리朴鼎利

---

26) 原註: 渡邊勝美, 『朝鮮開國外交史硏究』, 107~108쪽.

등이 달려가서 정황을 묻자 거절하고 조회문照會文을 주며 서울정부에 전달할 것을 요구했다. 지방관은 이를 거부하고 다만 퇴환을 요청했으나 말을 듣지 않고 한 달 가량 기다리다가 4월 25일에 퇴거했다.

　이후로도 계속하여 제너럴셔먼호 사건을 중심으로 청국을 경유한 한미간의 간접적인 절충이 있더니 주청 미국공사 로우(Low)는 미국 아시아함대 사령관 로저스(Rogers) 소장과 상해주재 미국총영사 시워드(G.F. Seward)와 함께 의논하고, 1871년 고종 8년 신미 3월에 책임을 추궁하기 위한 군대를 보내기로 했다. 당시 쉴리(Schley) 장군은 그의 회고록 『Own Story』에서 말했다.

　제너럴셔먼호가 단순히 조선에 항행했다는 이유만으로 비명에 죽었으니 조선이 그 때에 가한 포학 참혹한 소행에 대해 충분히 사죄배상을 시키기 않는다면 미국의 국권과 명예유지에 손상이 있을 뿐만 아니라. 중국에서 외국을 배척하는 열풍이 점차 성행하고 있는 때인만큼. 더욱 그럴 만한 까닭을 명백히 해야 한다는 듯 미국상하의 분노는 거의 그 절정에 달했다.

　그러나 꼭 셔먼호 사건의 책임추궁과 배상만이 목적은 아니었다. 이 기회에 조선을 개방시키기에 오히려 주력을 다했다. 당시 시워드 총영사는 특히 조선연해에 있어 항해상의 보호를 급무로 하는 견지에서 조선과 조약을 체결함이 요긴하고 절박하다고 하는 이유를 주장하고 일본보다 훨씬 약소한 조선을 개방시킴이 무엇이 어렵겠느냐고 본국의 위정자들을 격려했다고 한다. 여하간 조선정벌의 기도가 결정되어 주청 미국공사 로우는 3월 3일 청국정부에 종주국으로서의 책임을 문의하니 청국은 28일부 서한으로서 조선에서 일어난 사건의 피해가 청국에 미침을 피하고자 했다.

　조선은 청국의 속방이나 일체의 정교금령政敎禁令은 그 자주에 임하고 구태여 청국이 간여할 바가 아니다.

청국은 로우 공사가 의뢰한 「미국에서 조선국왕에게로 보내는 서신」을 3월 21일 조선에 전송하고, 이후 한미 양국 사이의 교섭은 다만 조선으로 하여금 선처하게 하기로 했다. 미국 측에서 보낸 서한은 간절했다.

이에 아국은 제너럴셔먼호 사건의 진상을 조사하고자 한다. 그러나… 본 사신은 수군제독과 동일한 군함에 승선하고 2~3개월 내에 조선으로 향하고자 한다. 그 목적은 단순히 조선과 상업에 대한 논의와 교섭에 있다. 결코 시위 토벌의 의도를 가진 것이 아니다. 오직 화친을 그 사명으로 하며 국민으로 하여금 놀라 소요하지 않도록 널리 알려 선전해 주기를 바란다. 만약 지금 이후로 재차 미국상선이 조선연안에 표착하는 일이 있으면 법을 제정하여 구조하고 살해하지 않게 방지함으로써 후일의 국가적 어려움을 야기하는 일이 없도록 진력하라.

이에 대해 4월 10일부로 조선에서 청국에게 보낸 회답서에서 미국공사가 "통상을 의논하고 교섭한다"라고 운운한 것은 혹 통상을 요구하는 듯하지만 이에 대해서는 본국이 이미 정한 방침이 있는 바에 따라 더 강론할 필요가 없으니 왕래를 헛되이 할 것 없음을 상국上國이 깨우쳐 주기를 원한다며 더욱 나라의 금법禁法을 견고히 할 결의를 표시할 뿐이었다.

로우 공사는 로저스 제독과 함께 기함 콜로라도(Colorado)호(3,425톤, 승조원 626명)에 승선하고 상해를 떠나 장기항長崎港에 기항하여 그곳에 체류하는 미국군함을 모아 군함 5척, 대포 80여 문, 병력 1,230명으로 구성된 조선원정함대를 편성하고 조선으로 향했다. 기함 콜로라도에는 앞서 조선에서 탈출한 프랑스인 선교사 리델이 통역 겸 길안내자로서 승함했다. 이 함대는 5월 21일 아산만을 거쳐 남양만 방면에 도착했다. 여기서는 남양부사 신철구申㦸求가 달려가 정황을 물었으나 조선정부와 수호통상의 건으로 교섭하러 온다는 뜻을 서신으로 간단히 표시하고 통과했다. 남양만 부근에서 수일간

측량을 하며 형세를 숙지하고 26일 영종도를 지나 물치도에 이르러 여기를 함대의 근거지로 정했다.

이어 5월 28일 의주통사義州通事 3명은 인천읍리 김진성金振聲과 함께 미국군함을 방문하고 교섭했으나 미국군함에서는 권한없는 사자이므로 후대하여 돌려보내며 서한을 부탁했다. 미국공사와 수사제독水師提督은 정부와 교섭할 용건으로 왔는데 조선정부에서 관원을 파견하여 통상을 논변할 때까지 기다리는 동안 불시에 군함 1척을 상류로 파견하여 수심측량을 하고자 하니 반드시 연해주민들에게 일깨워 경동함이 없도록 하며, 서로 예로써 대해 해를 끼치는 사단이 발생치 않도록 간절히 요청했다.

미국군함에서는 6월 1일 지립관地立官이 방문하자 공사와 제독은 면회를 피하고 통역 드루(Drew), 곧 영한문안총판英漢文案總辦으로 하여금 접근시켜 경강京江측량의 양해를 요청했다. 이날 로저스 제독은 해군중령 블레이크(Blake)의 지휘하에 팔로스(Palos)호와 4척의 작은 증기선을 파견하여 강화해협을 측량하게 했다. 이에 팔로스호가 손돌목을 지나 광성진廣城鎭 전면에 왔을 때 그 진의 수성장이 이를 포격해서 피아간 잠시 공방전이 있었으나 미국군함은 손해를 입기 전에 빨리 물치도 근거지로 퇴각했다. 손돌목은 원래 긴요한 관방으로서 앞서 프랑스 군함이 내침한 이래 병력을 증강 엄수하게 하여 공사선公私船을 불문하고 통과증이 없으면 통행치 못하는 규칙이 거늘 팔로스호가 아무 확인없이 통과함으로써 포격을 당한 것이었다. 이어 6월 2일 강화유수 겸 진무사 정기원鄭岐源과 미국공사와의 사이에 격렬한 논쟁이 전개되고 그 논쟁은 1주일 동안이나 계속되었다.

드디어 6월 10일 미국군함은 강화해협을 거슬러 올라가 프리모귀에(Primauguet)섬 상류에 이르렀다. 이 때 사선私船에 편승한 조선인이 서한을 제출했으나 미국군함에서는 자신들에게 까닭을 말하며 사과함이 없다 하여 묵과하고 계속하여 강을 거슬러 올라갔다. 미국군함은 이날 초지진을 침공하고 익일 11일에 다시 전진하여 덕진진德津鎭을 함락시키고 더욱 북상하여 광성진에 근접했다. 앞서 10일 미국군함의 육전대 450명은 포병과 함께 초지진의 남방으로 강화도에 상륙했다. 이후 해륙으로 서로 호응하여 공방작전이 전개되고 그 전후 배후에서 적을 맞이하게 된 수장 강화진무 중군 어재연魚在淵은 그의 아우 어재순魚在淳과 유풍로柳豊魯 등의 수하와 함께 전투에 패하여 죽었다. 11일의 광성진 전투는 매우 격렬하여 아군의 전사자가 53명, 부상자가 24명에 달했고, 미군은 맥키(Mckee) 중위 이하 전사자 3명, 부상자 9명이었다.

남북전쟁에서 용명을 날린 블레이크(Blake) 대령도 그렇게 좁은 장소와 짧은 시간에 그와 같이 다량의 화약(火)·납(鉛)·철鐵이 집중된 검은 연기를 본 일이 없다고 했다. 미군은 이 전투에서 다수의 전리품을 획득하여 개선했으나 의외의 손상이 많았으므로 부상자를 치료도 할 겸 우리나라의 정세를 살피고자 우선 물치도 근거지로 회항했다. 이 광성진 전투에서 미군의 침략으로 성과 보는 불태워 없어졌고, 또 약탈로 인해 칼 한 자루도 남은 것이 없었다. 또 중앙정부는 인천부사 구완식具完植의 보고로 순조 신유박해 辛酉迫害 때 처형된 이승훈李承薰의 손자 이연구李蓮龜·이균구李筠龜가 미국군함에 몰래 들어가 향도가 되고자 하던 것을 포박하여 6월 22일 효수, 백성들에 경계를 보이는 형에 처했다.

미국군함이 물치도로 돌아가자 부평부사 이기조李基祖는 미국공사와 문서로서 절충했으나 서로의 고집으로 타협할 점을 발견하지 못하게 되었다. 흥선군 이하응李夏應은 외환을 일소할 시위책으로 척사비斥邪碑를 국내 각지에 세웠다.

　　서양 오랑캐의 침범에 전쟁이 아니면 화친이 있을 뿐이다. 화친을 주장함은 국가를 파는 것이니 우리 만년자손은 경계할지니라.[27]

이것은 이미 앞서 프랑스 군함이 침입시에 시도되었으나 결행하지 못했던 것을 이번에 결행한 것이었다.[28] 또 먹의 한쪽 면에도 꼭 "양이침범 비전즉화 주화매국洋夷侵犯 非戰則和 主和賣國"이라는 열두 자나 또는 "위정척사衛正斥邪"를 4글자를 새기도록 엄명했다. 서양인들은 이 열두 자를 'Twelve Characters'라고 한다. 정부 측에서는 위정척사의 의미를 확고히 하여 국내 인심도 점점 쇄국양이鎖國攘夷로 돌아감을 보고 미국군함은 이 이상 더 체류해도 별 소득을 기할 수 없을 것을 인지하자 시위 40여 일에 끝내 7월 3일 지부로 향하여 퇴거했다. 이것이 바로 유명한 신미양요辛未洋擾라고 하는 것으로 강화도에서의 미국과의 접전은 아무 결정없이 종결되었다.

3. 오페르트의 침요侵擾

제너럴셔먼호의 종적이 불분명하게 되었을 때 청국 상해에 와 있던 유태계 독일의 가난한 상인 오페르트(Oppert)는 고종 3년(1866) 병인 봄에 영국 상선 로나(Rona)호를 타고, 여름에는 역시 영국상선 엠퍼러(Emperor)호를 타고 조선에 왔었다.

로나호는 중국주재 영국상인 휘탈(Whitall)의 소유선으로서 선장은 모리슨(Morison)이었다. 때 마침 로나호가 우장牛莊으로 직항한다는 말을 들은 오페르트는 선주에게 5일간의 조선연해 기항을 청하여 조선으로 오게 되었다. 그 때 그의 목적은 한강입구를 발견하여 강을 거슬러 올라가 조선정부와 수호통상조약의 예비적인 상담협의를 하고자 했던 것이다. 로나호는 고종 3년 3월 27일 충청도 평신진平薪鎭 이도면二道面의 조도島島 근해에 나타나 28일 해미현海美縣 눌금진訥琴津에 정박했다. 이 곳에 온 것은 여기를 한강입

---

27) "洋夷侵犯 非戰則和 主和賣國 戒吾萬年子孫."
28) 原註: 길이 5자 가량.

구로 오인한 결과였다. 이양선의 내도에 평신첨사 김영준金泳駿은 곧 본선에 가서 정황을 탐문했다.

오페르트는 첨사와의 교섭에서 하등의 소득이 없자 3월 30일 서신을 충청수사 이교창李教昌에게 보내 통상무역을 청했다. 그들은 허락할 때까지 육상여관에 머무르면서 또 금령禁令이 된다면 관가에까지 직접 나와서 담판하겠다 하며 목적은 오직 통상무역에만 국한하겠다고 했다. 이에 해미현감 김응집金膺集은 본선에 가서 국법의 위반이라고 하고 모든 요구를 거절했다. 현감은 그들의 위협도 무관하게 생각하며 그들이 거울·시계·모직융단氈絨·서양가야금[西洋琴]·망원경을 국왕에게 헌상하겠다고 하는 것도 거절했다. 오페르트는 중앙에서의 회답을 기다리는 동안 관헌이 여관을 빌려주지 않으면 해안가에 장막을 치고 숙영하고자 했으나, 중앙에서의 회답을 기다린다면 4~5일의 시일을 요하며, 관헌이 본함의 퇴거를 독촉하므로 부득이 4월 1일 북쪽으로 출범했다. 그 뒤에도 2차례나 조선에 온 것을 보면 퇴거한 뒤 다시 올 것을 기약했던 것이다.

오페르트는 다시 엠퍼러호로 조선방문을 기도했다. 그리하여 동년 8월 6일 충청도 해미현 눌금진 앞바다에 왔다. 해미현감 김응집은 8일 엠퍼러호에 가서 정황을 탐문했다. 오페르트는 또 통상무역을 청했으나 현감은 나라에서 금하고 있음을 전할 뿐이었다. 10일 재차 방문시에 오페르트는 현감에게 서한을 전하며 내방목적을 말하고 주선하여 달라고 했으나 현감은 통상무역은 나라에서 금하는 것이며 외국품의 헌상은 전례가 없다고 거절했다. 오페르트는 지방관헌과 의논하여도 소득이 없으므로 서울로 들어가고자 8월 12일 해미를 떠나 북항진했다. 그리하여 19일 한강 하구의 교동부를 지나 인화보寅畵堡를 거쳐 20일 강화도 동북단의 월곶진 승천보昇天堡 앞바다에 이르렀다. 강을 거슬러 올라가는 동안 교동관헌들에게 물으니 관헌들은 다음과 같이 대답했다.

"이 강이 한강인가? 우리들은 서울 가는 길에 들른 줄 아는데 어떤가?"
"강 이름은 모르겠다. 한강은 이 근처는 아니다."
"여기서 서울까지는 몇 리나 되는가?"
"서울까지는 아직 수백 리이다. 이 강은 차츰 수심이 얕아지므로 여기서 상류로 강을 거슬러 올라가면 아주 위험하다."

관헌들은 간곡히 강을 거슬러 올라가는 것을 만류했으나. 오페르트는 권고를 듣지 않고 항진했다. 배가 월곶진에 다다랐을 때 강화유수 이인기李寅夔는 당일 경력 김재헌金在獻과 첨사 김필신金弼臣으로 하여금 정황을 묻게 했다. 이 때 오페르트는 해미에서 말한 바와 같이 내방목적을 피력했으나 해미현감의 말과 같은 회답밖에는 들을 것이 없었으나 오직 양식의 급여만은 허락하고 헌상품과 통상의 건은 역시 거절되었다.

월곶진 정박 중 8월 22일·24일 양차 조선관리는 서양선박을 방문하고 논의했으나 오페르트는 통상을 목표로 하며. 영국과 중국 간의 조약 중에 청국이 영국에 허락한 내용으로 청국소관의 각 지방에 있어 임의통상할 권한이 있다는 말을 했다. 이에 조선은 청국의 예속된 성省이 아니므로 다시 청국의 허가가 소요된다고 반박했다. 오페르트는 기한없이 논변만 할 수 없다 하여 24일 서울에서의 회답을 받기 위하여 기일을 정하고자 제안했다. 이에 조선 측에서는 1개월의 여유를 말했으나 오페르트는 10일·8일·6일을 주장하고 2일 기한을 4일로 연장하고 이에 응해 주지 않으면 서울로 거슬러 올라가겠다고 위협했다.

교섭이 복잡해짐에 따라 강화유수 이인기는 26일 자신이 오페르트와 만나 의견을 교환했다. 그는 조선의 쇄국정책은 조선이 불리한 것이고. 이 때 오페르트와 체결하는 조약은 멀지 않아 외국도 이를 따를 것. 또 자신과 조약을 체결하지 않더라도 이 문제는 후일 어떤 형식으로라도 재연될 때 조선은 평화적인 방법으로써 수습하기 어려우며. 부득이 강제적인 요구를 응낙할 수밖에 없을 것이라 하자 유수는 중앙정부에 보고하여 회답하기로 했다.

　8월 27일 역관 방우서方禹叙를 보내 청국의 윤허가 있어야 하는데 그것이 없음은 명약관화한 사실임으로 통상요청에 응할 수 없다 하고 퇴거하기를 청했다. 오페르트는 제2차 내항 때에는 목적을 관철하지 못하면 퇴거하지 않을 각오였으나 상해까지 귀항할 만큼의 연료만 남았고 수로가 좁고 얕아 암초 때문에 서울까지 거슬러 올라가는 것을 결행하기 어려워 8월 29일 귀항했다.

　오페르트는 상해에 있을 때 조선으로부터 탈출한 천주교 신부 프롱(Feron)에게서 "조선으로 하여금 외국과 수호통상조약을 체결하게 하는 방도가 있다면 다시 한번 조선을 방문하여 진력할 의사는 없는가?" 하고 남양만과 아산만 일대(Prince Jerome)의 한 지류에서 약 30리 거슬러 올라가는 곳에 있는 부락에서 대원군 부친의 묘를 발굴하고자 했던 것이다. "주민은 다치지 않고 대원군만을 자극하여 그 발굴물들을 찾으러 오게 하여 조약을 체결하게 할 것이다"라고 했다. 이 계획을 들은 오페르트는 프롱의 인물을 믿고 거사에 찬동했다.

　오페르트는 다시 680톤의 작은 증기선인 차이나호(China, 선장 Muller)를 타고 고종 5년(1868) 무진 4월 30일 상해를 떠나 장기長崎를 경유하여 독일연방 국기를 날리고 5월 9일 충청도 아산만에 나타나서 10일 홍주관하의 행담도行擔島에 정박했다. 승선원은 서양인 8명, 말래이인 20명, 중국인 3백 명, 조선인 교도 몇 명으로서 배 가운데에는 이번 거사의 제의자이며 병인년 교도학살 때 탈출한 선교사 프롱 신부가 파루(Farout)로 이름을 고치고 모든 일을 지휘하고 있었다. 5월 10일 일행은 계획한 일에 착수했다. 우선 협박과 달콤한 말로 개인선박 2척을 얻어 그레타(Greta)호로 하여금 이를 이끌게 했다. 11일 동틀 무렵에 일행은 내해를 거슬러 올라가 해안을 따라 약 30리를 4시간에 항행할 예정이었으나 수심이 얕아서 난항으로 7시간이나 걸렸다. 이때 도달한 지점은 구만포九萬浦였다.

때는 오전 11시. 오페르트 일행은 곧 무장을 하고, 4인의 수부水夫는 석탄을 푸는 삽을 들고 따라 나섰다. 상륙한 일행은 러시아 군인이라 하고 산기슭과 밭고랑 길을 더듬어 충청도 덕산군德山郡 가야동伽倻洞 소재 남연군南延君묘로 향했다. 일행은 예정보다 늦게 오후 5시를 지나 목적지에 도착하여 곧 분묘를 파헤쳤다. 그러나 간부 외의 일행은 무엇을 파는지도 몰랐다. 일행은 황급히 발굴작업을 했으나 관곽이 견고하여 발굴하기가 곤란하며 또 퇴조시각이 닥쳐오므로 부득이 작업을 중지하고 구만포로 돌아와 행담도行擔島에 정박하고 있던 본선으로 귀선했다. 당시 덕산군수 이종신李鍾信이 충청도 감사 민치상閔致庠에게 보고한 내용을 민치상이 다시 4월 21일에 올린 치계를 보면 다음의 내용이다.

덕산군수 이종신의 공문에 의하면 이러합니다. 이달 18일 오시午時에 세 돛짜리의 이양선 1척이 서쪽으로부터 와서 홍주 행담도에 정박했습니다. 종선 1척은 돛이 없이도 다닐 뿐더러 배 안에서는 연기가 나면서 빠르기가 번개 같았습니다. 얼마 지난 뒤 본군의 구만포로 가서 육지로 올라왔습니다. 러시아 군대라고 하는 병졸 1백여 명이 군복을 입고 창·칼·총 등을 가지고 곧바로 관청으로 들이닥치더니 무기를 빼앗고 관청건물들을 파괴했습니다. 그래서 그 사유를 물었으나 대답하지 않고 총을 쏘아대고 칼질을 하면서 접근하지도 못하게 하다가 곧바로 남연군의 묘지로 달려갔습니다. 묘촌墓村에서 호미와 괭이 등의 연장을 빼앗아갔기 때문에 아전·군교·군노·사령들과 가동伽洞의 백성들을 거느리고 가서 죽기로 맞섰으나 그들의 드센 칼과 총을 당해낼 수가 없었습니다. 그리하여 서양도적들이 묘지를 침범하여 잔디 3장을 떼어내기까지 했습니다.

19일 묘시에 서양도적들은 곧 구만포로 가서 배를 타고 큰 배에 모였다가 서쪽을 향하여 갔습니다.

이에 앞서 이런 소식을 듣고 놀랍고 황송하여 어찌할 바를 모르겠기 때문에 신의 감영에 있는 별초군관別抄軍官 50명, 군뢰軍牢 30명과 우병영에 속하는 군졸 가운데 20명에게 각기 무기를 주고 공주영장 조희철趙羲轍에게 급속히 가서 지방으로 거느리고 가도록 했으며, 활쏘는 사람과 총쏘는 사람들을 계속 모집하여 뒤따라 보내도록 했습니다. 홍주와 해미 두 진장鎭將들에게도 밤을 도와 달려가 힘을 합쳐 변란에 응하도록 엄하게 강조했습니다.[29]

이리하여 부근의 지원군이 가야동에 도달하니 오페르트 일행이 이미 그 곳을 떠나간 뒤였다. 이 침입보고를 접한 중앙정부에서는 곧 서양오랑캐들의 향도는 사악한 무리[邪類]라 하고 다시 두 포도청과 각 진영에 명하여 천주교도를 포살하게 했다. 그리하여 오페르트 일행을 향도한 천주교인은 잡혀 7월 28일과 8월 6일 2회에 걸쳐 충청수영에서 효수되었다.

12일 행담도에 돌아온 오페르트 일행은 곧 그 곳을 떠나 북진하여 저물무렵 수원 여웅암汝雄岩 외양에서 1박을 하고, 13일 출범하여 남양 연흥延興 방면을 거쳐 북쪽으로 항해하여 강화해협 입구의 영종도 부근에 정박했다. 여기까지 온 것은 프롱과 협의하여 대원군으로 하여금 쇄국정책을 포기하게 하려는 기도였다. 14일 영종첨사 신효철申孝哲은 중군 이보능李輔能을 본선에 보내 정탐하게 했다. 오페르트는 그에게 통상조약의 체결을 권하는 하나의 문서를 부탁했다. 요지는 다음과 같다.

쇄국책을 포기할 것이니 전일 프랑스 군함의 퇴항退航을 승전勝戰으로 생각함은 큰 잘못이며, 이번 자신들의 가야동 침입은 당신들이 권력으로 막을 것 같이 생각되나 외국인은 용이하게 침입할 수 있다는 것을 말함이니. 귀 정부에 제출된 조약초안을 상세하고 치밀하게 읽은 뒤에 회답하기를 바란다.

---

29) 原註:『朝鮮基督敎及外交史』하권, 126쪽 :『日省錄』.

이에 2일 후인 16일 중군은 다시 와서 방문하고 대원군의 회답이라고 하며 다음과 같은 요지의 공문서를 전해 주었다.

나를 해칠 목적으로 우리나라에 침입을 기도함은 참으로 가증한 일이다. 결코 화호和好를 청하는 길에 해당되지 않는다. 생각건대 이것은 우리나라의 박해에서 탈출한 사악한 무리들의 감언에 빠져 그리하는 듯하다. 우리나라는 외국인의 입국모험을 허락하지 않는다. 만약 우리가 금지하는 것을 범하는 자가 있으면 체포하여 처형한다.

공문서가 직접 중앙정부에서 나오지는 않았다고 하더라도 좌우간 조선 당사자의 뜻이 명백히 표시된 것만은 명백하다. 17일 오페르트와 뮬러(Muller) 선장, 20여 명의 수하인은 함께 영종도를 시찰했다. 일행은 중군의 초대에 임했다가 영종도 시찰을 무사히 마치고 그레타호에 승함하고자 했다. 이 때 일행 중의 수부 한 사람이 소를 도적한 사실이 발각되어 오페르트가 사과하고 소값을 상환하는 것으로 타협을 하고자 하던 중 돌연 총성 1발로 신호삼아 사방으로부터 공격을 받아 각각 사상자 1명을 내게 되었다. 이것을 계기로 서로 왕래교섭이 끊어지니 오페르트는 부득이 18일 상해로 회항했다.

제4절 외국의 침략

선교를 목적으로 조선에 왔거나 통상무역을 목표로 내항하던 외국함선은 쇄국정책을 고집하던 조선을 강제로 개국시키고자 직접 행동을 취했으니 이것은 곧 선진 자본주의 사회의 조선침략이 해상에서 그 발단이 시작되었음을 보여준다. 이러한 해상으로부터의 침략사례를 들면 다음과 같다.

1. 일본군함 운양호의 침략

일본군함 운양호雲揚號는 일본정부의 명에 의해 고종 12년(1875. 명치 8) 을 해 9월 12일 장기長崎를 떠나 조선연안에 내항했다. 이 때 운양호가 일본정부로부터 받은 훈령은 대마해와 조선 동남해안의 측량을 마치는 대로 서해안을 북항하면서 청국 우장牛莊에 이르는 수로를 측량하라는 것이었다. 이것은 표면상의 사명이었다. 9월 19일 인천 월미도 근해에 내도하여 20일 영종도 부근 북서쪽으로 응도鷹島를 멀리서 바라보는 지점에 이르렀을 때 식수가 떨어져[30] 물을 얻기 위해 함장은 승함인원 20명 가량을 작은 함정에 옮겨태워 강화해협을 향하여 항해하게 했다. 그리하여 강화도 동남단의 초지진 포대 밑에 왔을 때 포대에서 공격을 했다. 이에 일본 측에서도 응사를 했으나 때마침 폭우가 오고 인원도 부족하여 본함으로 도피했다.

운양호가 팔미도 부근에 출현하자 경비하던 관원이 이변이 있음을 강화유수 조병식趙秉式에게 통보하니 유수는 곧 중군 이기혁李基爀에게 명하여 광성·덕진·초지 3진의 수비를 엄중히 시키고 있었으므로 초지진 수성장은 대기하던 차라 즉시 포격을 하게 되었다. 날이 이미 저물었으므로 9월 21일 운양호는 이른 아침에 북진하여 초지진의 포대와 교전하게 되었다. 교전은 2시간 동안 계속되었다. 이어 일본군은 오후에 정산도頂山島를 급습하여 민가를 불태워 없애고, 22일 다시 남하하여 영종성永宗城을 공격하기 위해 이동했다. 일본군은 먼저 육전대를 작은 함정 2척에 분승시키고 전후에서 성벽에 육박하기로 하고 본함에서도 계속적으로 엄호사격을 가하여 응원했다.

---

30) 原註: 일본측의 稱言 … 渡邊勝美, 165쪽.

육전대는 아군의 맹화를 무릅쓰고 돌입해 왔다. 해수海水를 걸어서 지나 성 아래로 육박하여 오고 해상으로부터의 포격을 맞아 첨사 이민덕李敏德 이하가 성을 포기하고 도주했으므로 곧 일본군이 점령하여 불태워지고 말았다. 이리하여 일본군은 24일 풍도 근해에서 닻을 올리고 장기長崎로 돌아갔다. 이 강화에서의 운양호사건은 일본이 그 구실을 수로측량에 두었으나, 본래의 의도는 조선의 문호를 흔들어 보고자 하는 것에 있었다.

2. 영국의 거문도 점령

거문도는 전라남도 여수군에 속하며 문제가 발생되던 19세기 말엽에 있어서는 당시 전라도 흥양현에 속하며. 제주도와 내륙 본토와의 중간에 있어 [북위 34도, 동경 127도] 동도東島와 서도西島·남도南島 등 3도에 둘러싸인 한 항만을 이루고 있었다. 또 거문도는 황해와 동해를 연결하는 요충에 있었으며, 동해 내안內岸에 있는 해삼위海蔘威항에 출입하는 러시아(俄羅斯) 함대의 행동을 제약할 수 있는 위치에 있다. 서양에서 이곳을 포트 해밀턴(Port Hamilton)이라 했다. 이 명명은 1845년 6월 25일~7월 말까지 조선 남해안 일대를 항행한 영국의 벨처(Edward Belcher)가 7월 16일 본도에 와서 포트 해밀턴이라고 명명한데서 비롯했다. 일본에서는 파견돈波見敦 또는 운룡도雲龍島라고 한다. 조선에서는 원래 삼산도三山島였으나 뒤에 와전되어 거문도巨文島라 부르게 되었다. 그러나 삼산도 부근의 거마도巨磨島를 오기하여 거문도라 한 것이 역시 그 부근의 삼산도까지를 거문도로 와전하기에 이른 것이다. 그 바르고 그릇됨의 시비는 고사하고 현재 거문도라는 명칭으로 고정되고 말았다.

19세기 중엽 이후에 있어 러시아의 대외교섭은 따뜻한 나라의 군항을 획득하기에 급급했다. 이 정책을 구주에서 근동·중동·원동遠東에 걸쳐 이끌고자 한 국가가 미국이었다. 때마침 러시아는 1863년(철종 13년 계해) 일본의 대마도를 점령하여 가옥을 짓고 토지경작까지 하고 하나의 식민지를 만들어서 체류하기를 3월에서 9월까지의 약 반년 기간이었는데, 당시 러시아인들은 대마도의 점령이 러시아의 동방정책에 있어 가장 중요하여 불가결한 것이라 말하니, 영국은 러시아의 남하정책에 대항하여 대마도에 대행할 좋은 항구로 거문도를 점령하게 되었다. 당시 『노국동방책露國東方策』 저자 막시모프(Maximoff)는 다음과 같이 말하고 있다.

> 제일로 착안할 것은 국경을 남부로 확장하여 송전만松田灣을 얻지 못하면 북방에 있는 부동항을 얻어야 한다. 그 책략의 이유로서 러시아 생존상의 이익을 위해 부동항을 획득한다면 태평양으로 진출하고자 하는 타국인의 기도를 영원히 저지할 수 있을 것이며, 또 영국의 극동진출 세력을 동해에 몰아넣어 태평양의 자유항해를 억압하지 않는다면 태평양에 있어서의 러시아국의 세력은 곧 저해될 것이다. 러시아국은 영국의 거문도 점령을 보기에 심히 냉담할 뿐만 아니라, 내각의 여러 위원들까지도 우리해상의 세력에 아픔과 걱정을 느끼지 않는 듯 보이며, 우리 순양함은 언제든지 라 페루스(La Perouse)해협, 곧 일본명칭으로 진경津輕(Tsugaru)을 지나 태평양으로 진출할 수 있지 않은가 하는 것은 너무나도 천박한 생각이라 하겠다.

막시모프의 주장에서 다음의 일문은 더욱 주시를 요할 바이며, 러시아와 접경하고 있는 우리 한국으로서 다음의 말은 거문도사건뿐만 아니라 그들과 접하고 있는 한에서는 영원히 기억해야 할 바다.

> 평시와 전시를 불문하고 조선해협의 개방은 우리들에게는 막중하고 막대한 문제이다. 우리들은 국내의 형세를 자세히 관찰하고 동양해군의 발달상 동양사변에 관하여 아 해군의 운영상 타국으로 하여금 그 해협에 강고한 전략상의 근거지를 설립하지 못하게 노력하지 않으면 안된다. 만약 거문도와 같이 중요한 구역이 하루아침에 강국의 손에 들어가는 것은 우리들의 위태로

움이 이보다 더함이 없다.

막시모프 강경하게 거문도의 중요성을 논했다. 오늘의 해상권은 당시와 달리 비행거리와 함께 확대됨에 따라 거문도의 중요성도 달라졌으나, 조선해협의 요충으로 황해와 동해의 연락을 한 손에 잡은 곳으로 의연히 주시해야 할 곳이다. 이 곳은 전략에만 국한되지 않고 교통산업상으로도 한국과 일본 사이의 요충지역이다.

고종 22년(1885) 을유 3월 1일에 영국 중국함대 사령장관 해군중장 도웰(Sir William Montagve Dowel)은 영국 해군대신의 명에 의해 거문도를 점령했다.31) 영국은 2주 만에 포내를 구축하고 병사를 설치하는 등 영구적인 듯한 방어공사를 할 뿐만 아니라 거문도와 중국의 양자강구의 제안도諸鞍島와 새들제도(Saddle Island)와의 사이에 해저전선을 부설했다. 이것은 영국정부가 영국의 대동공사大東公司에게 부설시킨 것이었다. 중국은 1885년 5월 18일 영국의 전선부설을 정식으로 승인했다.

거문도가 영국해군에 점령되자 조선정부보다 그로부터 오는 영향으로 관계된 여러 나라와의 교섭이 보다 빈번하여졌고, 또 열강세력들의 긴박한 압력에 의하여 영국은 거문도를 포기하게 되었다. 이러한 국제교섭 관계에 시 가장 영국의 행동을 우려한 것은 일본정부였다. 『이문충공전서李文忠公全書』32) 역서함譯書函 권17에는 거문도 점령에 관한 평가와 그 점령을 위요圍繞하고 발단된 동아의 국제관계가 묘연히 나열되어 있다.

조선국왕과 더불어 거마도巨磨島를 논함. 광서光緒 11년 3월 21일 부(고종 22년, 1885). 또 귀국 제주 동북쪽 1백여 리에 거마도가 있는데 바다 가운데 외로운 섬으로 곧 서양이름으로는 합미돈섬哈米敦島이라고 부릅니다.

---
31) 原註:『조선사』제6편, 제4권 761~762쪽.
32) 청나라의 李鴻章 저서.

근래 영국과 러시아가 아프간을 경계로 삼았는데 장차 분쟁을 일으킬 단서가 되었습니다. 러시아 함선이 블라디보스토크[海參葳]에 모여들고 영국인은 그들이 남하하여 홍콩을 침략할까 염려하기 때문에 거마도에 가서 해군함선을 주둔시켜 그 오는 길을 막으려 합니다. 그 섬은 조선이 떼어준 땅인 관계로 영국사절이 더욱 귀국과 통상하고자 귀국으로 향하지 않고 빌려서 함대의 정박장소로 삼았습니다. 만약 잠시 빌려 함선을 주둔하여 정기적으로 출입하면 혹시 예상되는 주변국과의 융화를 짐작할 수 있고, 만약 오래도록 빌려서 돌려주지 않으면 혹은 구입하거나 혹은 세금을 내도록 하되 단연코 가벼이 윤허하지 마십시오. 유럽인들이 남양지방을 잠식하면서 그 시작할 때는 모두 비싼 가격으로 땅을 빌려 사용하다가 뒤에는 드디어 훔쳐서 자기 것으로 삼았습니다.

거마도는 듣자 하니 거친 섬인 관계로 귀국이 혹간 주시하지 않을 수도 있으나 그러기에는 심히 애석한 땅입니다. 그러나 홍콩도 영국인이 차지하기 전에는 수상생활을 하는 단호蛋戶족 몇 가구가 띠를 묶어 그 위에서 생활하는 곳에 불과했습니다. 지금은 점차 경영을 하여 큰 진영으로 우뚝 이루어 내었고, 이미 남쪽 바닷길의 목구멍이 되었습니다. 하물며 거마도는 동해의 요충으로 중국의 위해威海와 지부之罘, 일본의 대마도, 귀국의 부산과 서로 비슷한 거리로 무척 가깝습니다. 영국사람들이 비록 러시아를 방어하기 위한 것이라고 말은 하지만 거기에는 다름 아닌 그들의 의도를 주의할 바가 있다는 것을 알아야 합니다.

이등伊藤이 전에 홍장鴻章과 회담을 했을 때 영국이 만약 거마도에 영구히 주둔하면 일본에게는 더욱 불리할 것이라는 말에 이르렀습니다. 그러므로 귀국이 영국에게 빌려주면 반드시 일본인들에게 책잡히는 바가 될 것이며, 러시아는 곧 죄를 묻고자 군대를 보내지 않고도 또한 반드시 친절하게 접근하여 별도의 섬을 차지하여 할거하려 할 것입니다. 귀국은 장차 이 난관을 어떻게 하겠습니까? 이것은 도적을 불러 문에 들여놓는 것으로서 가까운 인방에게 다시금 죄를 짓는 것으로 오히려 실책이 될 것입니다. 또한 대국적인 견지에서도 심히 방해됨이 있으니 바라건대 전하께서는 정견定見을 굳건히 가지셔서 중요한 말을 폐하거나 달콤한 말에 미혹되지 마십시오. 이에 정 제독丁提督(정여창)을 파견하여 군대를 거느리고 거마도에 보내기에 앞서 정세를 살펴보고 아울러 귀정부와 흉금을 털어놓고 절실하게 상담을 논하고자 합니다. 이에 당면과제를 신중하게 살펴주시기를 희망하고 이치를 따져 밝혀주시기를 요청하게 되었습니다.33)

일본은 일본대로 위협을 느꼈고, 중국은 자신들이 이 와중에 들어서 판단하기보다 초연하게 조선에 지시함으로써 어떤 귀결을 보고자 했다. 조선 중앙정부에서는 영국함정 3척이 항구로서의 방비·화약고·병원·기숙사·전신국을 설치하는 등 모든 것을 모르고 있던 차 청국 북양대신 이홍장李鴻章이 보낸 경고문으로써 비로소 알게 되었다.

그러나 조선정부에서는 문제해결의 힘이 부족하므로 그 해결책을 청국정부에 일임했다. 그러자 영국은 중국파견 함대사령장관으로부터 본섬의 전략적 가치가 그리 없어 점거의 의의가 박약함을 보고하는 동시에, 중앙아시아에서 러시아와의 관계가 완화되면서 거문도를 포기할 것을 결정하고, 청국을 통해 러시아가 조선영토를 점령하지 않겠다는 보장을 얻고, 고종 24년(1887) 정해 2월 5일에 영국해군은 거문도를 떠났다.

영국해군은 일찍부터 거문도에 착안했었다. 즉 헌종 11년(1845) 영국군함 사마랑(Samarang)호가 삼도三島내해를 측량했고, 이어 철종 10년(1859)에는

---

33) 『李文忠公全書』, 譯書函, 권17: "興朝鮮國王論巨磨島 光緖十一年三月二十日附(高宗二十二年 乙酉 1885) 再貴國濟州東北百餘里 有曰磨島 孤峙海中 卽西洋名曰哈米敦島也 近日英俄爲阿富汗界 將啓爭端 俄 兵船聚泊海參崴 英人恐其南下 侵擾香港 因往巨磨島 屯駐防哨 抱扎來路 該島係朝鮮轄地 英使曾不向貴國商 貴 借爲停泊水師之所 若暫時借駐兵船 定期退出 可可酌豫遁融 如久假不歸 或購 或租 斷不可輕易允許 歐羅 巴人 蠶食南洋 其始皆以重價賃地 後遂擴爲己有 巨磨間係荒島 貴國或視爲不 甚愛惜之地 然如香港一區 當英 人未踞之先 不過巨戶數家 結茅其上 今則逐漸經營 屹成重鎭 已據南洋咽喉 況該島東海之衝 與中國之威海之 罘 日本之對馬島 貴國之釜山 均相距甚近 英人雖以防俄爲詞 焉知其用意 非別有所注 伊藤前與鴻章談及 謂英 若久踞巨磨 於日本尤不利 貴國借賃與英 必爲日人所責 俄卽不與問罪之師 亦必親近 割據別島 貴國將何以 難之 是揖盜入門 而復開扉於近隣 殊屬失策 且於人局 甚有關礙 望殿下堅持定見 勿詭幣重言 甘所惑 玆派丁 提督 隨帶兵輪 前赴該島 察看情形 並合與貴政府 切實晤商 務希審愼 繕理爲要."

영국군함 악타이온(Actaeon)호가 정박 측량한 것에서 이 섬에 대한 그들의 관심을 살펴볼 수 있다.

거문도 부근은 어업근거지로 청어·도미·해초·멸치 등이 많이 잡히며, 조업기에는 어선이 대단히 많이 출입한다. 일제강점기에는 일본인 어선도 무수히 이 방면에 출어했으니 앞으로 역시 일본인 어선의 출입을 경계하여야 할 것이다. 1905년(일본 명치 38)에 등대가 설치되고 또 방파제를 축조하여 근해어선의 피난항으로 사용되었다. 그 동안 조선에서도 동남해의 개척을 위하여 특히 고종 20년(1883)에는 참의 교섭통사交涉通事 김옥균金玉均을 동남제도의 개척사 겸 관포경사管捕鯨事로 하여 이 방면에 왕래하게 했다. 고종 24년 2월에 영국군함이 퇴거하자 조선정부는 곧 경략사經略使 이원회李元會의 보고에 따라 거문도 유자리柚子里에 진영을 설치하고 첨사를 두기로 했으며, 모든 시설과 비용을 전라도에 명하여 지출토록 했다. 그리하여 먼저 이민희李民熙를 거문도첨사로 명했으나 다시 신석효申錫孝로 바꾸었으며, 진과 보의 설치가 급하여 한성부판윤 이원회李元會를 경략사로 보내 설진방략을 조사하게 하는 등 바쁘게 서둘렀으나 유효한 시설을 남긴 것은 없었다.

제6장 근대 개혁기의 해사

고종 이후 서양 각국의 교통과 일본의 대륙정책 수행에 따라 조선은 점차 시대의 진전을 따르는 여러가지 개혁을 단행하지 않으면 안되었다. 그 개혁기 해사海事에 관하여 대략 다음의 몇 가지를 보고자 한다.

제1절 근대 해사정책의 개관

앞서 약술한 조운漕運은 국가경제의 유지를 위해 중요한 정책이었거니와 그 일부를 구성하는 일반선박에 관한 제도설치를 살펴보기로 하자.

우리나라의 선세船稅징수가 수운水運쇠퇴의 중요한 원인의 하나가 된다고까지 논한 이도 있거니와1) 수운의 쇠퇴는 또한 행정의 문란에서 수반되었음은 앞서 기술한 바와 같다.

선세 중 어선세를 보면 각 도의 어선은 호조戶曹와 각기 소관관청에 등록한 바에 따라 세금이 부과되었다. 조운선은 세금이 없고, 어선세는 대개

---
1) 原註: 今村 전게서, 64쪽.

선종	세물	필	선종	세물	필
대선	목면	3	소선	목면	1
중선	목면	2	소소선	목면	1/2

위의 표와 같았다.

전라도는 목면木綿 2필을 쌀 1석으로 환산하여 상기의 비율에 따르고, 강원도는 완선完船, 곧 성한 배와 반파선半破船, 곧 헌 배로 나누어 완선은 대구어大口魚 20마리, 반파선은 10마리를 징수하고, 전라도 경상도의 포작간선鮑作干船, 곧 제주도 해녀들이 전복을 잡는 배는 일본해적과의 탐사를 둘러싼 해방상의 이유로 필요한 선척이므로 세금을 거두지 않았다. 그리고 정부와 관의 직속선박은 그곳에 접대용으로 바치는 것이 있었기 때문에 거두지 않았다. 즉 사옹원司饔院의 어부와 선박은 사옹원에서 수세收稅했으며 그 선박의 용적은 3백 석 이하이고, 어부의 정원은 2백 명이었다.

한편 사옹원에서는 이 선박에 대해 첩문帖文을 발급하여 첩문을 가진 자에게는 조운이나 수세를 못하게 했으며, 만약 그러한 일이 있을 경우에는 그 관할의 수령에게까지 책임을 추궁하여 파직시켰다. 또 지방토호들이 어염漁鹽을 가지고 백성들을 대상으로 불법행위를 할 경우에는 더욱 강력한 법[豪强律]으로써 논죄했다.

어신세는 선박세이지만 그 기준은 어획에 있었다. 따라서 어획고에 따라 과세를 했다. 이에 관해서는 조선 전기는 생략하고, 중엽 이후 및 근세의 예를 영조시대의 「균역청均役廳 절목」을 통해 살펴볼 수 있는데, 이를 제시하면 다음과 같다. 물론 영조 이전에도 이와 같은 대략의 원칙은 있었으며 그것이 사회의 변천에 따라 분화된 경향이 있지만 그 이후에 있어서도 이것이 그대로 기준이 되었다고 추측된다.

(1) 경기

　　대강大舡: 6파把 이상 25~12냥兩, 후 7~8냥
　　중강中舡: 4파 이상 15~7냥, 후 5~6냥
　　소강小舡: 3파 이상 10~7냥, 후 4.5~3.5냥
　　소소강小小舡: 2파 이상 5~2냥, 후 2~1.5냥
　　소소정小小艇: 1파 이상 2~1냥
　　당도리강唐道里舡: 대강 20냥, 중강 15냥, 소강 10~8냥, 후엔 일률로 3냥
　　송도시강松島柴舡2): 대선 5냥, 중선 3냥, 소선 2냥, 후엔 일률 2~1.5냥
　　강화 급수강汲水舡: 1.5냥 후엔 1냥

〈경기면세선〉

　　훈국강訓局舡: 25척
　　금위영강禁衛營舡: 155척〔100척은 각 진의 待變船3)으로 배치, 50척은 별도의 어물 진상에 배치〕
　　여주강驪州舡: 5척은 좌도 수참水站에 속함.

(2) 호서

　　1등: 8파 이상 30냥　　　　2등: 7.5파 이상 25냥
　　3등: 7파 이상 20냥　　　　4등: 6.5파 이상 18냥
　　5등: 6파 이상 16냥　　　　6등: 5파 이상 14냥
　　7등: 4.5파 이상 11냥　　　8등: 4파 이상 8냥
　　10등: 3.5파 이상 3냥　　　소소강小小舡: 3파 이하 1냥
　　시강柴舡: 1등 3냥, 2등 2냥, 3등 1냥
　　광강廣舡〔평저소형의 배로 승선하여 바다항해는 불능한 것〕: 3냥
　　간수강看守舡〔결빙 전에 사용하는 선박〕: 1냥

---

2) 原註: 燃料用 소나무 가지〔松枝〕의 적재선.
3) 原註: 警備船을 말함.

강강江舡[충청·청풍·단양·정산·부록 등 읍에 있다]: 3~4, 1~2냥

〈공주公州 금강선〉

1등: 7파 이상 5냥   2등: 6파 이상 4냥
3등: 5파 이상 3냥   4등: 4파 이상 2냥
5등: 3파 이상 1냥   3파: 그 미만은 면세

〈호서면세선〉

진상 채복강進上採鰒舡   수영 대변강水營待變舡
사강梭舡   안흥진 대변강安興鎭待變舡
조운 호송강漕運護送舡[조운에는 함선을 쓰나 私舡을 징발해서 쓰는 것]

(3) 호남

대강大舡 6파 이상: 1등 30냥, 2등 25냥, 3등 23냥, 뒤에 일률로 17~14냥
중강中舡 4.5파 이상: 1등 20냥, 2등 17냥, 3등 14냥, 뒤에 일률로 13~9냥
소강小舡 2.5파 이상: 1등 11냥, 2등 8냥, 3등 5냥, 뒤에 일률로 8~3냥
소소강小小舡 2파 이하: 3~4, 1~2냥, 뒤에 2.5, 1~2냥

〈호남면세선〉

진상강進上舡

(4) 영남

삼강杉舡 3파: 2.5냥[의가나무를 쓴다]
통강桶舡 3파: 2.5냥[배가 통통한 것]
노강櫓舡 3파: 2냥[돛을 사용하지 않는 작은 선박]
대광강大廣舡 16파 이상: 6냥
이상 1파에서 10파에 이를 때마다 5전錢[돈]을 더함

차대광강次大廣舡 13파 이상: 5냥

중광강中廣舡 10파 이상: 4냥

차충광강次中廣舡 7파 이상: 3냥

소광강小廣舡, 4파 이상: 2냥

소소광강小小廣舡, 3파 이상: 1냥

협강挾舡(파 수를 사용치 않고 계산): 1냥(작은 배)

중어강中漁舡, 3파 이상: 1냥

소어강小漁舡, 2파 이상: 5전

또 상선에 관해서는 위 세금에다 아래와 같은 행상세行商稅를 부과했다.

삼강杉舡 3파: 5냥, 통강桶舡 1파: 2냥 : 3파 이상은 선세의 곱절액으로 하고 이상 매 1/2파를 더함에 매 1냥 2.5파 이하는 어절漁節에 2냥을 과세함. 노강櫓舡·광강廣舡은 앞에 설명한 내용과 같으며 같은 액수를 부가한다.

〈영남면세선〉

통영 진상 채복강統營進上採鰒舡, 좌우도 연안 조강左右道沿岸漕舡,
소산운감깅蘇山運監舡: 비국備局소관

(5) 관동關東

삼강杉舡·수상강水上舡·통강桶舡의 척도를 재는 양은 영남과 대략 같음.

삼강 3파: 3냥

통강 3파: 2.5냥(1파에서 10파까지 매 1/2파의 증가에 따라 5전을 더함)

중수상강中水上舡 10파~12파: 4냥

중어정中漁艇 4파 이상: 1냥

소어정小漁艇 3파 이상: 5전

협강挾舡 파를 논하지 않음: 1냥

〈행상세〉
　삼강三舡 3파: 5냥(3파 이상 차례로 더함. 선세와 같음)
　통강桶舡

〈관동면세선〉
　진상선進上船

(6) 해서海西
　대강大舡 6파 이상: 20냥
　중강中舡 4파 이상: 15냥(후 5~6냥)
　소강小舡 3파 이상: 10냥(후 4~5~4냥)
　소소강小小舡 2파 이상: 6냥(3~2.5냥)
　소소강小小舡 1파 이상: 2~3냥(2~1.5냥)
　풍천 부강豊川桴舡: 4냥(풍천 뗏목)
　황주 상판선黃州商販船(中舡), 장연長連의 중망선中網船 3척은 순이익이 많으므로 특히 1척 20냥, 용매龍媒의 소강小舡 4척, 재령載寧 소강 4척, 신천信川 소강 1척은 그물로 잡는 이익이 있으므로 1척 14냥을 과세했으나 뒤에 폐했다.

〈해서면세선〉
　진상강進上舡, 사진강私津舡, 관사 추포강官私追捕舡

(7) 관서關西
　선세를 구별치 않고 일일이 파수에 따라 세를 정함. 즉 1파에 1냥으로 10파에 달하기까지 매 1냥을 차례로 더함.

〈관서면세선〉
　수마간양선收馬看養船, 농사강農士舡, 급수선給水船

(8) 관북關北

삼강杉舡: 10냥　　　　　　　마상ケ尙: 8냥[마상. 통나무배]

이강耳舡: 5냥　　　　　　　소이강小耳舡: 2냥

상강商舡 무정액無定額　　　　점강點舡

이상 외에 뒤에는

종강從舡: 5전　　　　　　　노강櫓舡: 5전

〈관북면세선〉

양 본영강兩本營舡 321척4)

준원전 호종강濬源殿扈從舡 1척[준원전 제사에 사용될 것]

교창 창관강交滄倉官舡 23척

북영 운향강北營運餉舡 16척

[운향강은 두만강을 건너오는 야인에 대비하는 위수용 선박인 동시에 북방의 식량이 부족할 때 그 운반에 사용하며 연안의 각 영을 연락 또는 그곳의 식량운반에 사용하는 것] 특히 6진六鎭소관의 어염 및 선세는 호조에 납부치 않고 전부 본부에 유치했다.

이상 각 지방에 부과된 선세와 아울러 주시할 것은 수산세 특히 어세는 경제적으로 선박의 발달 또는 연안주민의 해양에의 진출여부를 제약하는 바로서 우리 민족의 해양과의 관계를 규정하게 하는 중요한 현실적인 조건이라 하겠다. 즉 어장과 어선세는 원래는 매년 관찰사가 조사하여 수세안收稅案, 곧 징세부과안을 작성해 가지고 이것을 읍진에 이첩하여 징세시키되 납기는 그해 8월 이내로 정했다. 영조 26년(1750) 균세법均稅法을 시행할 적에 새로이 「해세절목海稅節目」을 정하고 각 도의 어로이득이 많고 적음에 따라 세액을 정하여 균역청의 소관으로 돌렸다. 이 법은 광무 10년(1905)까지 계속되었다. 「해세절목」에 보이는 각 지방별 규정은 다음과 같다.

---

4) 原註: 두 본영은 함흥·영흥으로 이곳에 321척이나 많은 선박이 세금없이 있었음은 면세를 하기 위한 개인선박의 탈세행위였다. 또 본영에서 직접 수취하려던 것이다.[今村, 위의 책, 76쪽]

	경기	충청	전라	경상	강원	황해	평안
어전漁箭	7~20냥	3~40냥	1~70냥			2~250냥	2~15냥
망기網基[網]	2~13냥						
어기漁基[漁路占得場所]	2~13냥	2~8냥				4전~10냥	1~12냥
어장漁場[이상의 별칭]	2~13냥	2~8냥	20~40냥	5~20냥			
방염防簾[어전의 일종]	2~13냥					4전~10냥	
온돌溫突[?]	2~13냥					4전~10냥	
주박注泊[弓船]			1~5냥				
어조漁條			2~8냥	40~100냥	9~90냥		
휘라揮羅						4~18냥	1~20냥

※ 1) 1개처의 세율.
※ 2) 함경도는 불명.

이상과 같이 세율은 규정되어도 행정의 문란으로 수운의 쇠퇴[衰微]는 물론이요, 개인선박의 소유주는 가혹한 선세의 징수를 받을 뿐만 아니라 상선이 폭주하는 착선지에서는 독점적인 객주나 토호들이 부당한 가격으로 상선의 물품을 강매하여 일종의 세금과 유사한 포구전浦口錢을 징수하는 등의 관습이 있었다. 국가에서는 법으로 이를 제약하여 철종 때에도 포구의 무명잡세를 금지한 일이 있었지만 구사회가 일본에 병합되던 때까지 지속되었다. 그러한 사회실상은 다산 정약용의 『목민심서牧民心書』 선세부과船稅賦課의 조에서 말하고 있다.

배에는 많은 등급이 있어 도道마다 각기 다르니 배를 점검하는 데는 오로지 예전의 관례를 따를 것이고, 세금을 거두는 데는 단지 중복되게 징수하는 일이 없도록 살펴야 한다.

그는 또한 첩징疊徵, 곧 세금의 중첩징수 폐단을 들었다.

다만 그 첩징의 폐단은 내가 본 바가 있다. 모도茅島에 황黃씨라는 성을 가진 사람이 있었는데 오래전에 극히 작은 배(幺船:小小船) 1척을 사서 왕래하며 행상을 했다. 장사를 해도 이익이 없자 어떤 사람(張三)에게 팔았다. 어떤 사람은 1년을 사용하다가 죽었고 그 아내는 다른 사람(李四)에게 그 배를 팔았다. 다른 사람은 완도백성이었다. 이 때에 균역을 담당한 아전이 세 백성 모두를 선안船案에 올려서 해마다 세금을 거두었다. 황씨는 첩지로 관청에 소송하며 "사실을 조사하여 책임에서 벗어나도록 해주십시오"라고 말하며 그것을 해당 아전에게 부탁했다. 그러자 아전은 손을 내밀어 뇌물 1관(돈으로 10냥)을 요구했다. 황씨는 돌아와서 지방수령을 통해서 해결해 보고자 전복 50개와 해초 1짐을 그에게 선물했다. 수령은 말하기를 "니의 억울함은 내가 마땅히 비로 잡겠다" 했다. 그리고 며칠이 지나자 아전의 독촉이 날로 급해졌다. 수령은 말하기를 "탄식할 일이로다. 금년의 세금은 네가 그것을 납부하고, 내년의 세금은 내가 그것을 해결해 보겠다" 했다. 다음해가 되자 아전의 독촉이 또 급해졌다. 황씨가 아전을 보러오니 수령은 이미 체직되었다. 황씨가 또다시 관청에 소송하며 사실을 조사해 달라고 해당아전에게 부탁했다. 그러자 아전이 말하기를 "너희 백성들은 대체로 이처럼 정직하지 못하다. 수령에게 뇌물을 바친 것은 본청에서는 돌아보지 않을 것이다. 다만 돈 2관(20냥)이면 너의 이름을 삭제할 수 있다." 황씨가 스스로 생각하고 그에게 말하기를 "극히 작은 배의 세금은 3냥에 지나지 않는데 내가 이 일을 위해 전후로 육지를 왕래하며 소비한 것이 이미 1관 가까이 된다. 또 2관을 납부하면 이것은 10년간의 세금이다. 하루아침에 그것을 모은다는 것은 사람의 생활이 실로 아침이슬과 같다." 10년은 너무 먼 기간이라고 하며, 드디어 3냥을 납부하고 나와서 귀로에 나에게 들려 이와 같이 말한 것이다. 내가 보았던 자는 황씨이다.[5]

보통사람(張三李四)이 모두 그렇지 않은 것은 아니다. 이로 말미암아 그것을 보건데 극히 작은 배 1척이 그 납세하는 자가 여러 사람이니 대선大船과 중선

---

5) 原註: 丁若鏞, 『牧民心書』 권6 : 『與猶堂全書』 제5집. 제21권. 30~31쪽.

中船의 세율은 이미 높을 것이다. 혹자는 이것이 없애야 할 폐단이라고 했다.

또 어세漁稅를 마구 함부로 징수하는 일[橫徵]과 염세鹽稅를 함부로 거두어 들이는 일 등 해사海事에 관계되는 좋지 않은 정치와 나쁜 사례를 지적했다.

제2절 통상조약과 관세제도

쇄국정책을 고집한 대원군 이하응도 근대화한 선진국가의 계획적인 침입을 끝내 거부하지 못해 고종 13년(1876) 병자에 일본의 추진에 의한 한일수호조약韓日修好條約을 체결했고, 이어 고종 19년(1882)에는 미국과, 이듬해인 고종 20년(1883)에는 영국·독일·이탈리아·프랑스와, 고종 25년(1892)임진에는 오스트리아와, 광무 3년(1899) 기해에는 청국과, 광무 5년(1901) 신축에는 벨기에와, 광무 6년(1902) 임인에는 덴마크 등 여러 국가들과 통상조약을 체결하고 무역항구를 정했다. 세칙장정稅則章程을 만들어 종가법從價法에 의하여 수입물품에 과세하고 선박세를 규정했으며 중앙에는 총세무사總稅務司를 두고 세무를 관리했다.

그러나 청일전쟁淸日戰爭 직전까지는 청국의 세력이 절대하여 한국의 대외 관계인 관세사무는 청국이 관장 감독하게 되었다. 청국의 독단에 맡겨져 있었으니 당시 청국의 해사사무海事事務는 영국인 하트(Robert Hart)의 관리에 속했으니 한국의 세관도 역시 그 감독하에 있었으며, 형식상으로는 외무아문外務衙門의 관할에 속했으나 실상은 청국해관海關의 일부인 관觀이 있었다. 따라서 그 수입도 또한 한국정부의 자유재량에 맡겨지지 않았다. 그 후 고종 32년(1895) 을미에 외무아문이 외부外部로 개칭함에 세관사무는 외부로부터 탁지부度支部의 관할로 옮겨졌으나 영국인 브라운이 총세무사가 되어 다시 탁지부에서 외무부의 관할로 옮겨졌다.

총세무사는 관세의 수입 중에서 제반경비를 제하고 나머지를 국고에 납입했다. 이어 광무 8년(1904) 갑진에 일본인 목하전종태랑目賀田種太郎이 재정고문에 취임하자 관세가 그의 관리로 옮겨지고, 1907년에는 관세 및 세관관제를 정하고 항세港稅를 관세와 둔세頓稅의 2종으로 구분했다. 1908년에는 각 부 관제의 개정과 동시에 관세관서는 탁지부 대신의 관할로 변경했다.

이 제도개혁은 단순히 외국인의 내정간섭에 따른 것으로 청국이 주도권을 갖고 있을 때의 외국인 관할은 조선의 주요재원을 청국이 좌우하려던 것이요, 광무 8년 일본인 재정고문이 취임하여 관세를 그 관할에 둔 것 또한 일본세력 침입의 1단계로서 주요재원의 장악을 기도한 것이었다.

무역항은 한일수호조약 체결 이전에 부산항을 외국과의 시장으로 썼으나 이 조약에 따라 부산 외에 고종 17년(1880) 경진에 원산을, 동 20년(1882) 계미에 인천을, 광무 원년(1897) 정유에 진남포鎭南浦와 목포를, 광무 3년(1899) 기해에 군산·마산포·성진 등을 개항했으며, 1908년에는 북한물자의 운수와 그 지방의 개발을 위하여 청진을 개항하고, 또 신의주에는 경의철도의 개통에 따라 국경무역에 대해 광무 10년 관세지서關稅支署를 두었으며, 또 압록강구의 용암포龍岩浦에 관세출장소를 두었다.

그러나 신의주·용암포의 세관은 해운보다 철도 육상운송 물자의 거래를 위한 것이었다. 그러나 강안江岸·연해지대의 밀무역이 성행하여 두만강·압록강 연안은 상대국 해안과의 거래가 빈번하여 종래 관세의 확보가 곤란하므로 세관관리[稅關吏]를 증원하고 중요한 지점에는 감독서監督署 또는 감시선을 배치하여 단속하게 했다.

제3절 구한국 시대의 해사(海事)

1. 재정면에서 본 해사

구한국의 해운관계를 특히 근대적인 개혁이 시행되던 1895년 이후에서 보면 이는 곧 일본세력 침입의 제1단계를 표시하는 것으로서 종전의 납세제도인 물납제(物納制)는 근대적인 금납제(金納制)로 개편되는데, 이에서 재정면을 통해 해운과 어떠한 관련을 맺고 있는가를 살필 수 있다. 일본인 재정고문 취임 이전의 수입·지출 면에 나타난 것을 보면 총계가 상세하지 못할 뿐만 아니라, 항목상 표시하고 있지 않으며 오직 탁지부 소관 제5관(款) 세관에서 지출한 인천·부산·원산세관 등의 비용을 통해 근근이 해운관계를 추측하겠는데 이제 그 통계를 통해 보면 다음의 표와 같다.

광무 9년~융희 4년, 6개년간 세입예산표

연도	융희 4년	3년	2년	광무 원년	10년	9년
관세	3,127,874	3,123,015	2,454,639	2,221,219	850,000	850,000
돈세	89,109	69,260	67,632			
수산세	–	100,000	100,000	5,210	–	–

건양 원년 1월 「관보」(226호)에 게재된 세입내역표 중 제1관(款) 조세총액 242만 8,033원 중 제6항(項) 항세(港稅)는 42만 9,882원이 점하며, 지출로 세관 8만 35원은 인천이 4만 6,823원, 부산 1만 9,690원, 원산 1만 3,522원으로서 당시 해운이 일상생활면에서 얼마나 철저했는지를 알 만하다. 물론 군사비

에서 해군에 관계되는 항목은 이미 수군이 혁파된 이후 찾을 수 없다.

이에 비하여 재정고문이 취임한 이후의 세입·세출을 통해 보건대 경상비 중 수산세는 융희 원년(1907)에 분리되어 계산되었으며 광무 9년까지는 잡세에 포함되었고, 광무 10년에는 잡세와 분리되었으나 염세와 함께 계산되었으므로 이것은 융희 원년 이후 비로소 한 항목으로 분립된다. 또 잡수입으로 다음 표의 금액을 거뒀다.

	융희 4년	3년	2년
세관잡수입	78,406	158,560	157,953

융희 원년까지는 분립항목으로서의 수입을 알 수 없다. 세출면에서 보아 해운관계를 보면 다음과 같다.

연도	융희 4년	3년	2년	원년	광무 10년	9년
관세해무 및 항로표지비	864,154	836,780	871,786	864,255	141,600	70,800
임시수상경비 및 경나선 구입비	65,397	27,735	–	–	–	–

관세해무와 항로표지비·임시수상경비와 경비선 구입에 지출이 있음은 구한국정부와는 하등 실질적 관계없는 일본인의 조선시장 개척을 위한 항로표지와 연안밀무역을 금지하기 위한 경비선의 구입이었다. 또한 광무 3년 이후 계속하여 지출한 것을 연도별로 살펴보면 다음과 같다.

연도	총액	광무 10년	융희 원년	2년	3년
해관공사비	6,216,595	496,066	1,298,365	1,522,091	1,204,700

개항설비 공사조사비	16,000	-	-	-	4,000
연도	4년	5년	6년	7년	
해관공사비	1,006,979	268,394	250,000	170,000	
개항설비 공사조사비	6,000	6,000	-	-	

2. 한말 해운업의 본질

　재래사회의 말기에 이르러 원래의 범선 즉 봉선蓬船은 조선기술의 퇴보로서 운항에 부적합하여 물의 흐름이 역류일 때에는 중로에 임시로 정박하지 않을 수 없었다. 그 취약성은 근대적인 기선의 취항으로 이용범위가 축소되었으나 쇠잔한 자태대로 아직까지 그 흔적을 볼 수 있다. 개항 이후 항로 표지의 시설과 경보警報의 보편화로서 봉선의 조난을 제거할 수 있었으며, 기선취항으로만 연안운항이 원활하지 못하던 기간은 역시 봉선이 운항을 담당했으나 기선취항의 발달에 따라 봉선은 구축되고 땔나무와 석탄을 운반하는 정도로 격감되었다.

　그러나 조선정부는 근대화 과정에서 후진적이었던만큼 개국에 따라 부득이 외국선박을 고용하지 않을 수 없었다. 외국선박은 조약을 맺은 항구에는 원칙적으로 출입할 수 있었으나 미개방 항구에는 항행할 수 없었다. 이에 일본은 고종 13년(1876) 병자 2월 강화에서의「한일수호조규」제6관에 따라 그해 8월에 체결된「통상장정通商章程」중 조선국의정제항일본국인민무역규칙朝鮮國議定諸港日本國人民貿易規則 제8칙에 다음을 적용하고 있었다.

　　조선국 정부나 혹은 조선국 사람들이 지정된 무역항구 외의 다른 항구에 각종 화물을 운반하려고 일본상선을 고용하는 경우에 만일 고용하는 주인이 일반사람이면 조선국정부의 비준을 받은 뒤에야 고용할 수 있다.[6]

이것은 쇄국적인 조선연안을 침범하는 법적무기로서 금지된 조선해안을 근대적으로 법적으로 잠식하는 단서였으니, 정식으로 조선정부나 일반인에게 고용되는 형식을 통해 해안항행을 자의恣意로 할 뿐 아니라. 또 한편 표면상 조선인 명의로 하여 조선국기를 달면 개항하지 않은 항구에 대해서도 자유로이 출입·운항할 수 있게 된 것이다. 이것은 명의名義를 매수하거나 또 관리를 매수함으로써 충분히 가능한 것이었다.

일본은 해운관계에서 부단히 침입할 방법을 법적으로 꾀했으니 고종 27년(1890) 경인 10월에 공포된 「재조선국일본인민무역규칙병해관세목在朝鮮國日本人民貿易規則並海關稅目」 제22관款에 의하여 일본상선에 대해 조선의 개항장 간 자유운항이 인정되었다. 일본인은 "조선의 산업을 발달시키고 무역을 증진시키기 위하여"라는 미명하에 연안항해는 물론 하천운항에까지 잠식의 뿌리를 내밀면서 1905년 8월 「하천연안 자유항행계약」이 체결되었다. 한국정부에서는 이를 반대했으나 일본의 특명전권공사 임권조林權助의 위협에 부득이 체결하지 않을 수 없었다.

이 뒤에 일본인의 침투욕은 무제한으로 확대되어 인천 일본인상업회의소日本人商業會議所에서는 1906년 10월 15일부로써 「한국선박에 대한 검사법檢査法 제정에 관한 청원서」라는 해괴한 문서를 통감 이등박문伊藤博文에게 제출한 일이 있다. 그 목적은 한국선박에 대한 검사법이 제정되지 않았으므로 한국선박이 하등 구속 제재됨이 없이 운항에 종사할 수 있으므로 일본선박이 받는 불리함과 불편함이 적지 않다는 것이다.[7] 이 청원은 한일합병으로 일본인의 목적은 저절로 주효奏效하게 되었던 것이다.

수도 서울의 문호인 인천은 개항장의 근본지여서 그에 의존하던 진남포·목포·군산 등이 개항되며, 따라서 그 내외 출입화물이 점차 증가함과

---

6) 『국역고종순종실록』, 고종 13년 7월 6일 기사.
7) 原註: 『仁川府史』, 785~786쪽.

함께 조선인 사이에도 항운에 관한 인식이 생겨서 인천에 거주하는 조선인 중심의 기선회사汽船會社가 창립되었다. 1900년 7월 국내의 우편과 화물운송을 목적으로 사원 10여 명으로써 자본금 20만 원의 합자회사가 설립되었다. 그 소유기선은 일신호日新號 147톤, 순신호順新號 97톤의 회사선박[社船]과 창룡蒼龍 536톤, 현익顯益 709톤, 한성호漢城號 1,027톤 등의 한국정부 소유선이 있었다. 이를 가지고 인천항을 기점으로 하는 진남포·만경대萬景台·군산·목포·제주도·부산·원산·북관北關 등의 연해항로를 개척했다. 일신·순신의 작은 기선은 객실설비도 있고 인천항을 근거로 근대항행에서 상당히 이익이 있었다. 그러나 창룡·현익·한성의 3척은 화물선으로 인천항에서 부산경유 북관 왕래에 취항했으나 화물을 만재할 때까지 며칠씩 걸려 재래의 봉선蓬船과 같이 한번 왕복에 수십 일을 허비하므로 업적이 보잘것없다. 게다가 사회적인 측면으로 이익이 많을 때는 항해상의 필요경비에서 지출하지 않고 그 이익금을 전부 출자자에게 배당하는 등 경영방침이 무질서하여 영업부진으로 석탄대금石炭代金의 보상도 지체되었다. 따라서 그 소유선을 문사門司의 석탄상인에게 차압되었던 일도 있고, 또 항행 중 타선과 충돌하여8) 많은 액수의 배상금을 내기도 했다.

1903년에는 일본인 굴상회堀商會의 기선과 인천-평양 사이의 항로에서 격렬한 경쟁을 하여 많은 액수의 손실이 있었다. 기타 대판大阪상선과 일본우선日本郵船과도 경쟁에 패배하여 1904년 일본-러시아 사이의 개전과 함께 그 운항을 중지하게 되었다. 또 1901년 인천항에 거주하는 조선인들로만 통운사通運社라는 기선회사를 설립하고 일본인 황목조태랑荒木助太郞이 한강 항로에 사용하던 천초환天草丸과 주강환住江丸 2척을 양도받아, 이것으로 황해도 해주와 경기 개성, 충청도 경진鏡津과 백석포白石浦 등의 연안항운에 종사하더니 또한 러일전쟁 뒤에 일본인의 경영으로 빼앗기게 되었다.9)

---

8) 原註: 이 문제는 더 조사할 것.

조선입항 선박 등부톤수

연도	척수	톤수	왕력
1885	910	157,467	고종 22년 을유
1888	1,386	340,497	고종 25년 무자
1893	2,417	601,275	고종 30년 계사
1898	5,462	1,241,434	광무 2년 무술
1903	11,070	2,088,671	광무 7년 계묘

위에 보이는 선척수와 톤수는 고종 22년 을유년(1885) 이후부터 러일전쟁 직전에 이르는 통계로서 이 숫자적인 변천은 조선시장이 외국인에게 잠식되는 일면을 보이는 것이다. 이것은 조선해운의 발전양상이 아니라 반대로 쇠퇴하는 과정을 보여주는 것이다.

조선의 신식해군 新式海軍 형성으로는 1894년 강화도에 해군병학교 海軍兵學校를 설립할 계획을 세우고 영국인 허치슨(Hutchison)을 영어교사로 초빙하며 동시에 코올 웰 외 영국사관 1명을 초빙하여 개교준비를 했으나 청일전쟁으로 인하여 해군병학교는 설립되지 못하고 말았다. 이어 광무 7년(1903)에는 일본으로부터 헌 배를 사들여와 군함으로 개장하여 양무호 揚武號라 명명했다. 당시 함장에는 일본에서 유학, 동경상선학교 東京商船學校를 졸업한 신순성 愼順晟이 임명되었으나, 본디 근대식 군대를 제대로 경험하지 못한 국가에 있어 명목상의 이 군함은 곧 운명을 달리하게 되었다.

---

9) 原註: 『仁川府史』, 809쪽.

제7장 일제강점기의 해운

일제강점기의 수산업·해운업·항만시설·해사(海事)·선박관계법령 등에 관하여 개략의 생각과 연구를 첨가하여 금후 우리정부의 이에 대한 시책의 거울(考鏡)로 삼게 하며 현실의 정세를 개관하고자 한다.

제1절 수산업

일본은 한국에 통감부를 설치한 뒤 「한국어업법(韓國漁業法)」을 제정 공포하여 수산업에 한계를 두고 법적으로 억제하는 한편 수산동식물의 번식보호를 기도했다. 병합 후 1911년 6월 일본의 어업법에 의하여 어업령(동령 시행규칙)인 「어업조합령」을 제정 반포하며 수산조합을 설치하게 되니, 이에 조선인의 어업권은 일본인에게 약탈되었다. 일본인의 이주어촌에 대해서는 통감부 시대 이래 보호·장려를 꾀하여 일본의 각 부(府)와 현(縣)에서도 경비를 지출하여 그 유치에 힘썼으며, 또 새로운 어업법에 의하여 각종 편의를 부여했으므로 일본인의 어업은 기술과 자본 어느 편으로나 압도적으로 우세하게 되었다. 1912년에는 앞서 조선총독부에 임시직원 2명을 증치하여 수산업에 관한 시험 및 조사사무를 시작하고, 1914년에는 천조환千鳥丸[어로 시험선]을 건조하여 연안어업의 각종 시험을 개시했으니 이것이 후일 수산시험장의 남상濫觴, 곧 기초가 되었다.

각 도에 보조금을 주어 어선·어구구입을 보조하게 했다. 1913년에는 「해조검사규칙海藻檢査規則」을 반포하여 '뎅구사' 외 여섯 종류의 해조에 관하여 수출검사를 받게 했으니 이것이 수산품 검사의 효시이다. 1917년에는 전라남도 여수에 간이수산학교簡易水産學校를 설립하고, 또 수산제품 검사규칙을 반포했다. 일본인의 어민이주는 계속 증가하여 1927년 말에는 5호 이상의 이주 어촌이 약 38개, 이주어업자가 1만 2,900명에 이르렀으며, 이에 대한 각종 시책으로서 일본인 어업의 보호를 꾀했다. 이와 함께 다음과 같은 시책들이 수행되었다.

① 기선저인망 어업의 제한, ② 취체선取締船의 신조新造, ③ 우량어선 보조, ④ 수산양식업 장려보조, ⑤ 수산물냉장 장려보조, ⑥ 어업조합 보조, ⑦ 수산학교 설립[군산·여수·용암포·통영].

1920년 3년 계획으로 1921년에는 부산 영도에 수산시험장을 설치하여 1923년 6월에 완성하고, 동 시험장은 긴급 중요한 문제에 대해 시험조사하여 공헌하게 했다. 또 종래의 조선수산조합朝鮮水産組合을 해산하고 조선수산회朝鮮水産會를 설립하여 일종의 수산업자 자치기관으로서 행정기관과 업자 간에 있어 각종 시설·경영을 담당하게 했으니, 이것은 곧 이전 총독부 수산행정의 전위적인 보조기관으로 활동하던 어업통제기관이었다.

1911년에 제정한 어업령은 20여년을 경과한 뒤 수산계 전반의 사정과 경제정세의 추이에 따라 1929년 1월 「조선어업령朝鮮漁業令」[동령 시행규칙]으로 반포하고, 동시에 「조선어업등록규칙朝鮮漁業謄錄規則」·「조선어업취체규칙朝鮮漁業取締規則」 기타 부속규칙의 제정 개폐를 하여 1930년 5월 1일부터 시행하게 되었다. 새로이 「공선어업허가제도工船漁業許可制度」를 설정하고 그 선박의 척수를 한정했으며, 또 어업조합과 어업조합연합회 수산조합漁業組合聯合會水産組合과 수산조합연합회水産組合聯合會의 제도를 정비했다.

1929년에는 진해에 담수양어장淡水養魚場을 설치하고, 1930년에는 군산수산학교群山水産學敎를 도수산시험장道水産試驗場으로 개편하며, 웅기雄基에 수산보습학교水産補習學校를 설치했다. 「수산제품검사규칙」은 1924년 및 1927년 두 차례에 걸쳐 개정하여 검사품목 등을 증가했다. 어항수축은 1912년 이래 매년 총독부에서 국고보조금을 지출하여 실행했다.

1929년에서 1931년 6월까지의 약 2년간에 걸쳐서 수산업의 통제단계로 수산물관힐업水産物罐詰業·약유비鰯油肥 등을 통제하고 어업조합연합회를 설치했다. 약유비 통제는 1930년 일본경제계의 공황에 따른 가격폭락으로 약유비제조업수산조합을 설립시켜 통제했다. 특히 1931년에는 농산어촌 진흥방책에 따라 각 지방에 농산어촌 진흥 실시계획을 세우고 어촌의 피폐를 방치하고자 어업조합에 보조금을 주고 공동시설을 충실히 함과 동시에 어민 개개인의 갱생지도를 꾀했으나 조선농촌이 경제적으로 갱생할 기반이 없었으므로 무의미한 구호에 그쳤다. 또 총독부에서는 기선착망업허가처분권機船着網業許可處分權을 관리하게 됨에 따라 소착망어小着網漁에 대한 통제를 합리화하겠다고 했다.

1926년 이후 1931년까지 도 지방비에 보조하여 실시한 우량어선 보조에 의하여 건조한 어선수는 960척이요, 보조금 총계 56만 2,793원圓을 지출했다. 그러나 1932년 이후 일반 재정긴축에 따라 보조업을 중지했었으나 1934년부터 다시 연액 4만 원의 보조비로 우량어선 건조의 보급을 촉진시킨 바 있다.

1935년 2월에는 「선박안전령船舶安全令」과 동 시행규칙에 의하여 「조선어선특수규칙朝鮮漁船特殊規則」 및 「조선어선특수규정朝鮮漁船特殊規定」을 정했다. 원양출어 장려의 시설로 연해주 근해와 황해방면까지 출어하게 되어 출어자의 수산조합 설립을 장려·조성하기 위하여 1935년 4월에는 3천 원의 경비 보조를 하고, 2개년 계속으로 약 3백톤급의 보호감시선을 건조했다. 이어 출하장려出荷獎勵로 1935년 만주방면의 수출 수산물 5만 상자에 대해 보조로서 국비 2만 5천 원을 지출하여 이후의 진흥을 기했다.

1937년 7월 중일전쟁中日戰爭이 발발되자 그 1년 전부터 수산업에 있어서도 일본의 대륙침략 전진병참기지로써 전시체제의 강화에 의하여 군수공업 원료로의 약유鰯油공급 및 국제수지 조정상 수산무역의 진흥을 꾀하여 수산업을 새로이 중시하게 되었다.

1938년도의 어획고 8,708만 2천 원圓, 양식고養殖高 592만 4천 원, 제조고製造高 9,681만 7천 원을 1911년도의 어획고 676만 원과 제조고 265만 원에 비하면 전자 20배, 후자는 30배로써 특히 1932년의 양식고 5만 원에 불과하던 것에 비하여 발전상을 볼 수 있다. 그러나 이러한 발전은 원시적인 한국인의 수산기술이 1911년 즉 합병당시나 1938년에 있어서니 동일했으며, 미개척지인 한국수역을 개척한 것은 일본인의 기술과 자본에 의한 총독정치의 결과였다.

그러므로 생산고의 향상만으로 보아 발전된 이 현상은 수산면에 있어 우리 것을 일본인이 수탈하던 과정을 보이는 것에 불과했던 것이다. 이렇게 생산된 수산물은 1938년도에는 중일전쟁으로 중국방면 수출액이 저락되고 그밖에 서양을 대상으로 하던 것과 신규계획은 「미일통상조약」의 폐기와 유럽전란의 발발로 수산업에 정체상태를 초래하게 되었다.

전란에 의한 물가변동에 따라 1937년 이후 10년간 매년 40만 원. 제 1년도는 23만 원의 국비지출로 어업경영비저감시설漁業經費低減施設을 조성하기 위하여 동년 11월 6일 총독부령 제173호로써 「조선어업경영저감시설보조규칙朝鮮漁業經營低減施設補助規則」을 반포 시행했다. 즉 어선용 중유발동기重油發動機의 우량화, 어선 능률증진, 어업용 연료유 저장설비의 충실, 제빙製氷·냉장설비의 보급 및 어선 승무기관사 양성, 어선 기관수리 설비를 위한 공장신설, 어업용품의 공동구입, 수산물 위탁판매 시설 등에 요하는 비용 등이었다.

1918년 「수산제품검사규칙」을 반포하고 세관에서 검사하게 하더니 1937년 4월 조선총독부 수산재품검사소水産才品檢査所를 설치 수산재품 검사에 관한 일체의 사무를 세관으로부터 이관받게 되었다. 어업의 중앙통제 기관으로 조선어업중앙회를 설립하여 마른 해태海苔를 통제하며, 1939년에는 조선건해태판매주식회사朝鮮乾海苔販賣株式會社를 설립하여 마른김을 통제했으니, 전일본 생산고의 2/3를 능가하여 품질로도 일본시장을 압도할 만했다. 그러자 적정가격을 유지한다 하여 한국의 마른김 산업을 통제, 즉 억제하여 이 또한 식민지적인 공급에 머무르게 했던 것이다.

1930년 1940년에 걸쳐서는 충북을 제외한 해안에 접한 12도에 각각 도 어업조합연합회漁業組合聯合會를 설립하게 되었다. 연안어업에서 원양어업으로, 또 수산업의 합리적 기업을 꾀하여 1938년 8월 조선 내 각종 수산단체의 자본을 규합하여 자본금 4백만 원으로 조선수산개발주식회사가 설립되었다.

그 사업계획은 ① 어업 및 양식, ② 수산물 제조가공, ③ 냉장·냉동 및 제빙, ④ 수산물의 매매 수탁 및 창고업, ⑤ 수산업 경영에 필요한 물품의 제조판매, ⑥ 수산업 및 이에 관련되는 사업경영의 수탁, ⑦ 이상 각 호의 사업에 관련 부대附帶하는 사업 및 투자 등이었다. 이로써 일본인은 약 30년간 조선수산업을 전반적으로 통제하게 되었다.

제2절 해운업

1. 조선우선주식회사 성립

합병 후 조선총독부에서는 종래 분립하고 있던 개개 항해업자를 규합하여 단일회사를 조직하게 하기 위하여 1911년 1월에 자본금 3백만 원의 조선우선주식회사朝鮮郵船株式會社를 설립했다. 이에 총독부는 동 회사에 대해 동년 4월 이후 3개년에 한하여 조선연안 각 방면에 아홉 개 선(九線)의 명령항로命令航路를 정하며, 이와 동시에 대동강 항로를 진남포 기선회사에, 금강항로를 강경에 있는 일본인 송영모松永某에게 명령했다. 이것이 총독부 보조명령항로의 제1사업이었다.

이 우선주식회사의 형성은 연안운수 교통기관을 일본이 독점하고자 하던 사업의 출발이었다. 그 발기인 11명 중에 조선인은 단 한 사람도 없다는 사실과 제1회 발기인 회의결의에 의하여 선정된 대지大池 외 2명은 사내寺內 총독의 지시로 곧 상경하여 당시 일본우선회사 근등近藤 사장과 교섭한 결과 동 회사의 계통에 속하게 함으로써 부족주식 전부를 인수 수락하게 했다. 동시에 대판상선주식회사大阪商船株式會社 중교中橋 사장도 또한 일본우선日本郵船과 같은 모양으로 주식인수를 승낙하게 함으로써 실질적으로 설립하게 되어, 그 사무소를 동경에 있는 일본우선주식회사 내에 두었다. 이 경과만을 보아도 이 회사가 일본인 독점을 위한 의도의 실현임을 충분히 알 수 있다.

조선우선회사의 사용선使用船으로 각 선박업자의 사용선을 매수하기 위하여 총독부와 일본우선주식회사 등에서 감정위원을 파견하여 각각 매수하게 했고, 한편 조선총독부 항해보조명령에 의한 명령항로 사용선으로서 검열을 받아 4월 1일부터 명령항로의 성기항행을 개시했다.

그런데 명령항로의 영일만-울릉도선線에 사용할 보조기관 부범선附帆船이 적당한 것이 없었기 때문에 곧 신조에 착수하여 7월 19일 준공 취항하게 했다. 개업당시 실행한 항로는 조선총독부 명령항로 9개 선 11항로와 사적으로 경영하는 항로인 문사門司-웅기雄基선. 원산-영흥선. 부산-벌교선, 부산-거제선. 목포-영산포선. 인천-해주선 등 7개 선 합계 16개 항로선으로써 전자의 사용선 16척, 후자의 사용선 11척이었으나, 연안 각지의 요구에 따라 점차로 항로를 확장하여 사적으로 경영하는 항로인 원산-웅기선. 부산-영덕盈德선. 목포-지포芝浦선 등의 3정기항로와. 부산-원산선. 목포-제주도선의 임시2항로를 증가시켜 제1기 상반기 말에는 사영정기 10선, 임시 2선, 명령정기 9선을 합하여 21선. 사용선박 총수 33척, 총톤수 7,250톤에 달하며, 개업 제1기간의 항해리수 연장 28만 5,575리浬, 수송화물 7만 5,073톤, 선객 9만 6,927명이었다.

2. 항로확충

유럽전란의 영향을 받아 각지의 일반적인 선박부족에 대한 완화책으로 1917년 2월 이후 근해명령항로 원산-블라디보스토크선을 대판大阪까지 연장시키며, 또 조선우선주식회사에게는 진남포-대련大連 간에 자영항로를 개항하게 했다. 그뿐만 아니라 청진-돈하敦賀 간에 항로를 보조명령에 추가하고, 원산-블라디보스토크 간의 항해를 결빙기간 중이었지만 속행했다.

다시 1920년 3월에는 종래의 명령항로 13개선에 개폐정리를 실행할 뿐만 아니라 새로이 신의주-판신阪神선을 개시하고, 1925년 3월 말일까지를 기간으로 하여 동선 외 12선을 명령했다. 1922년 4월에는 압록강 명령항로의 기간만료로 인하여 이것을 다시 계속시키고, 신의주-초산 간에 기선 항로汽船航路를 창설하여, 3년간에 신의주-신갈파진新乫坡鎭 간 연장 320여 리理에 신항로 3선을 명령했으며, 또한 원산-청진 간에 직통항로를 개시하게 했으며, 1925년에는 부산-제주-도문圖們선을 신설했다.

일본과의 통항에 있어서는 이밖에 1918년 4월 이후부터 조선우선주식회사에 대한 추가명령으로써 청진-돈하 간에 정기항로를 개설하게 했다는 바는 이미 기술한 바이다. 또 1924년 8월에는 궁진宮津-무학舞鶴에 기항항로를 연장시켰으며, 1926년 4월에는 조선-북해도-대련선을 개설했다.

한편 근해항로에 있어서는 1920년 4월 신의주-판신阪神선을 개시하며, 1922년 4월 공동기선共同汽船의 인천기항을 도모하여 조선우선주식회사로 하여금 조선-북화北華(북중국)선의 보조항로를 개시시키고, 1925년에는 근해항로에 조선-상해선 및 조선-장기長崎-대련선을 추가했다.

이같이 하여 계속 항해 중이던 명령항로는 1928년 3월 말로 기간만료였으나 당시 해운상황은 극히 부진한 상태였으므로 쇄신을 가할 겨를이 없어 현상유지를 시켰다. 그러나 부산-제주-도문圖們선 등 45선을 폐지하고 그 대신 부산-박다博多선, 북해도-신석新潟선의 북조선 기항(北鮮寄港)을 인정하고, 또 대중국 무역의 진전상 천진-대련선의 서조선 기항(西鮮寄港) 및 조선-북화선을 증설하게 했다.

그러나 1931년 9월 만주사변滿洲事變으로 말미암아 각 선은 다시 축소 감축당했으니, 조선북화선의 변경축소, 연안항로인 부산-제주도선 폐지 등이 곧 그것이다. 일본인의 손에 만주괴뢰국(滿洲傀儡國)이 성립되자 경도京圖-납빈拉濱 두 철도의 개통, 철도 만포진선의 기공 등으로 조선을 경유하는 일본본토와 만주와의 교통격증은 신석-북해도 북조선 기항항로, 북조선-신석간의 연락항로로 변경하고 압록강 항로의 배치선박을 증가시켰다. 1938년에 이르러 북화(북중국) 신정권 수립으로 인하여 반도의 지리적 우위성은 서조선(西鮮)-천진天津, 서조선-청도靑島 및 횡빈橫濱-천진天津선 3항로의 신설을 촉진시켰다.

　이상 조선해운업의 개요를 간략히 서술했거니와 이미 기술한 것처럼 그것의 전부가 총독정치하의 명령항로였고, 그밖에 대판상선회사·북일본기선회사 등등의 다른 관청의 보조하에 경영된 것과 기타 개인회사의 정기 혹은 부정기적인 자영항로 경영자도 있었으나, 1938년 10월 1일 현재의 조선을 기점 또는 종점 혹은 기항하는 일본 및 외국 정기항로만 56선線, 110척, 총합계 톤수 29만 5,540톤이요, 조선연안 및 하천 정기항로는 147선, 240척, 총톤수 1만 1,096톤, 계 203선 350척 30만 6,636톤이었다.

제3절 항만시설

　일본은 통감부를 두면서 곧 항만시설과 관세권을 장악하고 통감부시대에 총액 4백여만 원을 지출하여 부산-인천-진남포 등 11개소에 응급적 세관설비 공사를 실시 중 합병하자 전 조선통독부에서 이를 계승하여 1910년 이후부터 9개년 계속사업으로 시행했다. 그 중 원산항은 1915년부터 예산 150만 원에 5개년 계속사업으로서 수축 착수하게 되었다. 그 후 다시 약 1천만 원의 예산으로 시행된 부산항 외 5개항 중 진남포 및 신의주의 준공을 보게 되고, 부산항·인천항·원산항의 설비도 연차적으로 진척되었다. 한편 인천축항築港의 5개년계획안인 갑문식선거閘門式船渠가 예정대로 준공을 보고, 다시 인천항·부산항은 1919년 이후 6개년간 계속 사업으로 시행하게 되었다. 이리하여 1919년부터 1927년간에 준공된 항만은 진남포·인천·원산·성진 등 5개항이며, 군산·목포·청진·웅기雄基 등 5개 항은 공사

중이었다. 다음에 1929년 이후에 있어서 각 항의 축항 및 시설에 관해 서술하면 대략 다음과 같다.

① [인천] 1929년 이후 인천항은 예산 140만 원을 잡아 항만의 수축과 갑문식 선거사업으로써 5개년간 계속 공사를 착수하여 1934년에 완료를 보게 되고, 다시 그 다음 연도 이후 9개년에 걸친 계속사업으로서 예산 920여만 원 공사를 착수했으니, 이는 실로 제2갑문 외 제반설비 공사였다. 이 공사는 1939년 현재까지 전체의 30%가 진척되었다.

② [진남포] 종래 축항 및 갑문식 선거는 벌써 무역발전의 추세에 순응하기 어려우므로 예산 270만 원을 계획하여 1929년 이후 5개년 계속사업으로 착수하고, 다시 그 후 1940년부터 4개년 계속사업으로서 총공사비 150만 원으로 그 설비를 확충하게 되었다.

③ [부산] 북 방파제 축조공사는 1935년 이후 5개년 계속사업으로써 총공사비 2백만 원을 지출하여 방파제 연장 510미터의 축조를 실시하여 1940년에 준공했다. 본 항구는 일본의 대륙침략상 관문이었기 때문에 그 시설에 많은 액수의 투자를 했는데. 선박의 정박과 계류(碇繫)·하역·육양소(陸揚所) 등의 확장공사에 착수했으며. 1936년 이후에는 7개년 계속 총공사비 1,676만 9,700원 공사를 실시했고. 1940년부터는 4개년 계속으로 2,205만의 추가 예산을 세워 대확장을 했다

④ [여수] 공사비 예산 240만 원으로 1940년 이후 5개년 계속사업으로서 방파제축조에 착수했다. 그 후 다시 1942년에는 50만 원을 추가하여 총공사비 290만 원을 내어 연장 730미터의 방파제를 축조했다. 위 공사준공 후 다시 550미터의 방파제와 안벽(岸壁) 물자육양소 등을 긴급히 축조하기 위하여 1937년부터 확장공사를 기공하여 5개년 계속 사업으로서 총공사비 650만 원으로 실시했다.

⑤ [마산] 1910년 통감시대의 재정고문(財政顧問) 때 소규모의 세관설비와 그 후 민간 또는 마산부(馬山府)에서 다소 항만설비를 시행했으나 본격적인 시설은

1936년에 3개년 계속사업으로 총공사비 109만 1천 원으로 실시하여 약 15만 평방미터의 매립지(埋築地)와, 연장 약 1천 미터의 물자양륙소(揚陸所)를 완성하여 1939년 6월에 준공했다. 또한 1940년부터 총공사비 252만 5천 원을 들여 제반설비를 수행하게 되었다.

⑥ 〔진해항〕 1910년 이후 세관·항만 등의 설비를 시행했으나 충분치 않았으므로 1940년부터 4개년 계속사업으로 총공사비 150만 원의 설비를 확충했다.

⑦ 〔해주항〕 원래 용당포항(龍塘浦港)이라 칭하여 지방비를 지출하여 약간의 설비를 했을 뿐이요, 국비지출의 설비를 시행하지 못했다. 그러나 1940년부터 750만 원을 들여 4개년 계속사업을 실시하여 해상과 육상을 연락하는 설비를 갖추게 되었다.

⑧ 〔다사도항(多獅島港)〕 본 항은 서해안 북부의 광활한 부동묘지(不凍錨地)를 보유한 천연의 양항임이 상당히 오래전부터 세간에 알려져 있었으나 본격적으로 항만 설비에 착수한 것은 1936년부터이다. 당초는 4개년 계속사업으로 총공사비 100여만 원으로 공사를 착수했으나. 1938년에 1,300만 원을 추가하여 6개년 계속사업으로 해상과 육상을 연락하는 설비의 완공을 기하게 되었다.

⑨ 〔청진항〕 본 항은 원래 한적한 어촌이었던 것이 러일전쟁 때 일본이 이 곳을 군대 상륙기지로 사용한 후로 점차 발전하게 되었다. 항만시설로서는 합방 전인 1907년에 4개년 계속사업으로 약 40만 원을 투자하여 세관설비를 하게 된 것이 남상(濫觴), 곧 그 기원이며. 1922년 이후 1936년까지 690만 원을 들여 바다와 육지를 연락하는 설비를 하고, 기타 가난한 사람들에 대한 구제사업으로 100만 원의 연안무역 부두를 축조했더니. 뒤에 급속한 발전과 공업물자의 생산에 대응하여 하역의 안전을 도모하기 위하여 111만 평방미터의 투묘지 확장을 계획하고. 방파제·호안(護岸)·방사제(防砂堤) 등 약 2천 미터를 축조함에 필요한 공사비 680만 원을 투입하여 1937년부터 4개년간 계속사업으로 완성했다. 한편 연해수산어업 조장을 위한 목적으로 우원(宇垣) 총독시대에 어항시설 확장공사를 기공하여 38만 원의 공사비로써 동양굴지의 대어항(大漁港)을 완성했다.

⑩ 〔단천항〕 함경남도 단천군의 중요 광산물과 그 지방의 삼림자원 개발을 목

적으로 남대천 하구에다 1,800미터의 방파제와 240미터의 파제제波除堤를 축조하여 물자반출의 편의를 도모하기 위하여 1939년부터 계획 시행하여 총공사비 435만 원을 지출하여 1942년에 완성을 보게 되었다.

⑪ [성진항] 재정고문시대부터 제1차 제등齊藤 총독시대(1907~1927)에 걸쳐 응급적 항만설비가 되었고, 우원시대(1931~1936)에는 북한 척식拓殖계획의 진전에 따라 본 항에 가까운 한천천漢泉川 양 안에 목재저장장을 축조할 목적으로 1933년 이후 2개년 계속사업으로 기공한바 1935년 3월에 준공했다. 이에 계속하여 동년부터 투묘지의 안전보호와 하역의 신속을 도모하기 위하여 4만 5천㎡를 매립, 방파제 500미터, 계선벽繫船壁 250미터 등을 축조할 계획을 세워, 총공사비 259만여 원 5개년 계속사업으로써 착수하여 계획대로 준공했고, 1940년부터 190만 원을 추가하고 4개년 계속 시공하여 하역능력을 확대시켰다.

⑫ [웅기] 발전에 따라 1934년 이후 3개년 계속사업으로 그 설비를 확대했다.

⑬ [삼천포항] 남해안에 있어 양호하고 적합한(好適) 위치였지만 종래 그다지 사용되지 않다가 일본세력의 대륙침투 추세가 촉진됨과 함께 반도에 있던 종래의 육운陸運만으로는 그 수요에 응하기 어려우므로, 중일전쟁 당시부터 일본의 박다博多와 본 항을 직접 연결하고, 본 항에서 다시 대전과 직통하여 수송의 신속과 안전을 도모하게 되었으나, 1945년 8월 15일 뒤 이를 계속하지 못하고 방치하게 되었다.

⑭ [묵호항] 동해안에 있어 긴요한 위치를 차지하고 있었으나 역시 종래의 항만설비로서는 보잘것없었고, 겨우 어선의 정박지로서 약 214미터의 방파제가 있었을 따름이었다. 그러나 오지인 삼척 탄전炭田의 석탄을 반출하는 항구로서 본 항의 수축은 초미의 긴급을 요하게 되었고, 그에 따라 1937년 이후 4개년 계획으로 공사비 150만 원으로 방파제 600미터, 방사제防砂堤 120미터를 축조했다.

⑮ [지방항만시설] 종래 국고에서 보조를 받아 그 조성에 힘썼으나 1929년 이래 곤궁한 백성을 구제하기 위한 토목사업 또는 시국에 부응하는 토목사업으로서 매년 공사를 기공하여 서호진西湖津 어항의 수축 및 어란진於蘭鎭항 외 7개 어항의 수축을 실행했다. 그 후 1936년 이후에는 장항항長項港 외 16개 항에 250여

만 원의 국고보조를 지출하여 항만설비 또는 어항의 수축을 행했다.

제4절 항로표지

항로표지에도 진작부터 마음을 써 1931년 12월에 광화환光華丸(42톤)을 건조하여 항로표지의 용도로 제공했고, 1933년 3월에는 표지선 광휘환光輝丸에 무선전신을 설치했다. 그 전년도 3월에는 자지도者只島 등대에 텔레훈켄식 방향탐지기를, 동년 7월에는 소청도小靑島 등대에 자동무선표지부호발사기自動無線標識符號發射機를, 또 1935년 4월부터는 무선표지국無線標識局의 사무를 개시했다.

또 1934년 8월부터 주요등대 33개소에 폭풍경보 사무를 개시하고, 그 다음해 12월에는 나진항羅津港 밖 대초도大草島에 동양제일의 대등대大燈臺를 건설했다. 이후 중일전쟁에 따른 방공통신防空通信상 필요성에 의해, 1938년 중에 281개소, 그 다음 년도 중에는 39개소에 걸쳐 방공시설을 설치했다. 그리고 같은해 중에는 거문도·마라도·죽도 및 홍도 등 각 등대에 무선 나침羅針 및 무선표지를 설치하여 각각 그 사무를 개시했다. 그리고 1938년 이후 4개년 계속사업으로서 간절갑艮絶岬·영도影島·소매물도小每勿島·장승진長承津·신리도新里島·남해도南海島·잠도蠶島 및 제주도 애월涯月 등 각지에 무선방위신호소無線方位信號所를 신설함과 동시에 방공시설로서 남한南韓 기타 무간수표지無看守標識·전파점소등電波點消燈 시설을 설치하게 되었다.